Stimmen zu vorangegangenen Auflagen:

„Sehr gut verständlich"
Prof. Dr. Harald Ritz, FH Giessen-Friedberg

„Vollständig – klar verständlich – gute Beispiele"
Prof. Dr. Hans Werner Lang, FH Flensburg

„Eine methodisch geschickte Einführung"
Prof. Dr. Helmut Jarosch, FHW Berlin

„Sehr anschaulich, viele Beispiele, nützliche Tipps"
Prof. Dr. Helmut Partsch, Universität Ulm

„Empfehlenswert!"
Prof. Dr. Johannes Zachsja, Universität Bochum

„Gute Kombination aus abstrahierter Informatiktheorie und konkreter Programmierpraxis"
Prof. Dr.-Ing. Thomas Sikora, TU Berlin

„Werde ich meinen Studenten empfehlen, weil es sehr gut erklärt und kaum Fragen offen läßt"
Prof. Dr. Stefan Wolter, HS Bremen

„Das Buch von Prof. May ist besonders für Anfänger sehr hilfreich, da er alles klar strukturiert und auch sehr gut die auftretenden Fehler erklärt"
Amazon.de, 01/2004

„Das Werk von Professor May ist wirklich ein Buch AUCH für Anfänger. Mit verständlicher Sprache, Charme und Humor beschreibt der rhetorisch begabter Professor die etwas trockene Materie"
Amazon.de, 01/2004

Aus dem Bereich IT erfolgreich lernen

Lexikon für IT-Berufe
von Peter Fetzer und Bettina Schneider

Grundkurs IT-Berufe
von Andreas M. Böhm und Bettina Jungkunz

Prüfungsvorbereitung für IT-Berufe
von Manfred Wünsche

Grundlegende Algorithmen
von Volker Heun

Grundkurs Programmieren mit Delphi
von Wolf-Gert Matthäus

Grundkurs Visual Basic
von Sabine Kämper

Visual Basic für technische Anwendungen
von Jürgen Radel

Algorithmen für Ingenieure – realisiert mit Visual Basic
von Harald Nahrstedt

Grundkurs Smalltalk – Objektorientierung von Anfang an
von Johannes Brauer

Grundkurs JAVA
von Dietmar Abts

Aufbaukurs JAVA
von Dietmar Abts

Grundkurs Java-Technologien
von Erwin Merker

Java ist eine Sprache
von Ulrich Grude

Middleware in Java
von Steffen Heinzl und Markus Mathes

Das Linux-Tutorial – Ihr Weg zum LPI-Zertifikat
von Helmut Pils

Rechnerarchitektur
von Paul Herrmann

Grundkurs Relationale Datenbanken
von René Steiner

Grundkurs Datenbankentwurf
von Helmut Jarosch

Datenbank-Engineering
von Alfred Moos

Grundlagen der Rechnerkommunikation
von Bernd Schürmann

Netze – Protokolle – Spezifikationen
von Alfred Olbrich

Grundkurs Verteilte Systeme
von Günther Bengel

Grundkurs Mobile Kommunikationssysteme
von Martin Sauter

IT-Projekte strukturiert realisieren
von Ralph Brugger

Grundkurs Wirtschaftsinformatik
von Dietmar Abts und Wilhelm Mülder

Grundkurs Theoretische Informatik
von Gottfried Vossen und Kurt-Ulrich Witt

Anwendungsorientierte Wirtschaftsinformatik
von Paul Alpar, Heinz Lothar Grob, Peter Weimann und Robert Winter

Business Intelligence – Grundlagen und praktische Anwendungen
von Hans-Georg Kemper, Walid Mehanna und Carsten Unger

Grundkurs Geschäftsprozess-Management
von Andreas Gadatsch

Prozessmodellierung mit ARIS®
von Heinrich Seidlmeier

ITIL kompakt und verständlich
von Alfred Olbrich

BWL kompakt und verständlich
von Notger Carl, Rudolf Fiedler, William Jórasz und Manfred Kiesel

Masterkurs IT-Controlling
von Andreas Gadatsch und Elmar Mayer

Masterkurs Computergrafik und Bildverarbeitung
von Alfred Nischwitz und Peter Haberäcker

Grundkurs Mediengestaltung
von David Starmann

Grundkurs Web-Programmierung
von Günter Pomaska

Web-Programmierung
von Oral Avcı, Ralph Trittmann und Werner Mellis

Grundkurs MySQL und PHP
von Martin Pollakowski

Grundkurs SAP R/3®
von André Maassen und Markus Schoenen

SAP®-gestütztes Rechnungswesen
von Andreas Gadatsch und Detlev Frick

Kostenträgerrechnung mit SAP R/3®
von Franz Klenger und Ellen Falk-Kalms

Masterkurs Kostenstellenrechnung mit SAP®
von Franz Klenger und Ellen Falk-Kalms

Controlling mit SAP®
von Gunther Friedl, Christian Hilz und Burkhard Pedell

Logistikprozesse mit SAP R/3®
von Jochen Benz und Markus Höflinger

Grundkurs Software-Entwicklung mit C++
von Dietrich May

www.vieweg-it.de

Dietrich May

Grundkurs Software-Entwicklung mit C++

Praxisorientierte Einführung mit
Beispielen und Aufgaben –
Exzellente Didaktik und Übersicht

Mit 30 Abbildungen

2., überarbeitete und erweiterte Auflage

Bibliografische Information Der Deutschen Bibliothek
Die Deutsche Bibliothek verzeichnet diese Publikation in der Deutschen Nationalbibliografie;
detaillierte bibliografische Daten sind im Internet über <http://dnb.ddb.de> abrufbar.

Die Wiedergabe von Gebrauchsnamen, Handelsnamen, Warenbezeichnungen usw. in diesem Werk berechtigt auch ohne besondere Kennzeichnung nicht zu der Annahme, dass solche Namen im Sinne von Warenzeichen- und Markenschutz-Gesetzgebung als frei zu betrachten wären und daher von jedermann benutzt werden dürfen.

Höchste inhaltliche und technische Qualität unserer Produkte ist unser Ziel. Bei der Produktion und Auslieferung unserer Bücher wollen wir die Umwelt schonen: Dieses Buch ist auf säurefreiem und chlorfrei gebleichtem Papier gedruckt. Die Einschweißfolie besteht aus Polyäthylen und damit aus organischen Grundstoffen, die weder bei der Herstellung noch bei der Verbrennung Schadstoffe freisetzen.

1. Auflage Dezember 2003
2., überarbeitete und erweiterte Auflage Januar 2006

Alle Rechte vorbehalten
© Friedr. Vieweg & Sohn Verlag /GWV Fachverlage GmbH, Wiesbaden 2006

Lektorat: Reinald Klockenbusch / Andrea Broßler

Der Vieweg Verlag ist ein Unternehmen von Springer Science+Business Media.
www.vieweg-it.de

Das Werk einschließlich aller seiner Teile ist urheberrechtlich geschützt. Jede Verwertung außerhalb der engen Grenzen des Urheberrechtsgesetzes ist ohne Zustimmung des Verlags unzulässig und strafbar. Das gilt insbesondere für Vervielfältigungen, Übersetzungen, Mikroverfilmungen und die Einspeicherung und Verarbeitung in elektronischen Systemen.

Konzeption und Layout des Umschlags: Ulrike Weigel, www.CorporateDesignGroup.de
Umschlagbild: Nina Faber de.sign, Wiesbaden
Druck und buchbinderische Verarbeitung: Těšínská tiskárna, a.s.; Tschechische Republik
Gedruckt auf säurefreiem und chlorfrei gebleichtem Papier.
Printed in the Czech Republic

ISBN 3-8348-0125-9

Vorwort

Das vorliegende Buch wendet sich an alle, die erstmals *programmieren* lernen wollen – oder müssen. Insbesondere richtet es sich an Studenten in den unteren Semestern. Aber selbst fortgeschrittene Programmierer in C++ werden noch viele nützliche Hinweise finden.

Auch interessierte Schüler, in der beruflichen Bildung Stehende oder Lehramtsanwärter mögen sich angesprochen fühlen, denn das vorliegende Konzept wurde entwickelt aufgrund vieler Anregungen von Lernenden. Es erklärt selbst schwierige Sachverhalte auf einfache Weise, ohne zu trivialisieren, geht auf die Probleme von Anfängern ein und gibt Hilfestellung bei einer Vielzahl von vermeidbaren Fehlermöglichkeiten, an denen gerade der Anfänger „stirbt". Programmieren bereitet viel Freude, falls man nicht an scheinbaren Kleinigkeiten die Lust verliert. Insofern habe ich auch eigene, langjährige, leidvolle Erfahrungen mit einfließen lassen.

Ein Programmieranfänger sieht sich mit *vier verschiedenen* Themenkreisen konfrontiert, die im Verlaufe des Buches zusammengeführt werden:

1 Wie erschließt man methodisch einen technischen oder betriebswirtschaftlichen Sachverhalt, so dass am Ende der Arbeit ein korrektes Programm entsteht? Die Methoden zur systematischen Analyse stellt das Software-Engineering bereit. Der *Teil A* des Buches gibt eine Einführung dazu. Wer bereits Programmiererfahrung hat, kann schneller lesen, möge sich aber mit der Fallstudie beschäftigen, auf die in späteren Kapiteln zurückgegriffen wird.

2 Welche Eigenschaften hat ein Rechner, dem ein Programm für die Maschine verständlich vermittelt werden soll, und wie werden die Informationen im Rechner abgebildet? Worauf muss der Programmierer dabei Rücksicht nehmen? Dies ist Gegenstand des *Teils B*, der die notwendigen Grundlagen der Informationstechnik behandelt. Diese Kenntnisse sind auch äußerst nützlich bei anderen Programmiersystemen (zB. Java, Excel, Visual Basic). Bei ihrer Beachtung kommt auch mehr Freude beim Programmieren auf und die Qualität eines Programms steigt.

3 Wie lassen sich die zu programmierenden Sachverhalte so formulieren, dass eine Maschine die Gedanken des Programmierers ausführen kann? Dies ist die Frage nach der Programmiersprache. Ihre Elemente werden verständlicher, wenn man den Hintergrund kennt, der im Teil B vorgestellt wurde. Der *Teil C* behandelt den klassischen Umfang und der *Teil D* den objektorientierten Teil der Sprache C++, die sehr mächtig ist. Im Rahmen einer Einführung habe ich mich auf die wichtigsten Konzepte von C++ beschränkt – zugunsten der Beschreibung von vermeidbaren Fehlerquellen sowie des handwerklichen Programmierens. Daher schließt das Buch mit einer umfangreichen Fallstudie. Um das Verständnis zu fördern, enthält das Buch sehr viele Beispiele und Übungen mit Lösungen sowie weiterführende Übungen ohne Lösungen.

4 Mit welchem Werkzeug läßt sich die Programmiersprache dem Rechner nahebringen – bei einer effizienten Arbeitsweise des Programmierers? Effizient heißt hier: nicht stundenlang über einen Fehler grübeln. Damit wird das Programmierwerkzeug, die Entwicklungsumgebung, angesprochen, die üblicherweise einen Editor, Compiler, Linker und Debugger enthält. Dem Leser bzw. der Leserin wird dringend empfohlen, ein solches Programm zu verwenden und die Übungsprogramme zu entwickeln sowie die Beispielsprogramme zu vervollständigen. Ein Trockenkurs führt erfahrungsgemäß nicht zum Erfolg. Die im Buch behandelten Beispiele sind auf mehreren Compilern (Freeware Dev-C++, Borland und Microsoft Visual C++) getestet. Für etwaige Fehler muss ich dennoch geradestehen.

Einige Informationen habe ich inhaltlich so zusammengefasst, dass man die entsprechenden Teile als Nachschlagewerk verwenden kann.

Dies ist kein „Lehrbuch", wie man meinen könnte. Mein Anliegen war und ist es, ein „Lernbuch" zu schreiben – hier steht der Nutzen und der Lernerfolg im Vordergrund, die Hilfe zur Selbsthilfe. Danach richtet sich die didaktische Methode. Positive Resonanz bei der Zielgruppe und vielen Dozenten bestätigen das Konzept. Die Neuauflage gibt zugleich Anlass, notwendige Korrekturen, Verbesserungen sowie einige Leserwünsche einzuarbeiten. Allen, die zur Verbesserung durch ihre guten Vorschläge beigetragen haben, danke ich.

Der Weg zur Eigenständigkeit beim Programmieren ist oft mit Unwägbarkeiten gepflastert, die schon bei der Installation einer Entwicklungsumgebung beginnen. Mal läuft sie nicht bei einem neuen Betriebssystem, mal ist der Funktionsumfang nur teilweise nutzbar. Rat und Hilfe leisten einige C++Foren im Internet: www.cplusplus.com (englisch) gibt (nicht nur) eine gute, neutrale Übersicht über Entwicklungsumgebungen und Compiler (auch gute Freeware), unter www.c-plusplus.de (deutsch) kann man seine Fragen und Programmierprobleme einstellen, die oft recht schnell zu guten Lösungen führen (aber manchmal auch am Thema völlig vorbeigehen!).

Das Buch beruht auf einer langjährigen Tätigkeit in der Erwachsenenbildung. Es ist damit nicht das Werk eines einzelnen. Vor allem meine Studenten haben mich gelehrt, worauf ich bei der Darstellung zu achten habe. Ihre Schwierigkeiten waren stets Anlaß, nach neuen Erklärungen zu suchen. Danken möchte ich daher vielen ungenannten Studenten und Studentinnen. Namentlich möchte ich dennoch Frau M. Stöger und Herrn

Johannes Herter erwähnen, die sich der Mühe unterzogen haben, wichtige Teile akribisch zu prüfen und gute Hinweise zu liefern.

Ohne ein Textsystem, das auch viele Grafiken einzubinden erlaubt, wäre das Werk schwerlich zu schaffen gewesen. Daher sei der Firma Microsoft Dank – dass es nicht noch schlimmer kam, es hat mir so manchen Streich gespielt. Zu guter Letzt fürchte ich, muss wohl Harry Potter mit Microsoft im Bunde sein! Zuweilen waren Tab-Stops und ganze Wörter, die in den Korrekturausdrucken noch vorhanden waren, heimlich, still und leise verzaubert. Aber auch diesmal verschonte er mich nicht – unerbittlich weigerte sich Word, bestimmte Dienste zu verrichten.

Herrn Dr. Klockenbusch vom Vieweg Verlag danke ich für die Ermunterung und stete Förderung des etwas anderen Konzepts sowie die sehr angenehme Zusammenarbeit. Herrn Dr. Mosena danke ich für fachkundigen Rat und die Erste Hilfe bei dem störrischen, absturzfreudigen Word.

Zuletzt, aber nicht minder herzlich, gebührt meiner Frau Marion besonderer Dank für ihre unermüdliche Unterstützung und Bereitschaft, während der letzten Jahre auf manches zu verzichten.

Schließlich wünsche ich allen Leserinnen und Lesern einen hohen Nutzen aus dem Buch, indem sie schneller, besser und etwas entspannter zu ihren Wunschprogrammen kommen. Denn: Programmieren bereitet durchaus Freude.

Für Anregungen, Verbesserungsvorschläge und Hinweise auf Fehler bin ich stets dankbar: may@fh-offenburg.de

Dietrich May

Gengenbach, im September 2005

Legende

Um Ihnen die Benutzung des Buches zu erleichtern, werden folgende Symbole verwendet:

Das ist der Text	In dieser Schriftart ist der Text gesetzt
das *muss* so sein	Betonungen, Hervorhebungen sind kursiv gesetzt
(*reference*)	englische Fachbegriffe sind in Klammer und kursiv
▶Sequenz	Begriffe innerhalb des Textes sind im Sachwortverzeichnis enthalten
double	C++spezifischer Programmiercode
◀	Ende eines Beispiels oder Sinnabschnitts
[4, S. 17]	Literaturquelle Nummer 4, Seite 17
FF	Symbol für die abschnittspezifische Liste mit Fatalen Fehlern
Ü1	Übungen mit Lösungen sind nummeriert, Übungen ohne Lösung nicht
WiK	Wichtiges in Kürze wird in Tabellenform zum Nachschlagen zusammengefasst
?	Fragen wollen Sie zum Nachdenken anregen
!1	Kleinere Aufgaben im Fließtext ermuntern Sie zur Mitarbeit. Lösungen am jeweiligen Kapitelende
☛	Das sollten Sie besonders beachten

Inhaltsverzeichnis

Legende		VIII
Liste der Tabellen		XV
Liste der Übungen		XVI
1	**Grundlagen der Software-Entwicklung**	**1**
	1.1 Phasen der Programm-Entwicklung	1
	1.2 Programmiersprachen (1)	10
	1.3 Steuerelemente in Programmiersprachen	12
	1.4 Struktogramm	16
	1.5 Fallstudie Einkommensteuer	19
	1.6 Zusammenfassung	21
2	**Die Verarbeitung von Informationen**	**27**
	2.1 Allgemeiner Aufbau moderner Rechner	27
	2.2 Aufbau des Arbeitsspeichers	29
	2.3 Programmiersprachen (2)	30
	2.4 Arbeitsabläufe im Rechner	32
3	**Darstellung von Informationen: Einleitung**	**35**
	3.1 Zahlensysteme	37
	3.2 Codes	41
4	**Darstellung von Informationen: Einfache Datentypen**	**45**
	4.1 Übersicht	45
	4.2 Einfache Datentypen	46
	4.2.1 Ganzzahlen	46
	4.2.2 Reelle Zahlen	54
	4.2.3 Datentyp-Umwandlung	57
	4.2.4 Zeichen	61
	4.2.5 Logischer Datentyp `bool`	63
	4.2.6 Zeiger	68
5	**Darstellung von Informationen: Zusammengesetzte Datentypen**	**73**
	5.1 Array (Feld)	73
	5.1.1 Eindimensionales Array	74

	5.1.2 Zwei- und mehrdimensionales Array	77
	5.1.3 Zeichenkette (String)	81
	5.1.4 Rechnerinterne Darstellung eines Arrays	83
5.2	Datenverbund (Struktur)	84
5.3	Aufzähltyp	89
6	**Darstellung von Informationen: Zusammenstellung**	**93**
6.1	Datentypen in der Übersicht	93
6.2	Vergleich der Datentypen	94
7	**Darstellung von Informationen: Ein- und Ausgabe**	**97**
7.1	Dateien	97
	7.1.1 Textdatei	99
	7.1.2 Strukturierte Datei	100
	7.1.3 Binärdateien	101
	7.1.4 Schreiben in und Lesen aus Dateien	101
7.2	Tastatur	103
7.3	Zusammenfassung Kapitel 2 bis 7	104
8	**Sprachregeln**	**107**
9	**Einführendes Programmbeispiel**	**109**
10	**Sprachbestandteile von C++**	**115**
10.1	Zeichenvorrat	115
10.2	Symbole	116
	10.2.1 Schlüsselwörter	116
	10.2.2 Bezeichner	117
	10.2.3 Literale (Konstanten)	119
	10.2.4 Operatoren	123
	10.2.5 Bit-Operatoren	126
10.3	Ausdruck	128
	10.3.1 Zuweisungen	130
	10.3.2 Semikolon, Anweisung	131
10.4	Kommentare	133
10.5	Trennzeichen	134
11	**Fehler**	**137**
12	**Entwicklungsumgebung**	**141**

13	**Ein-/Ausgabe**	**145**
13.1	Das Konzept der Ein-/Ausgabe in C++	146
13.2	Standardausgabe `cout`	148
13.3	Standardeingabe `cin`	157
13.4	Zusammenfassung Kapitel 8 bis 13	167
14	**Auswahl**	**169**
14.1	Einseitige Auswahl `if`	169
14.2	Zweiseitige Auswahl `if else`	172
14.3	Mehrfachauswahl (`if`-Schachtelung)	173
14.4	Projektarbeit (1)	182
14.5	Mehrfachauswahl `switch`	188
	14.5.1 `break`-Anweisung (1)	190
15	**Wiederholungen**	**195**
15.1	`while`-Anweisung	195
15.2	Projektarbeit (2)	201
15.3	`do-while`-Anweisung	202
15.4	Projektarbeit (3)	204
15.5	`for`-Anweisung	204
15.6	`break`-Anweisung (2) und `continue`-Anweisung	208
15.7	Vergleich der Schleifen	210
16	**Zeiger**	**215**
16.1	Überblick	215
16.2	Zeigerarithmetik	217
17	**Arrays**	**219**
17.1	Überblick	219
17.2	Array-Sortieren	221
17.3	Rechnen mit Arrays	226
17.4	Projektarbeit (4)	228
18	**Strukturen**	**235**
18.1	Überblick	235
18.2	Vergleich Datenverbund mit Array	238
18.3	Zusammenfassung Kapitel 14 bis 18	241

19	**Funktionen**	**245**
	19.1 Überblick	245
	19.2 Das Prinzip: Funktion ohne Parameter	249
	19.3 Projektarbeit (5)	252
	19.4 Funktion mit Parametern	257
	19.5 Projektarbeit (6)	260
	19.6 Funktion mit Rückgabewert	261
	19.7 Projektarbeit (7)	267
	19.8 Übergabemechanismen	269
	19.8.1 Übergabe eines Wertes	269
	19.8.2 Übergabe einer Referenz	271
	19.8.3 Übergabe mit Zeiger	275
	19.8.4 Übergabe eines eindimensionalen Arrays	276
	19.8.5 Übergabe eines zweidimensionalen Arrays	277
	19.8.6 Übergabe eines Arrays mittels Zeiger	277
	19.9 Stringbearbeitung mit Standardfunktionen	279
	19.10 Überladen von Funktionsnamen	281
	19.11 Standardfunktionen	283
	19.12 Hinweise zur Programmentwicklung – Testfunktionen	285
20	**Gültigkeitsbereiche von Namen**	**293**
	20.1 Gültigkeitsbereiche globaler und lokaler Variablen	293
	20.2 Namensräume	296
	20.3 Zusammenfassung Kapitel 19 und 20	300
21	**Großprojekte: Grundsätze der Modularisierung**	**303**
	21.1 Prinzipien der Modularisierung	303
	21.2 Beispiel der Modularisierung	304
	21.3 Zusammenfassung	323
22	**Dateibearbeitung**	**325**
	22.1 Überblick	325
	22.2 Das Prinzip	326
	22.3 ASCII-Datei	327
	22.4 Binärdatei	331
	22.5 Zusammenfassung	336

23	**Einführung in die Konzepte der OOP**	**339**
	23.1 Ein Problem der prozeduralen Sichtweise	339
	23.2 Die objektorientierte Sichtweise – das Konzept	342
	23.3 Notationen: UML als Werkzeug für OOA und OOD	349
	23.4 Erbschaft	350
	23.5 Polymorphie	357
	23.6 Objektorientiertes Design: Bestimmung von Klassen	359
	23.7 Beziehungen	364
	23.8 Zusammenfassung	366
24	**Klassen und Objekte in C++**	**367**
	24.1 Überblick	367
	24.2 Konstruktoren	372
	24.3 Destruktoren	377
	24.4 Die vier automatischen Klassenfunktionen im Überblick	379
	24.5 Fortsetzung: Beispiel Zeit (2)	380
	24.6 friend-Funktionen	384
	24.7 Überladen von Operatoren	385
	24.8 this-Zeiger	392
	24.9 Zusammenfassung	396
25	**Dynamische Datenobjekte**	**397**
	25.1 Übersicht	397
	25.2 new- und delete-Operator	398
	25.3 Datenstruktur Warteschlange	400
	25.4 Datenstruktur Stapelspeicher	405
	25.5 Verkettete Liste	407
	25.6 Ausblick	415
	25.7 Zusammenfassung	417
26	**C++Standard-Container-Klassen**	**419**
	26.1 Klassentemplates	419
	26.2 Standard-Container-Klassen	422
	26.3 Zusammenfassung	426
27	**String-Klasse**	**427**
	27.1 Anwendungsbeispiele	427

	27.2	Zusammenfassung	430
28	**Erbschaften**		**431**
	28.1	Erben in C++	431
	28.2	Zugriff auf Elemente einer Klasse	436
	28.3	Zusammenfassung	447
29	**Fallstudie**		**449**
	29.1	Vorüberlegungen	449
	29.2	Programmentwicklung	460
	29.3	Zusammenfassung	483
30	**Ausblick**		**485**
31	**Lösungen**		**487**
Anhang			**503**
	Anhang 1:	ASCII-Tabelle	503
	Anhang 2:	Formulieren von Bedingungen – eine sichere Methode	507
	Anhang 3:	Rechnen mit Computerzahlen	516
	Anhang 4:	Computerzahlen im Kreis	525
	Anhang 5:	ASCII contra binär	526
Literaturverzeichnis			**531**
Sachwortverzeichnis			**533**

Liste der Tabellen

Tabelle 1:	Wöchentliche Spielergebnisse der Fußball-Bundesliga	3
Tabelle 2:	Aktueller Spielstand	4
Tabelle 3:	Die ersten 16 Dualzahlen	39
Tabelle 4:	Aufbau des ASCII (vgl. auch Anhang 1)	42
Tabelle 5:	Wertevorrat ganzer Zahlen	47
Tabelle 6:	Vergleich von unsigned char und signed char:	48
Tabelle 7:	C++ spezifische Steuerzeichen und ihre Bedeutung	61
Tabelle 8:	Liste der Escape-Sequenzen	120
Tabelle 9:	C++Operatoren	125
Tabelle 10:	Tabellarische Zusammenfassung der Ein-/Ausgabe	160
Tabelle 11:	Auswahl nützlicher Funktionen zur Stringbearbeitung	280
Tabelle 12:	Syntaxumwandlung in Operatorfunktionen	387

Liste der Übungen

Übung 1	23
Übung 2	40
Übung 3	44
Übung 4	53
Übung 5	67
Übung 6	72
Übung 7	76
Übung 8	80
Übung 9	89
Übung 10	91
Übung 11	103
Übung 12	182
Übung 13	194
Übung 14	200
Übung 15	214
Übung 16	231
Übung 17	243
Übung 18 (ohne Lösung)	291
Übung 19 (ohne Lösung)	338
Übung 20 (ohne Lösung)	390
Übung 21 (ohne Lösung)	444
Übung 22 (ohne Lösung)	453
Übung 23 (ohne Lösung)	482

A Software-Entwicklung

1 Grundlagen der Software-Entwicklung

Will man ein Softwareprogramm entwickeln, geht man üblicherweise in bestimmten Schritten vor. Diese Phasen der Programmentwicklung beleuchten wir zunächst, um später unsere Softwareprojekte danach auszurichten. Mit einem weitverbreiteten, die halbe Nation bewegenden Beispiel führen wir zunächst in die Arbeitsweise ein. Wir werden feststellen, dass nur drei Elemente ausreichen, um eine Lösungsstrategie einer Programmieraufgabe zu beschreiben. Für diese drei Elemente wurde auch eine grafische Darstellung, das Struktogramm, erfunden.

1.1 Phasen der Programm-Entwicklung

Wer selbst Software entwickelt, hat stets ein Ziel vor Augen – das gilt bei einer technischen oder betriebswirtschaftlichen Anwendung ebenso wie bei einem Spiel. Softwareerstellung ist ein methodischer Prozeß, der heutzutage eine ingenieurmäßige Vorgehensweise verlangt, die daher im Englischen mit Software-Engineering bezeichnet wird. Professionelle Software ist immer mit dem Einsatz von viel Geld verbunden, weshalb auf eine wirtschaftliche Herstellung Wert gelegt wird.

Schon kleinere Softwareprojekte, wie sie in diesem Buch vorliegen, erfordern ein planvolles Vorgehen. Die für den Planungsvorgang aufgewendete Mühe lohnt sich spätestens bei der verzweifelten Fehlersuche und nirgendwo ist die Grenze zwischen *Lust und Frust* so schmal wie beim Programmieren. Breymann [4, S. 125] schreibt: „Lieber acht Stunden denken und eine Stunde programmieren, als eine Stunde denken und acht Tage programmieren." Und nur die Unerfahrenen wollen durchaus widersprechen. Programmieren macht Spaß, wenn nur nicht die meist selbstverschuldeten Programmierfehler wären! Wir legen daher viel Wert auf die methodische Vorgehensweise zur *frühzeitigen Vermeidung von Fehlern*.

Eine große Hilfe bei der Lösung von umfangreichen Aufgaben ist der aus dem Lateinischen stammende Spruch „teile und herrsche". Die Software-

Entwicklung läßt sich immer nach dem gleichen Schema in folgende Phasen gliedern:

1. Definition der Aufgabe

Zunächst ist – bei einem größeren Projekt in Form eines schriftlichen Pflichtenheftes – präzise zu beschreiben, was die Software leisten muss. Das Anforderungsprofil stellt somit den gewünschten Endzustand dar. Es ist aber in der Praxis nicht minder wichtig auch zu definieren, was *nicht* zum Aufgabenumfang gehört.

2. Analyse und Strukturierung der Aufgabe

So einfach oft das Gesamtprojekt erscheint, es muss in kleine überschaubare Teilaufgaben gegliedert werden, die einzeln der Reihe nach erledigt werden, wobei stets der Gesamtzusammenhang zu beachten ist. Die Teilaufgaben müssen analysiert, d.h. **methodisch** untersucht werden, um die teils verborgenen **Zusammenhänge** zu **erkennen**. Das tiefe Verständnis der Aufgabe vermeidet spätere Fehler. Der Programmierer hat sich daher zuerst mit dem *Sachverhalt* vertraut zu machen. Wer ein Programm zur Auswertung der Fußball-Bundesliga schreiben will, *muss* einige Regeln des Fußballsports beherrschen. Ein Programm zur Berechnung der Einkommensteuer setzt Steuerkenntnisse voraus.

3. Entwicklung einer allgemeinen Lösungsstrategie (Entwurf, *design*)

Basierend auf dem Sachverhalt und der Zieldefinition ist eine Lösung der Aufgabe zu entwickeln. Ein allgemein gültiger Lösungsweg ist dabei weitgehend unabhängig von einem konkreten Programmier-Werkzeug. Zum Lösen eines linearen Gleichungssystems beispielsweise lässt sich die Matrizenrechnung oder das Einsetzungsverfahren anwenden. Dafür gibt es mathematische Methoden, völlig unabhängig von irgendwelchen Programmierhilfsmitteln. Die Effizienz der Software-Entwicklung und die Qualität – in Bezug auf die Korrektheit – eines Programms steigen unmittelbar mit dem Aufwand für den systematischen Entwurf.

4. Programm-Erstellung mithilfe eines Programmier-Werkzeugs

Je nach Aufgabenstellung ist zu entscheiden, ob sich die Aufgabe unter Verwendung einer handelsüblichen Standardsoftware (zB. Excel in Verbindung mit Visual Basic for Application) lösen lässt oder ob die Aufgabe vollständig mit einem Programmier-Werkzeug, einer Programmiersprache, als individuelle Lösung zu entwickeln ist. Hier spielt eine große wirtschaftliche Rolle die Frage, welche Programmiersprache für die Problemlösung geeignet ist und welche ein Software-Entwickler beherrscht (Einarbeitungsaufwand, Erfahrung). Eine große Zahl der in diesem Buch gegebenen Beispiele ließe sich durchaus mit ObjektPascal oder Visual

Basic verwirklichen statt mit C++. Ein solches Programmier-Werkzeug besteht meist aus mehreren Komponenten, die oft unter gemeinsamer Bedienoberfläche angeboten und als (integrierte) Entwicklungsumgebung (*integrated development environment, IDE*) bezeichnet werden.

5. Programm-Test

Kaum ein Programm läuft erfahrungsgemäß auf Anhieb fehlerfrei. Es ist beim Programmieren der Nachweis zu erbringen, dass eine Software die Anforderungen erfüllt und korrekt auch bei *ungewöhnlicher oder fehlerhafter* Bedienung arbeitet. Hierzu wurden spezielle Methoden der Qualitätssicherung entwickelt. Gutes Software-Schreiben beginnt schon bei der Ausbildung. Auch hier gibt das Buch nützliche Hinweise. Je besser die Vorbereitung geleistet wurde, um so geringer ist die Fehlersuche.

6. Dokumentation

Das selbstentwickelte Programm, die Software, muss schon beim Entstehen so gut dokumentiert werden, dass Fehler schnell erkannt und korrigiert werden sowie neue Personen sich umfassend und schnell einarbeiten können. Software-Entwicklung als Einzelkämpferaktion dürfte in der beruflichen Praxis weitgehend der Vergangenheit angehören.◄

Die eben geschilderte Vorgehensweise liegt daher allen größeren Programmieraufgaben in diesem Buch zugrunde. Das folgende Beispiel der Fußball-Bundesliga-Tabelle führt in diese Gedankengänge ein. Die Tabellen begegnen dem Sportfan allwöchentlich. Mit ihnen werden die ersten beiden Phasen der Software-Entwicklung (ansatzweise) erarbeitet.

Beispiel: Fußball-Bundesliga-Tabelle

Im Sportteil von Zeitungen und Fernsehen werden wöchentlich die Ergebnisse der Fußball-Bundesliga in Form von zwei Tabellen veröffentlicht, siehe Tabelle 1 und Tabelle 2. Ein Sportfan und EDV-Freak zugleich will die Bundesliga-Ergebnisse auf seinem Rechner programmieren.

Tabelle 1: Wöchentliche Spielergebnisse der Fußball-Bundesliga

VfL Wolfsburg	– Eintracht Frankfurt	2:0
FC Bayern München	– 1. FC Kaiserslautern	4:0
1. FC Nürnberg	– VfB Stuttgart	2:2
VfL Bochum	– Borussia Mönchengladbach	2:1
FC Hansa Rostock	– FC Schalke 04	2:2
Hamburger SV	– SV Werder Bremen	1:1
SC Freiburg	– Borussia Dortmund	2:2
Bayer 04 Leverkusen	– TSV München 1860	(1:0)
MSV Duisburg	– Hertha BSC Berlin	(2:0)

Tabelle 2:   Aktueller Spielstand

	Verein	Sp	g	u	v	Tore	Punkte
1.	FC Bayern München	9	8	1	0	27:8	25
2.	TSV München 1860	8	6	1	1	18:6	19
3.	Hamburger SV	9	4	4	1	14:10	16
4.	Bayer 04 Leverkusen	8	4	3	1	16:11	15
5.	SC Freiburg	9	3	5	1	13:11	14
6.	Hertha BSC Berlin	8	4	1	3	13:11	13
7.	VfL Bochum	9	4	1	4	11:10	13
8.	Borussia Dortmund	9	3	3	3	13:11	12
9.	VfB Stuttgart	9	3	3	3	12:10	12
10.	1. FC Kaiserslautern	9	3	3	3	14:20	12
11.	1. FC Nürnberg	9	2	5	2	14:16	11
12.	MSV Duisburg	8	2	3	3	11:16	9
13.	FC Schalke 04	9	2	3	4	8:14	9
14.	VfL Wolfsburg	9	1	5	3	11:13	8
15.	FC Hansa Rostock	9	2	2	5	12:20	8
16.	Eintracht Frankfurt	9	1	3	5	11:17	6
17.	SV Werder Bremen	9	1	2	6	12:17	5
18.	Borussia Mönchengladbach	9	1	2	6	12:19	5

Definition der Aufgabe   (Phase 1)

Eine vorläufige Definition der Aufgabe könnte wie folgt lauten: Das zu erstellende Programm soll für alle künftigen Spielzeiten gelten, im Ergebnis die gleiche Information liefern wie die Papiertabellen und möglichst bequem in der Bedienung sein. (Was könnte dieser sehr allgemein formulierte Wunsch konkret für den einzelnen Leser bedeuten?).

Analyse und Strukturierung (Phase 2)

Dieser Abschnitt wird zeigen, dass hier eine gehörige Portion an gedanklicher Vorarbeit zu leisten ist, um ein korrektes Programm zu entwickeln. Der Nicht-Sportfan muss eine Menge an Informationen zur eigentlichen Aufgabe sammeln und sich in die Regeln der Bundesliga einarbeiten. Die vorhandenen Tabellen werden dazu kritisch untersucht, sie liefern schon eine Vielzahl an Informationen.

Zunächst zeigt Tabelle 1 die Ergebnisse eines Spieltages mit 18 Mannschaften. Wenn ein Programm nicht nur für einen einzigen Spieltag gelten soll, stellen sich die folgenden Fragen:

- wieviele Spieltage gibt es insgesamt ?
- wie sehen die Spielkombinationen für alle Spieltage aus?

Wenn man unterstellt, dass jede Mannschaft gegen jede spielt, dann ergibt sich bei n = 4 Mannschaften A, B, C, D folgender allgemeiner Sachverhalt:

1. Spieltag	A – B	und	C – D	⎫
2. Spieltag	A – C	und	B – D	⎬ Vorrunde
3. Spieltag	A – D	und	B – C	⎭
4. Spieltag	B – A	und	D – C	⎫
5. Spieltag	C – A	und	D – B	⎬ Rückrunde
6. Spieltag	D – A	und	C – B	⎭

Somit folgen mit n Mannschaften 2*(n-1) Spieltage mit je n/2 Paarungen. Angenommen, die Namen der 18 Mannschaften sind an jedem Spieltag einzugeben (wie in Tabelle 1), wie oft ist der Name *einer* Fußballmannschaft einzugeben? Gibt es eine andere, eine bessere Lösung? Wie kommen die Mannschaftskombinationen zustande und wann?

Fassen wir die bisherigen Überlegungen zusammen:

- Es ist sinnvoll, die Vereinsnamen nur einmal einzugeben und zu speichern, weil sonst 18 * 34 = 612 Vereinsnamen eingegeben werden müssten und dies sehr fehleranfällig wäre.
- Dann sind vor Saisonbeginn die Spielpaarungen für die 17 * 2 Spieltage auszulosen.
- Dann sind zu jedem Spieltag die Ergebnisse der 9 Paarungen einzugeben.
- Dann lässt sich die Tabelle 2 aktualisieren.
- Dann wird man die Tabelle 2 auf dem Bildschirm ansehen wollen.

Damit haben wir fast unmerklich unsere Teilaufgaben gebildet und nach dem zeitlichen Ablauf der Bedienung die entsprechenden Arbeitsschritte strukturiert:

(1) Vereine anlegen und ändern (es gibt in jeder Saison 3 Absteiger bzw. Aufsteiger)

(2) Spielpaarungen auslosen (einmal vor der Saison)

(3) Spielergebnisse jedes Spieltages eingeben und anzeigen (Tabelle 1)

(4) Spielstand aktualisieren (Tabelle 2)

(5) Spielstand anzeigen

Solche eigenständigen, in sich abgeschlossenen Teilaufgaben werden als ▸**Module** bezeichnet, sie lassen sich **unabhängig** voneinander und der

Reihe nach programmieren (Sie mögen allerdings beachten, dass einzelne Teile durch gemeinsame Daten zu einander in Beziehung stehen). Diese Vorgehensweise heißt auch modulares bzw. ▸**strukturiertes Programmieren**. Bis jetzt ist das Erreichte noch recht grob strukturiert und nach und nach werden – wie aus der Vogelperspektive kommend – die Aufgaben schrittweise verfeinert. Diesen Programmierstil nennt man **Topdown** oder *Stepwise refinement*.

Analysieren wir wieder die Tabelle 1. Es werden hier an jedem Spieltag die Vereinsnamen paarweise einander zugeordnet und auf dem Bildschirm ausgegeben. Danach muss der Programm-Benutzer die Tore eingeben, die jede Mannschaft geschossen hat. Wie lassen sich die Tore, die Vereinsnamen und die Liste im Rechner abbilden? Diese Frage werden wir allgemein in den Kapiteln 3 bis 6 untersuchen.

Analysieren Sie jetzt die Tabelle 2:

- wie hängen Tabelle 1 und Tabelle 2 miteinander zusammen?
- was bedeutet die Kopfzeile mit den Abkürzungen *Sp.*, *g.*, *u.* bzw. *v.*?
- was fällt in Spalte *Sp* auf?
- woher weiß man, wer gewonnen hat?
- was ist die Bedingung, dass ein Spiel *gewonnen*, *verloren* oder *unentschieden* ausging?
- wie kommen in der Spalte *Tore* die Zahlen zustande?
- woher erhält man diese Informationen?
- wie kommen die Punkte zustande?
- was fällt in der Spalte *Punkte* auf?

Es ist sicher eine gute Idee, die Fragen jetzt schon zu erarbeiten, denn sie sind Grundlage der Analyse eines Programms. Mit der Beantwortung der Fragen findet sich eine Vielzahl von Hinweisen zur Lösung der Aufgabe. Wichtig ist, dass ein Programmierer den Sachverhalt so gut aufarbeitet, dass er dem Computer **Handlungsanweisungen für alle Fälle** geben kann – d.h. auch für den Fall einer Falscheingabe oder Fehlbedienung. Der **Computer löst nämlich von sich aus nichts**! Er tut nur das, was der Programmierer ihm vorgibt. Und dieser muss auch **Lösungen für die unzulässigen Fälle** vorsehen – was manchmal auch bekannte, große Unternehmen vergessen.

Nun zu den Antworten. Die Tabelle 1 wird verwendet, um den Spielstand in der Tabelle 2 aufzuschlüsseln und fortzuschreiben. *Sp* bedeutet wohl die Anzahl der bereits absolvierten Spiele, die aufgeschlüsselt werden nach *gewonnen, unentschieden* und *verloren*. Offensichtlich haben nicht alle Vereine dieselbe Anzahl an Spielen. Hat dies nun Auswirkungen auf

1.1   Phasen der Programm-Entwicklung

den Programmablauf, wenn ja, welchen? Die Tabelle 2 kommt ja dadurch zustande, dass die Ergebnisse aus Tabelle 1 übernommen werden. Wenn also ein Spiel fehlt, müssen zu einem späteren Zeitpunkt aus Tabelle 1 die fehlenden Spiele übernommen werden, ohne die anderen Spiele noch einmal zu verbuchen! (Wie könnte dies verhindert werden ?)

> Diese Vorüberlegungen vermeiden offensichtlich unnötige Programmierarbeit, indem die Zusammenhänge zunächst klar erfasst, analysiert und geordnet werden.

Wer gewonnen hat, geht aus dem Torverhältnis der Tabelle 1 hervor. Als Beispiel nutzen wir das Spiel Bochum – Gladbach. Es sind grundsätzlich drei Fälle zu unterscheiden:

Wenn (Bochum_Anzahl_Tore_geschossen
       größer als
       Gladbach_Anzahl_Tore_geschossen)

dann :   erhöhe Bochum_gewonnen,
       erhöhe Gladbach_verloren

Wenn (Bochum_Anzahl_Tore_geschossen
       gleich
       Gladbach_Anzahl_Tore_geschossen)

dann :   erhöhe Bochum_unentschieden,
       erhöhe Gladbach_unentschieden

wenn (Bochum_Anzahl_Tore_geschossen
       kleiner als
       Gladbach_Anzahl_Tore_geschossen)

dann :   erhöhe Gladbach_gewonnen,
       erhöhe Bochum_verloren.

Untersuchen wir die Frage: Wie kommen in der Spalte *Tore* die Zahlen zustande. Zu Beginn der Liste steht der Sieger mit 27:8 und am Ende der Verlierer mit 12:19. Es sind offensichtlich alle geschossenen Tore ins Verhältnis zu allen erhaltenen Toren gesetzt. Halten wir fest:

    Bochum_geschossen ist 11

    Bochum_erhalten ist 10

Woher stammt die Information Bochum_erhalten? In obigem Spiel gilt doch:

    Bochum_geschossen ist gleich Gladbach_erhalten

    Bochum_erhalten ist gleich Gladbach_geschossen

Dieses Ergebnis erhält man durch Auswertung der Tabelle 1 und Übertrag in Tabelle 2.

Schwieriger als das bisherige gestaltet sich die Antwort nach der Punktzahl. Hier muss der Nicht-Fußballbegeisterte Informationen einholen: Ein gewonnenes Spiel bringt drei Punkte, ein unentschiedenes nur einen Punkt. Somit erklären sich auch die drei Spalten g, u, v. Mit den jeweiligen Punkten gewichtet und summiert ergibt sich die Punktzahl. In der Spalte *Punkte* fällt auf, dass die sehr guten Vereine – wen wundert's – ganz vorne stehen. Die Liste ist offensichtlich nach fallender Punktzahl sortiert. Doch beobachtet der aufmerksame Leser, dass fünfmal gleiche Punktzahlen bei unterschiedlichen Torverhältnissen erscheinen:

Fall	a)	b)	c)	d)	e)
Punkte	13	12	9	8	5
Torverhältnis	13:11 11:10	13:11 12:10 14:20	11:16 8:14	11:13 12:20	12:17 12:19

Die Vermutung liegt nahe, dass jene Vereine (bei gleicher Punktzahl) einen höheren Rang haben, die mehr Tore geschossen haben als die anderen, aber die Gruppen b), c) und d) zeigen eben, dass dies nicht so ist! Eine andere Vermutung legt nahe, nach der Differenz aus geschossenen und erhaltenen Toren zu sortieren. In der Gruppe e) ist 12 – 17 = -5 größer als 12 – 19 = -7! Das sieht gut aus mit Ausnahme von b), wo die Differenz zweimal gleich ist. Jedoch ist hierbei 13 > 12.

Halten wir fest, was die Analyse des Sachverhalts erbracht hat:

1. sortiere nach absteigender Punktzahl
2. wenn (Punktgleichheit)

    dann: - sortiere nach Tordifferenz
            - wenn (gleiche Differenz)
              dann: sortiere nach Tore_geschossen

Die bisherige Untersuchung zeigt, dass nicht eine Zeile programmiert wurde, aber dass es sehr viel mit dem Gesamtvorgang Programmieren zu tun hat. Programmieren ist offensichtlich mehr als nur irgend eine Programmiersprache zu beherrschen. Erfolgreiche Programmierprojekte sind dadurch gekennzeichnet, dass genau diese Vorarbeiten *sehr* sorgfältig durchgeführt werden. Solche Planungen nehmen in der Praxis durchaus etwa 50 Prozent des gesamten Projektumfangs in Anspruch.

Kommen wir nun zu Phase 3 dieses Software-Projektes: Entwicklung einer allgemeinen Lösungsvorschrift. Auch hier wird nicht eine Zeile Programm geschrieben, sondern es werden Methoden dargestellt, um eine Lösung zu entwickeln.

Greifen wir beispielhaft das Modul (3) heraus: Spielergebnisse eingeben und anzeigen. So lautet eine erste Verfeinerung:

(3)   Spielergebnisse eingeben und anzeigen
(3.1)   Gib die Nummer des Spieltages ein
(3.2)   Wähle die bereits ausgelosten Mannschaftskombinationen aus
(3.3)   Zeige die Spielpaarungen auf dem Bildschirm an
(3.4)   Beginne die Eingabe mit der ersten Zeile
(3.5)   Gib für die Paarung das Torverhältnis ein
(3.6)   Gehe zur nächsten Zeile
(3.7)   Wiederhole die Schritte (3.5) (3.6) bis alle abgearbeitet sind

Dieses Beispiel führte zunächst anhand eines weithin bekannten Sachverhalts in die ersten Arbeitsschritte des Programmierens ein. **Wesentlich ist eine umfassende und sorgfältige Aufbereitung** der Aufgabenstellung, nämlich die **Analyse und Strukturierung**. Zugleich wurden die ersten Programmierelemente vermittelt, die eine Programmiersprache wie C++ enthält.

Fassen wir zusammen:

Die Erstellung von Software ist mehr als nur das Schreiben eines Programms. Software-Entwicklung ist ein ingenieurmäßiger Prozess mit wirtschaftlicher Zielsetzung. Deshalb kommt der intensiven Planung und Vorbereitung vor der eigentlichen Umsetzung einer Programmieraufgabe große Bedeutung zu. Rechtzeitig Fehler vermeiden spart viel Ärger und Geld. Die Entwicklung von Software läuft in der Regel in Phasen ab, an die wir uns im weiteren auch halten wollen:

- Definition der Aufgabe
- Analyse und Stukturierung
- Entwurf
- Programmerstellung
- Programmtest und
- Dokumentation

Unser Beispiel führte uns anhand eines weithin bekannten Sachverhalts in die ersten Arbeitsschritte des Programmierens ein. Wesentlich – und dies kann nicht deutlich genug ausgedrückt werden – ist eine umfassende und sorgfältige Aufbereitung der Aufgabenstellung, nämlich die Analyse und Strukturierung. Zugleich haben wir die ersten Programmierelemente kennengelernt, die eine Programmiersprache wie C++ enthält.

1.2 Programmiersprachen (1)

Die Bundesliga-Tabelle steht als Beispiel dafür, wie aus einem (technischen oder betriebswirtschaftlichen) Sachverhalt durch inhaltliches Erschließen eine allgemeine Lösungsstrategie entwickelt werden muss. Die Strategie legt fest, *wie* man von der Aufgabe sukzessive zur Lösung kommt. Die Lösungsstrategie ist weithin unabhängig von einer technischen Realisierung.

Der nächste Schritt ist die präzise Formulierung der Lösungsstrategie mit einer **Programmiersprache**. Diese dient als Bindeglied zwischen Mensch und Maschine. Sie muss einerseits eine Problemformulierung aus der Sicht des Menschen zulassen und andererseits für die Maschine interpretierbar sein. Als künstliche, formale Sprache – der natürlichen Sprache des Menschen sehr ähnlich – muss sie mit **festgelegten Symbolen** (*token*) nach sehr genau definierten Sprachregeln (= ▸**Syntax**) konstruiert sein, an die sich ein Programmierer **zwingend** halten muss.

Beispiel einer künstlichen Sprache (hier: ALGOL, Token fett dargestellt):

'**FOR**' k := 1 '**STEP**' 2 '**UNTIL**' 11 '**DO**' '**BEGIN**' PRINT (A,B) '**END**'

Vorteil einer problemorientierten Sprache ist die weitgehende Unabhängigkeit von einem speziellen Rechner. Dies trägt dazu bei, eine einmal gefundene Lösung (ohne neue Programmierung) auf verschiedene Rechner übertragen (portieren) zu können. Die Portierbarkeit einer Software auf verschiedene Betriebssysteme hat wesentlichen Einfluß auf die Verbreitung und damit auf Kosten und Preis.

Der Umsetzungsprozess einer Strategie in eine solche formale Sprache heißt ▸**Programmierung** (im engeren Sinne). Im weiteren Sinne schließt der Begriff die inhaltliche Erschließung und die Entwicklung der Lösungsstrategie mit ein.

Als ▸**prozedural** bezeichnet man Programmiersprachen, in denen maschinenunabhängig Lösungsstrategien als Folge von Arbeitsanweisungen an den Rechner beschrieben werden können.

▸**Objektorientierte** Programmiersprachen stellen die konzeptionelle Weiterentwicklung prozeduraler Programmiersprachen dar; die wesentlichen Unterschiede werden erst später erläutert. Auch wenn C++ Stand der Technik ist, muss der C++Programmierer C-Programme lesen können. Denn auch die Hersteller von Entwicklungsumgebungen haben immer noch genügend Beispiele in den Hilfen, die C-typisch sind.

1.2 Programmiersprachen (1)

Die oben aufgeführte Gruppe von Programmiersprachen hat die gemeinsame Eigenschaft, dass die internen Abläufe durch wenige Programmierelemente gesteuert (*to control*) werden können.

Beispiele prozeduraler Programmiersprachen (ohne C++) sind:

COBOL	(Common Business Oriented Language) für kommerzielle Anwendungen in Handel, Banken, Versicherungen und Industrie; sehr weit verbreitet, oft totgesagt und wiederbelebt. Auch auf PC verfügbar.
FORTRAN	(FORMULA TRANSLATION) für technisch-wissenschaftliche Anwendungen auch auf PC (zB. Finite-Element-Methode), weit verbreitet.
PASCAL	(nach dem franz. Mathematiker Pascal benannt) von Niklas Wirth für die Lehre entwickelt (um 1970); unter dem Handelsnamen Turbo Pascal weit verbreitet, objektorientierte Weiterentwicklung unter dem Namen Delphi. Anwendungen im kommerziellen und technischen Bereich.
C	Ursprünglich entwickelt für die Programmierung des Mehrbenutzer-Betriebssystems UNIX, daher sehr maschinennahe Programmierung möglich. Von Profis für Profis entwickelt, sehr schnell in der Ausführung, aber nicht ganz einfach für den Lernenden; sehr weit verbreitet bei der Systemprogrammierung (zB. Linux), auch bei kommerziellen Anwendungen.
C++	Wurde von Bjarne Stroustrup als objektorientierte Sprache entwickelt (1981), die quasi die C-Funktionalität als Untermenge hat (vgl. später das Kapitel: die klassischen Grundlagen von C++). C++ in Perfektion (?) läßt sich bei der Benutzung von moderner Microsoft-Software erleben.

Fassen wir zusammen:

Programmieren heißt, ein Lösungsverfahren für eine Aufgabe so formulieren, dass es von einem Computer ausgeführt werden kann. Der Vorgang beginnt in der Regel mit der Entwicklung einer Lösungsidee, die schrittweise verfeinert wird, bis schließlich Anweisungen für die Maschine in einem Programm formuliert sind. Dieser Programmtext wird nach genau festgelegten Konstruktionsregeln geschrieben. Die Regeln sind durch die Grammatik (Syntax) festgelegt und müssen unbedingt eingehalten werden. Die Bedeutung der Sprachelemente machen die Semantik einer Programmiersprache aus. Historisch gesehen gehen die prozeduralen den heute vorherrschenden objektorientierten Sprachen voraus.◄

Die vorgenannten Gruppen von prozeduralen und objektorientierten Sprachen haben eine gemeinsame Eigenschaft: Die internen Abläufe werden durch wenige Programmierelemente gesteuert (*to control*). Diesen wollen wir uns im folgenden Abschnitt widmen.

1.3 Steuerelemente in Programmiersprachen

Zur Beschreibung des Ablaufs (also dessen, was der Computer der Reihe nach tun soll) haben wir drei für viele Programmiersprachen typische ▸Steuerelemente zur Verfügung, mit denen der Programmablauf beeinflusst werden kann:

- Folge (Sequenz)
- Auswahl (Fallunterscheidung, Selektion)
- Wiederholung (Schleifen, Iteration)

Das Faszinierende ist, dass diese drei Elemente ausreichen, um eine ▸Lösungsstrategie, einen ▸Algorithmus, für jedes *lösbare* Problem anzugeben (es gibt aber auch unlösbare).

> Ein Algorithmus ist eine Vorschrift, die genau angibt, wie ein Problem in einzelnen Schritten zu lösen ist. Ein Algorithmus muss:
> - korrekt, dh. eindeutig, vollständig von endlicher Länge und endlicher Ausführungszeit sowie
> - effizient sein.

Eindeutigkeit bedeutet, dass auch bei wiederholter Ausführung desselben Programms **immer** (!) **dasselbe** Verhalten herauskommen muss. **Vollständigkeit** bedeutet, dass neben der offensichtlichen Lösung auch jene Fälle berücksichtigt werden müssen, die durch Unachtsamkeit oder vorsätzliches Spielen des Anwenders entstehen können. Die Wirtschaftspraxis, allen voran Microsoft, zeigt jedoch, dass diese Anforderungen oft nicht erfüllt werden.

■ Sequenz

Die **Sequenz** ist eine einfache, lineare Abfolge von Anweisungen:

1: mache_dies
2: mache_jenes
3: mache_nochwas

oder

aktion_1
aktion_2
aktion_3

Beispiel:

1: gib die Nummer eines Spieltages ein
2: wähle die Mannschaftskombination aus
3: zeige auf dem Bildschirm an

Kaum ein Programm kommt jedoch nur mit dieser zwangsweisen Abfolge (Schritt 1, Schritt 2... Schritt n) aus. Oft muss ein Programm, abhängig von

1.3 Steuerelemente in Programmiersprachen

einer Situation, die durch ein Rechenergebnis entsteht oder von außen in Form einer Eingabe auf das Programm einwirkt, eine **Entscheidung** treffen. Abhängig davon, ob eine ▸Bedingung zutrifft (also wahr ist), wird eine Auswahl vorbestimmter Aktionen getroffen.

■ **Auswahl**

Im Bundesliga-Beispiel trat nach der Eingabe der Tore die Situation auf, dass der Computer, abhängig vom Zahlenwert, eine von drei möglichen Aktionen ausführen musste. Welche dies ist, hängt von einer Bedingung ab, zum **Beispiel**:

Wenn (Bochum_geschossen
      größer als
      Gladbach_geschossen)

dann: mache_dies

bzw.:

wenn (**Bedingung_wahr_ist**) dann: mache_dies

Allgemeiner formuliert lässt sich dieser Sachverhalt so darstellen:

1: aktion_1	weise x eine Zahl zu
2: wenn (wahr_ist) dann aktion_2	wenn (x > 5) dann: setze y = 2
3: aktion_3	setze z = 4

Es gibt somit zwei Fälle, wie der Rechner die Schritte abarbeitet:

ist_wahr:	ist_nicht_wahr:
1: aktion_1	1: aktion_1
2: aktion_2	3: aktion_3
3: aktion_3	

Beispiel:

x > 5 ? : ja	x > 5 ? : nein
1: weise x Zahl zu	1: weise x Zahl zu
2: y = 2	3: z = 4
3: z = 4	

1 Grundlagen der Software-Entwicklung

Wenn die Bedingung *nicht wahr* ist, wird die zugehörige Aktion *nicht* ausgeführt. Häufig kommt es aber vor, dass jedoch **aus zwei Möglichkeiten eine** ausgesucht werden muss:

```
1:  aktion_1
2:  Wenn (das_wahr_ist)
      dann aktion_2    sonst aktion_3
3:  aktion_4
```

Somit ergeben sich zwei verschiedene Programmabläufe, abhängig von der Bedingung:

ist_wahr	oder:	ist_nicht_wahr
aktion_1		aktion_1
aktion_2		aktion_3
aktion_4		aktion_4

Über die Art der Aktionen, die der Computer ausführt, ist nichts Einschränkendes ausgesagt. Daher darf eine Aktion auch selbst wieder eine Fallunterscheidung sein.

■ **Wiederholungen (Schleifen)**

Ein weiteres Grundelement in Programmiersprachen beruht auf der Tatsache, dass bestimmte Aktionen mehrfach und stupide wiederholt werden müssen, wofür der Rechner ja prädestiniert ist. Eine naive Variante lautet z.B.

1: nimm eine Variable namens Summe und setze sie null	Summe = 0
2: addiere die Zahl 1 zur Summe	Summe + 1
3: addiere die Zahl 2 zur Summe	(neue) Summe + 2
4: addiere die Zahl 3 zur Summe	(neue) Summe +3
5: usw.	usw.

Sie merken schon ... aber addieren Sie mal nur, solange Zahl kleiner 51 ist! Wieviel einfacher ist es doch, folgendermaßen vorzugehen:

1: nimm eine Variable namens Zähler und setze sie null

2: nimm eine Variable namens Summe und setze sie null

3: wiederhole

4:   erhöhe Zähler um 1
5:   addiere Zähler zu Summe   } das heißt ▸Schleifenkörper
6: solange (Zähler kleiner oder gleich 50)

Dies ist eine von drei Methoden, den Rechner zu veranlassen, Vorgänge zu wiederholen. Um die internen Abläufe des Rechners nachzuvollziehen, führen wir die Anweisungen an den Rechner selbst (mit Stift und Papier) aus. Dazu erstellen wir eine Tabelle und tragen die Werte selbst ein.

Zeile	1:	2:	4:	5:	6:	4:	5:	6:	4:	5:	6:	4:	usw.
Zähler	0		1			2			3			4	...
Summe		0		1			3			6			...
Prüfung ob < 51					ja			ja			ja		

Eine Tabelle ist oft eine gute Methode, um vorher zu testen, welche Werte der Rechner liefern *soll*. Damit läßt sich in gewissem Umfang die numerische Korrektheit eines Programmteils prüfen.

Wie anhand der Zeilennummern in obiger Tabelle zu erkennen ist, durchläuft der Rechner so lange den Schleifenkörper, solange die Variable *Zähler* nicht größer (d.h. kleiner oder gleich) 50 ist. Solche Vergleiche (Relationen) spielen in der Computertechnik eine große Rolle, wir werden uns daher noch intensiv damit befassen.

Mit diesen elementaren Steuerelementen (mit anderen Worten: einfachere gibt es nicht) lässt sich eine bestimmte Art von Programmieraufgaben in hervorragender Weise behandeln. Dabei dürfen diese Elemente nach Lust und Laune (solange der Algorithmus richtig ist!) genutzt werden.

Die bisher beschriebene Methode, eine Aufgabe in ihrem Lösungsweg mit Worten zu beschreiben, heißt ▸**Pseudocode**. Übersetzt man dabei bestimmte ▸**Schlüsselwörter** ins Englische, ergeben sich die korrekten Programmierelemente einer Vielzahl von Programmiersprachen. Zu den Schlüsselwörtern (Token) zählen z.B.

Pseudocode	Pascal	C++
Wenn...dann...sonst	if...then...else	if...else
solange	while	while
wiederhole ... bis	repeat ... until	
wiederhole.. solange		do ... while

1   Grundlagen der Software-Entwicklung

Der Pseudocode kommt der menschlichen Sprache sehr nahe, ist jedoch in Bezug auf die Logik der Aufgabe nicht so streng, so dass sich bei der Analyse durchaus logische Fehler einschleichen können. Die folgende grafische Darstellung, das ▸Struktogramm (DIN 66261), auch Nassi-Shneiderman-Diagramm, ist in Bezug auf die logische Strenge konsequent, verhindert allerdings auch keine Denkfehler.

1.4   Struktogramm

Struktogramme sind grafische Hilfsmittel zur Darstellung der Programmierelemente, die eine sehr übersichtliche und formalisierte Problemlösung gestatten und die sich später ebenso einfach in C++Sprachelemente übertragen lassen. Sie setzen sich aus wenigen Grundsymbolen zusammen, die von vornherein einen sinnvollen Programmaufbau ermöglichen. Ein Struktogramm, die Gesamtheit, besteht aus einzelnen Strukturblöcken, die sich im Rahmen der Regeln beliebig zusammensetzen lassen. *Ein* Verarbeitungsschritt, eine Aktion des Rechners, wird durch den elementaren ▸**Strukturblock** abgebildet. Eine Sequenz stellt somit zwei oder mehr aufeinanderfolgende Aktionen dar. Einige Beispiele dazu wurden bereits im vorigen Abschnitt vorgestellt.

Struktogramme mit Bleistift und Papier zu entwickeln, ist keine zweckmäßige Angelegenheit, weil das nachträgliche Einfügen nur mit Radiergummi sowie Schere und Klebstoff möglich ist. Effizienter sind handelsübliche Struktogramm-Generatoren, die ein schnelles Einfügen und automatisches Anpassen der Grafik erlauben. Das Internet ist sicher eine gute Quelle für kostenlose Generatoren.

Regeln für die Bildung von Struktogrammen:

1. Jeder Strukturblock wird durch ein in der Größe anpassbares Rechteck dargestellt, das eine Anweisung an den Rechner symbolisiert.
2. Ein Strukturblock wird von oben nach unten gelesen. Ein Rückschritt ist nicht erlaubt.
3. Blöcke stehen untereinander.
4. Blöcke überlappen sich nie. Es gibt nur ein Nacheinander (Folge), Nebeneinander (Auswahl) oder ein Ineinander (Schleife).
5. Die ▸Auswahl ist nur *ein* Strukturblock (eine Anweisung), auch wenn sie komplizierter aufgebaut ist!

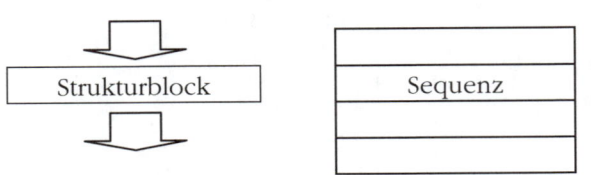

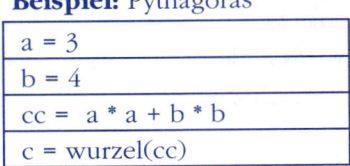

Beispiel: Pythagoras

1.4 Struktogramm

Die ▸**Auswahl** kommt in drei Ausprägungen vor, abhängig von einer **Bedingung**:

- einseitige Auswahl: wenn ... dann
- zweiseitige Auswahl (1-aus-2):   wenn ... dann ... sonst
- Mehrfachauswahl (1-aus-n)

Bei der ▸**einseitigen Auswahl**, siehe Abbildung 1, wird für den Fall einer wahren Bedingung der Strukturblock SB ausgeführt, sonst wird er übergangen. Mit der ▸**zweiseitigen Auswahl** muss auf jeden Fall eine der beiden Alternativen SB1 oder SB2 durchgeführt werden. Die ▸**Mehrfachauswahl** (eine aus n Möglichkeiten) ist ein elegantes Werkzeug für den häufigen Fall, dass eine Bedingung zu einer **geordneten** Lösungsmenge führt. Angenommen, der Benutzer arbeitet mit einem Windows-Programm; dann enthält die oberste Menüzeile eine Auswahl an Menüpunkten, die mit den Buchstaben D(atei), B(earbeiten), A(nsicht) usw. markiert ist. Die zulässigen Buchstaben stellen eine geordnete Menge dar, das heißt mit anderen Worten, **reelle Zahlen** als Vergleichsgröße (Selektor) in der Bedingung einer Mehrfachauswahl sind **nicht zulässig**.

Abbildung 1:   Struktogrammsymbole mit Beispielen

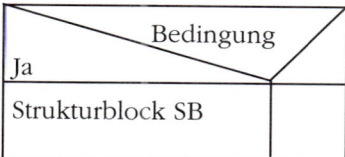
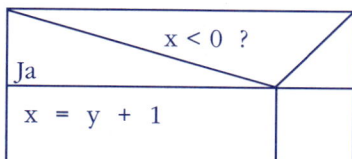

Die ▸**Wiederholung** kommt in zwei Ausprägungen vor:

- Wiederholung mit vorausgehender Bedingungsprüfung
- Wiederholung mit nachfolgender Bedingungsprüfung

Die grafische Darstellung der zwei Varianten einer Wiederholung zeigt die Abbildung 2.

Abbildung 2: Wiederholung mit nachfolgender bzw. vorausgehender Bedingungsprüfung

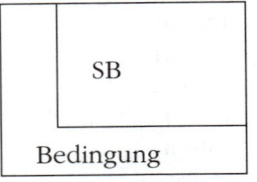 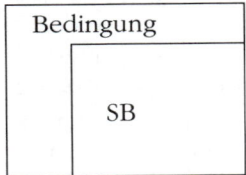 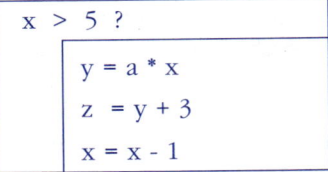

Diese Grundelemente lassen sich miteinander kombinieren, um zu sinnvollen Abläufen zu gelangen. Beispielsweise kann die Auswahlanweisung Teil einer Sequenz sein, Abbildung 3. Andererseits kann auch eine Auswahlanweisung in jedem Zweig eine Folge enthalten, Abbildung 4. Im allgemeinen Fall können die Grundelemente beliebig kombiniert sein.

Abbildung 3: Die Auswahl als Teil einer Sequenz

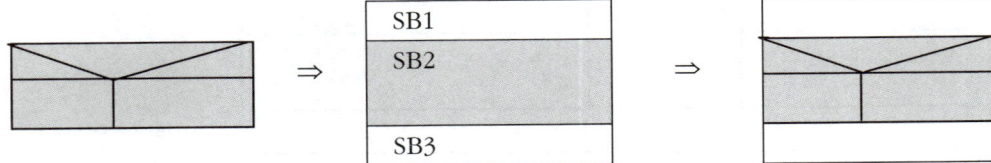

Abbildung 4: Auswahl, die eine Sequenz enthält

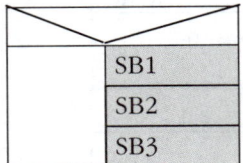

Die Vorgehensweise, die in diesem Abschnitt dargestellt ist, nämlich die zielgerechte Aneinanderreihung von Grundoperationen wie Folge, Auswahl und Wiederholung beschreibt gewöhnlich einen **prozeduralen** ▸**Algorithmus**. Solch ein Algorithmus, eine für die Problemstellung **allgemeingültige** Lösungsvorschrift, wird als Prozedur betrachtet, der man folgt, um eine Aufgabe auszuführen. (Sie erinnern sich: *same procedure as every year*..). Für die ▸prozedurale, dh. ablauforientierte Sichtweise gelten zwei Charakteristika:

1. Festlegung, *welche* Aufgaben der Rechner ausführen muss.
2. Festlegung, *in welcher Reihenfolge* die Aufgaben auszuführen sind.

Etwa vierzig Jahre lang war diese Sichtweise in der Informatik vorherrschend, ehe sich allmählich eine neue, die objektorientierte, durchsetzte. Ich folge hier der Ansicht von Horn / Kerner [9, Seite 123]: „Das Begreifen der Prinzipien und der Vorteile der objektorientierten Programmierung erfordert bereits einen gewissen Erfahrungsschatz... Es scheint wichtiger, dass zunächst die Fähigkeiten zu algorithmischen Problemlösungen entwickelt werden als ganz spezielle Programmiertechniken". In der Tat verlangt der objektorientierte Ansatz ein höheres Maß an Strukturierung und an Planung. Wir werden deshalb erst nach bestimmten Fortschritten auf den objektorientierten Ansatz eingehen.

Fassen wir zusammen:

Wir können einen Algorithmus, also eine Vorschrift zur schrittweisen Lösung eines Problems, zunächst textuell in Form eines Pseudocodes oder grafisch mithilfe von Struktogrammen darstellen. Beide Formen beschreiben den Lösungsweg auf der Basis von nur drei grundlegenden Steuerelementen Sequenz, Auswahl und Wiederholung.◄

Im nächsten Unterkapitel beschäftigen wir uns mit einer Fallstudie, die uns einige Zeit begleiten wird. Auch sie stellt ein Beispiel dar, wie zunächst der Sachverhalt analysiert und aufgearbeitet werden muss. Ferner werden wir die Fähigkeiten vertiefen, eine Aufgabe mit Pseudocode und Struktogramm zu entwickeln.

1.5 Fallstudie Einkommensteuer

Im Paragraf 32a des Einkommensteuergesetzes (EStG) ist festgelegt, wieviel Einkommensteuer jeder Steuerpflichtige zu zahlen hat. Das Gesetz ist von seltener juristischer Präzision, gilt es doch, dass jeder Programmierer zwischen Mittenwald und Flensburg den identischen Steuerbetrag berechnen können muss. Im Vergleich zu den Vorschriften anderer Jahre ist der § 32a EStG von 1990 sehr einfach. Er lautet:

(1) Die tarifliche Einkommensteuer bemißt sich nach dem zu versteuernden Einkommen. Sie beträgt ... für zu versteuernde Einkommen

1. bis 5616 DM (Grundfreibetrag) : 0;

2. von 5617 DM bis 8153 DM : 0,19 * x − 1067;

3. von 8154 DM bis 120041 DM: (151,94 * y + 1900) * y + 472;

4. von 120042 DM an : 0,53 * x − 22842;

»x« ist das abgerundete zu versteuernde Einkommen, *»y«* ist ein Zehntausendstel des 8100 DM übersteigenden Teils des abgerundeten zu versteuernden Einkommens.

(2) Das zu versteuernde Einkommen ist auf den nächsten durch 54 ohne Rest teilbaren vollen DM-Betrag abzurunden, wenn es nicht bereits durch 54 ohne Rest teilbar ist.

(3) Die zur Berechnung der tariflichen Einkommensteuer erforderlichen Rechenschritte sind in der Reihenfolge auszuführen, die sich nach dem ▸ Horner-Schema ergibt. Dabei sind die sich aus den Multiplikationen ergebenden Zwischenergebnisse für jeden weiteren Rechenschritt mit drei Dezimalstellen anzusetzen; die nachfolgenden Dezimalstellen sind fortzulassen. Der sich ergebende Steuerbetrag ist auf den nächsten vollen DM-Betrag abzurunden.

Zunächst gilt es, diesen Text zu untersuchen. Jemand, der von Steuergesetzen nichts versteht, könnte geneigt sein, sich unter dem zu versteuernden Einkommen (Fachbegriff!) etwas vorzustellen, was sich in der ökonomischen Realität wiederfinden lässt (zum Beispiel Jahreseinkommen, Einnahmen oä.). Dies wäre ein grundlegendes Missverständnis. Um das zu versteuernde Einkommen (zvE) zu berechnen, muss man zunächst in einer Nebenrechnung die Summe der sieben Einkunftsarten (zB. Land-/ Forstwirtschaft, selbständige / nichtselbständige Arbeit, Vermietung und Verpachtung) bilden. Dann sind einige Positionen abzuziehen (zB. Werbungskosten, Sonderausgaben) und andere hinzuzufügen. Das ist nicht ganz einfach und wechselt eh dauernd nach Kassenlage und politischer Windrichtung. Das zvE ist die Bemessungsgrundlage (und Eingabegröße) dafür, welcher Steuersatz anzuwenden ist. Offensichtlich kennt das Gesetz dafür vier verschiedene Fälle mit einer Reihe von Rechenvorschriften. Eine davon besagt, siehe (2), das zvE ist durch 54 ohne Rest teilbar. Eine zweite heißt – auch so ein sprachlicher Leckerbissen staatlicher Wortgewalt: *... ist ein Zehntausendstel des 8100 DM übersteigenden Teils des zvE.*

- Lassen sich daraus Rechenvorschriften entwickeln?

- Was ist das Horner-Schema?

- Was bedeutet dies im Absatz (3)?

Selbst wenn diese Fragen geklärt sind, bedarf es einer gewissen Anstrengung, die an unterschiedlichen Stellen gegebenen Informationen in die richtige Reihenfolge zu bringen. Das *Ziel dieser Software* wird sein, den korrekten Steuerbetrag zu ermitteln und am Monitor auszugeben, wenn der Benutzer das zu versteuernde Einkommen eingibt. Dieses Steuerprogramm wird uns über eine längere Zeit begleiten. Zuerst ist ein Struktogramm zu erstellen, später folgt eine erste Programmversion, bei der die

Korrektheit der Zahlen sichergestellt wird. Jedoch ist der Komfort nicht sehr hoch; sukzessive werden Verbesserungen durchgeführt, die zugleich zu neuen Programmiervarianten führen, so dass der Leser die Konzepte *im Vergleich* erkennen kann.

Wegen des *besonderen Algorithmus* ist jedoch das EStG von 1981 viel nützlicher für unser Softwareprojekt als die Form von 1990 und später. Die oben im §32a (1) EStG 1990 genannten vier Einkommensbereiche mit ihren Rechenvorschriften werden dazu durch die folgenden fünf entsprechenden Zonen ersetzt, wobei E das auf den nächsten, durch 54 teilbaren Betrag abgerundete zu versteuernde Einkommen bedeutet.

1. *Nullzone* : $E \leq 4212$ *(Grundfreibetrag)*: $EST = 0$

2. *Untere Proportionalzone* : $4213 \leq E \leq 18000$

    $EST = 0{,}22 * E - 926$

3. *Untere Progressionszone* : $18001 \leq E \leq 59\,999$

    $EST = (((3{,}05 * E1 - 73{,}76)*E1 + 695)*E1 + 2200)*E1 + 3034$
    mit $E1 = (E - 18000) * 0{,}0001$

4. *Obere Progressionszone*: $60\,000 \leq E \leq 129\,999$

    $EST = (((0{,}09*E2 - 5{,}45)*E2 + 88{,}13)*E2 + 5040)*E2 + 20018$
    mit $E2 = (E - 60000) * 0{,}0001$

5. *Obere Proportionalzone*: $E \geq 130\,000$

    $EST = 0{,}56 * E - 14\,837$

1.6 Zusammenfassung

Um computergestützte Informationssysteme, die technische, wirtschaftliche oder organisatorische Aufgaben lösen, entwickeln zu können, soll zu Beginn die **Aufgabenstellung** („das Problem") durch den Anwender **vollständig** und **korrekt beschrieben** sein, was durchaus mit Schwierigkeiten verbunden sein kann. So ist zB. der Gesetzgeber der Meinung, dass die Berechnung der Einkommensteuer klar formuliert sei. Oft ist das Problem aus der alltäglichen Nutzung bekannt – wie im Beispiel der Bundesliga-Tabelle – und soll nun in Software umgesetzt werden. Für den Entwickler einer Software bedeutet dies, zunächst die **fachlichen Anforderungen** zu **erschließen (Systemanalyse)**.

Das Problem wird vernünftigerweise **in Teile zergliedert**, die logisch auf gleicher, übergeordneter oder untergeordneter Ebene angesiedelt sein können. Durch dieses Gliedern erhält das Problem eine **Struktur**. Dann sind alle **Beziehungen zwischen den Teilen** zu ermitteln.

Ist die Grobstruktur ermittelt, wird ein Problem sukzessive verfeinert. Eine zweckmäßige Methode ist die **Top-down**-Vorgehensweise: vom Übergeordneten zum Untergeordneten, vom Groben zum Feinen. Der Vorgang der Verfeinerung wird oft mehrfach durchlaufen.

Neben der Struktur spielen die **Objekte der Datenverarbeitung**, die Daten, eine große Rolle. Die Systemanalyse muss neben der Art der Zahlen und sonstigen Zeichen auch die Wertebereiche ermitteln. So gibt es beispielsweise keine negativen Tore und das Ergebnis der Steuerberechnung ist eine ganze Zahl größer als null, die aber nach oben nicht begrenzt ist. Daten und ihre Darstellung im Rechner sind Gegenstand des nächsten Kapitels.

Die **Qualität der Analyse** hat unmittelbare Auswirkungen auf die Anzahl der **Fehler** im anschließenden Entwurf des künftigen Systems. Somit sind zugleich die wirtschaftlichen Aspekte der Software-Entwicklung (Termin und Kosten) angesprochen.

Auf die Systemanalyse folgt der **Systementwurf**, der eine geeignete Lösungsstrategie zum Ergebnis hat. Lösungsstrategie und Algorithmus sind hier synonym verwendet. An einen **Algorithmus** werden bestimmte Anforderungen gestellt: er muss eine **zweifelsfreie**, **reproduzierbare** Abfolge von Arbeitsschritten haben – auch für die außergewöhnlichen Fälle. Ist dies sichergestellt, dann ist das Programm **im Verhalten eindeutig** und **dem Umfang nach vollständig**.

Zur Formulierung einer Lösungsstrategie gibt es bemerkenswerterweise nur die drei grundsätzlichen **Elemente**: **Abfolge, Auswahl und Wiederholung**, wobei die letzten beiden Elemente nützliche Varianten bieten. Die Kunst der Programmierung besteht darin, die drei Elemente so miteinander zu kombinieren, dass eine **korrekte** und **effiziente Lösung** folgt. Als **grafisches** Hilfsmittel dient das **Struktogramm**.

Der Software-Entwurf führt zu einem abstrakten (dh. von einem konkreten Rechner unabhängigen) Ergebnis. Erst mit Hilfe eines Programmierwerkzeugs (einer Entwicklungsumgebung zu einer Programmiersprache) läßt sich der formale Entwurf so formulieren, dass der **Rechner die Gedanken des Programmierers ausführen** kann. Als **prozedural** bezeichnet man Programmiersprachen, in denen maschinenunabhängig Lösungsstrategien als Folge von einzelnen Arbeitsanweisungen beschrieben werden können. **Objektorientierte** Programmiersprachen betrachten weniger die Abläufe – die nach wie vor korrekt sein müssen! – als vielmehr die **Objekte der realen oder gedachten Welt** und beschreiben ihre **Eigenschaften**. Dies erfordert eine etwas andere Systemanalyse, die im Rahmen dieser Einführung nur ansatzweise dargestellt werden kann.

Nicht jeder Entwurf wird auf Anhieb korrekt sein. Eine Lösungsstrategie ist zu **testen**. Dazu wird eine gewisse Anzahl vorher festgelegter Eingaben getätigt, von denen der Entwickler das theoretisch richtige Ergebnis kennt. Liefert die Software das gewünschte Ergebnis, ist dies **kein Beweis für die Korrektheit und Vollständigkeit** der Software. Es besagt nur, dass **bisher kein Fehler** aufgetreten ist. Testdaten sind oft sehr kleine oder sehr große Werte, null oder solche Werte, deren Ergebnis bekannt ist.

Übung 1

1 In einem Zimmer stehen drei Stühle, von denen zwei durch Frau Blau und Frau Rot besetzt sind. Beide wollen ihre Plätze tauschen. Dabei muss eine immer einen Platz einnehmen, während die andere geht. Haben Sie eine gute Idee?

Das identische Problem: Es gibt drei Speicherplätze a, b, c. In a steht der Wert 5, in b 7. Entwerfen Sie eine Lösungsstrategie für einen Platztausch. Wie sieht das Struktogramm aus?

2 Im Folgenden sollen die ersten n natürlichen Zahlen (zB. n = 50) summiert werden (zwei // bedeuten: jetzt folgt Kommentar):

    sum = 1 + 2 + 3 + ... + 49 + 50.

Betrachten wir das Problem etwas genauer:

    1: sum = 1   (+ 2 +...+ 50)
    2: sum = sum + 2 (+ 3 +...+ 50) // erhöhe sum um 2
    3: sum = sum + 3 (+ 4 +...+ 50) // erhöhe sum um 3, usw. bis:
    n: sum = sum + n

Im allgemeinen Fall ist von 1 bis n zu zählen und der aktuelle Zählwert der bestehenden Summe hinzuzufügen. Dies legt die Lösungsstrategie fest:

    sum = 0;   // Startwert;
    zaehler = 1;
    mache
      (neue) sum = (alte) sum + zaehler
      erhöhe zaehler um 1
    solange (zaehler < grenze)

Welchen Wert muss grenze annehmen, n oder n+1? Wie lautet das Ergebnis bei folgender Lösungsstrategie:

    sum = 0;
    zaehler = 1;
    mache
      erhöhe zaehler um 1
      (neue) sum = (alte) sum + zaehler
    solange (zaehler < grenze)

1 Grundlagen der Software-Entwicklung

Wie lautet die <Bedingung>, wenn dagegen folgender Ansatz gewählt wird:

    sum = 0; zaehler = 1;
    wiederhole
      (neue) sum = (alte) sum + zaehler
      erhöhe zaehler um 1
    bis <Bedingung> erreicht

Gibt es grundsätzlich einen schnelleren Lösungsweg?

Hier folgt nun das Struktogramm zur letzten Variante:

    Summe ganzer Zahlen

sum = 0	
zaehler = 1	
repeat	(neue) sum = (alte) sum + zaehler
	erhöhe zaehler um 1
until	zaehler >= grenze

3 Nach der Eingabe zweier reeller Zahlen, die in den Variablen a und b gespeichert werden, soll die Größe x berechnet werden, für die gilt:

    x = a / (a − b)

Entwickeln Sie eine allgemeingültige Lösungsvorschrift. Stellen Sie Ihre Lösung in Pseudocode und Struktogramm dar.

4 Wir wollen für die quadratische Gleichung

    $a x^2 + b x + c = 0$ mit $a, b, c \in R$

bei zahlenmäßig gegebenen Koeffizienten a, b, c die Lösungsmenge von x ermitteln.

Die Formelsammlung liefert sofort den Ansatz

    x_1 = − b/(2*a) + √(b*b − 4*a*c) / (2*a)
    x_2 = − b/(2*a) − √(b*b − 4*a*c) / (2*a)

was sich leicht programmieren lässt. Doch ein solcher Schnellschuss führt zum Rechnerabsturz! Rechnen Sie mit dem Taschenrechner folgende Wertekombinationen aus:

1.	b = 0	c = -28	a = 7
2.	a = 0	b = 0	c = 16
3.	c = 2	a = 3	b = 4

1.6 Zusammenfassung

Aufgabenanalyse:

Eine genauere Untersuchung zeigt, dass a ungleich null sein muss, sonst ergibt sich keine quadratische Gleichung. In der Lösungsformel darf der Nenner nicht null sein. Zweitens sind verschiedene Fälle zu unterscheiden, je nachdem welchen Wert der Ausdruck unter der Wurzel annimmt.

Fallunterscheidungen:

1. Radikand > 0 : 2 Lösungen, x1 und x2 wie oben,

2. Radikand = 0 : 1 Lösung, x1 = x2,

3. Radikand < 0 : 2 komplexe Zahlen der Art: x1 = 3 + 4i und x2 = 3 − 4i mit i = $\sqrt{-1}$

Lösungsansatz:

eingabe (b); eingabe (c)
wiederhole   eingabe (a)
bis (a > 0)
Radikand = b*b − 4*a*c
wenn (Radikand > 0)
   dann: x1 = -b/(2*a) + wurzel(Radikand) / (2*a)
         x2 = -b/(2*a) - wurzel(Radikand) / (2*a)
         ausgabe(x1,x2)
   sonst: wenn (Radikand = 0)
         dann: x1 = − b/ (2*a);
                 ausgabe(x1)
         sonst: ausgabe ("komplexe Lösung")

Das zugehörige Struktogramm sieht so aus:

Wurzel

Eingabe (b)			
Eingabe (c)			
repeat	Eingabe (a)		
until	a > 0		
Radikand = b*b - 4*a*c			
if Radikand > 0			
then	else		
x1 = (-b+wurzel(Radikand))/(2a)	if Radikand = 0		
x2 = (-b-wurzel(Radikand))/(2a)	then	else	
Ausgabe(x1, x2)	x1 = -b/(2a)	Ausgabe ("komplexe Lösung")	
	Ausgabe (x1)		

1 Grundlagen der Software-Entwicklung

5 Rechnen Sie zunächst auf der Basis des EStG von 1990 mit dem Taschenrechner bei gegebenem zvE die Beträge der Einkommensteuer (EST) aus

$7884 \leq zvE \leq 7937$

$57132 \leq zvE \leq 57185$

$145000 = zvE$

6 Entwickeln Sie aus dem EStG von 1990 einen Pseudocode und ein Struktogramm. Ein Struktogramm lässt sich dann unmittelbar in eine Computersprache wie C++ umsetzen. Beachten Sie: Es ist im Augenblick *nicht* wichtig, *wie* gerundet bzw. abgeschnitten wird. Verwenden Sie einfach: Runden oder: auf_drei_Stellen_runden.

7 Geldscheine und Münzen weisen oft folgende Stufung in den Beträgen auf: 5 - 2 - 1. Vorgegeben ist eine virtuelle Geldwechselmaschine, bei der Sie einen Betrag < 100 in ganzen Einheiten eingeben. Diese Maschine ermittelt nun aus dem Betrag die kleinst mögliche Anzahl ak an Scheinen bzw. Münzen bei folgender Stückelung:

Stückelung	50,00	20,00	10,00	5,00	2,00	1,00
Anzahl	a1	a2	a3	a4	a5	a6

Entwerfen Sie eine Strategie, um einen eingegebenen Betrag optimal aufzuteilen. Annahme: In dem virtuellen Automaten befinden sich immer ausreichend Scheine und Münzen jeder Stückelung.

Untersuchen Sie zunächst die Zusammensetzung verschiedener Geldbeträge auf der Basis der letzten Tabelle mit den Werten 98, 66, 47, 13, 25 und 50.

- Entwerfen Sie den Pseudocode
- Fertigen Sie das zugehörige Struktogramm an.

B Informationstechnik

2 Die Verarbeitung von Informationen

Im Teil A wurden die hier interessierenden Grundlagen für die Systemanalyse und den Systementwurf gelegt. Das Ergebnis war ein maschinenunabhängiger Entwurf. Der Teil B beschreibt im Kapitel zwei zunächst die für den Programmierer wichtigsten Grundlagen, wie moderne Rechner, beispielsweise der PC, aufgebaut und organisiert sind. Wie Informationen der realen Welt im Rechner abgebildet, intern dargestellt und gespeichert werden, ist Gegenstand der Kapitel drei bis sieben. Viele dieser Informationen sind auch für andere Programmiersysteme wie Java und Excel gültig.

Eine zusammengefasste Darstellung dieser wichtigen Sachverhalte erscheint mir aus drei Gründen zweckmäßig:

> Zum einen wird bei der Verwendung von C++ viel Verantwortung bezüglich der internen Programmorganisation dem Programmierer aufgebürdet. Er muss daher die Konzepte verstehen.
>
> Zum zweiten ist es die Regel, beim Umsetzen des Systementwurfs in eine Programmiersprache **Fehler** zu machen. Die Entwicklungsumgebung leistet hier (dem Profi) eine gewisse Hilfestellung. Der Teil B liefert daher eine Menge **Grundlagen**, **um** diese **Hilfe interpretieren** zu können. Dies erleichtert eine **schnelle Fehlersuche** und **-behebung**.
>
> Zum dritten tragen die Informationen bei, mögliche **Fehler** und scheinbar unerklärliche Verhaltensweisen zu verstehen und zu **vermeiden**. Dies erhöht in der Regel die Lustrate beim Programmieren.

2.1 Allgemeiner Aufbau moderner Rechner

Heutige Computer wie der PC basieren auf einem ▸Rechneraufbau, den der ungarisch-amerikanische Mathematiker Johann (John) von Neumann (1903 - 1957) in den vierziger Jahren entwarf.

2 Die Verarbeitung von Informationen

Abbildung 5: Vereinfachtes Funktionsmodell eines Computers [15, S. 29]

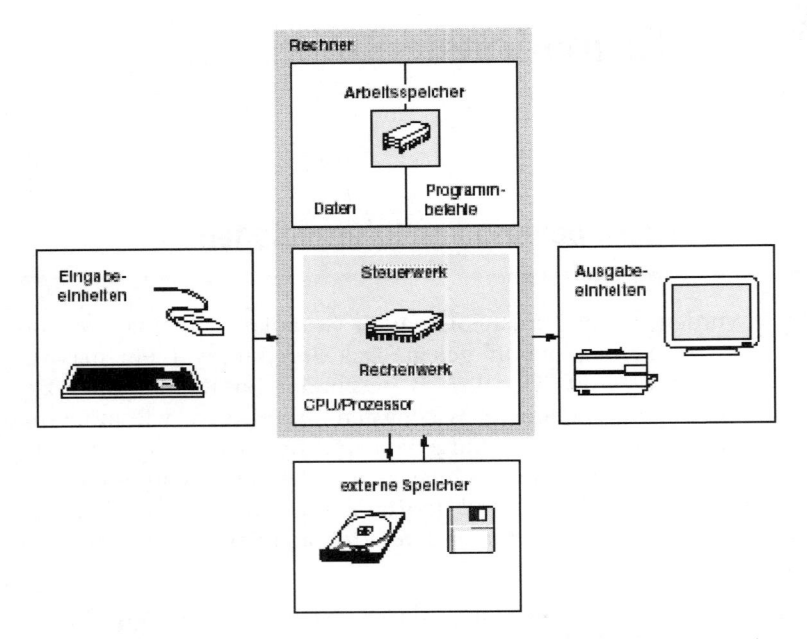

Danach arbeitet ein Rechner ein Programm der Reihe nach ab – Schritt für Schritt. Diese Arbeitsweise findet natürlich eine Entsprechung in der Software, wie es im letzten Abschnitt bereits erörtert wurde. Ein nach diesen Grundsätzen aufgebauter Rechner besteht aus den in der Abbildung 5 dargestellten Teilen.

Über die ▸**Eingabeeinheit** (*input device*) werden Daten in den Rechner eingegeben. Eine zeitlich begrenzte Speicherung findet im Haupt- oder ▸**Arbeitsspeicher** (*main memory*) statt, weil er einmal von der Größe her stark beschränkt ist, zum anderen aber auch seinen Inhalt verliert, wenn die Energie abgeschaltet wird. Eine dauerhafte Speicherung gewährleistet die **Festplatte** (*hard disk*). Der Ausgabe von Daten dient die ▸**Ausgabeeinheit** (*output device*). Als zentrale Einheit (*central processing unit*, CPU) steuert die ▸CPU beinahe alle Aktionen, die der Rechner ausführt. In modernen Computern ist sie auf einem Chip, dem ▸**Mikroprozessor**, untergebracht, der aus einem Steuerwerk und einem Rechenwerk besteht.

Das ▸**Rechenwerk** beherrscht die **Grundrechenarten** und kann **vergleichen**, alle anderen Operationen werden auf diese zurückgeführt. Die zu verarbeitenden Informationen sind rechnerintern ganze Zahlen oder reelle Zahlen. In der Welt ausserhalb des Rechners können diese Zahlen

Töne, Bilder, Buchstaben oder auch Zahlen darstellen. Technisch gesehen liegen alle Informationen innerhalb des Rechners in zweiwertiger **(binärer) Form** vor, in der Informatik allgemein dargestellt mit den **Zuständen 0 bzw. 1**. Sie repräsentieren das Nicht- bzw. Vorhandensein von Elektronen, bestimmten magnetischen Orientierungen auf Disks (Nord-/Südpol) oder Berg/Tal bei der CD.

Technische Eingabeeinheiten sind zB. Tastatur, Maus, Joystick, Lichtgriffel, Scanner, CD-ROM. Typische Ausgabegeräte sind Monitor, Drucker, Plotter, CD-Brenner oder Lautsprecher. Beide Gerätearten haben jeweils einen einseitigen Informationsfluss, während bei Festplatte, Diskette, Modem oder Netzwerk ein bidirektionaler Datenverkehr stattfindet, wie es durch die Pfeile in der Abbildung 5 gekennzeichnet ist. Mit Lesen (*read, input, get*) bezeichnet man allgemein das Hineinbringen, mit Schreiben (*write, put, output*) das Ausgeben von Daten **aus der Sicht des Prozessors**.

2.2 Aufbau des Arbeitsspeichers

Den ▸Arbeitsspeicher kann man sich vorstellen wie ein extrem hoch gebautes Regal mit einer konstanten Breite (1 Byte). Um die einzelnen ▸Speicherplätze zu unterscheiden, werden sie von null beginnend durchnummeriert. Diese Ordnungsnummern heißen ▸**Adressen**, intern dargestellt mit Nullen und Einsen.

Abbildung 6:   Modell des Arbeitsspeichers

Adresse:	Daten:
01010101010110	10110011
01010101010111	01010011
01010101011000	10111000
01010101011001	00010001
01010101011010	11100110
01010101011011	01101111
01010101011100	10101000

Es gilt hier zu unterscheiden zwischen der Speicherplatznummer und dem Inhalt des Speicherplatzes, dem Datum (die Daten), siehe Abbildung 6. Ein Arbeitsspeicher von 32 MegaByte (MB) umfasst daher 33'554'432 solcher Speicherzellen, nummeriert von 0 bis 33'554'431. Die Zahlen werden im Kapitel 3 erklärt. Beachten Sie: Informatiker zählen üblicherweise ab 0 statt 1!

2   Die Verarbeitung von Informationen

Um geordnete Abläufe in der Datenverarbeitung zu schaffen, wird der gesamte Speicher in fünf große Teile eingeteilt, wovon einer für das Betriebssystem und das Tor zu den Ein-/Ausgabe-Geräten reserviert ist. Die verbleibenden vier Teile des Arbeitsspeichers, Abbildung 7, werden uns noch mehrfach beschäftigen, weil sie auch für das Programmieren wichtig sind.

Abbildung 7:   Organisation des ▸Arbeitsspeichers: vier wichtige Bereiche

Heap
Stack
Datenbereich
Programmbereich

Die eigentliche Anwendung (*application*), die Datei mit der Endung EXE (*executable*, ausführbar) wird im ▸**Programmbereich** abgelegt. Daten, die das Programm von Anbeginn bis zum Ende benötigt, heißen ▸**global** gültig oder ▸**statisch** und werden im ▸**Datenbereich** gespeichert. Der ▸Stack (▸**Stapelspeicher**) ist ein besonderer Speicherbereich; während der Programmbearbeitung werden die Daten der Reihe nach aufgestapelt und in umgekehrter Reihenfolge wieder abgebaut. So werden die zuletzt gestapelten Daten zuerst entfernt (*last in, first out*, LIFO-Prinzip). Am Ende dieser nur temporären Speicherbenutzung *ist der Stack wieder leergefegt*, und er steht für neue Rechen- und Speichervorgänge zur Verfügung. Da sich der Stack zur Programmlaufzeit entwickelt und er nach oben und unten begrenzt ist, besteht die Gefahr einer Kollision (Rechnerabsturz). Von besonderer Bedeutung ist der ▸**Heap**, weil hier – im Gegensatz zum Datenbereich – Speicher während der Programmausführung für neue Variablen **reserviert und wieder freigegeben** werden kann. Diese Form der ▸Speicherverwaltung auf dem Heap heißt ▸**dynamisch**.

Das Verstehen dieser Sachverhalte erleichtert das Verständnis für bestimmte Programmierkonzepte, wir werden daher diese Sachverhalte später in geeigneter Weise noch vertiefen.

2.3   Programmiersprachen (2)

Ein Programm stellt eine Folge von Arbeitsanweisungen an den Rechner dar. Aufgaben eines Rechners können zum Beispiel sein: Einlesen, Verarbeiten und Ausgeben von Daten (EVA-Prinzip). Ein spezielles Programm, das die internen Abläufe steuert und dabei den Speicher koordiniert, ist das Betriebssystem (zB. DOS, UNIX, LINUX, WindowsNT, AppleOS). In der Frühzeit der Rechnertechnik wurden einem Rechner Anweisungen in Form von ▸**Maschinenbefehlen** erteilt:

2.3 Programmiersprachen (2)

    100010011110   Maschinenbefehle
    101110111000

Aufgrund der sehr unübersichtlichen und fehleranfälligen Schreibweise dieser Maschinenbefehle wurden ihnen englische Kürzel (*mnemonics*) zugewiesen, die ihre Funktionsweise beschreiben:

    11101001   → JMP   : jump (springe)
    10111000   → MOV AX, BX : move (bringe von BX nach AX)
    00000011   → ADD AX, CX : add (addiere Register AX und CX)

Ein Programm, das diese mnemotechnische Schreibweise in Bytes umsetzt, heißt ▸**Assembler** und ist **prozessorspezifisch**.

Mit zunehmendem Programmumfang wurde auch diese Programmierweise fehleranfällig und wenig produktiv, weil auf sehr niederer Ebene der einzelnen Speicherplätze die Bytes manipuliert werden, ohne dass sich der Programmierer auf die eigentliche Aufgabe (Lohnabrechnung, Buchhaltung, mathematische Berechnungen) konzentrieren konnte. Ausserdem lief ein Programm nur auf einem speziellen Prozessortyp, es war daher nicht auf anderen lauffähig.

Die **dritte Generation** von Programmiersprachen erlaubte es, eher die eigentliche Aufgabe zu beschreiben. *Symbolische Namen* für Speicherplätze, wie zB. x, Preis, und Konstruktionen wie

    repeat ... until (Pascal) oder
    do ... while (C)

sind beinahe natürlich sprachliche (englische) Bezeichnungen, die ein spezielles Programm, ein ▸**Compiler**, über Assembler wieder in Bytes auflöst. Das Ergebnis heißt Programmcode. C wurde geschrieben, um das Betriebssystem UNIX zu entwickeln. C wurde aber auch verwendet, um neue, höhere Programmiersprachen, Programmgeneratoren und Anwendungen (zB. Hotelsoftware) zu erzeugen. In den achtziger Jahren des letzten Jahrhunderts wuchs der Programmumfang (den Programmierern über den Kopf), so dass von einer Softwarekrise die Rede war. (Wilhelm Busch: „Kaum war der Wunsch gewährt, schon zeugt er neuen.").

Es mangelte an der Wiederverwendbarkeit bereits geschriebener Software. So musste zB. jeder Programmierer immer wieder seine eigenen Fenster programmieren.

Nach einer ersten allgemeinen Verunsicherung führte eine gründliche Durchsicht der bisherigen Programmierweise zu der Erkenntnis, dass das eigentliche Ziel der Software ein Abbild (Modell) der realen Umwelt sein sollte. Ein Kunde oder ein Software-Fenster wurden nun als ▸**Objekt** betrachtet, das gewisse Eigenschaften haben sollte. So entstand ein neuer Ansatz der Problemlösung, die zunächst einen **höheren Abstraktionsgrad bei Systemanalyse und Systementwurf** erfordert.

Dies ist Gegenstand der ▸**objektorientierten Programmierung** (OOP). Heutige C++Compiler spannen – vom Funktionsumfang gesehen – den weiten Bogen zwischen den Objekten (Beispiel: Fenstertechnik in Windows) und der hardwarenahen Bitmanipulation. Das macht die Sprache C++ auch so anspruchsvoll und es dem Lernenden nicht einfach. Daher werden in den folgenden Abschnitten die Grundlagen gelegt, um die Entwicklungsumgebung mit ihren Ausgabeinformationen zu verstehen.

2.4 Arbeitsabläufe im Rechner

Wenn ein Rechner ein ▸Programm (also eine Folge von Arbeitsanweisungen) abarbeiten soll, muss zu Programmbeginn der Programmcode von einem Datenträger in den Arbeitsspeicher kopiert werden (dafür ist das Betriebssystem zuständig). Wo jeweils dieses Programm in dem riesigen Speicher abgelegt wird, ist aus organisatorischen Gründen in einem Register, einem prozessoreigenen Speicher, notiert. Das Steuerwerk des Prozessors holt der Reihe nach die Informationen aus dem Speicherbereich für den Programmcode und interpretiert, welcher Art sie sind. Wir unterscheiden drei Arten von Informationen:

- Arbeitsanweisungen an den Rechner,
- Daten, die an das Rechenwerk übergeben werden,
- Adressen.

Das Steuerwerk organisiert die internen Abläufe des Prozessors, dazu *zeigt* es immer dorthin, wo es als nächstes weitergeht. Dabei nutzt es die Informationen, die in den *verschiedenen* Speicherbereichen, siehe Abbildung 7, abgelegt sind.

Halten wir fest:

Für das Verständnis vieler, noch zu behandelnder Programmierregeln ist es enorm hilfreich, den grundsätzlichen Aufbau eines Rechners zu kennen: Ein Computer besteht aus einem Prozessor – dem Rechen- und Steuerwerk –, dem Arbeitsspeicher und den Ein- und Ausgabeeinheiten, an die auch die externen Speicher angeschlossen sind. Wenn ein Programm ausgeführt werden soll, werden zunächst die Programmanweisungen und Daten im Arbeitsspeicher abgelegt. Dieser besteht aus Speicherplätzen, die über Adressen identifiziert werden und in denen die Daten abgelegt sind. Aus organisatorischen Gründen ist der Speicher in

2.4 Arbeitsabläufe im Rechner

Bereiche für das Betriebssystem, den Heap, den Stack und die verschiedenen Programmbereiche unterteilt.

Um die Arbeitsanweisungen an den Rechner zu formulieren, wurden im Laufe der Zeit verschiedene Programmiersprachen entwickelt: reine Maschinenanweisungen, Assemblersprachen, höhere, der menschlichen Sprache angepasste Sprachen und objektorientierte Programmiersprachen, von denen C++ und Java die zur Zeit am verbreitetsten sind. Deren Programme müssen vor der eigentlichen Ausführung durch den Rechner in dessen Maschinensprache übersetzt werden. Ein Programm, das diese Übertragung vornimmt, heißt Compiler.

Das Formulieren von Arbeitsanweisungen an den Rechner ist Besitzern von programmierbaren Taschenrechnern wohlvertraut. Wir betrachten jetzt ein Beispiel mit einem weitverbreiteten Rechner mit der angenehmen Eigenschaft, ohne Klammern zu arbeiten. Dafür ist die Reihenfolge der Tastenbetätigung etwas anders: Aus 3 + 4 wird 3 Enter 4 +, wobei Enter und die Operationszeichen (+, - , * , /) die Eingabe abschließen. Der Klammerausdruck (5 + 4)*(6 − 3) schreibt sich dann so: 5 Enter 4 + 6 Enter 3 - * . Wir wollen ein Programm entwickeln, bei dem zwei Größen (die Variablen n und i) über die Tastatur eingegeben werden und dann der Ausdruck (n + 4)*(i − 3) nach Betätigen der Starttaste automatisch ausgerechnet wird. Hinter den Tasten n und i verbergen sich Speicherplätze, von denen es weitere gibt, die mit 0 bis 9 durchnummeriert sind. Das Speichern von Werten wird ausgeführt, indem die zu speichernde Zahl eingegeben und dann die Tasten STO (*store*) und die Nummer des Speichers, zB. 3, gedrückt wird. Ein im Speicher 3 liegender Wert wird mit den Tasten RCL (*recall*) und 3 in den Prozessor geholt.

Wir geben jetzt ein: Zahl 5 in Speicher n
Zahl 6 in Speicher i und betätigen die Starttaste.

Jetzt wird das zuvor geschriebene Programm abgearbeitet:

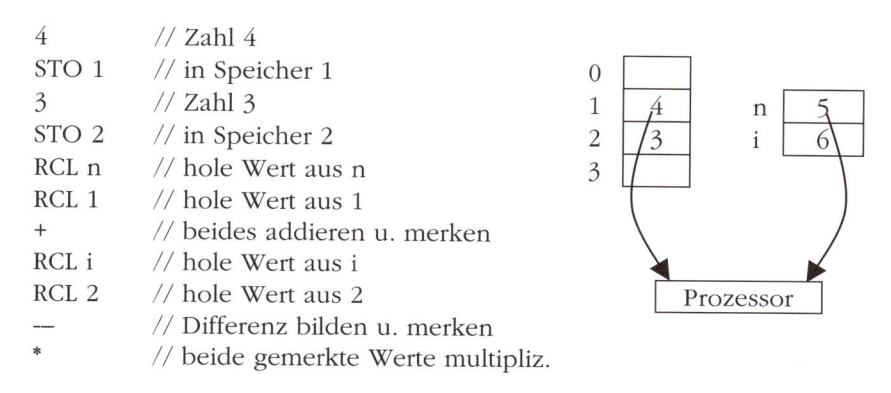

```
4          // Zahl 4
STO 1      // in Speicher 1
3          // Zahl 3
STO 2      // in Speicher 2
RCL n      // hole Wert aus n
RCL 1      // hole Wert aus 1
+          // beides addieren u. merken
RCL i      // hole Wert aus i
RCL 2      // hole Wert aus 2
−          // Differenz bilden u. merken
*          // beide gemerkte Werte multipliz.
```

Der Benutzer des Taschenrechners muss also seine Lösungsstrategie nach den Regeln des Herstellers formulieren und in bestimmte Arbeitsschritte gliedern, damit der Rechner dies ausführen kann. Die Reihenfolge und die Sinnhaftigkeit der Arbeitsschritte legt der Programmierer fest. Auch ist er fest an die Fähigkeiten des Rechners gebunden, mit bestimmten Zahlentypen zu arbeiten.

Wenn der Benutzer mehr oder anderes machen will, als es der Taschenrechner zulässt, braucht er ein anderes, ein komfortableres Werkzeug, zB. eine Programmierumgebung, wie sie C++ bereitstellt. Hier hat der Programmierer grössere Freiheiten, auch in der Wahl der Daten, die er eingibt. Grössere Freiheiten bringen aber auch grössere Verpflichtungen. In den nächsten Kapiteln wollen wir uns mit den verschiedenen Konzepten befassen, welche Daten man eingeben kann, welche Eigenschaften sie haben und welche Regeln dafür gelten.

3 Darstellung von Informationen: Einleitung

Während das letzte Kapitel den grundsätzlichen Aufbau und die internen Abläufe zum Gegenstand hatte, beschreiben die folgenden Kapitel die wesentlichen Konzepte der internen Organisation und Speicherung von Daten sowie (aus Prozessorsicht) die Ein- und Ausgabe. Aus Gründen der besseren Übersicht wird dieser Themenbereich auf die Kapitel drei bis sieben aufgeteilt. Das Kapitel drei beschreibt dabei die Grundlagen der Zahlensysteme und Codes, Kapitel vier stellt die einfachen Typen von Daten vor, während Kapitel fünf die aus den einfachen Typen zusammengesetzten erläutert. Kapitel sechs systematisiert die Datentypen und bringt ein vergleichendes Beispiel. Schließlich behandelt das siebte Kapitel die Eingabe über die Tastatur und Ausgabe auf den Monitor.

Diese Kapitel entfalten wahrlich keinen sonderlichen Charme, um nicht zu sagen, sie seien zuweilen trocken. Aber bei Ihrer Fehlersuche werden Sie selbst feststellen, diese Informationen sind **nützlich**, um die Hilfestellungen der **Entwicklungsumgebung interpretieren und Fehler vermeiden** zu können. Im Anhang 5 betrachten wir einen schwierigen Fall, den man nur mit dem Wissen der folgenden Kapitel 3 bis 5 meistern kann.

Möglicherweise werden Sie beim erstmaligen Lesen nicht alles aufnehmen können, weil die folgenden Kapitel auch viele praktische Tips enthalten. Nutzen Sie die Gelegenheit, immer wieder zu diesem Kapitel zurückzukehren – Sie werden es nicht bereuen, wenn Sie einige Fehler verstehen, beheben und dann vermeiden können. Dann geht auch das Programmieren etwas flotter.

Ein Beispiel für Informationen aus einer Entwicklungsumgebung zeigt folgender Bildschirmausschnitt. Sie erkennen einerseits im hinteren Fenster einen lesbaren Programmcode und andererseits im vorderen Fenster den Speicherzustand der im Programm verwendeten Variablen. Beachten Sie hier das Watch-Fenster: Es stellt ein bequemes Guckloch in den Speicher dar und liefert die aktuellen Informationen, die der Programmierer interpretieren können muss, um Fehler zu beheben.

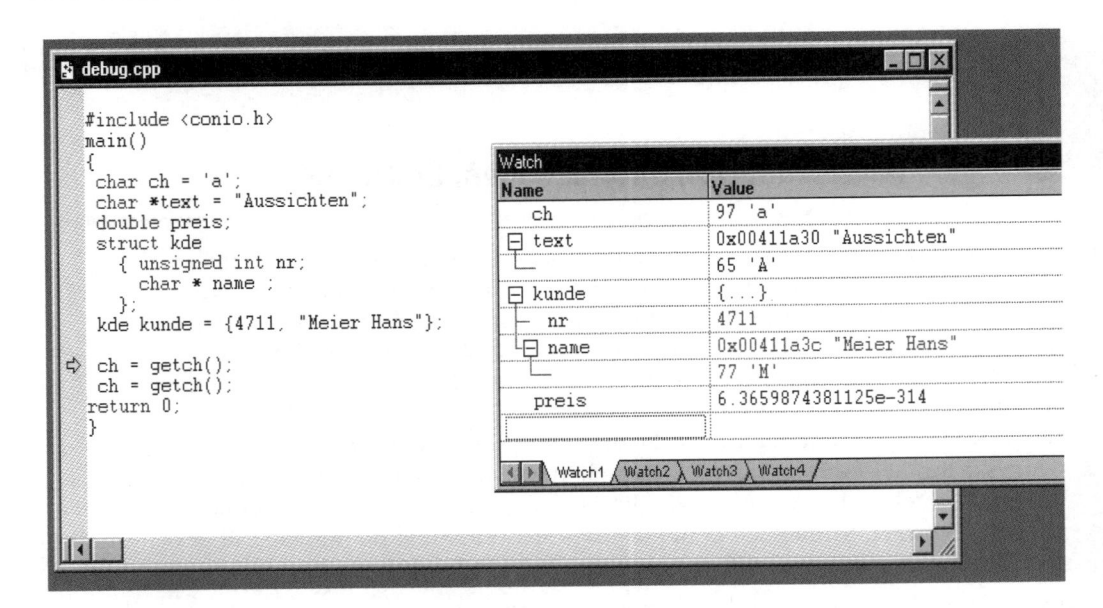

```
debug.cpp
#include <conio.h>
main()
{
  char ch = 'a';
  char *text = "Aussichten";
  double preis;
  struct kde
    { unsigned int nr;
      char * name ;
    };
  kde kunde = {4711, "Meier Hans"};
⇨ ch = getch();
  ch = getch();
  return 0;
}
```

Watch	
Name	Value
ch	97 'a'
⊟ text	0x00411a30 "Aussichten"
└	65 'A'
⊟ kunde	{...}
├ nr	4711
└⊟ name	0x00411a3c "Meier Hans"
└	77 'M'
preis	6.3659874381125e-314

Watch1 / Watch2 / Watch3 / Watch4

Den praktischen Nutzen der folgenden Kapitel möchte ich Ihnen anhand einer wahren Begebenheit des Jahres 2002 vor Augen führen. Die GRÜNEN haben sich im Februar zu einem Parteitag in Baden-Württemberg zusammengefunden, um für die Bundestagswahl jenes Jahres nach der parteiinternen Hackordnung die Kandidatenliste zu bestimmen. 202 Delegierte waren angereist, um vor Ort mit Schrecken festzustellen, dass nach der Satzung exakt 200 Delegierte die Landesliste festlegen. Ihre Anzahl hatte man mit Hilfe eines Tabellenkalkulationsprogramms ermittelt. Süffisant bemerkt die angesehene, regionale *Badische Zeitung* vom 25.2.: »Leichter als von Hand geht es mit Microsofts Tabellenprogramm. Doch das kalkuliert mit Dutzenden von Nachkommastellen – und damit viel zu genau. 202 Delegierte hat der Computer eingeladen, zwei zuviel. „Wir hätten", sagt der Landesvorsitzende Andreas Braun kleinlaut, „von Hand nachrechnen müssen".« Der Parteitag wird abgesagt, um nach Wochen erneut zusammenzukommen. Die *Badische Zeitung* weiter: »Für die wie vom Donner gerührte Landesgeschäftsführerin ... ist das Debakel nicht nur gut 10000 Euro teuer, sondern auch besonders peinlich.« Überschrift des Artikels: „Grüne in der Pisa-Falle – unterentwickelte Rechenkünste...". Man hätte richtig programmieren müssen, denn viele Informationen der folgenden Abschnitte gelten allgemein für Rechner und Software wie Excel, Java oder C und C++.

▸Zahlensysteme und Codes

Bei der Bundesliga-Tabelle und der Fallstudie haben wir erkannt, dass in einem Rechner zumindest ganze Zahlen, reelle Zahlen, Buchstaben und Texte verarbeitet werden. Die folgenden Abschnitte beschäftigen sich damit, wie diese Informationen in zweiwertiger Form rechnerintern vorliegen müssen. Da diese zweiwertige Form für den Menschen recht schnell unhandlich und fehleranfällig wird, bedient er sich auch des Oktal- und Hexadezimalsystems. Zunächst befassen wir uns mit der allgemeinen Zahlendarstellung, um dann daraus abzuleiten, wie eine technische Repräsentation im Rechner aussieht.

3.1 Zahlensysteme

Aufbau eines Zahlensystems

Aus der Schule sind uns die Dezimalzahlen wohlvertraut – Zahlen, die Stellen vor und nach dem Komma haben. Aber: die Dezimalzahlen sind besondere Zahlen; es ist zweckmäßig, sie allgemein zu untersuchen.

Allgemein lassen sich reelle Zahlen Z mit n Stellen vor und m Stellen nach dem Komma in Polynomform darstellen, wobei B die Basis und z die Zahlzeichen bedeuten. Die **Stellengewichte** sind durch die **Potenzen der Basis** repräsentiert:

$$Z = z_n B^n + z_{n-1} B^{n-1} + \ldots + z_0 B^0 + z_{-1} B^{-1} + z_{-2} B^{-2} + \ldots + z_{-m} B^{-m}$$

$$= \Sigma\,(i = 0;\, n;\, z_i B^i) + \Sigma\,(j = -m;\, -1;\, z_j B^j)$$

mit: $0 \leq z_i,\, z_j < B$ und $B^0 = 1$ (Definition)

oder in üblicher Kurzform als Ziffernfolge:

$$Z = z_n z_{n-1} z_{n-2} \ldots z_2 z_1 z_0 z_{-1} z_{-2} \ldots z_{-m}$$

In der Summenformel bezeichnet der erste Term die untere, der zweite die obere Summationsgrenze und der letzte den Ausdruck, über den summiert wird. Die linke Summe mit dem Index i beschreibt den ganzzahligen Teil und die rechte mit dem Index j den gebrochenen Teil der Zahl Z.

Mit n Stellen einer Zahl ergeben sich B^n Zahlen, die den Wertebereich von 0 bis $B^n - 1$ umfassen. Beispiel: B = 10, n = 3; Wertebereich 0…999. Stellenwertsysteme mit B > 10 benötigen neue Symbole für die Ziffern 10,…, B - 1, die man dem Alfabet entnimmt. Praktisch bedeutsam ist dabei nur das Hexadezimalsystem mit 16 Zahlzeichen. In der Computertechnik übliche Zahlensysteme zeigt die folgende Übersicht:

3 Darstellung von Informationen: Einleitung

System	Basis B	▸Zahlzeichen z
Dual	2	0,1
Oktal	8	0,1,2,3,4,5,6,7
Dezimal	10	0,1,2,3,4,5,6,7,8,9
Hexadezimal	16	0,1,2,3,4,5,6,7,8,9,A,B,C,D,E,F

Beispiele für Zahlensysteme:

$4 \cdot 10^4 + 8 \cdot 10^3 + 5 \cdot 10^2 + 0 \cdot 10^1 + 3 \cdot 10^0 + 7 \cdot 10^{-1} + 9 \cdot 10^{-2} = 48503{,}79$

$3 \cdot 16^3 + A \cdot 16^2 + F \cdot 16^1 + 2 \cdot 16^0 = 3\,A\,F\,2$

$1 \cdot 7^2 + 5 \cdot 7^1 + 0 \cdot 7^0 + 3 \cdot 7^{-1} = 150{,}3$

$1 \cdot 2^6 + 1 \cdot 2^4 + 1 \cdot 2^3 + 1 \cdot 2^2 + 1 \cdot 2^0 + 0 \cdot 2^{-1} + 1 \cdot 2^{-3} = 1011101{,}001$

Zur eindeutigen Bezeichnung der Zahlen wird in Zweifelsfällen die Basis mit dem amerikanischen Nummernzeichen # der Zahl vorangestellt: 7#147, 16#101.

Am Beispiel mit nur dreistelligen Zahlen des Dezimalsystems (0 ... 999) sehen Sie, dass die ▸Subtraktion auf die Addition zurückgeführt werden kann. Wir wollen 419 von 521 subtrahieren, dazu rechnen wir zunächst jene Zahl aus, die 419 zur nächst höheren 10er-Potenz ergänzt. Diese Zahl addieren wir zu 521.

521 – 419 → Nebenrechnung : 419 + <u>581</u> = 1000
521 + 581 = (1)102 = 521 – 419

Die in Klammer gestellte Eins ist der Übertrag in die nächst höhere Stelle, den wir nicht berücksichtigen, weil er den vorgegebenen Zahlenbereich dreistelliger Zahlen übersteigt. Diesen Sachverhalt greifen wir beim Dualsystem noch einmal auf.

▪ Dualzahlen

Das Dualzahlensystem ist deshalb für die Rechnertechnik so bedeutend, weil es die Möglichkeit eröffnet, zweiwertige (= binäre) technische Signale (zB. Spannung vorhanden – Spannung nicht vorhanden) für die Speicherung von Zahlen sowie für die Grundrechenarten zu verwenden.

Eine binäre Stelle mit dem Wert 0 oder 1 heißt ▸**Bit** (*binary digit*), und acht Bit werden zu einem ▸**Byte** zusammengefasst:

2er-Potenz	2^7	2^6	2^5	2^4	2^3	2^2	2^1	2^0
Gewicht (dezimal)	128	64	32	16	8	4	2	1
Dualzahl:	0	1	0	1	1	1	0	1

3.1 Zahlensysteme

Es ist weit verbreitet, aber nicht allgemein üblich, ▸**binär** als Oberbegriff für zweiwertige Zustände und ▸**dual** als Unterbegriff *zweiwertig mit Stellengewicht* zu definieren.

Die Tabelle 3 stellt beispielhaft mit n = 4 die ersten 16 = 2^4 Dualzahlen dar, die oft benötigt werden.

Tabelle 3:   Die ersten 16 Dualzahlen

Dez	2^3	2^2	2^1	2^0	Dez	2^3	2^2	2^1	2^0
0	0	0	0	0	8	1	0	0	0
1	0	0	0	1	9	1	0	0	1
2	0	0	1	0	10	1	0	1	0
3	0	0	1	1	11	1	0	1	1
4	0	1	0	0	12	1	1	0	0
5	0	1	0	1	13	1	1	0	1
6	0	1	1	0	14	1	1	1	0
7	0	1	1	1	15	1	1	1	1

> Mit n dualen Stellen lässt sich ein Zahlenvorrat von 2^n Zahlen darstellen mit einem Wertebereich von 0 bis $2^n - 1$.

Die größte mit 16 Bit darstellbare Zahl ist somit 10#65535, jene mit 10 Bit 10#1023. Zur Bezeichnung einer größeren Anzahl Bytes finden – wie im Dezimalsystem – Vorsilben Verwendung, die Vielfache von 1024 sind:

Vorsilbe	Abkürzung	Bit	Anzahl dezimal
Kilo	KByte	10	1' 024
Mega	MByte	20	1' 048' 576
Giga	GByte	30	1' 073' 741' 824
Tera	TByte	40	ca. 1 Billion

▪ ▸Hexadezimalsystem, ▸Oktalsystem

Das Hexadezimalsystem wird heute in der Rechnertechnik praktisch nur zur externen Darstellung von Speicheradressen verwendet, weil das Dualsystem bei 32- bzw. 64-Bit-Rechnern aufgrund der hohen Stellenzahl sehr schnell unhandlich wird. Das UNIX-Betriebssystem setzt häufig die oktale Schreibweise ein, daher wird es in C/C++ mitgeführt. Zur schnellen Umwandlung zwischen den Zahlensystemen ist folgender Zusammenhang nützlich.

- ▸**Umwandlung von Dual in Oktal bzw. Hex und umgekehrt:**

Wegen 2^3 = 8 (Oktal) bzw. 2^4 = 16 (Hexsystem) lassen sich alle Dualzahlen – von der **niedersten** Stelle beginnend – in Gruppen zu Dreien bzw. Vieren zusammenfassen (wobei notfalls führende Nullen ergänzt werden) und gruppenweise ins Oktal- bzw. Hexadezimalsystem umwandeln.

Im folgenden Beispiel wird aus der 2#1000 die Hexziffer 8 und aus 2#011 die Oktalziffer 3.

Beispiel:

B				9				8				Hexzahl
1	0	1	1	1	0	0	1	1	0	0	0	Dualzahl
5			6			3			0			Oktalzahl

Vom Grundsatz her lassen sich in der beschriebenen Weise Zahlen verarbeiten, jedoch keine Zeichen. Unter Zeichen wollen wir vorläufig Buchstaben und Satzzeichen verstehen. Der nächste Abschnitt behandelt dieses Thema.

Übung 2

1 Rechnen Sie die folgenden Dezimalzahlen in jedes Zahlensystem (Basis 2, 8, 16) um: a) 148   b) 16583   c) 89427,625

2 Rechnen Sie die Dualzahlen in jedes andere Zahlensystem (Basis 8, 10, 16) um: a) 1010   b) 10,1001   c) 10101010101010

3 Rechnen Sie Hexadezimalzahlen in jedes andere System um: a) 2A1F   b) FF   c) 100

4 Fertigen Sie sich eine Tabelle mit vier Spalten an, in der Sie die Zahlen von Null bis 32 dezimal, hex, oktal und dual darstellen.

5 Erstellen Sie eine Tabelle mit den Stellengewichten nach folgendem Muster:

Stelle	4	3	2	1	0	-1	-2	-3
dual	16	8	4	2	1	0.5	0.25	0.125
oktal								
dezim.								
hex								

3.2 Codes

6 Erstellen Sie eine Tabelle mit allen 0/1-Kombinationen für die Nachkommastellen nach folgendem Muster:

0.5	0.25	0.125	0.0625	Summe dezimal
0	0	0	1	0.0625
0	0	1	0	0.1250
....				....
1	0	0	0	0.5000
1	0	0	1	0.5625
1	0	1	0	0.6250
.....	....	....	.....	.....
1	1	1	1	0.9375

7 Welches ist die größte, mit n Bit darstellbare Zahl (als Dezimalzahl)?

n	2	5	8	10	16
Max_Zahl					

3.2 Codes

Neben Zahlen müssen in informationsverarbeitenden Systemen andere Informationen (zB. Buchstaben, Satz- und Sonderzeichen) eingegeben, verarbeitet, übertragen und ausgegeben werden. Diese sind daher erst in eine technisch verarbeitbare Form zu bringen.

Im Frankreich des ausgehenden 18. Jahrhunderts wurde der staatliche reitende Bote durch eine mechanische Signalübertragung (Semaphore, griech. Zeichenträger) auf den Bergkuppen ersetzt, die den heute noch üblichen Eisenbahnsignalen ähnlich ist. An dem Signalmast konnten schwenkbare Arme in ihrer Stellung verändert werden, so dass sie ein optisches Zeichen ergaben, die ein Maschinist anhand einer Liste wählte. Diese stellt eine Zuordnung zwischen dem Alfabet und der Signalstellung her, die allen Maschinisten bekannt sein muss. Mit dem Aufkommen der Eisenbahntechnik um 1835 wurden elektrische Impulse zur Nachrichtenübertragung verwendet (Telegrafie). Berühmt wurde Samuel Morse, der Buchstaben eindeutige Kombinationen aus kurzen und langen Stromimpulsen zuordnete.

Eine mathematische Definition eines Codes lässt sich in folgender Weise geben: Die Menge der abzubildenden Zeichen (Urbildmenge) ist einer anderen, der Bildmenge, eindeutig und umkehrbar (= eineindeutig) zuzuordnen. Eine **Zuordnungsvorschrift** heißt **Code** oder Codierung. Die Art der Zuordnung kann willkürlich sein, doch wird sie zweckmäßig gewählt. Morse hat zB. für den häufigsten Buchstaben e das kürzeste Signal verwendet.

3   Darstellung von Informationen: Einleitung

In der Rechnertechnik gibt es eine Vielzahl (historisch bedeutsamer) Codes, von denen heute im Umfeld des PC vier Codes eine herausragende Bedeutung haben:

- ASCII (American Standard Code for Information Interchange)
- ANSI (American National Standards Institute)
- UNICODE und UCS

■ ASCII

Den ▸ASCII (sprich: aski) haben Computerfachleute 1964 für den öffentlichen Datenaustausch entwickelt. Er wird zur Darstellung von Buchstaben- und Zahlzeichen, den **alphanumerischen** Zeichen, verwendet. Normgemäss ist der ASCII ein 7-Bit-Code, aber mit der Einführung des Personal Computers hat IBM das achte Bit unter anderem für nationale Sonderzeichen, Blockgrafik und häufig genutzte griechische Buchstaben verwendet (erweiterter ASCII).

Der ASCII umfasst 128 Ordnungszahlen, denen jeweils ein Zeichen (*character*) entspricht. So wird der Ordnungsnummer 10#65 = 16#41 in der Urbildmenge der Buchstabe A zugeordnet und umgekehrt: 65 ⇔ A. Die Tabelle 4 fasst die Zeichen nach Gruppen zusammen:

Tabelle 4:   Aufbau des ASCII (vgl. auch Anhang 1)

Ordnungszahl 10#	Zeichen
0 ... 31, 127	Steuerzeichen
48 ... 57	Ziffern 0 bis 9
65 ... 90	Großbuchstaben
97 ...122	Kleinbuchstaben
32 ... 47	Satz- und Sonderzeichen
58 ... 64	Satz- und Sonderzeichen
91 ... 96	Satz- und Sonderzeichen
123...126	Satz- und Sonderzeichen

Die ersten 32 Zeichen sind ▸Steuerzeichen (*control codes*), die als nichtdruckbare Zeichen an die Hardware übergeben werden und in einigen Fällen elektrische Signale erzeugen. Zu den für den Programmierer wichtigen Zeichen gehören:

Beispiele:

ASCII(7)	Klingel (*bell*)
ASCII(10)	Zeilenvorschub (*Line Feed*, LF)
ASCII(12)	Seitenvorschub (*Form Feed*, FF)
ASCII(13)	Wagen- bzw. Cursorrücklauf (*Carriage Return*, CR)
ASCII(27)	Escape

Der Zeilenvorschub bewegt bei einem Drucker die Walze, bei einem Monitor den Cursor, um eine Zeile weiter, der Wagenrücklauf bringt den Druckkopf/Cursor in derselben Zeile an den Anfang. Das Betätigen der ENTER- bzw. RETURN-Taste ist im Ergebnis die Kombination aus beiden: CR-LF.

Beachten Sie, dass beim ASCII die Großbuchstaben vor den Kleinbuchstaben angeordnet sind. Es gibt wenigstens einen anderen Code, bei dem die Kleinbuchstaben vor den Großbuchstaben liegen. Insoweit ist die Zuordnung willkürlich, allerdings besteht in der Codierung durchaus eine Beziehung zwischen Groß- und Kleinbuchstaben.

Rechnerintern wird stets diese Ordnungsnummer gespeichert und verarbeitet. Erst bei der Ausgabe einer Ordnungsnummer wird diese (mithilfe eines Softwareprogramms) in ein sichtbares normales, kursives, fettes Pixelmuster irgendeiner Schriftart (*font*) umgesetzt. Umgekehrt wird bei der Eingabe zunächst ein anderer Code in der Tastatur erzeugt, wenn eine Taste gedrückt wird. Dies gilt es besonders dann zu berücksichtigen, sobald die ALT-, STRG-, SHIFT- oder eine der Funktions- und Pfeiltasten betätigt wird (siehe Anhang 1).

■ **ANSI-Code**

Der ▸ANSI-Code stimmt in den Zeichen bis 127 mit dem ASCII überein. Aber darüber hinaus gibt es eine andere Zuordnung. Probleme bereiten die Umlaute und Blockgrafikzeichen, die im (erweiterten) ASCII geschrieben sind und in ein Word-Textprogramm übernommen werden.

■ **UNICODE und UCS**

Mit der weltweiten Verbreitung der PersonalComputer entstand die Notwendigkeit, verschiedene Zeichensätze zu definieren, um die vielen (lateinischen) nationalen Zeichen ländergerecht darzustellen. Dies reichte jedoch nicht aus, um zB. kyrillische, koreanische oder chinesische abzubilden. Deshalb wurde 1990 der ▸UNI-Code mit einer 16-Bit-Länge definiert. Nach der 16-Bit-Lösung wurde mit dem ▸UCS (Universal Character Set) ein 32-Bit-Code definiert (ISO-Norm 10646), der die Darstellung aller zur Zeit benutzten Schriftzeichen – auch der historischen – zulässt. ASCII und UNI-

Code sind dabei Teilmengen. Zwar lässt C++ einen solchen Zeichenvorrat zu, aber wir werden dies nicht vertiefen.

Fassen wir zusammen:

Informationen werden rechnerintern in zweiwertiger (binärer) Form dargestellt, die man im allgemeinen durch die Zahlzeichen 0 bzw. 1 repräsentiert. Das sind Symbole für zwei technisch unterschiedliche Zustände. *Eine Stelle (mit dem Wert 0 oder 1) heißt Bit, eine Gruppe von acht Bit nennt man Byte.* Für bestimmte Zahlen verwendet man das Dualsystem, dem eine Stellenwertigkeit zugrunde liegt. Für den Programmierer übersichtlicher ist sind jedoch das Oktal- und das Hexadezimalsystem, die alle leicht ineinander umgeformt werden können. Da im Rechner nicht nur Zahlen abgebildet sind, bedient man sich einiger Codes, von denen der bekannteste der ASCII ist.

Übung 3

1 Der ASCII ist mit System aufgebaut. Analysieren Sie die Ordnungszahlen in ihrer Dualdarstellung. Was für eine Eigenschaft haben die Ordnungszahlen der Ziffern bzw. die der Groß- und Kleinbuchstaben?

2 Wie groß ist die Differenz der Ordnungszahlen zwischen Groß- und Kleinbuchstaben?

3 Nennen Sie wenigstens drei weitere Codes (auch nicht-technischer Art)

4 Darstellung von Informationen: Einfache Datentypen

Der letzte Abschnitt hat allgemeine Zusammenhänge vorgestellt, ohne konkret auf die technische Darstellung und ihre möglichen Probleme einzugehen. Die folgenden zwei Kapitel zeigen, wie die *externe Welt* in Form von Daten *in* einem *Rechner abgebildet* werden.

4.1 Übersicht

Zunächst wollen wir die elementaren Arten von Daten behandeln, die in jedem Programm benötigt werden (können) und deshalb vom Hersteller einer Programmiersoftware standardmäßig mitgeliefert werden. Dazu zählen beispielsweise ganze Zahlen und reelle Zahlen. Würde der Programmierer sich nur auf diese eingebauten Möglichkeiten beschränken, hätte er unverhältnismäßige Mühe, die externe Welt abzubilden. Daher hat der Hersteller eines Programmier-Werkzeugs die Möglichkeit geschaffen, dass der Programmierer selbst die Daten aus den elementaren zusammensetzen kann, wie es die Programmieraufgabe als Modell der Welt verlangt. Da diese Daten gemeinsame, **typische** Eigenschaften haben, fasst man sie zu ▸Daten-**Typen** zusammen. Ihre Schreibweise heißt auch C++Notation, die im Teil C genau dargestellt wird.

Wir unterscheiden

- **Einfache Datentypen**

    Einfache Datentypen zeichnen sich dadurch aus, dass sie elementar, dh. auf keine anderen Typen zurückführbar sind. Sie sind durch die Konstruktion fest vorgegeben. Beispiele sind positive ganze Zahlen, negative ganze Zahlen, reelle Zahlen, logischer (Boolescher) Typ. Sie sind Gegenstand dieses Kapitels.

- **Zusammengesetzte Datentypen**

    Mit einfachen Datentypen lassen sich kompliziertere Datentypen benutzerspezifisch und dem jeweiligen Problem angemessen **baukastenartig zusammensetzen**. Sie werden im nächsten Kapitel behandelt.

    Sie werden sehr schnell erkennen, dass es schon am Anfang bei der Suche nach einer Lösungsstrategie notwendig ist, Überlegungen im Hinblick auf eine geeignete Datenstruktur anzustellen. Fehler, die hier angestellt wurden, ziehen sich durch die gesamte Software durch und können den Programmieraufwand erheblich vergrößern. Wir werden deshalb in den Beispielen auch häufiger verschiedene Datenstrukturen auf ihre Zweckmäßigkeit untersuchen, bevor wir uns für *eine* Lösung entscheiden.

Softwareobjekte werden auf der Ebene des Programmierers durch ▸**Bezeichner** (*identifier*, symbolische Namen für Datenobjekte) identifiziert. Die Bezeichner stehen stellvertretend für diese Objekte, werden aber **intern repräsentiert durch Speicheradressen**. Datenobjekte, die im Verlauf eines Programms unterschiedliche Werte annehmen können, heißen – wie in der Mathematik – Variablen. Solchen Datenobjekten muss der Programmierer Platz reservieren. Die Zuordnung von Bezeichner zum Datentyp sowie die gleichzeitige Speicherzuweisung (*allocation*) heißt ▸**Datendefinition**. Dies geschieht in C++ ganz konsequent in der Form durch Angabe des

> ☞ <Datentyps> und des Namens <Bezeichner>

Im Kapitel 2.2 haben wir festgestellt, dass der Arbeitsspeicher 1 Byte breit ist. Das Byte ist daher die kleinste adressierbare Speichereinheit, alle Datenobjekte umfassen ganze Vielfache. Wieviele Bytes tatsächlich *belegt* werden, hängt vom verwendeten Betriebssystem, der Compiler-Software (16, 32 oder 64 Bit) und der internen Speicherorganisation ab.

4.2 Einfache Datentypen

4.2.1 Ganzzahlen

■ **Positive ganze Zahlen**

Um positive ganze Zahlen abzubilden, gibt es in C++ je nach notwendigem Zahlenvorrat verschiedene Datentypen, siehe Tabelle 5: char (*character*), short int (*integer*), int und long int. Unsigned heißt ohne Vorzeichen (*sign*). Die tatsächlich verwendete Anzahl von Bytes hängt von der verwendeten Compiler-Software (16/32/64 Bit) ab und ist aus der Datei limits der C++Software ersichtlich.

Da bei 32-Bit-Systemen die Zahlen des Typs int so groß und für den Leser unübersichtlich sind, verwende ich der Einfachheit halber in den Beispielen oft die 16-Bit-Version short (und ein Mathematiker würde hinzufügen: ohne Einschränkung der Allgemeinheit). So gelten die grundsätzlichen Aussagen auch für die 64-Bit-Rechner.

4.2 Einfache Datentypen

Tabelle 5: Wertevorrat ganzer Zahlen (beispielhaft für 32-Bit-Compiler)

Bit	Byte	Wertevorrat	Name in C++
8	1	0...255	unsigned char
16	2	0...65 535	unsigned short int
32	4	0...4 294 967 295	unsigned int

Typische Datenformate sind zB.:

	16-Bit-System	32-Bit-System
char	1 Byte	1 Byte
short	2 Byte	2 Byte
int	2 Byte	4 Byte
long	4 Byte	8 Byte

Abbildung 8 zeigt drei Datenobjekte mit ihren unterschiedlichen Datenformaten sowie eine fortlaufende Speicherbelegung ab der Adresse 16#E0 bis 16#E6. Allgemein gilt, dass bei den **Dualzahlen mit führenden Nullen bis zur Bytegrenze aufgefüllt** wird.

Um den Rechner anzuweisen, für die Variablen mit den symbolischen Namen p, q, r ▸**Speicherplatz** zu **reservieren**, schreibt der Programmierer folgende **Datendefinition**:

```
unsigned char p; unsigned short q; unsigned int r;
```

Abbildung 8: Daten und ihre Speicherung

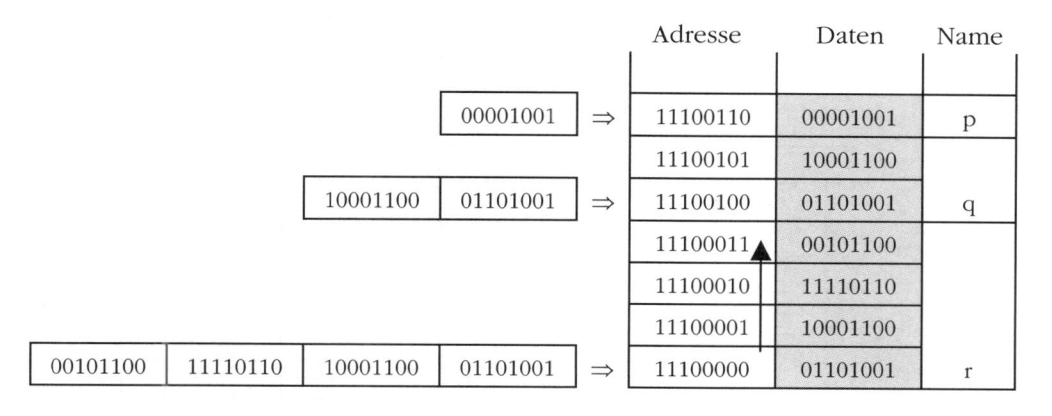

Adresse	Daten	Name
11100110	00001001	p
11100101	10001100	
11100100	01101001	q
11100011	00101100	
11100010	11110110	
11100001	10001100	
11100000	01101001	r

4 Darstellung von Informationen: Einfache Datentypen

■ Positive und negative ganze Zahlen

Positive ganze Zahlen werden in einem Format von 1, 2, 4 oder 8 Byte gespeichert. Wenn **derselbe Wertevorrat** auf positive **und** negative Zahlen aufgeteilt werden muss, wird der gesamte Zahlenvorrat (etwa) halbiert, wie am Beispiel des Typs char gezeigt wird:

Nur pos. Zahlen | 0 .... 255 |

Pos. und neg. Zahlen | -128 .... 0 .... 127 |

Dies führt zu den Datentypen mit ihren Wertebereichen (32 Bit):

Bit	Byte	Wertevorrat	Name in C ++
8	1	-128 ... 127	char
16	2	-32 768 ... 32 767	short (int)
32	4	-2 147 483 648 ... 2 147 483 647	int

Der Programmierer muss durch Anweisungen an den Rechner festlegen, welche Interpretation des Bitmusters notwendig ist. Positive ganze Zahlen erhalten die Bezeichnung unsigned (char, short, int, long), positive und negative Zahlen dagegen signed (char, short, int, long), wobei das signed auch entfallen kann. Beachten Sie hierzu die Compiler*vor*einstellungen!

In der Tabelle 6 werden links einige Binärmuster eines Bytes dargestellt und rechts die zugeordnete Dezimalzahl. Offensichtlich tragen **alle negativen** Zahlen **in der höchsten Dualstelle** (*most significant bit, msb*) eine Eins, die jedoch **nicht** das Vorzeichen darstellt, sondern das **negative Stellengewicht**.

Tabelle 6:   Vergleich von unsigned char und signed char:

Bit_Nr								Dezimalzahl	
7	6	5	4	3	2	1	0	unsigned	signed
0	0	0	0	0	0	0	0	0	0
0	0	0	0	0	0	0	1	1	1
0	0	0	0	0	0	1	0	2	2
..	..	..	..	..	..	..	..	...	
0	1	1	1	1	1	1	1	127	127
1	0	0	0	0	0	0	0	128	-128
1	0	0	0	0	0	0	1	129	-127
..	..	..	..	..	..	..	..		
1	1	1	1	1	1	1	1	255	-1

4.2 Einfache Datentypen

Negative und positive Zahlen unterscheiden sich nur im Stellengewicht in der höchsten Stelle:

128	64	32	16	8	4	2	1	Stellengewicht pos. Zahlen
1	0	1	1	0	1	0	1	Dualzahl
-128	64	32	16	8	4	2	1	Stellengewicht neg. Zahlen

Dass msb = 1 **nicht** das Vorzeichen selbst ist und die restlichen Bits den Betrag einer negativen Zahl repräsentieren, zeigt das folgende Beispiel, das bei der Fehlinterpretation zu der Zahl -0 (!) führen würde:

1	0	0	0	0	0	0	0	Dezimalzahl -128

■ Komplement

Vielmehr stellt das Bitmuster einer *vorzeichenbehafteten* Zahl das ▸**Zweierkomplement** (*two's complement*) dar, das sich aus der Definitionsgleichung ergibt

Zweierkomplement = Einerkomplement + 1

Das ▸Einerkomplement (*one's complement*) einer n-stelligen Dualzahl ist die Ergänzung zur größten Zahl im gewählten Zahlenvorrat:

Zahl + Einerkomplement = $2^n - 1$.

Beispiel: 0 1 0 + 1 0 1 = 1 1 1.

Praktisch lässt sich das **Einerkomplement** durch ▸**Negation**, dh. stellenweises Vertauschen von 0 und 1, bilden. Bei der Addition gelten die Rechenregeln:

0 + 0 = 0,   0 + 1 = 1,   1 + 1 = (1)0 und 1 + 1 + 1 = (1)1

wobei (1) den Übertrag in die nächst höhere Stelle bedeutet.

Beispiel:

10# 82

Negation (= Einerkomplement)

+ 1

= Zweierkomplement (10#-82)

0	1	0	1	0	0	1	0
1	0	1	0	1	1	0	1
						(1)	1
1	0	1	0	1	1	1	0

Beachten Sie, das Zweierkomplement einer n-stelligen Dualzahl ist die Ergänzung zur Potenz 2^n, wie es bereits in vergleichbarer Weise für das Dezimalsystem gezeigt wurde. Es erlaubt, negative Zahlen im Rechner zu

4 Darstellung von Informationen: Einfache Datentypen

speichern, und es vermeidet für die Zahl 0 zwei verschiedene, interne Repräsentationen, nämlich für – 0 bzw. +0, vorzusehen.

■ Begriffsdefinitionen

Nun können wir einige wichtige, allgemeingültige **Begriffe** definieren:

- Das (dem Compiler gegenüber) Bekanntmachen eines Bezeichners mit seinem Datentyp sowie die gleichzeitige Speicherreservierung heißt im Deutschen ▸**Datendefinition**:

    ```
    int Tor_geschossen;   long int extra_lang;
    ```
    Sie hat folgende Wirkungen:

    - Speicherzuweisung
    - Festlegen des Wertevorrats
    - Interpretation des Bitmusters
    - Festlegen der zulässigen Operationen

- Das Speichern eines Wertes in einer Variablen heißt ▸**Zuweisung**:

    ```
    Tor_geschossen = 3;
    ```

- Wird bei der Speicherreservierung zugleich ein Anfangswert gespeichert – erkennbar am vorausgehenden Datentyp –, heißt der Vorgang ▸**Initialisierung**:

    ```
    int Tor_geschossen = 3;
    ```

Obwohl Zuweisung und Initialisierung sehr ähnlich aussehen, sind sie unterschiedlich. Die Notwendigkeit der Initialisierung ergibt sich aus der Tatsache, dass bei der Speicherreservierung **zufällige Bitmuster** im Speicher stehen, dh. der **Rechner setzt die Bits nicht automatisch auf null**. Das führt zu **gravierenden Fehlern**, die im Abschnitt Fatale Fehler beschrieben sind.

■ Operatoren

Ganz allgemein werden zur Verknüpfung von Zahlen Symbole verwendet, die Operatoren heißen. Folgende ▸**Operatoren** der Grundrechenarten sind für Ganzzahlen zulässig:

| + | - | * | / | % | ++ | -- |

Die Operatoren ++ und -- werden später behandelt, der einzig interessante ist hier der ▸**Modulo-Operator %**. Er liefert den **Rest** der Ganzzahldivision. Seine Wirkung ist aus dem Alltagsleben bekannt, nur nicht unter diesem Namen.

4.2 Einfache Datentypen

Beispiel:

Jede Digitaluhr hat nur einen Wertevorrat von 0:00 bis 23:59. Die Stundenanzeige springt nach der 23. Stunde, die Minutenanzeige nach der 59. Minute auf null. Zählen wir ab Silvester die Stunden fortlaufend, so ist die 37. Stunde

37 modulo 24   = 13 Uhr des Folgetages.

In C++ schreibt man das so:

```
int stunde, laufendeStunde = 37;
stunde = laufendeStunde % 24;   // liefert 13
```

> Rechnerintern ist eine **modulo-2^n-Arithmetik** realisiert. Bei einer 16-Bit-Darstellung für unsigned short int folgt daraus
>
> | mathemat.Zahl | 0 | 1 | 2 | ... | 65535 | 65536 | 65537 | usw |
> |---|---|---|---|---|---|---|---|---|
> | ComputerZahl | 0 | 1 | 2 | ... | 65535 | 0 | 1 | usw |
>
> Die ComputerZahlen sind wie auf einem Kreis angeordnet (siehe auch Anhang 4).

Fatale Fehler (*fatal errors*)

■ **Zahlenüberlauf**

Warum muss ein Programmierer die vorgenannten Zusammenhänge kennen? Betrachten wir folgendes Beispiel, in dem eine einfache Multiplikation und Division ausgeführt wird. *Wir unterstellen dabei eine 16-Bit-Darstellung für short.*

`short m, n, k, p;`	Anweisung an den Rechner, vier Speicherplätze zu reservieren und mit m, n, k und p zu identifizieren
`m = 400; n = 100;` `p = 25;`	Anweisungen, die Werte abzuspeichern
`k = m * n / p;`	Wert der rechten Seite ermitteln und in k speichern

Welches Ergebnis liefert Ihr Taschenrechner? Mit C++ wird –1021 ermittelt, denn die Multiplikation durchaus kleiner, unverdächtiger Zahlen führt zu einem Bitmuster, das über den positiven Bereich in den negativen Wertebereich reicht (Überlauf), bevor dividiert wird:

40000 – 32768 = 7232; –32768 + 7232 = –25536; –25536 / 25 = –1021.

(Erklärung siehe Anhang 4)

Auch die Addition erzeugt solch sonderbare Ergebnisse. Selbst bei unsigned short kann das **Unheil programmiert** sein, wenn zwei Werte von einander subtrahiert werden und die Differenz kleiner als null wird:

```
short a = 32600, b = 200, c;
c = a + b;    // - 32736
```

```
int q = 2147483640,p = 20,r
r = p + q;  //-2147483636
```

```
unsigned short m = 100, n = 101, k;
k = m - n;      // 65535 !
```

- ▸**Ganzzahldivision**

Eine weitere Überraschung folgt aus der Eigenschaft der Ganzzahldivision: 49/25 = 1 Rest 24. **Der Rest geht verloren!** Daher liefert 999/1000 den Wert 0. Das **Ergebnis** einer Rechnung *kann* daher **von der Reihenfolge** der Operationen **abhängen**, wie das Beispiel zeigt:

```
20 * 12 / 3  = 80
20 / 3 * 12  = 72!
```

- **Nichtinitialisierung von Variablen**

Das folgende Programmfragment

```
int a, b;
...
b = a + 5;    // fehlerhaft
```

führt immer(!) zu **unvorhersehbaren**, nicht reproduzierbaren Fehlern, weil der Anfangswert von **a unbestimmt** ist. Zufällige Bitmuster könnten zB −28473 oder 4921 sein. Richtige Lösungen sind:

```
int a = 1, b;// Init.
b = a + 5;
```
oder:
```
int a, b;
a = 1;    // Zuweisung
b = a + 5;
```

- **Modulo-Implementation falsch**

(Kann beim ersten Lesen übergangen werden). Der in C/C++ implementierte Modulo-Operator % verhält sich bei negativen Zahlen nicht so wie die mathematische Modulo-Funktion. Das korrekte Verhalten wird durch folgende mod()-Funktion (zu Funktionen: siehe Kapitel 19) wiedergegeben [5, S. 101]. Achtung: Während der Drucklegung des Buches (2003) sind C++Compiler erschienen, die es wohl richtig machen. Deshalb: prüfen.

4.2 Einfache Datentypen

```
int mod (int n, int d)
{int q = n%d; // für positive Werte
 return (q<0)? (q+d)%d:q; // Korrektur f. neg. Werte
}
```

> - Wenn der Zahlenbereich infolge arithmetischer Ganzzahl-Operationen (auch bei Zwischenrechnungen) unter- oder überschritten wird, entstehen unvorhersehbare, falsche Ergebnisse **ohne Fehlermeldung**. Das **Problem** ist **nicht grundsätzlich lösbar**, deshalb wird es durch Verwendung **größerer Datentypen** nur zu **größeren Wertebereichen** verschoben!
> - Es liegt im **Verantwortungsbereich des Programmierers**, im Rahmen der Problemanalyse die geeigneten Datentypen in Verbindung mit den Operationen auszuwählen (zu planen).
> - Es ist die Eigenschaft der Ganzzahldivision zu berücksichtigen.
> - Keine Initialisierung kann zu Fehlern führen

Fassen wir zusammen:

Jede Software benötigt Daten, die sogar im Verlauf des Programms verändert werden können. Diese Daten wurden in Kategorien (einfache, zusammengesetzte) eingeteilt und bestimmten Typen zugeordnet. Die einfachsten Datentypen werden von jedem Compilerhersteller standardmäßig mitgeliefert. Die Datentypen haben ihre technisch bedingten Eigenheiten, die gerne im falschen Augenblick zu Fehlern führen. Die Darstellung positiver und negativer Zahlen sowie ihre Fallstricke waren Gegenstand dieses Abschnitts. Datenobjekten muss man im Speicher Platz schaffen. Damit verbunden sind die Begriffe Datendefinition, Zuweisung und Initialisierung. Daten kann man miteinander verknüpfen. Die Verknüpfungsvorschrift heißt Operator, deren einfachste von der Schule bekannt sind.

Übung 4

1 Stellen Sie die Zahlen 4 bzw. 228 in ihrer rechnerinternen 8-Bit- und 16-Bit-Repräsentation dar.

2 Wie lauten die Dualzahlen 10#-248, 10#-28459 in der 16-Bit-Darstellung?

3 short a, b, c, d, e; a = 1; b = 5; d = 7; c = a + b;
b = b - 2; e = d / b;

Was bedeuten die einzelnen Schritte und welche Werte sind am Ende in c, b, e enthalten?

4 short n, m, j, k; n = 250; m = 400; j = 8000; k = n * m / j; Welcher Wert ist in k gespeichert ?

5 Für die Summe der ersten n natürlichen Zahlen (siehe Kapitel 1) steht in jeder mathematischen Formelsammlung n/2*(n+1). Geben Sie eine Begründung, weshalb man nicht n/2*(n+1) programmieren darf, sondern n*(n+1)/2 programmieren muss.

4.2.2 Reelle Zahlen

Bei vielen Anwendungen in Naturwissenschaft, Technik, Betriebs- und Volkswirtschaft reicht der Zahlenvorrat ganzer Zahlen einfach nicht aus. Verdeutlichen wir dies an einem Beispiel von Tanenbaum [24, S. 743]. Wenn wir die Masse eines Elektrons mit $9*10^{-28}$ Gramm und der Sonne mit $2*10^{33}$ Gramm angeben, benötigen wir einen Zahlenbereich, der ca. 60 Zehnerpotenzen umfasst. Die beiden Zahlen können wir bei festgelegter Kommaposition so hinschreiben:

2000000000000000000000000000000000,0

0,0000000000000000000000000000009

Nur: Welchen Nutzen bringen die vielen Stellen? Die Masse der Sonne lässt sich bestenfalls auf fünf Ziffern genau abschätzen, auch das Elektron wird nicht viel genauer bekannt sein. Bei dieser ▸**Festkommadarstellung** täuschen die vielen Stellen eine nicht vorhandene Genauigkeit vor! Eine praktische Möglichkeit, den darstellbaren *Zahlenumfang von der Genauigkeit der Zahl zu trennen* bietet das Zahlenformat mit **gleitendem Komma**, das auch als wissenschaftliche Notation bezeichnet wird. Da alle Programmiersoftware amerikanischen Ursprungs ist, ist auch der Dezimalpunkt zur Trennung des gebrochenen Anteils *zwingend* vorgeschrieben.

> ☞ Die Verwendung eines Kommas führt in C und C++ statt dessen zu fatalen Fehlern. Wir verwenden daher im folgenden auch im Deutschen nur noch den Dezimalpunkt.

Jede ▸Gleitpunktzahl (*floating point*) wird mit einer reinen Ziffernfolge, der Mantisse, und einem Exponenten dargestellt, wie es vom Logarithmus bekannt ist.

Beispiele im Dezimalsystem:

$12.45*10^3 = 1.245*10^4 = 0.1245*10^5 = 1245000*10^{-2}$

4.2 Einfache Datentypen

Hierfür lassen sich beliebig viele Schreibweisen finden, eindeutig ist jedoch die sogenannte *normalisierte* Darstellung, bei der im Dezimalsystem zB. die erste Stelle nach dem Komma von null verschieden ist. In gleicher Weise verschiebt man im Dualsystem die Ziffern so lange, bis entweder 0.1xxx oder 1.xxx mit x ∈ {0,1} erreicht ist. Welche Form der ▸**Normalisierung** verwendet wird, hängt von der Normung ab.

Beispiel:

10#5.75 ergibt 2#101.11; eine Verschiebung des Punktes um drei Stellen nach links entspricht einer Multiplikation mit 8 = 2^3 : $0.10111*2^3$. Beachten Sie bei gebrochenen Zahlen das Stellengewicht hinter dem Punkt, wie es in den Übungen schon erwähnt ist. ◂

Reelle Zahlen haben die Eigenschaft, dass die Nachkommastellen mathematisch gesehen unendlich sein können. So haben Computerwissenschaftler 1996 die Zahl Pi schon auf 6 Milliarden Nachkommastellen berechnet, etwa 1500 füllen eine Buchseite. Um mit solchen Zahlen rechnen und sie speichern zu können, *müssen* aber die Zahlen stellenmäßig **begrenzt** werden. Mit anderen Worten heißt das: Bei der Computerdarstellung reeller Zahlen gibt es daher Abweichungen gegenüber den mathematischen Zahlen. Diese Abweichungen können dem Programmierer so manchen Streich spielen. Im Anhang 3 beschreibe ich diesen Sachverhalt umfassend.

Nach dem ▸IEEE-Standard P754 (1985) unterscheidet man in C++

- Zahlen mit **einfacher** Genauigkeit (32 Bit, 7 signifikante Dezimalstellen): Datentyp float. Sie haben folgenden internen Aufbau, wobei: VZ Vorzeichenbit, e Exponentenbit, m Mantissenbit bedeuten:

| VZ | e_7 .... e_0 | m_1 .... m_{23} |

Beispiel: 0 10001100 00111000100000000000000 für die Zahl 10#10000.0000. Schreibt man dieses Bitmuster als Hexzahl, ergibt sich 46 1C 40 00.

- Zahlen **doppelter** Genauigkeit (64 Bit, 15 signifikante Dezimalstellen): Datentyp double

| VZ | e_{10} .... e_0 | m_1 .... m_{52} |

Noch größere Zahlen lassen sich mit dem Typ long double (80 Bit) speichern. Damit arbeiten die Rechenwerke der 32-Bit-Prozessoren.

Signifikante Stellen sind **alle** korrekten Stellen – nicht nur die Nachkommastellen –, die zugleich die Genauigkeit angeben.

4 Darstellung von Informationen: Einfache Datentypen

Beispiele:

```
float  pi1              =   3.141592
double pi2              =   3.14159265358979
long   double  pi3      =   3.141592653589793238
```

Somit ergibt sich praktisch ein ungefährer Zahlenvorrat („Stellen" sind die signifikanten Stellen):

Bit	Byte	Wertevorrat (in C++)	Name	Stellen
32	4	±3.4E-38......±3.4E+38	float	7
64	8	±1.7E-308......±1.7E+308	double	15
80	10	±3.4E-4932......±1.1E+4932	long double	19

Reelle Zahlen dürfen als

- FestpunktZahl: 23456.78   (*fixed format*)
- GleitpunktZahl: 2.3456E4 / 2.3456e4 (*floating point, scientific format*)

eingegeben werden.

Datendefinition: `float x , y , delta; double z, z1, z_lang;`

Initialisierung: `float  x =  0.5,  y = 2.1,  z = 2.9E-3;`

Zulässige Operatoren sind : `  +   –   *   /  `

Fatale Fehler

Probleme infolge begrenzter Zahlendarstellung

Das folgende Beispiel zeigt der Einfachheit halber sechsstellige, normalisierte Dualzahlen und ihre dezimalen Entsprechungen. Der Wert in der ersten Zeile ist 0.5. Die nächst größere Zahl, die sich in der Binärdarstellung im *niedersten* Bit ändert, springt auf 10#0.515625 usw. Erhöht man die Anzahl der Bits, verringert sich nur die Sprunghöhe. Systembedingt lässt sich nicht der gesamte, in der Mathematik bekannte unendliche Zahlenvorrat abbilden.

2^{-1}	2^{-2}	2^{-3}	2^{-4}	2^{-5}	2^{-6}	Wert 10#
1	0	0	0	0	0	0.500000
1	0	0	0	0	1	0.515625
1	0	0	0	1	0	0.531250
1	0	0	0	1	1	0.546875

4.2 Einfache Datentypen

Folgen einer nicht ganz exakten Zahlendarstellung können sein:

- Wenn zwei etwa gleich große Zahlen voneinander subtrahiert werden, heben sich einige signifikante Stellen auf. Die Differenz ist ungenau, siehe auch Anhang 3.
- Die Division durch sehr kleine Werte erzeugt ein Ergebnis, das den Wertebereich übersteigt (*overflow*). Eine Unterschreitung (*underflow*) tritt auf, wenn das Ergebnis kleiner wird, als es der Datentyp zulässt (Ergebnis: null, siehe Anhang 3).
- Im Gegensatz zur Mathematik können die Ergebnisse von der Reihenfolge der Berechnung abhängen.
- Bei wiederholter Ausführung von Berechnungen pflanzen sich die Fehler fort und können das Endergebnis (auch bei Taschenrechnern!) völlig verfälschen, siehe Anhang 3.
- Wenn sich zwei reelle Zahlen in nur *einem* Bit unterscheiden, führt ein Vergleich auf Gleichheit zu einem ungleich mit dem Ergebnis einer falschen Logik im weiteren Ablauf.

Beispiel:

x:	1	0	1	0	0	0	0
y:	1	0	1	0	0	0	1

Wenn (x = y) dann mach_dies
                      sonst mach_das

> Die sichere Lösung bildet die Differenz der beiden Zahlen und prüft, ob sie kleiner ist als eine vorgegebene Schranke, die sich aus der Anzahl der signifikanten Stellen ableiten lässt, zB.
> Wenn (Betrag von (x - y) < 10^{-6}) dann ...

4.2.3 Datentyp-Umwandlung

Soll eine Rechenoperation, zum Beispiel a + b, durchgeführt werden, *braucht* das Rechenwerk zwei *gleiche* Typen von Operanden. Wenn jedoch a und b von unterschiedlichem Typ sind, müssen sie vor der Operation angeglichen werden, wobei Fehler entstehen können!

C++ führt im Zusammenhang mit Operatoren Datentyp-Umwandlungen durch, die der Programmierer *kennen muss*. Wir unterscheiden zwei Arten, die automatische und die zwangsweise Umwandlung.

■ **Automatische Umwandlung**

Betrachten wir zunächst folgende Programmfragmente, wie sie in vielen Programmen vorhanden sein können:

4 Darstellung von Informationen: Einfache Datentypen

```
signed char    c = -2;
char           a = 5, b = 0 ;
unsigned char  bb;
short          k = 10, m = 20, j = 1287 ;  // Kurzform: short
unsigned short n = 20;
int            lang;

k  = k + a;  m = m + c;
n  = n + c;
b  = j + 129;
bb = j + 129;

float PI;
double x, pi2 = 3.1415996535897933;  // kein Druckfehler!
PI = pi2 + 1.0;
x  = PI - 1.0;

short int ganz;
float rund = 3.1415926535897, reell;
ganz  = 2 * rund + 31;
lang  = 1234567891;
reell = lang;
k     = lang;
```

☞ Betrachten wir die Ergebnisse dieser Aktionen, denn diese Zeilen enthalten einige **Fallstricke für den unvorsichtigen Programmierer**!

Beachten Sie im folgenden: Zuerst werden die unterschiedlichen Datentypen der rechten Seite in Richtung des jeweils grösseren Datentyps umgewandelt und dann mit der Zuweisung in den Typ der linken Seite umgesetzt (falls nötig).

Typumwandlung: nach ← von :

k = k + a; // 15	short ← short + (short←char)
m = m + c; // 18	short ←short + short(←signed char)
n = n + c; // 18	unsign.←uns.+(uns← signed char)
b = j + 129; // -120 =(1287+129)%128	char ← short + short
bb = j + 129;// ê bzw. 136=(1287+129)%256	unsigned char ← short + short

58

4.2 Einfache Datentypen

```
float PI;                                    // (*) Ergebnis compilerabhängig!!
double x, pi2 = 3.1415996535897933 ;         // unterstrichen: nicht signifikant
PI = pi2 +1.0;      //4.14160      (*)       float  ← double + double
x  = PI - 1.0;      //3.1415996551513672 (*) double ← (double ←float) + double

short ganz;
float rund = 3.1415926535897, reell;
ganz = 2 * rund + 31;      // 37             int ← (float←int)*float + (float←int)
lang =             1234567891;
reell = lang;   // 1.234568e9                 float ← int
<     = lang; //723=1234567891 % 32768        short ← int
```

Damit der Rechner überhaupt solche Anweisungen ausführen kann, **muss** er automatisch **ungleiche Datentypen vor** den Operationen **anpassen**.

Beispiel: ganz = 2 * rund + 31;

        1. Schritt: int → float : 2.0   //(wegen rund)

        2. Schritt: float * float : 2.0 * 3.1415996535898

        3. Schritt: int → float : 31.0

        4. Schritt: float + float

        5. Schritt: short ← float
        // mit Genauigkeitsverlust in den Nachkommastellen

Das Ergebnis der rechten Seite wird zwangsweise in das Format der linken Seite gepresst, was zu scheinbar sonderbaren Ergebnissen führt, wenn eine größere Zahl in ein kleineres Format automatisch umgewandelt (*convert*) wird.

Die Umwandlung reeller Zahlen ist in der Regel nicht ganz so dramatisch, sie führt aber im schlimmsten Fall (*worst case*), compilerabhängig, zu – durchaus fatalem – Genauigkeitsverlust. Bei Ganzzahlen können als Folge der modulo-2^n-Arithmetik völlig abwegige Ergebnisse hervorgebracht werden, beachten Sie die Zahl 723 in obigem Beispiel.

> ☞ Nehmen Sie nicht alle Zahlen vorbehaltlos hin, die ein Computer Ihnen präsentiert!

Beispiele: Nicht einmal Buchhaltungssoftware ist fehlerfrei. Bei einem bekannten Unternehmen wurde „freundlicherweise" der abziehbare Skontobetrag automatisch ausgewiesen – um 2.5 Euro zu wenig. Eine Winzergenossenschaft *musste* mitten im Jahr auf eine neue Buchhaltungssoftware umsteigen und alle Vorgänge nochmals buchen!

■ **Zwangsweise Umwandlung**

Im Zusammenhang mit der Ganzzahldivision *können* auch unerwünschte Ergebnisse entstehen.

Beispiel:

Ein Rechteck mit der Grundseite a = 47 und der Höhe b = 46 wird durch die Diagonale in zwei Dreiecke mit dem spitzen Winkel alfa geteilt:

```
int a = 47, b = 46;
// es müssen hier Ganzzahlen sein!
float  alfa = atan (b/a);
```

Da die Figur fast ein Quadrat ist, erwartet man einen Winkel von fast 45 Grad, das numerische Ergebnis ist jedoch alfa = 0! Um solche Effekte zu vermeiden, ist vor der Division ein Datentyp **zwangsweise** in eine reelle Zahl umzuwandeln (der andere folgt automatisch). Drei Möglichkeiten der expliziten Umwandlung bieten sich an:

- (typname) operand   zB. (float) a   C-Schreibweise, Cast-Operator
- typname (operand)   zB. float (a)   C++Schreibweise
- static_cast<nachTyp> (vonTyp)   C++Schreibweise

Folgende Lösungen sind daher im letzten Beispiel erlaubt:

```
int a = 47, b = 46;  // Ganzzahlen!
float x;
x = atan(b/a);          // 0.0, definitiv falsch
x = atan(float (b) / a);
x = atan((float) b/a);
x = atan ( (float)(b)/a); // auch erlaubt
x = atan(static_cast<float>(b)/a) ; // sicherste Lösung
```

FF Fatale Fehler

- Große Ganzzahl in kleines Format liefert ein unsinniges Ergebnis.
- Große reelle Zahlen in kleineres Format: in der Regel nur Genauigkeitsverlust.
- Division zweier Ganzzahlen liefert null oder Genauigkeitsverlust.

4.2 Einfache Datentypen

Fassen wir zusammen:

Einen weiteren einfachen Datentyp stellen die reellen Zahlen dar. In den Ausprägungen `float`, `double` und `long double` unterscheiden sie sich hinsichtlich ihres Wertebereiches und der Genauigkeit. Reelle Zahlen haben im Vergleich zu ganzen Zahlen einen völlig anderen inneren Aufbau mit Mantisse und Exponent. Wenn daher unterschiedliche Datentypen miteinander verrechnet werden, muss rechnerintern zunächst in den jeweils größeren Datentyp umgewandelt werden. Dies geschieht automatisch, der Programmierer kann es aber auch erzwingen. Auch die reellen Zahlen haben ihre Tücken, die im Anhang 3 ausführlicher beschrieben sind.

4.2.4 Zeichen

Wie bei dem Abschnitt über den Code bereits erläutert, wird *einem* ▸Zeichen (*character*) ein Byte zugeordnet. In C++ wird ein Zeichen in Hochkomma (Tastatur: Umschalt #) gesetzt, um es von anderen Informationen zu unterscheiden, zum Beispiel: 'a', '*', 'B'. Nicht druckbare Zeichen lassen sich so nicht angeben, daher wird der **Backslash ** als **Umschalter für ▸Steuerzeichen** verwendet.

Tabelle 7: C++ spezifische Steuerzeichen und ihre Bedeutung

\a	alarm, Klingel
\b	backspace, RückschrittTaste
\t	tabulator, horizonzaler Tabulator
\v	vertical tab, vertikaler Tabulator
\f	form feed, Seitenvorschub
\n	new line, neue Zeile am Anfang
\r	return, Wagen-/ Cursorrücklauf
\"	Anführungsstriche
\'	Hochkomma
\?	Fragezeichen
\\	Backslash selbst
\0	ASCII Null

Trifft der Rechner innerhalb einer Folge von Zeichen, die ▸Zeichenkette (*string*) genannt und von Anführungszeichen umschlossen wird, auf einen Backslash, wird dieser unweigerlich als Steuerzeichen interpretiert. Folgt anschliessend einer der in Tabelle 7 genannten Buchstaben wird die vorgesehene Aktion ausgeführt, was zu einem **Rechnerabsturz** füh-

4 Darstellung von Informationen: Einfache Datentypen

ren *kann*. Will man dennoch ein Anführungszeichen, ein Hochkomma, Fragezeichen bzw. einen Backslash ausgeben, muss diesem Zeichen ein Backslash *vorausgehen*. Das Fragezeichen selbst hat in C++ eine spezielle Bedeutung, wie wir noch sehen werden.

Beispiele:

Die folgenden zwei Strings unterscheiden sich in der Ausgabe nur wenig:

"Das ist mir \neu"	"Das ist mir \nneu"
bewirken als Ausgabe:	*bzw.:*
Das ist mir	Das ist mir
eu	neu

Soll zB. "Die Glocke ? - von F. Schiller" ausgegeben werden, ist es so schreiben:

```
"\"Die Glocke \? - von F. Schiller \""
```

Um dem Rechner die Verwendung von Zeichen mitzuteilen, gilt:

```
Datendefinition: char kleinbuchstabe, ch ;
Initialisierung:  char kleinbuchstabe = 'k',
                  ch = '*', back = '\b';
```

Da ein Byte eine geordnete Menge von Zahlen umfasst, ist 'A' < 'a' mit 65 < 97. Vergleiche von Zeichen sind daher möglich, was eine Sortierung nach dem Alphabet erlaubt. Auch lassen sich Differenzen von Zeichen bilden:

```
char   c = '9';
short  k = c - '0'; // 57 - 48 = 9, eine Zahl!
```

FF Fatale Fehler

9 ist nicht gleich '9': 9 ist der numerische Wert und '9' ist ein Zahlzeichen aus dem ASCII.

'0' ist nicht gleich '\0': '0' ist ASCII 10#48 und '\0' ist ASCII 0.

Bei der Dateibearbeitung (am Ende von Teil B) werden Pfade für Dateien angegeben:

So will es das Betriebssystem:	So ist es in C++ zu schreiben:
c:\archiv\robert\brief.txt	"c:\\archiv\\robert\\brief.txt"

4.2 Einfache Datentypen

Wird der Pfad in der linken Form geschrieben, *kann* es (betriebssystemabhängig) zum Rechnerabsturz führen!

Fassen wir zusammen:

Der Datentyp `char` bildet im Rechner Zeichen ab, zu denen Satz-, Sonder- und Steuerzeichen gehören neben den wichtigen Buchstaben und Ziffern. Alle zusammen bilden eine geordnete Menge, die intern durch eine Zahl repräsentiert ist. Mehrere Zeichen werden der Einfachheit halber zu einem String zusammengefasst.

4.2.5 Logischer Datentyp `bool`

Bestimmte Aussagen in der Mathematik liefern keinen numerischen Wert, sondern einen ▸Wahrheitswert, zB.

- die Aussage $x < 7$ ist wahr (*true*), wenn zB. x den Wert 5 hat,
- für $x = 5$ ist die Aussage $x < 3$ falsch (*false*).

Der Wahrheitswert wird einer nach George Boole (1815-1864) benannten logischen Variablen zugewiesen, deren Wertevorrat nur *wahr* und *falsch* umfasst. Nötig sind Boolesche Größen, um den Programmablauf zu steuern, deshalb sind sie wesentlicher Bestandteil der schon zuvor genannten ▸**Bedingungen** (*condition*), die große Bedeutung bei Fallunterscheidungen und Wiederholungen haben.

Eine Umkehrung einer Aussage, die ▸**Negation**, erhält man mit der Operation NICHT (*NOT*). So gilt: NICHT wahr ist falsch und NICHT falsch ist wahr. Eine doppelte Verneinung hebt sich auf:

   NICHT (NICHT wahr) = NICHT (falsch) = wahr.

Im Zusammenhang mit ▸Vergleichen (Relationen) sollte man dabei folgendes beachten:

> wenn $x > 2$, dann ist die Negation NICHT ($x > 2$) identisch mit $x \leq 2$, dh. es gilt das kleiner *und* das gleich.
> Tastatureingabe:
> `<=` statt $\leq$ und `>=` statt $\geq$

Oft müssen **zwei oder mehr Aussagen** logisch miteinander verknüpft werden; wenn beispielsweise gilt

   Aussage A: $x > 2$,   Aussage B : $x < 9$,

dann lassen sich folgende *elementare* logische Verknüpfungen bilden:

4 Darstellung von Informationen: Einfache Datentypen

a) es gilt **sowohl** A **als auch** B (Konjunktion, ▸UND-Verknüpfung, *AND*)

b) es gilt **entweder** A **oder** B (Disjunktion, ▸ODER-Verknüpfung, *OR*)

Zur Darstellung logischer Aussagen lassen sich zwei gleichwertige Formen verwenden: die Formel und die Wahrheitstabelle.

■ **Formel**

Die Formel beschreibt als logische Gleichung die Aussagen zweiwertiger Variablen:

E = A UND B ODER C UND NICHT D

■ ▸**Wahrheitstabelle**

Wenn wir wahr = 1 und falsch = 0 setzen, dann lassen sich die verschiedenen Kombinationen von Wahrheitswerten der Aussagen A bzw. B in folgender tabellarischer Form zusammenfassen:

A	B	A UND B	A	B	A ODER B	A	B	A EXOR B
0	0	0	0	0	0	0	0	0
0	1	0	0	1	1	0	1	1
1	0	0	1	0	1	1	0	1
1	1	1	1	1	1	1	1	0

Die Tabellen weisen die Besonderheiten der logischen ▸Operatoren aus:

- UND: das Ergebnis ist dann wahr (und eindeutig auf die Aussagen A bzw. B zurückzuführen), wenn *alle* Aussagen wahr sind.
- ODER: das Ergebnis ist dann falsch (und eindeutig), wenn *alle* Aussagen falsch sind.
- ODER: das logische ODER und das umgangssprachliche „oder" stimmen nicht überein! (Gehen wir ins Kino (A) oder ins Schwimmbad (B)? führt zu genau einem Ort, während das logische ODER beide Möglichkeiten zuläßt. Dem umgangssprachlichen „oder" entspricht das logische ▸**Exklusive** (ausschließende) **ODER** (*XOR, EXOR*), das in C++ **nur** für ▸**Bitoperationen** verwendet wird.

Es ist sicher eine gute Übung für Sie, anhand von Wahrheitstabellen die äußerst nützlichen **Regeln von De Morgan** (1806-1871) zu überprüfen. Es gelten die Identitäten:

NICHT (A UND B) = NICHT A ODER NICHT B

NICHT (A ODER B) = NICHT A UND NICHT B

4.2 Einfache Datentypen

Logische Operatoren haben unterschiedlich starke Bindung, die durch den ▸Rang zum Ausdruck kommt: **NICHT** hat den höchsten Rang, dann folgt **UND vor ODER** (wie Punkt vor Strich). **Klammern** jedoch werden **zuerst** ausgewertet.

Name	Beispiel in C++	Bemerkung
NICHT	`! true;   ! k`	negiert eine Größe
UND	`k && m`	verknüpft mindestens zwei Größen
ODER	`k || m`	verknüpft mindestens zwei Größen

In neuerer C++Software existiert für logische Operationen ein eigener Datentyp:

Datendefinition: `bool weiter = true, ende ;`

In älteren C++Programmiersystemen (vor 1993) und in C existiert kein eigener logischer **Datentyp bool**, statt dessen wurde er mit einem `int`-Datentyp simuliert. Dabei bedeutet ein **Wert größer 0 wahr** und 0 wird falsch. Dies führt für den Lernenden zu überraschenden, zunächst unverständlichen Eigenschaften. Einige Beispiele mögen Einsatz und Wirkungsweise verdeutlichen.

Beispiele:

1   Wenn (5) dann mache_dies. Der Ausdruck in der Klammer wird vom Rechner analysiert. Ergebnis: Wert > 0, also wahr. Die Anweisung mache_dies wird ausgeführt.

2   Wenn ('a') dann tu_was. Der Wert in der Klammer ist 97 > 0, also wahr.

3   `int x; bool ok;` // reserviert Speicher;
   `x = 5;`   // weist den Wert 5 zu
   `ok = x > 2;`
   // bildet rechts das Ergebnis der Relation und weist es `ok` zu
   Wenn (ok) dann mach_was;

■ **Zusammengesetzte logische Bedingungen**

Eine komplizierte logische Bedingung wird in einem mehrstufigen Prozeß auf **genau einen** Wahrheitswert zurückgeführt:

Beispiel:

Die folgende Darstellung zeigt die schrittweise Auswertung, bis *ein* Ergebnis erzielt wird (Annahme: x = 4):

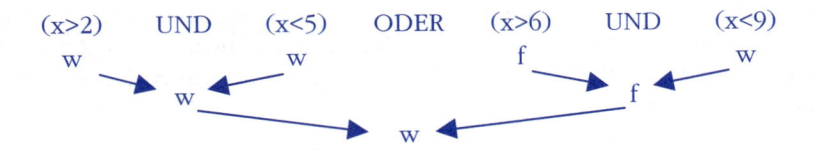

4 Darstellung von Informationen: Einfache Datentypen

Bedingung:	(x>2)	UND	(x<5)	ODER	(x>6)	UND	(x<9)
1. Schritt	w		w		f		w
2. Schritt		w				f	
3. Schritt				w			

FF **Fatale Fehler**

- NICHT (A ODER B) wird häufig verwechselt mit NICHT (A UND B).

- Dass die Regeln der Mathematik und einer Programmiersprache nicht immer gleich sind, zeigt das folgende C++Beispiel:
  `if (- 0.5 <= x <= 0.5)..`, prüft nicht die mathematische Bedingung $-0.5 \leq x \leq 0.5$. Vielmehr wird links beginnend ausgewertet, ob $-0.5 \leq x$. Das Ergebnis kann 1 (wahr) oder 0 (falsch) sein. Dann wird geprüft, ob 0 < 0.5 bzw. 1 < 0.5. (Diesen Hinweis verdanke ich Cay S. Horstmann: www.horstmann.com/cpp/pitfalls/html). Korrekte Lösung: `if (x>= -0.5 && x <= 0.5)`.

- Im Steuerprogramm hat ein Lernender folgende Bedingung formuliert
  `if ( 4213 <= E, E <= 18000),`
  nicht wissend, dass das Komma eine ganz spezielle Bedeutung in C++ hat, diese Anweisung also syntaktisch richtig ist, *nur nicht das machte, was der Programmierer eigentlich wollte.*

- In C++ ist festgelegt, dass komplexe logische Bedingungen von links nach rechts abgearbeitet werden und die **Auswertung stoppt**, sobald das Ergebnis bekannt ist. Wird zB. bei einer UND-Verknüpfung der Wert des linken Ausdrucks falsch, ist das Ergebnis falsch und der rechte Ausdruck muss nicht geprüft werden. Das kann zu fatalen Fehlern führen.

Fassen wir zusammen:

Der logische Datentyp mit den Werten wahr / falsch (*true / false*) ist von besonderer Bedeutung, weil mit ihm Bedingungen formuliert werden, mit denen man bei Schleifen und Auswahlmöglichkeiten den Programmablauf beeinflussen kann. Bedingungen stellen daher bevorzugte Fehlerquellen dar, insbesondere wenn mehrere Aussagen durch die logischen Operatoren verknüpft werden. Zu ihnen zählen die NICHT-, UND- und ODER-Verknüpfung. Die EXOR-Verknüpfung gilt nur bei Bitmanipulationen. Besondere Regeln gestatten gleichwertige logische Aussagen, wobei UND mit ODER vertauscht wird. Komplizierte logische Ausdrücke werden stets auf *eine* Aussage (wahr oder falsch) zurückgeführt.

Übung 5

1 Eine Zahl n darf bei einer gültigen Eingabe nur aus der Menge der Zahlen von 50 bis 60 (Grenzen einschließlich) sein.

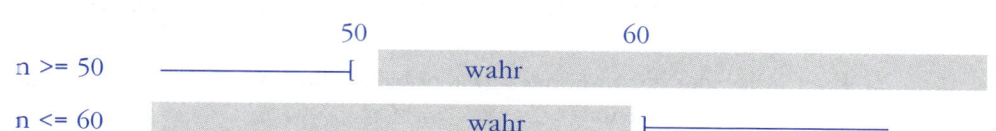

Setzen Sie:

X ist wahr für n >= 50, NICHT X für n < 50, Y entsprechend.

Prüfen Sie, ob folgende logische Aussagen korrekt sind:

a) n >= 50 || n <= 60

b) n >= 50 && n <= 60,

indem Sie jeweils drei Fälle unterscheiden (n ist zB. 40, 70 bzw. 55).

Wie lauten die Formeln? Welche Wertebereiche decken die wahren Aussagen in a) bzw. b) ab? Überprüfen Sie dies am Zahlenstrahl.

Lösung:

a) Es ist:

$\quad$ X = n >= 50; Y = n <= 60; Z = X ODER Y;

$\quad$ n = 40: n>= 50 →f; n <= 60 → w; f oder w → w

$\quad$ n = 70: n>= 50 →w; n <= 60 → f; w oder f → w

$\quad$ n = 55: n>= 50 →w; n <= 60 → w; w oder w → w

```
                        50                    60
n >= 50        ————————[     wahr                              
n <= 60                      wahr              ]————————
X ODER Y                 wahr für -∞ ≤ n ≤ +∞
```

Die drei Beispielzahlen zeigen: Die Aussage ist wahr für alle Zahlen. Die ▶ODER-Verknüpfung liefert die **Vereinigungsmenge**.

b) Es ist:

$\quad$ X = n >= 50; Y = n <= 60; Z = X UND Y;

$\quad$ n = 40: n>= 50 →f; n <= 60 → w; f und w → f

$\quad$ n = 70: n>= 50 →w; n <= 60 → f; w und f → f

$\quad$ n = 55: n>= 50 →w; n <= 60 → w; w und w → w

```
                        50                    60
n >= 50        ————————[     wahr                              
n <= 60                      wahr              ]————————
X UND Y        ————————[     wahr              ]————————
```

4 Darstellung von Informationen: Einfache Datentypen

Die ▸UND-Verknüpfung liefert hier die **Schnittmenge** der beiden Bereiche, was auch gewünscht ist.

2 Welches logische Ergebnis liefert die in C++ formulierte die Aussage !k > 5 mit k als Ganzzahl?

3 Wie muss die logische Aussage lauten, wenn *alter* größer als 50 oder *gewicht* größer als 300 sein sollen, zugleich soll *spende* nicht kleiner als 1000 sein?

4 Wie sieht die zusammengesetzte Bedingung aus, wenn Sie überzählige Klammern setzen:

```
alter > 50 || gewicht > 300 && spende >= 1000
```

5 Über die Tastatur werden einzelne Zeichen nacheinander in die Variable ch eingelesen. Nach jeder Eingabe wird geprüft, ob ch einen Buchstaben enthält. Wie lautet die zugehörige logische Bedingung?

4.2.6 Zeiger

Die ▸Zeiger (*pointer*) zählen für den Lernenden mit zu den schwierigsten Kapiteln des Programmierens, obwohl sie eigentlich ganz einfach sind. Gehen Sie davon aus, dass Sie immer wieder auf dieses Kapitel zurückgeführt werden, bis sich der Inhalt vollständig erschließt. Der Lohn der Angst wird ein schnellerer Weg zum Erfolg sein. Falsch gesetzte Zeiger sind in aller Regel die Ursache für überraschende Rechnerabstürze, die im gravierendsten Fall ein Ausschalten des Rechners erfordern. Bei keinem anderen Datentyp sind die Fehlermöglichkeiten so groß wie bei Zeigern. Sie sind für die internen Abläufe zwingend notwendig, C/C++ gibt dem Programmierer Zugriffsmöglichkeiten und macht reichlich vom Zeigerkonzept Gebrauch, Java dagegen verbirgt Zeiger vor dem Programmierer.

Was ist nun das Besondere an Zeigern? Wiederholen wir die wesentlichen Erkenntnisse über die interne Organisationsweise eines Rechners:

- Den Speicherplätzen sind fortlaufende Ordnungsnummern, die Adressen, zugeordnet.

- Ein Datenobjekt umfasst in der Regel mehrere Bytes; seine Lage im Speicher ist durch seine Anfangsadresse gekennzeichnet.

- Ein interner Zeiger *zeigt* immer auf die nächste auszuführende Anweisung; alle vier Speicherbereiche können dafür in Betracht kommen.

- Die Inhalte der bisherigen Datenobjekte sind Werte für Zeichen, ganze oder reelle Zahlen.

4.2 Einfache Datentypen

Der Zeiger unterscheidet sich kaum von anderen Datenobjekten. Er ist ein Datenobjekt wie jedes andere auch, er hat einen

- Speicherplatz (Adresse) und einen
- Inhalt (der Größe 4 Byte).

Die Adresse eines Zeigers, sein eigener Speicherplatz, ist in der Regel für den Programmierer nicht interessant. Der **Inhalt des Zeigers** ist dagegen das Besondere: nämlich eine **Adresse eines anderen Datenobjektes**. Somit verweist (*to refer*) der Zeiger (mit seinem Inhalt) auf den Anfang eines anderen Datenobjektes, Abbildung 9.

Abbildung 9: Zeiger und Datenobjekt

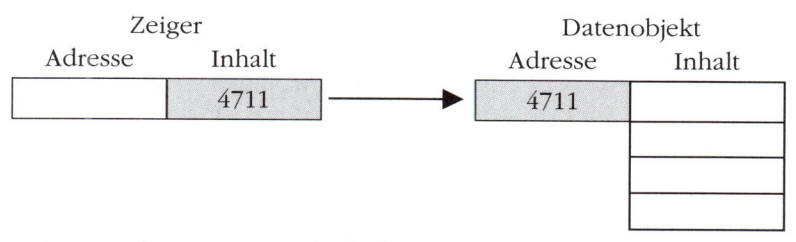

```
        Zeiger                        Datenobjekt
   Adresse   Inhalt              Adresse    Inhalt
  [      |  4711  ]  ───────▶   [ 4711  |        ]
                                         [        ]
                                         [        ]
                                         [        ]
```

Damit lässt sich eine nur scheinbar umständliche Anweisung an den Rechner erteilen:

„nimm den Inhalt des Objekts, auf das sich der Zeiger (mit seinem Inhalt) bezieht".

Sicher ist dies nicht gerade der direkte Weg zum Ziel, daher heißt diese Art auch ▸**indirekte Adressierung**. Die Vorteile dieser Methode lassen sich hier noch nicht darstellen, deshalb werden Sie auf spätere Kapitel verwiesen.

Wir unterscheiden:

- Adresse des Zeigers (sie ist in der Regel völlig uninteressant)
- Inhalt des Zeigers (Adresse eines Objekts)
- Adresse des Objekts
- Inhalt des Objekts

Wenn Sie sich dieses technische Konzept bildhaft vorstellen wollen, mag folgendes weiterhelfen: Ein Wohnhaus hat in der Landschaft eine bestimmte Lage, die durch eine Adresse gekennzeichnet ist. Jeder, der die Adresse kennt, findet dorthin; sie ist eindeutig für das Wohnobjekt. Die Adresse selbst, zB. Hauptstrasse 57, erlaubt keine Rückschlüsse darauf, ob das Haus ein Einfamilien-, Zweifamilienhaus oder gar ein Wohnblock ist. Wenn wir das Wohnobjekt als Datenobjekt identifizieren, dann entspricht ein Zeiger einer Visitenkarte, denn diese ist nicht das Haus selbst, sondern sie verweist auf das Objekt. Ein Unterschied besteht dennoch: Der Zeiger kennt im Gegensatz zur Visitenkarte die Größe des Datenobjekts. Ein **Vorteil** des Zeigerkonzepts besteht darin, dass es einfacher ist, einen Zeiger (die Visitenkarte) weiterzureichen, als ein *großes* Datenobjekt im Speicher zu verschieben.

Um bei der **Speicherplatzreservierung** einen Zeiger von anderen Datenobjekten zu unterscheiden, wird der ▸**Asterisk *** verwendet. Adressen ermittelt die Software mit Hilfe des ▸**Adressoperators &**. Verdeutlichen wir das Konzept schrittweise an folgendem

Beispiel:

1. Schritt: Speicherplatzreservierung

>   double Einkom;

reserviert 8 Byte Speicherplatz einer gewöhnlichen Variablen, symbolischer Name Einkom. Ab jetzt kennt der Rechner auch den Speicherort, die Adresse von Einkom.

>   double * pEinkom;

reserviert 4 Byte für einen Zeiger, der auf einen double-Typ verweist

> ☞ | **Lesen** Sie **von rechts nach links**:
> pEinkom ist ein Zeiger auf einen double-Typ

2. Schritt: Wertzuweisung an Variablen

>   Einkom = 57685.80;

Speicherung des numerischen Wertes in der „normalen" Variablen.

>   pEinkom = & Einkom;

bedeutet: „nimm Adresse von Einkom, speichere sie in pEinkom", damit verweist (zeigt) pEinkom auf den Speicherplatz namens Einkom.

3. Schritt: indirekte Wertzuweisung

>   *pEinkom = 62111.65;

Hier bedeutet der * den ▸**Inhaltsoperator**: Jetzt ist die Verwirrung bei Ihnen möglicherweise komplett, denn neben der Multiplikation hat das Symbol * **zwei verschiedene Bedeutungen**. Hier liest man den dritten Schritt: „speichere den numerischen Wert 62111.65 als **Inhalt** an dem Ort, auf den pEinkom zeigt". Somit ist

>   *pEinkom= 62111.65   im Ergebnis **identisch** mit
>   Einkom = 62111.65

4.2 Einfache Datentypen

> Beachten Sie die unterschiedliche Bedeutung des Asterisks * :
> - `double * pEinkom` → * mit Datentyp: Erzeugung des Zeigers
> - `*pEink` → * mit Variable: Inhalt des Ortes, an den Zeiger zeigt

Wegen des indirekten Zugriffs auf eine Variable bezeichnet man `*pZeiger` in der Literatur auch als ▸Indirektion oder ▸Dereferenzierung, was aus dem Englischen übernommen ist und ich nicht für sehr anschaulich halte.

Auch **Zeiger** enthalten zunächst willkürliche Adressen, deshalb werden sie meist sofort **initialisiert**. Dazu gibt es zwei Möglichkeiten:

- `double *pEinkom = &Einkom;`

  dies setzt das Vorhandensein der Variablen `Einkom` voraus

- `int *pINT = NULL` oder `*pINT = 0;`

  dies **symbolisiert** einen in der Software festgelegten Anfangswert, der **auf kein Datenobjekt** zeigt.

Als Operatoren sind das Plus- und das Minuszeichen zulässig. Die besondere Bedeutung der Operatoren lernen wir in Teil C kennen. Was jedoch *nicht* geht, ist leicht gesagt:

> **Zwei** Zeiger lassen sich **nicht** addieren bzw. multiplizieren:
> `p1 + p2;    p1 * p2`

Im nächsten Abschnitt schon werden wir auf einige wichtige Anwendungen des Zeigers stoßen. Bedenken Sie, das Zeigerkonzept ist für C und C++ fundamental.

Fatale Fehler

- Folgendes bringt Unheil:

  `double *kaufpreis; *kaufpreis = 12.25;`

  Dem Zeiger wurde keine Adresse eines Datenobjekts zugewiesen, er zeigt ins Niemandsland.

- Die Zuweisung einer konstanten Speicheradresse muss typgerecht durchgeführt werden:

  Falsch ist: `unsigned int *wo;   wo = 0xB8000000;`
  `// Achtung: keine Typübereinstimmung`

  Richtig ist: `wo = (unsigned *) 0xB8000000; // Typkonversion`

4 Darstellung von Informationen: Einfache Datentypen

Fassen wir zusammen:

Ein Zeiger ist ein eigenständiger Datentyp, der auf ein anderes Datenobjekt verweist, indem er dessen Adresse speichert. Dabei kennt der Zeiger auch den Typ des Objekts, weshalb man korrekt sagen muss: „Zeiger auf Datentyp". Für den Anfänger ist dieses Konzept ziemlich gewöhnungsbedürftig. Hat man ihn verstanden, kommt sogar Freude auf. Wichtig ist die unterschiedliche Bedeutung des Asterisks bei Definition/Initialisierung bzw. Zuweisung: `typ * zeiger;` erzeugt einen Zeiger und `*zeiger` bedeutet den Inhalt des Objekts, auf das der Zeiger zeigt.

Übung 6

1 Gegeben ist folgendes Programmfragment:

```
short  n, *pI; float x, *pF;
n = 12; x = 14.7;
pI = &n; pF = &x;
```

Die Variablen sollen in der Reihenfolge ihrer Definition im Speicher liegen, beginnend mit der Adresse 16#20A0. Füllen Sie folgendes Speicherfragment aus (2 Byte für `short`):

Adresse	Inhalt 10# bzw. 16#	Bezeichner
20A0		

2 Darf man folgendes programmieren:
`pI = &x; pF = &n, double *pD = &x ?`
Wenn ja, warum darf man das, wenn nein, warum geht dies nicht?

3 Es gilt: `int *p3i, *p2i, n;`
Wenn n = 12 ist und `p3i = &n ; p2i = &n;` Wie ist dies zu deuten? Zeichnen Sie ein Speicherbild und eine erläuternde Grafik hierzu.

4 Es gilt: `int *pi, *p2i, n; p2i = &n;` Was bedeutet `pi = p2i;` ?

5 Darstellung von Informationen: Zusammengesetzte Datentypen

Bis jetzt haben wir ganze Zahlen und reelle Zahlen unterschiedlicher Größe und Genauigkeit sowie Wahrheitswerte kennengelernt. Sie sind so bedeutsam, dass sie bereits eingebaut sind. Eine Vielzahl von Objekten unserer Umwelt lässt sich auf diese Weise in einem Rechner abbilden, eine große Zahl von Objekten allerdings kann man mit den bisherigen Mitteln nicht *zweckmäßig* darstellen, zumal sie von Anwendungsfall zu Anwendungsfall sehr unterschiedliche Ausprägungen haben.

Zwei Beispiele vorab mögen den Sachverhalt erläutern. Der Deutsche Wetterdienst misst an bestimmten Orten stündlich die Temperaturen. Dies ergibt 24 Messwerte pro Ort und Tag, 365 mal im Jahr. Für Wolfach ließe sich damit ein Temperaturprofil über der Dimension Zeit erstellen. Die Ansammlung von Werten der Wetterstation Wolfach am 4. Jan. 1996 beispielsweise sieht folgendermaßen aus:

Tagesgang der Temperaturen in Wolfach am 4. Jan. 1996:

| 1.1 | 1.0 | 1.0 | 1.0 | 0.8 | -1.0 | -0.9 | -1.2 | -1.9 | -1.9 | usw. |

Im zweiten Beispiel geht es um einen im Wirtschaftsleben weit verbreiteten Sachverhalt. Jede Person ist irgendwo gespeichert: als Kunde beim Versandhandel, als Lieferant, Steuerzahler, im Sportverein, als Firmenmitarbeiter, als Student und Zeitungsleser. Allen diesen Aufzählungen gemeinsam ist, dass ein Name, eine Anschrift, eine Kunden-, Steuer- oder Matrikelnummer neben all den anderen spezifischen Daten gespeichert werden muss. Für beide Beispiele stellt sich die Frage, wie sich die Einzelinformationen *geeignet zusammenfassen* lassen. Dies beschäftigt uns in den nächsten Abschnitten.

5.1 Array (Feld)

Für die obige Ansammlung von Temperaturdaten ist typisch, dass es alles reelle Zahlen sind, die sich am besten mit einem `float`-Typ verwirklichen lassen. Ein erster Ansatz könnte zB. lauten: `float x1, x2, x3, x4,` und so weiter bis `x24`. Wann immer man diesen Satz von Daten bräuchte, es wären alle 24 Variablen *einzeln* aufzuführen, was nicht sehr effizient ist. Vorteilhafter ist es stattdessen, sie **unter einem Namen** zusammenzufassen, da sie ja *inhaltlich zusammengehören*, zum Beispiel Tagestemp. Dennoch müssen die Werte einzeln unterscheidbar bleiben. Hierzu dient wieder – wie so oft – eine Ordnungsnummer, die hier ▸**Index** heißt, nur der Identifizierung dient und in eckige Klammer eingeschlossen wird. Eine solche Anordnung heißt ▸Feld (*array*).

Index	0	1	2	3	4	5	6	7	8	
Werte	1.1	1.0	1.0	1.0	0.8	-1.	-.9	-1.2	-1.9	usw.

Tagestemp [4] bedeutet das fünfte Element und hat den Wert 0.8. Diese Schreibweise ist auch aus der Mathematik bekannt. Welche inhaltliche Bedeutung dem Index zugeordnet wird (hier: die Anzahl der Stunden nach Mitternacht) muss sich der Programmierer merken!

> Ein ▸Array ist eine Ansammlung **identischer** Datentypen einer vorgegebenen Anzahl unter einem gemeinsamen Bezeichner. Auf die einzelnen Elemente wird über den **Index** zugegriffen, der bei C bzw. C++ **mit 0 beginnen muss**.

5.1.1 Eindimensionales Array

Ein eindimensionales Array hat nur einen Index und entspricht dem soeben eingeführten Array Tagestemp. Manchmal bezeichnet man so ein mathematisches Gebilde auch als ▸Vektor. Ein solches Array ist benutzerdefiniert – wobei der Programmierer als Benutzer und nicht der Endanwender gemeint ist –, weil er Datentyp, Namen und Anzahl der Elemente frei wählen kann. In dem Beispiel müssen wir angeben:

„das Array soll Tagestemp heißen, 24 Elemente besitzen und vom Typ float sein".

Zur Speicherreservierung in C++ lautet die zugehörige Datendefinition:

> Datendefinition: float Tagestemp [24]

> Ganz allgemein gilt:
> - **Datentyp   Bezeichner [Anzahl]:** Speicherreservierung
> - **Bezeichner [Index]:**   das jeweilige Feldelement
>
> Beachten Sie: Das erste Element beginnt stets mit der Ordnungsnummer null, das letzte endet daher mit dem Index Anzahl – 1.

5.1 Array (Feld)

Alle Datentypen sind zulässig – auch die noch folgenden – ausser der Datei und dem Aufzähltyp. Daher darf man ein Array von Ganzzahlen, ein Array von *character* oder ein Array von Booleschen Werten bilden.

Beispiele:

```
int a[3]                char wort[7]
double x[2]             bool Doppelgarage_belegt [2]
```

■ **Initialisierung**

Zur **Initialisierung** wird eine durch Komma getrenne Liste von Werten angegeben:

```
bool  Doppelgarage_belegt [2] = {true, false};
unsigned int  lotto [6]  = {17, 7, 2, 24, 31, 43};
unsigned int  lotto []   = {17, 7, 2, 24, 31, 43};
```

Im letzten Beispiel ist die Klammer leer; aufgrund der Listenelemente ermittelt die Software die Anzahl der Elemente und trägt sie automatisch intern ein.

Ist die Anzahl der Listenelemente kleiner als die Anzahl der Speicherplätze, werden die restlichen Speicherplätze mit 0 initialisiert:

```
unsigned int lotto [6] =  {17, 7, 2}; ist identisch mit:
unsigned int  lotto [6]  = {17, 7, 2, 0, 0, 0};
unsigned int  lotto [6]  = { 0 }; //belegt alle Felder mit 0.
```

■ **Verwendung**

Ein Feldelement, zB. Tagestemp [4], **unterscheidet sich nicht** von einer Variablen gleichen Typs, man kann mit jedem Feldelement arbeiten wie mit jeder anderen einfachen Variablen:

```
float   x, y, z = 1.0;
Tagestemp [4]  = z; // Feldelement darf auch links vom = stehen
x = Tagestemp [4] * 0.5;
y = Tagestemp[3]+Tagestemp[5]+Tagestemp[12]+Tagestemp[16];
int   i, j, k, m;
i = 3;   j = 5;   k = 12;   m = 16;
y = (Tagestemp[i] + Tagestemp[j] + Tagestemp[k]+ Tagestemp[m])/4;
z = Tagestemp [i + j];
```

5 Darstellung von Informationen: Zusammengesetzte Datentypen

- **Auswertung**

Beachten Sie bei der letzten Zuweisung, dass auch diese in mehreren Schritten ausgewertet wird:

Anweisung :	Tagestemp[i + j]	
1. Schritt	Tagestemp[3 + 5]	i, j durch Wert ersetzen, ausrechnen
2. Schritt	Tagestemp[8]	Element mit Index 8 holen
3. Schritt	-1.9	an Stelle von Tagestemp[8] den Wert -1.9 setzen
4. Schritt	z = -1.9	der Variablen z -1.9 zuweisen

- **Verbotenes**

Ein Array darf nicht als Ganzes einem anderen in folgender Weise zugewiesen werden:

```
lotto1 = lotto;   // falsch
```

Ein Array kann nur **elementweise** mithilfe einer Wiederholung (siehe Teil C) kopiert werden. Im Teil D (Objektorientierung) werden Sie jedoch neue Instrumente kennenlernen und feststellen, dass bei den Nachfahren des Arrays dieser Mangel behoben wird.

Fassen wir zusammen:

Aus den (meisten) Datentypen kann der Programmierer je nach Anwendungsfall umfassendere Datenobjekte bilden. Will er mehrere Datenobjekte identischen Typs unter einem Namen zusammenfassen, ist das Array eine gute, aber nicht die einzige Möglichkeit (siehe nächsten Absatz). Ein Array zeichnet sich dadurch aus, dass über einen Ganzzahlindex auf die Elemente des Arrays zugegriffen wird. Der kleinste Index ist null und der größte Anzahl – 1! Beim Compiliervorgang muss die Größe des Arrays unabänderlich festliegen. Arrays können geschachtelt werden: So lässt sich ein Array bilden, dessen Elemente Arrays sind. Dies ist aber Gegenstand des nächsten Unterkapitels.

Übung 7

1 Definieren und initialisieren Sie ein Array X, das sechs reelle Zahlen vom Typ float aufnimmt und folgende Werte umfasst -3.5, 4.7, 1.0, 0.2, 34.129, -151.92.

2 Der Deutsche Wetterdienst errechnet einen arithmetischen Tagesmittelwert aus den Temperaturen, die um y Uhr, z Uhr und w Uhr (zweimal genommen) erfasst werden. Wie lautet formelmäßig der Wert, der der Variablen Tagesmittel zugewiesen wird?

5.1 Array (Feld)

3 In der C++Software ist ein sogenannter Zufallsgenerator eingebaut, der auf einer festen Rechenvorschrift beruht und damit gar nicht so zufällig ist, wie vorgegeben wird. Daraus folgt, dass dieselben Zufallswerte mehrfach vorkommen können! Ein elektronisches Lottospiel kann man dadurch simulieren, dass in ein Feld mit 49 `false`-Werten `true` für den Wert eingetragen wird, sobald er gezogen wurde. Legen Sie ein solches Feld namens LOTTO an, und berücksichtigen Sie den Zug der Zahl 13.

4 Legen Sie ein Feld `size` an, in dem die Schuhgrößen (als Ganzzahl) von 36 bis 46 gespeichert sind.

5.1.2 Zwei- und mehrdimensionales Array

Bei der Einführung des eindimensionalen Arrays wurde festgestellt, dass es hinsichtlich der Datentypen (fast) keine Einschränkung gibt. Daher darf ein Array auch ein Array von Objekten enthalten. Betrachten wir das Beispiel mit den Temperaturen. Das oben definierte Array `Tagestemp` gilt für genau *einen* Tag mit 24 Messwerten. Um es im weiteren Verlauf etwas einfacher und übersichtlicher darstellen zu können, beschränken wir uns auf drei Messwerte pro Tag, die wir horizontal auftragen. Dies führen wir durch für die Tage `tag0`, `tag1` bis `tag4`, wobei die Tage untereinander geschrieben werden. Dann ergibt sich folgendes Zahlenschema:

Index ↓→		0	1	2
tag0:	0	2.3	11.5	14.4
tag1:	1	3.7	12.6	17.7
tag2:	2	4.2	12.9	18.3
tag3:	3	5.1	13.6	18.9
tag4:	4	6.3	14.2	19.5

`tag3` repräsentiert die Temperaturwerte des vierten Tages, stellt somit das Array der Tagestemperaturen dar. Andererseits lassen sich doch alle tagx-Werte ($0 \leq x \leq 4$) zu einem Array zusammenfassen, das eine 5-Tage-Woche umfasst. Das Array `WT` (in der Senkrechten) enthält 5 Elemente (bestehend aus `tag0` bis `tag4`), wobei jedes Element selbst ein Array aus Tagestemperaturen darstellt. Dieses Zahlenschema lässt sich daher als Array eines Arrays interpretieren, dessen Elemente vom `float`-Typ sind. Üblicherweise bezeichnet man die senkrechte Zahlenanordnung als Spalte, die waagerechte als Zeile.

5 Darstellung von Informationen: Zusammengesetzte Datentypen

$$WT = \begin{pmatrix} tag0 \\ tag1 \\ tag2 \\ ... \\ tag4 \end{pmatrix} \quad \begin{matrix} tag0 = (2.3,11.5,14.4) \\ tag1 = (3.7,12.6,17.7) \\ tag2 = (4.2,12.9,18.3) \\ .... \\ tag4 = (6.3,14.2,19.5) \end{matrix} \quad \begin{pmatrix} (\,2.3,\;11.5,\;14.4\,) \\ (\,3.7,\;12.6,\;17.7\,) \\ (\,4.2,\;12.9,\;18.3\,) \\ .... \\ (\,6.3,\;14.2,\;19.5\,) \end{pmatrix}$$

aus: *mit:*   *ergibt sich:*

Dies ist ein zweidimensionales Zahlenschema (Tabelle, Matrix) von Datenelementen. In der Mathematik sind die Elemente solcher zweidimensionaler Schemata (Matrizen, Determinanten) durch die Indizes in dieser Weise gekennzeichnet: b_{00}, b_{01}, b_{02},...b_{25}. Der Vorteil dieser Darstellung besteht darin, dass sich sehr einfach mit ihnen arbeiten lässt, insbesondere eignet sich diese Form sehr gut zum Rechnen.

Wir definieren jetzt ein Feld, das alle Temperaturwerte einer 5-Tage-Woche bei *vier* Messwerten je Tag aufnimmt. In der Programmiersprache C++ schreibt sich dies folgendermaßen:

```
float Wochentemp [5][4];
```

`//statt Tage[5][4], was weniger aussagekräftig ist`

`Wochentemp [2][1]` hat den Wert 12.9 und `Wochentemp [0][3]` ist 8.1.

`Wochentemp [2]` stellt das ganze Array mit vier Elementen dar!

> Allgemein gilt :
> **Datentyp Bezeichner [Zeile] [Spalte]**

Die Initialisierung eines zweidimensionalen Arrays gestaltet sich sehr einfach:

```
float  Wochentemp [5][4] = { {1.0, 1.1, 1.2, 1.3},
                             {2.0, 2.1, 2.2, 2.3},
                             {3.0, 3.1, 3.2, 3.3},
                                    ...
                             {5.0, 5.1, 5.2, 5.3} };
```

Beispiele:

1 Stellen Sie sich einen quaderförmigen Körper mit einem Trapez als Grundfläche vor. Dann beschreiben die vier Punkte P0, P1, P2, P3 die Grundfläche und P4 die Höhe. Im dreidimensionalen Raum wird jeder Punkt P durch drei Koordinaten x, y, z repräsentiert. Ein solcher Körper ist

5.1 Array (Feld)

vollständig definiert durch ein Array von Punkten, die selbst ein Array aus drei Koordinaten darstellen.

$$P = \begin{pmatrix} P0 \\ P1 \\ P2 \\ .. \\ P4 \end{pmatrix} \quad \text{mit} \quad \begin{aligned} P0 &= (1,2,5) \\ P1 &= (3,7,2) \\ P2 &= (5,3,4) \\ &\dots \\ P4 &= (2,9,8) \end{aligned} \quad \text{ergibt} \quad \begin{pmatrix} (1, 2, 5) \\ (3, 7, 2) \\ (5, 3, 4) \\ \dots \\ (2, 9, 8) \end{pmatrix}$$

1	2	5
3	7	2
5	3	4
..	..	..
2	9	8

Datendefinition in C++: `unsigned int P [5][3];`

Anwendungen finden sich in der Mechanik (rechnergestützte Konstruktion sowie in der Festigkeitslehre bei der Verformung von Körpern), Architektur (rechnergestütze Konstruktion von Häusern).

2 Auch die Betriebswirtschaft kennt solche zweidimensionalen Gebilde, allerdings unter anderem Namen und mit anderem Sinnzusammenhang. Angenommen, ein Computerunternehmen bildet seinen Betrieb mit einem Programm ab. Dann ist zur Erfassung des Umsatzes folgendes Zahlenschema zweckmäßig, wobei der Klartext *nur zu Ihrer Erläuterung* steht (Die Software kennt *nur* den durch die Doppellinie umrandeten Bereich):

Beispiel: Ein Computerunternehmen in Bonn :

Umsatz Bonn	Jan	Feb	März	usw.
Computer xy	24756	18931	23781	
Monitor	12421	15975	18543	
Maus	981	1247	763	

Die Spalten bezeichnen die Zeitachse der Monate, die Zeilen stehen für das Produktsortiment. Im Kreuzungspunkt von Spalte und Zeile steht der jeweilige Ertrag aus Umsatz. Ein zweites, gleichartiges Zahlenschema läßt sich erstellen, das den Aufwand enthält. Legt man die Blätter virtuell oder physisch hintereinander, entsteht ein Datenwürfel, mit dem sich auf dem dritten Blatt durch Ertrag minus Aufwand der (betriebswirtschaftliche) Erfolg ermitteln lässt. Eine andere Möglichkeit bietet sich für eine Computerhandelskette mit mehreren Filialen: Legt man alle Umsatzblätter hintereinander, entsteht durch Addition in der dritten Dimension (Tiefe) beispielsweise der Gesamtumsatz an Computern xy im Januar in allen Filialen.

5 Darstellung von Informationen: Zusammengesetzte Datentypen

Datenwürfel wie gestapelte Karteiblätter:

Erfolg

Aufwand

Ertrag

Die neue, zusätzliche Dimension wird in der Definition des Speicherplatzes immer weiter links angesetzt:

Datentyp   Bezeichner   [Tiefe] [Zeile] [Spalte]

Mehr als drei Dimensionen sind in der Praxis eher selten, weshalb wir uns auf diese drei Dimensionen beschränken wollen. Das Bildungsprinzip ist sehr einfach: Jede weitere Dimension wird links angefügt:

eindimensional	`feld    [n]`
zweidimensional	`feld    [m][n]`
dreidimensional	`feld [k][m][n]`
usw.	

Übung 8

1 Wie lautet die Felddefinition für ein dreidimensionales Feld, das dem Beispiel Computerhandelskette mit 4 Filialen zugrunde liegt?

2 Wie errechnet sich mithilfe der obigen Datenelemente allgemein der Umsatz *einer* Filiale im Januar bzw. Februar? Wie lautet der Umsatz mit Monitoren im ersten Quartal in dieser Filiale? Wie lautet der Umsatz an Mäusen im Februar in allen Filialen? Was für einen Datentyp hat dieses Array?

3 Werden (in Übung 2) die Texte in den Zeilen und Spalten auch in dem Array gespeichert (Begründung)?

5.1.3 Zeichenkette (String)

Wie einleitend in diesem Abschnitt schon dargestellt, lassen sich in einem Array auch Zeichen abspeichern. Allgemein heißt eine Folge von Zeichen Zeichenkette (*string*). ▸Strings werden von Anführungszeichen umschlossen. Hierbei sind zwei Varianten zu unterscheiden:

- Konstante Zeichenkette. Sie bleibt während der gesamten Laufzeit des Programmes unveränderbar. (Dies wird in Teil C vertieft.)
- Veränderbare Zeichenkette. Sie kann während der Laufzeit andere Werte annehmen.

Nur die **veränderbare Zeichenkette** wird **in** einem **Array** abgespeichert, für das der Programmierer von Anfang an ausreichend Speicherplatz vorzusehen hat. Wer zB. eine Adressdatenbank entwickeln will, muss die längsten Städtenamen ausfindig machen und einen Sicherheitszuschlag vorsehen.

Beispiele: Eggenstein-Leopoldshafen, Villingen-Schwenningen.

Datendefinition: `char ort[35];`

Das **Ende der Zeichenkette** wird mit dem Steuerzeichen ASCII 0 gekennzeichnet (*null terminated string*). Damit dieses Steuerzeichen ASCII 0 von einer numerischen Null unterschieden werden kann, wird auf dem Bildschirm ASCII 0 mit dem Symbol \0 (ein Byte!) dargestellt. Rechnerintern wird eine Zeichenkette mit dem Endekennzeichen **automatisch** abgeschlossen. Bei Strings liest der Rechner byteweise **solange, bis dieses Zeichen erreicht** wird. Somit kann der Rechner den kurzen String „Kiel" von dem langen „Eggenstein-Leopoldshafen" unterscheiden. Der Programmierer hat dafür zu sorgen, dass das Array mindestens um dieses eine Byte länger ist als die Anzahl der Nutzbytes. Es gibt verschiedene, mehr oder minder gefährliche Varianten, einen String mit Startwerten zu initialisieren:

Identisch ist:

```
char string1 [4] = "abc";//!nicht ungefährlich !!
char string1 []  = "abc";//!sicher, der Compiler zählt !!
char string1 [4] = {'a','b','c','\0'};//! sehr umständlich
```

Falsch ist: `char string1 [3] = "abc";`

Im folgenden Kasten sehen Sie deutlich den Unterschied zwischen Initialisierung und Zuweisung:

> char string1[4] = "abc"; // **Initialisierung**
>
> **Nicht zulässig** ist eine **Zuweisung** von Strings:
> string1[4] = "abc";
> string1[] = "abc";
>
> **Zulässig** ist dagegen die Zuweisung eines einzelnen Zeichens:
> string[0] = 'a';

Das Thema der Stringbearbeitung und die Eingabe über die Tastatur wird später noch ausführlich behandelt.

Mehrere Strings können in einer zweidimensionalen Tabelle gespeichert werden, wie folgendes Beispiel zeigt. Der 3-elementige Vektor B hat als Elemente einen Vektor mit 7 Elementen des Typs Zeichen: **B[3][7]**

	[0]	[1]	[2]	[3]	[4]	[5]	[6]
B[0] :	K	i	e	l	\0		
B[1] :	S	o	e	s	t	\0	
B[2] :	L	a	n	d	a	u	\0

Beachten Sie: Die Elemente werden im Speicher fortlaufend abgelegt:

Kiel•••Soest••Landau•

Auch bei Strings ist eine dritte Dimension möglich, wenn man zum Beispiel an länderspezifische Varianten (deutsch, englisch, spanisch) denkt:

A	r	c	h	i	v	o	\0		
F	i	l	e	\0					
D	a	t	e	i	\0				
B	e	a	r	b	e	i	t	e	n	\0
A	n	s	i	c	h	t	\0		
E	i	n	f	ü	g	e	n	\0	

Ein solches Textarray lässt sich beispielsweise in folgender Art definieren:

char TextTab [3][4][11];

Wenn die obigen Zeichen in dem Array gespeichert sind, dann enthält TextTab[2][0][6] den Buchstaben o.

5.1 Array (Feld)

Fassen wir zusammen:

Eine fortlaufende Folge von Zeichen ist die Zeichenkette (auch im Deutschen: String), deren Ende mit dem Zeichen \0 gekennzeichnet ist. Wird ein String durch ein Array repräsentiert, sind die Inhalte veränderlich.

5.1.4 Rechnerinterne Darstellung eines Arrays

Der Programmierer legt durch den Datentyp und die Anzahl der Datenelemente indirekt die Anzahl der zu reservierenden Bytes fest. Der Computer sucht einen geeigneten Ort und **speichert die Bytes fortlaufend ab**. Der **Name des Arrays** spielt dabei eine besondere Rolle: Er ist **wie ein konstanter, dh. nicht veränderlicher Zeiger** auf den Anfang des Arrays, fast wie ein Anker. An diesem wird der Index festgezurrt, von hier aus zeigt er immer relativ dazu auf das jeweilige Arrayelement. Der Index kennzeichnet somit die Abweichung (*displacement*) gegenüber dem Anker. Diesen Sachverhalt verdeutlicht das folgende Beispiel mit dem Array lotto, wobei Index = 5 gewählt ist:

unsigned short lotto [6]: | 17 | 7 | 2 | 24 | 31 | 43 |

Das Array liege zB. folgendermaßen im Hauptspeicher:

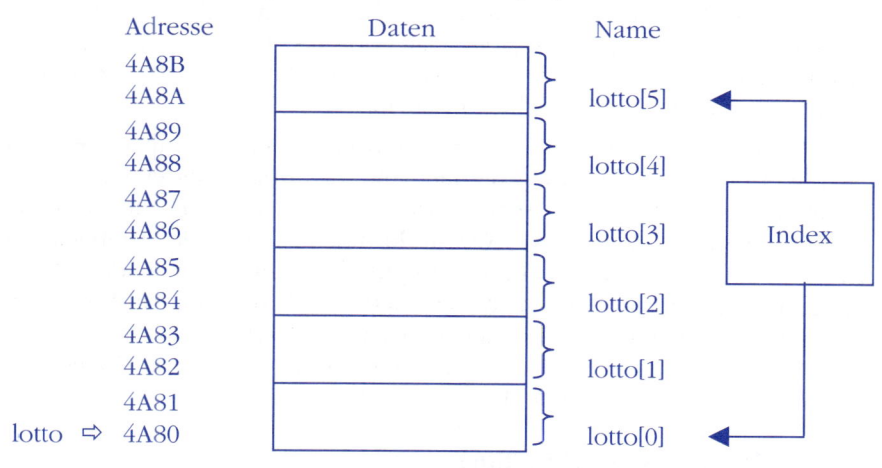

Adresse	Daten	Name
4A8B 4A8A		lotto[5]
4A89 4A88		lotto[4]
4A87 4A86		lotto[3]
4A85 4A84		lotto[2]
4A83 4A82		lotto[1]
lotto ⇨ 4A81 4A80		lotto[0]

Der **ArrayName** (lotto) ist identisch mit der **Anfangsadresse** von lotto[0]. Der ▸**Index** kennzeichnet die Abweichung von diesem Anker: Somit ist lotto[5] = lotto [0 + Index]

Als nächstes betrachten wir einen Ausschnitt aus dem Array Wochentemp. Beachten Sie dabei, dass ein Kästchen jetzt 4 Byte bedeuten, wie Sie anhand der Adressen feststellen.

5 Darstellung von Informationen: Zusammengesetzte Datentypen

	Adresse	Daten	Name
Wochentemp[2]	47C2C	10.3	Wochentemp[2][3]
	47C28	18.3	Wochentemp[2][2]
	47C24	12.9	Wochentemp[2][1]
	47C20	4.2	Wochentemp[2][0]
Wochentemp[1]	47C1C	9.1	Wochentemp[1][3]
	47C18	17.7	Wochentemp[1][2]
	47C14	12.6	Wochentemp[1][1]
	47C10	3.7	Wochentemp[1][0]
Wochentemp[0]	47C0C	8.1	Wochentemp[0][3]
	47C08	14.4	Wochentemp[0][2]
	47C04	11.5	Wochentemp[0][1]
Wochentemp ⇨	47C00	2.3	Wochentemp[0][0]

Dieses Beispiel lässt sich verallgemeinern: Ein Array hat einen konstanten Anfang und speichert fortlaufend die Komponenten. So sind in der internen Darstellung folgende Arrays identisch:

a[12], a[2][2][3], a[2][6], a[3][4], a[4][3], a[6][2], a[m][k]; m*k = 12

Mit anderen Worten: Der Programmierer ist aus Anwendungssicht verantwortlich für die Gruppierung der Datenobjekte. Dieser Sachverhalt gewinnt später Bedeutung, wenn es darum geht, Daten in Arrays zwischen verschiedenen Speicherbereichen auszutauschen.

Das Array hat in der bisher beschriebenen Form einige Vorteile, zB. lässt sich über den Index leicht auf die Elemente des Arrays zugreifen, was bei bestimmten Rechnungen äusserst nützlich ist, wie wir noch sehen werden. Es gibt allerdings auch einige **Nachteile**, unter anderen im Hinblick auf Klarheit. Angenommen, ein Bildschirmpunkt (*pixel*) ist durch den Punkt P[12][24] gegeben. So muss man sich merken, ob der linke Index die x-Koordinate oder die y-Koordinate darstellt. Viel einfacher und weniger fehlerträchtig ist es, wenn man schreibt P.x oder P.y. Diese Möglichkeit bietet der folgende Abschnitt Datenverbund.

5.2 Datenverbund (Struktur)

Charakteristisch für das **Array** ist, dass es nur **einen einzigen Datentyp** aufnehmen darf. So definiert man ein *array of integer* oder ein *array of float*. Eine Mischung verschiedener Datentypen ist nicht statthaft. Da dies jedoch in der Praxis äusserst nützlich ist, um die Welt im Rechner abbilden zu können, wurde schon früh der Datenverbund eingeführt. Je nach Programmiersprache heißt der Datentyp im Englischen *record* (Pascal) oder *struct* (C/C++). Der **Vorteil** dieses Datentyps ist das **Zusammenfas-**

5.2 Datenverbund (Struktur)

sen unterschiedlicher Datentypen unter einem gemeinsamen Bezeichner. Damit wird dem Programmierer die Möglichkeit eröffnet, der Aufgabe entsprechend geeignete Typen zu schaffen und zusammenzufassen, was inhaltlich zusammengehört. Von diesem ▸**Datentyp**, der so etwas wie ein **Muster**, eine Schablone, darstellt **ohne ▸Speicherplatz** zu belegen, lassen sich **Variablen** erzeugen. Erst diese **belegen Speicherplatz**.

Der Bauplan eines Datenverbundes wird durch das Schlüsselwort `struct` (*structure*) eingeleitet, gefolgt von einem als *tag* (Anhänger) bezeichneten Wort und einer geschweiften Klammer, die **immer** mit einem Semikolon abgeschlossen werden **muss**. Innerhalb der geschweiften Klammer werden die verschiedenen Komponenten in der bekannten Weise Datentyp-Bezeichner aufgelistet:

Beispiel:
```
struct MeinDatenTyp
{ char     name[20];         // 20 Byte
  float    Betrag;           // 4 Byte
  bool     aktiv;            // 1 Byte
  unsigned short nummer;     // 2 Byte
};
```

Das ist ein Datentyp ohne Speicherplatz! *Jetzt* erst wird Speicherplatz reserviert:

```
MeinDatenTyp   student, mitglied, kunde;
```

Jede der drei Variablen eines solchen Datenverbunds lässt sich durch konkrete Ausprägungen (Feldinhalte) beispielhaft veranschaulichen:

name	betrag	aktiv	nummer
Müller-Lüdenscheid	425.00	1	12346

Jede der Variablen `student`, `mitglied` bzw. `kunde` belegt somit 27 Byte (2 Byte für `short`). Sie sind alle von identischem Baumuster. Anhand der **Struktur** (dh. des inneren Aufbaus) kennt die Software die Zusammensetzung einer Variablen. Achtung: Hier entsteht ein Bezeichnungskonflikt: einerseits bedeutet Struktur den inneren Aufbau, andererseits den Datentyp `struct`. Die Bedeutung sollte jeweils aus dem Kontext hervorgehen.

Zwei weitere Beispiele mögen die Vielfalt und **Freiheit in der Gestaltung** eines Datentyps zeigen:

5 Darstellung von Informationen: Zusammengesetzte Datentypen

```
struct ZeitTyp
  { unsigned int   stunde;
    unsigned int   minute;
    unsigned int   sekunde;
  } ;
ZeitTyp Abend, Mittag, Dauer;

struct   PunktTyp
  { int  x, y;
  } ;
PunktTyp LiOben, ReUnten;
```

Beachten Sie: Mehrere Komponenten sind unter einem Bezeichner zusammengefasst. Auf eine Komponente eines Datenverbundes wird mit dem ▸**Punktoperator** zugegriffen:

> Allgemein gilt: Bezeichner.Komponente

Beispiele:
   Abend.stunde, Dauer.minute, LiOben.x, ReUnten.y, mitglied.aktiv

Das folgende Beispiel zeigt die (einfache) Struktur eines Kunden.

```
struct KUNDE
{  unsigned int Nr;
   char   name[20];
   char   strasse[15];
   char   plz[5];
   char   ort[22];
   char   status;
   float  umsatz;
};
```

Sie sehen schnell, dass die Adresse allgemein auch für andere Anwendungsfälle verwendbar ist. Nun ist es erlaubt, **in einer Struktur** selbst wieder **beliebige** andere Datentypen einzusetzen. Allgemein gilt: **Jeder zulässige Datentyp darf Teil eines benutzerdefinierten Datentyps** sein, also auch ein Verbund im Verbund oder ein Array im Verbund.

5.2 Datenverbund (Struktur)

Daher lässt sich auch die Struktur einer Adresse ausserhalb von KUNDE **zuerst** definieren. Diese Vorgehensweise fördert die Wiederverwendbarkeit von Software.

Betrachtet man die Adresse als eigenständigen Datentyp, lässt sich eine gleichartige Kundenstruktur aufbauen:

```
struct adr
{   char strasse[15];
    char plz[5];
    char ort [22];   };
struct Kunde
{   unsigned int  Nr;
    char name[20];
    adr  Adresse;
    char status;
    float Umsatz;  };
```

Datendefinition: **Kunde** ein_kunde;

Die **Initialisierung** geschieht wieder durch eine Liste mit den konkreten Ausprägungen der verschiedenen Datentypen:

```
Kunde ein_kunde
    = { 4712, "Fink",{"Allee 23", "04371", "Kleinwanzen"},'A', 10000.0 };
```

Da jetzt die Postleitzahl plz Komponente von adr und die Adresse Komponente von ein_kunde ist, folgt ein *zweistufiger Zugriff* mit dem ▸**Punktoperator**:

```
ein_kunde.Adresse.plz
```

Dies ist im übrigen eine „normale" Variable, auch wenn sie etwas ungewöhnlich aussieht.

Wie sich Arrays von Arrays definieren lassen, so können auch Arrays aus Strukturen gebildet werden, dh. *ein* Arrayelement ist ein Verbund. Somit entsteht ebenfalls eine Tabelle, die sich aber durch (in der Regel) verschiedene Datentypen auszeichnet. Beachten Sie beim folgenden Beispiel, dass die Kopfzeile aus optischen Gründen *nur für den Leser* der Tabelle den Namen der Variablen angibt. Gespeichert werden somit daher nur die innerhalb der Doppellinien stehenden Werte.

5 Darstellung von Informationen: Zusammengesetzte Datentypen

Beispiel für einen Kundenstamm von 50 Kunden:

Datendefinition: `Kunde KundenTab [50]`

KundenTab ist eine Tabelle mit 50 Datensätzen, deren Struktur durch Kunde festgelegt ist.

Index	Nr	name	strasse	plz	ort	status	Umsatz
0	4711	Hallervorden	Klosterstr.14	77723	Gengenbach	C	10000.50
1	4712	Fink	Allee 23	04371	Kleinwanzen	A	10000.00
...	...	...	...	...	...	...	...
48	4759	Karlstadt	Burgstr. 56	06731	Engelsburg	A	67.98
49	4760	Valentin	Im Elch 2	56069	Himmelreich	C	68231.47

Da alle Datensätze von **KundenTab** und **ein_Kunde** von derselben Struktur Kunde abgeleitet und damit **typidentisch** sind, lassen sich folgende Zuweisungen vornehmen:

```
ein_Kunde  =  KundenTab[1];    oder:
KundenTab[1] = ein_Kunde;
```

> ☞ Damit lässt sich ein **ganzer Datensatz einer strukturidentischen Variablen zuweisen**. Ein komponentenweises Zuweisen ist nicht nötig.

Auf eine Komponente eines Arrays wird daher so zugegriffen:

```
Richtig:  KundenTab[1].name
Falsch:   KundenTab.name[1]
```

Unschätzbarer Vorteil dieser Darstellung ist neben der Zusammenfassung unterschiedlicher Datentypen die Möglichkeit, „sprechende" Bezeichner zu wählen, die den Sachverhalt gut dokumentieren. So lassen sich Fehler in Programmen schneller finden, die Wartung und Pflege von Software wird einfacher. Diesem Zweck dient auch der folgende Datentyp Aufzähltyp.

FF Fatale Fehler

Trotz des gleichen Aufbaus sind sie nicht identisch:

```
struct p1T              struct p2T
{ int x;                { int x;
  int y;                  int y;
};                      };
```

```
p1T p1, p10;   p2T p2;
p1 = p2; // Fehler!
```

p1 und p2 gehören trotz gleichen inneren Aufbaus zu verschiedenen Datentypen, p1 und p10 dagegen sind typidentisch.

Fassen wir zusammen:

Der Datenverbund (die Struktur) fasst unter *einem* Bezeichner in der Regel *unterschiedliche* Datentypen zusammen. Sie ist ein Datentyp, eine programmiererspezifische (!) Konstruktionsvorschrift zur Erzeugung von Datenobjekten. Wie ein Array als Elemente eine Struktur haben darf, so dürfen Strukturen als Komponenten auch Arrays enthalten. Auch darf man Strukturen schachteln: Struktur in Struktur einer Struktur. Das ist später wichtig bei der Objektorientierung. Auf die Komponenten einer Struktur greift man mit dem Punktoperator zu.

Übung 9

1 Was stellt KundenTab[1].name[1] dar?

2 Wie lautet der Bezeichner für die Komponente strasse des 49. Eintrags in KundenTab?

3 Weisen Sie der Variablen ein_Kunde komponentenweise die Inhalte von KundenTab[1] zu.

4 Erstellen Sie einen Datenverbund mit dem Bezeichner Auto, der die Komponenten Marke, Farbe, Hubraum und Erstzulassung enthält, wobei letztere sich aus dem Monat und Jahr zusammensetzt. Ausprägungen (Dateninhalte) für die Marke sind: Golf , C180, Renault 4, Omega. Welche Datentypen sind für den Datenverbund Auto nötig? Wie lautet der Bezeichner für das Jahr der Erstzulassung für einen VW?

5.3 Aufzähltyp

Häufig beschreiben wir unsere Umwelt durch sprachliche Aufzählungen, anstatt ihnen Ordnungsnummern zuzuweisen und sie abzuzählen. Bleiben wir zunächst bei dem Beispiel des Text-Arrays, wo für jede Sprache eine Tabelle mit Texten angelegt wird. Europäische Sprachen mögen Englisch, Deutsch, Französich, Italienisch und Spanisch sein. Nun könnte sich der Programmierer merken, TextTab [0] bedeutet Englisch, TextTab[1] Deutsch usw. Recht schnell wird man diese Zuordnung verwechseln und Fehler programmieren. Eine sehr gute Lösung bietet dagegen die **Mengenbildung durch Aufzählen** (*enumerate*):

5 Darstellung von Informationen: Zusammengesetzte Datentypen

```
enum SprachTyp{Englisch,Deutsch,Franz,Ital,Span}; // DatenTyp
SprachTyp sprache = Englisch; //Init. für Variable sprache
```

Vorteil dieser Darstellung ist die besonders gute Lesbarkeit:

```
TextTab[Span][0]     anstatt:        TextTab[4][0]
enum KartenTyp   {Kreuz, Pik, Herz, Karo};
KartenTyp    SpielFarbe  = Kreuz;
enum COLORS {BLACK, BLUE, GREEN, CYAN, RED, MAGENTA};
```

`textbackground(CYAN); textcolor (BLACK);` beschreiben auf einem Monitor unter DOS den Hintergrund und die Zeichenfarbe, beides ist leicht verständlich im Gegensatz zu `textbackground(3); textcolor (0);` wie es im übrigen auch geht.

■ Automatische Wertzuweisung

Natürlich kennt der Prozessor weder ein Cyan noch ein Pik. Die interne Umsetzung geschieht mit einer Ordnungszahl – wie so oft bei C/C++ mit 0 beginnend –, die den Elementen der Menge zugeordnet wird: Diese **Ordnungszahl** ist **intern** durch ein **Integer**-Wert abgebildet und fortlaufend vergeben:

Ordnungszahl	0	1	2	3	...usw.
KartenTyp	Kreuz	Pik	Herz	Karo	
SprachTyp	Englisch	Deutsch	Franz	Ital	Span
COLORS	BLACK	BLUE	GREEN	CYAN	RED

■ Zugewiesene Werte

Der Programmierer darf den Elementen in der Liste des Aufzähltyps Werte zuweisen. So legt der folgende Aufzähltyp zB. fest, ob Daten in eine Datei eingegeben, ausgegeben oder hinzugefügt werden sollen. Die zugewiesenen Zahlen sind Oktalzahlen(!) und setzen ganz bestimmte Bits (welche?), die am Ende an die Hardware gesendet werden. Beispiel:

```
enum open_mode
   {in    = 1,        //Eingabemodus
    out   = 2,        //Ausgabemodus
    ate   = 4,        //Öffnen und DateiEnde suchen
    app   = 010,      //Hinzufügen
    trunc = 020,      //Datei verkleinern
    nocreate = 040,   //Fehlermeldung, wenn Datei nicht existiert
    noreplace= 0100;  //Fehlermeldung, wenn Datei existiert
   };
```

Der Programmtext, auch als **Quellcode** (*source*) bezeichnet, wird mit Aufzähltypen selbsterklärend und weniger fehleranfällig. Beachten Sie: Die Aufzählung, dh. der Wertevorrat der Menge, stellt stets eine **geschlossene Gesellschaft** dar, der nur der Programmierer etwas hinzufügen kann. Dies reduziert mögliche Fehler und erhöht die Qualität der Software.

Den vielen beachtlichen Vorteilen steht *ein* Nachteil gegenüber: „Englisch" bzw. „Pik" lässt sich **weder ein- noch ausgeben**. Eine Anweisung an den Rechner wie write(BLACK) oder read(Pik) ist nicht möglich. Stattdessen wird die entsprechende zugeordnete Ordnungszahl ausgegeben.

Nicht erlaubt sind zwei verschiedene Mengen mit einem **identischen** Mengenelement:

```
ampel {rot, gelb, gruen};
autofarbe {schwarz, blau, rot};
```

Fassen wir zusammen:

Der Aufzähltyp besteht aus einer abzählbaren, begrenzten Menge von Elementen, die in einer Liste einzeln aufgeführt werden müssen. Diese Form dient nur der besseren Lesbarkeit des Quellcodes, intern werden die Werte durch Zahlen repräsentiert. Objekte des Aufzähltyps kann man weder ein- noch ausgeben. Namensgleiche Bezeichner in zwei Mengen sind nicht erlaubt.

Übung 10

1 Definieren Sie ein Array `zeit`, in dem die Werte für Stunde, Minute, Sekunde gespeichert werden kann. Verwenden Sie einmal einen numerischen Index und einmal einen Aufzähltyp, um auf die Werte zuzugreifen.

2 Wenn ein älterer Compiler den Datentyp `bool` nicht enthält, wie lässt er sich mit einem Aufzähltyp erzeugen?

3 Bei `enum open_mode` werden bestimmte Bits gesetzt. Zeichnen Sie ein Byte und tragen Sie die entsprechenden Bits ein (Das ist wichtig für die Dateibearbeitung im Kapitel 22).

6 Darstellung von Informationen: Zusammenstellung

Bisher haben wir die Datentypen einzeln mit ihren Eigenschaften beschrieben. Es ist jedoch nützlich, sich einmal einen Überblick zu verschaffen, nach welchem Schema man die Datentypen gruppieren kann. Außerdem wollen wir an einem Beispiel untersuchen, wie die verschiedenen Datentypen zur Lösung ein- und derselben Aufgabe eingesetzt werden können. Der Vergleich der verschiedenen Möglichkeiten zeigt schnell, dass es oft zweckmäßige und unzweckmäßige Ansätze gibt.

6.1 Datentypen in der Übersicht

Der Versuch, Datentypen zu systematisieren, führt zunächst zu einer gewissen Verwirrung: In der Literatur findet sich eine Vielzahl von Ansätzen, je nachdem welche Aspekte im Vordergrund stehen. So lässt sich zB. der Aufzähltyp einerseits den sogenannten Ordinaltypen zuordnen, weil er rechnerintern – wie die Ganzzahlen – als geordnete Menge dargestellt wird. Andererseits kann er unter den benutzerdefinierten Typen eingeordnet werden, weil der Programmierer die Freiheit der Gestaltung erhält.

Die Abbildung 10 grenzt die einfachen Datentypen, die in der Software fest eingebaut sind, von den benutzerdefinierten ab, um zu zeigen, wo Sie als Programmierer Gestaltungsfreiheit haben. Die benutzerdefinierten Typen lassen sich aus den einfachen Typen zusammensetzen.

Abbildung 10: Systematik der Datentypen

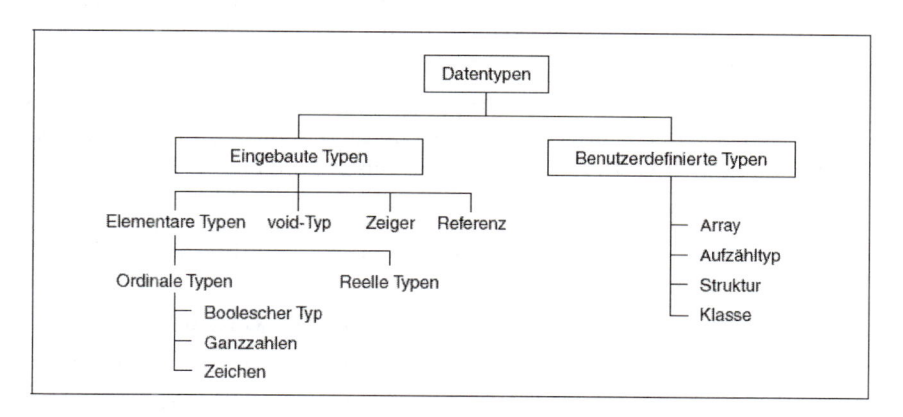

Abbildung 10 geht der besseren Übersicht wegen nicht auf die verschiedenen Ausprägungen der einzelnen Typen ein (zB. `float`, `double` etc.). Ferner sind mit Referenzen und Klassen zwei Datentypen aufgeführt, die wir später ausführlich behandeln.

Der Datentyp `void` hat die Bedeutung „beliebiger Datentyp", ist der Vollständigkeit halber aufgeführt und wird im Rahmen dieses Buches nicht weiter behandelt.

Beachten Sie: Diese Datentypen sind geschaffen, um **reale oder gedachte Objekte** unserer Außenwelt möglichst effizient **abzubilden**.

6.2 Vergleich der Datentypen

Im folgenden Beispiel wollen wir Zeiten betrachten, so wie sie in Fahr-/Flugplänen vorkommen. Zur Abfahrtszeit wird die Fahrzeit addiert, um die Ankunftszeit zu ermitteln. Diese einfache Aufgabe soll **mit unterschiedlichen Datentypen** verwirklicht werden, um die unterschiedlichen Ansätze **vergleichen** zu können. Dabei beschränken wir uns nur auf Stunden und Minuten, die durch einen Doppelpunkt **optisch** getrennt werden. Alle Zahlenwerte müssten über die Tastatur eingegeben werden; wie dies im Detail geschieht ist im Augenblick unwesentlich. Der Einfachheit halber initialisieren wir die Werte. Für die Bezeichner wählen wir entweder einen englischen oder deutschen Ausdruck, entscheidend ist die Länge des Namens oder ein Umlaut (den es im Englischen bekanntlich nicht gibt).

Beispiel:

Abfahrtszeit   Fahrzeit   Ankunftszeit
    4:20   +   3:45   =   ?:?

Entwickeln Sie zunächst ein Struktogramm für diese Aufgabe. Überlegen Sie, ob zB. ein `float`-Datentyp eine dem Problem gerechte Datenrepräsentation erlaubt.

Was spricht gegen einen `float`-Typ? Als Datentyp wählen wir `int`, weil es nur ganze Zahlen gibt, die größte vorkommende Zahl 60 ist und bei der Subtraktion auch negative Werte entstehen können.

Problemanalyse:

1. Zeiten werden im 12- oder 24-Stunden-Format angezeigt. Wir wählen letzteres.
2. Der Zahlenvorrat der Stunden umfasst nur die Werte 0 bis 23.
3. Der Zahlenvorrat der Minuten umfasst nur die Werte von 0 bis 59.
4. Bei größeren Werten entsteht jeweils ein Übertrag (*carry*).

1. Realisierung mit einzelnen Variablen

Für die Abfahrts-, Fahr- und Ankunftszeit sind je zwei Variablen nötig:

```
int abHour = 4, abMin = 53,
    dauerHour = 23, dauerMin = 19, anHour, anMin;
int carry = 0;
anMin = abMin + dauerMin;
if ( anMin > 59 )
  {anMin = anMin - 60; carry = 1;}
anHour = abHour + dauerHour + carry;
if (anHour >23)
  anHour = anHour - 24;
```

2. Realisierung mit Arrays

Für die Abfahrts-, Fahr- und Ankunftszeiten ist je ein Array mit zwei Elementen für die Stunde und Minute nötig.

Variante a)

```
int ab[2] = {4, 53}, dauer [2] = {23, 19}, an[2] = {0} ;
int carry = 0;
an[1] = ab[1] + dauer[1];
wenn ( an[1] > 59 )
   {an[1] = an[1] - 60; carry = 1;}
an[0] = ab[0] + dauer[0] + carry;
wenn ( an[0] > 23 )
   an[0] = an[0] - 24;
```

Variante b)

```
int ab[2] = {4, 53}, dauer [2] = {23, 19}, an[2] = {0} ;
enum  zeitT {hour, min};
int carry = 0;
an[min] = ab[min] + dauer[min];
if ( an[min] > 59 )
   {an[min] = an[min] - 60; carry = 1;}
an[hour] = ab[hour] + dauer[hour] + carry;
if ( an[hour] > 23)
   an[hour] = an[hour] - 24;
```

3. Realisierung mit Datenverbund

```
struct zeitTyp
  {int hour; int min;};
zeitTyp ab = {4, 53}, dauer = {23, 19}, an = {0, 0};
int carry = 0;
an.min = ab.min + dauer.min;
if ( an.min > 59 )
  {an.min = an.min - 60;
   carry  = 1;}
an.hour = ab.hour + dauer.hour + carry;
if ( an.hour > 23 )
  an.hour = an.hour - 24;
```

Hinweis: Sie können die Berechnung des Übertrags, der Minuten und Stunden auch unter Verwendung der Ganzzahldivision sowie des Modulo-Operators durchführen. Dann entfallen die Fallunterscheidungen. Sie sehen: Es führen viele Wege zum Ziel. Wie geht es?

Es sei hier erwähnt, dass *Sie* die Aufgabe der Addition von Zeiten mit einem objektorientierten Ansatz, allerdings nach einigen Vorbereitungen, so einfach lösen werden:

```
an = ab + dauer;
```

7 Darstellung von Informationen: Ein- und Ausgabe

Ein Programm erhält Daten über die Tastatur oder aus Dateien, wenn wir die beiden Formen beispielhaft für jede Art der Ein-/Ausgabe wählen. In beiden Fällen sollte ein Programmierer die grundsätzlichen Konzepte kennen, die wir jetzt vorstellen wollen.

7.1 Dateien

Beim Programmieren ist es häufig notwendig, Daten aus Dateien zu lesen oder welche in Dateien zu schreiben. Wir wollen uns in diesem Kapitel mit dem Dateiaufbau und den Dateioperationen Lesen und Schreiben beschäftigen.

Eine ▸Datei (*file*) ist eine zusammengehörige Ansammlung von Bytes, die im allgemeinen Sprachgebrauch mit der dauerhaften Speicherung von Informationen auf einem elektrischen, magnetischen oder optischen Träger verbunden ist.

Dateiinhalte können zB. sein:

- Programme (sie enthalten Anweisungen, was zu tun ist, zB. Betriebssystem, Anwendungsprogramme)
- Daten (Zahlen, Zeichen: zB. Messwerte, Artikeldaten, Bilanzdaten)
- Bilder, Töne (reine Bitmuster)
- Texte.

Dateien auf einer Platte sind so zahlreich, dass für sie ein Ordnungssystem notwendig ist, dessen Verwaltung ein Betriebssystem bereitstellen muss. Ein auf den Kopf gestellter Baum mit der Wurzel nach oben symbolisiert die hierarchische Dateistruktur mit seinen **Verzeichnis**sen, in die üblicherweise **zusammengehörige Dateien** gespeichert werden.

Abbildung 11: Beispiel einer Organisation von Dateiverzeichnissen

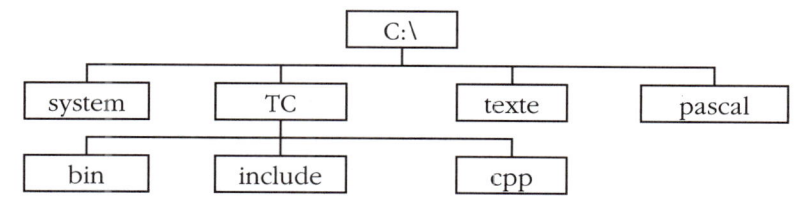

```
                    C:\
         ┌───────┬───┴────┬────────┐
      system    TC      texte    pascal
                 │
            ┌────┴────┐
           bin    include   cpp
```

7 Darstellung von Informationen: Ein- und Ausgabe

Der Weg von der Wurzel (*root*) C:\ zu einer Datei MY_PROG.CPP wird Pfad genannt. Der vollständige Pfadname schließt das Laufwerk mit ein: C:\TC\CPP\MY_PROG.CPP.

Befindet sich eine Datei im selben Verzeichnis wie die darauf zugreifende Software, genügt die Angabe des Dateinamens MY_PROG.CPP.

Ist eine Datei für das Betriebssystem nicht auffindbar, **stürzt** das rufende Programm im schlimmsten Fall **ab**. Der Programmierer sollte sich daher vom Vorhandensein der benötigten Dateien überzeugen (bis er es richtig programmieren kann). Manchmal steht die Datei in einem anderen Verzeichnis. Es gilt das Wort eines Bibliotheksdirektors: „Vermutlich steht es, wo man es nicht vermutet."

Der Dateiname enthält meist eine Datei-Erweiterung nach dem Punkt. Sie wird vom Hersteller der Datei vergeben und lässt Rückschlüsse auf die Art der Datei zu. Der folgende Kasten gibt eine kleine Auswahl:

exe	Ausführbare Datei
c oder cpp	Quelltexte in C oder C++
o oder obj	Objektdatei
pas	Quelltext in Pascal
xls	Excel-Datei
txt	ASCII-Datei
doc	Word-Datei
dat	Datendatei, in der Regel

> Sie sind gut beraten, sich an solche Gepflogenheiten zu halten, denn eine **EXE**-Datei, die **Quelltext** enthält, **stürzt ab** und eine DAT-Datei mit ausführbarem Code will auch nicht laufen.

Platten sind in einer bestimmten Weise organisiert: Sie enthalten **Spuren** (konzentrische Kreise), die selbst in tortenförmige **Sektoren** eingeteilt sind. In jedem Sektor wird eine bestimmte Anzahl von Bytes gespeichert, zB. 512.

Abbildung 12: Einteilung einer Platte in Sektoren

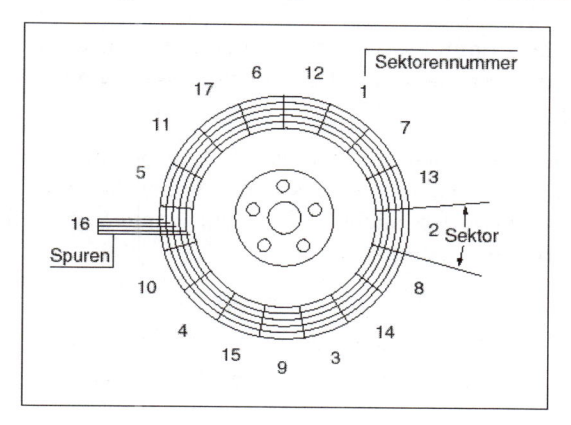

Wie sich Dateien inhaltlich unterscheiden, wie sie von der Platte gelesen und auf letztere geschrieben werden, beschreibt das weitere Kapitel.

Man unterscheidet nach dem inneren Aufbau drei Arten von Dateien:

- Textdateien
- strukturierte Dateien
- Binärdateien

7.1.1 Textdatei

Eine Textdatei zeichnet sich durch eine Folge von Zeichen aus („Text"), die nach beliebiger Länge durch spezielle Steuerzeichen (für das Zeilenende, nach Drücken der Return-Taste) begrenzt werden. Somit läßt sich diese Zeichenkette als Datensatz variabler Länge bezeichnen (warum?).

Beispiel (das Zeichen ♦ symbolisiert hier die Return-Taste):

Liebe Versicherung,♦

♦

Ihr Computer muss falsch gefüttert sein,♦
bei einem menschlichen Wesen♦
wäre so ein Kaos nicht passiert.♦

♦

Mit freundlichen Grüssen♦

(Diese Zeilen sind ein wörtliches Zitat aus einem Schreiben an eine Versicherung. Quelle: Bernd und Uta Ellermann: Ich brauche eine Kurschattenversicherung, 1999)

7 Darstellung von Informationen: Ein- und Ausgabe

Im Klartext geschrieben – wir betrachten anschließend die Bytes –, steht folgendes auf der Platte:

Liebe Versicherung,♦♦Ihr Computer muss falsch gefüttert sein,♦bei einem menschlichen Wesen♦wäre so ein Kaos nicht passiert.♦♦Mit freundlichen Grüssen♦

Dieser Text wird als Folge von Bytes auf der Platte abgespeichert. Ein solcher Speicherauszug sieht in Hexdarstellung so aus, wobei die Steuerzeichen für Return der besseren Übersicht wegen grau unterlegt sind (ASCII 10 und 13 im DOS-Betriebssystem):

```
4C 69 65 62 65 20 56 65 72 73 69 63 68 65 72 75 6E 67 2C 0D 0A 0D 0A
49 68 72 20 43 6F 6D 70 75 74 65 72 20 6D 75 73 73 20 66 61 6C 73 63
68 20 67 65 66 81 74 74 65 72 74 20 73 65 69 6E 2C 0D 0A 62 65 69 20 usw.
```

7.1.2 Strukturierte Datei

Die Textdatei verfügt über keinen festen Aufbau, es ist daher nicht möglich, zB. auf den fünften Satz zuzugreifen. Anders sieht es bei Dateien aus, deren Struktur von vornherein (durch Programmieranweisung!) feststeht. Einen abzählbaren Aufbau haben Dateien aus `int`-, `double`- oder `struct`-Variablen.

Die Wetterdaten des früheren Beispiels kann man in einer Datei von `float`-Zahlen abspeichern. Da jede Zahl 4 Byte benötigt, läßt sich sofort durch Abzählen zB. die fünfte Zahl finden: Sie belegt den Platz vom 17. bis zum 20. Byte:

0...............3	4...............7	8...............11	12..............15	16..............19

In gleicher Weise ist die Struktur eines Datenverbundes durch den Programmierer festgelegt. Das folgende Beispiel zeigt die Struktur eines Artikel-Datensatzes, der nur Artikelnummer (2 Byte) und Preis (hier werden ausnahmsweise 6 Byte verwendet) enthält. Die fortlaufenden Datensätze werden beim Speicherauszug (*hex dump*) auf dem Monitor untereinander angezeigt.

ArtNr	Preis	ArtNr	Preis

```
32 0C  90 00 00 00 D6 1F   2B 26  8E 00 00 00 90 29
21 0F  90 00 00 00 7F 55   07 02  8F 00 00 00 78 62
AF 0C  8D 00 00 00 B8 5B   7A 04  8D 00 00 00 30 1A
5F 17  8D 00 00 00 40 37   BD 0E  90 00 00 00 5C 1A
```

Es wird immer wieder von Lernenden versucht, eine solche Datei mit einem Editor zu lesen. Oft erscheinen sonderbare oder keine Zeichen auf dem Monitor. Haben Sie eine Erklärung dafür (Steuerzeichen!)?

7.1.3 Binärdateien

Eine Vielzahl von Dateien enthalten nur rein binäre Informationen (Grafiken, Bilder, Töne etc), die interpretieren zu wollen sinnlos ist. Binärdateien sind mit einem Editor/Textverarbeitungsprogramm *nie* lesbar, strukturierte Dateien eventuell, wenn Komponenten ASCII-Zeichen enthalten.

7.1.4 Schreiben in und Lesen aus Dateien

Die Dateibearbeitung folgt einfachen technischen Grundsätzen. Im wesentlichen sind folgende Schritte beim Programmieren einzuhalten:

1. Einer Datei *muss* ein Name zugewiesen sein, unter dem sie dem Betriebssystem (DOS, Windows, Unix, etc.) bekannt, dh. im Verzeichnis eingetragen ist. Dieser Name wird im Programm zweckmäßigerweise einer Variablen zugewiesen.
2. Eine nicht vorhandene Datei wird angelegt und zum Schreiben (*write*) vorbereitet. Eine vorhandene Datei wird geöffnet (*open*) und zum Lesen (*read*) vorbereitet.
3. Schreib-/Lesevorgänge werden durchgeführt.
4. Eine Datei ist ordnungsgemäß zu schließen (*close*), dabei wird das Dateiverzeichnis aktualisiert.

Die Punkte zwei und drei bedürfen einer detaillierteren Betrachtung. Beim Schreiben in eine Datei wird zunächst im Hauptspeicher ein **temporärer Speicherbereich (▸Puffer)** begrenzter Größe (zB. 512 Byte) reserviert, über den das Schreiben abgewickelt wird. Alle zu speichernden Variableninhalte werden zunächst mit jedem Schreibbefehl in den Puffer kopiert, Abbildung 13. Dabei führt der Rechner intern Buch über den nächsten freien Speicherplatz mithilfe einer Positionsmarke, die Dateizeiger genannt wird. Wenn der Puffer voll ist, schreibt der Rechner automatisch immer den *ganzen* Puffererbereich auf die Platte und stellt ihn erneut zur Verfügung.

Zu Beginn, wenn die Datei leer ist oder noch nichts geschrieben wurde, steht der Dateizeiger am Pufferanfang. Mit jedem Schreibvorgang wird der Dateizeiger um so viele Byte verschoben, wie das Datenobjekt groß ist, so dass er wieder auf die nächste freie Stelle zeigt. Erst wenn der Dateipuffer voll ist, wird automatisch auf die Platte geschrieben und der Dateizeiger wieder auf den Anfang gestellt.

7 Darstellung von Informationen: Ein- und Ausgabe

Nun kann es vorkommen, dass **nach dem letzten Schreibvorgang** der Puffer nur teilweise gefüllt ist. Es gibt nun per Software-Anweisung die Möglichkeit, den Puffer zwangsweise zu leeren oder den Speichervorgang ordnungsgemäss mit dem normalen Schließen zu beenden, wobei der Puffer geleert und das Dateiverzeichnis des Betriebssystems aktualisiert wird. Wird dies nicht beachtet, besteht bei einem **Absturz** die Gefahr eines **Datenverlust**es einerseits im Arbeitsspeicher, und andererseits können die bereits **gespeicherten Daten auf der Platte nicht mehr verfügbar** sein, weil das Dateiverwaltungssystem die Datei nicht ordnungsgemäß geschlossen hat.

Abbildung 13: Beispiel für das Schreiben auf Platte über einen temporären Puffer

Programm: write(Alter); write(Einkom); write(KdNr);

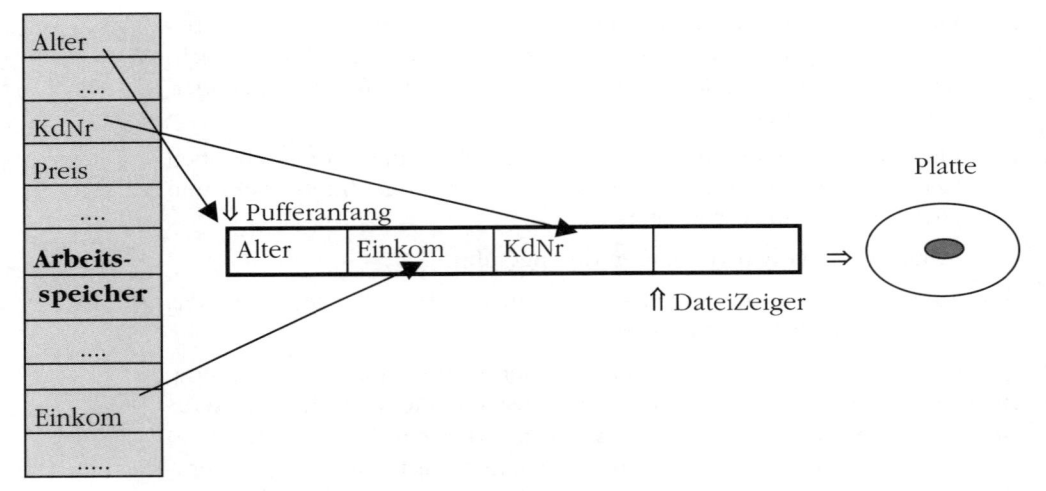

Beim Lesen einer Datei geschieht sinngemäss der umgekehrte, oben beschriebene Vorgang. Mit dem Erreichen des ▸DateiEndes wird die Boolesche Variable eof (*end of file*) true bzw. 1 gesetzt.

Die Ausführungen zeigen aber auch, dass auf bestimmte Dateien nur zugegriffen werden kann, indem der Dateizeiger auf den Anfang gestellt wird und alle Daten **der Reihe nach** eingelesen werden, bis die gesuchte Information (vielleicht ganz am Ende) gefunden wurde. Diese Form heißt ▸**sequentiell**e Dateibearbeitung. Einfacher und schneller geht es bei berechneten Positionen, wo die Datenstruktur von vornherein festliegt. Hier hilft ein ▸direkter Suchbefehl („suche siebten Eintrag"). Mit write bzw. read lassen sich dann Dateioperationen wahlfrei (*random access*) ausführen.

Fassen wir zusammen:

Wie Sie in den verschiedenen Kapiteln gesehen haben, werden *alle* Informationen als eine Folge von Bytes abgespeichert. Wie die Bytes zusammengehören, weiss der Rechner nur aus den Datentypen. Im Arbeitsspeicher lassen sich jedoch die Informationen (zur Zeit!) nicht dauerhaft ablegen. Dazu bedarf es externer Speichermedien. Zusammengehörige Daten werden in Form von Dateien organisiert und verwaltet. Man unterscheidet die Textdatei, strukturierte Datei und Binärdatei. Aus dem inneren Aufbau einer Datei ergeben sich die verschiedenen Zugriffsformen. Man unterscheidet den sequentiellen und den direkten Zugriff. Bei ersterem muss man die Bytes vom Anfang fortlaufend lesen, bis die gesuchte Information gefunden ist. Bei letzterem kann man aus der bekannten Datenstruktur sofort die Position der Information errechnen und unmittelbar darauf zugreifen. Die Dateibearbeitung folgt einer festgelegten Prozedur: Verbinden des Dateinamens im Programm mit dem Betriebssystem, Öffnen oder Erzeugen der Datei, Schreiben oder Lesen, Schließen der Datei, wobei das Betriebssystem seinen Dateieintrag aktualisiert. Diese Vorgänge werden über zeitweise reservierte Speicherbereiche (Dateipuffer) abgewickelt.

Übung 11

1 Woran könnte der Rechner erkennen, dass eine Datei leer ist?

2 Warum lassen sich bei einer Textdatei keine berechnete Positionen anspringen?

7.2 Tastatur

In vergleichbarer Weise wird bei der Eingabe über die Tastatur ein Zwischenspeicher (▸Tastaturpuffer) zur Verfügung gestellt, in den die einzelnen, durch Tastendruck erzeugten Zeichen (keine ASCII!) hineingestellt werden. Dies hat zB. den Vorteil, dass mit der Rückschritt-Taste noch Zeichen korrigiert werden können, bevor sie aus dem Puffer gelesen werden. Mit der Taste Return wird das ZeilenEnde in den Puffer geschrieben, und das Betriebssystem übergibt den Inhalt an C++. Dies wiederum muss die empfangenen Zeichen unter Umständen erst interpretieren und umwandeln.

Ärger ist allerdings (im wahrsten Sinne) programmiert, wenn durch die Wahl der Programmieranweisungen nicht alle Zeichen, die man über die Tastatur eingibt, auch im Puffer abgeholt werden. Das soll das nächste Beispiel zeigen. Der Anwender gibt die Zeichen a, b, c ein und schließt

7   Darstellung von Informationen: Ein- und Ausgabe

mit der Taste Return (⏎) ab. Die Software soll – laut Anweisung – *ein* Zeichen abholen, drei verbleiben jedoch im Puffer:

Eingabe: | a | b | c | \n |

Rest im Puffer: | b | c | \n |

Welch unerwartete Effekte dabei entstehen können, wird im Rahmen der Programmierung der Ein-/Ausgabe im Kapitel 13 gezeigt.

7.3 Zusammenfassung Kapitel 2 bis 7

Der Teil B, der die Kapitel 2 bis 7 umfasst, behandelt die Informationstechnik, soweit sie für das Programmieren wichtig ist. Er zeigt,

- wie eine bestimmte Klasse von weitverbreiteten Rechnern aufgebaut und organisiert ist.
- wie Objekte der realen oder gedachten Welt durch Datentypen beschrieben werden.
- wie diese Objekte im Rechner gespeichert werden.
- welche Probleme bei der unbedachten Verwendung von Datentypen entstehen können.
- wie bestimmte Informationen, die ein Entwicklungssystem bei der Fehlersuche liefert, interpretiert werden müssen.
- welche Gestaltungsmöglichkeiten bei den Variablen ein Programmierer hat.

Dieser Teil dient vor allem auch dazu, die im Teil C vorzustellenden Programmierelemente und ihre Wirkungen besser verstehen zu können. In der Regel ist man dann bei der Fehlersuche erfolgreicher und die Frustrate sinkt.

Im Zentrum eines Rechners steht der Rechenknecht (**Prozessor**), der die einzelnen Arbeitsschritte ausführt. Dabei kommuniziert er mit Ein- und Ausgabeeinheiten sowie vor allem mit dem **Arbeitsspeicher**. Dieser wird aus organisatorischen Gründen in Programmbereich, Datenbereich, Stack und Heap eingeteilt. Technisch betrachtet sind die Speicherplätze ein Byte breit und durch eine **Adresse** gekennzeichnet. Gespeichert werden Datenelemente stets in **binärer** Form, zur Ein- und Ausgabe von Daten bedient man sich der **dezimalen, oktalen und hexadezimalen Schreibweise**. Zeichen werden durch **Codes** repräsentiert, von denen der ASCII in der Regel der bedeutendste ist.

Zu den **elementaren Datentypen** zählen **ganze Zahlen, reelle Zahlen, Zeichen, logische Werte und Zeiger**. Infolge der technisch begrenzten

Speicherfähigkeit von Zahlen entstehen systembedingt einige **Effekte**, die der Programmierer kennen muss.

Zeiger repräsentieren Adressen. Die gesamten internen Abläufe werden über Adressen gesteuert. C und C++ machen diese Zeiger dem Programmierer zugänglich – im Gegensatz zu manch anderer Programmiersprache. Damit wird dem Programmierer zugleich eine gewisse Verantwortung für die interne Organisation aufgebürdet. Falsch gesetzte Zeiger können leicht zum **Rechnerabsturz** führen.

Aus den elementaren Datentypen lassen sich **komplexere Datentypen** aufgabenspezifisch zusammensetzen. Hierzu zählen das **Array**, das eine Ansammlung von Daten eines einzigen Typs darstellt, und die **Struktur**, die es erlaubt, auch verschiedene Datentypen unter einem Bezeichner zusammenzufassen. Beide Datentypen lassen eine Schachtelung zu, dh. ein Array darf ein Array enthalten und damit mehrdimensional aufgebaut sein. Eine Struktur darf selbst wieder eine Struktur (oder ein Array) enthalten. Einen sehr nützlichen Datentyp stellt der **Aufzähltyp** dar, der eine gewisse Ähnlichkeit mit der Struktur aufweist. Er dient vor allem der besseren Lesbarkeit des Programmcodes.

Schon bei der Systemanalyse und dem Systementwurf muss sich der Programmierer Gedanken machen, wie er seine **Daten vorteilhaft strukturiert**, weil er sich später das Programmieren erleichtern (oder erschweren) kann. Dies verdeutlichte der Einsatz von unterschiedlichen Datentypen bei demselben Beispiel.

Daten lassen sich dauerhaft nur auf einem externen Medium in **Dateien** speichern. Drei Arten von Dateien sind für den Programmierer wichtig: **die Textdatei, die strukturierte und die Binärdatei**. Wie das **Schreiben** in und das **Lesen** aus Dateien funktioniert, beschreibt ein Kapitel. Der Datenverkehr zwischen Platte und Arbeitsspeicher wird dabei über einen temporären Speicher (**Puffer**) abgewickelt. In ähnlicher Weise nutzt die **Tastatureingabe** einen Eingabepuffer. In der üblichen Literatur wird das Thema mit seinen Stolperstellen übergangen.

In der Regel bleibt dem Programmierer vieles verborgen. Nur wenn Probleme auftauchen – und die sind zahlreich am Anfang – und der Rechner sonderbare Verhaltensweisen zeigt, sollten Sie sich intensiver mit diesem Teil B auseinandersetzen.

Im Gegensatz zur üblichen Literatur wurden alle Datentypen in einem Teil zusammengefasst. Dies hat den Vorteil, dass diese Elemente im weiteren Verlauf zweckmäßig eingesetzt werden können.

C Klassische Grundlagen von C++

8 Sprachregeln

Um die vielfältigen Aufgaben, die Anlass zur Programmierung sind, als Computerprogramm zu formulieren, bedient man sich einer künstlichen Sprache, die der natürlichen – meist englischen – angelehnt ist. Eine natürliche Sprache dient der Kommunikation zwischen Menschen, um reale oder abstrakte Dinge zu beschreiben. Dazu schafft sich der Mensch eine Begriffswelt (z.B. Baum, Liebe) und formale Regeln, wie Begriffe miteinander verbunden werden. Ein einfacher Aussagesatz folgt dem Satzaufbau Subjekt–Prädikat–Objekt. Diese Regeln werden durch die ▸Syntax (Lehre vom Satzaufbau als Teilgebiet der Grammatik) definiert. Rechtschreibfehler kennzeichnen daher Abweichungen von den Regeln, z.B. „Ick liebe dir". Während wir Menschen recht großzügig mit solchen Regelverstößen umgehen, zeigt eine Maschine wenig Toleranz. Regelverstöße werden unnachgiebig angezeigt – dessen sollten Sie sich von Anbeginn an bewusst sein!

> Eine künstliche Sprache folgt mehr als eine natürliche Sprache **zwingenden, syntaktischen Regeln**.

Ein Nichtbefolgen der Regeln führt zu einem Fehler und die Maschine verweigert ihre Dienste, bis der Syntaxfehler behoben ist. Setzen Sie sich deshalb nun intensiv mit den folgenden Regeln der Programmiersprache C++ auseinander, deren gemeinsamer Umfang mit C als *klassisch* bezeichnet wird. Die anfängliche Mühe lohnt sich schon recht schnell.

Aber selbst wenn Sie ein Programm korrekt geschrieben haben, bietet dies noch keine Gewähr, dass Sie auch das erhalten, was Sie wollten. **Gedankliche Fehler**, die also die Logik der Anweisungen an den Rechner betreffen, erkennt kein Computer. Ein Beispiel für einen solchen **semantischen Fehler** ist die Aussage „Das Feuerwehrauto ist blau" oder die Zuweisung x = 0 anstatt x = 1.

Einige wenige, einführende Beispiele sollen Ihnen ein Gefühl vermitteln, wie die Regeln beschaffen sein können. Ohne dass es eine Begründung dafür gab, waren Bedingungen von Anfang an von runden Klammern umschlossen: `if (x > 5)`. Sie kennen bereits das geschweifte und das eckige Klammerpaar. Es gilt die Regel, dass zu jeder öffnenden Klammer auch genau *eine* schließende gehört.

Eine andere Regel besagt, dass sich in C++ Großbuchstaben von Kleinbuchstaben unterscheiden, andere Programmiersprachen stört es nicht, ob man Artikel, artikel, aRtikel oder ARTikel schreibt. C++ unterstellt hier immer verschiedene Namen für Speicherplätze.

Eine weitere Regel verlangt, dass hinter folgender Anweisung an den Rechner

```
#include <iostream>
```

außer Kommentar nichts stehen darf. Dennoch *wird* der Leser im Buch folgendes finden (weil es manchmal am Platz fehlt):

```
#include <iostream> using namespace std;
```

Sie müssen beim Eintippen in den Rechner zwei Zeilen daraus machen:

```
#include <iostream>
using namespace std;
```

Dies wird Ihnen nicht schwerfallen, sobald Sie denn Sinn dieser Anweisungen erfahren.

Beachten Sie, ein Compiler ist eine Maschine, die genau nach ihren Konstruktionsprinzipien arbeiten muss – sonst findet sie keine menschengemachte Fehler. Sie müssen sich also nach den Konstruktionsregeln richten – ob Sie wollen oder nicht, der Compiler verweigert sich Ihnen sonst.

9 Einführendes Programmbeispiel

In diesem Abschnitt erhalten Sie nun ein erstes Programmbeispiel, das zunächst einmal ein Gefühl für die Programmiersprache C++ vermitteln soll. Manches wird Ihnen bereits bekannt vorkommen. Es ist im Augenblick jedoch nicht notwendig, dass Sie *alles* verstehen. Denn anhand dieses Programms werden wir die Sprachbestandteile von C++ erarbeiten.

■ Problembeschreibung

Wir stellen uns in der Mitte des Bildschirms ein rechtwinkliges Koordinatensystem mit den Achsen x und y vor. Die beiden Koordinaten x und y eines Punktes P wollen wir über die Tastatur eingeben. Das Programm soll den um 90 Grad in mathematisch positiver Richtung gedrehten Punkt Q errechnen (diese Aufgabe stellt sich z.B. bei Computergrafiken).

Abbildung 14: Drehung des Punktes P(50,30)

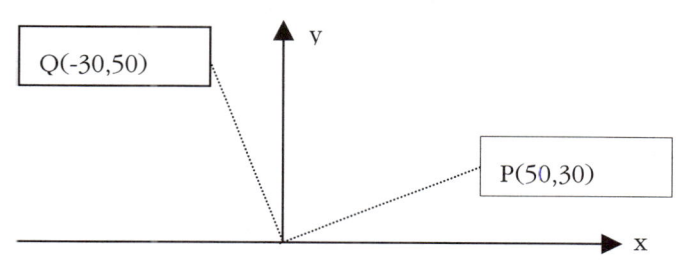

■ Problemanalyse

Die Aufgabenstellung läßt sich auf zwei unterschiedliche Weisen lösen: P kann man sowohl in rechtwinkligen Koordinaten x, y als auch in Polarkoordinaten mit Radius und Winkel ausdrücken.

1 Lösen Sie zunächst diese Aufgabe auf kariertem Papier mit dem Geodreieck, indem Sie den Punkt P(50,30) zugrunde legen. Die Lösung des gedrehten Punktes ergibt Q(-30,50), wie man durch Vertauschen der Koordinaten feststellt (Abbildung 14).

2 Legt man Polarkoordinaten zugrunde, ist P(x,y) in Pp(radius, winkel) umzurechnen mit radius = $\sqrt{x \cdot x + y \cdot y}$ und winkel = atan(y/x). Die Drehung ergibt sich durch die Addition von 90 Grad ($\pi/2$) zum Winkel.

9   Einführendes Programmbeispiel

■ **Datenanalyse**

Jedes Pixel (Bildpunkt) wird durch ein Paar von Ganzzahlen repräsentiert. Jeder Winkel dagegen ergibt im Bogenmaß eine reelle Zahl. Wir wählen für die rechtwinkligen Koordinaten zwei separate Variablen x und y. Radius und Winkel fassen wir in einer Struktur zusammen, um den Unterschied in den Datentypen zu zeigen.

Das folgende Programm vermittelt Ihnen einen ersten Eindruck vom Aufbau eines C++Programms. Sie werden einiges als bekannt erkennen, manches wird neu und erklärungsbedürftig sein. Die Elemente dieses Programms werden wir in den nächsten Kapiteln erläutern. Im Programm tauchen die Wörter cin bzw. cout auf. cout (lies: „c out", von *character out*) sorgt dafür, dass Zeichen auf den Bildschirm geschrieben werden, cin („c in") dagegen liest Zeichen von der Tastatur in eine Variable ein. Beachten Sie dabei die Richtung der Pfeile >> bzw. <<.

■ **Programm**

```
/* Datei : B1.cpp    Beispiel_1;
   Datum : 27.9.99  Änderung: 2.1; Version: 1.1; Autor: May
   Zweck : Drehung 90 Grad mit karthesischen u. Polarkoord.*/
#include <stdlib.h>      // system("    ")
#include <iostream.h>    // oder: <iostream>  (neue Compiler)
#include <math.h>        // oder: <cmath>     (neue Compiler)
// using namespace std;  /* nur für neue Compiler */
int main()
{ //......Daten bekannt machen + Speicher reservieren......
  struct PolarTyp
   { float radius;
     float winkel;
   };
  PolarTyp Pp, Qp;
  const float pi = 3.1415; //eine reelle Konstante
  int wahl;
  int x, y, r, s; // für rechtwinkl. Koord. von P bzw. Q
  int u, v;       // nur zum Einlesen
  float xx, yy;   // wird nicht benötigt, schadet auch nicht
  //
  /*....... eigentlicher Ausführungsteil :................*/
```

```
    cout << "x-Koordinate " ;
    cin  >> u;
    cout << '\n' << "y-Koordinate ";
    cin  >> v;
    x = u; y = v;      // Werte umspeichern
    cout << '\n'
         <<"rechtwinklige Koord (1), Polarkoord. (0) ";
    cin >> wahl;
    wahl + 4;   // muss nicht sinnvoll sein, siehe Kap. 10.3.2
    if ( wahl ) // 1. Fall: rechtwinklige Koord. von Q(r,s)
     { r = -y;
       s = x;
     }
    else // 2. Fall : Polarkoordinaten
     { Pp.radius = sqrt(u*u + v*v);
       Pp.winkel = atan(v/u);      // Achtung, semantischer Fehler
       Qp.radius = Pp.radius;
       Qp.winkel = Pp.winkel + pi/2.;
       r = Qp.radius * cos(Qp.winkel); // autom. Typkonversion !
       s = int(Qp.radius * sin(Qp.winkel));
     }
    cout << "x-Koord. von Q ist " << r << "    "
         << "y-Koord. von Q ist " << s;
    system ("pause"); return 0;
    } // end of main
```

▸Programmaufbau

Jedes C++Programm folgt einem bestimmten Aufbau. Abhängig vom Alter eines Compilers (vor oder nach ▸ISO-Standard 1998) sind folgende Möglichkeiten gegeben, auf deren Unterschiede wir hier noch nicht eingehen.

```
#include <iostream>
using namespace std;
int main ()
{
// Anweisungen
}
```

```
#include <iostream.h>

int main ()
{
// Anweisungen
}
```

Ältere Borland-Compiler erlauben auch noch die Form

```
void main (void) { /* Anweisungen */ }
```

In einigen Entwicklungsumgebungen wird auch noch folgende Variante automatisch erzeugt:

```
int main (int argc, char* argv[]).
```

Wir werden sie kurz erklären, aber nicht weiter verwenden.

Prüfen Sie in Ihrem Compiler-Handbuch oder der Online-Hilfe, welche Variante Sie bei Ihrem Compiler einsetzen können. Nehmen Sie bitte notfalls entsprechende Änderungen in Ihren Programmen vor, wenn Sie die Beispiele eintippen. Beachten Sie bitte: Dieses Buch kann keinesfalls auf die vielen Entwicklungssysteme, die es am Markt gibt, eingehen. Sie können sicher sein, dass alle hier abgedruckte Programme mit mindestens einem Compiler getestet sind.

Das eigentliche Programm wird nach dem ANSI-Standard von dem speziellen Wort ▸main und dem Klammerpaar ( ) eingeleitet sowie vom nachfolgenden geschweiften Klammerpaar { } umschlossen. Der dazwischen liegende ▸**Funktionskörper** enthält die einzelnen ausführbaren ▸**Anweisungen** (*statements*) des Programms. main() stellt ebenso wie die Wurzel (*square root*) sqrt() eine Funktion dar. Der Begriff ▸**Funktion** (*function*) hat einiges gemeinsam mit Funktionen in der Mathematik (wie z.B. sin(), cos(), atan()), geht aber in der Programmiersprache C++ weit darüber hinaus. Die **Funktion ist von fundamentaler Bedeutung** für die Softwareentwicklung und wird uns später noch intensiv beschäftigen. main() ist eine besondere Funktion: Mit ihr geschieht der Eintritt in das eigentliche Programm, wobei ihr automatisch die Ablaufsteuerung übergeben wird. Am Ende übergibt sie sie an das Betriebssystem.

Eine sehr nützliche Funktion ist system ("xxx"), wobei xxx für cls oder pause steht. Die erste Form löscht bei „Konsolenanwendungen" – um die es sich hier handelt – den Bildschirmspeicher (*cls, clear screen*) und hat dieselbe Wirkung wie clrscr() bei Borland-Compilern. Die zweite Form sorgt dafür, dass der Ausgabebildschirm so lange geöffnet bleibt, bis der Benutzer eine Taste drückt (*press any key to continue*). Zweckmäßigerweise setzt man sie vor das return. Fehlt diese Anweisung, blitzt das Ausgabefenster kurz auf.

> Da ▸system ("pause") jedoch für unsere Programme unverzichtbar ist, es aber im Quellcode eine Zeile in Anspruch nimmt, lasse ich es gelegentlich weg – wie auch return (ohne dass der Compiler dies als Fehler anmerkt).

Die mathematischen Funktionen wird man sicher nicht in jedem Programm benötigen, auch interessiert es den Programmierer nicht, wie der Rechner einen Sinuswert ermittelt. Der Hersteller der C++Software hat solche Funktionen bereits programmiert und in einer ▸*Bibliothek* (*library*) zusammengefasst. Diese Bibliotheksfunktionen werden in separaten Dateien gespeichert (je nach Alter des Compilers mit oder ohne die Dateiendung .h gekennzeichnet). Daraus benötigte Teile werden zu Beginn eines Programms aus den Dateien herauskopiert und in das selbsterstellte Programm eingeschlossen (*include*). Die Dateien finden sich meist in Verzeichnissen mit dem Namen include. Schauen Sie sich deren Inhalt ruhig einmal mit einem Editor an. Auch cout und cin finden sich als Teil des objektorientierten C++ in der separaten Datei iostream.h oder iostream. Die mathematischen Funktionen stehen in unserem Beispiel in math.h oder cmath. Fehlen diese Dateien, kann der Rechner nichts mit sin oder cout anfangen, sie sind ihm **nicht bekannt gemacht (deklariert)**. Eine Fehlermeldung könnte daher z.B. lauten:

    sin needs a prototype.

In unserem obigen Beispielprogramm werden Sie außerdem erkennen, dass im ersten Teil des Programms die benötigten Speicherplätze in ihrem Aufbau durch Angabe des *Datentyps* und des *Bezeichners* dem Rechner bekannt gemacht werden und auch zugleich der zugehörige Speicherplatz reserviert wird. Anschließend folgt eine Sequenz von Anweisungen, von denen eine eine etwas umfangreichere Fallunterscheidung (if...else) darstellt. Diese Anweisungen setzen die Lösungsstrategie zur Berechnung der Koordinaten des Punktes Q auf zwei verschiedene Weisen mit zwei unterschiedlichen Datentypen um.

Auch wenn Sie vieles schon erkannt haben, die nächsten Abschnitte werden dies auf eine fundierte Basis stellen.

10 Sprachbestandteile von C++

Dieses Kapitel behandelt einige **formale Aspekte** der Programmiersprache und entfaltet einen geringen Charme. Bedenken Sie bitte, das Ziel ist, **fehlerfreie** Programme zu schreiben und dabei die Zeit der **unvermeidlichen Fehlersuche** möglichst klein zu halten. Die jetzt investierte Mühe zahlt sich bestimmt aus, verkleinert sie doch erfahrungsgemäß den Lustverlust beim Programmieren. Bedenken Sie auch: Eine Programmiersprache definiert Regeln, **wie** die Dinge zu erledigen sind. Sie definiert **nicht**, **was** auf Grund der Regeln gebildet werden soll. Dafür ist der *Programmierer* zuständig. Die Regeln werden uns in den folgenden Kapiteln beschäftigen.

10.1 Zeichenvorrat

Zur Beschreibung eines Programms in C++ darf man nur eine bestimmte, reservierte Menge von ▷Zeichen verwenden, der Compiler erkennt *nur* diese Zeichen. Dazu zählen:

- Buchstaben: a bis z, A bis Z und der Unterstrich (*underscore*) _
- Ziffern (Zahlzeichen): 0 bis 9
- Sonderzeichen : + - * / = ; . < > ( ) { } !
  ? & | # % \ ^ ~ : ´ "

Einige dieser Zeichen haben eine *mehrfache* Bedeutung, z.B. & und *, manche wiederum werden zu neuen Symbolen für Operatoren zusammengesetzt, z.B. &&, == , ++, --, >=.

Nicht zulässige Zeichen sind beispielsweise:

- Umlaute : ä, ö, ü
- bestimmte Sonderzeichen: ß, §, $, , @
- griechische Buchstaben: α, ρ, usw.
- mathematische Sonderzeichen: ∇, ≤, ≥

Aus den zulässigen Zeichen werden die folgenden Symbole in C++ aufgebaut.

10.2 Symbole

Anhand der ▸Symbole (*token*) prüft der Rechner die formale Korrektheit eines Programms und setzt es in Maschinensprache um. Zu den *Symbolen* zählen

- Schlüsselwörter,
- Bezeichner,
- Literale (Konstante),
- Operatoren,
- Kommentare und
- „Whitespace".

10.2.1 Schlüsselwörter

▸Schlüsselwörter sind in der Programmiersprache **reservierte** Wörter, die eine fest vorgegebene Bedeutung haben. Sie dürfen daher nur für ihren vorgesehenen Zweck (und nicht für andere) verwendet werden. Hier folgen die Schlüsselwörter in C (als Untermenge von C++):

auto	break	case	char	const
continue	default	do	double	else
enum	extern	float	for	goto
if	int	long	register	return
short	signed	sizeof	static	struct
switch	typedef	union	unsigned	void
volatile	while			

Zusätzliche Schlüsselwörter in C++ sind:

asm	bool	const_cast	catch
class	delete	dynamic_cast	explicit
export	false	friend	inline
mutable	namespace	new	operator
private	protected	public	static_cast
template	reinterpret_cast	this	throw
true	try	typeid	typename
using	virtual		

Ausgewählte Beispiele für compilerabhängige Schlüsselwörter sind:

huge   near   _huge   _near   __asm   __TIME__   _dll

main ist kein Schlüsselwort, darf aber dennoch nicht für andere Zwecke verwendet werden, und cin bzw. cout sind *Bezeichner* für Datenobjekte.

10.2.2 Bezeichner

Bezeichner identifizieren Speicherbereiche, die Datenobjekte beinhalten. Bezeichner sind daher *symbolische Namen* für Variablen, benutzerdefinierte Datentypen, Funktionen, Klassen und Objekte. Klassen sind objektorientierte Datentypen (siehe Teil D). Die Namensgebung der Bezeichner folgt bestimmten Regeln. Den ersten Teil der folgenden Regeln müssen Sie zwingend berücksichtigen, der zweite Teil enthält zweckmäßige Regeln, die sich Programmierer selbst auferlegen, um ein Programm lesbar zu machen. Diese letzte Kategorie entspricht durchaus persönlicher Geschmackssache – solange der Programmierer nicht im Team arbeiten muss –, sie soll Ihnen eine Orientierung und Hilfe sein.

Regeln für Bezeichner:

Zwingend

- Bezeichner dürfen die Buchstaben a bis z, A bis Z, Ziffern 0 bis 9 und den Unterstrich enthalten.
- Das erste Zeichen *muss* ein Buchstabe oder Unterstrich sein.
- Es wird zwischen Groß- und Kleinschreibung unterschieden.
- Umlaute, ß und die Sonderzeichen sind verboten.
- Schlüsselwörter sind nicht erlaubt.
- Die Namenslänge ist beliebig (aber zB. die ersten 32 Zeichen unterscheidbar, eventuell compilerabhängig).
- Bezeichner müssen in ihrem jeweiligen Speicherbereich eindeutig sein. Gleiche Namen in unterschiedlichen Speicherbereichen sind zulässig.

Zweckmäßig

- Bezeichner sollten selbsterklärend sein.
- Bezeichner sollten nicht zu lang und nicht zu kurz sein.
- Typbezeichner sollten als Typ kenntlich sein.
- Zeiger sollten als Zeiger erkennbar sein.
- Ein oder zwei Unterstriche als Anfang oder Ende eines Namens sollten Sie erst nach dem Prüfen Ihrer Entwicklungsumgebung verwenden.
- Bei gleicher Aussagekraft sind englische Wörter oft kürzer: carry – Übertrag

Beispiele:

zulässige Bezeichner sind:

`winkel`	selbsterklärend
`EinkomSteuer`	selbsterklärend, zweckmäßige Gliederung
`Einkomsteuer`	fehleranfällig, wenn gleichzeitig EinkomSteuer
`einkom_steuer`	zweckmäßige Gliederung
`_cs`	vermeidbar, da Schlüsselwort in Turbo C++
`neu2`	
`n24ac`	wenig aussagekräftig
`Main`	unterscheidet sich von `main`

nicht zulässige Bezeichner sind:

`3eck`	Ziffer zu Beginn
`zähler`	Umlaut
`winterSem98/99`	/ ist Divisionszeichen
`einkom-steuer`	nicht erlaubtes Sonderzeichen
`einkom steuer`	kein Leerzeichen zulässig
`k++`	reserviertes Symbol ++ (Operator)
`i%`	nicht erlaubtes Sonderzeichen
`long`	Schlüsselwort

Erlaubt, aber nicht zweckmäßig, sind mehrere Namen in folgender Weise: a, aa, aab, ac, a1. Sie sind schlicht ungenießbar, wenn ein Fremder dies lesen soll. Ferner werden Sie als Programmierer selbst nach einiger Zeit mit diesen nichtssagenden und verwechslungsträchtigen Namen durcheinander geraten und Fehler programmieren. In gleicher Weise fördern folgende Wortungetüme auch nicht gerade die Lesbarkeit:

`BundesligaTabellenGesamtuebersicht[VereinsNummer].Vereinsname`
`Artikel.Artikelname`   statt z.B.   `Artikel.Name`

Wenn Sie selbst Datentypen kreieren, ist es zweckmäßig, den **Typnamen** vom Variablennamen abzugrenzen. Dies erhöht den Wiedererkennungswert in einem größeren Programm. Es bleibt Ihrem persönlichen Programmierstil oder einer Firmenrichtlinie vorbehalten, eine geeignete Kennzeichnung vorzusehen.

10.2 Symbole

Beispiele:

```
struct PolarTyp {...};   PolarTyp   Pp, Qp ;
struct PolarT  {...} :   PolarT     Pp, Qp ;
```

In vergleichbarer Weise bevorzugen Programmierer die Kennzeichnung von Zeigern durch ein Voranstellen des Buchstabens p:

```
struct ArtikelTyp { ... } ;
ArtikelTyp Artikel, *pArtikel;
```

10.2.3 Literale (Konstanten)

Mit Literalen werden konstante Größen eines Programmes bezeichnet. Im Gegensatz zu Variablen kann man ihnen auch *keinen anderen Wert* zuweisen, sie bleiben unveränderbar.

Man unterscheidet:

- Ganzzahlkonstante,
- Reelle Zahlenkonstante,
- Zeichenkonstante,
- Stringkonstante und
- Benutzerdefinierte Konstante.

■ **Ganzzahlkonstante**

Ganzzahlkonstanten erscheinen in dreierlei Ausprägungen:

- ▸**Oktal**zahlen werden durch Voranstellen einer Null gekennzeichnet: 072 entspricht der Dezimalzahl 58. Die führende Null darf daher für keine anderen Zwecke eingesetzt werden!

- ▸**Hexadezimal**zahlen sind durch das Voranstellen von 0x oder 0X charakterisiert. Zur Angabe einer HexZahl werden die Ziffern 0 bis 9 verwendet sowie die Buchstaben A bis F bzw. a bis f. Die Groß-/Kleinschreibung spielt hier keine Rolle. Die Zahl 58 wird daher durch 0x3A repräsentiert.

- Jede Zahl, der keine 0 vorangeht, wird als ▸**Dezimal**zahl interpretiert.

Auch Ganzzahlkonstanten haben einen Typ: So wird die Dezimalkonstante 100'000 auf einem 32-Bit-Compiler vom Typ int dargestellt, mit einem 16-Bit-Compiler dagegen als long int gespeichert. Will man ein bestimmtes Speicherformat erzwingen, muss man u oder U bzw. l oder L an die Zahl anfügen: 100000L wird dann immer als long int und 0x3Au immer als unsigned int interpretiert.

10   Sprachbestandteile von C++

■ Reelle Zahlenkonstanten

Reelle Zahlen erscheinen in der Form des ▸Fliesskommaformats (*floating point*), wobei der Punkt als Trenner zwischen ganzem und gebrochenem Teil zu beachten ist (dennoch im Deutschen als Fliess**komma**zahl bezeichnet). Reelle Zahlenkonstanten sind **immer als** `double` definiert.

Beispiele:

$2.147 \cdot 10^{-2}$ wird geschrieben als `2.147e-2` oder `2.147E-2`

`3.0` oder `3.` oder `0.3e1`   immer im `double`-Format

`3.0F` oder `3.0f`   als `float`-Typ erzwungen

`3.L` oder `3.l`   als `long double` erzwungen

Beachten Sie den Unterschied zwischen der Zahl `2 (int)` und `2. (double)`.

■ Zeichen- und Stringkonstante

Eine ▸**Zeichenkonstante** ist ein zwischen (einfachen) Hochkommas eingeschlossenes Zeichen, z.B `'A'`. Zeichenkonstanten mit einem Zeichen haben in C++ den Typ `char`. Dem Wert eines Zeichens liegt die Ordnungsnummer des verwendeten Codes (des Zeichensatzes) zugrunde. Für eine gewisse Anzahl von nicht druckbaren Zeichen sowie zur Darstellung von druckbaren Zeichen, die aber zulässige Sonderzeichen sind, wird ein Umschalter benötigt, der in C++ mit dem Backslash codiert ist. Tabelle 8 wiederholt die Liste dieser Zeichen, die als *ein* Zeichen aufgefasst und als Escape-Sequenz bezeichnet werden.

Tabelle 8:   Liste der Escape-Sequenzen

`\n`	Zeilenvorschub	*new line*
`\r`	Wagenrücklauf	*carriage return*
`\f`	Seitenvorschub	*form feed*
`\t`	horizontaler Tabulator	*horizontal tabulation*
`\v`	vertikaler Tabulator	*vertical tab*
`\a`	Klingel	*alarm (bell)*
`\b`	Rückschritt	*backspace*
`\\`	der Backslash selbst	
`\?`	Fragezeichen	
`\0`	StringEndezeichen	
`\'`	Hochkomma	
`\"`	Anführungszeichen	
`\xhh`	Hexadezimaler Wert hh	

10.2 Symbole

Eine ▸**Stringkonstante** ist eine beliebig lange Folge von Zeichen. Im Gegensatz zur Zeichenkonstante wird ein String von (doppelten) Anführungszeichen begrenzt. Im Allgemeinen verwendet man den **String** als Textkonstante, die aber **auch Escape-Sequenzen** enthalten darf.

Beispiele für Zeichen- und Stringkonstante:

Code	Anzeige	Bemerkung
'S'	S	Zeichenkonstante
"x-Achse :"	x-Achse :	String mit Leerzeichen
"\"\\Alter \?\\ \" "	"\Alter ?\"	String mit druckbarem "- und \-Zeichen
"\nÄrger mit C\?\n"	♦ Ärger mit C? ♦	String mit 2 eingebetteten Zeilenvorschüben ♦ und Umlaut

Die Beispiele zeigen, dass **innerhalb** eines Strings Leerzeichen und Steuerzeichen erlaubt sind. Das Sonderzeichen ++ hat daher innerhalb des Strings keine Bedeutung. Manche Compiler lassen innerhalb Strings auch Umlaute zu (zumindest bei eingedeutschten Programmen). Jeder **String** wird **rechnerintern mit dem Zeichen \0 abgeschlossen**. Sie als Programmierer müssen dieses Zeichen bei Konstanten nicht eingeben, dies geschieht automatisch.

> Der Bezeichner einer konstanten Zeichenkette ist ein **nicht veränderbarer Zeiger** auf eine **konstante Zeichenkette**:
>
>   char *meldung = "Datei nicht vorhanden";
>   char *fehler1 = "Fataler Fehler";
>
> ☞ Beachten Sie den **Unterschied** zwischen
>
> - **konstanter** Zeichenkette:
>
>   char *fehler1   = "Fataler Fehler";
>
> - **variabler** Zeichenkette:
>
>   char fehler[20] = "Fataler Fehler";

Eine nützliche Eigenschaft bei der Programmentwicklung ist die Kombination aus Backslash und Zeilenvorschub (a) sowie die Stringverkettung (b), mit der sich im Quelltext ein längerer String auf zwei Zeilen umbrechen lässt. Aus

(a)
"Joshua fit the \
battle of Jericho"

(b)
"Joshua fit the "
"battle of Jericho"

wird bei der Ausgabe auf dem Bildschirm:
Joshua fit the battle of Jericho, weil Backslash und Zeilenvorschub einfach überlesen werden. Somit können Sie in Ihrem Programmtext Zeilen verbinden. In gleicher Weise wirkt auch die Stringverkettung.

FF Fatale Fehler

Beachten Sie folgende feine Unterschiede:

```
char text[20] = {'\0'};   korrekte Initialisierung eines leeren Strings
     text[20] = {'\0'};   Zuweisung, Fehlermeldung: expression syntax
     text[20] = "";       Das sollte ein leerer String sein. Fehlermeldung:
                          cannot convert 'char' * to 'char'.
```

Im letzten Beispiel steht rechts eine Stringkonstante (ein *konstanter Zeiger*) und links der Typ char. Der Compiler ist *nicht* in der Lage, die zwei Datentypen ineinander (von rechts nach links) umzuwandeln!

■ Benutzerdefinierte Konstante

In C++ darf der Programmierer Konstanten mit einem symbolischen Bezeichner versehen. Wo immer der Compiler auf einen solchen Namen trifft, wird der Name durch den konstanten Wert **ersetzt**. Eine solche ▸**Konstante** stellt einen „**Nur-Lese-Speicher**" dar. Der Compiler prüft daher, ob (nicht zulässige) Wertzuweisungen vorgenommen werden. Die Konstantendefinition beginnt mit dem Schlüsselwort ▸const.

```
const int k = 5;
const float pi = 3.1415926;
const int max_anzahl = 20 - k;// Berechnungen sind erlaubt
const char ESC = '\x1B';   // ASCII 27
const int max = 10;
float b[max]; // das ist gut, Konstante als Feldgröße
max = 15; // das geht nie und führt zu einer Fehlermeldung!
float a[max];
umfang = pi * durchmesser;
// hier wird eine Konstante verwendet
```

Der Vorteil liegt darin, dass der Programmierer bei einem zu ändernden Wert der Konstanten die Änderung **nur an einer zentralen Stelle** im Programm vornehmen muss, während der Rechner automatisch an allen Stellen den Ersatz vornimmt. Wir empfehlen Ihnen deshalb, unveränderliche Größen immer als const zu deklarieren.

10.2.4 Operatoren

▷Operatoren sind Symbole, die auf den oder die Operanden – das sind die, auf die die Operatoren wirken – einen Einfluss ausüben. Sie stellen eine **Verknüpfungsvorschrift** dar.

Es gibt drei Arten von Operatoren:

- unäre (*unary*, lat. unus: einer),
- binäre (*binary*, lat. bis: zweimal) bzw.
- ternäre (*ternary*, lat. terni: zu dritt).

Dies klingt dramatischer, als es tatsächlich ist. **Unäre** Operatoren wirken nur auf einen Operanden. Das einfachste und bekannteste Beispiel ist das Minuszeichen in der Form -5 oder -y, ein anderes Beispiel ist der Negationsoperator NICHT, der den logischen Zustand einer Aussage einfach umdreht. **Binäre** Operatoren verknüpfen zwei Operanden. Die geläufigen Operatoren sind die arithmetischen in der Form +, - , * bzw. / für die Division. Der einzige **ternäre** Operator ist der ▷Bedingungsoperator ? : . Er verknüpft drei Größen miteinander.

In C++ gibt es neben den allgemein (z.B. aus der Mathematik) bekannten eine fast verwirrende Vielzahl (ca. 60) von Operatoren. Oft sind auch jene Token Operatoren, von denen man es zunächst nicht vermuten würde. So stellen das runde bzw. eckige Klammerpaar Operatoren dar. Darüber hinaus haben die Operatoren einen unterschiedlichen ▷**Rang**, d.h. die bindende Wirkung ist unterschiedlich stark. Sie kennen dies aus der Arithmetik: Punktrechnung geht vor Strichrechnung. Sie finden in Tabelle 9, Seite 125, eine systematische **Übersicht der Operatoren und Hierarchiestufen,** wobei Rang 1 die höchste Bindekraft bedeutet. Nicht alle Operatoren können wir in diesem Buch behandeln. Die wichtigsten Operatoren werden wir an geeigneter Stelle vorstellen.

Operatoren sind Symbole für Operationen. So repräsentiert der Divisionsoperator / **verschiedene** Operationen für ganze und reelle Zahlen (int-, double-Division). C++ erkennt aus dem Zusammenhang, welche Bedeutung der Operator hat. Wenn dasselbe Symbol für verschiedene Operationen benutzt wird – also verschiedene Bedeutung hat – wird dies als ▷**Überladen** von Operatoren (*overloading*) bezeichnet. Ein Beispiel für die Verknüpfung von Strings ist „Otto" + „Walkes", was bestimmt keine Addition im rechnerischen Sinne ist. Ein anderes Beispiel stellt der Stern * dar. Er dient der Multiplikation, der Zeigerdefinition und als Inhaltsoperator. Ein weiteres, bedeutendes Beispiel ist der <<Operator und sein Gegenstück >>. Das Zeichen << kennzeichnet das Linksschieben auf Bitebene (siehe Tabelle 9 und Kap. 10.2.5), im Zusammenhang mit der Ausgabe (cout) die Richtung des Ausgabestroms (siehe Kapitel 13).

Einen nützlichen Operator, der unabhängig von einer bestimmten Implementation eines Compilers ist, stellt der ▸sizeof-Operator dar, der in zwei Ausprägungen eingesetzt wird:

```
int m, b[12] ;
cout << sizeof  b;      // Gesamtzahl an Bytes im Array
cout << sizeof (int);// Länge (in Bytes) des int-Datentyps
cout << sizeof (m); // Länge von m (also auch von int)
cout << sizeof  b / sizeof(int);// Anzahl der Feldelemente
```

■ Inkrement- / Dekrementoperator

Das Zählen ist ein sehr wichtiger und häufiger Vorgang bei der Programmierung. Daher gibt es spezielle Operatoren für das Erhöhen um 1 (▸*Inkrementieren*) oder Vermindern um 1 (▸*Dekrementieren*) : ++k bzw. --n . Eine Besonderheit von C/C++ ist, dass mit der Position von ++ bzw. -- eine Reihenfolge der Bearbeitung verbunden ist: Steht der **Operator vor** der Variablen, wird **zuerst** ihr Wert **inkrementiert** / dekrementiert und dann der restliche Ausdruck ausgewertet. Steht der **Operator hinter** der Variablen, wird die Operation ausgeführt und **anschließend** der Variablenwert verändert.

So entsprechen		
a = ++k;	der Folge	k = k + 1; a = k;
a = k++;	der Folge	a = k; k = k + 1;
a = --k;	der Folge	k = k - 1; a = k;
a = k--;	der Folge	a = k; k = k - 1;

■ Kommaoperator

Der Kommaoperator stiftet beim Anfänger mehr Verwirrung, als er nützt. Wir werden nicht weiter darauf eingehen – mit Ausnahme eines Beispiels unter Fatale Fehler, um Sie vorerst vom Gebrauch abzuhalten.

Das **Komma** hat zweierlei Bedeutung:

- Es ist ein **Listentrenner**, wie wir ihn schon bei Datendefinitionen in der Form int x, y, r, s; sowie bei der Initialisierung von Arrays und Strukturen {"\0",0,{0,0,0,0}} verwendet haben.

- Es ist ein **Operator**.

10.2 Symbole

Tabelle 9: C++Operatoren. R bedeutet Rang; a: Abarbeitung in Pfeilrichtung; b: u unärer, t ternärer Operator, sonst binär; Strukt.komp.auswahl: Strukturkomponentenauswahl

R	Operator	Bedeutung	Beispiel	Bemerkung	a	b
1	::	Bereichsoperator	Zeit::stunde			
	( )	Funktionsklammer	tan (0.235)		→	
	[ ]	Index-Operator	a[2]		→	
	.	Strukt.komp.auswahl	kunde.numr		→	
	->	Strukt.komp.auswahlZeiger	pKunde->nr		→	
2	!	Negation	!k	true / false oder 1 / 0	←	u
	++	Inkrement-Operator	++k	k vorher erhöhen		u
			k++	k nachher erhöhen		u
	--	Dekrement-Operator	--k	k vorher verringern		u
			k--	k nachher verringern		u
	-	negat. Vorzeichen	-y			u
	Typ ( )	cast-Operator	int (y)	Explizite Typumwandlung		u
	*	Inhalts-Operator	*px	Indirektion		u
	&	Adress-Operator	&y	Adresse von y		u
	new, new[]	Anlegen von dynam. Datenobjekten	*pd=new double; s=new char[80]			
	delete, delete[]	Löschen von dynam. Datenobjekten	delete pd delete[] s			
	sizeof	Typgrößen-Op.	sizeof(int)	Anzahl Bytes je int		u
	~	Komplement-Op.	~k	bitweise 0 /1 tauschen		u
3	*	Multiplikation	a * b		→	
	/	Division	pi / 2.0	für int und float		
	%	Modulo-Operator	8 % 3	Rest Ganzzahldiv.		
4	+	Addition	4 + k		→	
	-	Subtraktion	x - y			
5	<<	Links-Schiebe-Op.	i << 2	i um 2 Bit verschieben		
	>>	Rechts-Schiebe-Op.	i >> 3	i um 3 Bit verschieben		
6	<	Vergleichs-Op kleiner	k < 5	1, falls wahr		
	<=	Kleiner-gleich-Op	k <= 7	1, falls wahr		
	>	Vergleichs-Op. größer	4 > 8	1, falls wahr		
	>=	Größer-gleich-Op.	k >= 2	1, falls wahr		
7	==	Vergleichs-Op. gleich	k == 5	1, falls wahr		
	!=	Vergleichs-Op. ungleich	k != 0	1, falls wahr		
8	&	bitweises UND	m & k	m u. k UND verknüpfen		
9	^	bitweises XOR	m ^ k	m u. k XOR verknüpfen		
10	|	bitweises ODER	m | k	m, k bitw. ODER verk.		

11	&&	logisches UND	m && k	1, falls beide 1	
12	||	logisches ODER	m || k	0, falls beide 0	
13	? :	Bedingungs-Op.		siehe Text	t
14	=	Zuweisungs-Op.	y = v	speichere v in y	←
	+=	Zuweisungs-Op.	k += 5	k = k + 5	←
	-=	Zuweisungs-Op.	k -= m+2	k = k - (m+2)	←
	*=	Zuweisungs-Op.	m *= k+1	m = m *(k+1)	←
	/=	Zuweisungs-Op.	m /= a	m = m / a	←
15	,	Komma-Operator	m=(--k,a+2)	siehe Text	

10.2.5 Bit-Operatoren

Bit-Operatoren benötigt man für hardwarenahe Programmierung, auf die wir hier nicht eingehen. Allerdings können wir uns diesem Thema nicht ganz entziehen, denn bei der Dateibearbeitung, Kapitel 22, gibt es Programmiercode, der auf Bit-Operatoren beruht.

Die Beeinflussung der Hardware durch Programmieranweisung ist uns schon beim Aufzähltyp begegnet:

```
enum open_mode { in = 1, out = 2, // usw.};
```

wo einzelne Bit-Schalter (ein/aus) gesetzt werden können, die im Englischen *flag* heißen.

Beachten Sie: Die kleinste, durch Anweisung speicherbare Einheit ist das Byte. Will man dennoch einzelne Bits im Byte verändern, stehen folgende Operatoren zur Verfügung:

> ~ Komplement, & UND, | ODER, ^ EXOR und Schieben nach links << bzw rechts >>

Den Gebrauch dieser Operatoren wollen wir an einigen Beispielen untersuchen, dazu verwenden wir bei der grafischen Darstellung nur Daten, die ein Byte breit sind.

Mit dem ▸Komplement-Operator ~ werden alle 0 bzw 1 *bitweise* vertauscht:

unsigned char a = 87; | 0 | 1 | 0 | 1 | 0 | 1 | 1 | 1 |

~a; | 1 | 0 | 1 | 0 | 1 | 0 | 0 | 0 |

Bei der folgenden ODER-Verknüpfung mag zunächst sonderbar erscheinen, dass *beide* (sowohl das eine als auch das andere) Bit gesetzt werden.

10.3 Ausdruck

unsigned char a = 4,

| 0 | 0 | 0 | 0 | 0 | 1 | 0 | 0 |

b = 010;

| 0 | 0 | 0 | 0 | 1 | 0 | 0 | 0 |

unsigned char c = a|b;

| 0 | 0 | 0 | 0 | 1 | 1 | 0 | 0 |

Beim Setzen von Dateimerkmalen sowie Formatschaltern der Ein-/ Ausgabe (Kapitel 22.2) verwenden wir dies häufig. **Beispiele:**

```
file.open("Person.dat", ios::in | ios::out | ios::app)
ios::left | ios::hex | ios::showpoint
```

Will man dagegen bestimmte Bits herausfiltern, verwendet man eine „Maske" und verknüpft diese mit der Variablen nach UND:

unsigned   a = 87,

| 0 | 1 | 0 | 1 | 0 | 1 | 1 | 1 |

/*Maske:*/ b = 0xF;

| 0 | 0 | 0 | 0 | 1 | 1 | 1 | 1 |

unsigned   c = a & b

| 0 | 0 | 0 | 0 | 0 | 1 | 1 | 1 |

Die Schiebe-Operatoren liefern uns interessante Einblicke, wie intern gearbeitet wird:

unsigned   a = 010;

| 0 | 0 | 0 | 0 | 1 | 0 | 0 | 0 |

a<<1;

| 0 | 0 | 0 | 1 | 0 | 0 | 0 | 0 | ←0

a>>2;

| 0 | 0 | 0 | 0 | 0 | 1 | 0 | 0 | →0

(Beim Linksschieben fällt das höchste Bit heraus und rechts wird mit einer Null aufgefüllt)

Welchen Wert hat nun a jeweils, wenn zuerst eine Stelle nach links und dann zwei Stellen nach rechts geschoben wird?

Was ist das Ergebnis folgender Operation?

```
unsigned char i = 3;
i>>1;
```

Erkennen Sie jetzt, weshalb im Kapitel über Ganzzahlen scheinbar sonderbare Ergebnisse bei der Division auftraten?

10.3 Ausdruck

Mit Hilfe der Operatoren lassen sich Ausdrücke bilden. Gänzlich fremd ist Ihnen der Begriff ▸**Ausdruck** (*expression*) nicht, kennen Sie doch das Wort „Klammerausdruck". Ausdrücke sind für C/C++ sehr bedeutsam, weil außer den Vereinbarungen (Deklarationen) **nahezu alles ein Ausdruck** ist.

> ☞ Ein Ausdruck ist eine Folge von Operatoren und Operanden, die einen Wert ergeben.

Ein Ausdruck muss ausgewertet werden; ein höherer Rang (kleinere Zahl in Tabelle 9) führt zu einer bevorzugten Auswertung vor einem niedrigeren Rang. Finden sich Operatoren auf gleichem Rang, wird die Reihenfolge der Abarbeitung durch die Tabelle festgelegt (← oder →). Diese Rangfolge scheint zunächst nicht sehr einsichtig zu sein, sie hat aber einen unschätzbaren Vorteil: Ohne diese Rangfolge müsste die logische Hierarchie mit Klammern hergestellt werden, was zur größtmöglichen Unübersichtlichkeit führen würde.

Betrachten wir einige einfache **Beispiele:**

Ausdruck	Ergebnis
3 + 4	7 wird an die Stelle von 3+4 gestellt
6 * 8 - 5	* hat Rang 3, - hat niederen Rang 4, also erst multiplizieren
6 * 8 / 12	= 4; gleicher Rang, Abarbeitung von links nach rechts
6 * 8 / 12 * 2	= 8;
6 * 8 / (12*2)	= 2; Klammern haben stets Vorrang vor Operatoren
x = -y;	rechte Seite: neg. Vorz. Rang 2, dann links zuweisen (Rang 14)
x = 6 * 8 - 5;	rechte Seite n. rechts: 6*8, dann minus 5, dann v. rechts n. links
ch =='A' || ch =='a'	erst Vergleiche (Rang 7), dann ODER (Rang 12)
a = ++k;	erst k um eins erhöhen, dann zuweisen

Ausdrücke können durchaus erheblich komplizierter sein, wie das folgende **Beispiel** zeigt:

Als Daten sind gegeben:

```
int     k = 2;
int     a[5] = {9,7,3,1,5};
float   b[4] = {-1.2, 1.5, 2.9, -0.8};
```

Dieser Ausdruck soll ausgewertet werden:
```
cout << b[ a[k] ] ;
```

10.3 Ausdruck

Welcher Wert wird ausgegeben ?

Lösung: Der Ausdruck wird schrittweise **von innen aufgelöst**:

1. Schritt: setze an die Stelle von k den Wert 2 → a[2]
2. Schritt: setze an die Stelle von a[2] den Wert 3
3. Schritt: setze statt b[3] den Wert -0.8 und gib ihn aus.

■ Mathematische Ausdrücke

Die mathematische Schreibweise von Formeln muss man an die Gegebenheiten eines Computers angepassen. Mathematische Ausdrücke sind so umzuformen, dass sie stets **auf einer Zeile zu schreiben** sind, dh. Brüche zB. sind als solche nicht darstellbar (siehe folgende Beispiele).

Bequemlichkeiten der Mathematik, wie das Weglassen von Multiplikationszeichen, sind nicht erlaubt. Potenzen müssen entweder durch entsprechende Anzahl von Faktoren ausgedrückt werden oder – bei großem Exponenten sinnvoll – mit einer Bibliotheksfunktion pow() geschrieben werden (wird in Kapitel 19 behandelt).

Beispiele:

Math. Ausdruck: *C++Syntax:*

$\dfrac{b}{2} + \dfrac{1}{2}\sqrt{b^2 - 4ac}$ `b/2 + sqrt(b*b - 4*a*c)/2` oder :

                              `(b + sqrt(b*b - 4*a*c))/2`

$\dfrac{x+y}{a+\dfrac{1}{x}}$ `(x+y) / (a + 1/x)`

$\dfrac{k}{m*n}$ `k/(m*n)`

$(x + 3*\sin y)^{-1}$ `1/(x + 3*sin(y))`

Wegen der Reihenfolge der Abarbeitung von links nach rechts bei gleichem Operatorenrang muss man im dritten Beispiel unbedingt eine Klammer setzen.

Mathematische Funktionen, wie sin(), cos(), sqrt(), befinden sich zB. in der Datei math.h bzw. cmath.

10.3.1 Zuweisungen

Auch die ▸Zuweisung (*assignment*), d.h. die Speicherung eines Ergebnisses an einem durch den Namen bezeichneten Speicherplatz, wird auf einen Operator zurückgeführt. Da C und C++ für die professionelle Softwareentwicklung geschaffen wurde, ist die Sprache auf große Effizienz getrimmt, was für Sie als Lernenden manchmal ziemlich gewöhnungsbedürftig ist.

Die **Zuweisung** in ihrer einfachsten Form lautet z.B.:

k = 5; das heißt mit anderen Worten:

„Speichere die konstante Zahl 5 am Platz namens k"

k = k + 2; das heißt:

„Hole den Wert von k, addiere 2 und speichere das Ergebnis in k".

Wie das letzte Beispiel zeigt, ist dies *nicht* als mathematische Gleichung zu interpretieren, sonst *ergäbe* sich nach der Subtraktion von k der Widerspruch 0 = 2!

Folgende Formen der Zuweisungen sind möglich:

k = a * k + 2;	typische Verwendung, Reihenfolge von rechts nach links;
k = m = j = 1;	entspricht:
	k = (m = (j = 1)); alle Variablen erhalten von rechts aus den Wert 1 zugewiesen

Neben der einfachen Zuweisung gibt es zehn weitere, kombinierte Zuweisungsoperatoren, die das Leben erleichtern:

+= -= *= /= %= >>= <<= &= |= ^=

Sie werden nach folgendem Muster verwendet:

k += 5;	identisch mit	k = k + 5;
k *= a + b;	identisch mit	k = k * (a + b);
k /= a + b;	identisch mit	k = k / (a + b);

Da ein Zuweisungsausdruck einen Wert besitzt, ist die Art folgender Konstruktionen nicht nur zulässig, sondern wird auch häufig gebraucht:

klein = (gross = 65) + 32;
klein = (ch = cin.get()) + 32;

10.3 Ausdruck

> In C / C++ ist zu unterscheiden:
> =   Zuweisung
> ==   Vergleich auf Gleichheit

Ein häufiger Fehler besteht in der Verwechslung der beiden Operatoren! Beachten Sie:

```
float x;
x = 2.0;
x == 2.0    // das geht ausnahmsweise (siehe Anhang 3)
x = 3.04 + 0.01;
x == 3.05   // das geht nie gut! siehe FF Kap. 4.2.2
```

Im Zusammenhang mit Compiler-Meldungen erscheint oft der Begriff ▶lvalue (von: *left value*). Nach dem, was wir bisher erfahren haben, bedeutet

```
k = 5 + 3;
```

„Ermittle den Wert der rechten Seite des Zuweisungszeichens und weise ihn dem auf der linken Seite stehenden, durch einen Variablennamen bezeichneten Speicherplatz zu". Nach den Regeln der Mathematik ist wegen der Vertauschbarkeit das folgende identisch:

```
5 + 3 = k.
```

Nur: Das geht nicht bei Computersprachen. Links dürfen immer *nur* im Speicher *veränderbare* Datenobjekte stehen, denen etwas zugewiesen werden darf. Das sind:

- Variablenbezeichner wie k
- Feldelemente wie a[k]
- Ausdrücke mit dem Inhaltsoperator wie *(p+1)

10.3.2 Semikolon, Anweisung

Wir haben das Semikolon ; bereits stillschweigend eingeführt. Es ist nicht einfach so ein Satzzeichen oder Zeilenende, es hat eine tiefere Bedeutung: Wird ein Ausdruck mit einem Semikolon abgeschlossen, entsteht eine (Ausdrucks-)**Anweisung** an den Rechner.

10 Sprachbestandteile von C++

> Anweisung ← Ausdruck plus Semikolon
>
> Die Umkehrung „Weglassen des Semikolons ergibt einen Ausdruck" gilt nicht!

Zulässige Anweisungen sind:
```
int k;
k = 3;      // Ausdrucksanweisung
;           // eine leere Anweisung: macht nichts
clrscr();   // Funktionsaufruf, auch eine Anweisung
wahl + 4;   // s. Kap. 9; Wert (z.B. 1) von wahl wird geholt
            // und 4 addiert; Anweisung an den Rechner: 5;
            // das schadet nicht, ist aber völlig nutzlos!
```

Nicht zulässige Anweisungen sind:
```
x + 3  = k;  // kein lvalue
kiste = int flaschen * 6;
34 = x;      // kein lvalue
```

Jeder zulässige C++Ausdruck, an dessen Ende ein Semikolon steht, wird vom Compiler als Anweisung interpretiert. Umgekehrt gerät der Rechner in Verwirrung, wenn er kein Semikolon vorfindet, wo er es auf Grund seiner Regeln erwarten würde. Einen solchen (relativ häufigen) syntaktischen Fehler fängt der Compiler ab (Fehlermeldung z.B. *; missing*). Eine besondere Form der Anweisung ist die *leere Anweisung*, deren Sinn wir später ergründen. Weitere Anweisungen an den Rechner sind die Auswahl-, Wiederholungs-, Block- und ▸Sprunganweisung (`continue`, `break` und `return`), die uns alle in den weiteren Kapiteln begegnen.

FF **Fatale Fehler**

- Vermeiden Sie Konstruktionen der folgenden Art, weil unvorhersehbare Effekte entstehen können:
  ```
  x++ = 5 * x++ *(2 - x--);
  b[++k] = ++k;
  ```
  Regel: nicht mehr als ein Inkrement- / Dekrementoperator pro Anweisung!

- `x = 2;` bzw. `x == 2` stellen typische Fallen dar (es kann auch durch Tastaturprellen verursacht sein). Selbst das ist zulässig: `if (x=2) x == 2;` Es wird x der Wert 2 zugewiesen und mit der Konstanten 2 verglichen, aber das Ergebnis wird einfach ignoriert!

- float x, y;   //Wunschergebnis: x = 3.17, aber:

  x = 3,17;   // x hat den Wert 3!

  y = (3,17); // y hat den Wert 17!

  Erklärung:

  x = 3,17;   Der Zuweisungsoperator hat Rang 14, der Kommaoperator Rang 15. Daher wird x der Wert 3 zugewiesen, und es bleibt die Anweisung: 17; das ist zulässig, aber es tut nichts!

  y = (3,17);   Zunächst erfolgt die Auswertung der Klammer von links nach rechts; letzter Wert ist 17, und *nur der* wird zugewiesen! Wer den Kommaoperator nicht kennt und reelle Zahlen nach deutscher Art mit Komma schreibt, findet den Fehler sicher nicht so schnell.

- Der Ansatz if (x >= 4500, x <= 18000) will die beiden Ausdrücke nach UND verknüpfen und liefert **nicht** das gewünschte logische Ergebnis. Vermeiden Sie den Kommaoperator.

- Es ist k / m * n ungleich k / (m*n), abgesehen vom Fall n = ± 1.

10.4 Kommentare

▷Kommentare dienen der Erläuterung des Quelltextes. Sie werden grundsätzlich vom Rechner überlesen und verlängern daher keineswegs den Programmcode. Für Kommentare gibt es zwei Möglichkeiten:

- /* startet und */ schließt in C den Kommentar, der sich über **mehrere Zeilen** erstrecken darf. **Nicht zulässig** sind dagegen Schachtelungen folgender Art: /* Alter /* Narr */ , was nun ? */

- // ist der C++Kommentar, der sich nur **bis zum Zeilenende** erstreckt.

Sieht man von **Trivialkommentar**en der Art int k;//Integervariable ab, so ergeben sich folgende sinnvolle **Anwendungen**:

- Beschreibung des Zwecks eines Programms oder Programmteils (z.B. einer Funktion), Angabe des Softwarestandes, des Autors, des Dateinamens.

- Beschreibung der Schnittstelle einer Funktion: Welche Daten gehen hinein, welche Daten kommen zurück. Beispiel: Die Sinus-Funktion erwartet einen Wert im Bogenmaß.

- Kommentare erläutern knifflige Lösungsstrategien.

- Mit Kommentarklammern lassen sich **testweise** Programmteile **inaktivieren**, ohne sie löschen zu müssen.

10 Sprachbestandteile von C++

- Im Quellcode lassen sich Programmteile optisch besser strukturieren, was die Lesbarkeit und Übersicht erhöht.

  Beispiel:
  ```
  //.....Berechnung der Einkommensteuer ........
  ```

> Geizen Sie nicht mit *sinnvollen* Kommentaren, aber *übertreiben Sie nicht!*
>
> Kommentare erleichtern nicht nur Programmieranfängern das Leben.
>
> Sollten Sie später (in der Regel in einem Team) komplexere Software entwickeln, wird durch Kommentare der Programmcode für *alle* Beteiligten leichter durchschaubar und zur Dokumentation verwendet. Und das spart Zeit.

Bei größeren Projekten wird die Dokumentation in den Quellcode (C++, Java) geschrieben und mit Spezialprogrammen zB. in pdf-Files gewandelt. Siehe beispielsweise www.doxygen.org.

10.5 Trennzeichen

Mit dem Aufruf des Compilers läuft vor dem eigentlichen Übersetzungsvorgang eine Phase ab, die sich lexikalische Analyse nennt. In dieser Phase wird die Quellcodedatei in Token, wie sie oben dargestellt sind, und so genannte ▸ *Whitespaces* zerlegt. Whitespaces, von den C-Urhebern Kernighan und Ritchie geprägt, umfassen solche Zeichen, die als Trenner fungieren: Das sind Leerzeichen, Tabulatoren, Zeilenvorschübe und Kommentare.

Whitespaces „umschliessen" somit die Token und machen sie für die Maschine identifizierbar. Der Rechner **überliest jedoch Whitespaces**. Daher sind neben vielen weiteren Varianten folgende Codeabschnitte aus Sicht der Maschine identisch:

```
float zEK     ;      long    int   Steuer ;
float zEK /*zu versteuerndes Einkommen */; long int Steuer ;
float zEK;
——>long   int    Steuer ;   // hier ist ein Tabulator——>
```

Die Maschine zerlegt dies jeweils in sieben Token, die wir nur *aus optischen* Gründen mit einem Punkt abgegrenzt haben:

```
float•zEK•;•long•int•Steuer•;
```

10.5 Trennzeichen

> ☞ Innerhalb von Strings jedoch werden die Trennzeichen nicht eliminiert!

Für Sie als Programmierer ergeben sich daraus drei Konsequenzen:

- Die Token müssen exakt geschrieben werden. So dürfen Sie z.B. bei kombinierten Zuweisungsoperatoren oder den Kommentarzeichen **kein Leerzeichen** zwischen den Einzelzeichen schreiben: * = oder / / oder / *. // syntaktische Fehler!

- Die Token müssen klar unterscheidbar geschrieben sein, weil die Maschine unter Umständen anders zusammenfasst, als Sie es als Programmierer erwarten.
  Beispiele:
  - k+++i; → Interpretation entweder so: (k++) + i oder so: k + (++i) ??
  - int i = j //* dividiert durch k */k; +m; wird zu: int i = j +m; // semantischer Fehler! Vermeiden Sie so etwas.

- Sie haben somit weitgehende Gestaltungsfreiheit, den Quellcode auf dem Bildschirm / Ausdruck lesbar zu strukturieren. Dies fördert die **Übersicht**, vermeidet Programmierfehler und hilft bei der Fehlersuche. Einige Empfehlungen hierzu werden wir im weiteren Verlauf des Buches sehen. Das einleitende Programmierbeispiel hätte man übrigens auch so präsentieren dürfen:

  int main(){struct PolarTyp{float radius;float winkel;}; PolarTyp Pp, Qp; const float pi=3.1415;int wahl;int x, y, r,s;int u,v;float xx,yy; clrscr ();cout<<"x-Koordinate "; cin>>u;cout<<'\n'<<"y-Koordinate ";cin>>v;

  ... und so weiter.

Fassen wir zusammen:

Das Kapitel 10 behandelt die ersten Regeln, an die sich ein Programmierer bei allen Freiheiten, die er/sie hat, halten muss. Speicherplätze dürfen der besseren Lesbarkeit wegen einen Bezeichner (Namen) haben – nur den nicht, den reservierte Wörter in Anspruch nehmen. Zur Bildung von Namen sind nicht alle Zeichen zulässig, Namen müssen mit einem Buchstaben oder einem Unterstrich beginnen und dürfen kein Leerzeichen enthalten. Auch konstante Größen erhalten einen Namen, aber keinen dem Programmierer zugänglichen Speicherplatz! Zahlen, Zeichen, Strings usw. können Konstanten sein. Zur Verknüpfung von Größen gibt es

Operatoren, die selbst eine Vorschrift darstellen. Im Teil D werden Sie selbst solche Vorschriften erzeugen. Operatoren haben einen Rang, somit wird ein Programm lesbarer, weil die sonst nötigen Klammern entfallen. Allerdings muss der Programmierer manchmal akrobatische Übungen anstellen, um die korrekte Auswertungsreihenfolge zu ermitteln.

Ein fundamentales Gebilde von C++ ist der Ausdruck, nahezu alles ist ein Ausdruck. Ein Ausdruck mit einem Semikolon abgeschlossen ergibt eine (Ausdrucks)Anweisung an den Rechner, der ja nur aufgrund von Anweisungen tätig wird. Schließlich haben Sie erfahren, dass Sie Ihren Quellcode durch (sinnvolle) Kommentare erläutern und durch Whitespace auf Monitor und Drucker optisch zweckmäßig gestalten können. Kommentare und Whitespace werden jedoch rechtzeitig vor der Compilierung von der Entwicklungsumgebung automatisch ausgeblendet, verlängern also die Ausführungszeit des Programms nicht.

11 Fehler

Die Entwicklung eines Programms ist ein sehr anspruchsvolles Unterfangen, bei dem unvermeidlich ▸Fehler entstehen. Und nach Murphys Gesetz gilt: „Wenn etwas schiefgehen kann, dann geht es auch schief!" Ein guter Programmierer versucht daher in Betracht zu ziehen, was schieflaufen könnte, um es dann eigentlich zu vermeiden. Aber: Nur bei einfachen Fragestellungen und erfahrenen Programmierern wird es auf Anhieb gelingen, ein fehlerfreies Programm zu schreiben.

> Fehler sind Menschenwerk und daher immer hinein programmiert! Dies gilt auch für Compilersoftware.

Die Korrektur von Fehlern nimmt allgemein erhebliche Zeit in Anspruch und verursacht Lustverlust. Wir unterscheiden vier Kategorien von Fehlern:

- logische Fehler,
- Syntaxfehler,
- Bindefehler und
- Laufzeitfehler.

■ Logische Fehler (*logical errors*)

▸Logische Fehler lassen sich einteilen in

- ▸Strategiefehler (Entwurfsfehler) und in
- ▸semantische Fehler.

Strategiefehler entstehen, wenn die eigentliche Aufgabenstellung vom Auftraggeber nicht hinreichend definiert und/oder vom Programmierer ergründet wurde. So habe ich bei der Fallstudie Einkommensteuer oft beobachtet, die im Gesetz vorgegebenen Hinweise zum Horner-Schema werden nicht wahrgenommen und umgesetzt. Programmieren, das zu richtigen Ergebnissen führt, setzt daher voraus, die fachlichen Anforderungen zu erfüllen. Entwurfsfehler können dazu führen, dass das gesamte Konzept von Grund auf noch einmal überarbeitet werden muss. Oft ist es dann wirtschaftlicher, gänzlich neu anzufangen.

In unserem Rahmen leistet der Einsatz von Struktogrammen eine gute Unterstützung beim Entwurf. Das Struktogramm vergrößert zwar die logische Strenge, verhindert allerdings nicht eine falsche Strategie bei der Lösung.

Wenn die Strategie stimmt (und keine Compilierfehler die Arbeit behindern) und dennoch nicht erwartete Ergebnisse zutage treten, dann liegen *semantische Fehler* vor. Das Programm wird dabei vom Compiler als syntaktisch einwandfrei erkannt. Die Ursachen für semantische Fehler können sehr vielschichtig sein.

Betrachten Sie dazu nochmals das einführende Programmbeispiel: Hier liefern die beiden Berechnungsarten einmal mit Koordinatentausch den korrekten Wert Q(-30,50) und mit den berechneten Polarkoordinaten jedoch Q(0,58). Wie ist dies möglich?

Das betreffende Programmfragment lautet:

```
int v, u;
// Eingabe von 50 bzw. 30 in die Variablen u, v
Pp.radius = sqrt(u*u + v*v);
Pp.winkel = atan(v/u);
...
Qp.winkel = Pp.winkel + pi/2;
```

Das Problem liegt in der Division der zwei Ganzzahlen (30/50), die 0 ergibt. Der Rest 30 geht dabei verloren. Der Winkel wird damit zu 0 ebenso wie die Projektion auf die x-Achse. Eine Lösung ergibt sich bei einer zwangsweisen Umwandlung in den `float`-Typ vor der Division: `(float)` v. Beachten Sie dazu den Cast-Operator (Tabelle 9). Mit dieser Verbesserung wird dann für x der Wert -29 ausgedruckt statt -30. Die Ursache liegt jetzt in der Zahl `pi` = 3.1415, die mit zu wenig Stellen angesetzt ist und damit -29.99769 erzeugt. Daraus wird die Ganzzahl -29.

Hier liegen die Ursachen für semantische Fehler offensichtlich in den Datentypen verborgen. **Häufige** andere ▶**semantische Fehler** sind falsche Ergebnisse **in logischen Ausdrücken**, falsche Grenzen bei Schleifen und bestimmte Tippfehler (zB. Komma, Gleichheitszeichen). Semantische Fehler lassen sich deutlich verringern, wenn Sie die in diesem Kapitel besprochenen, wenig aufregenden Regeln berücksichtigen. Einen kleinen Beitrag dazu liefern auch die unter FF (fatale Fehler) aufgeführten, häufigen Fehlerquellen.

Aus Gründen der besseren Übersicht und um die Fehlersuche zu vereinfachen, ist es für den **Lernenden** oft zweckmäßiger, **alle** Variablendefinitionen **zu Beginn** eines Programms aufführen, auch wenn C++ es erlaubt, an jeder Stelle im Programm Variablen zu definieren.

■ **Syntaxfehler**

▷Syntaktische Fehler (*syntax* oder *compile-time errors*) beruhen auf formalen Fehlern im Aufbau des Programmtextes als Verletzung der vorgegebenen (grammatikalischen) Regeln. Schon wenn der Quellcode vom Compiler analysiert wird, werden solche Abweichungen erkannt und der Übersetzungsvorgang abgebrochen. Viele Compiler liefern dazu Fehlermeldungen, die in den *meisten* Fällen zutreffen. In manchen Fällen jedoch verursacht *ein* kleiner Fehler *viele* Folgefehler, seine Behebung führt dann mit einem Schlag zu deren Beseitigung. Deshalb sind gelegentlich die Fehlermeldungen nicht unbedingt zielführend!

> Zweckmäßig ist es deshalb, immer nur **vergleichsweise kleine Portionen an Software** zu **schreiben** und diese **ausgiebig** zu **testen**. Dazu ist es hilfreich, (später) die Software in einzelne Funktionen zu strukturieren.

Häufig vorkommende Syntaxfehler sind fehlende Semikolons, aber das meldet der Compiler. Für den Lernenden schwierig zu erkennen und zu beheben sind fehlende Klammern { } im Zusammenhang mit dem Quellcode von Funktionen (siehe Kapitel 19). Hier kann es vorkommen, dass völlig *falsche Fehlermeldungen an den falschen Stellen* den Suchenden in die Irre führen. Die Entwicklungsumgebungen sind nicht in der Lage, zusammengehörende Klammerpaare zu erkennen.

■ **Bindefehler**

Um ein lauffähiges Programm zu erhalten, muss der ▷*Linker* (Binder) nach dem Compiliervorgang noch bestimmte Dateien aus der Bibliothek einbinden. Sind die **Dateien nicht auffindbar**, **bricht** der Linker den Vorgang mit einer Fehlermeldung **ab** (*link-time errors*). Bindefehler sind – im Vergleich zu den anderen – die am seltensten auftretenden Fehler. Wenn sie auftreten, sind sie aber nicht einfach zu interpretieren.

Beim ersten Lesen können Sie dies beruhigt übergehen: Wenn die Funktionsdeklaration und der Funktionsaufruf korrekt gesschrieben sind, aber die Funktionsimplementation fehlt, dann entsteht ein Bindefehler. (der bei meinen Compilern zu unbefriedigenden Fehlermeldungen führt.)

Beispiel für einen Bindefehler:

```
double wurzel (double u); // Deklaration
int main()
{   int k = 625;
    int m = wurzel (k);     // Aufruf
}   // hier fehlt was!
```

■ Laufzeitfehler

Syntaktisch und semantisch korrekte Programme können dennoch fallweise fehlerhaft sein, wenn das Programm läuft *(run-time error)*. Solche Fehler können sich als Folge von externen Eingaben oder darauf beruhenden Berechnungen ergeben. Typische Fehler sind beispielsweise die Division durch Null (Rechnerabsturz), Zahlenbereichsüberlauf (nur falsche Wertausgabe), Werte außerhalb des Definitionsbereichs (Radikand einer Wurzel kleiner null, Logarithmus von null). Besonders ärgerlich und schwierig zu lokalisieren sind Rechnerabstürze im Zusammenhang mit Zeigern. Für C/C++ typisch und gefürchtet sind Probleme mit Bereichsgrenzen von Arrays (Rechnerabsturz oder nur falsche Werte), solange die Segnungen der Objektorientierung (in der Form des Typs `vector`) nicht verwendet werden (können).

Programmabstürze können auch bei den üblichen Ein-/Ausgabeoperationen mit `cin` bzw. `cout` entstehen, wenn zB. die Software einen Zahlenwert erwartet, der Benutzer aber eine Nicht-Ziffer eingibt.

12 Entwicklungsumgebung

Die effizienteste Methode, eine Programmiersprache zu lernen und das Verhalten des Rechners zu begreifen, ist die Verwendung einer Entwicklungsumgebung. Dieses Software-Werkzeug ist für den Fachmann sowieso unerlässlich, um produktiv arbeiten zu können. Eine ▸Entwicklungsumgebung besteht mindestens aus den Komponenten

- Editor,
- Compiler,
- Linker,
- Debugger und
- Online-Hilfe,

die meist unter einer gemeinsamen Oberfläche erscheinen. Von Borland geprägt wurde der Begriff Integrated Development Environment (IDE), den man oft ohne Erläuterung in Büchern liest. Andere Hersteller versuchen sich tunlichst mit anderen Begriffen (krampfhaft) abzugrenzen.

Ein ▸**Editor** dient dem Verfassen des Quelltextes und ist ein vergleichsweise einfaches Textverarbeitungsprogramm, das ausschließlich ASCII-Zeichen speichert und nicht grafikorientiert ist. Grafikorientierte Textverarbeitungsprogramme *mit Proportionalschrift* haben den Nachteil, dass der Quelltext nicht so sauber untereinander angeordnet werden kann, wie es zweckmäßig ist (Verwenden Sie die Schriftart Courier). Ein wichtigerer Nachteil ist jedoch, dass – wenn man nicht darauf achtet! – der geschriebene Quelltext nicht als reiner ASCII-Text gespeichert wird, sondern auf der Platte einen Vorspann und Nachspann besitzt, der Informationen über Schriftart, Seitenlayout etc. enthält. Diese Aussage gilt beispielsweise für das Microsoft-Speicherformat doc. Mit diesen Informationen kann der Compiler wenig anfangen, und er verweigert die Dienste. Im Übrigen lassen sich mit jedem Programm, das den Anforderungen genügt, die Quelltexte erstellen und vom Editor der Entwicklungsumgebung einlesen. Mit Microsofts Word können Sie Quelltexte schreiben, wenn Sie die Schriftart Courier (New) verwenden und ihn als 'NurText' speichern.

Mit dem Start des Compilers vollzieht sich ein mehrstufiger Vorgang. Zunächst prüft der *Parser* die syntaktische Korrektheit des Programms und zerlegt den Text in die Token. Der eigentliche ▸**Compiler** übersetzt die Token in Maschinensprache. Als Resultat entsteht der Objektcode. An-

12 Entwicklungsumgebung

schließend startet der Compiler den ▸**Linker**. Dieser bindet bereits getrennt compilierte Programme oder Programmteile ein (z.B. aus den **Bibliotheken**) und erzeugt den ausführbaren (*executable*) Code, eine Datei mit der Endung .exe. Unter Linux/Unix muss man diese Arbeiten nicht sehr komfortabel mit Kommandozeilenparametern durchführen.

Den gesamten Vorgang veranschaulicht Abbildung 15: Mit dem Editor wird der Quelltext lesbar geschrieben und anschließend gespeichert (*prog1.cpp*). Durch #include <iostream> wird eine (lesbare) ▸Header-Datei einkopiert. Der Compiler erzeugt zwei (nicht lesbare) Dateien: eine für den Debug-Vorgang (*prog1.dbg*) und eine Objektcode-Datei (*prog1.o*). Diese bindet der Linker mit der zur Include-Datei gehörigen Objektcode-Datei (*iostream.o*) zusammen und erzeugt die ausführbare Datei *prog1.exe*. Das ausführbare Programm kann dann über das Betriebssystem des Rechners (OS, *operating system*) oder in der Entwicklungsumgebung gestartet (*run*) werden.

Abbildung 15: Abläufe beim ▸Compilieren und Debuggen [10, Seite 11]

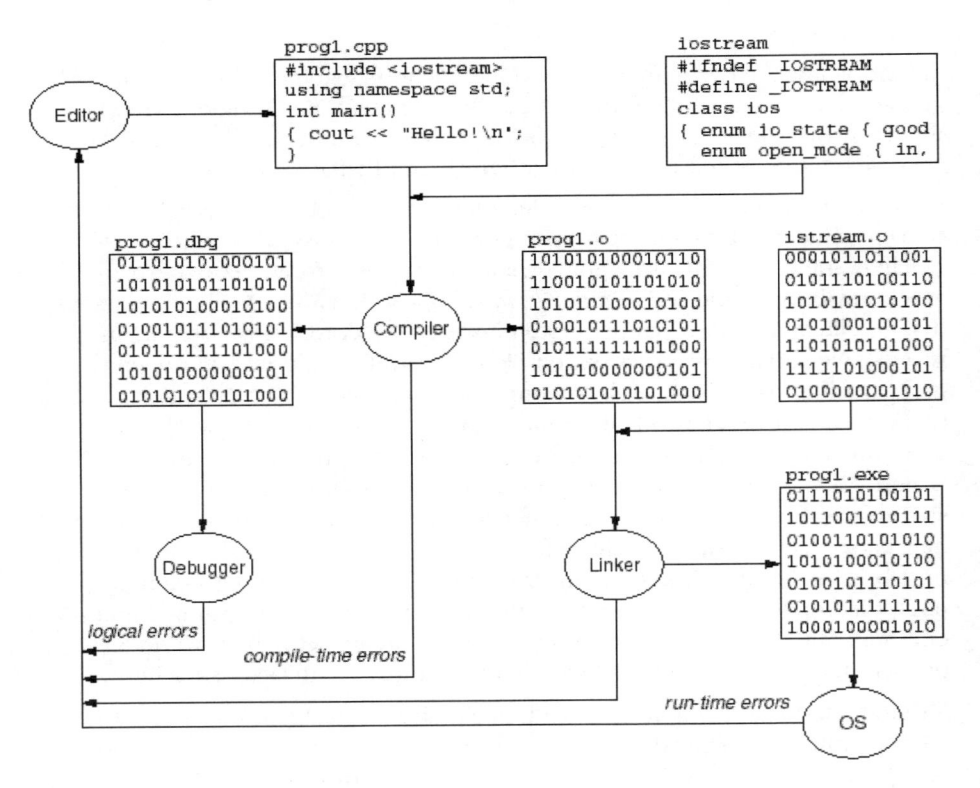

142

Der ▸**Debugger** ist ein Hilfsmittel, um Fehler (insbesondere logische und Laufzeitfehler) während der Testphase des Programms zu finden. Das compilierte Programm lässt sich mit ihm in zwei nützlichen Betriebsarten verwenden: dem „Einzelschritt" und dem „normalen Ablauf", bei dem das Programm vollständig automatisch abgearbeitet wird. Der „Einzelschritt" hat für Sie als Programmierer den großen Vorteil, dabei **Zeile für Zeile** die Auswirkungen des Programms verfolgen zu können. Dazu können Sie sich die aktuellen Speicherinhalte auch komplizierter Datenstrukturen in geeigneten Fenstern anzeigen lassen, wie ich es im Kapitel 3 gezeigt habe. Fleischhauer [5] nennt diese exzellente Möglichkeit treffend *Datenspion*. Machen Sie davon auf Ihrem System **regen Gebrauch**, weil dies die einzige Möglichkeit ist, die unvermeidlichen Fehler **schnell** zu suchen und zu erkennen. Der Begriff *debug* stammt noch aus der Frühzeit der Rechentechnik mit Elektronenröhren (ab etwa 1942), als vor jedem Lauf die zwischen den Röhren verendeten Insekten (*bugs*) entfernt wurden.

Die **Hilfesysteme** sind für den professionellen Einsatz gedacht und nehmen keine Rücksicht auf den Lernenden. Auch deshalb erinnere ich Sie an die formalen Aspekte von C++, damit Sie die Informationen nachvollziehen können. Was nützt die beste Hilfe, wenn man sie nicht versteht. Erfahrungsgemäß macht die viele Zeigerei, von der ja C/C++ lebt, etwas Mühe. Nicht alle Hilfesysteme sind sonderlich hilfreich und gut aufgebaut – besonders jenes nicht aus Redmont. Verwenden Sie sie **nur zur schnellen Suche von Dingen, die Sie bereits kennen**. Verlassen Sie sich eher auf gute schriftliche Dokumentation oder Bücher mit professionellem Anspruch.

■ Der Debug-Vorgang

Das folgende Beispiel verdeutlicht die Möglichkeiten eines Debug-Vorgangs. Im linken Fenster steht der Quelltext des zu testenden Programms, im anderen, dem *Watch-Fenster*, die zur **Besichtigung** ausgewählten Speicherinhalte mit ihren symbolischen Namen. Das Watch-Fenster gibt den Speicherzustand wieder, wenn der Cursor (grau unterlegt) im Einzelschrittbetrieb in der Zeile 6 steht.

```
1:   int main()
2:   {
3:       int k, a;
4:       float x, double pi;
5:       k = 1;
6:       a = k + 5;
7:       x = 1.5;
8:   }
```

Watch-Fenster:

```
k:   1
a:   -28473
x:   1.53763e-29
pi:  -2.589376872134e-286
```

Mit dem Einschalten der Betriebsart „Einzelschritt" steht der Zeilencursor in Zeile 1. (Die Zeilenzählung ist nicht Bestandteil eines C++Programms!). Der Zeilencursor ist noch nicht im Funktionskörper von main(). Die im Watch-Fenster aufgeführten Variablen **kennt er nicht** (Meldung: *unknown identifier*). Erst **mit dem Verlassen** einer Zeile durch Tastendruck werden die **Anweisungen** der entsprechenden Zeile **ausgeführt**.

Im zweiten Schritt springt der Cursor in Zeile 5. Dabei werden die Speicherplätze für k, a, x und pi angelegt, deren Inhalte zur Ansicht in das Watch-Fenster kopiert werden. Ein zufälliger Wert für k mag 4721 sein, die anderen nicht initialisierten, zufälligen Werte stehen im Watch-Fenster. Erst im nächsten Schritt, Cursor in Zeile 6, ergibt sich ein Variablenzustand, wie er im gezeigten Watch-Fenster abgebildet ist (a, x und pi sind noch keine Werte zugewiesen!).

> ☞ Die Kapitel über Verarbeitung und Darstellung von Informationen lieferten wichtige Informationen, um die von Debuggern angezeigten rechnerinternen Informationen interpretieren und nutzen zu können. Sie erleichtern bzw. beschleunigen die Fehlersuche.

In den seltensten Fällen wird das Schreiben eines Programms auf Anhieb fehlerfrei sein. Die **Programmentwicklung** ist daher ein sich wiederholender (rekursiver) Vorgang, der sich durch folgenden Pseudocode charakterisieren lässt:

Entwerfe_Programm
mache
   Editieren des Programms
   Speichern des Programms
   Compilieren/Linken
   Debuggen
solange (nicht_fehlerfrei)
Ausführen

13 Ein-/Ausgabe

Um ein Programm nicht nur einmal mit festen Werten – so wie es bei der Initialisierung geschah – nutzen zu können, ist es notwendig, Daten in ein Programm ein- und die Ergebnisse auszugeben. Die wichtigsten Ein-/Ausgabegeräte haben Sie bereits im Teil B, Kapitel 2.1, kennengelernt. Dateiein- und -ausgabe behandeln wir im Kapitel 22. *Hier* beschränken wir uns auf die Eingabe über die Tastatur und die Ausgabe auf Bildschirm oder Platte. Jetzt werden Sie auch einige Fallstricke der Ein-/ Ausgabe kennenlernen.

Achtung:

Ein- und Ausgabe sind Vorgänge, die auf das Betriebssystem zugreifen. Deshalb gibt es dafür keine Schlüsselwörter, sondern sie werden in C++ durch Klassen der Laufzeitbibliothek implementiert. Diese beziehen sich aber nur auf die Ein-/Ausgabe sogenannter Konsolenprogramme, mit denen wir uns hier beschäftigen. Für Windows-Programme kann man diese Teile nicht verwenden! Hier muss man auf die Anwendungsprogrammierschnittstelle (*application programming interface*, API) des jeweiligen Betriebssystems zugreifen.

Ihre eventuelle Erwartungshaltung, dass Sie nun Eingabefenster, Schaltknöpfe und ähnliches – wie es bei Windows-Programmen üblich ist – programmieren lernen, kann ich nicht erfüllen. Dazu bräuchten Sie vertiefte Kenntnisse der Objektorientierung und der speziellen API-Funktionen. (Für den interessierten Leser: Eine gute Einführung gibt Henning Hansen [8]. Eine sehr gute Software für den Zweck ist der C++Builder von Borland, beides eher für Fortgeschrittene. Beides sprengt den Rahmen dieses einführenden Buches).

Um die Ein-/Ausgabe in C++ wirklich im Detail verstehen zu können, brauchen Sie sehr gute C++Kenntnisse, deren Grundlagen erst im Teil D gelegt werden. Stephen Prata [19] z.B. benötigt in seinem Buch für eine profunde Einführung der Ein-/Ausgabe weit mehr als 60 Seiten. Damit Sie jedoch jetzt schon einige Erfolgserlebnisse haben und einfache Aufgabenstellungen erfolgreich in C++ realisieren können, betrachten Sie die in diesem Kapitel gegebenen Hinweise als *Handlungsanweisungen* ohne vertiefte Erklärungen.

Zunächst müssen wir aber das grundsätzliche Konzept der C++Ein-/ Ausgabe behandeln.

13.1 Das Konzept der Ein-/Ausgabe in C++

Nach dem EVA-Prinzip (<u>E</u>inlesen, <u>V</u>erarbeiten und <u>A</u>usgeben) empfängt ein Programm Daten von einer Quelle, verarbeitet sie und leitet sie an eine Datensenke. Für das objektorientierte C++ wurde das Konzept des ▸**Datenstroms** (*stream*) entwickelt. Eine gute Beschreibung findet sich bei Prata [19], die ich hier zitiere:

»Aus der Sicht eines C++Programmierers besteht die Ein-/Ausgabe aus einem Bytestrom. Bei der Eingabe zieht ein Programm Bytes aus dem Eingabestrom und bei der Ausgabe fügt ein Programm Bytes in den Ausgabestrom ein. Bei einem textorientierten Programm kann jedes Byte ein Zeichen repräsentieren. Allgemeiner gesagt, bilden Bytes eine binäre Repräsentation von Zeichen oder numerischen Daten. Die Bytes in einem Eingabestrom können von der Tastatur stammen, aber genauso gut von einem Speichergerät wie einer Harddisk oder einem anderen Programm. Dementsprechend können die Bytes des Ausgabestroms zum Bildschirm, zu einem Drucker, zu einem Speichergerät oder zu einem anderen Programm geschickt werden. Der Strom fungiert als Vermittler zwischen Programm und der Quelle oder dem Ziel des Stromes. Dadurch sind C++Programme in der Lage, die Eingabe von der Tastatur **genauso zu verarbeiten wie die Eingabe von der Datei**. Das C++Programm untersucht dabei lediglich den Bytestrom und muss nicht darüber Bescheid wissen, woher die Bytes kommen. Arbeitet man mit Strömen, kann ein C++Programm die Ausgabe unabhängig davon, wohin die Bytes gehen, generieren. (...) Ein Eingabestrom benötigt (...) zwei Verbindungspunkte, einen an jedem Ende. Der Verbindungspunkt auf der Datenseite stellt die Quelle des Stroms dar und der Verbindungspunkt im Programm ist das Ziel des Stromes. (...) Dementsprechend muss der Ausgabestrom an einem Punkt im Programm verankert und das Ausgabeziel mit dem Strom verbunden werden.«

Ein Strom-Objekt kann man sich als Röhre zwischen dem Programm und der Außenwelt (aus der Sicht des Prozessors) vorstellen. Bei der **Bildschirmausgabe** fließen die Bytes vom Programm durch das Objekt `cout` zur Grafikkarte, bei der **Tastatureingabe** von der Tastatur durch das Objekt `cin` zum Programm (Abbildung 16). Die Objekte, die die Datenströme und die zugehörigen Puffer organisieren, sind in der Datei `iostream` bzw. `iostream.h` definiert.

13.1 Das Konzept der Ein-/Ausgabe in C++

Abbildung 16: Das ▸Stromkonzept in C++

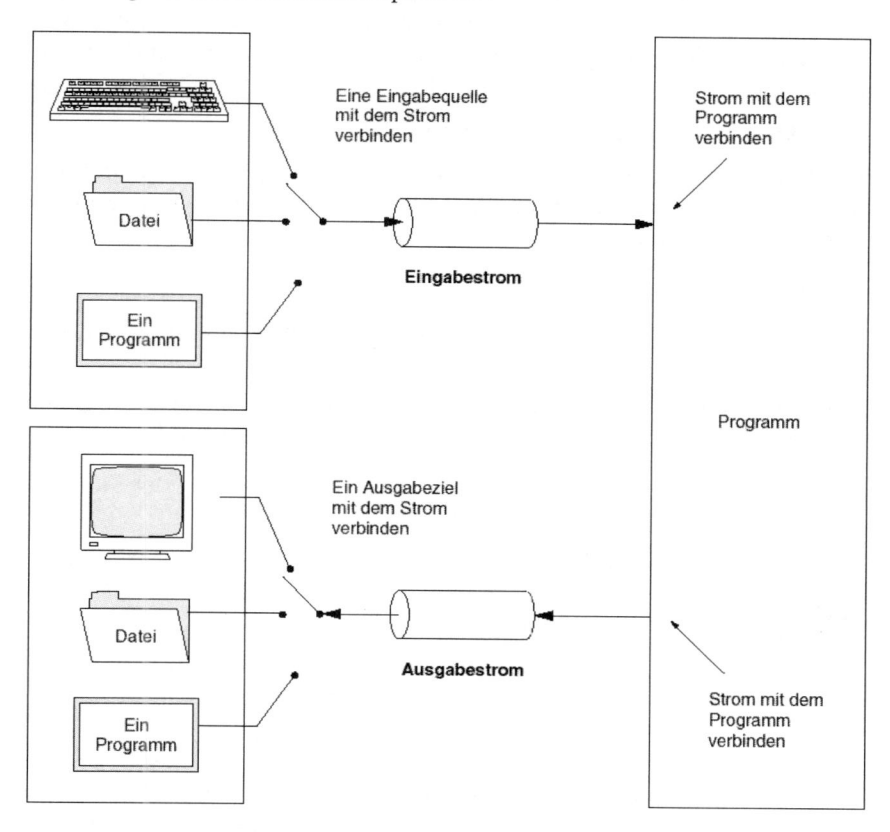

```
[Tastatur]                Eine Eingabequelle        Strom mit dem
                          mit dem Strom             Programm
[Datei]                   verbinden                 verbinden
                              ↓
                          ═══════════
                          Eingabestrom
[Ein
Programm]

                                                    Programm

[Bildschirm]
                          Ein Ausgabeziel
                          mit dem Strom
[Datei]                   verbinden
                              ↓
                          ═══════════
                          Ausgabestrom              Strom mit dem
[Ein                                                Programm
Programm]                                           verbinden
```

Standardmäßig ist der Eingabestrom mit dem Standardeingabegerät, meist der Tastatur, und der Ausgabestrom mit dem Standardausgabegerät, meist dem Bildschirm, verbunden. Hierzu dienen die Objekte

- ▸cin   Standardeingabe (*standard input stream*) und
- ▸cout   Standardausgabe (*standard output stream*).

Objekte werden wie die bisherigen Variablen behandelt, dabei ist eine **Verwandschaft mit dem Datentyp struct unverkennbar**. Was ein Objekt ist, soll uns im Augenblick nicht kümmern, wir nutzen es einfach. Bedenken Sie: Gegenüber dem alten C ist in C++ die Ein- und Ausgabe dank der Objektorientierung deutlich einfacher, bequemer und sicherer geworden, aber **nicht absolut sicher**. Die Ein-/Ausgabe in C weicht vom Konzept in C++ erheblich ab, ich werde darauf nicht eingehen.

13 Ein-/Ausgabe

Lassen Sie uns jetzt mit der Tastatureingabe (im Weiteren nur als Eingabe bezeichnet) und der Ausgabe auf den Bildschirm beschäftigen. Beide werden uns als Sprungbrett zur Einführung der Dateiein- und -ausgabe dienen.

■ **Standardein- und Standardausgabe mit C++**

Ein-/Ausgabeoperationen finden oft interaktiv statt: Das Programm fordert den Anwender zunächst durch eine Ausgabe auf, eine bestimmte Art von Information einzugeben, z.B.

Name : _____   Alter : ____

und erwartet, dass zuerst ein String und dann eine Ganzzahl eingegeben wird.

Ein guter interaktiver Dialog führt den Anwender so durch ein Programm, dass er immer die geforderten Eingaben korrekt vornehmen kann.

> - Vermeiden Sie Situationen, in denen der Anwender nicht weiß, was er einzugeben hat.
> - Vermeiden Sie auch Ausgaben der Art „Geben Sie bitte das zu versteuernde Einkommen ein: ". Einfacher ist: „zu versteuerndes Einkommen: "
> - Machen Sie (im eigenen Interesse) die Eingaben „narrensicher": Denken Sie an GIGO (*garbage in, garbage out*): Wer Unfug eingibt, erhält auch Unfug.

Ein gutes Programm widersteht dabei dem Spieltrieb mancher Menschen, die es (zu Recht) darauf anlegen, durch Falscheingaben einen Härtetest der Software vorzunehmen, indem es unzulässige Informationen gar nicht erst annimmt. Das aber ist Sache eines guten Programmierers. Bei einer Untersuchung marktgängiger Hotelsoftware ist *jedes* der fünf Programme aus diesen Gründen abgestürzt!

Fehleingaben entstehen in der Praxis meist durch unbeabsichtigtes Betätigen einer Taste oder durch Tastenprellen einer defekten Tastatur.

13.2 Standardausgabe cout

Für den Programmierer bedeutet die einfache Ein- und Ausgabe bei C++, dass er dem Objekt ▷cout **(nahezu) jeden Datentyp** standardmäßig anvertrauen kann, ohne sich um die dabei notwendigen internen Umwandlungen kümmern zu müssen. Beachten Sie: Wenn Sie die double-Zahl (-1.05) auf dem Bildschirm anzeigen, müssen die (Einzel-)Zeichen – 1 . 0 5 gesendet werden und *nicht* die acht Byte einer Fließkomma-

13.2 Standardausgabe cout

zahl (rechnerinterne Darstellung). Eine der wichtigsten Aufgaben von cout besteht bei der numerischen Ausgabe in der **Typumwandlung** in einen **Zeichen**strom.

Für die Ausgabe gilt zunächst folgendes Prinzip:

```
cout << quelle
```

wobei das Symbol << im Zusammenhang mit Streams den ▸Ausgabe-Operator (*insertion operator*) darstellt und die Richtung des Datenflusses kennzeichnet: von der Quelle im Programm zur Datensenke (hier: der Bildschirm). quelle darf dabei eine Konstante, Variable oder ein Ausdruck sein.

Der Codeabschnitt

```
int zvEk = 81108;
cout << "zu versteuerndes Einkommen :";
```

liefert die Ausgabe:

```
zu versteuerndes Einkommen : ■
```

Auf dem Bildschirm wird die **Folge von Zeichen** ausgegeben, der Cursor ■ bleibt auf der nächsten Bildschirmposition stehen. Dagegen liefert

```
cout << "zu versteuerndes Einkommen :" << zvEk ;
```

die Ausgabe:

```
zu versteuerndes Einkommen :81108■
```

Mehrere Ausgabeanweisungen dürfen hintereinander gehängt (verkettet, kaskadiert) werden, wobei die Abarbeitung **von links nach rechts** stattfindet. Beachten Sie, dass die Zeichen der zweiten Ausgabe *unmittelbar ohne Leerzeichen* auf die ersten anschließen. Für die Bildschirmkosmetik (das Ausgabeformat) ist daher der Programmierer zuständig. *Eine mögliche Lösung wäre, ein Leerzeichen nach dem Doppelpunkt einzufügen.*

Betrachten Sie jetzt

```
cout << "zu versteuerndes Einkommen :" << '\n' ;
```

Ausgabe:
```
zu versteuerndes Einkommen :
■
```

Offensichtlich „schluckt" cout klaglos eine Stringkonstante und anschließend eine int-Variable, ein char-Zeichen oder auch eine double-Größe. Das sind hier die Segnungen der Objektorientierung.

13 Ein-/Ausgabe

'\n' stellt den Cursor auf den Anfang einer neuen Zeile. Statt '\n' kann man bei C++ auch den ▸Manipulator endl verwenden, der zugleich den Ausgabepuffer leert (die Zeichen sind dann auf dem Monitor zu sehen!).

endl	leert den Ausgabepuffer mit Zeilenvorschub
flush	leert den Ausgabepuffer ohne Zeilenvorschub

Manipulatoren sind Operationen, die direkt *in* den Ein-/Ausgabestrom eingebaut werden. Sie dienen u.a. der Formatierung.

Beispiel:

```
cout << "zu versteuerndes Einkommen :"  << endl ;
```

liefert somit die gleiche Ausgabe wie die vorherige Ausgabeanweisung.

Das folgende Programm systematisiert Ausgabeanweisungen verschiedener Datentypen und stellt die Bildschirmausgabe dar. Ich empfehle Ihnen, das Programm mit einem Debugger im Einzelschrittverfahren zu betrachten. Beachten Sie dabei die typabhängige Anzahl signifikanter Stellen. Die Compiler haben bezüglich der Genauigkeit (*precision*) Standardeinstellungen (oft n = 6) und runden die Ausgabe auch, wodurch sich kleine Abweichungen gegenüber *dieser* Ausgabe ergeben können.

■ **Ausgabeanweisungen und Bildschirmanzeigen**

```
#include <iostream> // für cin, cout etc.
using namespace std;

int main()
{ const float Pi = 3.141598;
  int    a = -6543, c = 12345;
  unsigned int  b = 123;
  char   i = 'i',  k = 'k' , htab = '\t';
  char   zeile[20] = "Was ist das ?";
  char   *text    = " Das ist eine Überraschung ! ";
  char *pz = zeile, *pt = text;
  float   x = 1.5, y = 37.7812, z = 2000.0;
  float *px = &x, *py = &y, *pZ = &z;
  struct KUNDE
    {int nr;
     char name[15];
     float umsatz;
    };
```

13.2 Standardausgabe cout

```
    KUNDE ein_kunde = {4711, "Werner Finck", 4.25};
    float xx[3] = {1.5, 5.1, 7.3};
```
// **Ausgabe:**
// **1. Ganzzahlen:**
```
    cout << 47;   /* auf Monitor: Ausgabe geht hier weiter! */
    cout << 11;   /* Ausgabe geht hier weiter! */
    cout << 69;
    cout << endl;
    cout << 47 << 11 << 69 << endl;
    cout << a << b << c << endl;
    cout <<" a = " << a << "b = " << b << " c = " << c << '\n';
    // ------------------Ausgabe:-----------------------------
    // |471169                                               |
    // |471169                                               |
    // |-654312312345                                        |
    // | a = -6543b = 123 c = 12345                          |
    // ------------------------------------------------------
```

// **2. Reelle Zahlen:**
```
    cout << y << '\n';
    cout << z << Pi << endl;
    cout << z << '\t' << Pi << endl;
    cout << " Die Summe ist = " << (y+z)/2 << endl;
    // ------------------------------------------------------
    // |37.7812                                              |
    // |20003.141598                                         |
    // |2000    3.141598                                     |
    // | Die Summe ist = 1018.890625                         |
    // ------------------------------------------------------
```

// **3. Zeichen:**
```
    cout << i <<  k   << endl;
    cout << i << htab << i << " " << k << endl;
```

// --
// |ik |
// |i   i k |
// --

// **4. Strings:**
```
    cout<<" \"Alter Narr -  was nun?\" von \
              Werner Finck  ";
    cout << zeile << endl; /* Das ist ein Zeiger auf String! */
    cout << text  << endl; /* Das ist ein Zeiger auf String! */
```

// --
// |"Alter Narr - was nun?" von Werner Finck Was ist das ?|
// | Das ist eine Überraschung ! " |
// --

// **5. Zeiger:**
```
    cout << *pz << endl;
    cout <<  pz << endl;
    cout << *pt << endl;
    cout <<  pt << endl;
```

// --
// |W |
// |Was ist das ? |
// | ein Leerzeichen! wegen des ersten Zeichens |
// | Das ist eine Überraschung ! |
// --

```
    cout <<  px << endl;
    cout <<  &x << endl;
    cout << *px << endl;
    cout <<  py << endl;
    cout << *py << endl;
    cout <<  pZ << endl;
    cout << *pZ << endl;
```

13.2 Standardausgabe cout

```
// --------------------------
// |0x8f810ff0            | Adresse, auf die px zeigt
// |0x8f810ff0            | Adresse von x selbst
// |1.5                   | Wert von x
// |0x8f810fec            | Adresse
// |37.7812               | Wert von y
// |0x8f810fe8            | Adresse
// |2000                  | Wert von z
// --------------------------
```

// 6. Struktur: nicht zulässig!!

```
    // cout << ein_kunde;  Fehlermeldung: Illegal structure operation
```
// 7. Array:
```
    //Wunsch-Ausgabe: alle drei Elemente des Arrays:
    cout << xx[3]; // Ist-Ausgabe: z.B. 6.3478e+22!
    // leider nur ein Element, daneben gegriffen!
    // das Array-Element xx[3] ist nicht definiert
    system ("pause");
    } // end of main
```

Einige Punkte müssen wir besonders erwähnen:

1. In den Ausgabestrom darf auch ein ▸**Ausdruck** gestellt werden, wie es mit (y+z)/2 gezeigt wurde.

2. Ein **Datenverbund** (▸Struktur) kann nicht in seiner Gesamtheit ausgegeben werden. Er muss vielmehr komponentenweise ausgegeben werden. Im Rahmen der Objektorientierung werden wir aber dennoch eine gute Lösung finden.

3. Ein ▸**Array** muss ebenfalls elementweise ausgegeben werden (Ausnahme: Strings).

4. **Zeiger** wie pz oder pt zeigen nachweislich nur auf die Adresse der ersten (von evtl. mehreren beteiligten) Speicherzelle(n).

Die bisher behandelte Form der Ausgabe eignet sich für eine schnelle Ausgabe während der Entwicklungsphase. Anspruchsvollere Ausgaben verlangen z.B. eine Tabellenform mit gleichen Spaltenabständen, rechtsbündige oder linksbündige Ausgabe, eine Angabe der Hex- oder Oktalbasis oder die Angabe bestimmter Nachkommastellen. Es ist also notwendig, ein geeignetes ▸**Ausgabeformat** festzulegen.

Zunächst müssen Sie als Programmierer für die auf den Bildschirm zu schreibenden Zeichen mit der Angabe der Breite (*width*) des Ausgabefeldes Platz schaffen (*set width*). In dieses Ausgabefeld werden dann die **Zeichen** eingestellt, entweder linksbündig oder rechtsbündig (*left, right*). Verbleibt Platz zwischen dem letzten ausgegebenen Zeichen und der Feldgrenze, können Sie diesen mit Füllzeichen belegen (*set fill*). Bei Zahlenangaben können Sie die Ausgabe als Oktal-, Hex- oder Dezimalzahl vornehmen.

Zur Programmierung dieser verschiedenen Varianten stehen **Funktionen** mit Bit-Schaltern (*flags*) und Manipulatoren zur Verfügung. ›**Manipulatoren** (wie endl) werden in den Ausgabestrom **eingeschleust**, während Schalter in Form von Anweisungen ein- (*set flag*) und ausgeschaltet (*reset flag*) werden (Beispiel: cout.setf (ios::left); schaltet die Ausgabe linksbündig). Diese Technik zu verstehen ist allerdings ein etwas schwieriges Kapitel, das vertiefte Kenntnisse der Objekte voraussetzt und eher Gegenstand für Fortgeschrittene ist.

Die genannten Formatangaben verfügen über **Grundeinstellungen** (*default*-Werte), z.B. rechtsbündig und Dezimalausgabe. Sie müssen nur die *Änderungen* programmieren – mit **Ausnahme** der **Feldbreite** –, die **für jede Ausgabe erneut** zu schreiben ist.

■ Ausgabeformate

In den folgenden Beispielen bringen wir kochrezeptartig eine nützliche Auswahl der möglichen Einstellungen. Bitte beachten Sie, dass das Ausgabeformat z.T. compilerabhängig sein kann.

```
#include <iomanip>    // für Manipulatoren
#include <iostream>   using namespace std;

int main()
{ int    a = 47, b = 32000, c = 1, e = 21, f = 17432, g = 9;
  char name1[10] = "Werner", name2 [10] = "Finck";
  double pi = 3.1415926535897;
  float x = 20., y = 21.1, z = 22.22;

// 1. Ganzzahlen: rechtsbündig voreingestellt

  // alternativ:  cout.setf(ios::left, ios::adjustfield);
  // Funktion mit Schalter, linksbündig
  // cout.fill(' ');  voreingestelltes Füllmuster: Leerzeichen
     cout.width(5); cout << a ;
  // Funktion mit Wert für Feldbreite, hier: 5
```

13.2 Standardausgabe cout

```
    cout.width(8); cout << b;
    cout.width(3); cout << c << endl;
    cout.width(5); cout << e ;
    cout.width(8); cout << f;
    cout.width(3); cout << g << endl;
    cout << endl;
   // alternativ mit Manip. setw, gibt die identische Ausgabe!
   // cout<< setw(5)<< a << setw(8)<< b<< setw(3)<< c << endl;
   // cout<< setw(5)<< e << setw(8)<< f<< setw(3)<< g << endl;
   // Ausgabe rechtsbündig:
   // -----------------
   // |   47   32000  1|
   // |   21   17432  9|
   // -----------------
   // alternativ Ausgabe linksbündig:
   // -----------------
   // |47    32000   1  |
   // |21    17432   9  |
   // -----------------
```

// 2. Zeichen:

```
    char d = 'd', m = '*';
    cout << setw(3) << d << endl;
    cout.put(m); // put schreibt auch Whitespace-Zeichen !
    cout << endl;

   // -----
   // |  d|
   // |*  |
   // -----
```

// 3. Strings: rechts-/linksbündig mit Füllmuster

```
    cout << setfill('+');   // Füllzeichen Plus über Manipulator
    cout.setf(ios::left, ios::adjustfield);
   // Schalter setzen auf linksbündig
    cout << setw(15) << name1 << setw(12) << name2 <<endl;
```

13 Ein-/Ausgabe

```
    cout.setf(ios::right, ios::adjustfield) ;
    cout << setw(15) << name1 << setw(12) << name2 <<endl;

// -----------------------------
// |Werner+++++++++Fink++++++++|
// |+++++++++Werner++++++++Fink|
// -----------------------------
```

// 4. Reelle Zahlen:

```
    cout << endl ;
    cout.setf(ios::fixed, ios::floatfield);
    // Schalter für Festkommazahl
    cout.width(10);
    cout.precision(5);
    // Anz. Nachkommastellen; ohne nachfolgende Nullen
    cout.fill('*');    // Füllzeichen Stern
    cout << pi << endl;

// ------------
// |***3.14159|
// ------------

    cout.setf(ios::scientific, ios::floatfield);
    // wissenschaftl. Ausgabe
    cout.width(15);
    cout.precision(3);// Achtung: ▸Rundung der letzten Stelle
    cout.fill('*');
    cout << pi << endl;

// -----------------
// |******3.142e+00|
// -----------------

    cout.setf(ios::fixed, ios::floatfield);
    cout.setf(ios::left, ios::adjustfield);
    cout.width(10);
    cout.precision(5);
    cout.fill('*');
    cout << pi << endl;
```

```
// ------------
// |3.14159***|
// ------------
   cout.setf(ios::right, ios::adjustfield);
   cout.precision(3);
   cout.fill(' ');
   // wieder voreingestelltes Füllmuster Leerzeichen
   cout << setw(9) << x << endl;
   cout << setw(9) << y << endl;
   cout << setw(9) << z << endl;
   cout << endl;
// -----------
// |       20|
// |     20.1|
// |    22.22|
// -----------

   // jetzt in Spaltenform:
   cout.setf(ios::showpoint);
   // zeige Dezimalpunkt und angehängte Nullen!
   cout.precision(3);
   cout << setw(9) << x << endl;
   cout << setw(9) << y << endl;
   cout << setw(9) << z << endl;

// -----------
// |   20.000|
// |   21.100|
// |   22.220|
// -----------
   system("pause"); } // end of program
```

13.3 Standardeingabe cin

Die Eingabe funktioniert ähnlich wie die Ausgabe. Für sie gilt folgendes Prinzip:

```
cin >> ziel;
```

wobei das Symbol >> im Zusammenhang mit Streams den Eingabe-Operator (*extraction operator, input operator*) darstellt und die Richtung des Datenflusses von der Tastatur (Quelle) zur Datensenke, einem Speicherplatz, kennzeichnet. Das Ziel kann der Name einer Variablen, einer Referenz (siehe später), ein dereferenzierter Zeiger (der Inhalt, auf den ein Zeiger zeigt), ein Element eines Arrays bzw. die Komponente einer Struktur sein.

> ☞ Sie können sich viel Ärger ersparen, wenn Sie mit großer Sorgfalt die vom Rechner erwarteten Eingaben *exakt* tätigen.

Beachten Sie die Wirkung folgender Eingaben:

```
int zvEk ;        // Eine Initialisierung ist nicht nötig, da
cin >> zvEk;      // die Eingabe einer Zuweisung gleichkommt
```

cin liest hier einen Ganzzahlwert ein und weist ihn der Variablen zvEk zu.

```
int  i; double d;
cin >> i >> d; // ist möglich, aber oft nicht zweckmäßig!
```

Wenn ─ ein Leerzeichen darstellt, dann führt das letzte Programmfragment mit der Eingabe: ─ ─ ─ 123─ ─ ─ 4.67 zu einer korrekten Zuweisung an die Variablen i und d, aber sicherer ist ein interaktiver Dialog.

```
char any_text [25];
cin  >> any_text;     // Eingabe: Garmisch-Partenkirchen
cout << any_text;     // Ausgabe: Garmisch-Partenkirchen
cin  >> any_text;     // Eingabe: Joschka Fischer
cout << any_text;     // Ausgabe: Joschka
```

> ☞ Bei der Eingabe mit cin werden ▸Trennzeichen überlesen, d.h. auch Leerzeichen! Die Eingabe muss mit ENTER abgeschlossen werden.

Das nachfolgende Programm systematisiert Eingabeanweisungen verschiedener Datentypen und stellt die Reaktionen des Rechners dar. Ich empfehle Ihnen, das Programm mit einem Debugger im Einzelschritt-Verfahren zu betrachten.

13.3 Standardeingabe cin

```cpp
int main(){
// 1. Ganze und reelle Zahlen:
    int   a, b, c;
    char  i, k;
    char zeile [20], *Txt;
    float x, y;
  //Folgende zwei Eingaben sind zwar zulässig,
  // aber es ist - von Ausnahmen abgesehen - dringend davon abzuraten:
    cout << endl << " Zwei Integer : " ;  cin >> a >> b;
    cout << " a = " << a << "  b = " << b << endl;
    cout << " Eine reelle Zahl : ";   cin >> x ;
    cout << " x =  " << x << endl;
// 2. Zeichen:
    cout << " Ein Zeichen : ";
    cin >> k;// zB: abcd; speichert nur ein Zeichen,
             // auch wenn mehrere eingegeben werden!
    cout << " k = " << k << "     " ;
    cout.put(k) <<   endl;
    cout << " Noch ein Zeichen : " ;
    cin >> k; //!Liest jedes Zeich., auch Whitespace, aus Tastaturpuffer:
    cin.get(k);
    cout << k << endl;
// 3. Strings:
    cout << " Ein String < 20 : " ;
    cin.getline(zeile,19);
    // sicherer: cin.getline(zeile, sizeof zeile - 1);
    //! Nullterminiert, sichere Eingabe für < 20 Zeichen
    cout << "\n" << " Noch ein String < 29 : " << endl;
    cin.getline(Txt,29);   //  Txt ist ein Zeiger
    cout << zeile << endl << Txt;
    // getline liest auch Whitespace-Zeichen !
    //Eingabe:12345678901234567890123456789012345678
    //Ausgabe:12345678901234567890123456789012345678
    //Der Cursor wird nicht auf dem Bildschirm festgehalten !
    return 0; }  //end of main
```

13 Ein-/Ausgabe

Tabelle 10: Tabellarische Zusammenfassung der Ein-/Ausgabe in C++. Es bedeuten: ch ist ein Zeichen, n eine Ganzzahl

cin	liest alle Zeichen *bis* Whitespace, wortorientiert
cin.get(ch)	liest *ein* Zeichen inkl. Whitespace
cin.getline(ziel, anzahl)	liest in die Variable *ziel* max. anzahl Zeichen inkl. Whitespace, oder bis ↵; zeilenorientiert
cout	gibt alle Standard-Datentypen aus
cout.put(ch)	gibt *ein* Zeichen ch aus
cout.width(n)	setzt Feldbreite auf n Zeichen
cout.fill(ch)	füllt mit jedem druckbaren Zeichen ch
cout.precision(n)	setzt Anzahl n der Nachkommastellen
cout.setf(ios::Flag,ios::mask)	setzt Schalter *Flag*, siehe unten

Ausgewählte Flags:

left	linksbündig
right	rechtsbündig
showpoint	Dezimalpunkt und Nullen anzeigen
fixed	Festpunktanzeige: 37.2
scientific	Gleitpunktanzeige: 3.72e+01

Ausgewählte Einstellungen mask für Flags:

adjustfield	in Verbindung mit left oder right
floatfield	in Verbindung float oder scientific

Ausgewählte Manipulatoren:

endl	leert den Ausgabepuffer mit Zeilenvorschub
flush	leert den Ausgabepuffer ohne Zeilenvorschub
setw(n)	setzt Feldbreite auf n Zeichen
setfill(ch)	setzt Füllmuster mit Zeichen ch
setprecision(n)	setzt n Nachkommastellen
dec	setzt Dezimalausgabe
oct	setzt Oktalausgabe
hex	setzt Hexausgabe
htab	horizontaler Tabulator

13.3 Standardeingabe cin

Die **Standardeingabe** ist **nicht** ein bisschen **fehlertolerant**, sie weist bei allen Verbesserungen gegenüber C erhebliche Schwachstellen beim praktischen Programmieren auf. Diese können den wenig Erfahrenen zur Verzweiflung bringen, weil die Reaktionsweise nicht nachvollziehbar scheint. Der folgende Abschnitt zeigt häufige Fehler und ihre Erklärung.

Fatale Fehler

Die folgenden Programmausschnitte beschreiben nachprüfbar (!) tückische Verhaltensweisen der Ein-/Ausgabe in C++. Wie ein Programm auf die entsprechenden Eingaben reagiert, ist natürlich nur aus dem Gesamtzusammenhang des jeweiligen Programms ersichtlich. In einem anderen Programm können die Reaktionen auf die gleichen Eingaben völlig verschieden sein. Sie sind daher nicht allgemein vorhersehbar, aber immer sehr verblüffend, was wiederum zu einer zeitraubenden Fehlersuche führen kann. Sie sollten die folgenden Fallstricke an Ihrem Rechner selbst nachvollziehen.

FF

- **Eingabe von Buchstaben in numerische Größe**

Sie wollen eine Ganzzahl eingeben und betätigen zufällig eine andere Taste, z.B. z :

```
char ch;  int k;
cin >> k;                   // Eingabe: -123z
cout << k;                  // Ausgabe: -123
// Jetzt steht noch z\n im Puffer:
cin.get(ch); cout << ch;    // Anzeige: z
// Jetzt steht noch \n im Puffer:
cin.get(ch);                // \n erkennbar mit Debugger
```

Ergebnis: Bei teilweiser Falscheingabe kann noch ein Rest im Eingabepuffer bleiben, der mit der nächsten Eingabeaufforderung automatisch abgeholt wird. Reaktion: siehe nächsten Punkt.

- **Einlesen von mehr als einem Zeichen in Zeichenvariable**

```
char ch1, ch2, ch3, ch4;
// Erwartete Eingabe: ein Zeichen :
// Tatsächliche Eingabe: zum Beispiel abcd :
cin >> ch1; cout << ch1;    // Ausgabe: a, wie erwartet
// Irgendwelche andere programmierte Tastaturabfragen:
cin >> ch2; cout << ch2;    // Ausgabe: b
cin >> ch3; cout << ch3;    // Ausgabe: c
cin >> ch4; cout << ch4 ;   // Ausgabe: d
```

13 Ein-/Ausgabe

alternativ:

```
cin.get(ch1);              // Eingabe: abcd
cout << ch1;               // Ausgabe: a
cin.get(ch1); cout << ch1; // Ausgabe: b
cin.get(ch1); cout << ch1; // Ausgabe: c,, Reaktion wie oben
```

Gibt der Anwender z.B. vier Zeichen bei der ersten Abfrage in den Tastaturpuffer ein, wird das erste Zeichen (a) in `ch1` gespeichert, alle weiteren (bcd) **bleiben im ▶Puffer** stehen! Bei der zweiten Abfrage holt `cin` aus dem Puffer automatisch ein weiteres Zeichen, ohne dass der Anwender die Möglichkeit einer neuen Eingabe (in Zeile 6 usw.) hat. Das Programm **rauscht** somit über alle Eingabeanweisungen so lange **hinweg**, bis der Puffer leer ist!

> Eine einfache und sichere Lösung besteht darin, nach dem ersten Zeichen den Tastaturpuffer so lange auszuräumen, bis das Zeilenende '\n' der letzten Eingabe erreicht ist. Dazu gibt es (im Vorgriff) zwei Möglichkeiten:
>
> ```
> cin >> ch1;
> while (cin.get() != '\n'); // Tastaturpuffer leeren
> ```
> oder:
> ```
> cin >> ch1;
> if ( (ch2 = cin.peek()) != '\n') cin.ignore(80,'\n');
> ```

- **Nichtbeachtung von Whitespace**

    ```
    char text[20] = {'\0'};
    cin >> text;       // Eingabe: Alter Narr - was nun?
    cout << text;      // Ausgabe: Alter
    //WunschEingabe: Hamburg-Amerika-Linie, wird übersprungen :
    cin >> text ;
    cout << text;      // stattdessen: Narr (!)
    // cin betrachtet Whitespace-Zeichen als Trenner!
    ```

- **Mehr Zeichen auf den Bildschirm schreiben, als das Array aufnehmen kann:**

    ```
    char text[20] = {'\0'};
    cin.getline(text,20,'\n');//Alter Narr - was nun? von Werner
    cout << text;             //Alter Narr - was nu
    ```

13.3 Standardeingabe cin

> ☞ Der **Cursor** wird **nicht** am Ende des Eingabefeldes **festgehalten**!
> Diese Aussage gilt für sogenannte Konsolenanwendungen.

- **Eingabe eines falschen Datentyps:**

Die hier gezeigten Beispiele gelten meist für einen 16-Bit-Compiler, damit die Zahlen nicht zu unübersichtlich sind. In einem 32-Bit-System liefert der Rechner bei entsprechend angepassten Eingaben andere falsche Ausgaben (größerer Wertebereich), die Fehler sind jedoch die gleichen.

Im übrigen: Überlegen Sie, woher ein *Anwender* wissen soll, welchen Datentyp der *Programmierer* vorgesehen hat?

```
short /* oder int */ k1, k2, k3, k4; //16 Bit: short;  32 Bit: int;
cin >> k1;  // Ist-Eingabe :41234;  bei 32 Bit: Eingabe 444444444444
cout << k1 << endl;
    //wg modulo-Arithm.: 16 Bit: k1 ==  -24302; bei 32 Bit: 41234!
    /* Die Ausgabe für 444'444'444'444 ist 2'062'812'956 .*/
cin >> k2;  //  Ist-Eingabe 'a' statt Ganzzahl
cout <<  k2<< endl; // Ausgabe :-28934, die Ausgabe ist rein zufällig.
            //alle weiteren cin werden übersprungen!
            //alle cout liefern Schrott

cin >> k3;  // Eingabe reelle Zahl 100.5 statt int
cout << k3; // Ausgabe 100, aber weitere cin werden übersprungen!

unsigned short /* oder: int */ m;
cin >> m;    // Eingabe: -5
cout << m;   // 65531 , bei 32 Bit unsigned int:4'294'967'291

float x1, x2, x3;
cin >> x1 ; // 1234567.898
cout << x1; // Ausgabe : 1234567.875
            // Debugger: 1.234568e6
cin >> x2;  // Eingabe: z.B. 'a'
cout << x2; // Ausgabe: beliebig, z.B. 2.859588e+13 oder -6.361935e-30.
```

- **Eingabe eines Kommas statt Dezimalpunkt**

```
cout << " Eine reelle Zahl : ";
cin >> x ;    // z.B. 3,4
cout << " x = " << x << endl;// Ausgabe:    3
```

13 Ein-/Ausgabe

```
cout << " Ein Zeichen : ";
cin >> k;//! wird übersprungen, holt Komma aus Puffer,k == ','
cout << " k = " << k << "    " ;  // gibt Komma aus
cout.put(k) <<  endl;              // gibt noch mal Komma aus
cout << " Noch ein Zeichen : " ;
cin >> k; // wird übersprungen, holt 4 aus Puffer
// ! Liest jedes Zeichen, auch Whitespace, aus Tastaturpuffer:
cin.get(k);  // fatal:  holt  Zeilenende '\n' aus Puffer !
cout << k << endl;  // Cursor springt auf übernächste Zeile
```

Die einzelnen Verhaltensweisen hängen natürlich vom jeweiligen Programm ab.

- **Fehlerhafte Programmieranweisungen**

Folgender Programmcode führt zu völlig unerwartetem Ergebnis:

```
zvE = 7885; EST = 808;
cout << "Bei einem zu versteuernden Einkommen von "
     << cout.setf(ios::fixed, ios::floatfield)
     << cout.fill('*')
     << cout.width(10) << cout.precision(2)
  << zvE << " DM"
     << endl << " beträgt die Steuer "
     << cout.width(10) << cout.precision(2)
  << EST << " DM";
```

Wir erwarten als **richtige Ausgabe**:

Bei einem zu versteuernden Einkommen von ******7885 DM

beträgt die Steuer *******808 DM

Stattdessen ergibt sich zum Beispiel folgende **falsche Ausgabe**:

Bei einem zu versteuernden Einkommen von 8193 1027885 DM

beträgt die Steuer 00808 DM.

Der Fehler liegt darin, dass hier **Funktionen** (wie z.B. cout.width()) **wie ›Manipulatoren** verwendet und **in den Ausgabestrom** eingeschleust wurden.

Richtig muss es heißen:

```
cout << "Bei einem zu versteuernden Einkommen von ";
cout.setf(ios::fixed, ios::floatfield);
```

13.3 Standardeingabe cin

```
cout.fill('*');
cout.width(10);
cout.precision(2);
cout << zvE << " DM"
     << endl << " beträgt die Steuer ";
cout.width(10);
cout << EST << " DM";
```

Übungsbeispiel

Nun werden Sie darauf brennen, endlich ein eigenes Programm schreiben zu wollen. Hier ein Beispiel aus dem Alltag: Auf dem Kassenzettel finden Sie die Mehrwertsteuer ausgewiesen. Ein Unternehmen hat somit einen Umsatz vor Berechnung der Mehrwertsteuer, muss von ihm einen Steuerbetrag ermitteln und letzteren dem Umsatz zuschlagen. Der Endverbraucher zahlt dann diesen Preis. Für bestimmte Warengruppen (zB. Bücher) gilt ein niedriger, für die anderen der volle Steuersatz.

Problemstellung:

Erstellen Sie ein lauffähiges, (nach augenblicklichem Kenntnisstand) fehlerfreies Programm, das folgende Anforderungen erfüllt:

Sie geben den Umsatz vor Steuer bei ermäßigtem Steuersatz von 7% sowie den Umsatz vor Steuer beim vollen Steuersatz von 16% ein. Das Programm ermittelt jeweils die Mehrwertsteuer und den NachSteuerUmsatz. Es sind die jeweiligen Gesamtbeträge zu ermitteln. Die Ausgabe soll (außer den Dummy-Zahlenwerten) exakt folgendes Aussehen haben:

```
*** Mehrwertsteuer-Berechnung ***
Aktuelle Mehrwertsteuersätze:
ermäßigter Steuersatz: 7 %   voller Steuersatz: 16 %
Eingaben:
Umsatz vor Steuer (ermäßigt): 456.81
Umsatz vor Steuer (voll)    : 444777.49
Ausgaben:
Umsatz v. St. (7%):     456.81  MWSt:       99.99  Umsatz n.St.:       999.99
Umsatz v. St.(16%): 444777.49  MWSt:    99999.99  Umsatz n.St.:  999999.99
Gesamt:  U.v.St.  : 999999.99  MWSt:    99999.99  U.n.St.        999999.99
```

Hinweise:
- Verwenden Sie zur Entwicklung der Strategie ein Struktogramm.
- Entwickeln Sie das Programm in mehreren Schritten:

    a) Schreiben Sie zuerst ein Programm, das nur die Werte einliest.

    b) Erweitern Sie es um die Berechnung der Werte.

    c) Erweitern Sie es um die Ausgabeanweisungen.

- Beachten Sie, dass aus Versehen mehr als zwei Nachkommastellen eingegeben werden könnten → keine erneute Eingabe, sondern programminterne Korrektur!
- Beachten Sie die numerische Korrektheit beim kaufmännischen Rechnen. Überprüfen Sie Beispielzahlen mit dem Taschenrechner. Bei der Eingabe von 456.81 und 444777.49 beträgt der Gesamtumsatz nach Steuer 516430.68. Ermitteln Sie den Gesamtumsatz nach Steuer zu Testzwecken auf zwei verschiedene Weisen:

    - GesamtUmsnachSt1 = UmsnachSt_erm + UmsnachSt_voll
    - GesamtUmsnachSt2 = GesamtUvSt + GesMwSt

- Planen Sie die Ausgabeformate, indem Sie die Zeichen auf kariertes Papier schreiben.

Generelle Bemerkungen zur Lösung:

Programmieren ist eine kreative Tätigkeit – vergleichbar mit der eines Kunstmalers. Kein Dozent einer Kunstakademie käme je auf die Idee, dem Kunststudenten ein Bild von van Gogh hinzustellen mit der Bemerkung, das sei die Musterlösung! Programmieren muss man ebenso wie das Malen – ausprobieren. So gibt es bei 20 Personen auch 20 verschiedene Quellcodes. *Alle Programme sind richtig, die das Geforderte richtig machen.* Ob Sie es richtig machen, können Sie mit dem Debugger prüfen – das ist der Vorteil gegenüber dem Maler.

Diskussionspunkte:
- Überlegen Sie mehrere Möglichkeiten im Hinblick auf die Zweckmäßigkeit der Datentypen. Welche Folgen lösen die einzelnen Datentypen im Programmverlauf aus. Prüfen Sie auch, was für eine Compilersoftware Sie haben.
- Legen Sie die Datentypen erst fest, nachdem Sie die Rechnungen manuell durchgeführt haben.
- Überlegen Sie eine sichere Strategie, die nur zwei signifikante Nachkommastellen (intern) zulässt.
- Überlegen Sie, welche Arbeitsschritte beim Menschen und Rechner der Reihe nach anfallen.

13.4 Zusammenfassung Kapitel 8 bis 13

Die klassischen Grundlagen von C++ entsprechen weithin dem Funktionsumfang von C – davon weicht das Kapitel Ein-/Ausgabe bewusst ab, weil diese in C++ einfacher (aber keineswegs sicherer) zu handhaben ist. Zu den klassischen Grundlagen zählen aber in der Hauptsache die weiteren Kapitel bis zum Teil D.

Ein einführendes Programmbeispiel wählt einen einfachen Sachverhalt, um den Programmaufbau und einige Programmierelemente im Zusammenhang und Überblick darzustellen. Bekannt sind bereits die Datendefinitionen. Neue Elemente und vor allem die Regeln für syntaktisch richtige Programme werden im weiteren vorgestellt. Die **Sprachbestandteile** von C++ **umfassen Zeichenvorrat, Token, Ausdrücke, Kommentare und Trenner**. Die Token sind bedeutungtragende Symbole, an deren korrekte Schreibweise hohe Anforderungen gestellt werden. Zu den **Token** zählen **reservierte Schlüsselwörter, benutzerdefinierte Bezeichner, Konstanten und Operatoren**. Diese verknüpfen die Operanden nach bestimmten Hierarchiestufen, so dass die Ausdrücke weithin ohne Klammer und übersichtlich bleiben. Der Begriff **Ausdruck** ist für C/C++ bedeutsam, weil nahezu alles ein Ausdruck ist. Ein zulässiger Ausdruck wird durch ein Semikolon zur **(Ausdrucks)anweisung** an den Rechner.

Beim Programmieren entstehen vier verschiedene **Fehlerarten: logische Fehler, Syntaxfehler, Binde- und Laufzeitfehler**. Logische Fehler entstehen bei unsauberen Vorarbeiten der Problemaufbereitung und bei semantischen Fallstricken. **Syntaxfehler** tauchen auf, wenn die Sprache nicht richtig beherrscht wird bzw. eine zu wenig sorgfältige Codierung vorgenommen wurde. Bindefehler entstehen vergleichsweise selten bei nicht auffindbaren Dateien. Manche Fehler sind erst **während** der **Laufzeit** erkennbar. Ursache *können* externe Eingaben sein, die in ihren Wirkungen nicht bedacht waren (meist Strategiefehler). Selbst wenn zur Laufzeit **kein Fehler** auftritt, ist dies **keine Gewähr** für eine **fehlerfreie** Software.

Um eine Aufgabenstellung zu programmieren, braucht man eine **Entwicklungsumgebung** – bestehend aus Editor, Compiler zum Übersetzen und Debugger zum Fehlersuchen. Beim **Debuggen** werden ausgewählte Variablen in extra Fenstern überwacht, wenn ein Programm im Einzelschritt durchlaufen wird. Anhand der erwarteten Werte und den angezeigten Ist-Werten lassen sich **Fehler lokalisieren**. Es wird empfohlen, vom Debugger reichlich Gebrauch zu machen.

Die **Eingabe** über Tastatur und **Ausgabe** über den Monitor stellt für den Lernenden die einzige Form der Kommunikation mit dem Rechner dar.

13 Ein-/Ausgabe

Um die Ein-/Ausgabe in C++ richtig zu beherrschen, werden vertiefte Kenntnisse der Objektorientierung vorausgesetzt, die das Ziel dieses Buches sprengen. Stattdessen werden einfach **Handlungsanweisungen** und einige elementare Erklärungen gegeben. Besonders problematisch ist die Eingabe: Sind falsche oder keine Werte eingegeben, nimmt das Unheil seinen Lauf (GIGO!). Bei der Ausgabe ist es vorderhand eine Schönheitsfrage, wie es auf dem Bildschirm erscheint. Beachten Sie: In professionellen Programmen arbeitet man nicht mit `cin` und `cout`, sondern mit speziellen Eingabefenstern.

14 Auswahl

Wir beginnen die Betrachtung der Steuerstrukturen mit der ▸**Auswahl**. Sie ist so bedeutsam, dass sie in vielen Programmiersprachen eingeführt wurde. Die Auswahl ermöglicht die Abarbeitung von Anweisungen in Abhängigkeit von einer Bedingung. Sie kommt in drei Ausprägungen vor, die in C++ mit folgenden Schlüsselwörtern eingeleitet werden:

- einseitige Auswahl   `if`
- zweiseitige Auswahl   `if else`
- Mehrfachauswahl   `switch case`

Bei der Auswahl und (im nächsten Kapitel) bei den Schleifen spielen die bereits eingeführten **Ausdrücke** eine große Rolle. Sie liefern die **Bedingungen** für den weiteren Programmfortgang. Diese Ausdrücke bringen in der Regel eine besondere Art von Operatoren ins Spiel, die **Vergleichsoperatoren**.

14.1 Einseitige Auswahl `if`

In ihrer allgemeinen Form lässt sich die einseitige Auswahl schreiben:

```
if ( Ausdruck ) nur_eine_Anweisung;
```

Wie man Ausdrücke bildet, haben wir bereits behandelt. Beachten Sie, dass der **Ausdruck** von einer **Klammer umschlossen** werden **muss**. Nach der Klammer darf nur *eine* Anweisung als Teil der `if`-Anweisung (*if statement*) folgen. Nur wenn der Ausdruck das logische Ergebnis wahr liefert, wird diese eine Anweisung ausgeführt, sonst wird sie übergangen.

Beispiel:

```
1: float x = 6.5, y = 0;
2: if ( x >= 5.0 )  y = 1.0;
3: x = 1.0;
4:
```

Welche Werte haben x und y in Zeile 4, wenn x in Zeile 1 a) mit 6.5, b) mit 4.2 initialisiert wird?

14 Auswahl

■ **Block**

Es wäre allerdings eine sehr große Einschränkung beim Programmieren, wenn tatsächlich nur eine einzige, bedingte Anweisung erlaubt wäre. Sind mehrere Anweisungen nötig, was häufig vorkommt, **müssen** sie durch die geschweiften **Klammern** { } eingeschlossen werden. Eine von geschweiften Klammern umschlossene Folge von Anweisungen wird allgemein als **Block** bezeichnet. Ein Block darf immer dort stehen, wo die Syntax nur *eine* Anweisung erlaubt (dh. nicht nur bei der if-Anweisung). An seinem Ende braucht **kein Semikolon** stehen.

Ein allgemeiner Block mit Anweisungen lautet:

```
{Anweisung1;
 Anweisung2;
 ...
 Anweisung_n;
}
```

Fortsetzung des Beispiels:

```
1: float x = 6.5, y = 0;
2: if ( x >= 5.0 ) { y = 1.0; x = 0.0;}
3: x = x + 1.0;
4:
```

Welche Werte haben x und y in Zeile 4, wenn x in Zeile 1 (a) mit 6.5, (b) mit 4.2 initialisiert wird?

Wie leicht zu erkennen ist, lässt sich die if-Anweisung in *einer* Zeile nicht so einfach lesen, insbesondere wenn sie umfangreicher wird. Es gibt zwei Gründe, den Quelltext des Blocks in einer neuen Zeile unterhalb des Ausdrucks zu schreiben, wobei die linke Variante vorteilhafter ist:

```
1: float x = 6.5, y = 0;
2: if ( x >= 5.0 )
3:    {y = 1.0;
4:     x = 0.0;
5:    }
6: x = x + 1.0;
```

ungeschickt ist dagegen:

```
float x = 6.5, y = 0;
if ( x >= 5.0 )
{y = 1.0;
 x = 0.0;
}
x = x + 1.0;
```

170

14.1 Einseitige Auswahl if

Der erste Grund liegt in der **übersichtlichen Darstellung**, denn später werden die Anweisungen im Block umfangreicher. Der Block wird um einige Zeichen nach rechts eingerückt, exakt untereinander geschrieben – dies ermöglicht eine Schriftart mit konstanter Zeichenbreite wie Courier (New) – und somit deutlich vom übrigen Text abgesetzt. Zwei oder drei Leerzeichen Abstand sind zweckmäßig, sonst reicht der Text bei umfangreicheren Anweisungen zu weit über den rechten Rand hinaus. Der Drucker schneidet den Text dann am Zeilenende erbarmungslos ab und setzt den Rest auf eine neue Zeile!

Der zweite Grund ist nicht weniger bedeutend. Bei einer Fehlersuche mit dem Debugger im Einzelschrittverfahren (*step* oder *trace*) wird erkennbar, ob der Ausdruck wahr ist. Dann nämlich springt der Cursor in den Block hinein. Das folgende Beispiel zeigt die unterschiedlichen Verhaltensweisen:

```
1: float x = 6.5, y = 0;
2: if ( x >= 5.0 ){y=1.;x=0.;}
3:
4:
5:
6: x = x + 1.0;
```

```
float x = 6.5, y = 0;
if ( x >= 5.0 )
{y = 1.0;
x = 0.0;
}
x = x + 1.0;
```

Im linken Teil, wo alle bedingten Anweisungen in der Klammer der Zeile 2 stehen, springt der Cursor nach der Zeile 2 in Zeile 6. Im rechten Teil dagegen durchläuft der Cursor den Block und liefert *mehr* Informationen über die Variablenzustände, was die **Fehlersuche beschleunigt**.

In der Praxis haben sich neben den obigen Schreibweisen weitere Varianten herausgebildet, wie die geschweifte Klammer gesetzt werden kann. Bedenken Sie: Die Gestaltung des Quelltextes bleibt dem Programmierer überlassen:

```
if ( x >= 5.0 )
{
    y = 1.0;
    x = 0.0;
}
```

```
if ( x >= 5.0 ) {
    y = 1.0;
    x = 0.0;
}
```

Wenn die Klammern vorhanden sind, ist es persönliche Geschmacksache, was man bevorzugt. Erfahrungsgemäß vergessen aber Lernende eher eine Klammer, so ist die linke Variante günstiger. Denn mit dem Cursor lässt sich prima senkrecht nach unten oder oben über den Bildschirm fahren, um das *Gegenstück* zu suchen. Die Methode ist umso nützlicher, je umfangreicher das Programm mit vielen Klammern wird. Die linke Variante nimmt allerdings viel Platz in Anspruch, der auf dem Monitor ziemlich kostbar ist. Ich bevorzuge daher aus Gründen der Zweckmäßigkeit die einleitend dargestellte Methode. Die Vorteile der Übersicht sprechen dafür, sich diesen Stil anzueignen. Da das Vergessen der schließenden Klammer ein häufiger Fehler ist, habe ich mir angewöhnt, sofort die öffnende *und* schließende Klammer zu schreiben und anschließend die Anweisungen eines Blockes dazwischenzuschieben.

Bei Lernenden beliebt ist das vorsorgliche Klammersetzen bei nur einer Anweisung, das nicht schadet, aber außer Arbeit auch nichts bringt:

```
if ( x >= 5.0 ) { y = 1.0;}
```

Beispiele zur if-Anweisung:

```
1) if (( x >= 0 ) && ( x < 10 ))  is_drin = true;

2) ok = true;
   if ( ok ) weiter_machen();

3) enum KarteT {Kreuz, Pik, Herz, Karo}
   KarteT  karte = Herz;
   if  ( karte == Kreuz )   kreuz_wert = 12;
   if  ( karte == Herz )    herz_wert = 10;

4) int k = 2;
   if (k)   --k ;

5) char weiter;
   cin >> weiter;// nicht ungefährlich!
   if (weiter == 'j')   tue_was();
```

14.2 Zweiseitige Auswahl if else

Mit der zweiseitigen Auswahl erhält der Programmierer ein Instrument, aus zwei Möglichkeiten *eine* auszuwählen. In der allgemeinen Form lässt sie sich folgendermaßen darstellen:

```
if ( Ausdruck )
   nur_eine_Anweisung;
else
   nur_eine_Anweisung;
```

Wo eine Anweisung steht, darf auch ein Block stehen. Daher kann man auch schreiben:

```
    if ( Ausdruck )
      {Anweisung1;
       Anweisung2;
       Anweisung3;
      }  // kein ; erlaubt !
    else
      {Anweisung4;
       Anweisung5;
       Anweisung6;
      }
```

```
Beispiel:
    if ( x >= 5.0 )
      {y = 1.0;
       x = 1.0;
       ok = false;
      }
    else   // x < 5 !
      {y = 0.0;
       x = 0.0;
       ok = true;
      }
```

Auch hier erkennen Sie, dass durch Einrücken der Blöcke die logische Aussage viel klarer hervortritt.

Beispiel:
```
    if ( kunde.umsatz >= 100000)
      {kunde.bonus  =  5000;
       kunde.skonto = 0.03;
       kunde.status = guter_kunde;
      }
    else   // unter 100 Tsd Euro
      {kunde.bonus  = 3000;
       kunde.skonto = 0.02;
       kunde.status = maessiger_kunde;
      }
```

14.3   Mehrfachauswahl (if-Schachtelung)

Die if-else-Anweisung ist trotz zweier Blöcke, wie im letzten Beispiel, *nur eine Anweisung*. Daher darf dort, wo eine Anweisung steht, auch eine if-else-Anweisung stehen. Dies gilt insbesondere für Anweisungen innerhalb einer if-Anweisung.

14 Auswahl

Die Syntax für die geschachtelte if-Anweisung lautet:

```
if ( Ausdruck1 ) Anweisung1;
else
    if ( Ausdruck2 ) Anweisung2;
    else
        if ( Ausdruck3 ) Anweisung3;
        else Anweisung4;
```

Wenn if-Anweisungen so ineinander verwoben sind, nennt man dies eine geschachtelte if-Anweisung. Diese Schachtelung (*nesting*) darf beliebig tief vorgenommen werden und gestattet eine **Auswahl unter mehreren Möglichkeiten**.

Beispiel:

Im Kapitel 1 hatten wir die Lösungen der folgenden quadratischen Gleichung gesucht:

$ax^2 + bx + c = 0$ mit den gegebenen Koeffizienten a, b, c $\in$ R.

Die Formelsammlung lieferte

$x_1 = -b/(2a) + \sqrt{b^2 - 4ac}/(2a)$; $x_2 = -b/(2a) - \sqrt{b^2 - 4ac}/(2a)$.

In der Aufgabenanalyse hatten wir festgestellt, dass a $\neq$ 0 sein muss und drei verschiedene Fälle zu unterscheiden sind, je nachdem, welchen Wert der Ausdruck unter der Wurzel annimmt:

- Radikand > 0 : zwei Lösungen x_1 und x_2 wie oben,
- Radikand = 0 : eine Lösung $x_1 = x_2$,
- Radikand < 0 : zwei komplexe Zahlen

Jetzt lässt sich die C++Lösung neben den damals gefundenen Lösungsansatz in Pseudocode stellen:

Radik = b*b - 4*a*c	rad = b*b - 4*a*c;
wenn (Radik > 0)	if (rad > 0)
dann: x1 = (-b + wurzel(Radik)) / (2*a)	{x1 = (- b + sqrt(rad))/(2*a);
x2 = (-b - wurzel(Radik)) / (2*a)	x2 = (- b + sqrt(rad))/(2*a);}
sonst: wenn (Radik = 0)	else if (rad == 0)
dann : x1 = - b / (2*a)	x1 = - b / (2*a);
sonst: ausgabe ("komplexe Zahl")	else cout << "komplexe Zahl";

14.3 Mehrfachauswahl (if-Schachtelung)

Bei geschachtelten if-Anweisungen kann ein Problem auftreten, das im übrigen durch **schlechten Schreibstil** vergrößert wird, wie wir ihn nachfolgend *einmal* zeigen:

```
if (Ausdruck1)
if (Ausdruck2)
Anweisung2;
else
Anweisung3;
```

Bezieht sich das Schlüsselwort else auf die erste oder zweite if-Anweisung? Welche der beiden optischen Einrückungen drückt dies am besten aus?

```
if (Ausdruck1)                         if (Ausdruck1)
   if (Ausdruck2)         oder            if (Ausdruck2)
      Anweisung2;                             Anweisung2;
else                                       else
   Anweisung3;                                Anweisung3;
```

> ☞ Es ist festgelegt, dass sich das **letzte else** auf das **letzte if** bezieht! Die rechte Gliederung drückt dies am besten aus. Die linke dagegen täuscht eine andere Logik vor!

Erfordert die Logik der Aufgabe dennoch, dass sich das **letzte else** auf das **erste if** bezieht, **müssen Klammern** gesetzt werden:

```
if (Ausdruck1)
   { if (Ausdruck2)
        Anweisung2;
   }
else
   Anweisung3;
```

Beispiele für verschiedene Möglichkeiten der Schachtelung:

```
if ( n > 5 )
   if (n > 8 ) cout << " n > 8 " << endl;
   else cout << " 5 < n <= 8" << endl;
else
   if ( n > 2 ) cout << " 2 < n <= 5" << endl;
   else cout << " n <= 2";
```

14 Auswahl

Das letzte Beispiel führt genau eine der vier *bedingten Anweisungen* aus, abhängig vom Wert der Variablen n. Es ist allerdings im Allgemeinen günstiger, solch eine verwirrende Logik zu vermeiden. Eine gute Lösung bietet das folgende übersichtliche **Beispiel:**

```
if ( n > 8 )              cout <<       " n > 8" << endl;
if ( n > 5 && n <= 8 )    cout << " 5 < n <= 8" << endl;
if ( n > 2 && n <= 5 )    cout << " 2 < n <= 5" << endl;
if ( n <= 2 )             cout <<       " n <= 2" << endl;
```

Eine weitere Möglichkeit, dieselbe Logik auszudrücken, verdeutlicht folgendes **Beispiel:**

```
if ( n > 8 )    cout <<       " n > 8" << endl;
else
   if ( n > 5 ) cout << " 5 < n <= 8" << endl;
   else
      if (n > 2) cout << " 2 < n <= 5" << endl;
      else       cout <<       " n <= 2" << endl;
```

> Diese drei Varianten haben gezeigt, dass oft verschiedene Formen zur selben Lösung führen und es keine „Musterlösung" gibt. Programmieren verlangt durchaus eine gewisse Kreativität. Wir können die Werkzeuge zeigen; die Ideen zur Problemlösung müssen Sie selbst entwickeln.

■ Bedingungsoperator ?

Konstrukte der folgenden Art treten sehr häufig in der Informatik auf:

```
if  ( x > y ) maximum = x;
else          maximum = y;
```

Das gleiche lässt sich mit dem ▸Bedingungsoperator viel kürzer und eleganter ausdrücken, weshalb er bevorzugt eingesetzt wird:

```
maximum = x > y ? x : y;
```

Die Syntax des Bedingungsoperators, der der einzige Operator mit drei Operanden ist, lautet:

> Bedingung **?** Ausdruck_falls_wahr **:** Ausdruck_falls_falsch;

14.3 Mehrfachauswahl (if-Schachtelung)

Nebenbei bemerkt: In Excel gibt es eine sehr ähnliche Notation für das `if-else`-Konstrukt:

    if (bedingung; wert_falls_wahr; wert_falls_falsch)

Der Bedingungsoperator kann auch in folgender Form eingesetzt werden, wobei aber die *Ausgabe nur ein Nebeneffekt* ist:

```
x > y ? cout << x: cout << y;
```

Auch lässt sich der Bedingungsoperator **schachteln**, aber dies wird ziemlich schnell unübersichtlich:

```
float x = 4.0, y = 3.5, z = 1.0, p;
p = x > y ? z < x ? 7. : 9.   : 11;   Geschickter ist wohl die Klammerung:
p = x > y ? (z < x ? 7. : 9.) : 11;
```

Die in diesem Kapitel vorgestellten Programmieranweisungen sind so allgemeingültig, dass sie für *jedes* Problem einsetzbar sind, die Fallunterscheidungen erfordern. Wir greifen jetzt das Beispiel mit der quadratischen Gleichung noch einmal auf und entwickeln ein vollständiges Programm.

Die **Aufgabenanalyse** geht jeder Programmierung voraus; sie beinhaltet das Aufarbeiten der sachlichen Zusammenhänge und der logischen Abläufe. Anschließend folgt die **Datenanalyse**. Im Beispiel der quadratischen Gleichung dürfen im allgemeinen Fall die Koeffizienten a, b und c jeden Wert der reellen Zahlen annehmen. An die Genauigkeit der Zahlen stellen wir keine hohen Ansprüche, deshalb reicht die Genauigkeit des `double`-Datentyps aus.

Eine Frage bleibt bisher ungeklärt: Wie kann man eine Quadratwurzel (*square root, sqrt*) ziehen? Beim Taschenrechner geben wir den Wert des Radikanden ein (z.B. 25) und betätigen eine Funktionstaste. Den Rest erledigt der Rechner. Eine solche Funktion zur Berechnung stellt auch C++ bereit: `sqrt(25)` liefert als Ergebnis die Zahl 5.0. Die Funktion `sqrt()` ist in der mathematischen Bibliothek gespeichert und muss daher erst in das Programm eingebunden (*include*) werden, bevor sie benutzt werden kann. Ebenso benötigen wir einige andere Funktionen nichtmathematischer Art, die in anderen Programmsammlungen (Bibliotheken) gespeichert sind. Im folgenden Quelltext wird das Schlüsselwort `return` erscheinen: Dies stellt eine Anweisung an den Rechner dar, das Programm zu beenden. Die weiteren, bisher nicht bekannten Anweisungen werden nach dem Quelltext erläutert.

Nach diesen Vorüberlegungen können wir ein vollständiges C++Programm entwickeln. Die Zeilennummern sind wiederum nicht Teil eines C++Programmes und dienen nur der einfacheren Bezugnahme.

```
 1:#include <cmath>     // für sqrt()
 2:#include <iostream>  // für cin, cout, endl
 3:#include <iomanip>   //
 4:#include <windows.h> // für _sleep() oder sleep()
//
 5:int main()
 6:{  // Speicherplatzreservierung : Anlegen der Variablen
 7: double a, b, c, Radikand, x1, x2;
 8: char ch;
 9: // Anweisungen:
10: // falls alter Borland-Compiler: clrscr() aus <conio.h>
11: cout<<" Lösung der quadratischen Gleichung a*x*x+b*x+c";
12: cout << endl << endl;
13: cout << " Koeffizient a : "; cin >> a;
14: if ( a < 1e-10 && a > -1e-10 ) // oder: zB. 1e-15
15:    {cout << " a = 0, keine quadratische Gleichung !\n";
16:     system("pause");
17:     return 0; // falls a ungefähr 0 -> ProgrammEnde
18:    }
19: cout << " Koeffizient b : "; cin >> b;
20: cout << " Koeffizient c : "; cin >> c;
21: Radikand = b*b - 4.*a*c;
22: if (Radikand > 0. )
23:    {x1 = (-b + sqrt (Radikand)) / (2.* a);
24:     x2 = (-b - sqrt (Radikand)) / (2.* a);
25:     cout<<'\n'<< " x1 = " << x1 << " x2 = " << x2 <<flush;
26:     _sleep(3000); //Visual C++;   sleep(): Dev C++
27:    }
28: else
29:    if (Radikand > -1e-10 && Radikand < 1e-10 ) // ca. 0
30:       {x1 = -b / (2.*a);
31:        cout << endl << " x1 = " << x1 << flush;
32:        _sleep(3000);
33:       }
34:    else
35:       {cout<< endl << " Ergebnis : komplexe Zahl"<<flush ;
```

14.3 Mehrfachauswahl (if-Schachtelung)

```
36:        _sleep(3000);
37:     }
38: return 0;
39:} // Ende Programm
```

Besprechung des Programms:

ZeileNr.

10 Nur falls alter Borland-Compiler verwendet wird: Der Bildschirmspeicher wird gelöscht (*clear screen*) und der Monitor präsentiert eine saubere Seite. Diese Anweisung kann bei Ihnen auch anders lauten (zB. system ("cls")) oder entfallen.

11 Mit der Überschrift wird dem Benutzer der Zweck des Programms mitgeteilt.

13 Hier beginnt die Dialogeingabe für den Koeffizienten a.

14 Wenn a = 0 ist, ergibt sich keine quadratische Gleichung. Wegen der internen Zahlendarstellung wird auf „ungefähr null" abgefragt, und anschließend wird das Programm in Zeile 17 beendet.

15 Ohne diese Zeile erkennt der Benutzer nicht, warum das Programm unvermittelt endet. Diese Zeile hält die Ausgabe auf dem Monitor *nicht* an, die Meldung verschwindet in Bruchteilen einer Sekunde.

16 Der Rechner wird veranlasst, von der Tastatur genau ein beliebiges Zeichen einzulesen (*get character*), das dann nicht mehr benötigt wird. Es dient nur dazu, die Bildschirmausgabe so lange anzuhalten, bis der Benutzer ein Zeichen eingibt.

19,20 Nach der Dialogeingabe der beiden Koeffizienten ist die Eingabe abgeschlossen. Die folgenden Anweisungen enthalten die Verarbeitung und die Ausgabe der Ergebnisse.

22 Es beginnt die geschachtelte if-Anweisung, wie sie weiter oben bereits vorgestellt wurde.

38 Mit return und einem Zahlenwert (hier: 0) wird ein compiliertes Programm beendet und die Steuerung an das Betriebssystem übergeben. Wird das Programm von einer Entwicklungsumgebung aus gestartet, ist diese jetzt zuständig.

Sie erkennen, wie durch das saubere Untereinanderstellen der jeweiligen Anweisungen die Logik des Ablaufs hervortritt. Software-Schreiben ist heutzutage keine Aktion von Einzelkämpfern mehr, die Dokumentation eines Programms ist für andere Projektbeteiligte ein Kommunikationsinstrument, das effektiv eingesetzt werden muss.

Lenken Sie Ihr Augenmerk noch einmal auf den Ausdruck der Zeile 14:

```
14: if ( a < 1e-10 && a > -1e-10 )
```

Hier wird der Wert von a eingekreist, er muss zwei Bedingungen genügen: Er muss einerseits kleiner als 10^{-10}, andererseits größer als -10^{-10} sein. Zur Verknüpfung stehen grundsätzlich der UND- bzw. der ODER-Operator zur Verfügung.

> Beachten Sie, dass bei der Verwendung des ODER-Operators und der Eingabe einer beliebigen Zahl größer als -10^{-10} die Bedingung in Zeile 14 wahr ist und das Programm unerwartet, aber logisch korrekt abbricht. Dies ist ein häufiger, semantischer Fehler. Der Wert von a muss also größer als die Untergrenze UND *zugleich* kleiner als die Obergrenze sein.

Ich empfehle Ihnen, das obige Programm für alle vorkommenden Fälle im Einzelschrittverfahren zu testen und die Reihenfolge der abgearbeiteten Zeilen zu notieren.

Fatale Fehler

- Ein fataler Fehler, der besonders oft vorkommt und angeblich eine bekannte Softwarefirma viel Geld kostete, ist die falsche Schreibweise des Gleichheitsoperators:

  ```
  if (m = k)  cout << " m und k sind gleich";  // Zuweisung! statt:
  if (m == k) cout << " m und k sind gleich";  // Vergleich
  ```

  Der Rechner macht bei `if (m = k)` bestimmungsgemäß (!) zwei Fehler: Erstens verändert er den Wert von m als Folge der Zuweisung und zweitens wird die Anweisung immer dann ausgeführt, wenn k > 0 ist, was definitionsgemäß als wahr interpretiert wird. Machen Sie sich an dieser Stelle nochmals die Definition eines Ausdrucks klar.

- Was ein Programmierer geschrieben hat und was er schreiben wollte:

  ```
  if (a > b)           if (a > b)
  a = a + 2;           {a = a + 2;
  b = 2 * a;            b = 2 * a;
                       }
  ```

  Schreibt man den linken Teil in anderer Form, wird der Fehler sofort klar:

  ```
  if (a > b)  a = a + 2;
  b = 2 * a;
  ```

14.3 Mehrfachauswahl (if-Schachtelung)

- Syntaktisch korrekt, aber dennoch falsch sind folgende Zeilen, was häufig beim Schreiben übersehen wird:

  ```
  if (a > b);
     a = a + 2;
  ```

  Die if-Anweisung enthält eine leere Anweisung, weil das Semikolon nach dem Ausdruck falsch gesetzt ist! Der Compiler wertet den Klammerausdruck aus und tut nichts! Stattdessen wird unabhängig vom Wert der Variablen a derselbe um 2 erhöht.

- Der folgende Fehler wird vom Compiler abgefangen:

  ```
  if (n > 2) { n = 2; y = 2;};
  else       { n = 1; y = 1;}
  ```

  Das Semikolon am Ende der ersten Zeile ist zu viel. Dies führt zu einer Fehlermeldung wie *misplaced else* (falsch gesetztes else).

- Eine mögliche Fehlerquelle, die vom Compiler wegen der internen Zahlendarstellung nicht entdeckt werden kann, entsteht durch die Mischung der verschiedenen Datentypen int und unsigned int innerhalb eines Ausdrucks, wie das Beispiel zeigt:

  ```
  int  k = -1;
  unsigned m = 0;   // unsigned ist die übliche Kurzform!
  if (m < k)
     cout <<  m  << "  <  " << k;
  ```

  Ausgabe: 0 < -1

  Dieses scheinbar verblüffende Ergebnis erklärt sich, wenn man berücksichtigt, dass vor dem Vergleich eine interne Datentypumwandlung von int nach unsigned int vorgenommen wird. Aus −1 wird die größte unsigned int-Zahl, die auf jeden Fall größer als 0 ist.

- Ein Fehler, der regelmäßig während der Laufzeit des Programms zum Absturz des Rechners führt, ist die (unbeabsichtigte) Division durch Null. Ursachen können z.B. sein:
  - infolge eines Programmierfehlers nicht aus einer Datei eingelesene Werte,
  - nicht im Rechner richtig transportierte Werte (siehe Kapitel 19),
  - Werteingabe über die Tastatur.

14 Auswahl

Beispiel für Problem und Lösung:

```
int a, b, x;
cin >> a;  cin >> b;
if ( a-b )  x = a / (a-b);
```

- Zum Bedingungsoperator: Die Syntax `Bedingung ? Ausdruck1 : Ausdruck2;` verleitet, Folgendes zu probieren:

```
float x = 4.0, y = 3.5;
x > y ?  x += 1.  : y =  3.0;
```

Der Wert von x wird *in diesem Beispiel* so verändert: (x+1) * 3 = 15. Das Verhalten des Compilers ist allgemein nicht nachvollziehbar. Es wird empfohlen, **solche Konstrukte** (mit einer Zuweisung) zu **vermeiden**.

Übung 12

1 In einem Programm kommen die folgenden Anweisungen vor:

```
if ( n >= 2 )  n = 3*n + 1;
if ( n >= 7 )  n = n - 7;
```

Welche einzelne `if`-Anweisung kann beide ersetzen?

2 In einem Programm kommen die folgenden Anweisungen vor:

```
if ( a < 5 || a > -5 )  k = 0
else  k = 1;
```

Für welche Wertemenge von a ist k = 0, für welche ist k = 1?

3 Erstellen Sie zwei Varianten einer `if`-Anweisung, bei der für alle ganzen Zahlen von 0 bis 9 der Text „klein", von 10 bis 19 „mittel", von 20 bis 29 „beachtlich" und von 30 bis 40 „groß" ausgegeben wird. Andere Zahlen sind nicht gültig.

14.4 Projektarbeit (1)

Wir haben jetzt alle Voraussetzungen, um mit der Projektarbeit zur Fallstudie „Einkommensteuer" zu beginnen. Sollten Ihnen die Regelungen des Einkommensteuergesetzes (EstG) nicht mehr gegenwärtig sein, lesen Sie bitte in dem entsprechenden Kapitel nach.

Das Ziel der in dieser Fallstudie zu entwickelnden Software ist, aufgrund der Eingabe des zu versteuernden Einkommens (zvE) durch den Benutzer den korrekten Steuerbetrag zu ermitteln und am Monitor auszugeben.

14.4 Projektarbeit (1)

Zunächst gilt es, die Aufgabenstellung genau zu erfassen und eine Lösungsstrategie zu entwickeln.

Aufgabenanalyse:

Es ist der Betrag zvE einzugeben und auf einen durch 54 teilbaren Wert E abzurunden. Für diesen Wert E gibt es fünf verschiedene Fälle, die festlegen, wie daraus die Steuer zu errechnen ist. Der entstehende Steuerbetrag EST ist auf eine ganze Zahl abzurunden. Das ist die globale Strategie, die sich so darstellen lässt:

eingeben_zvE;

vielfaches_von_54_ermitteln;

steuer_berechnen;

abrunden;

ausgeben_steuer;

Die Teilaufgabe der Steuerberechnung erscheint etwas anspruchsvoller. Absatz (3) des EStG besagt: *„Die zur Berechnung ... erforderlichen Rechenschritte sind in der Reihenfolge auszuführen, die sich nach dem Horner-Schema ergibt. Dabei sind die sich aus den Multiplikationen ergebenden Zwischenergebnisse für jeden weiteren Rechenschritt mit drei Dezimalstellen anzusetzen"*. Wie sieht das Horner-Schema aus?

Das ▸Horner-Schema – in späteren Steuergesetzen nicht so umfangreich! – wandelt ein Polynom n-ter Ordnung in eine Produktdarstellung um, was wir am Beispiel eines Polynoms dritter Ordnung betrachten wollen:

$$a_3 x^3 + a_2 x^2 + a_1 x^1 + a_0$$
$$= (a_3 x^2 + a_2 x^1 + a_1) x + a_0$$
$$= ((a_3 x + a_2) x + a_1) x + a_0$$
$$= (((0 + a_3) x + a_2) x + a_1) x + a_0$$

Das Bildungsschema lässt sich – von innen ausgehend – einfach beschreiben:

- Klammerausdruck mal x plus Konstante ergibt neuen Klammerausdruck
- wiederhole dies n-fach

Der Vorteil besteht darin, dass die Exponentiation auf die einfachere Rechenvorschrift der Multiplikation zurückgeführt wird. Dies scheint zwar schwieriger auszusehen, aber der Algorithmus ist effizienter und einfacher im Rechner zu *implementieren* (zu realisieren, in einen Programmcode umzusetzen). Multiplikationen – nach dem Gesetzestext – ergeben sich offensichtlich nur mit den Klammerausdrücken. Deren Ergebnisse sind mit drei Stellen anzusetzen. Mit anderen Worten: Die vierte Stelle interessiert nicht, mathematisch ausgedrückt ist nach der dritten Stelle abzuschneiden.

Abrunden bzw. Abschneiden führt uns auf die Frage, wie man dies mit dem uns bekannten Vorrat an Anweisungen bewerkstelligen kann. Wir erinnern uns, dass der Rechner eine zuweilen unangenehme Eigenschaft hat, nämlich bei der Umwandlung von reellen Zahlen in ganze Zahlen die Nachkommastellen wegzulassen. Hier lässt sich dies vorteilhaft ausnützen. Wie aber erreicht man dies nach der zweiten Dezimalstelle? Dazu multiplizieren wir mit 100, wandeln das Ergebnis in eine Ganzzahl um, dann wieder in eine reelle Zahl und teilen durch 100.

Wir probieren dies zunächst an einem kleinen **Beispiel** aus:

```
0: #include <iostream>  using namespace std;
   int main() {
1: double  pi1 = 3.14159253589, pi2;
2: int  gross;
3: gross =   int (100 * pi1);
4: pi2 = gross / 100;
5: cout << pi2;
6: return 0;
7: }
```

Ausgabe: 3

Zu erwarten wäre 3.14, wo liegt der Fehler? Mit dem Debugger erkennen wir, dass gross den Wert 314 hat und pi2 den Wert 3.0. Damit entsteht der Fehler – wie schon so oft – bei der Ganzzahldivision. Die Zeile 4 muss korrekt lauten:

```
4: pi2 = gross / 100.0; // gross von int nach double !
```

Jetzt lässt sich das Programm noch etwas zusammenfassen, denn die int-Variable als Zwischengröße ist *überflüssig*:

```
1: double  pi1 = 3.14159253589, pi2;
2: pi2 = int(100.0 * pi1) / 100.0;
3: cout << pi2;
```

Nun lässt sich mit Hilfe eines Testprogramms auch für das Vielfache von 54 eine Lösung finden:

```
0: #include <iostream>  using namespace std;
   int main() {
1: int  zvE, // zu versteuerndes Einkommen
        E; // auf Vielfaches von 54 abgerundetes zvE
```

14.4 Projektarbeit (1)

```
2: cin >> zvE;
3: E = (zvE / 54) * 54;
4: cout << E;
5: return 0;
6: }
```

Diese Methode, zunächst einmal kleinere Probleme zu lösen und sie dann in größere Teile einzubetten, heißt *bottom up*, während unsere Globalstrategie vom Groben zum Feinen *top down* geht. Beide Methoden werden je nach ihrer Zweckmäßigkeit eingesetzt.

Überlegen Sie, wie sich E ermittelt lässt, wenn der Modulo-Operator verwendet wird.

Erstellen Sie nun ein Struktogramm, das die Logik und Abläufe dieser Aufgabe korrekt wiedergibt. Das Programm wird uns über die nächsten Kapitel begleiten.

Nach der Aufgabenanalyse betrachten wir jetzt die notwendigen Datentypen.

Datenanalyse:

Auf jedem Formularvordruck für die Steuer stand 1981: „nur volle DM-Beträge" für das zvE. Die Untergrenze für das zvE ist null, nach oben sind (fast) keine Grenzen gesetzt. Für eine Einzelperson wird daher der Datentyp int ausreichen (32-Bit-Compiler!), long int oder unsigned long erfüllen auf jeden Fall mit ausreichender Sicherheit die Anforderungen (wie groß ist hier der Wertevorrat bei Ihrem Rechner?). Was aber, wenn der *Benutzer* in Unkenntnis des Datentyps eine Dezimalzahl eingibt? Vom Kapitel über die Eingabe wissen wir, dass dann das Programm abstürzen kann. Um dies zu vermeiden, wählen wir bei der Eingabe sicherheitshalber einen double-Typ und wandeln intern um.

Welchen Datentyp schlagen Sie für den Steuerbetrag EST vor – int, float oder double? int scheidet aus, weil die Multiplikationen bei Zwischenrechnungen zu reellen Zahlen mit drei Nachkommastellen führen. float dagegen scheidet auch aus, weil ein Steuerpflichtiger bei 5 Mio. zvE ca. 2'500'000,- Steuer zahlen muss. Das sind sieben Stellen plus drei Nachkommastellen *vor* der Rundung. Also sind mindestens zehn signifikante Stellen nötig, und das leistet erst der double-Typ.

Bevor wir mit dem Programmieren beginnen, sollten wir uns einige Testwerte errechnen, um später unser Programm hinsichtlich der numerischen Korrektheit des Algorithmus prüfen zu können.

14 Auswahl

zu versteuerndes Einkommen	tarifliche Ein-kom.steuer	zu versteuerndes Einkommen	tarifliche Ein-kom.steuer
10000	1271	70000	25132
20000	3496	80000	30394
30000	6542	90000	35771
40000	10506	100000	41237
50000	15069	1000000	545147
60000	20015		

> Die gut durchgeführten, aufwändigen Planungsschritte, dh. die Aufgaben- und Datenanalyse, vermeiden später bei der Realisierung der Software eine unnötige und zeitraubende Fehlersuche und – unter Umständen – ein langwieriges Ändern von Codezeilen.

Implementierung:

Das folgende Programm ist eine Variante von mehreren möglichen:

```cpp
/* Einkommensteuerberechnung nach Richtl. 1981
   Zweck:  einfache if-Anweisungen
   Rundung durch Typkonversion in int
   Datei: EK1.CPP
*/
//
#include <iostream>
using namespace std;
int main() {
  double  EST,      // Einkommensteuer
          E1, E2,   // Hilfsgrößen
          klammer,  // im Hornerschema
          zvE;      // Eingabe: zu versteuerndes EK
    int    E;       // Vielfaches von 54; 16 Bit: long !
  // Eingabe
  // ..............Markierung für spätere Zwecke..........
  // falls Borland Compiler: clrscr();
  cout << "\nBerechnung der Einkommensteuer (Tarif 1981)";
```

14.4 Projektarbeit (1)

```
      cout << endl << endl;
      cout << "  zu versteuerndes Einkommen : ";
      cin >> zvE;
  // Verarbeitung
      E = ( (int) zvE /54 ) * 54;
      if ( E <= 4212 )            // Nullzone
        EST    = 0.0;
      else
        if ( E <= 18000 )         // Untere Proportionalzone
          EST    = 0.22 * E - 926 ;
        else
          if ( E <= 59999)        // Untere Progressionszone
            {E1 = (E -18000)/10000.0;
             klammer = int (3.05*E1-73.76)*1000)/1000.0;
             klammer = int ((klammer*E1+695)*1000)/1000.0;
             klammer = int ((klammer*E1+2200)*1000)/1000.0;
             EST     = int ((klammer*E1+3034)*100)/100.0;
            }
          else
            if ( E <= 129999)    // Obere Progressionszone
              {E2 = (E -60000)/10000.0;
               klammer = int ((0.09*E2-5.45)*1000)/1000.0;
               klammer = int ((klammer*E2+88.13)*1000)/1000.0;
               klammer = int ((klammer*E2+5040)*1000)/1000.0;
               EST     = int ((klammer*E2+20018)*100)/100.0;
              }
            else                   // Obere Proportionalzone
               EST    = 0.56 * E - 14837.0;
    EST = int (EST)/1.0;
  // Ausgabe
    cout << "\n Bei einem zu versteuernden Einkommen von ";
      cout.setf(ios::fixed);
      cout.fill('*');
      cout.width(10);
    cout << zvE << " DM";
```

```
  cout << endl << " beträgt die Steuer ";
    cout.width(10);
  cout << EST << " DM";
  //.............Markierung für spätere Zwecke............
   return 0;
 }
```

Ich empfehle Ihnen, das Programm in Ihren Rechner einzugeben und anhand der obigen Testwerte mit dem Debugger den Ablauf zu prüfen. Rufen Sie das compilierte Programm auch von der Betriebssystemebene auf, indem Sie EK1.exe anklicken. Bei der Namensvergabe der Datei sollten Sie zweckmäßigerweise eine Ziffer für die verschiedenen Programmvarianten vorsehen, z.B. EK1.CPP.

Dieses Programm stellt keineswegs eine Optimalform dar, vielmehr sind für weitergehende Verbesserungen schon einige Vorbereitungen getroffen. Insbesondere halten wir als einen gravierenden Mangel fest, dass nach dem Programmstart immer nur *ein* Wert eingegeben werden kann.

14.5 Mehrfachauswahl `switch`

Der Abschnitt über die Schachtelung von `if`-Anweisungen hat gezeigt, dass sich damit eine Auswahl aus mehreren Möglichkeiten erreichen lässt. Allerdings ist die treppenartige Darstellung bei größerer Schachtelungstiefe recht unübersichtlich. Wenn aber in den Bedingungen der `if`-Anweisungen entweder **unterschiedliche Bedingungen** oder **reelle Zahlen** enthalten sind, gibt es **keine andere Möglichkeit**. Da die Mehrfachauswahl jedoch oft vorkommt, wurde für alle Größen, die **abzählbar** sind und **nur** von **einer** Variablen abhängen, eine vereinfachte, übersichtlichere Variante geschaffen, die ▶`switch`-Anweisung.

Reelle Zahlen sind nicht abzählbar, ganze Zahlen dagegen schon. Daher lassen sich alle Datentypen, die intern durch Ganzzahlen repräsentiert werden, bei dieser neuen Form einsetzen. Zu den abzählbaren Datentypen gehören

- Ganzzahlen in den verschiedenen Ausprägungen (`int`, `long`, etc.),
- Boolesche Größen (0 < 1, `false` < `true`),
- Zeichen (`char`) und
- Aufzähltyp `enum`.

14.5 Mehrfachauswahl switch

Die `switch`-Anweisung hat folgende allgemeine Syntax:

```
switch (Ausdruck)
  { case  c1 : Anweisungen1; break;
    case  c2 : Anweisungen2; break;
    case  c3 : Anweisungen3; break;
      // und so weiter
    default  : Anweisungen;
  }
```

Der **Ausdruck** kann jeder beliebige sein, der als Ergebnis einen **abzählbaren Wert** liefert. Mit `c1, c2` usw. werden **konstante** Werte bezeichnet, die **voneinander verschieden** sein *müssen*. Sie erlauben die Auswahl von *einer aus n* Möglichkeiten. Im Gegensatz zur `if`-Anweisung, die nur genau eine Anweisung nach der Bedingung zulässt, sind in jedem alternativen Zweig hier mehrere Anweisungen erlaubt. ▸`break` beendet die Ausführung der Anweisungen. `default` wird ausgeführt, wenn keine Übereinstimmung zwischen dem Ausdruck und den `case`-Konstanten (`c1, c2` etc.) besteht. `default` **kann entfallen**. Eine der Anweisungen darf auch eine `switch`-Anweisung sein: `switch`-Anweisungen können geschachtelt werden.

Betrachten wir dazu folgendes **Beispiel:**

```
1: enum KarteT {Kreuz, Pik, Herz, Karo};
2:      KarteT  karte = Herz;
3:  switch (karte)
4:    { case Kreuz : kreuz_wert = 12; break;
5:      case Pik   : pik_wert   = 11; break;
6:      case Herz  : herz_wert  = 10; break;
7:      case Karo  : karo_wert  =  9; break;
8:      default    : cout << "Fehler"; //hier überflüssig!
9:    }
```

Der Rechner wertet den Ausdruck, hier: `karte`, aus und ermittelt den Wert `Herz`. Dann springt er in Zeile 4 und vergleicht `Herz` mit der Konstanten `Kreuz`. Da sie ungleich sind, fährt er Zeile für Zeile mit der Prüfung fort, bis die Werte übereinstimmen. Dann werden die hinter dem Doppelpunkt stehenden **Anweisungen ausgeführt**, **bis** er auf ein `break` trifft. Anschließend fährt der Rechner mit der Anweisung **nach** Zeile 9 fort. Findet der Rechner dagegen keine Übereinstimmung mit einer der case-Konstanten, werden die unter default stehenden Anweisungen ausgeführt – für den Fall der Fälle.

Die vorige switch-Anweisung entspricht folgendem Konstrukt:

```
if   ( karte == Kreuz )                    kreuz_wert = 12;
else if   ( karte == Pik  )                pik_wert   = 11;
     else if  ( karte == Herz )            herz_wert  = 10;
          else if  ( karte == Karo )       karo_wert  = 9;
               else  cout << "Fehler" ;
```

14.5.1 break-Anweisung (1)

Mit dem folgenden Beispiel wollen wir die Wirkung von break untersuchen:

```
char ch; // ein Zeichen von der Tastatur
cout << "Weiter ?  (j/n) : ";
cin >> ch; // nur j, J oder n, N erlaubt !
switch ( ch )
 { case 'j' :
   case 'J' : mach_weiter(); break;
   case 'n' :
   case 'N' : mach_was_anderes();
 }
```

Angenommen, ch liefert den Wert 'j'. Der Rechner vergleicht wieder den Inhalt von ch mit 'j'. Es werden bei Übereinstimmung *alle* nachfolgenden Anweisungen **bis zum ersten Auftauchen eines** break ausgeführt (hier: mach_weiter();). Dann springt der Rechner unmittelbar auf die Anweisung hinter der schließenden }-Klammer der switch-Anweisung. Alle dazwischen stehenden case-Marken werden übersprungen.

---

break führt zum Verlassen der switch-Anweisung.

Fehlt am Ende eines case-Zweiges ein break, führt der Rechner auch die Anweisungen aus den nachfolgenden case-Zweigen aus, **bis** er auf ein break trifft.

14.5 Mehrfachauswahl switch

Somit lässt sich mit dem **fehlenden** break eine ▸**ODER-Verknüpfung** bzw. eine Menge durch Aufzählung realisieren. Dies ist daher logisch identisch mit

```
if ( ch == 'j' || ch == 'J' ) mach_weiter();
```

Das letzte Beispiel lässt sich auch in folgender Form schreiben, was den Charakter der Aufzählung verdeutlicht:

```
switch ( ch )
  { case 'j': case 'J' : mach_weiter(); break;
    case 'n': case 'N' : mach_was_anderes();
  }
```

Das Beispiel wird noch übersichtlicher, wenn man Bibliotheksfunktionen (Kapitel 19.11) aus der Datei ctype.h (<cctype>) verwendet, die Kleinbuchstaben in Großbuchstaben wandeln oder umgekehrt:

$a \to A$: toupper()   (*to upper*)

$A \to a$: tolower()   (*to lower*)

```
char ch; // ein Zeichen von der Tastatur
cout << "Weiter ? (j/n) : "; // Dialog
cin >> ch; // nur j, J oder n, N erlaubt !
ch = toupper (ch); // jetzt gross
switch ( ch )
  { case 'J' : mach_weiter(); break;
    case 'N' : mach_was_anderes();
  }
```

Einen zweckmäßigen Einsatz einer switch-Anweisung wollen wir am Beispiel zur Lösung einer quadratischen Gleichung betrachten. Dazu führen wir eine Aufzählvariable ein, die die drei Lösungsmöglichkeiten (eine, zwei, komplex) repräsentiert. Die wesentlichen Änderungen des Quellcodes sind grau unterlegt:

```
1:#include <cmath>     // für sqrt()
2:#include <iostream>
3:using namespace std;
4:int main()
5:{
6: // Speicherplatzreservierung : Anlegen der Variablen
7: double a, b, c, Radikand, x1, x2;
```

14 Auswahl

```
 8: char ch;
 9: enum loesungT {eine, zwei, komplex};
10:      loesungT loesung;
11: // Anweisungen
12: //
13: cout<<" Lösung der quadratischen Gleichung a*x*x+b*x+c";
14: cout << endl << endl;
15: cout << " Koeffizient a : "; cin >> a;
16: if ( a < 1e-10 && a > -1e-10 )
17:    {cout << " a = 0, keine quadratische Gleichung !\n";
18:     system("pause");
19:     return 0; // falls a ungefähr 0 -> Programmende
20:    }
21: cout << " Koeffizient b : "; cin >> b;
22: cout << " Koeffizient c : "; cin >> c;
23: Radikand = b*b - 4.*a*c;
24: if (Radikand > 0. )
25:    {x1 = (-b + sqrt (Radikand)) / (2.* a);
26:     x2 = (-b - sqrt (Radikand)) / (2.* a);
27:     loesung = zwei;
28:    }
29: else
30:    if (Radikand < 1e-10 && Radikand > -1e-10) // ca. 0
31:       {x1 = -b / (2.*a);
32:        loesung = eine;
33:       }
34:    else
35:       loesung = komplex;
36: // Ausgabe
37: cout << endl;
38: switch ( loesung)
39: { case eine   : cout << " x1 = " << x1 ;break;
40:   case zwei   : cout << " x1 = " << x1
  :                        << "    x2 = " << x2;
41:                  break;
```

```
42:     case komplex: cout << " Ergebnis : komplexe Zahl";
43:                   break;
44: }
45: system("pause");
46: return 0;} // Ende Programm
```

Diese Variante des Programms hat den Vorteil, dass eine klare **Aufgabentrennung** herrscht. Die Bildschirmausgabe ist aus dem Verarbeitungsteil herausgelöst und funktional sowie räumlich zu einer Einheit zusammengefasst. Wenn nämlich die Ausgabe auf dem Monitor geändert werden soll, müssen die zu ändernden Teile nicht irgendwo zwischendrin im Text gesucht werden. Es genügt, sie im Ausgabeteil zu suchen. Diese funktionale Gliederung erhöht die Übersicht, insbesondere dann, wenn der Quelltext an Umfang zunimmt. Ein Teil des Programmierens umfasst daher auch das zweckmäßige Gliedern von Aufgaben.

Fatale Fehler

- Es ist nicht sinnvoll, dass eine case-Konstante zweimal auftritt. Im folgenden Fall springt der Rechner nach dem break von anweisung2 hinter die switch-Anweisung zu hier_gehts_weiter(). **Die anweisung4 wird nie erreicht!**

```
int k = 2;
switch ( k )
{ case  1 : anweisung1; break;
  case  2 : anweisung2; break;
  case  3 : anweisung3; break;
  case  2 : anweisung4; break;
}
hier_gehts_weiter();
```

- switch (Ausdruck) **;** { case... }   ist nicht zielführend.

Fassen wir zusammen:

Zu den typischen Programmierinstrumenten zur Steuerung des logischen Ablaufs zählt die **Auswahl**, die in drei verschiedenen Ausprägungen implementiert ist. Sie hängt vom **Wahrheitswert** einer **Bedingung** ab, die durch einen **Ausdruck** formuliert wird. Die Syntax erlaubt nur **eine** Anweisung. An ihre Stelle darf jedoch ein durch {}-Klammern umschlossener **Block** treten. Die **Schachtelung** der jeweiligen Anweisung ist erlaubt.

14 Auswahl

Die **Auswahl** lässt sich als **einseitige, zweiseitige oder Mehrfachauswahl** einsetzen. Die einseitige Auswahl kann als Sonderfall der zweiseitigen angesehen werden, wobei der else-Zweig entfällt. **Geschachtelte if-Anweisungen** erlauben eine Mehrfachauswahl, die immer dann eingesetzt werden müssen, wenn im Ausdruck **reelle Zahlen und/oder unterschiedliche Bedingungen** verknüpft werden. Lässt sich ein Ausdruck auf einen **abzählbaren** Wert reduzieren, vereinfacht die switch-Anweisung die Schreibweise und trägt zur besseren Übersicht bei. Um im Quelltext die korrekte Logik zum Ausdruck zu bringen, ist es zweckmäßig, die Anweisungen geeignet **einzurücken**.

Übung 13

1 Erstellen Sie ein Programmfragment, das die Verzweigung eines Menüs realisieren könnte, wenn der entsprechende Buchstabe (ohne Alt-Taste) gedrückt wird: <u>D</u>atei <u>B</u>earbeiten <u>A</u>nsicht <u>E</u>xtra

2 Erstellen Sie ein Programmfragment, das jetzt die zwei Menüs logisch abbildet, wenn jeweils ein Buchstabe eingegeben wird (das Beispiel stammt vom NT-Explorer):

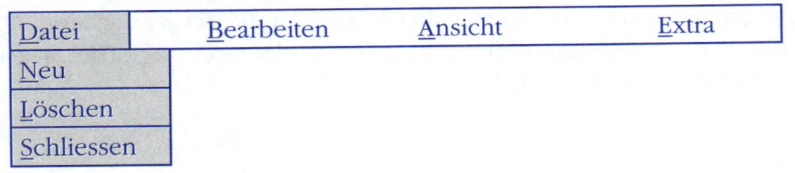

<u>D</u>atei	<u>B</u>earbeiten	<u>A</u>nsicht	<u>E</u>xtra
<u>N</u>eu			
<u>L</u>öschen			
<u>S</u>chliessen			

3 Stellen Sie sich ein Labyrinth auf dem Monitor vor, bei dem Sie das Zeichen ■ durch Eingabe eines der Buchstaben n, s, o oder w entsprechend den Himmelsrichtungen um jeweils eine Position verschieben können. Jede Bildschirmposition wird durch zwei Koordinaten repräsentiert +x (nach rechts), +y (nach unten), wobei sich der Koordinatenursprung (1,1) links oben befinden soll. Erstellen Sie ein Programmfragment, das mit der Eingabe eines Buchstabens *die Koordinaten aktualisiert*. Beginnen Sie der Einfachheit halber in der Mitte des Monitors mit beliebigen Koordinaten x, y. (Beachten Sie nicht die Ränder).

15 Wiederholungen

Bei der Fallstudie „Einkommensteuer" haben wir bemängelt, dass das Programm nach dem Start immer nur einen Durchlauf erlaubte, eine wiederholte Eingabe nicht möglich war. Solch ein Programm entspricht nicht den Anforderungen der Praxis. Wiederholungen (*iterations*) als Softwarekonstrukt sind daher seit den Anfängen der Rechnertechnik eingebaute Funktionalität.

C++ enthält drei Möglichkeiten, ▸**Wiederholungen** zu gestalten:

- while-Anweisung,
- do-while-Anweisung,
- for-Anweisung.

Einige Programmiersprachen kommen mit nur einem Wiederholungstyp, der while-Schleife, aus. Jede dieser drei Schleifenarten hat aber besondere Stärken und Einsatzbereiche, die Sie in den folgenden Abschnitten kennen lernen werden.

15.1 while-Anweisung

Die ▸while-Schleife **wiederholt** die im Schleifenkörper stehende Anweisung, **solange** ein im Schleifenkopf formulierter Ausdruck **wahr** ist. Ist der Ausdruck im Schleifenkopf falsch, springt der Rechner **nicht** in den Schleifenkörper **hinein**. Die while-Anweisung wird daher auch als *kopfgesteuerte* Schleife (*loop*) bezeichnet. Die Syntax der while-Schleife mit einer Anweisung bzw. einem Block sowie das Struktogrammsymbol lauten:

```
while ( Ausdruck )
    eine_Anweisung;
```

```
while ( Ausdruck )
    { Anweisung1;
      Anweisung2;
      // usw.
    }
```

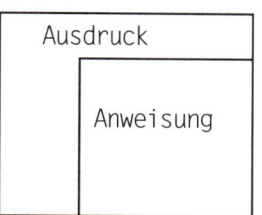

```
Ausdruck
    Anweisung
```

Sie erinnern sich: Überall wo *eine* Anweisung steht, darf auch ein durch geschweifte Klammern begrenzter Block stehen. while-Anweisungen dürfen beliebig tief geschachtelt werden.

Der Einstieg in den ▸**Schleifenkörper** setzt einen wahren (d.h. einen von null verschiedenen) Ausdruck voraus, der Ausstieg einen falschen. Daraus folgt zwangsläufig, dass (im Allgemeinen) **innerhalb** des Schleifenkörpers eine **Veränderung vorgenommen werden muss**, die den Wahrheitswert des Ausdrucks beeinflusst. **Ansonsten** entstünde eine ▸**Endlosschleife**.

Die Funktionsweise der while-Schleife betrachten wir nun am Beispiel der Summation der ersten 10 natürlichen Zahlen und ihrer Quadrate:

```
 1: int k;
 2: int sum = 0, qsum = 0;
 3: k = 1; // alternativ : k = 11;
 4: while (k <= 10)
 5:   {sum += k;
 6:    qsum += k*k;
 7:    ++k; // Veränderung
 8:   }
 9: cout << "Die ersten 10 Zahlen ergeben :" << endl;
10: cout << "Summe = " << sum << "Quadratsumme = " << qsum;
```

Gelangt der Rechner in Zeile 4, wird dort zuerst der Ausdruck geprüft. Da (1 ≤ 10) wahr ist, werden die Zeilen 5, 6 und 7 (der Schleifenkörper) ausgeführt. Zeile 7 enthält die notwendige Veränderung, um eine Endlosschleife zu verhindern. Anschließend springt der Rechner wieder in Zeile 4 zurück, um den Ausdruck erneut zu prüfen. Dies wird so lange wiederholt, solange der Ausdruck wahr ist. Liefert der Ausdruck den Wert falsch, springt der Rechner von Zeile 4 nach Zeile 9 und setzt dort die Programmausführung fort.

Wenn k in Zeile 3 ein Wert 11 oder größer zugewiesen wird, liefert (11 ≤ 10) den Wert falsch. Die Schleife wird überhaupt nicht ausgeführt. Der Rechner springt sofort in Zeile 9 (und gibt hier einen falschen Wert aus!).

Die Variable k gibt jederzeit Auskunft über die Anzahl der bisher abgearbeiteten Schleifendurchläufe, sie wird daher ▸**Schleifenzähler** genannt. Für diese Variablen werden im Allgemeinen gerne die Buchstaben i bis n verwendet.

15.1 while-Anweisung

Wir nehmen jetzt eine kleine Vertauschung vor:

```
//Achtung: fehlerhaft !!!
 3: k = 1;
 4: while (k <= 10)
 5:   {++k; // Veränderung
 6:    sum  += k;
 7:    qsum += k*k;
 8:   }
 9: cout << "Die ersten 10 Zahlen ergeben :" << endl;
10: cout << "Summe = " << sum << "Quadratsumme = " << qsum;
```

> ☞ Bei Schleifen (außer for) besteht die Möglichkeit, einen Zähler entweder zu Beginn oder am Ende zu verändern. Dies hat Einfluss auf den Startwert oder den Endwert des Zählers!

Die while-Anweisung können wir jetzt für eine sehr nützliche Sache einsetzen. Wir hatten festgestellt, dass mit cin alle möglichen Werte, z.B. auch negative, eingelesen werden dürfen. Oft will man aber nur bestimmte Werte zulassen beziehungsweise die unzulässigen ausschließen. Dies gelingt mit Schleifen.

Beispiel: Wertebegrenzung bei der Eingabe

Es soll das Lebensalter einer Person eingegeben werden:

```
int Alter ;
Alter = -1;
while (Alter < 0 || Alter > 131)  cin >> Alter;
```

Diese einfache Methode verhindert, dass unzulässige Werte überhaupt in den Rechner gelangen (GIGO! *garbage in, garbage out*) und erspart zusätzliche, unnütze Meldungen der Art: „Sie haben das falsche Alter eingegeben. Nochmal". Das schreibt keine professionelle Software auf den Monitor!

Man kann den Benutzer auch auf die Falscheingabe aufmerksam machen:

```
int Alter ;
Alter = -1;
while (Alter < 0 || Alter > 131)
  {cin >> Alter;
   if (Alter < 0 || Alter > 131)
```

15 Wiederholungen

```
            {cout << '\a'; // Klingelton
             // lösche Eingabefeld
            }
        }
```

Beispiele für weitere Erscheinungsformen der while-Anweisung:

```
1) bool ewig = true;
   // oder: enum ewig {false, true}; ewig = true;
   int k = 0;
   while (ewig) ++k;  // identisch mit:  while (1) ...

2) bool nie = false;
   int  k ;
   while (nie) k = 0; // identisch mit while (0) ...

3) float y, x = 0.0;
   while  (x <= 20.0)
      { x += 0.1; // hier ist die Veränderung
        y = 2*x;
        cout << " x = " << x << "   y = " << y << endl;
      }

4) while ( ! cin.eof() )
      {// lies Datei ein, solange kein DateiEnde-Signal kommt
       // wird so häufig benutzt
       // Veränderung des Ausdrucks geschieht hier in der
       //  runden Klammer und nicht im Schleifenkörper!
      }

5) // Zeichenkette kopieren; typisch C, kurz und bündig!
   // p, q sind Zeiger auf Arrays
     while (*p)    // solange Zeichen da
       *q++ = *p++; // wird später erklärt

6) while (x != y)
       if (x > y) x -= y;
       else       y -= x;
```

15.1 while-Anweisung

Die while-Anweisung 6) ist ein typisches Beispiel dafür, dass die if-else-Anweisung nur eine Anweisung darstellt und while ohne die Klammern { und } auskommt!

Die Beispiele erfassen keineswegs alle Möglichkeiten, so können Schleifenzähler z.B. auch abwärtszählen.

Wir werden jetzt die Summation der ersten n natürlichen Zahlen in ein vollständiges C++Programm umsetzen. Der Anwender soll die Anzahl n eingeben:

```cpp
#include <iostream>  using namespace std;
int main()
{ int k = 1, sum = 0, n = 0;
  cout << " Anzahl Zahlen : ";
  while (n < 1 || n > 100) cin >> n;
  while (k <= n)
   {sum += k;
    ++k;
   }
  cout << " n = " << n << "   Summe : " << sum;
return 0;
}
```

Ich empfehle Ihnen, das Programm im Einzelschrittverfahren zu verfolgen und mit dem Debugger die Variableninhalte von sum bzw. k zu betrachten. Dabei erkennen Sie, wie der Rechner eine Schleife abarbeitet.

Überlegen Sie: Was ändert sich, wenn die }-Klammer der while-Anweisung vor return; plaziert wird?

Das Summationsbeispiel lässt sich deutlich kompakter schreiben, indem man von den Operatoren Gebrauch macht. Die grau unterlegte Zeile ist identisch mit der obigen while-Anweisung zur Summenbildung:

```cpp
int k = 1, sum = 0, n = 0;
cin >> n; // der Einfachheit halber
  while (k <= n) sum += k++;
cout << "Summe : " << sum;
```

Eine ähnliche Konstruktion zeigt zugleich, dass die **Veränderung auch im Ausdruck** selbst und nicht unbedingt im Schleifenkörper stattfinden kann:

15 Wiederholungen

```
int k = 0, sum = 0;
  while (++k <= 20)   sum += k;
cout << sum;
```

Für Sie als Lernende ist es sicher nicht einfach, Kurzformen dieser Art nachzuvollziehen, der Geübte schätzt die Kürze. Ihnen sei empfohlen, sich in jedem einzelnen Fall sehr genau zu überlegen, was geschieht. Solche Konstrukte dürfen nicht bedenkenlos übernommen werden! Das kann zu fatalen Fehlern führen.

Übung 14

1 Ein Programm simuliert die Ganzzahldivision (ohne / und %) und soll folgende Bildschirmausgabe bewirken (die unterstrichenen Werte sind Beispieleingaben) :

> Geben Sie zwei ganze Zahlen ein : 200 36
>
> 200 dividiert durch 36 ist 5 Rest 20

2 Das folgende Programmfragment soll Paare von Zahlen einlesen und sie vertauscht wieder ausgeben. Die Eingabe einer negativen Zahl soll die Bearbeitung abschließen. Was tut das Programm?

```
cin >> zahl1; cin >> zahl2;
while (zahl1 >= 0 && zahl2 >=0 )
  { cin >> zahl1;  cin >> zahl2;
    cout << zahl2 << "  " << zahl1;
  }
```

3 Schreiben Sie eine Schleife, mit der die erste Potenz von 2, die nicht kleiner als eine einzugebende positive Zahl (> 1) ist, berechnet und ausgegeben wird.

4 Eine schnelle Antwort bitte: Die Straßenfront eines Grundstücks ist 50 m lang, sie soll einen neuen Zaun erhalten. Wieviele Pfosten braucht man, wenn alle 5 m ein Pfosten stehen soll ?

5 Nehmen Sie an, im Bodensee leben etwa 10 Millionen Fische, ihre Zahl nimmt jährlich um 2.3 % ab. Entwerfen Sie ein Programm, das ausgibt, wann der Bestand auf den 10. Teil zurückgegangen ist.

6 Was macht folgendes Programmfragment (die Verwendung der ASCII-Tabelle ist nicht ungeschickt!)? Wieviele Zeichen lassen sich über Ihre Tastatur eingeben?

```
char c = ' ';
while ( c != '\n' )
 {cin.get(c);
   if (c>= 'a' && c <= 'z') c = char(c - 'a' + 'A');
   cout.put(c);
 }
```

15.2 Projektarbeit (2)

Im Folgenden werden wir den erwähnten Nachteil der einmaligen Verwendbarkeit des bisher erstellten Programms zur Einkommensteuerermittlung durch den Einsatz einer Schleife beheben. Einige konzeptionelle Vorüberlegungen erleichtern die Realisierung. Die zu wiederholenden Aufgaben sind die Eingabe, die Verarbeitung sowie die Ausgabe. Im ersten Ansatz können wir (als Pseudocode!) schreiben

```
while ( Ausdruck )
{ eingeben;
  verarbeiten;
  ausgeben;
  verändern;
}
```

Wie soll das Abbruchkriterium aussehen? Der Anwender muss entscheiden, ob er weitermachen will, ja oder nein. Wir fragen daher die beiden Tasten „j" bzw. „n" ab. Wie schaffen wir den Einstieg in die Schleife?

Unser Konzept lässt sich verfeinern:

```
char antwort = 'J';
while (antwort == 'J')
 {eingeben;
  verarbeiten;
  ausgeben;
  cout << " Weiter ? (j/n) : " ;
  antwort = 'z';
  while ( antwort != 'J' && antwort != 'N')
    {cin >> antwort; while (cin.get() != '\n');
     antwort = toupper (antwort);
    }
 }
```

Speichern Sie jetzt Ihre erste Datei EK1.CPP (oder so ähnlich) unter EK2.CPP ab und führen Sie die Änderungen durch. *Statt* eingeben; verarbeiten; ausgeben; setzen Sie den Teil *zwischen* den *Markierungslinien im Quellcode* aus Projektarbeit (1) ein.

15.3 do-while-Anweisung

Die do-while-Schleife ist ein Sonderfall der while-Schleife. Ihre Syntax sowie das Struktogrammsymbol lauten:

```
do                          do                              Anweisung;
   eine_Anweisung;             { Anweisung1;
                                 Anweisung2;
                                 // usw.
while (Ausdruck);           }while (Ausdruck);              Ausdruck
```

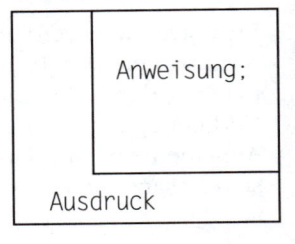

Der Rechner tritt **auf jeden Fall** in den Schleifenkörper ein. Die do-while-Schleife wird daher **mindestens einmal** durchlaufen. Die Anweisung bzw. der Block einer solchen Schleife werden bedingungslos ausgeführt, und erst **am Ende** der Schleife wird der Ausdruck ausgewertet. Ist er wahr, wird der Schleifenkörper wiederholt. Dieses Konstrukt wird daher auch als *fußgesteuerte* Schleife bezeichnet. Auch hier muss man dafür Sorge tragen, dass eine Veränderung herbeigeführt wird, die den Wahrheitswert des Ausdrucks beeinflusst.

Beispiel: Summation der ersten natürlichen Zahlen

```cpp
#include <iostream> using namespace std;
int main()
{ int k = 1, sum = 0;
  cout << " Anzahl Zahlen : ";
  int n;
  do
    cin >> n;
  while (n < 1 || n > 100);
  while (k <= n) sum += k++;
  cout << " n = " << n << "   Summe : " << sum;
  return 0;
}
```

15.3 do-while-Anweisung

Das Beispiel zeigt grau unterlegt den Unterschied zur while-Schleife. Die Variable n braucht keinen Startwert, um den Eintritt in die Schleife zu ermöglichen. Mit der Eingabe des Wertes von n wird zugleich der logische Wert des Ausdrucks festgelegt. In derartigen Fällen ist die do-while-Schleife zweckmäßiger als die while-Schleife.

Außerdem sehen Sie an der Position von int n;, dass es bei C++ erlaubt ist, an jeder Stelle im Programm eine Variable zu definieren.

> Da Sie als Lernende erfahrungsgemäß jedoch häufig den Datentyp einer Variablen überprüfen müssen, empfehle ich Ihnen, alle Variablen zu Beginn eines Programms zu definieren.

Das folgende Beispiel, bei dem auch erfahrene Programmierer stolpern können, zeigt sehr eindringlich, wie wichtig es ist, sich die Abbruchbedingung sehr genau zu überlegen und anhand einer Wahrheitstabelle **vor der Codeeingabe** zu vergewissern.

Es soll ein Buchstabe aus der Menge von drei zulässigen (z.B. p, g, a) eingegeben werden, alle anderen müssen abgewiesen werden. Bedenken Sie, wenn z.B. die Tasten „s" und RETURN gedrückt werden, steht im Tastaturpuffer 's''\n'.

Eine schnelle Lösung *scheint* zu sein:

```
do
   cin.get(ch); // Endlosschleife
while ( ch != 'a' || ch != 'p' || ch != 'g' );
```

Auch die folgende Variante erfüllt *nicht* die Anforderungen:

```
do ... while ( ch != 'a' || ch != 'p' || ch != 'g' || ch != '\n' );
```

Die richtige Lösung ist:

```
do
   cin.get(ch);
while ( ch != 'a' && ch != 'p' && ch != 'g' );
while ( ch != '\n' ) cin.get(ch); //räumt \n aus dem Puffer, vorsorglich
```

lässt sich nur anhand der Wahrheitstabelle ermitteln! Prüfen Sie das.

Nach De Morgan ist eine *identische* Bedingung:

```
do ... while ( !(ch == 'a' || ch == 'p' || ch == 'g') );
```

15.4 Projektarbeit (3)

Speichern Sie die Datei EK2.CPP unter EK3.CPP ab und nehmen Sie die folgenden Änderungen vor:

```
char antwort;
do
 {//eingeben; wie bisher
  //verarbeiten; wie bisher
  //ausgeben; wie bisher
  cout << " Weiter  ? (j/n) : " ;
  cin >> antwort;
  while (cin.get() != '\n');
  antwort = toupper (antwort);
 }while (antwort == 'J');
```

Dieses Beispiel zeigt, dass der Quellcode gegenüber der while-Schleife etwas einfacher und übersichtlicher wurde. Insbesondere darf mit jeder beliebigen Taste außer „j" abgebrochen werden, was die Bedienungsfreundlichkeit erhöht.

15.5 for-Anweisung

Die for-Schleife ist die dritte Schleifenart in C++. Ihre besondere Eigenschaft ist, dass die **Anzahl der Schleifendurchläufe von vornherein festgelegt** ist. Ihre Syntax lautet:

```
for (Initialisierung; Bedingung; Veränderung)   eine_Anweisung;
```

bzw.

```
for (Initialisierung; Bedingung; Veränderung)
    { Anweisung1;
      Anweisung2;
      // usw.
    }
```

Mit der **Initialisierung** wird der Startwert eines Schleifenzählers festgelegt, mit der **Bedingung** sein Endwert und mit der **Veränderung** wird der Schleifenzähler beeinflusst. Gelegentlich wird der Schleifenzähler auch als ▸*Laufvariable* bezeichnet. Wenn die Bedingung wahr ist, werden sowohl der Schleifenkörper als auch die Veränderung ausgeführt. Mit der

15.5 for-Anweisung

for-Schleife lässt sich – wie mit jeder anderen auch – **aufwärts oder abwärts** zählen:

- Startwert < Endwert, positive Änderung: → aufwärts zählen
- Startwert > Endwert, negative Änderung: → abwärts zählen

Beispiel: Summation der ersten natürlichen Zahlen

```
#include <iostream>  using namespace std;
int main()
{ int sum = 0, n;
  cout << " Anzahl Zahlen : ";
  do
    cin >> n;
  while (n < 1 || n > 100);
  for (int k = 1; k <= n; ++k) sum += k ;
  cout << " n = " << n << "    Summe : " << sum;
  return 0;
}
```

Diese for-Schleife lässt sich mit gleicher Wirkung auch *abwärts zählend* schreiben:

```
for (int k = n; k > 0; --k) sum += k ;
```

> Ausnahme von der Regel der Variablendefinition am Anfang eines Programms:
>
> ☞ Eine Besonderheit ist die Definition int k in der Klammer der for-Schleife: Wenn die Schleife beendet ist, existiert k (*nur nach dem neuen ▸ISO-Standard!*) nicht mehr! Das ist zweckmäßig in größeren Programmen, wenn mehrfach Schleifenzähler benötigt werden.

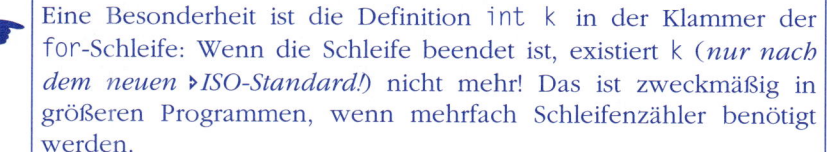

C++ erlaubt es, an jeder Programmstelle eine Variablendefinition vorzunehmen. Unter Berücksichtigung des ISO-Standards (neuere Compiler) sind grundsätzlich folgende drei Varianten möglich:

- Diese Form besteht immer:

  ```
  int k; // ab hier existiert k
  // weitere Anweisungen
  for (k = 1; k <= n; ++k)
  ```

```
    {sum += k;
     cout << " k = " << k << "    Summe = " << sum;
    }
// k bleibt hier bestehen
```

- Diese Form gilt bei älteren Compilern:

```
for (int k = 1; k <= n; ++k) // ab hier existiert k
   {sum += k;
     cout << " k = " << k << "    Summe = " << sum;
   }
// k bleibt hier auch noch bestehen
```

- Diese Form gilt bei neueren Compilern:

```
for (int k = 1; k <= n; ++k) // ab hier existiert k
   {sum += k;
     cout << " k = " << k << "    Summe = " << sum;
   }
// ab hier existiert k nicht mehr !!!
cout << k;
// mögliche Fehlermeldung: ILLEGAL: out of scope
```

Variablen können also verschiedene ›**Gültigkeitsbereiche** (*scope*) haben. Wir werden dies später behandeln. Sie sollten testen, wie Ihr Compiler reagiert.

Ferner empfehle ich Ihnen, die for-Schleife *einmal* in folgender Form im Quellcode zu schreiben, um mit dem Debugger im Einzelschrittverfahren den Ablauf der Schleifenbearbeitung zu erkennen (Sie werden manchen Fehler dann schneller identifizieren können):

```
1:  for (int k = 1;
2:          k <= n;
3:          ++k)
4:     sum += k;
```

Die Reihenfolge der Bearbeitung ist: 1: 2: 4: 3: 2: 4: 3: 2: usw. bis die Schleife beendet wird.

Das nächste Beispiel zeigt, dass die **for-Schleife** ihrem Wesen nach eine **kopfgesteuerte Schleife** ist, denn bei Eingabe von n = 1 wird die for-Schleife nicht ausgeführt:

15.5 for-Anweisung

```
int n;
cin >> n; // n = 1
for (int k = 1; k < n; ++k) sum += k;
```

for-Schleifen sind keineswegs auf int-Zähler beschränkt, wie viele Beispiele in der Literatur nahezulegen scheinen. Folgende Beispiele zeigen Ihnen nützliche Einsatzmöglichkeiten der for-Schleife:

Beispiel mit einem Aufzähltyp

```
enum tagT
{sonntag, montag, dienstag, mittwoch, donnerstag, freitag, samstag};
tagT alleTage, wochentag;
for (alleTage = sonntag; alleTage <= dienstag; ++alleTage)
   mach_ferien();
for (wochentag = mittwoch; wochentag <= samstag; ++wochentag)
   arbeite();
```

■ Schrittweite

Dieses Beispiel nutzt einen float-Typ als Zählvariable und zeigt zugleich, dass die Veränderung des Schleifenzählers (die ▸Schrittweite) keineswegs ganzzahlig sein muss:

```
for (float x = 0.0; x <= 3.1415; x += 0.1)
   cout << sin(x) << "  ";
```

■ Schachtelung von Schleifen

for-Schleifen dürfen mehrfach geschachtelt werden, wie folgendes Beispiel mit einem Schachbrett zeigt:

```
unsigned int sum = 0, reiskorn = 1;  // 16-Bit: long int
enum brettTyp { a, b, c, d, e, f, g, h };
brettTyp brett;

for (brett = a; brett <= h; ++brett) // äussere Schleife
   for (int i = 1; i <= 8; ++i)      // innere Schleife
      { sum += reiskorn;
        reiskorn *= 2;
      }
// Welchen Wert hat reiskorn am Ende ? Welchen sollte er haben?
```

Da die (zweite) for-Anweisung nur *eine* Anweisung ist, braucht nach dem ersten for **keine Klammer** stehen!

- **Kommaoperator**

Der ▸Kommaoperator fasst zwei (oder mehr) Ausdrücke zusammen, wo nur ein Ausdruck laut Syntax erlaubt ist. Eine nützliche Anwendung findet er bei der for-Schleife. Sie sollen das Beispiel *einmal* nachvollziehen, wie Profis ihn einsetzen, selbst aber ihn nicht unbedingt verwenden.

```
char palindrom [18] = "dieliebeistsieger", temp;
int i, j;
cout << palindrom;
for (i = 0, j = 16; j > i; i++,j--)
   {temp        = palindrom[i];
    palindrom[i] = palindrom[j];
    palindrom[j] = temp;
   }
cout << " - " << palindrom;
```

Was macht diese Anweisung, wie lautet das Ergebnis? Ändern Sie den Text ab, zB. „regen", „amor", „eva" oder „reliefpfeiler".

15.6 break-Anweisung (2) und continue-Anweisung

Bei der switch-Anweisung hat die ▸break-Anweisung die Auswahl beendet. Hier erfährt sie eine nützliche Erweiterung. Alle drei Schleifenformen, die while-, do-while- und die for-Schleife, berechnen die Bedingung für das Weitermachen am Anfang oder am Ende der Schleife. Wenn der Schleifenkörper ein Block ist, wird er *vollständig* abgearbeitet. Die break- bzw. ▸continue-Anweisungen erlauben es jedoch, diese Inflexibilität zu durchbrechen.

Beispiel: break-Anweisung mit einer for-Schleife

```
1: int n = 7;
2: for (int m = 22; m < 35; ++m)
3:    {if ( m % n == 0 ) break;
4:     cout << m << "   ";
5:    }
6: cout << " Ende ";
```

15.6 break-Anweisung (2) und continue-Anweisung

Hier ist die Ausgabe dieses Codefragments:

22 23 24 25 26 27 Ende

Wenn der Ausdruck der if-Anweisung in Zeile 3 wahr ist (Rest von 28 / 7 ist null), dann springt der Rechner in die Zeile 5, beendet die Schleife und fährt mit der Zeile 6 fort. break führt also zum vorzeitigen Verlassen der Schleife. Dieses Verhalten haben wir schon bei der switch-Anweisung kennengelernt.

Mit der break-Anweisung lassen sich auch *absichtlich* konstruierten ▸**Endlosschleifen** abbrechen (die unbeabsichtigten im schlimmsten Fall nur durch Ausschalten des Rechners):

```
#include <iostream>  using namespace std;
int main()
{ int sum = 0, k = 1, n;
  cout << " Anzahl Zahlen : ";
  do
    cin >> n;
  while (n < 1 || n > 100);

  while (true)
    {sum += k;
     if ( k == n ) break;
     ++k;
    }
  cout << " n = " << n << "   Summe : " << sum;
  return 0;
}
```

Der grau unterlegte Teil könnte auch durch folgenden Code ersetzt werden:

```
for ( ; ; )
  {sum += k;
   if ( k == n ) break;
   ++k;
  }
```

Zwischen den runden Klammern finden sich nur **leere Anweisungen**, die nichts tun und die Endlosschleife bilden.

Die ▸continue-Anweisung arbeitet ähnlich wie die break-Anweisung:

```
1: int n= 7;
2: for (int m = 22; m < 35; ++m)
3:   {if ( m % n == 0 ) continue;
4:    cout << m << "  ";
5:   }
6: cout << " Ende ";
```

Zunächst wird bei Erreichen der continue-Anweisung wieder zur Zeile 5 gesprungen, d.h. alle nach continue folgenden Anweisungen innerhalb des Schleifenkörpers werden übergangen. Aber am Ende der Schleife springt der Rechner wieder zurück in Zeile 2 und überprüft die Schleifenbedingung. Ist sie wahr, fährt der Rechner mit der Abarbeitung der Schleife fort. Mit continue wird also nur der *aktuelle* Schleifendurchlauf durch einen Sprung an das Schleifenende vorzeitig beendet.

Überlegen Sie, was für eine Ausgabe jetzt das Codefragment liefert.

15.7 Vergleich der Schleifen

Die drei Schleifentypen haben Gemeinsamkeiten und Unterschiede, die wir jetzt betrachten werden.

Wenn die **Anzahl** der **Schleifendurchläufe** im Voraus **bekannt** ist, können alle drei Schleifenarten verwendet werden, wie das Beispiel zeigt:

1.
```
cin >> n; // n >= 0
i = 0;
do
{ cout << i << "  ";
  ++i;
}while ( i <= n);
```

2.
```
cin >> n; // n >= 0
i = 0;
while ( i <= n )
{ cout << i << "  ";
  ++i;
}
```

3.
```
cin >> n; // n >= 0
for (i = 0; i <= n ; ++i) cout << i << "  ";
```

Startwert, Bedingungsausdruck und Veränderung sind hier offensichtlich identisch. Somit lassen sich die Schleifen gegenseitig austauschen. Bei vielen Fragestellungen ist jedoch die for-Schleife einfacher zu schreiben.

15.7 Vergleich der Schleifen

Eine **do-while**-Schleife lässt sich **immer** in eine **while**-Schleife umformen, man muss jedoch nur den Schleifeneintritt ermöglichen.

do	führt z.B. zu	x = -1.0;
cin >> x;		while (x<0. || x>9.)
while (x<0. || x>9.)		cin >> x;

Auch for- und while-Schleife lassen sich ineinander umwandeln:

for (Initialisierung;	führt zu	Initialisierung;
Bedingung;		while (Bedingung)
Veränderung)		{Anweisung;
Anweisung;		Veränderung;
		}

| while (Bedingung) | führt zu | for (; Bedingung;) |
| Anweisung; | | Anweisung; |

Fatale Fehler

- Typische Fehler sind falsche Start- oder Endwerte von for-Schleifen, woraus sich die Anzahl der Durchläufe ergibt. Da bei C++ gerne ab null gezählt wird, ergibt sich oft folgende falsche Obergrenze:

    for (k = 0; **k <= n**; ++k) statt for (k = 0; **k < n** ; ++k) für n Iterationen.

- Typische Fehler bei while- und do-while-Schleifen sind falscher Startwert *und /oder falscher Ort der Veränderung*:

```
int n;
// 1. Variante
n = 0;
cout << "am Anfang n =  " << n << endl;
while (n < 10)
   {++n;
    cout << n << "   ";
   }
cout << endl << "n jetzt " << n << endl << endl;
// Ausgabe:
```

FF

```
// ------------------------------------------
// |am Anfang n = 0                          |
// |1  2  3  4  5  6  7  8  9  10            |
// |n jetzt 10                               |
// ------------------------------------------
```

// 2. Variante
```
n = -1;
cout << "am Anfang n =  " << n << endl;
while (n < 10)
   {++n;
    cout << n << "  ";
   }
cout << endl << "n jetzt " << n << endl << endl;
```

```
// Ausgabe:
// ------------------------------------------
// |am Anfang n = -1                         |
// |0  1  2  3  4  5  6  7  8  9  10         |
// |n jetzt 10                               |
// ------------------------------------------
```

// 3. Variante
```
n = 0;
cout << "am Anfang n =  " << n << endl;
while (n < 10)
   {cout << n << "  ";
    ++n;
   }
cout << endl << "n jetzt " << n << endl << endl;
```

```
// Ausgabe:
// ------------------------------------------
// |am Anfang n = 0                          |
// |0  1  2  3  4  5  6  7  8  9             |
// |n jetzt 10                               |
// ------------------------------------------
```

15.7 Vergleich der Schleifen

```
// 4. Variante
n = 1;
cout << "am Anfang n =  " << n << endl;
while (n < 10)
   {cout << n << "  ";
    ++n;
   }
// --n;  Erklärung im Text
cout << endl << "n jetzt " << n << endl << endl;
// Ausgabe:
// -------------------------------------------
// |am Anfang n = 1                          |
// |1  2  3  4  5  6  7  8  9                |
// |n jetzt 10                               |
// -------------------------------------------
```

Die 4. Variante ist beim Einlesen einer *unbekannten* Anzahl Daten von der Platte bei gleichzeitigem Zählen besonders **tückisch**! Neun wurden gelesen und 10 gemerkt. Dies zieht gravierende Folgefehler nach sich.

Lösung: Nach der while-Schleife muss dekrementiert werden (--n;).

- In der früheren Übungsaufgabe mit den Zaunpfosten errechnet sich die Anzahl der Pfosten zu (50/5) + 1, weil es (50/5) Lücken gibt und die letzte auch durch einen Pfosten abgeschlossen wird. Solche Fehler bei der Bestimmung der Anzahl von Durchläufen entstehen oft bei vergleichbaren Aufgabenstellungen.

- Das Semikolon an der falschen Stelle:
  ```
  for (i = 0; i < n; ++i);      oder
  i = 1; n = 5; while (i < n) ; ++i;
  ```

Das Semikolon schließt eine leere Anweisung ab und beendet die Schleife, bevor der eigentliche Schleifenkörper durchlaufen wurde. Der while-Ausdruck führt darüber hinaus zu einer Endlosschleife. Manche verwenden obige for-Schleife, um eine (zeitlich nicht festgelegte) ▸Pause einzulegen. Besser ist: ▸sleep(xx) oder _sleep(xx) (VC++) aus windows.h mit xx als Zeitangabe in Millisekunden.

- Typische Fehler bei der Bearbeitung von Schleifen:
- Falsche Auswahl der Schleife: kopf- oder fußgesteuerte Schleife.
- Eintritt in die Schleife: Eintrittsbedingung nicht erfüllt.
- Verlassen der Schleife: Abbruchbedingung falsch gesetzt, Operatoren UND bzw. ODER falsch benutzt, Veränderung der Abbruchbedingung nicht erfüllt.
- Bearbeitung der Schleife: Programmcode stimmt nicht mit den Randbedingungen für den ersten bzw. letzten Schleifendurchlauf überein, Anzahl um eins zu hoch oder zu niedrig.

Fassen wir zusammen:

Die **Wiederholung** ist in C++ ebenfalls in drei Ausprägungen als **do-, while- und for-Schleife** implementiert. In der Form der fußgesteuerten Schleife ermöglicht die do-Schleife auf jeden Fall den Schleifeneintritt, während while- und for-Schleife diesen verhindern können. Die verschiedenen Schleifen lassen sich (meist) ineinander **umwandeln**, dennoch gibt es für jede Schleifenart gewisse **Präferenzen**. Schleifen haben die gemeinsame Eigenart, dass sie geeignet **beendet** werden müssen. Die **Veränderung der Bedingung** kann im Schleifenkörper oder auch im Ausdruck selbst vorgenommen werden. Durch die Anweisungen break bzw. continue kann man die Abläufe im Schleifenkörper beeinflussen. Häufige **Fehler** bei Schleifen entstehen bei falsch gesetzten Anfangs- oder Endwerten für Zählvariablen sowie falsche Eintritts- oder Abbruchbedingungen.

Übung 15

1 Schreiben Sie ein Programm, in das wiederkehrend zwei Ganzzahlen eingegeben werden. Die Zahlen werden durch einander dividiert und mit Ergebnis (Quotient, Rest) ausgegeben.

2 Schreiben Sie ein Programm, das nach Eingabe einer Zahl ($1 \leq$ Zahl ≤ 16) eine Multiplikationstabelle folgender Art auf dem Monitor erzeugt:

1	2	3	4
2	4	6	8
3	6	9	12
4	8	12	16

16 Zeiger

Dieses Kapitel beschreibt die wesentlichen Aspekte des Zeiger-Konzepts und erläutert die Zeiger-Arithmetik, die wir im Kapitel 4 ausgespart haben. Dort wurde nur die den Zeigern zugrunde liegende Idee vorgestellt.

16.1 Überblick

Wir haben ▸**Zeiger** bereits im Teil B eingeführt, weil es ein für C/C++ bedeutendes Konzept ist und Zeiger mit den anderen Datentypen in Verbindung gebracht werden. Wenn wir der Einfachheit halber die in den Grundlagenkapiteln bereits vorgestellten Datentypen **Ganzzahl und Zeichen, reelle Zahl, Feld und Struktur** und die noch folgenden Datenobjekte unter dem gemeinsamen Begriff **Typ T** zusammenfassen, lässt sich eine allgemeine **Definition** des Zeigers angeben:

> Ein **Zeiger** vom Typ T* ist eine Variable, die auf ein anderes Datenobjekt vom Typ T zeigt. Der Zeiger enthält die Startadresse des Datenobjekts und weiß aufgrund der Typinformation, wie das Datenobjekt zu interpretieren ist.

Wir wiederholen das **Konzept** des Zeigers:

T a, b, c;	Variablen a, b, und c sind vom allgemeinen Typ T
T *pa ;	Definition eines Zeigers auf Typ T, Inhalt: zufällige Adresse
pa = 0;	**Zeiger zeigt auf kein Objekt**, Nullzeiger
pa = NULL;	Nullzeiger
T *pb = &b;	pb ist Zeiger auf Typ T, Initialisierung mit Adresse von b
*pb = 0;	Zuweisung des Wertes 0 an die Variable, auf die pb zeigt

Zeiger erscheinen in zwei Formen:

- **konstante Zeiger**

1 `char *text = "Hallo";`

   text zeigt auf eine feste Adresse im Speicher, auf die der Programmierer nicht zugreifen kann.

16 Zeiger

2 `int feld[] = {5,6,7};`

Der Name des Arrays wird *in einem solchen Zusammenhang wie* ein Zeiger auf den nicht veränderlichen Speicherplatz des Arrays `feld` behandelt (aber nicht immer!).

3 `int * const cp = feld;`

`cp` ist durch die Definition ein konstanter Zeiger. Gelesen wird die Zeile von rechts nach links: `cp` ist konstanter Zeiger auf `int`-Typ.

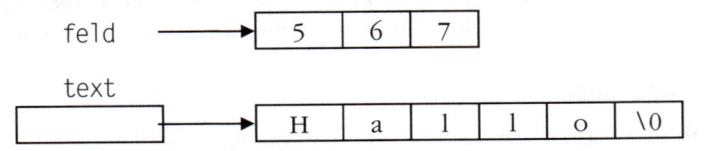

```
feld ──────▶ | 5 | 6 | 7 |

text
   |  ─────▶ | H | a | l | l | o | \0 |
```

■ veränderliche Zeiger

```
double x, y, z, *pu;
pu = &x;
pu = &y;
pu = &z;     // pu erhält nacheinander verschiedene Werte (Adressen)
```

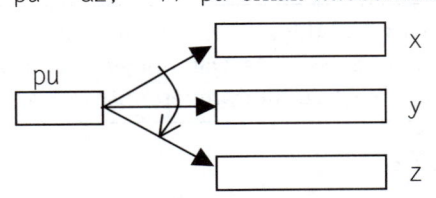

```
           ┌─▶ [        ] x
  pu ──────┼─▶ [        ] y
           └─▶ [        ] z
```

Dass man mit variablen Zeigern genauso arbeiten kann wie mit „normalen" Variablen, zeigt der nachfolgende Vergleich. (Wenn Sie das Programm eingeben und testen, sind Sie gut beraten, häufig den Quellcode zu sichern. Zeiger haben die Eigenschaft, zum falschen Zeitpunkt dort zu stehen, wo man sie nicht haben will, was in der Regel zum Programmabsturz führt.)

```
double x = 5.0, y = 6.0, z;
z = x + y;
double *px = &x, *py = &y, *pz;
*pz = *px + *py;  // nur bei typidentischen Zeigern !!
cout << " z = " << z << " " << *pz << " " << pz;
```

16.2 Zeigerarithmetik

Im Beispiel mit dem veränderlichen Zeiger pu haben Sie gesehen, dass ein Zeiger nacheinander verschiedene Werte annehmen kann. Dies ist äußerst nützlich **im Zusammenhang mit Arrays** (d.h. mit fortlaufend gespeicherten Werten). Nehmen wir an, pu zeigt auf ein Feldelement. Dann bedeuten

```
pu = pu + 1;    oder:    ++pu;
pu = pu - 1;    oder:    --pu;
```

dass der Zeiger auf das **nächste / vorherige Datenelement des Arrays** und **nicht auf das nächste / vorherige Byte** einer Adresse gerichtet wird. Betrachten Sie dazu nochmals die rechnerinterne Darstellung eines Arrays im Kapitel 5.1.4.

Zeiger lassen sich mit ganzzahligen **Konstanten** verrechnen. Dies führt zu folgenden Identitäten:

```
int a[]  =  {100,110,120,130}, *pa;
pa = a;   //  ist &a[0], Name = Adresse
```

*pa	entspricht	a[0]
*(pa + 1)	entspricht	a[1]
*(pa + n)	entspricht	a[n]

Beachten Sie:
```
pa = a; ++pa;
*pa  =  210;  ist mit   a[1] = 210;   identisch
```

Wir können jetzt ein Programmfragment untersuchen, das kurz schon bei der while-Schleife vorgestellt wurde. Es dient dem Kopieren von Strings, denn einfache **Stringzuweisungen** sind **nicht möglich**.

```
char  p[] = "Hallo", q[8] = {'\0'};
char  *quelle = p, *ziel = q;
while (*quelle)  // Stringcopy: so einfach
   *ziel++ = *quelle++;
```

```
p→ | H | a | l | l | o | \0 |
       ↑
    quelle
    
     ziel
       ↓
q→ | \0 | \0 | \0 | \0 | \0 | \0 | \0 | \0 |
```

16 Zeiger

Wie das Bild andeutet, werden die beiden Zeiger durch die Arrays p und q geschoben und zugleich die Zeichen kopiert, bis in p das Endezeichen \0 gefunden wird.

Bei Datenverbunden (Strukturen) ist eine kleine Besonderheit zu beachten. Während auf eine Komponente eines Datenverbunds mit dem Punktoperator zugegriffen wird, muss bei einem ▸**Zeiger auf einen Datenverbund** der Struktur-Komponenten-Auswahl-Zeiger (siehe Tabelle 9) eingesetzt werden:

```
struct punktT {int x, y;};
punktT  punkt [max];
punktT  *pu = punkt;
punkt[0].x = 10;        entspricht        pu->x    = 10;
punkt[2].x = 20;        entspricht        (pu+2)->x = 20;
punkt[k].x = 50;        entspricht        (pu+k)->x = 50;
```

FF Fatale Fehler

- Nicht zulässig und auch nicht sinnvoll ist `cin >> pu;`
- Folgende Schleife wird korrekt durchlaufen, aber qa bleibt leer. Warum?
  ```
  char *pa = "Hallo", *qa = "\0\0\0\0\0\0";
  while (*pa)   *qa++ = *pa++;
  ```

qa ist ein Zeiger auf einen konstanten String → kein Schreibvorgang möglich!

Fassen wir zusammen:

Zeiger sind Variablen, deren Wert eine Speicheradresse ist. **Zeiger** stellen ein fundamentales Konzept von C++ dar. Mit Zeigern lässt sich ebenso arbeiten, wie mit „normalen" Variablen. Sehr nützlich (und kompakt) ist die **Zeigerarithmetik**, die vorteilhaft bei **Arrays** verwendet wird. Mit Zeigern kann man auch auf Komponenten eines **Datenverbund**s verweisen.

17 Arrays

Arrays sind eine wesentliche Erleichterung für den Programmierer und erlauben eine effiziente Datenorganisation. Zunächst beschreiben wir, wie Arrays in klassischer Weise eingesetzt und wie sie sortiert werden können. Ferner sehen wir, dass sich mit Arrays wunderbar rechnen lässt. Unter C sind Arrays nicht unproblematisch, C++ erlaubt bessere, dh. sicherere Konzepte, die wir mit dem Vektor kennenlernen werden.

17.1 Überblick

Sie haben im Kapitel 5 bereits erfahren, was ein Array ist und wie es gespeichert wird. Dies war zweckmäßig, um zu verstehen, was die jetzt zu besprechenden Programmieranweisungen bewirken.

Fassen wir die wesentlichen Erkenntnisse zusammen:

> Ein **Array** ist eine Ansammlung von Daten identischen Typs unter einem gemeinsamen Bezeichner. Fast alle Datentypen sind als Elemente zulässig. Auf die einzelnen Elemente wird mit einem (ganzzahligen) **Index** zugegriffen.
>
> - Datendefinition:
>   `Datenyp  Arrayname [Anzahl_Elemente];`
> - `Anzahl_Elemente` wird zweckmäßigerweise als `const unsigned` definiert. Eventuelle Änderungen der Arraygröße finden dann nur hier statt.
> - Initialisierung:
>   `Typ  Arrayname [Anzahl_Elemente] = {Liste der Elemente};`
> - Arrayelement:
>   `Arrayname [Index]    mit:   0 ≤ Index < Anzahl_Elemente`

> ☞ Der Rechner prüft nicht, ob der Index innerhalb des zulässigen Bereiches liegt. Es gibt auch keine Fehlermeldung. Zugriffe auf nicht existierende Elemente oberhalb oder unterhalb des zulässigen Bereichs führen bei typidentischen Nachbarwerten zu falschen Daten und sonst im Allgemeinen zum Absturz.

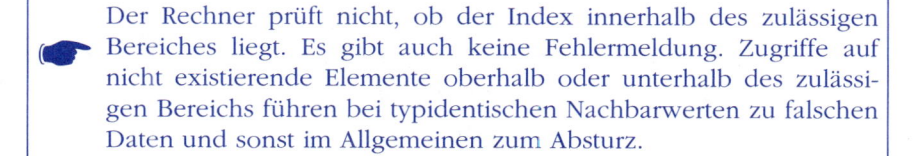

Es gibt in C++ jedoch eine Klasse vektor, die diesen Mangel behebt. Allerdings fehlen uns dazu noch die Kenntnisse.

Mehrdimensionale Felder werden als Arrays von Arrays interpretiert. Die Deklaration wird in der Abfolge gelesen:

```
double  feld[4][2];    // feld ist ein
double  feld[4][2];    // Array mit 4 Elementen
double  feld[4][2];    // vom Typ Array mit 2 Elementen
double  feld[4][2];    // und alle vom Typ double
```

Im Folgenden betrachten wir anhand von Beispielen einige nützliche Aspekte im Zusammenhang mit Arrays.

Beispiel für Array (aus Zeigern) mit **Aufzähltyp**:

```
enum tagTyp {sonntag, montag, dien, mit, don, frei, sam};
tagTyp tag;   const int woche = 7;
int arbeitsstunden[woche] = {-1};
char *tagname[woche] =     // Array aus konstanten Zeigern !
   {"Sonntag","Montag","Dienstag","Mittwoch",
    "Donnerstag","Freitag","Samstag"};
```

Das Array tagname enthält Zeiger, die auf konstante Strings unterschiedlicher Länge zeigen, wie folgende Grafik verdeutlicht:

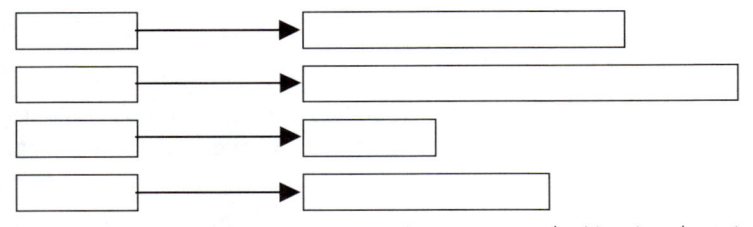

Die Eingabe aktueller Daten in das Array arbeitsstunden *könnte* so programmiert werden, es ist jedoch *unzweckmäßig*:

```
cin >> arbeitsstunden [sonntag];
cin >> arbeitsstunden [montag];   // usw.
```

Wegen der Wiederholungen verwenden wir eine Schleife, z.B.

```
cout << "Eingabe (ganze) Arbeitsstunden :";
for (tag = sonntag; tag <= sam ; ++tag)
   { cout << '\n' << tagname[tag] << "  :  ";
     cin >> arbeitsstunden[tag]; }
```

220

17.2 Array-Sortieren

Das Beispiel zeigt zugleich, dass die for-Anweisung bei der Bearbeitung von Arrays die erste Wahl ist. Ferner erkennen Sie: **Aufzähltypen lassen sich nicht aus- oder eingeben**. Zu diesem Zweck wurde extra das Textarray tagname angelegt.

Beispiel mit einer **Struktur**:

```
struct KundeT { int Nr; /* und weitere ... */};
KundeT kundeTab[20];
for (int k = 0; k < 20; ++k)
    kundeTab[k].Nr = k;
```

Ein Array aus Datenverbunden wird ebenso behandelt wie ein Array eines anderen, beliebigen, zulässigen Datentyps.

Beispiel Array-Kopieren :

```
const unsigned max = 6;
float Preise[max]     = {0.0}; // alle 6 mit 0.0 initialisiert
float copy_preis[max] = {0.0};
for (int k = 0; k < max; ++k)
    cin >> Preise[k]; // Eingabe des Originals
for (int k = 0; k < max; ++k)
    copy_preis [k] = Preise[k];
```

> Ein Array kann **nicht en bloc zugewiesen** werden wie z.B.
>
>   copy_preis = Preise; // falsch !
>
> sondern es muss **elementweise** kopiert werden!

17.2 Array-Sortieren

Eine häufige Aufgabe in der Informatik ist das auf- oder absteigende Sortieren von numerischen oder nichtnumerischen Werten (zB. Ortsnamen). Dazu wurde eine Vielzahl von Algorithmen entwickelt, auf die wir nicht eingehen wollen (der Quicksort ist in einer Bibliotheksdatei enthalten). Bei kleinen Datenmengen und wegen der Einfachheit der Lösungsstrategie ist der ▸**Bubble-Sort**-Algorithmus beliebt. Dieses Beispiel hat auch den Zweck, die **Problematik mit den oberen und unteren Arraygrenzen** zu vertiefen.

Aufgabenanalyse:

Stellen wir zunächst einige Vorüberlegungen an einem beliebigen Zahlenbeispiel an, wenn wir aufsteigend sortieren wollen:

17 Arrays

Index	0	1	2	3	4	5
	89	47	31	13	7	2

Wir vergleichen das *erste* Element mit dem *nächsten*. Wenn dieses kleiner ist, vertauschen wir beide Werte. Dann nehmen wir das zweite Element und vergleichen es mit dem nächsten und so weiter. Welches ist das letzte Element, das wir mit dem nächsten vergleichen? Wir können auch mit dem *zweiten* Element anfangen, das wir mit dem *vorherigen* vergleichen. Welches ist nun das letzte Element, das wir mit dem vorherigen vergleichen?

Den Ablauf innerhalb *einer* Zeile mit 6 Spalten zeigt die Tabelle:

Index	0	1	2	3	4	5
Original:	89	47	31	13	7	2
1. Vergleich	47	89	31	13	7	2
2. Vergleich	47	31	89	13	7	2
3. Vergleich	47	31	13	89	7	2
4. Vergleich	47	31	13	7	89	2
5. Vergleich	47	31	13	7	2	89

Am Ende des ersten Durchlaufs (nach fünf Vertauschungen) steht die größte Zahl in der rechten Spalte. Es sind offensichtlich mehrere Durchläufe nötig, bis das Array vollständig sortiert ist. Den kompletten Ablauf zeigt die nächste Tabelle mit der Nummer des Durchlaufs links außen. Der Name *Bubble-Sort* begründet sich daher, dass die sortierten Werte blasengleich nach rechts aufsteigen.

Index	0	1	2	3	4	5
	89	47	31	13	7	2
1. Lauf	47	31	13	7	2	89
2. Lauf	31	13	7	2	47	89
3. Lauf	13	7	2	31	47	89
4. Lauf	7	2	13	31	47	89
5. Lauf	2	7	13	31	47	89

Formulieren wir auf dieser Basis (erst die Spalten bearbeiten, dann die Zeilen) einen Algorithmus:

Für alle Durchläufe mache:
    Für alle Elemente mache:
        wenn (aktuellesElement < vorherigesElement) dann tausche;

Um zwei Variableninhalte ohne Datenverlust tauschen zu können, wird eine dritte Variable als Hilfsvariable benötigt. Die drei bilden einen Ring:

17.2 Array-Sortieren

```
int  a = 5, b = 7, hilf;
hilf = a;   // Schritt 1
a = b;      // Schritt 2
b = hilf;   // Schritt 3
```

Die folgende Tabelle zeigt die Speicherinhalte während des Tauschvorgangs in einzelnen Schritten (Schritt 0 : Ausgangssituation, x bedeutet „beliebig").

↓Schritt /Var.→	hilf	a	b
0	x	5	7
1	5	5	7
2	5	7	7
3	5	7	5

Jetzt müssen wir uns über die Ober- bzw. Untergrenze Gedanken machen (sonst greift der Rechner daneben!). Wenn wir uns eine Positionsmarke vorstellen, die mit dem zweiten Element (**Index 1**) anfängt und mit dem **vorigen** vergleicht (Index 0), muss die Positionsmarke bis zum Index 5 laufen. Wenn unsere Positionsmarke aber mit dem ersten Element (**Index 0**) beginnt und mit dem **nächsten** vergleicht, darf die Positionsmarke nur bis zum Index 4 laufen, um es noch mit dem Index 5 vergleichen zu können.

Man kann sich nun zwei Schleifen vorstellen, die **in jeder Zeile alle Spalten** vergleichen, das gibt 5*5 Vergleiche. Tatsächlich ist in der **letzten Zeile nur ein** Vergleich **notwendig**, weil alle anderen Elemente schon geordnet sind. Der Rechner spart eine Vielzahl von Vergleichen, wenn die schon geordneten Werte nicht mehr verglichen werden. Dies wird dadurch erreicht, dass die obere Grenze mit jeder Zeile um eins **nach unten** verschoben wird, wie es die folgende Tabelle verdeutlicht.

Index	0	1	2	3	4	5
	89	47	31	13	7	2
1. Lauf	47	31	13	7	2	89
2. Lauf	31	13	7	2	47	89
3. Lauf	13	7	2	31	47	89
4. Lauf	7	2	13	31	47	89
5. Lauf	2	7	13	31	47	89

Auf dieser Strategie beruht das folgende Programm, das in verschiedenen Varianten ausgeführt ist. Achten Sie dabei besonders auf die Grenzen der

Schleifen und gleichzeitig die Indizes! Untersuchen Sie das Programm und die Variableninhalte mit dem Debugger. Dieser kann komplette Arrays anzeigen.

```cpp
#include <iostream> using namespace std;
int main()
{  const unsigned max = 6;
   int  a[max] = {89,47,31,13,7,2},  // Original
        b[max] = {0},                // Kopie
        hilf;
   int j , i; //für ältere Compiler; gilt global
   for (i = 0; i < max; ++i)  b[i] = a[i]; //Kopie
```

1. Variante: mit Index 0 beginnend

```cpp
   for (i = 0; i < max-1 ; ++i)
     for (j = 0; j < max-i-1; ++j)
       if ( b[j] > b[j+1] )
         {hilf  = b[j]; b[j]  = b[j+1]; b[j+1] = hilf; }
   cout << endl;
   for (i = 0; i < max; ++i) cout << b[i] << " ";
```

Für diese **Variante** gibt es auch folgende **Alternative**:

```cpp
   for (i = max-1; i > 0; --i)
     for (j = 0; j <= i-1; ++j)
       if ( b[j] > b[j+1] )
         {hilf = b[j]; b[j] = b[j+1]; b[j+1] = hilf; }
```

2. Variante : mit Index 1 beginnend

```cpp
   for (i = 1; i < max ; ++i)
     for ( j = 1; j < max-i+1; ++j)
       if ( b[j-1] > b[j] )
         {hilf  = b[j-1]; b[j-1] = b[j]; b[j]  = hilf; }
   cout << endl;
   for (i = 0; i < max; ++i) cout << b[i] << " ";
   return 0;
} // end of main
```

17.3 Rechnen mit Arrays

In der Literatur finden sich weitere Varianten, zum Teil auch mit anderen Schleifentypen realisiert. Die Beispiele zeigen, dass *ein* Ergebnis oft auf verschiedene Weise erreicht werden kann.

> Ersetzt man die obigen int-Arrays durch String-Arrays oder Arrays von Strukturen, lassen sich auch diese einfach sortieren. Bei String-Arrays müssen zum Tauschen die Standardfunktionen für die Stringbearbeitung, Kapitel 19.9, oder die Klasse string, Kapitel 27, verwendet werden.

Für die Interessierten und der Systematik wegen – aber im Vorgriff auf Funktionen – soll der Tausch von String-Arrays behandelt werden. Sie können aber auch diesen Absatz beim ersten Lesen überspringen. Die Funktion strcpy(ziel, quelle) kopiert einen String von quelle nach ziel:

```
const int max = 5;
char Strings [max+1][15] =
    {"Blockkonzept", "Blöcke", "Block", "Blätter", "Blasen", ""};
for ( int k = 0; k < max-1; ++k)
  for ( int j = 0; j < max - k - 1; ++j)
    if ( Strings[j] > Strings [j - 1])
      { strcpy(Strings[max], Strings [j]);
        strcpy(Strings [j], Strings[j+1]);
        strcpy(Strings[j+1], Strings[max]);
      }
```

Hier ist im übrigen ein kleiner Trick angewandt: Das Array wurde um ein Element größer angesetzt, das beim Ringtausch als Hilfselement dient.

Fatale Fehler

- Es führt zu exotischen Ergebnissen, wenn man ein Array mit *konstanten Zeigern* anlegt und sortiert. Ersetzen Sie beim String-Sortieren im letzten Beispiel:

  char Strings [max+1][15]   durch
  char *Strings [max+1]

  und betrachten Sie das Ergebnis im Debugger.

17.3 Rechnen mit Arrays

Zweidimensionale Arrays kommen in der Technik sowie in den Natur- und Wirtschaftswissenschaften häufig vor. Oft sind sie im Zusammenhang mit linearen Gleichungssystemen (mit konstanten Koeffizienten) zu finden. Beispiele: In der Elektrotechnik setzt man sie ein zur Berechnung von Schaltkreisen, in der Betriebswirtschaft zur Ermittlung der Kosten bei der innerbetrieblichen Leistungsverrechnung (Kostenrechnung) und in der Volkswirtschaft zur Berechnung des Güteraustausches zwischen Ländern.

Ein lineares Gleichungssystem mit drei Variablen x_k, k = 1, 2, 3, sehe z.B. so aus:

$$y_0 = a_{00} \cdot x_0 + a_{01} \cdot x_1 + a_{02} \cdot x_2$$
$$y_1 = a_{10} \cdot x_0 + a_{11} \cdot x_1 + a_{12} \cdot x_2$$
$$y_2 = a_{20} \cdot x_0 + a_{21} \cdot x_1 + a_{22} \cdot x_2$$

Wenn x_k den Input darstellen und die a_{ik} konstante Größen sind, dann wird der Output y_i nach diesem Gleichungssystem ermittelt. Bei mehr als drei Gleichungen wäre es sehr aufwändig, wollte man die Gleichungen ausprogrammieren. Aber die Indexschreibweise weist den Weg, dies sehr einfach zu programmieren, wobei die Flexibilität bei unterschiedlicher Anzahl der Gleichungen gegeben ist. Eine genaue Analyse der Indizes ik zeigt, dass der erste Index die Zeilennummer und der zweite die Spalte bezeichnet.

Der allgemeine Fall einer solchen Gleichung lässt sich mathematisch in der Form schreiben:

$$y_{zeile} = \sum (a_{zeile\,spalte} * x_{spalte}) ,$$

wobei über die Spalten summiert wird.

Die Summation haben wir bereits mit einer for-Schleife erfolgreich ausgeführt. Deshalb können wir im Pseudocode schreiben:

    Für alle Zeilen mache // äussere Schleife
        Für alle Spalten mache
            Summe der Produkte a [zeile][spalte] * x[spalte]

Der entsprechende C++Code lautet einfach:

```
int n = 3;
for (int zeile = 0; zeile < n; ++zeile)
  for (int spalte = 0; spalte < n; ++spalte)
    y[zeile] += a[zeile][spalte] * x[spalte];
```

17.3 Rechnen mit Arrays

Dieser Ansatz gilt für drei Gleichungen mit drei Variablen wie für 1000 Gleichungen mit 1000 Variablen (z.B. in der Mineralölindustrie zur Berechnung der Produktion von Benzin). Arrays wurden in der Anfangszeit der Rechnertechnik für genau solche mathematischen Aufgaben entwickelt.

Beispiel aus der Materialwirtschaft:

Eine Farbenfabrik stellt durch Mischen der Grundfarben Rot, Grün, Blau, Weiß und Schwarz eine große Zahl von Farbtönen her. Die Menge (in kg) des Rots wird in x_0, des Grüns in x_1 usw. gespeichert, die wir zum Vektor x zusammenfassen. Farben bestehen aus Pigmentpulver, das unterschiedlich teuer ist. Die Preise (pro kg) für die Farben speichern wir in gleicher Reihenfolge im Preisvektor preis:

```
float     x [5]    = {0.2, 0.05, 0.3, 0.45, 0.};
float     preis [5] = {2.5, 3.2, 1.75, .5, 4.0};
```

Ein spezieller Farbton, der durch obige Mengenkombination x gegeben ist, führt zu Herstellkosten

```
cost = preis[0]·x[0] + preis[1]·x[1] + ... + preis[4]·x[4]  oder:
for (int k = 0; k < 5; ++k)   cost += preis[k] * x[k];
```

Weitere Varianten von Pigmentpreisen (zB. verschiedener Hersteller) lassen sich in einer Preismatrix zusammenfassen, z.B.

```
float Preise[5][5] = { {2.5, 3.2, 1.20, .5, 4.1},
                       {2.2, 2.7, 1.50, .6, 3.9},
                       {2.1, 3.5, 1.80, .7, 4.0},
                       {1.9, 3.1, 1.85, .4, 4.1},
                       {2.8, 3.0, 1.65, .5, 3.9} };
```

Bei gegebener Preismatrix kann man die Herstellkosten in einem Ergebnisvektor Cost ermitteln. Mit einer Eingabe der Mengenkombinationen über die Tastatur lassen sich sofort die Herstellkosten kalkulieren:

```
float Cost[5] = {0.0}, x [5] = {0.0};
float Preise[5][5] =  { {2.5, 3.2, 1.20, .5, 4.1},
                        {2.2, 2.7, 1.50, .6, 3.9},
                        {2.1, 3.5, 1.80, .7, 4.0},
                        {1.9, 3.1, 1.85, .4, 4.1},
                        {2.8, 3.0, 1.65, .5, 3.9} };
for (int k = 0; k < 5; ++k)
    {cout << "//DialogText" ;  cin >> x[k]; cout << endl; }
```

```
    for (int i = 0; i < 5; ++i)
      for (int k = 0; k < 5; ++k)
         Cost[i] += Preise[i][k] * x[k];
    for (int k = 0; k < 5; ++k)
         cout << "//Dialogtext" << Cost[k] << endl;
```

17.4 Projektarbeit (4)

Die Kenntnis von Schleifen und Arrays erlaubt es nun, das Steuerprogramm zu vereinfachen. Wichtige Vorarbeiten sind auch schon mit der Analyse des ▶Horner-Schemas geleistet, die wir für ein Polynom 4. Ordnung nochmals anführen:

$$\begin{aligned}
& a_4 \cdot x^4 + a_3 \cdot x^3 + a_2 \cdot x^2 + a_1 \cdot x^1 + a_0 \\
= \ & (a_4 \cdot x^3 + a_3 \cdot x^2 + a_2 \cdot x^1 + a_1) \cdot x + a_0 \\
= \ & ((a_4 \cdot x^2 + a_3 \cdot x + a_2) \cdot x + a_1) \cdot x + a_0 \\
= \ & (((a_4 \cdot x^1 + a_3) \cdot x + a_2) \cdot x + a_1) \cdot x + a_0 \\
= \ & ((((0 + a_4)x + a_3) \cdot x + a_2) \cdot x + a_1) \cdot x + a_0
\end{aligned}$$

Das Bildungsschema lautet – *von innen ausgehend* –:

- Klammerausdruck mal x plus Konstante ergibt neuen Klammerausdruck
- wiederhole dies n-fach

Die konstanten Koeffizienten a_k packen wir in ein Array, z.B. für die untere Progressionszone:

```
    float a[5] = {3034.0, 2200.0, 695.0 -73.76, 3.05};
```

(Beachten Sie: Das Element mit dem höchsten Index steht im Polynom links, im Array rechts; im Steuerprogramm ist es ein Polynom 4. Ordnung). Die innere Klammer ist mit dem höchsten Koeffizienten identisch, und weil das Ergebnis die Steuer ist, können wir von Anfang an die entsprechende Variable EST verwenden (das Abschneiden lassen wir der besseren Übersicht wegen vorerst weg):

```
    E1 = (E - 18000)/10000.0;
    EST = a[4];
    EST = EST * E1 + a[3];
    EST = EST * E1 + a[2];
    EST = EST * E1 + a[1];
    EST = EST * E1 + a[0];
```

17.4 Projektarbeit (4)

Diese Wiederholungen können wir nun mit einer for-Anweisung zusammenfassen:

```
if (E < 60000)
  {E1 = (E - 18000)/10000.0;
   EST = a[4];
   for (k = 4; k>=1; --k)
     EST = int ((EST * E1 + a[k-1])*1000)/1000.0;
  }
```

Vergleichen Sie diesen Lösungsansatz mit dem folgenden und dem obigen allgemeinen zu Beginn dieses Abschnittes:

```
double EST = 0.0;
if ( E < 60000)
  {E1 = (E - 18000)/10000.0;
   for (k = 4; k>=0; --k)
     EST = int ((EST * E1 + a[k])*1000)/1000.0;
  }
```

Wo liegen die wesentlichen Unterschiede zwischen beiden Varianten?

Speichern Sie nun Ihren Quellcode zur Einkommensteuer-Berechnung in einer neuen Datei ab (zB. EK4.CPP). Legen Sie je ein Array für die Koeffizienten der unteren und der oberen Progressionszone an, z.B. u_prog und o_prog . Führen Sie die Änderungen für die obere und untere Progressionszone (jeweils mit einer for-Schleife) durch. Sie werden feststellen: Die Berechnung der Steuer wird deutlich übersichtlicher. Prüfen Sie mit dem Debugger.

Fatale Fehler

FF

- Bei der letzten Variante des Steuerprogramms sind zwei Arrays definiert, die wir jetzt in ein separates Programm kopieren und um die angegebenen Anweisungen erweitern:

```
float a[5] = {3034., 2200., 695., -73.76, 3.05},
      b[5] = {20018., 5040., 88.13, -5.45, 0.09};
float sum = 0;   int jenseits = 8;
for (int k = 0; k < jenseits; ++k)
  {cout << b[k] << "   ";
   sum += b[k];   }
```

17 Arrays

> Wir stellen fest:
> 1. Es findet hier ein Zugriff über die Feldgrenzen hinaus statt. **Werte von a** werden eingelesen, nur weil sie zufällig denselben Datentyp haben wie b!
> 2. Offensichtlich geschieht daher das Abspeichern (bei meinem Compiler!) nicht in der Reihenfolge der Variablendefinition. Sollte sich dies nicht bei Ihnen einstellen: in der `for`-Anweisung b durch a tauschen.
>
> Wenn der Schleifenzähler größer als die zulässige Feldgrenze wird, ist die Verhaltensweise unvorhersehbar → Absturzgefahr.

- Typischer Fehler mit Array-Grenzen:

   ```
   const int max = 5;
   int  b [max];
   ..........
      for (int k = 0; k <= max; ++k) ... ;
   statt:   k < max;   // das ist üblich
   oder:    k <= max - 1;
   ```

- Es ist nicht zulässig, ein ganzes Array durch Zuweisung der Bezeichner in ein anderes zu kopieren. Dies geht nur elementweise:

   ```
   float a[5] =  {3034., 2200., 695., -73.76, 3.05 };
   float c[5];
   c = a; // falsch !!
   for (int k = 0; k < 5; ++k) c[k] = a[k]; // richtig !!
   ```

- Folgende Operationen mit Arrays sind daher nicht zulässig:

   Zuweisung: a = c;

   Vergleich: a == c

   `cout << a;` ist zulässig und liefert nicht den Inhalt, sondern die Adresse des Arrays.

   `cin >> a;` ist sachlich unsinnig und nicht zulässig.

- Die Arraygröße muss beim Compilieren bekannt sein. **Während der Laufzeit darf** – im Gegensatz zu manch anderer Programmiersprache – **keine Wertzuweisung** an die Indexvariable vorgenommen werden, um ein Array neu zu definieren. **Falsch** ist daher:

17.4 Projektarbeit (4)

```
int max;
cin >> max;
float x [max]; // falsch !!
```

Fassen wir zusammen:

Arrays stellen die fortlaufende Speicherform desselben Datentyps unter einem Bezeichner dar. Jeder speicherbare Datentyp ist hier zulässig, so kann man auch ein Array aus Zeigern definieren. Auf die Elemente eines Arrays wird **vorzugsweise mit der for-Schleife** zugegriffen, auf zwei- und mehrdimensionale Arrays mit geschachtelten for-Schleifen. Achten Sie dabei auf die korrekten Anfangs- und/oder Endwerte des Index! Mit Arrays lässt sich gut **rechnen**, insbesondere bei linearen Gleichungssystemen, die häufig vorkommen. Arrays von Datenverbunden erlauben datenbankartige **Tabellen**.

Übung 16

1 Gegeben ist eine Initialisierung eines Arrays:

```
const int m = 3;
int a[m][m] = {2, 3, 4, 5, 6, 7, 8, 9, 10};
```

Die Werte sollen stattdessen durch eine Schleife automatisch zugewiesen werden:

```
for (int k = 0; k < m; ++k)
    for (int i = 0; i < m; ++i)    a[k][i] = ?
```

Wie muss der Ausdruck lauten, der dies erzeugt?

2 Was ist der Unterschied zwischen beiden Schleifen:

```
int p = 0;
for (int k = 0; k < 3; ++k)
    for (int i = 0; i < 3; ++i)    a[k][i] = ++p;
p = 0;
for (int k = 0; k < 3; ++k)
    for (int i = 0; i < 3; ++i)    a[i][k] = ++p;
```

Übungen (ohne Lösungen):

3 Geben Sie (mit kleinen Abständen) die Buchstaben des deutschen Alphabets in einer Zeile auf dem Monitor aus. In der zweiten Zeile verschieben Sie kreisförmig alle Buchstaben um einen nach links, so dass unter dem z der ersten Zeile das a der zweiten zu liegen kommt. Machen Sie dies für alle weiteren Zeilen. Wenn die erste Zeile das Klartextalphabet bezeichnet, lässt sich ein Geheimtext dadurch konstruieren, dass einem Buchstaben einer zu verschlüsselnden Botschaft aus dem Klartextalphabet einer aus dem verschobenen Geheimtextalphabet zugeordnet wird. Mit einer Verschiebung um drei Buchstaben wird aus

    Klartext: das ist geheim

    Geheimtext: gdv lvw jhkhlp

Verschlüsseln Sie einen beliebigen einzugebenden Text nach der Eingabe einer Verschiebung. Übrigens: Das Verfahren hat Caesar (100 bis 44 v Chr.) schon eingesetzt! (Für Interessierte spannende Bücher: Beutelspacher [1, 2]; Kippenhahn [13]).

4 In der Fußballbundesliga des Deutschen Fußballbundes (DFB) spielen folgende 18 Mannschaften (Vereine):

Nr.	Verein	Nr.	Verein
1.	FC Bayern München	10.	1. FC Kaiserslautern
2.	TSV München 1860	11.	1. FC Nürnberg
3.	Hamburger SV	12.	MSV Duisburg
4.	TSV Bayer 04 Leverkusen	13.	FC Schalke 04
5.	SC Freiburg	14.	VfL Wolfsburg
6.	Hertha BSC Berlin	15.	FC Hansa Rostock
7.	VfL Bochum	16.	Eintracht Frankfurt
8.	Borussia 09 Dortmund	17.	SV Werder Bremen
9.	VfB Stuttgart	18.	Borussia Mönchengladbach

Der Saisonverlauf ist dadurch gekennzeichnet, dass jede Mannschaft zweimal gegen jede spielt: in der Vorrunde hat die eine Mannschaft einer Spielpaarung Heimrecht, in der Rückrunde dann die andere. Es ergeben sich also 34 Spieltage (17 Vorrunde, 17 Rückrunde) mit jeweils 9 Spielpaarungen.

Speichern Sie (mit der Initialisierung) die Namen der 18 Bundesligavereine; ebenso die *zwei* (von 34 Spieltagen) vom DFB vorgegebenen, festen Zuordnungen der Vereinsnummern nach folgender Tabelle (am ersten Spieltag spielt Verein 1 gegen Verein 16):

1. Spieltag				2. Spieltag			
1	-	16	11 - 6	2	-	15	12 - 3
3	-	14	13 - 4	4	-	11	14 - 1
5	-	12	15 - 18	6	-	9	16 - 17
7	-	10	17 - 2	8	-	7	18 - 13
9	-	8		10	-	5	

17.4 Projektarbeit (4)

Wie lautet die Definition einer *Zuordnungstabelle*, in der die Vereinsnummern für die gesamte Saison abgespeichert sind? Geben Sie auf dem Monitor die Spielpaarungen aus, und zwar für einen dieser Spieltage in der Form

    FC Bayern München – Eintracht Frankfurt
    Hamburger SV   – VfL Wolfsburg

5 Der Vertrieb eines neuen Produkts führt während der ersten sechs Monate zu den nachfolgend angegebenen verkauften Stückzahlen. Es wird unterstellt, dass diese Punktfolge

Monat	1	2	3	4	5	6
Verkaufte Stück	15	37	52	59	83	92

am besten durch eine Geradengleichung der Form y = A + B*x, wobei x den Monat bedeutet, angenähert wird. Einzugeben sind alle Wertepaare (x_k, y_k) mit $1 \leq k \leq n$. Die lineare ▸Regressionsrechnung liefert dann für diese Schätzgerade die Parameter A und B, die folgendermaßen definiert sind:

$$B = \frac{\sum xy - \frac{\sum x \sum y}{n}}{\sum x^2 - \frac{(\sum x)^2}{n}} \quad ; \quad A = \bar{y} - B * \bar{x}$$

mit $\bar{y} = (\sum y)/n; \quad \bar{x} = (\sum x)/n$

Erstellen Sie ein Programm, das nach der Eingabe eines beliebigen Monats einen Schätzwert für die Verkaufszahl liefert.

6 Bei der Bevorratung von Materialien interessiert man sich dafür, wie groß der Verbrauch eines Artikels in der jeweils nächsten Periode sein könnte. Ein Schätzverfahren ist der ▸gleitende Mittelwert, bei dem die Verbräuche z.B. der letzten n = 4 Monate addiert und durch 4 geteilt werden. Beispiel:

Prognoseverbrauch$_{JUNI}$ = (Ist$_{Mai}$ + Ist$_{April}$ + Ist$_{März}$ + Ist$_{Feb}$) / n

Gegeben sind folgende Monats-Verbrauchszahlen:

120, 90, 105, 97, 117, 125, 133, 119, 126, 138, 129, 119, 121, 113, 100

Berechnen Sie nach der Methode der gleitenden Mittelwerte die Prognosewerte nach dem 4. Monat für alle Folgemonate.

7 Bei der Methode des *gewichteten* gleitenden Mittelwertes werden die Verbrauchszahlen der jüngeren Monate stärker gewichtet als die der älteren, z.B. letzter Monat mit 45%, davor mit 30%, davor mit 15%, davor mit 10%. Gehen Sie davon aus, der Materialwirtschaftler will die Gewichtungen veränderbar halten, d.h. von außen eingeben. Beachten Sie, die Gewichtungen müssen zusammen immer 100 % ergeben (wie kann man das sicherstellen?). Berücksichtigen Sie die Änderungen gegenüber der letzten Übung.

18 Strukturen

Im letzten Kapitel haben wir Arrays behandelt. Es ist deutlich geworden, dass diese unter einem Bezeichner immer nur Variablen *eines* Datentyps vereinigen. Eine **Struktur** als Datentyp jedoch kann unter **einem Namen** Komponenten **verschiedener Datentypen** zusammenfassen, weshalb sie auch als Datenverbund bezeichnet wird. Auch an den Begriffen sieht man den Unterschied: (Feld)**Elemente** beim Array und **Komponenten** bei der Struktur. Strukturen fassen zusammen, was inhaltlich zusammengehört. Wir werden auch sehen, wie man seine Daten *nicht* strukturieren sollte.

18.1 Überblick

„Für C++-Programmierer stellen Strukturen einen der zwei bedeutenden Bausteine für das Verständnis von Objekten und Klassen dar. Tatsächlich ist die Syntax einer Struktur annähernd identisch mit der einer Klasse. Eine Struktur (...) ist eine Sammlung von Daten, während eine Klasse eine Sammlung von sowohl Daten als auch Funktionen ist."[16, S. 191]. Wegen der engen Beziehungen zwischen Daten und Funktionen behandeln wir im nächsten Kapitel die Funktionen, um dann später als Zusammenführung die Klassen zu betrachten.

Der Datentyp Struktur ist immer – wie beim Backen – eine Form, mit der wir viele gleichartige Stücke – die Variablen – ausstechen. Ein solches Muster kann der Anwender – im Rahmen der Syntaxregeln – nach Belieben und vor allem Zweckmäßigkeit zusammensetzen.

Die Syntax lautet

```
struct Typname {Datendeklarationen} ;
Typname Variable(nliste);
```

Der Syntax nach sind Struktur und Aufzähltyp sehr ähnlich.

Die folgenden Beispiele zeigen eine Auswahl aus der Vielfalt an Möglichkeiten einer Struktur. Dabei nehmen wir Bezug auf früher einmal eingeführte Deklarationen.

18 Strukturen

Beispiel:
```
enum COLORS {BLACK, BLUE, GREEN, CYAN, RED, MAGENTA /*usw */};
struct  PunktTyp   // keine Speicherplatzreservierung
   { int x, y;
     bool sichtbar;
     COLORS farbe;
   };  // hier muss Semikolon sein !
// jetzt Speicherplatzreservierung:
PunktTyp   punkt, LinksOben, RechtsUnten, center;
```

Wenn wir jetzt einer Strukturkomponente Werte zuweisen, geschieht dies mit Hilfe des Punktoperators.

- **Zugriff mit Punktoperator**

```
punkt.sichtbar = true;
// punkt ist Variablenname, sichtbar ist Komponentenname
punkt.x = 15;
punkt.farbe = CYAN;
LinksOben.x = 200;
RechtsUnten.x = 600;
int fensterbreite_x = RechtsUnten.x - LinksOben.x;
```

Eine Strukturkomponente unterscheidet sich – von der Schreibweise des Namens abgesehen – in (fast) nichts von einer „normalen" Variablen. Daher kann man auch Zeiger setzen:

- **Zugriff mit Zeiger**

```
PunktTyp *pLiOben = &LinksOben, *pReUnten = &RechtsUnten;
pLiOben->x = 150;
pReUnten->x = 650;
pLiOben->sichtbar = false;
int fensterbreite_x  =  pReUnten->x - pLiOben->x;
```

Die Einschränkung *fast* kein Unterschied bezieht sich auf die Schreibweise mit dem -> Operator statt des Punktoperators. Sie ist etwas ungewohnt, lässt aber sofort den Zeigerursprung erkennen.

18.1 Überblick

■ Verschachtelte Strukturen

Häufig ist es zweckmäßig, dieselbe Struktur in verschiedenen anderen einzusetzen. Typischerweise lässt sich z.B. eine Adresse bei Mitarbeitern, Lieferanten, Kunden, Rechnungsempfängern usw. verwenden. Günstig ist es daher, sie nur einmal zu deklarieren:

```
struct adr                          struct KundeT
  { char strasse[15];                 {unsigned int Nr;
    char plz[6];                       char name[20];
    char ort[22];                      adr  Adresse;
  };                                   char status;
// muss vor struct                     float umsatz;
// KundeT stehen!                     };
                                    KundeT   ein_Kunde;
```

Beachten Sie, dass die Struktur adr dem Compiler bekannt gemacht (**deklariert**) werden muss, **bevor** sie in der Struktur KundeT eingesetzt werden darf.

■ Initialisierung

Das Initialisieren geht in der bisher gewohnten Weise:

```
PunktTyp  punkt = { 40, 40, true, BLACK };
KundeT ein_Kunde = { 123987, "Fink",
                    {"Allee 23", "04371","Kleinwanzen"},
                    'A', 100000.0  };
```

Beachten Sie die zweite Klammer als Folge der eingebetteten Struktur adr.

■ Zuweisung

Die Zuweisung an einzelne Komponenten haben wir schon beschrieben. Wichtig erscheint noch zu erwähnen, dass eine Strukturvariable, die Teil eines Arrays ist, ebenso behandelt wird wie eine einzelne Strukturvariable:

```
struct KundeT { /*wie zuvor*/ };
KundeT ein_kunde = { /*Init*/ };
KundeT kundeTab[20];
kundeTab[5] = ein_kunde;
```

```
ein_kunde = kundeTab[2];
ein_kunde.Nr = 4711;
kundeTab[4].Nr = 4712;
```

Im Gegensatz zu Arrays ist es möglich, eine **Strukturvariable** einer anderen, **typidentischen** im ganzen zu**zuweisen**:

```
center = LinksOben;
```

Beide Strukturvariablen müssen vom Typ `PunktTyp` sein! Jede Komponente wird der entsprechenden zugewiesen. Den Vorteil sehen Sie beim Tausch von drei Strukturvariablen. Man müsste andernfalls (Komponentenanzahl mal 3) Anweisungen schreiben.

Beispiel:

```
PunktTyp  punkt1, punkt2, hilf;
hilf = punkt1;
punkt1 = punkt2;
punkt2 = hilf;

// statt:
hilf.x = punkt1.x;   // sehr viel Fleissarbeit !
hilf.y = punkt1.y;      //ebenso für: sichtbar, farbe
punkt1.x = punkt2.x;
punkt1.y = punkt2.y;    //ebenso für: sichtbar, farbe
punkt2.x = hilf.x;
punkt2.y = hilf.y;      //ebenso für: sichtbar, farbe
```

18.2   Vergleich Datenverbund mit Array

Arrays dürfen (fast) jeden Datentyp aufnehmen, das macht ja gerade die Flexibilität einer Programmiersprache aus. Arrays von Strukturen haben die Eigenschaft von Tabellen, weshalb sie in der Praxis z.B. bei Datensammlungen gern eingesetzt werden:

Finck	Werner	Alter Narr - was nun ?	1972	15.70
Herking	Ursula	Danke für die Blumen	1973	18.30
Roth	Eugen	Allzu eifrig	1966	24.80
Erhard	Heinz	Vom Alten Fritz	1968	35.90
Valentin	Karl	Buchbinder Wanninger	1935	12.40
Tucholsky	Kurt	Das Lächeln der Mona Lisa	1929	12.80

18.2 Vergleich Datenverbund mit Array

Ein solcher Datensatz lässt sich mit folgender Struktur beschreiben:

```
struct  satzT
  { char  autor[20];
    char  vorname[15];
    char  titel[30];
    int   jahr;
    float preis;
  };
satzT  buch, buchTab[10];
```

Eine Programmieraufgabe könnte z.B. sein, diese Datensätze nach den Autorennamen zu sortieren. Dann müssten jeweils ganze *Zeilen* vertauscht werden. Wie wir gesehen haben, lässt sich dies mit drei Anweisungen ausführen.

Im Prinzip könnte man die Daten auch *spaltenweise* zusammenfassen; der Ansatz ist nicht falsch, aber äußerst ungeschickt und widerspricht dem Konzept des struct-Typs :

Finck	Werner	Alter Narr - was nun ?	1972	15.70
Herking	Ursula	Danke für die Blumen	1973	18.30
Roth	Eugen	Allzu eifrig	1966	24.80
Erhard	Heinz	Vom Alten Fritz	1968	35.90
Valentin	Karl	Buchbinder Wanninger	1935	12.40
Tucholsky	Kurt	Das Lächeln der Mona Lisa	1929	12.80

```
char Autor [10][20], Vorname[10][15], Titel[10][30];
int  jahr [10]; float Preis[10];
```

Eine Sortierung, die jeweils nur *innerhalb eines* Arrays sortiert, könnte folglich zu folgendem, *unsinnigen* Ergebnis führen:

Erhard	Eugen	Allzu eifrig	1929	12.40
Finck	Heinz	Alter Narr - was nun ?	1935	12.80
Herking	Karl	Buchbinder Wanninger	1966	15.70
Roth	Kurt	Danke für die Blumen	1968	18.30
Tucholsky	Ursula	Das Lächeln der Mona Lisa	1972	24.80
Valentin	Werner	Vom Alten Fritz	1973	35.90

18 Strukturen

Eine Sortierung, die mit Arrays zum selben korrekten Ergebnis kommt wie mit Strukturen, ist deutlich schwieriger zu programmieren als mit drei fehlerfreien Anweisungen. Der objektorientierte Ansatz, den Sie noch kennenlernen werden, lässt erst gar nicht die Idee aufkommen, die Daten in der zuletzt beschriebenen Weise zusammenzufassen.

> Datentypen und Algorithmen sind nicht unabhängig voneinander zu entwerfen. Geschickte Datentypen können zu einfachen Algorithmen führen. Es ist daher empfehlenswert, zu Beginn eines Projekts die Datentypen zweckmäßig zu planen und zu organisieren. Die dafür aufgewandte Zeit spart der Programmierer beim Codeschreiben mehrfach wieder ein!

FF Fatale Fehler

- **Nicht zulässig** ist ein **Vergleich** zweier Strukturen in folgender Weise (mit Klassen, siehe Teil D, wird es aber möglich):

    ```
    if ( kunde1 == kunde2)...
    ```

- Zugriff auf eine Komponente:

    ```
    richtig:   kundeTab[4].Nr = 99;
    falsch:    kundeTab.Nr[4] = 99;
    ```

Fassen wir zusammen:

Eine **Struktur** (ein Datenverbund) stellt die Zusammenfassung von meist unterschiedlichen Datentypen dar, auf die mit dem **Punktoperator** oder – bei Zeigern – mit dem **->Operator** zugegriffen werden kann. Datenverbunde lassen sich – im Gegensatz zu Arrays – **typidentischen Variablen zuweisen**. Strukturen sind die Vorstufe der (objektorientierten) Klassen, die später behandelt werden.

Probleme, bei denen viele Datenobjekte zu verarbeiten sind, lassen sich durch den Einsatz **geeigneter Datenstrukturen** leichter lösen. Wenn die Datenstruktur auf die Bearbeitung zugeschnitten sind, **vereinfacht** sich das Programm. Inhaltlich zusammengehörige Daten soll man nicht durch ein falsches Datenkonzept auseinander reißen und unsinnig anordnen. Das schafft nur zusätzliche Arbeit und Ärger.

Eine noch größere Sorgfalt bei der **Planung der Datenobjekte** ist bei der objektorientierten Programmierung unabdingbar.

18.3 Zusammenfassung Kapitel 14 bis 18

Zu den typischen Instrumenten zur Steuerung des logischen Ablaufs eines C++Programms zählen die **Auswahl** und die **Wiederholung**. Beide sind in *drei* verschiedenen Ausprägungen implementiert. Beide hängen vom **Wahrheitswert** einer **Bedingung** ab, die durch einen **Ausdruck** formuliert wird. Bei beiden erlaubt die Syntax nur **eine** Anweisung. An ihre Stelle darf jedoch ein durch {}-Klammern umschlossener **Block** treten. Sowohl Auswahl als auch Wiederholung erlauben eine **Schachtelung**.

Die **Auswahl** ermöglicht die Abarbeitung von (alternativen) Anweisungen in Abhängigkeit von einer Bedingung. Sie lässt sich als

- einseitige (if),
- zweiseitige (if else) oder
- Mehrfachauswahl (geschachteltes if, switch)

einsetzen. Die einseitige Auswahl kann als Sonderfall der zweiseitigen angesehen werden, wobei der else-Zweig entfällt. **Geschachtelte** if-**Anweisungen** erlauben eine Mehrfachauswahl. Sie müssen immer dann eingesetzt werden, wenn im Ausdruck **reelle Zahlen** und/oder **unterschiedliche Bedingungen** verknüpft werden. Lässt sich ein Ausdruck auf einen **abzählbaren** Wert reduzieren, vereinfacht die switch-**Anweisung** die Schreibweise und trägt zur besseren Übersicht bei. Um im Quelltext die korrekte Logik zum Ausdruck zu bringen, ist es zweckmäßig, die Anweisungen optisch geeignet **einzurücken**.

Eine **Wiederholung** ermöglicht das mehrfache Ausführen von Anweisungen. Sie ist in C++ ebenfalls in drei Ausprägungen als do-while-, while- und for-Schleife implementiert. In der Form der fußgesteuerten Schleife ermöglicht die do-while-Schleife auf jeden Fall den Schleifeneintritt, während while- und for-Schleifen als kopfgesteuerte Schleifen-Anweisungen diesen verhindern **können**. Die verschiedenen Schleifen lassen sich (meist) ineinander **umwandeln**, dennoch gibt es für jede Schleifenart gewisse **Präferenzen**. Schleifen haben die gemeinsame Eigenart, dass sie geeignet **beendet** werden müssen. Dies geschieht durch eine „nicht wahre" Bewertung des Ausdrucks oder durch break-Anweisung. Die **Veränderung der Bedingung** kann im Schleifenkörper oder auch im Ausdruck selbst vorgenommen werden. Häufige **Fehler** bei Schleifen entstehen durch falsch gesetzte Zählvariablen oder falsch formulierte Bedingungen. Auch Schleifen können **geschachtelt** werden.

C++ kennt neben den elementaren **Datentypen** die *zusammengesetzten* Datentypen Aufzählungstyp (enum), Feld (array) und Struktur (struct).

Zur Entwicklung von komplexeren Programmen sind Zeiger, Feld und Struktur unabdingbare und sehr nützliche Datentypen.

Zeiger stellen ein fundamentales Konzept von C++ dar. Zeiger verweisen („zeigen") auf andere Datenobjekte. Mit Zeigern lässt sich ebenso arbeiten, wie mit „normalen" Variablen. Sehr nützlich (und kompakt) ist die **Zeigerarithmetik**, die z.B. bei *Arrays* vorteilhaft verwendet wird. Mit Zeigern kann man auch auf Komponenten eines *Datenverbund*s verweisen.

Arrays dienen der fortlaufenden Speicherung von Daten **desselben** Typs unter einem gemeinsamen Bezeichner. Jeder speicherbare Datentyp ist hier zulässig, so kann man auch ein Array aus Zeigern definieren. Auf die Elemente eines Arrays wird **vorzugsweise mit der** for-**Schleife** zugegriffen, auf zwei- und mehrdimensionale Arrays mit geschachtelten for-Schleifen. Mit Arrays lässt sich gut **rechnen**, insbesondere bei linearen Gleichungssystemen, die häufig vorkommen. Arrays von Datenverbunden erlauben datenbankartige **Tabellen**.

Eine **Struktur** (ein **Datenverbund**) stellt die Zusammenfassung von meist unterschiedlichen Datentypen dar, auf die mit dem **Punktoperator** oder – bei Zeigern – mit dem **-> Operator** zugegriffen werden kann. Datenverbunde lassen sich – im Gegensatz zu Arrays – **typidentischen Variablen zuweisen**. Strukturen sind die Vorstufe der Klassen, die in Teil D (Objektorientierung) behandelt werden.

Aufgabenstellungen, bei denen viele Datenobjekte zu verarbeiten sind, lassen sich durch den Einsatz **geeigneter Datenstrukturen** leichter lösen. Wenn die Datenstrukturen auf die Bearbeitung zugeschnitten sind, **vereinfacht** sich das Programm. Eine noch größere Sorgfalt bei der **Planung der Datenobjekte** ist bei der objektorientierten Programmierung unabdingbar.

Wir haben auch mit der **Projektarbeit** begonnen. Das hierfür gewählte, umfangreichere Beispiel der Steuerberechnung eignet sich besonders, die verschiedenen Programmierinstrumente der Reihe nach einzusetzen und **die verschieden Varianten am selben Beispiel zu vergleichen**. In dem folgenden Kapitel über Funktionen werden wir die Projektarbeit fortsetzen und das Programm mehrfach verändern.

Fatale Fehler stellen häufige, gravierende Fehlerursachen zusammen, deren Lösung viel Zeit in Anspruch nimmt und die vermeidbar sind. Bestimmte Informationen wurden dabei oft mehrfach gegeben, damit sie beim Nachschlagen schneller gefunden werden können.

Übung 17

1 Flüge werden durch einen Satz von Daten gekennzeichnet: Flugnummer (zB. LH720 für Lufthansa), Start- und Zielort (zB. FRA für Frankfurt), Abflug- oder Ankunftszeit, Terminal (zB. A, B, C), Gatenummer (zB. 42) und Status (zB. planmäßig, gestrichen, ausgebucht). Erstellen Sie ein Programm, das wie auf einem Flughafen die Abflüge auf dem Monitor anzeigt. Geben Sie dazu die Anzahl der Datensätze (max. 10) und anschließend die Daten ein.

Übungen (ohne Lösungen):

2 Schreiben Sie ein Programm, das die im Abschnitt 18.2 genannten, vollständigen Datensätze der Buchautoren vom Bildschirm einliest und nach Preis (oder Jahr, keine Strings) sortiert ausgibt.

3 Banken übermitteln einem beim Telebanking teilnehmenden Kunden in Papierform eine (geheime) Liste mit TANs (Transaktionsnummern), die nur ihm zugeordnet sind. Bei einem Überweisungsvorgang muss eine beliebige dieser TANs zur Sicherheit mitgesendet werden. Der Rechner der Bank prüft die Korrektheit der übermittelten Kontonummer und der TAN (Ist es eine TAN? Gehört sie zu dem angegebenen Konto?) und streicht die TAN aus der Liste. Die Kontonummern der Banken enthalten einen Code, an dem erkennbar ist, ob die Nummer zu dem jeweiligen Institut gehört.

Beispiel: Kontonummer 0291864 :

Die rechte Ziffer stellt eine Prüfziffer dar, die wir zunächst weglassen. Bei der eigentlichen Kontonummer 029186 werden von rechts beginnend die Ziffern an den ungeraden Stellen verdoppelt und daruntergeschrieben. Ist das Ergebnis zweistellig, wird die Summe der beiden Ziffern gebildet (12 → 3).

```
0 2 9 1 8 6
  4   2   3
```

Jetzt werden die Ziffern der geraden Stellen unverändert übernommen:

```
0 4 9 2 8 3
```

Die Ziffern dieser neuen Zahl werden addiert: $0 + 4 + 9 + 2 + 8 + 3 = 26$

Dann addiert man die Prüfziffer und erhält eine glatte Zehnerzahl (30).

Dies gilt für alle Konten dieser Bank. Für die TAN wählen wir das gleiche Verfahren, nur soll die Gesamtsumme eine Zehnerzahl minus eins sein.

Schreiben Sie ein Programm, das die Übertragung der Daten (Kontonummer und TAN) simuliert (Eingabe über die Tastatur), die Korrektheit prüft und die TAN des Kunden ausstreicht.

19 Funktionen

Zur Lösung einer Programmieraufgabe stellt C++ – wie viele andere Programmiersprachen auch – bestimmte Mittel bereit:

- Zur Modellierung von Daten haben Sie verschiedene Datentypen kennengelernt.
- Zur Gestaltung des internen Informationsflusses dienen die Steuerstrukturen (*control structures*), zu denen Schleifen und Fallunterscheidungen zählen.

Damit ließen sich – im Prinzip – alle Programmieraufgaben lösen, nur: um welchen Preis? Stellen Sie sich einen Quellcode von nur 30 Seiten Umfang vor. Dabei könnte sich eine umfangreiche `switch`- oder `if`-Anweisung durchaus über mehrere Seiten erstrecken. Die Wartung einer solchen Programmierlösung wäre nicht einfach handhabbar, zumal *solche* Programmteile, die **mehrfach das gleiche** nur mit verschiedenen Daten tun, **mehrfach als Quellcode vorhanden** sein müssten. Die Fehleranfälligkeit würde daher steigen, und die Kosten einer solchen Software wären *wirtschaftlich* nicht mehr vertretbar. Außerdem müsste ein Programmierer das Rad immer wieder erfinden, weil bereits programmierte Teilaufgaben (so) nicht mehr verwendbar wären.

Sie sehen, es gibt Anlass genug, nach Mitteln und Wegen zu suchen,

- wie man eine große Aufgabe in kleine, handliche Teile gliedert (um die **Übersicht** zu wahren) und
- wie man dies geschickterweise so macht, dass solche Softwareteile **wiederverwendbar** sind.

Zur Lösung dieser Fragestellungen stellen C und C++ die ▸**Funktion** (*function*) bereit, die es dann auch erlaubt, größere Projekte sinnvoll zu realisieren. Funktionen sind das wesentliche Thema dieses Kapitels.

19.1 Überblick

Funktionen sind Ihnen aus der Schulzeit und von der Nutzung des Taschenrechners geläufig. Eine mathematische Definition einer Funktion hilft nicht weiter, dafür aber der Wortsinn: Der lateinische Ursprung heißt „verrichten, verwalten, ausführen". Eine Funktion führt eine „klar umrissene Aufgabe innerhalb eines größeren Zusammenhanges" (Fremdwörterduden) aus, sie erledigt somit überschaubare Teile einer Ge-

19 Funktionen

samtaufgabe. Insofern ist die Definition vergleichbar mit der betriebswirtschaftlichen: die Funktion eines Verkäufers, Entwicklungsleiters oder Vorstands.

Wir werden uns daher damit befassen, wie man eine Aufgabe grundsätzlich in Teile gliedert (strukturiert) und die Abläufe plant. Einen ersten Ansatz haben wir schon mit dem Beispiel Bundesligatabelle gewagt. Wir haben nach dem zeitlichen Ablauf der Bedienung Teilaufgaben gebildet:

(1) Vereine anlegen und ändern

(2) Spielpaarungen auslosen

(3) Spielergebnisse jedes Tages eingeben und anzeigen

(4) Spielstand aktualisieren

(5) Spielstand anzeigen

Von diesen Teilaufgaben haben wir wieder Teile gebildet. Beispielhaft wurden erwähnt:

(3)   Spielergebnisse eingeben und anzeigen

(3.1) Gib die Nummer des Spieltags ein

(3.2) Wähle die bereits ausgelosten Mannschaftskombinationen aus

(3.3) Zeige die Spielpaarungen an

Im allgemeinen lassen sich voneinander abhängige Teilaufgaben grafisch oft in Form eines umgekehrten Baumes darstellen:

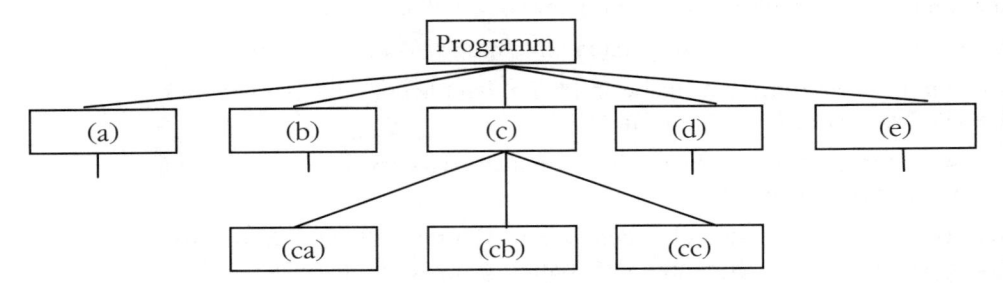

```
                    Programm
     ┌──────┬──────────┼──────────┬──────┐
    (a)    (b)        (c)        (d)    (e)
                  ┌─────┼─────┐
                 (ca)  (cb)  (cc)
```

Diese Teilaufgaben erlauben es, eine große Aufgabe in kleinere zu gliedern, zugleich übersichtlicher zu gestalten und den **Komplexitätsgrad zu verringern**. Ein Programm, das nach solchen Gesichtspunkten entworfen ist, wird leichter **lesbar** und **wartbar**. Die **Qualität** einer Software steigt. Außerdem lassen sich Teilaufgaben an Mitglieder einer Arbeitsgruppe übertragen. Es sind dabei Absprachen zu treffen, wie die Teile zusammenpassen sollen. Die Kontaktstellen (neudeutsch: die **Schnittstellen**, *interfaces*) zwischen den Aufgaben müssen **eindeutig** abgesprochen sein. Dann kann jede Gruppe ihre Aufgabe unabhängig

19.1 Überblick

erfüllen. Ein Vorteil besteht auch darin, dass ein Programmierer **nicht** unbedingt wissen muss, **wie** eine solche Teilaufgabe intern erledigt wird. Es ist **wichtig** zu wissen, **was** der Programmierer selbst dazu beitragen (liefern) muss, welche Aufgaben zu erfüllen sind und welche Ergebnisse man erhält.

Betrachten wir als Beispiel die Aufgabe, den Bildschirm zu löschen. Wie das im Detail „funktioniert", ist für den *Programmierer* von Anwendungen *nicht bedeutsam*. Es genügt die Anweisung an den Rechner:

```
clrscr();   // clear screen, Borland Compiler
```

clrscr() ist eine DOS-basierte Funktion und nicht als WIN32-Konsolen-Applikation verfügbar. Zur Erklärung ist sie aber sehr gut geeignet. Bei neuen Compilern lässt sich mit system("cls") das gleiche erreichen.

Jede Teilaufgabe, die eine Funktion ausführt, wird durch einen Namen identifiziert, der den C++Regeln entspricht.

> Beachten Sie: Funktionen erkennt C++ am Klammeroperator ( ), der auf dem ersten Rang steht, also die höchste Bindung zum Namen hat (vgl. Tabelle 9).

Betrachten wir als nächstes Beispiel die Anweisung an einen Rechner (mit dem Betriebssystem DOS), die Bildschirm(hintergrund)farbe blau einzustellen:

```
textbackground (BLUE);  // Borland Compiler
```

Der Programmierer muss hier nur wissen, dass er dem Rechner einen bestimmten Farbwert (aus dem mit enum COLORS definierten Wertevorrat) zu liefern hat und dass die Schnittstelle den Farbnamen in Großbuchstaben erwartet. Der Programmierer muss nicht wissen, was im Bildschirmspeicher passiert, damit blau erscheint. **In der Klammer** steht ein ▸**Argument**, d.h. eine Information, die an die Funktion übergeben wird und unterschiedliche Werte haben kann.

Betrachten wir als letztes Beispiel die mathematische Funktion Sinus. Wir müssen wissen, dass man ein Argument, beispielsweise 30 Grad bzw. pi/6, eingeben muss, und die Funktion ein Ergebnis in Form des Wertes 0.5 zurückliefert:

```
double x, u = 3.14159;
u = u / 6.0;
x = sin (u); // ist identisch mit:
x = 0.5;
```

19 Funktionen

Die Schnittstelle ist klar definiert: Wir liefern in der Klammer den Wert hin und der **Name** sin transportiert das Ergebnis zurück.

Wir können jetzt die **drei Erscheinungsformen** von **C und C++-Funktionen** anhand der drei Beispiele zusammenfassen:

- clrscr();
  Der Programmierer liefert nichts hin und bekommt nichts zurück. Das bedeutet jedoch nicht, dass die Funktion nichts tut!
- textbackground(BLUE);
  Der Programmierer liefert einen Wert hin und bekommt nichts zurück.
- x = sin(pi/6);
  Der Programmierer liefert einen Wert hin und erhält einen Wert zurück.

Eine ganz spezielle Funktion ist ▸main(){/* Anweisungen*/}, die in jedem Programm **genau einmal** vorkommen *muss*. Alle anderen **Funktionen** dürfen **mehrfach verwendet** werden, was ein großer Vorteil ist, denn die entsprechende Funktion muss nur **einmal programmiert** werden. Nach welchen Regeln dies im Einzelnen geschieht, ist Gegenstand der folgenden Abschnitte.

Zunächst ist es noch wichtig zu wissen, dass die inhaltliche Aufgabenteilung auch einer Aufgabenteilung im Rechner entspricht: Die Durchführung der Abläufe findet **in unterschiedlichen ▸Speicherbereichen** statt, wie hier beispielhaft und stark vereinfacht Abbildung 17 zeigt:

Abbildung 17: Verschiedene Speicherbereiche (hellgrau unterlegt)
für main() und andere Funktionen

Hauptprogramm: Funktion:

```
int main()                                                 double sin
{double pi = 3.14159;                                      {//
 double x, u ;                                  ( double   e = w*w + ......
 u = pi / 6.0;                        0.524  ─▶    w  )    ...
 x = sin(u);                                               ERGEBNIS = ...
 return 0;                            0.5                  return ERGEBNIS;
}                                                          }
```

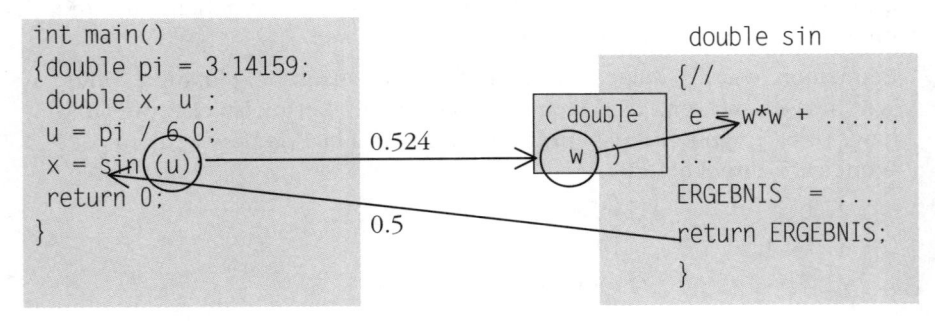

248

In der Abbildung 17 wird auch dargestellt, dass ein Datenaustausch zwischen den Speicherbereichen stattfindet: Der numerische Wert 0.524, repräsentiert durch den Speicherinhalt von `j`, wird der Funktion `sin()` über die Schnittstelle (dunkelgrau) übergeben, die den Wert weiterverarbeitet und ein Ergebnis in Form des Wertes 0.5 in ein spezielles Fach im Speicherbereich von `main()` zurücktransportiert.

Funktionen kann man in zwei große Kategorien einteilen:

- **Standardfunktionen**:
  Sie sind von den Herstellern zur Verfügung gestellt und in *Bibliotheken* abgelegt, die mit den Entwicklungswerkzeugen ausgeliefert werden. Sie werden mit `include` in das Programm übernommen und damit dem Compiler bekannt gemacht. In einem späteren Abschnitt wollen wir einige nützliche Standardfunktionen behandeln.

- **Benutzerdefinierte Funktionen**:
  Der Programmierer erhält die Möglichkeit, nach eigenen Anforderungen Funktionen zu konstruieren.

Die **Konstruktionsregeln** sind für beide Varianten gleich. Anhand der benutzerdefinierten Funktionen werden wir Ihnen in den weiteren Abschnitten die grundsätzlichen Konzepte vermitteln.

Fassen wir zusammen:

Funktionen haben eine extrem große Bedeutung beim Programmieren. Wir beschäftigen uns hier im wesentlichen mit den Konstruktionsregeln und den Konzepten, weil wir bei den Klassen auf diese Kenntnisse aufbauen. Der Zweck von Funktionen ist ein mehrfacher: Einmal besteht er darin, Programmieraufgaben in sinnvolle, kleinere Teilaufgaben zu gliedern und somit Ordnung in ein größeres Ganzes zu bringen. Außerdem werden sie nur einmal programmiert – und belegen daher nur einmal Speicherplatz –, können aber mehrmals verwendet werden. Funktionen erkennt man an dem Bezeichner gefolgt vom ()-Operator. Die wichtigste Funktion ist `main ()`, sie bildet den organisatorischen Rahmen, in den der Programmierer seine eigenen Funktionen einbetten muss.

19.2 Das Prinzip: Funktion ohne Parameter

Anhand eines einfachen Falls betrachten wir die grundlegenden Regeln und Vorgehensweisen zur Konstruktion und Nutzung einer Funktion. Als Beispiel wählen wir die Aufgabe, nach einer Textausgabe eine Linie aus vorgegebenen Zeichen zu ziehen:

```
1: #include <iostream>
2: using namespace std;
```

19 Funktionen

```
 3: void linie_zeichnen ();// Funktionsdeklaration, Prototyp
 4: int main() // .................. Hauptprogrammbereich:
 5: {int a = 20, b = 40;
 6:    cout << endl  << " a = "   << a;
 7:    linie_zeichnen ();          // Funktionsaufruf
 8:    cout << endl  << " b = "   << b;
 9:    linie_zeichnen ();
10:    cout << endl  << " a + b = " << a + b;
11:    linie_zeichnen ();
12:    return 0;
13: }   // end of main
// -------------- Linie zeichnen --------------------------
14: void linie_zeichnen () //Definition, Funktionsbereich:
15: {cout << endl ;
16:    for (int k = 0; k < 20; ++k)   cout << "-";
17:    cout << endl;
18: }   // end of linie_zeichnen
```

Versetzen Sie sich in die Situation des Compilers und gehen Sie das Programm von oben her durch. Nach dem `include` trifft der Compiler in Zeile 2 auf einen Bezeichner (für eine Funktion), der jetzt dem Programm **bekannt gemacht (deklariert)** wird. Die ▸Funktionsdeklaration ist mit der Variablendeklaration `int a;` bzw. `double pi;` vergleichbar. Auch hier werden die Bezeichner `a` bzw. `pi` dem Programm bekannt gemacht (und Speicher reserviert).

- **Funktionsdeklaration**

Die Funktionsdeklarationen in C bzw. C++ unterscheiden sich äußerlich nur wenig:

    `void linie_zeichnen (void);`   C-Schreibweise, auch in C++,
    `void linie_zeichnen ();`   C++Schreibweise

Diese Zeile wird auch als ▸**Prototyp der Funktion** bezeichnet. Fehlt diese Bekanntmachung, folgt eine Fehlermeldung (z.B. "`function needs a prototype`" oder so ähnlich). Das **Semikolon** hinter dem Klammeroperator ist **zwingend**.

Beachten Sie den Unterschied:

> • Eine ▷**Deklaration** enthält die Mindestinformation für den Compiler, um den Code zu **compilieren.**
>
> • Eine ▷**Definition** enthält die Mindestinformation, um den Code **ausführen** zu können.

Das Schlüsselwort

- void (= *leer*) **in der Klammer** oder eine **leere Klammer** zeigen an, dass **kein Wert in die Funktion** transportiert wird.
- void **vor der Klammer** zeigt, dass kein Wert von der Funktion **zurück** in das aufrufende Programm transportiert wird.

Der Compiler verwendet diese Information, um **auf Fehler zu prüfen.** Gelangt der Compiler in die Zeile 7 des Programms, kennt er bereits den Bezeichner linie_zeichnen, aber er prüft, ob das, was in der Klammer steht, mit dem übereinstimmt, was in der Klammer stehen darf: nämlich nichts. Stünde dort z.B. linie_zeichnen ('*'), erkennt er einen Fehler.

■ **Funktionsdefinition**

Ab der Zeile 14 steht der eigentliche Quellcode, der beschreibt, was die Funktion tatsächlich ausführt. Dies ist die Funktionsdefinition, die zugleich auch Speicher beansprucht:

```
void linie_zeichnen () {  /*Anweisungen */ }
```

Die **Funktionsdefinition** darf **kein Semikolon** enthalten (dies ist beim Kopieren des Prototyps zu berücksichtigen), ansonsten muss sie identisch mit dem Prototyp sein. Der Compiler prüft dies nach!

Der Name einer Funktion wird intern mit der Anfangsadresse des zugehörigen Speicherbereiches identifiziert. Da eine Funktion etwas verrichtet, ist es guter Brauch, als Funktionsnamen ein **Tätigkeitswort** zu verwenden, z.B. linie_zeichnen.

■ **Funktionsaufruf**

Soll eine Funktion im Programm *verwendet* werden, geschieht dies mit dem Funktionsaufruf

```
linie_zeichnen();
```

Dies stellt eine ▷**Anweisung** an den Rechner dar, die im Programm *beliebig oft* stehen darf. Mit dem Funktionsaufruf (*function call*) springt der Rechner in den *anderen* ▷Speicherbereich.

Zusammengefasst lässt sich die Vorgehensweise so darstellen:

- `void linie_zeichnen ();`   **Prototyp**, mit Semikolon
- `linie_zeichnen ();`   **Funktionsaufruf**, mit Semikolon
- `void linie_zeichnen () {..}` **Funktionsdefinition**, ohne Semik.

Diese Reihenfolge geht von dem allgemeinen Brauch aus, **alle Funktionsdefinitionen hinter** der Funktion `main()` anzuordnen.

Wenn die Funktionen nicht allzu umfangreich sind, findet man auch folgende Variante, bei der die Funktionsdefinition vor `main()` angeordnet ist und somit auch **vor der ersten Verwendung** bekannt ist:

```
// Funktionsdefinition vor main(), kein Prototyp nötig!
void linie_zeichnen ()
{  /* alle Anweisungen */}

int main()
{ /* Hauptprogramm */}
```

Nachteil dieser Variante: Wenn eine benutzerdefinierte Funktion eine andere aufruft, muss die *gerufene* Funktion *vor* der *rufenden* stehen. Dies ist aber, wenn viele Funktionen eingesetzt werden, nicht immer möglich. Daher ist das dreistufige Vorgehen generell günstiger! Es gibt einen weiteren wichtigen Grund, auf den wir im Kapitel 21 „Großprojekte" noch eingehen werden.

19.3 Projektarbeit (5)

Speichern Sie die Datei EK4.CPP unter EK5_1.CPP ab, denn wir wollen nun zwei Varianten untersuchen. Zunächst werden wir den **Rechenteil** der Steuerberechnung in eine Funktion packen. Dazu schreiben wir die Funktionsdefinition,

```
//..........Steuerberechnung ...............
void steuer_rechnen()
{ // hier: Programmcode einfügen ab: Markierung für ...
}
```

verschieben den Rechenteil in die Funktion und compilieren. Es erscheint eine Fehlermeldung, die besagt, dass dem Compiler die **Variablen** E, zvE, EST, E1, E2, die Arrays und (eventuell) k, deren Definitionen in `main()` stehen, **innerhalb der Funktion nicht bekannt** sind! Dies haben wir schon bei der Einführung des Debuggers beobachtet, und es wird uns im Kapitel 20 „Gültigkeitsbereiche von Namen"

19.3 Projektarbeit (5)

eingehender beschäftigen. Zunächst verschieben (nicht kopieren) Sie die Variablendefinitionen von `double EST` bis `int k;` in die Funktion. (Wenn Sie nur kopieren, ist die Steuer gleich 0). Dies ist auch sinnvoll, weil die Variablen ja nur zur Berechnung verwendet werden. Im Hauptteil erfüllen die genannten Variablen keine Aufgabe.

In der Funktion fehlt die Anweisung `EST = 0;` Verschieben Sie die entsprechende Anweisung in die Funktion, und die Variablendefinition `double EST, zvE;` schreiben Sie **vor** `main()`. Sollten Sie jedoch aus Versehen die ganze Zeile `EST = zvE = 0.0;` verschoben haben, lautet die Ausgabe:

zu versteuerndes Einkommen : 34567

Bei einem zu versteuernden Einkommen von ****0 DM

beträgt die Steuer *****0 DM.

Dieses Beispiel zeigt zweierlei: Erstens ist es sehr bedeutend, wo die Variablen stehen, d.h. mit anderen Worten, wo sie **gültig** sind, und zweitens können durch Kopier- und Löschvorgänge Fehler entstehen, die nur mit dem Debugger zu finden sind.

Das korrekte Programm mit einer Funktion ohne Argument lautet:

```
/* Einkommensteuerberechnung nach Richtl. 1981
     Zweck:  Funktion-ohne-Argument
     Datei:  EK5_1.CPP
*/
#include <cctype>    // toupper
#include <iostream>
using namespace std;
void steuer_rechnen(); // Funktionsdeklaration
double EST,    // Einkommensteuer
       zvE;    // Eingabe: zu versteuerndes EK
int main() // ...............................................
{  char antwort;
   do
   {system("cls"); // zB. Visual C++
    cout << "\nBerechnung der Einkommensteuer (Tarif 1981)";
    cout << endl << endl;
    cout << "  zu versteuerndes Einkommen : ";
    cin >> zvE;
```

19 Funktionen

```
    steuer_rechnen();      // Funktionsaufruf
    cout << "\n Bei einem zu versteuernden Einkommen von ";
      cout.setf(ios::fixed);
      cout.fill('*');
      cout.width(12); cout.precision(2);
    cout << zvE << " DM";
    cout << endl << " beträgt die Steuer ";
      cout.width(10); cout.precision(2);
    cout << EST << " DM" << endl << endl;
    // für Schleife:
    cout << " Weiter ? (j/n) : " ;
    cin >> antwort;
    while ( cin.get() != '\n' ); // Tastaturpuffer leeren
    antwort = toupper(antwort);

  }while (antwort == 'J');
  return 0;
}// end of main

//........ Steuerberechnung ...........................
void steuer_rechnen()   // Funktionsdfinition
{    double E1, E2;      // Hilfsgrößen
     float u_prog [5] = { 3034.,2200.,695.,-73.76,3.05};
     float o_prog [5] = { 20018.,5040.,88.13,-5.45,0.09};
     int k;
     int E;         // Vielfaches von 54
  EST = 0.0;
  E = ( (int) zvE / 54 ) * 54;
  if ( E <= 4212)                             // Nullzone
    EST   = 0;
  else
    if ( E <= 18000 )    // Untere Proportionalzone
      EST    = 0.22 * E - 926 ;
    else
      if ( E <= 59999)   // Untere Progressionszone
        {E1 = (E - 18000)/10000.0;
         for (k = 4; k >= 0; --k)
```

```
              EST = int ((EST * E1 + u_prog[k])*1000)/1000.0;
         }
      else
         if ( E <= 129999) // Obere Progressionszone
           {E2 = (E - 60000)/10000.0;
             for (k = 4; k >= 0; --k)
                EST = int ((EST * E2 + o_prog[k])*1000)/1000.0;
           }
         else                    // Obere Proportionalzone
             EST = 0.56 * E - 14837.0;
  EST = int (EST)/1.0;
  }
```

Nun können wir, nachdem der schwierige Teil erledigt ist, auch noch die Eingabe und die Ausgabe jeweils in eine Funktion packen. Dabei beschränken wir uns beim Programmlisting nur auf die wesentlichen Teile, um das Konzept zu verdeutlichen:

```
/*  Datei: EK5_2.CPP */
#include <ctype>    // toupper
#include <iostream>  using namespace std;
void steuer_rechnen();
void eingeben();
void ausgeben();
double EST, zvE;

int main()
{ char antwort;
 do
  {eingeben();
   steuer_rechnen();
   ausgeben();
   cout << " Weiter ? (j/n) : " ;
   cin >> antwort;
   antwort = toupper(antwort);
  }while (antwort == 'J');
  return 0;
}// end of main
```

19 Funktionen

```
            // ........Eingabe ...................................
            void eingeben()
            { system("cls");
              cout << "\nBerechnung der Einkommensteuer (Tarif 1981)";
              cout << endl << endl;
              cout << " zu versteuerndes Einkommen : ";
              cin >> zvE;
            } // end of eingeben

            //.........Ausgabe ....................................
            void ausgeben()
            { cout << "\n Bei einem zu versteuernden Einkommen von ";
              cout << zvE << " DM";
              cout << endl << " beträgt die Steuer ";
              cout << EST << " DM" << endl << endl;
            } // end of ausgeben

            //.........Steuerberechnung ...........................
            void steuer_rechnen()
            { // wie in EK5_1.CPP
            }
```

Das Beispiel zeigt einen neuen Aspekt: In der do-Schleife steht nur noch der Teil, der den Ablauf des Programms steuert. Aus diesem Steuerteil werden die einzelnen zu verrichtenden Arbeiten aufgerufen, d.h. **die eigentliche Arbeit findet in den Funktionen statt**. Dies ist auch sehr zweckmäßig und ökonomisch bei der Fehlersuche. Wenn durch Testen sichergestellt ist, dass die Eingabe immer korrekte Werte liefert, braucht man eventuelle Fehler nur noch in den folgenden Teilen zu suchen. Wenn die Berechnung falsche Werte liefert, ist der Ort der Suche eindeutig eingekreist. Es gibt aber noch einen weiteren, wichtigen Aspekt: Wenn die Eingabe durch etwas Komfortableres ersetzt werden soll, ist nur die Funktionsdefinition zu tauschen, ohne dass der Rest des Programms beeinflusst wäre. Wichtig ist dabei, dass die Schnittstellen übereinstimmen.

Dieses Beispiel zeigt aber auch, wie einfach es ist, bei der Top-down-Methode vom Pseudocode mit seinem relativ geringen Detaillierungsgrad zum Ablaufschema zu gelangen:

19.4 Funktion mit Parametern

    do

      eingeben;

      berechnen;

      ausgeben;

    while

So haben wir diese Methode von Anbeginn eingeführt, um sie jetzt verwirklichen zu können.

Sinnvoll ist es, den Funktionen einen gewissen Aufgabenumfang zuzuweisen. Eine „Atomisierung" von Aufgaben der Art

    `int monitor_putzen() { system("cls");}`

ist nicht zweckmäßig und sollte vermieden werden. Andererseits sollte der **Umfang einer Funktion** ein bis zwei (Papier-)Seiten nicht übersteigen!

Vergleichen Sie die beiden Funktionen `linie_zeichnen()` und `steuer_rechnen()`. Wodurch unterscheiden sich die beiden in einem ganz wesentlichen Punkt? (Untersuchen Sie dazu, was die Funktionen mit den Daten machen.)

In `linie_zeichnen()` wird ein *in* der Funktion erzeugter Wert (eine Konstante) auf den Monitor gebracht, in `steuer_rechnen()` werden zwei Variablen (zvE bzw. EST) benutzt bzw. verändert, die nicht in der Funktion selbst erzeugt sind, sondern die *ausserhalb* von `main()` *und* `steuer_rechnen()` stehen! Die Erklärung, weshalb die Variablen *vor* `main()` stehen, vertiefen wir im Kapitel 20 „Gültigkeitsbereiche von Namen".

Der zuletzt dargestellte Programmierstil (Variablen vor `main()` zu definieren) birgt **erhebliche Gefahren** und muss daher vermieden werden. Der praktische Einsatz von Funktionen ohne Parameter und ohne Rückgabewert ist begrenzt.

Wie es richtig gemacht wird, zeigt der folgende Abschnitt.

19.4 Funktion mit Parametern

Funktionen wie z.B. `clrscr()` erfordern keinen Datenaustausch mit ihrem Umfeld. Den Wert vieler anderer Funktionen würde es jedoch mindern, immer nur *eine* bestimmte Aufgabe verrichten zu müssen. So ist es z.B. zurzeit nicht möglich, eine Linie mit dem Zeichen * zu zeichnen, ohne extra eine Funktion zu schreiben. Diese Inflexibilität lässt sich be-

19 Funktionen

heben, sobald Daten zur Funktion transportiert werden können. Dies soll am Beispiel der Funktion `linie_zeichnen()` untersucht werden.

Der wesentliche Unterschied zu Funktionen ohne Parametern besteht darin, dass innerhalb der runden Klammern (mindestens) ein ▶**Parameter mit** seinem **Datentyp** spezifiziert sein muss:

- `void linie_zeichnen (char zeichen);`   Prototyp
- `linie_zeichnen ('*');`   Funktionsaufruf
- `void linie_zeichnen (char zeichen) {..}` Funktionsdefinition

Die Variable in der Klammer ist ein *Platzhalter* für den jeweils aktuellen Wert. Der Parameter heißt daher auch **formaler Parameter** (der Form halber). Der tatsächlich übergebene Wert heißt **aktueller Parameter** oder ▶**Argument**. Was intern passiert, können Sie anhand des folgenden Beispiels einfach nachvollziehen:

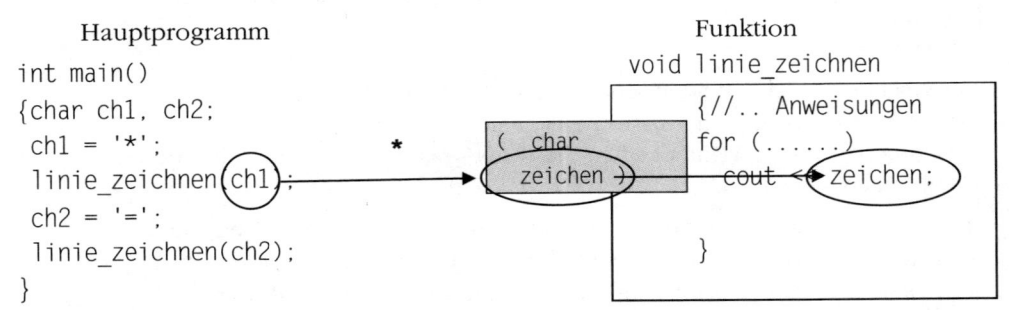

Hauptprogramm
```
int main()
{char ch1, ch2;
 ch1 = '*';
 linie_zeichnen(ch1);
 ch2 = '=';
 linie_zeichnen(ch2);
}
```

Funktion
```
void linie_zeichnen
( char zeichen )
{//.. Anweisungen
 for (......)
 cout << zeichen;
}
```

Die Funktion `linie_zeichnen()` ist hier als ein schwarz umrandeter, von außen nicht einsehbarer Kasten dargestellt, bei dem nur **Zugang über die Klammer** gewährt wird. Diese ist hier als graues Fach symbolisiert. Das Fach repräsentiert einen Speicherplatz, hat den Namen `zeichen` und ist durch die Funktionsdefinition in der Größe durch den Datentyp `char` festgelegt.

Der ▶Daten-Übergabemechanismus an die Funktion gestaltet sich einfach: Der Rechner weist im Hauptprogramm der Variablen `ch1` (**aktueller Parameter**) den Inhalt `*` zu. Mit dem Funktionsaufruf wird der Inhalt der Variablen `ch1`, nämlich der `*`, – exakt: sein ASCII-Wert – in das Fach der Funktion gelegt. Dort wird er von der Variablen `zeichen` (**formaler Parameter**) aufgenommen und den weiteren Anweisungen (z.B. `cout << zeichen;`) zur Verfügung gestellt. In gleicher Weise stellt anschließend die Variable `ch2` das Gleichheitszeichen in das Fach, wo es wieder von derselben Variablen `zeichen` aufgenommen wird. Dieser Mechanismus erst erlaubt es, dass eine Funktion beliebig oft mit unterschiedlichen Daten aufgerufen werden kann.

19.4 Funktion mit Parametern

Das vollständige Programm lautet:

```
1: #include <iostream>  using namespace std;
2: void linie_zeichnen (char zeichen );
3: int main()
4: {
5:    int a = 20, b = 40; char ch1 = '*', ch2 = '=';
6:    cout << endl << " a =  " << a ;
7:    linie_zeichnen (ch1);
8:    cout << endl << " b =  " << b ;
9:    linie_zeichnen (ch2);
10:   cout << endl << " a + b =  " << a + b ;
11:   linie_zeichnen ('<');
12:   return 0;
13: }  // end of main
// ---------Linie zeichnen -------------------
14: void linie_zeichnen (char zeichen)
15: { cout << endl ;
16:    for (int k = 0; k < 20; ++k) cout << zeichen;
17:    cout << endl;
18: } // end of linie_zeichnen
```

Dieses Prinzip des Datentransports gilt für (fast) alle Datentypen. Es gilt ebenso für **mehrere Parameter. Jeder von ihnen ist einzeln mit Datentyp** in einer durch Komma getrennten Liste anzuführen. Der **Übergabebereich wird dann entsprechend dem Platzbedarf der Datentypen größer.**

Beispiel mit Zeiger auf konst. String: `int system (const char *);`

Beispiel mit `struct` als Datentyp:

```
// Kundendatenverbund anzeigen
struct  Kunde   {/*..wie schon so oft*/};
void anzeige_Kunde (  Kunde   kunde); // etwas verwirrend?
int main()
{Kunde   ein_Kunde  = { /* Initialisierung */};
 anzeige_Kunde(  ein_Kunde  );
 // usw.
 return 0;
}
```

Beispiele mit mehreren Parametern:

```
// addiere zwei double:
void addiere ( double x, double y );
void irgend_eine_function ( float x, int k, char ch);
void num_input (char text [], int max);
```

Beachten Sie:
- Bei dieser Form der Datenübergabe werden **Werte** übergeben. Ein Wert stellt einen Ausdruck dar, daher darf als aktueller Parameter (Argument) ein ▸**Ausdruck** stehen:

Beispiel:

```
void addiere (double x, double y);
 int main()
{double u = 7.2, v = 1.2, w = 4.8;
 ...
 addiere (3*u + v, w);
 ...
 return 0;
}
void addiere (double x, double y) { ... }
```

Es wird zuerst der Ausdruck ausgewertet und dann der Wert übergeben.

- Vor der Datenübergabe findet, wenn nötig, eine automatische Typumwandlung statt (damit der Wert „ins Fach passt").

Fassen wir zusammen:

Durch die Möglichkeit, aktuelle Parameter – die Werte darstellen – an Funktionen zu übergeben, werden Funktionen sehr vielseitig. Eine Funktion mit mehreren Platzhaltern (formalen Parametern) benötigt in Deklaration und Definition eine Liste dieser Parameter mit ihren Typen. Die Bezeichner der formalen Parameter können innerhalb des Funktionskörpers verwendet werden.

19.5 Projektarbeit (6)

Für die Weiterentwicklung des Programms zur Einkommensteuerberechnung verwenden wir die Datei EK5_1.CPP, die Sie nun bitte unter EK6_1.CPP abgespeichern.

Alle bereits *bekannten Anweisungen*, die den Blick für das Wichtige verstellen, haben wir hier für diese Programmliste *entfernt*. Änderungen gegenüber der letzten Datei sind grau unterlegt.

```
/* Zweck: Funktion mit Argument   Datei: EK6_1.CPP */
 void steuer_rechnen (double zuverstEk);
 double EST ;

int main()
{ char antwort;
 double zvE;

 do
 { cout << "  zu versteuerndes Einkommen : ";
   cin >> zvE;
 steuer_rechnen(zvE);
   cout << zvE << " DM ";
 cout << EST  << " DM" << endl << endl;
   cout << " Weiter ? (j/n) : " ; cin >> antwort;
   antwort = toupper(antwort);
 }while (antwort == 'J');
 return 0;
}
//........ Steuerberechnung ...................
void steuer_rechnen (double zuverstEk)
{ // wie zuvor
  EST = 0.0;
  E = ( (int)  zuverstEk  /54 ) * 54;
  // wie zuvor
}
```

19.6 Funktion mit Rückgabewert

Funktionen können, unabhängig von der Übergabe, auch einen Wert an das rufende Programm zurückgeben. Bei der Sinus-Funktion haben wir dies schon beobachtet. Nun wollen wir am Beispiel des Wurzelziehens sowohl die Übergabe als auch die Rückgabe untersuchen. Zugleich dient das Beispiel der Entwicklung einer (exzellenten) Lösungsstrategie.

19 Funktionen

Die Babylonier und alten Ägypter haben vor über 4000 Jahren den folgenden Algorithmus entwickelt, um das Fundament quadratischer Bauwerke abzustecken. Dazu errechneten sie die Wurzel aus 2. Bis heute (!) ist dies der beste Weg, Quadratwurzeln zu berechnen.

Für den allgemeinen Fall $y = \sqrt{a}$ wird zu einem positiven Startwert y_1 die Folge $y_2, y_3, y_4, ...$ definiert:

$$y_{k+1} = \frac{1}{2}\left(y_k + \frac{a}{y_k}\right), \quad \text{wobei } k = 1, 2, 3, ...$$

Setzen wir zunächst k = 1: $y_2 = (y_1 + a/y_1)/2$, d.h. ein neuer Wert y_2 errechnet sich aus dem alten Wert y_1, dann wird der Index erhöht. Mit k = 2 folgt : $y_3 = (y_2 + a/y_2)/2$; usw.

So eine schrittweise Annäherung unter Wiederholung desselben Rechenvorgangs heißt (auch) ▶**Iteration**. Damit sich keine Endlosschleife einstellt, ist ein Abbruchkriterium zu definieren.

Der Algorithmus lautet für a = 2:

1. Setze y = 1.0 // Im Prinzip ein beliebiger Startwert
2. Ersetze y durch den Mittelwert aus y und 2/y.
3. Wiederhole Schritt 2, bis der Einfluss auf y unbedeutend ist
4. Gib y zurück

Problemanalyse:

Es ist äußerst nützlich, sich mit dem Taschenrechner eine Tabelle anzufertigen:

k	y	2/y	(y + 2/y)/2
1	1.0	2.0	1.5
2	1.5	1.33333333333	1.41666666667
3	1.41666666667	1.41176470588	1.41421568628
4	1.41421568628	1.41421143847	1.41421356238
5	1.41421356238	1.41421356237	1.41421356237
6	1.41421356237	1.41421356237	1.41421356237

Recht schnell bewegen sich die Werte der linken und rechten Spalte aufeinander zu. Es gilt jetzt festzustellen, wie die Wiederholungen zu beenden sind. Die Unterschiede streben dem Wert 0 zu. Zweckmäßig ist, den linken, alten Wert der Tabelle zu speichern und mit dem rechten zu vergleichen. Sie erinnern sich, wie reelle Zahlen verglichen werden. Zusätzlich zählen wir, nach wieviel Schleifendurchläufen das Verfahren abgebrochen wird.

19.6 Funktion mit Rückgabewert

Datenanalyse:

Sinnvollerweise wählen wir als Datentyp für y double, es sei denn, wir wollen eine Genauigkeit von mehr als 14 Stellen.

Entwurf:

Ein erster Ansatz könnte lauten:

    initialisiere

    wiederhole

        rette rechten Wert der vorigen Zeile (= alter Wert)

        rechne neuen rechten Wert

    bis eine Differenz aus altem und neuem Wert unterschritten wird

Implementierung:

```
#include <iostream>  using namespace std;
int main()
{ double  x = 2.0; // Radikand
  // das brauchen wir zum Rechnen:
  double y = 1.0, z = 1.0; // z zum Retten
  int k = 0;  // zum Zählen
  cout << "\n\n";
  do
  {++k;
   y = z;
   z = (y + x/y)/ 2.0;
  }while ( y-z > 1E-14 || z-y > 1E-14);
  // soweit zum Rechnen
  cout.width(20); cout.precision(15);
  cout << y;
  return 0;
} // end of main
```

Geben Sie das Programm ein und überprüfen Sie mit dem Debugger die Variableninhalte von y und z. Wenn Sie obige Tabelle ausgeben wollen, fügen Sie die Anweisungen ein. Dann formen wir das Hauptprogramm so um, dass eine Funktion entsteht. Dies ist ganz einfach, die grau unterlegten Anweisungen zeigen die Veränderungen:

19 Funktionen

```
#include <iostream> using namespace std;
double wurzel (double u);

int main()
{ double  x = 2.0; // Radikand
  cout.width(20);  cout.precision(15);
  x = wurzel (x);
  cout << x; // oder einfach: cout << wurzel (x);
  return 0;
} // end of main

// ....... Wurzelberechnung .............
double wurzel (double u)
 { // von oben herauskopiert!:
  // das brauchen wir zum Rechnen:
  double y = 1.0,  z = 1.0; // z zum Retten
  int k = 0;  // zum Zählen
  cout << "\n\n";
  do
   { ++k;
     y = z;
     z = (y + u/y)/ 2.0;
   }while ( y-z > 1E-14 || z-y > 1E-14);
  // soweit zum Rechnen
   return y;
 }
```

Das Abbruchkriterium hätte man mit dem Fragezeichenoperator auch so formulieren können:

```
double r;
...
r = y - z;
r = r < 0 ? -r:r;
}while ( r > 1 E-14 )
```

Eine weitere, einfache Lösung ermöglicht die Betragsfunktion (siehe Kapitel 19.11: Standardfunktionen).

19.6 Funktion mit Rückgabewert

Der Algorithmus benötigt (wie die Tabelle oben zeigt) nur fünf Durchläufe, um eine Abweichung von < |1E-9|, und sechs, um eine von < |1E-12| zu erreichen.

■ Rückgabe mit return

Die **Besonderheit** dieses Programms liegt in der Funktion. Ihre in diesem Zusammenhang wichtigsten Zeilen greifen wir nochmals auf:

```
double wurzel (double u)
{ // Anweisungen
    return y;
}
```

- In der runden Klammer stehen Datentyp und Bezeichner des übergebenen Wertes
- **Vor** dem Funktionsnamen steht der **Datentyp des Rückgabewertes**, er muss mit dem Datentyp des Ausdrucks, der **hinter** return steht, **identisch** sein.

Allgemein gilt das Prinzip (dies ist zugleich die ▸Schnittstelle einer Funktion):

<Typ Rückgabewert> Funktionsbezeichner (<Typ Übergabewert> Variable)

Beispiele:

```
bool is_alpha(char ch);
int steuer_rechnen (double x);
bool pruefe_idealgewicht (float groesse, float kg, char geschlecht);
kunde eingabe ();
```

Beachten Sie jetzt noch einmal die Abbildung 17, Seite 248, um den Datenaustausch-Mechanismus zu vertiefen.

Mit return y; wird bei der Rückkehr ins Hauptprogramm ein Fach aufgemacht und der Wert von y durch die Funktion dort hineingelegt. Aus diesem Grund darf **hinter** return **nur ein einziger Wert** stehen. Alle bekannten Datentypen sind erlaubt, auch eine Struktur oder die in einem späteren Abschnitt zu behandelnde Referenz, **jedoch kein Array**. Hinter return darf jedoch ein komplizierter **Ausdruck** stehen, der zu **einem** Wert ausgewertet wird.

Beispiele:

```
richtig: return (3 * x + y*y); // mit double x, y;
         return ein_Kunde;
```

```
           return true;
           return pText;
falsch:    return x, y, u;
```

Der Rückgabewert einer Funktion darf (im rufenden Programm) Teil eines Ausdrucks sein:

```
x = 3 * sqrt( v ) + 4 * sin ( w );
```

> ☞ Die Funktion wird ausgewertet und das Ergebnis **an die Stelle** gestellt, an der der Funktionsname steht.

Wenn im letzten Beispiel die Wurzel als Ergebnis den Wert 5.0 liefert und Sinus den Wert 0.31245, dann ist die Zuweisung **identisch** mit:

```
x = 3 * 5.0 + 4 * 0.31245;
```

- **Funktionen mit mehr als einer return-Anweisung**

Die return-Anweisung beendet eine Funktion, sie muss *logisch* und *nicht örtlich* die *letzte* Anweisung sein:

```
int check (int n)
{ if ( n > 0 )   return 1;
  else
     if (n == 0)   return 0;
     else return (-1);
  cout << "Hierher komme ich nie !";
}
```

- Funktionen, die **nichts zurückgeben**, benötigen **keine** return-Anweisung:

```
void anzeigen(int n)
{cout << n;} // es geht auch: return;
```

- **Die Funktion main ()**

Die Funktion main() ist eine besondere Funktion: Sie darf **nur einmal** in einem C++Projekt erscheinen (der Compiler überprüft dies!) und bildet das Hauptprogramm. Der Funktions*typ* von main() ist implementationsabhängig. Die folgenden beiden Varianten werden von jedem Hersteller bereitgestellt:

```
int main()
{ /*Anweisungen;*/    return zahl; }
int main(int AnzahlArgumente, char* Argumentvektor[])
{ /*Anweisungen;*/    return zahl; }
```

Fehlt bei main() der Rückgabetyp, wird automatisch der int-Typ unterstellt. Ein Rückgabewert wird an das aufrufende Programm weitergegeben, so dass Fehlerzustände weitertransportiert und vom Betriebssystem ausgewertet werden können.

Die Funktion main() kann beim Aufruf eine gewisse Anzahl Argumente, die im Argumentvektor spezifiziert sind, vom Betriebssystem übernehmen und intern auswerten. Sie werden Kommandozeilenparameter genannt, sind aber im Zeitalter des Klickens für den Anwender *fast* ausgestorben. Diese Methode wird vornehmlich bei nützlichen Helferlein (*tools*) eingesetzt.

Beispiel:

```
pkunzip -d   c_comp.zip   c:\cppkurs
```

Neben den beiden Implementationen bieten manche Hersteller auch die Variante

```
int main( )
{ /*Anweisungen; */}    // ohne return!
```

an, die in diesem Buch des öfteren verwendet wird, weil wir nichts an das Betriebssystem weiterreichen und es die return-Anweisung spart.

19.7 Projektarbeit (7)

Wir wollen das Programm EK6_1.CPP so umschreiben, dass es einen Rückgabewert enthält. Während der Übergabewert ein double-Typ sein soll, wird als Typ der Rückgabe ein int gewählt (die Steuer darf auf ganze DM gerundet werden).

```
/* Zweck:  Funktion-mit-Rückgabewert    Datei: EK7_1.CPP */
int   steuer_rechnen (double zuverstEk);

int main() // using!
{ char antwort;
  double   zvE = 0.0;
  int Steuer = 0;
```

19 Funktionen

```
        do
         { cout << " zu versteuerndes Einkommen : ";
           cin >> zvE;
           Steuer = steuer_rechnen(zvE);
           cout << zvE << " DM";
           cout << Steuer  << " DM" << endl << endl;
           cout << " Weiter ? (j/n) : " ;   cin >> antwort;
           antwort = toupper(antwort);
         }while (antwort == 'J');
         return 0;
        }
        //........ Steuerberechnung ..................
        int  steuer_rechnen (double zuverstEk)
        {
         double   EST;
         double E1, E2;   // Hilfsgrößen
         // wie zuvor;   es entfällt: EST = int(EST) /1.0
         return int(EST);
        }
```

FF **Fatale Fehler**

- Der Compiler überprüft die drei Zeilen dahingehend, ob sie stimmig sind:

  void linie_zeichnen (char zeichen); Prototyp, Deklaration

  linie_zeichnen ('*'); Funktionsaufruf

  void linie_zeichnen (char zeichen) {..} Funktionsdefinition

  d.h. ob formale und aktuelle Parameter *nach Zahl und Art* übereinstimmen. **Abweichungen** von seiner Erwartungshaltung quittiert er mit Fehlermeldungen, z.B:

  void linie_zeichnen (char zeichen);
  linie_zeichnen ( );
  void linie_zeichnen (char zeichen) {..}

  führt zur Meldung (bei meinem Compiler):

  zu wenige Parameter im Funktionsaufruf linie_zeichnen

ebenso weigert er sich bei:

```
void linie_zeichnen (char zeichen);
linie_zeichnen ( '*' );
void linie_zeichnen (zeichen) {..}
```

- Beachten Sie den Hinweis auf Bindefehler (Kapitel 11), wenn die Funktionsimplementation fehlt.

Fassen wir zusammen:

Früher haben Sie gesehen, wie Daten an eine Funktion übergeben werden. In diesem Abschnitt haben Sie erfahren, wie Funktionen *einen* Wert mit dem Schlüsselwort return an das rufende Programm zurückgeben. Jede return-Anweisung ist logisch die letzte Anweisung im Funktionskörper, mit ihr wird der Rücksprung eingeleitet. Sie darf an beliebiger Stelle im Funktionskörper stehen.

19.8 Übergabemechanismen

Die vorherigen Abschnitte haben sich damit beschäftigt, dass Daten an Funktionen übergeben und zurückgegeben werden (können). Welche Formen aber – und vor allem welche Wirkungen – die Datenübergabe hat, wurde nicht behandelt. Dies ist Gegenstand der folgenden Abschnitte.

Wir unterscheiden drei Formen, Daten zu übergeben:

- Übergabe eines Wertes (*call* oder *passing by value*),
- Übergabe einer Referenz (*call* oder *passing by reference*),
- Übergabe eines Zeigers.

19.8.1 Übergabe eines Wertes

Wir haben bisher die Übergabe so beschrieben, dass ein Fach (Speicherbereich) bei der Funktion aufgemacht wird, die aktuellen Parameter dort abgelegt werden und die Funktion diese Werte unter einem neuen Namen, dem formalen Parameter, dort abholt. Im Beispiel der Abbildung 17 wurde der konstante Wert pi/6 = 0.524 als **Kopie** übergeben. Daher sind folgende Programmiervarianten möglich:

```
double x = 0.524, u = .1234, v = 0.289, z;
z = sin (0.524);      // eine konstante Zahl,
z = sin (x);          // eine Variable,
z = sin(3*u + 4*v);   // ein Ausdruck, der einen Wert ergibt,
z = cube(sin (x));    // Argument ist eine Funktion, die einen Wert liefert.
```

19 Funktionen

> Als ▸Funktionsargumente sind Konstanten, algebraische und logische Ausdrücke sowie Funktionen, die einen Wert zurückliefern, zulässig.

Mit dem Aufruf einer Funktion wird ein ganz spezieller Speicherbereich, der ▸**Stack, aufgebaut**. Alle Anweisungen und Datenobjekte, die in der Funktion definiert sind, werden auf dem Stack bearbeitet. Der Stack ist ein Stapelspeicher (LIFO, *last in first out*), der in der **umgekehrten Reihenfolge**, wie er aufgebaut wurde, **wieder abgebaut** wird.

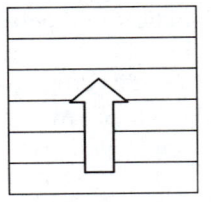

Aufbau des Stacks 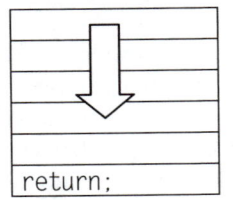   Abbau des Stacks

> Wenn die Anweisung return zur Rückkehr aufruft, ist der **Stack wieder völlig leergefegt**, und alle Datenobjekte sind **gelöscht**! Das heißt mit anderen Worten: Die Änderungen an den *Kopien* gehen verloren, die Originale bleiben aber unverändert erhalten. Dies führt zu weitreichenden Konsequenzen.

Wir wollen am folgenden Beispiel mit Werteparametern den Sachverhalt erläutern:

```
void tausche (int a, int b);
int main()
{ int a = 5, b = 7;
  cout << "in main : "
       << a << " " << b
       << '\n';
  tausche (a, b);
  cout << "in main : "
       << a << " " << b;
  return 0;
}
```

```
void tausche (int a, int b)
{ int c;
  c = a ;
  a = b ;
  b = c ;
  cout << "in Funktion : "
       << a << " " << b
       << '\n';
}
```

Wir erhalten als Ausgabe:

   in main : 5 7
   in Funktion : 7 5
   in main : 5 7

Offensichtlich wurden die Werte in der Funktion nicht dauerhaft verändert. Aus der Sicht der Funktion ergibt sich nur eine **Lese- und keine Schreib-Operation**. Eine dauerhafte Änderung lässt sich auch mit der return-Anweisung nicht erreichen, weil sie nur **einen** Wert zurückliefert.

> Die ▸Wertübergabe liefert eine Kopie. Das Original bleibt erhalten, die Kopie wird vernichtet.

Grafisch lässt sich dies so darstellen:

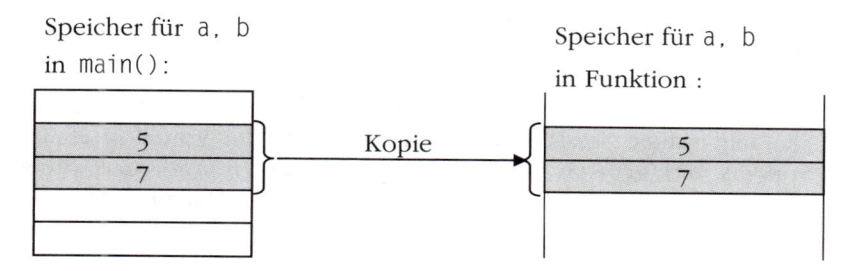

Speicher für a, b in main():   Speicher für a, b in Funktion:

```
      5                              5
      7         Kopie                7
```

Wie werden die verschiedenen Datentypen übergeben? Alle Datentypen **außer dem Array** lassen sich in Form einer Kopie (ohne Möglichkeit einer Rückwirkung auf das Original) übertragen.

In vielen praktischen Fällen führen die beiden Einschränkungen

- Rückgabe nur eines Wertes mit return und
- keine Rückwirkungsmöglichkeit auf das Original

zu einigen Schwierigkeiten, die der folgende Abschnitt mit der Einführung der *Referenz* löst.

Zuvor wollen wir uns noch kurz damit beschäftigen, wie auch die **Kopie vor Veränderung geschützt** wird, indem sie mit const in der Schnittstelle als **Nur-Lese-Speicher** definiert wird:

    void anzeigen (const double x , const double y);

19.8.2 Übergabe einer Referenz

Was ist eine ▸Referenz? Sehen Sie sich zunächst einmal folgendes Zitat aus einem anderen Buch an, das stellvertretend für eine Vielzahl gleichartiger Formulierungen stehen soll: „Eine Referenz ist ein Alias-Name. Wenn man eine Referenz erzeugt, initialisiert man sie mit dem Namen eines anderen Objekts, dem Ziel. Von diesem Moment an wirkt die Referenz als alternativer Name für das Ziel und alles, was man mit der Referenz anstellt, bezieht sich tatsächlich auf das Ziel. Das war' s. (...) Zeiger sind Variablen, die die Adresse eines anderen Objekts aufnehmen. Referenzen sind Aliase auf eine andere Referenz." Wissen Sie es jetzt?

Dabei ist die **Referenz**, die nicht Bestandteil von C ist und erst mit **C++** eingeführt wurde, eine einfache Sache, nachdem Sie mit Adressen schon vertraut sind. Neben der Übergabe eines Wertes (d.h. des Dateninhalts), die wir im letzten Abschnitt behandelt haben, gibt es die **Übergabe (Kopie) der ▸Adresse** einer Variablen, denn ihre Adresse liefert einen Verweis (*reference*) auf den Inhalt der Variablen. Die übernehmende Variable holt aus dem Fach die Adresse der Variablen, und diese kann sich dann auf das Original beziehen (*to refer*). Der Zugriff auf den Wert erfolgt damit **indirekt** über die Adresse. Daraus leitet sich auch unmittelbar ab, dass dort, wo eine Referenz steht, **kein ▸Ausdruck** stehen darf. Der **Zweck** der Referenz liegt darin, **ein oder mehrere Originale** über die Schnittstelle der Funktion zu **verändern**. Der Vorteil zeigt sich besonders **bei großen Datenobjekten**, zu deren Änderung (über die Adresse) nur 4 Bytes kopiert werden, anstatt die Datenobjekte im Speicher hin- und zurückzukopieren (doppelter Speicherplatz!, Schnelligkeit).

Den Unterschied zwischen **Wertübergabe** und **Referenzübergabe** verdeutlicht folgende Grafik:

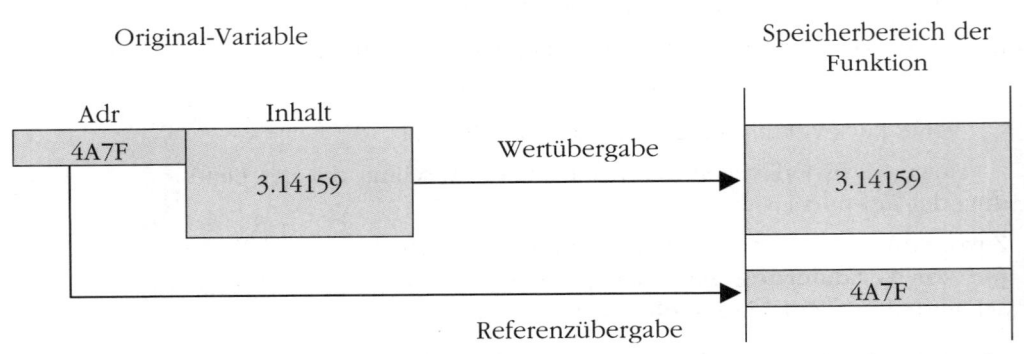

Wie wird dies in Software umgesetzt? Zunächst beschreiben wir das Prinzip und berücksichtigen dabei, dass der Referenzoperator **& bei der Definition** formal gleich eingesetzt wird wie der * bei Zeigern:

int a = 5;	Wir brauchen eine Bezugsvariable.
int & c = a;	Über den Referenzoperator wird c ein anderer Name für a, was mit c geschieht, geschieht mit a. (c ist Zweitname für a !)
c = c + 3;	c, die Referenz, wird als normale Variable behandelt; im Ergebnis identisch mit : a = a + 3;

19.8 Übergabemechanismen

Nebenbei bemerkt: Was der Autor des obigen Zitats sagte, ist ja richtig!

Dieses Konzept, das eigentlich nur **für die Übergabe an Funktionen** zweckmäßig ist, wenden wir nun auf die Funktion tausche() an (beachten Sie, dass der Referenzoperator nur in der Schnittstelle erscheint, sonst nirgends!):

```
void tausche (int& c, int& d);
int main()
{ int a = 5, b = 7;
  cout << "in main : "
       << a << " " << b << '\n'
  tausche (a, b);
  cout << "in main : "
       << a << " " << b;
  return 0; }
```

```
void tausche (int& c, int& d)
{ int e; // keine Referenz
  e = c;
  c = d;
  d = e;
  cout << "in Funktion : "
       << c << " " << d
       << '\n';
}
```

Wir erhalten jetzt als Ausgabe:

in main : 5 7
in Funktion : 7 5
in main : 7 5   // korrekt

In der Definition einer Funktion, wie zB. tausche (int& c, int& d), hat der Referenzoperator & folgende Wirkung:

> ☞ Der Referenzoperator verändert im Original dauerhaft den Wert.

■ Referenz und Zeiger

Zwischen Referenz und Zeiger besteht eine gewisse Verwandschaft über die Adresse, aber eine **Referenz ist** eben **kein Zeiger,** der eine **eigenständige Variable** darstellt. Den Unterschied verdeutlicht das folgende Bild, das zugleich zeigt, dass von einem Zeiger ebenfalls eine Kopie angefertigt wird.

19 Funktionen

Übergabe per Zeiger:

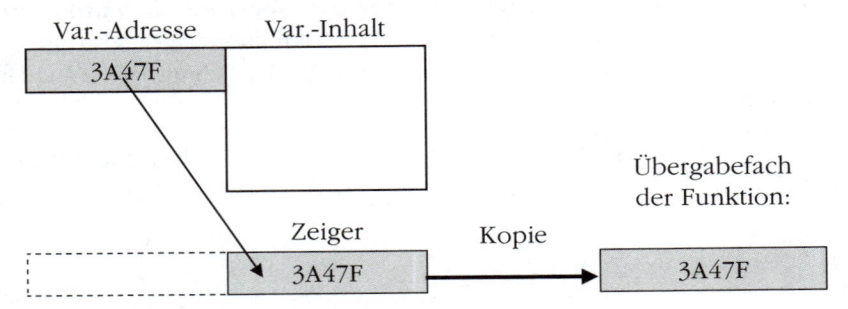

```
Var.-Adresse    Var.-Inhalt
  3A47F

                    Zeiger         Kopie      Übergabefach
                                              der Funktion:
                    3A47F    ───────────►      3A47F
```

Übergabe per Referenz:

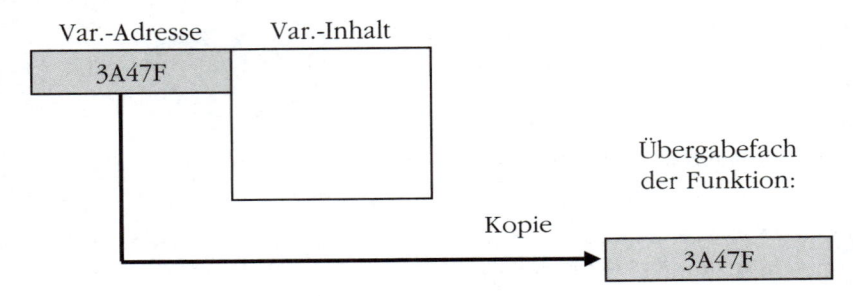

```
Var.-Adresse    Var.-Inhalt
  3A47F

                                              Übergabefach
                                              der Funktion:
                                Kopie
                        ───────────────────►   3A47F
```

FF   **Fatale Fehler**

Es könnte eventuell der Eindruck entstehen, dass es auf die Art einer Adresse (ob Referenz oder Zeiger) nicht ankommt. Dies wäre ein Irrtum, wie folgende Programme mit dem Platztausch zeigen:

Beispiel:

```
void tausche(double & u, double & v);
int main()
{ double x = 3.14, y = 6.28, *px, *py;
  px = &x; py = &y;
  tausche (px, py); // ! Fehlermeldung des Compilers!
} // end of main
void tausche(double & u, double & v)
{ double temp = u; u = v; v = temp;}
```

Ergebnis: Die Fehlermeldung des Compilers lautet: *cannot convert 'double*' to 'double' in tausche(px, py)*. Die Schnittstelle der Funktion verlangt die Übergabe einer Referenz (die Adresse des Originals), angeboten haben wir aber einen Zeiger. Der Compiler versucht einen Zeiger (double*) in einen double (Original!) zwangsweise umzuwandeln. Hier sieht man, dass rechnerintern **Referenz und Zeiger unterschiedlich** behandelt werden.

Beispiel:

Der Systematik wegen, aber im Vorgriff auf den nächsten Abschnitt, möchte ich zum Vergleich folgendes Programm gegenüberstellen:

```
void swap(double * u, double * v);
int main()
{ double x = 3.14, y = 6.28, *px, *py;
  px = &x; py = &y;
  swap(px, py); // Übergabe mit Zeigern
  swap(&x, &y); // das geht auch!
} // end of main
void swap(double * u, double * v) // darauf kommt es nicht so an
{ double temp = *pu; *pu = *pv; *pv = temp;}
```

Ergebnis: Wo ein Zeiger erwartet wird, darf die Adresse einer (typgleichen) Variablen stehen.

19.8.3 Übergabe mit Zeiger

Bevor die Referenz in C++ eingeführt war, wurde der gleiche Effekt in C mit Zeigern erreicht. Zum Vergleich daher die Realisierung mit Zeigern:

```
void tausche(int *pc, int *pd);
int main()
{ int a = 5, b = 7,
    *pa = &a, *pb = &b;
  cout << " in main : " << a
       << " " << b  << '\n';
  tausche (pa, pb);
  cout << " in main : "
       << a << " " << b << '\n';
  return 0;
}
```

```
void tausche (int *pc, int *pd)
{ int c;
  c = *pc;
  *pc = *pd;
  *pd = c;
  cout << " in Funktion : "
       << *pc << " "
       << *pd << '\n';
}
```

Wir erhalten – wie zu erwarten – als Ausgabe:

in main : 5 7

in Funktion : 7 5

in main : 7 5

Aus diesen Erkenntnissen lassen sich die Übergabemechanismen von Arrays an Funktionen ableiten. Wir behandeln zuerst das eindimensionale und anschließend das zweidimensionale Array.

19.8.4 Übergabe eines eindimensionalen Arrays

Wir erinnern uns der Tatsache, dass der Name des Arrays **wie** ein Zeiger auf einen festen Speicherplatz behandelt wird. Wie wir soeben gesehen haben, **verändert** ein **Zeiger** die **Originalwerte**. Dies ist auch **beim Array** der Fall, hier findet also **keine Kopie** der Array-Werte statt.

Achten Sie im folgenden Beispiel auf die Definition des Arrays: `int b[]`. Die **eckige Klammer muss** als Symbol für das Array geschrieben werden. Beachten Sie ferner, dass dies typischer C-Stil ist und es bessere Konzepte in C++ gibt.

Beispiel: **Übergabe eines Arrays im C-Stil**:

```
#include <iostream>   using namespace std;
void change (int b[]);
// unabhaengig von der Anzahl der Feldelemente
int main()
{ int a[] = {2, 3, 4, 5, 6, 7, 8, 9, 10};
  cout << a // Adresse von a
       << " "
       << sizeof a // Groesse des Arrays in Bytes! in sizeof a
          // bedeutet a jetzt kein Zeiger (eine der Ausnahmen)
       << endl;
  change (a);   // nur Array-Name, keine [] im Aufruf!
}
// ...Ändert Feldwerte im Original ........
void change (int b[])   // Achtung! siehe unten: Nachteile
{for (int k = 0; k< 5; ++k)
     b[k] = 1;
  cout << b; // Adressen von b und a identisch
}
```

Wir erhalten als Ausgabe (mit willkürlicher Adresse):

0012FF68 36   // 36: sizeof a -> 9*4 Byte

0012FF68

Der Inhalt des Arrays a ist am Ende: 1 1 1 1 1 7 8 9 10

Nachteile *dieser* Schnittstelle:

1. Innerhalb der Funktion kann nicht festgestellt werden, wie groß das Array ist. Die Funktion kennt nur die Startadresse des Arrays.

2. Es besteht deshalb **im Allgemeinen** leicht die Gefahr, dass **gnadenlos** über das eigentliche Array **hinaus** geschrieben wird, wobei im Speicher **Daten zerstört** werden können und ein **Absturz** möglich ist. Beispiel: Array mit obigen Werten und k > 9.

Zweckmäßig ist daher die zusätzliche Übergabe der Arraygröße unter Berücksichtigung eines **nur positiven Zahlen**vorrats:

```
void change (int b[], const unsigned int max)
    {for(int k = 0; k < max; ++k)   usw. }
```

19.8.5 Übergabe eines zweidimensionalen Arrays

Die Schnittstelle zur Übergabe eines zweidimensionalen Arrays kann entweder mit beiden Indexkonstanten oder nur mit der **Spaltenkonstanten** angegeben werden. Zulässige Beispiele sind:

```
const int zeile = 3, spalte = 5;
void change (int b[][5]); // Mindestanforderung
void change (int b[3][5]);
void change (int b[zeile][spalte]);
```

Innerhalb der Funktion kann mit einer geschachtelten for-Schleife auf die Werte zugegriffen werden:

```
for (int i = 0;i< zeile; ++i)
   for ( int k = 0; k < spalte; ++k)  b[i][k] = 0;
```

19.8.6 Übergabe eines Arrays mittels Zeiger

Es sind nur wenige Änderungen vorzunehmen, um ein Array mit Hilfe von Zeigern zu übergeben. Im eindimensionalen Fall lauten sie:

19 Funktionen

```
void change (int *p_arr);
int *pa = a;    // oder : &a[0];
change (pa);
```

Im zweidimensionalen Fall **muss** die **Zuweisung** der Anfangsadresse lauten:

```
*pa = &a[0][0];  // NICHT:  *pa = a;  oder : *pa = &a[0];
```

C++ erbt eine Vielzahl an Standardfunktionen von C. Viele dieser Bibliotheksfunktionen, insbesondere im Zusammenhang mit Strings, übergeben Zeiger, die dem Lernenden am Anfang eine gewisse Mühe der Interpretation bereiten. Beispielhaft sei die früher erwähnte Kopierfunktion dargestellt:

```
void copy (char * quelle, char * ziel);
// in ähnlicher Art gibt es viele Funktionen

int p[anzahl], q[anzahl];
```
copy (p,q); // so wird sie verwendet

Viele Funktionen haben darüber hinaus als **Rückgabewert** einen **Zeiger**. Schauen Sie in Ihrer Online-Hilfe einmal nach.

Beispiel:

strcat() hängt einen String an einen anderen und liefert einen Zeiger, der auf das erste Zeichen des Zielstrings zeigt:

```
char* strcat (char * ziel, const char *quelle);
```

Beachten Sie die Lesart:

char * **strcat** ()	strcat ist eine
char * **strcat** **()**	Funktion (erst nach rechts: Klammer hat höchsten Rang),
char * **strcat** ()	die einen Zeiger liefert (jetzt nach links)
char * strcat ()	auf einen Typ char

Beachten Sie ferner die Schnittstelle. Der Quellstring darf **innerhalb der Funktion nicht verändert** werden, deshalb lautet die Deklaration **zur Sicherheit** const char *quelle .

FF Fatale Fehler

- Auch wenn ein Array zweidimensional deklariert ist, wie z.B. b[zeile][spalte], wird es fortlaufend gespeichert. Dennoch erlaubt der Compiler **keine einfache** for-**Schleife** der Art for (j = 0; j < zeile*spalte; ++j) b[j] = 0;

- void change (int b[max][]); Dimensionsangabe an der falschen Stelle.
- Bei der Rückgabe von Adressen (via Referenzen oder Zeiger) besteht die **Gefahr**, dass ein **Datenobjekt**, auf das sich die Adresse bezieht, **nicht mehr existiert**. Wir zeigen es Ihnen beispielhaft mit folgendem Code:

```
#include <iostream>  using namespace std;
double * AnyFunction()
{ double x = 3.14159; //existiert nur in Funktion
  return  &x;       // x am Ende nicht mehr verfügbar!
}
int main ()
{ double *py = AnyFunction();
  cout << *py;        //zugehöriges Objekt bereits gelöscht!
}
```

Fassen wir zusammen:

Auch Felder lassen sich als Funktionsparameter einsetzen. Dabei gilt: Wird beim Aufruf einer Funktion ein Feldname als Argument übergeben, erhält die Funktion die Anfangsadresse des Arrays. Damit kann die Funktion auf alle Feldelemente (und schlimmstenfalls darüber hinaus!) zugreifen. Änderungen der Werte in der Funktion sind dauerhaft. Sie sollten fremde Programme zwar lesen und verstehen können, ich empfehle aber nicht, diese Konzepte selbst zu programmieren. Mit dem Typ <vector> werden Sie im Teil D ein besseres Konzept kennenlernen.

19.9 Stringbearbeitung mit Standardfunktionen

Folgende Zuweisung, so einfach sie aussieht, geht in C **nicht**, wohl aber in C++ mit dem Datentyp string:

```
char  name[20];  // string name; nur C++
cin >> name;
kunde.name = name; // nicht in C!
```

Für die C-Stringbearbeitung werden die Funktionen aus der Bibliothek verwendet. Eine nützliche Auswahl gibt die Tabelle 11. Ausführlichere Informationen liefert jede Online-Hilfe des Compilers.

Tabelle 11: Auswahl nützlicher Funktionen zur Stringbearbeitung

strcat()	`char * strcat(char * s1, const char *s2);` Von: *string concatenation*; Hängt s2 an s1, gibt s1 zurück. Beispiel: `char quelle [20] = "Alter "; strcat(quelle, "Narr");`

strchr()	`char * strchr(const char * s, int c);`
	Liefert Zeiger auf das erste Erscheinen des Zeichens c im String s bzw. NULL, wenn c nicht in s enthalten ist.
	Beispiel: `char string[10] = "Narr";`
	`char * ptr = strchr(string,'a');`

strcmp()	`int strcmp (const char *s1, const char *s2);`
	Von: *string compare*; Vergleicht zwei Strings. Liefert neg. Zahl, null oder pos. Zahl, wenn s1 alphabetisch kleiner, gleich oder größer als s2 ist (ASCII-Ordnung).
	Beispiel: `char *str1 = "abc"; char *str2 = "abb";`
	`if (strcmp(str1,str2) cout << " größer ";`

strcpy()	`char * strcpy ( char *s1, const char *s2);`
	Von: *string copy*; Kopiert s2 nach s1, liefert s1 zurück.
	Beispiel: `char *str1 = "Narr - was nun?";  // konst. Quellstring`
	`char  string[25] = "Alter ";   // Zielstring`
	`strcpy (string, str1); cout << string;`

strlen()	`size_t  strlen(const char *s);`
	Von: *string length*; Liefert Anzahl Nutzzeichen ab s[0] bis erstes '\0' (ausschließlich). Beispiel: `char *text = "Narr";`
	`cout<< text<< "enthält " << strlen(text) << "Zeichen\n"`

Die Tabelle zeigt zugleich, dass es notwendig ist, nur die Bedeutung der Schnittstelle zu kennen: **Was geht hinein, was liefert sie und was macht die Funktion (Name!).**

Weitere Funktionen zur Stringmanipulation (die sonderbaren Namen erklären sich aus der Tatsache, dass früher einmal nur sieben Zeichen für den Bezeichner zulässig waren):

strrchr()	Zeichen in String von hinten suchen
strspn()	Vorkommen eines Zeichens in String zählen
strcspn()	Zeichen in String zählen, die nicht der Vorgabe entsprechen
strpbrk()	Sucht Zeichen eines Strings in einem anderen String
strstr()	Sucht String in einem anderen String
strtok()	Zerlegt einen String in Token

19.10 Überladen von Funktionsnamen

In größeren Programmen taucht das Problem auf, dass eine bestimmte Aufgabe (Funktion) für verschiedene Datentypen nötig ist. So müsste man jeweils eine Funktion schreiben, wenn zwei double-, zwei int- bzw. struct-Variablen zu tauschen sind. Wegen der notwendigen Eindeutigkeit des Bezeichners müsste man sie mit tausche_double(), tausche_int() usw. – oder viel schlimmer: tausche1(), tausche2(), tausche3() – bezeichnen. C++ erlaubt nun, ein und **denselben Namen für verschiedene Funktionen** zu verwenden. Damit treten die Funktionen unter einem Namen in vielerlei Gestalt (Codierung) auf.

> ☞ Die einzige **Bedingung** ist, dass sich die **Parameterlisten** (in den Typen oder der Anzahl) **unterscheiden**.

Der Compiler wird es schon richten! Diese Eigenschaft bezeichnet man im Englischen mit **overloading** (Überladen). Vielgestaltigkeit heißt im Griechischen Polymorphie. Beide Begriffe werden in der Literatur allerdings nicht einheitlich verwendet. Neben die hier behandelte Funktionspolymorphie treten im objektorientierten Teil von C++ weitere Fälle der Polymorphie. Der **Zweck** dieser Errungenschaft liegt in der **besseren Lesbarkeit** von Programmen.

Beispiele mit der Funktion tausche():

```
void tausche (int & m, int & n)
{ int temp /*orär */;    temp = m; m = n; n = temp; }
void tausche (double & x, double & y)
{ double temp; temp = x; x = y; y = temp; }
void tausche (double x [], double y [], int n)
{   /* etwas mehr Arbeit */}
void tausche (double *px, double *py)
{ /* wie zuvor */}
void tausche (Kunde & k1, Kunde & k2)
{ Kunde temp;   temp = k1; k1 = k2; k2 = temp; }
int main()
{ int k = 5, j = 7;
   double u = 2.7, v = 3.1, *pu = &u, *pv = &v;
   double  w[3] = {1.,2.,3.}, z[3] = {6.,7.,8.};
   struct Kunde { /* Deklaration*/};
```

19 Funktionen

```
        Kunde erster = {/*Ini.*/}, zweiter = {/* Ini.*/};
        // das alles ist möglich:
        tausche (k,j);
        tausche (u,v);
        tausche (pu, pv);
        tausche (w,z, 3);
        tausche (zweiter, erster);
}
```

> ☞ **Funktionen unterscheiden sich** bei identischem Namen schon **durch** die **Anzahl der Parameter**, **nicht** jedoch **durch verschiedene Rückgabetypen.**

Beispiel:

```
int  minimum (int a,  int b);
int  minimum (int a,  int b, int c);
```

■ Funktionstemplate

Die letzten Beispiele haben gezeigt, dass für die Aufgabe „tausche" eine ganze Reihe von Funktionen zu schreiben waren, für jeden Datentyp eine. Die Segnungen der Objektorientierung bringen es mit sich, eine einfachere Lösung für diese häufigen Fragestellungen anzubieten: Funktionstemplates. *Template* bedeutet soviel wie „Schablone" oder „Baumuster", das einmal mit einem **Platzhalter** geschaffen und **vom Compiler automatisch** in den richtigen Datentyp umgewandelt wird. Das folgende Beispiel illustriert diese elegante Art, wobei AnyT die *beliebige* Bezeichnung für den Platzhalter darstellt:

```
template <class AnyT>
void tausche (AnyT &  a, AnyT &  b)
{ AnyT temp  = a;
  a = b;
  b = temp;
}

int main()
{ int c = 5, d = 7;
  double x = 2.1, y = 3.5;
```

```
        double *px = &x, *py = &y;
        tausche (c, d);
        tausche (x, y);
        tausche (px, py);
        // fein, nicht wahr?
}
```

Beachten Sie oben die **spitze Klammer** und das **&** für den Referenzoperator, der im objektorientierten Teil von C++ häufig verwendet wird**.**

Fassen wir zusammen:

Das Programmieren mit Funktionen kann man sich erleichtern, indem man den Funktionen mehr Flexibilität für ihren Einsatz schafft. Zwei Möglichkeiten haben Sie kennengelernt: das Überladen des Funktionsnamens und die Funktionstemplates. Überladen von Funktionsnamen bedeutet: Funktionen mit in Typ oder Anzahl unterschiedlichen Parameterlisten können denselben Bezeichner haben. Funktionstemplates sind Konstruktionsvorschriften für den Compiler, der beim Compiliervorgang die richtigen Datentypen einsetzt. Templates ersparen dem Programmierer Schreibarbeit, der Code wird aber nicht kürzer.

19.11 Standardfunktionen

C besitzt einen vergleichsweise kleinen Vorrat an reservierten Wörtern, viele wiederkehrende Aufgaben sind dagegen in Form von Funktionen gelöst, die nach sachlichen Gesichtspunkten in Gruppen (Dateien) zusammengefasst sind. Da in den Dokumentationen zur C-Software die Funktionen alphabetisch aufgeführt sind, werden sie *hier* gruppenweise kurz vorgestellt, damit Sie sie in Ihrer Dokumentation vertiefen können. Wir führen folgende Gruppen auf:

- Zeichentypen testen und umwandeln

- Mathematische Funktionen

- Nützliche Hilfsfunktionen

Zeichentypen testen und umwandeln

Die Funktionen finden sich in der Datei ctype.h / cctype.

tolower()	Umwandlung in Großbuchstaben
toupper()	Umwandlung in Kleinbuchstaben
isalpha()	Ist das Zeichen ein Buchstabe?
isdigit()	Ist das Zeichen eine Ziffer?

isxdigit()	Ist das Zeichen eine Hex-Ziffer?
isalnum()	Ist das Zeichen Ziffer oder Buchstabe?
iscntrl()	Ist das Zeichen ein Steuerzeichen?
isprint()	Ist das Zeichen druckbar?
islower()	Ist das Zeichen ein Kleinbuchstabe?
isupper()	Ist das Zeichen ein Großbuchstabe?
isspace()	Ist das Zeichen ein Leerzeichen?

Mathematische Funktionen

Zum Umfang der in der Datei math.h/cmath vorhandenen Funktionen zählen alle trigonometrischen Funktionen Sinus, Cosinus, Tangens und ihre Umkehrfunktionen sowie die entsprechenden Hyperbelfunktionen, die wir alle nicht weiter vertiefen.

exp()	Exponentialfunktion
ldexp()	Exponent zur Basis 2
log()	natürlicher Logarithmus
log10()	Logarithmus zur Basis 10
pow()	Potenz
sqrt()	Quadratwurzel
ceil()	nächst größere od. gleiche Ganzzahl einer Fließkommazahl
floor()	nächst kleinere od. gleiche Ganzzahl einer Fließkommazahl
fabs()	Betrag einer Fließkommazahl
modf()	Zerlegt Fließkommazahl in Ganzzahlanteil und Bruchteil
fmod()	Modulo-Division für Fließkommazahlen

Nützliche Hilfsfunktionen

atof()	String in Fließkommazahl umwandeln (*ascii to float*)
atoi()	String in Integerzahl umwandeln (*ascii to integer*)
atol()	String in lange Integerzahl umwandeln (*ascii to long*)
strtod()	String in double umwandeln (ähnl. wie ato.., besser)
strtol()	String in long umwandeln (ähnlich wie ato.., besser)
strtoul()	String in unsigned long umwandeln
rand()	Zieht eine Zufallszahl

`srand()`	Initialisiert den Zufallsgenerator
`exit()`	Geregelte Beendigung des laufenden Programms
`qsort()`	Quicksort-Algorithmus zum Sortieren
`bsearch()`	Binäre Suche nach einem Wert in einem Array
`abs()`	Absoluter Wert (Betrag) einer Integer-Zahl
`labs()`	Absoluter Wert (Betrag) einer LongInt-Zahl

19.12 Hinweise zur Programmentwicklung – Testfunktionen

Das Beherrschen einer Programmiersprache ist eine notwendige, aber keineswegs ausreichende Bedingung, um *gute* Software zu entwickeln. Unter *gut* wollen wir *hier* verstehen, dass die

- vorgegebenen Aufgaben erfüllt werden (*Vollständigkeit*) und
- Software fehlerfrei ist (*Korrektheit*).

An professionelle Software wird ferner die grundsätzliche Anforderung gestellt, dass sie ergonomisch sein muss. Die Ergonomie beschäftigt sich bei Software unter anderem mit der Bedienfreundlichkeit, den Farbkontrasten von Bildschirmhintergrund und Zeichenfarbe und damit, dass man den am häufigsten benutzten Zettel auf einem Stapel nicht gerade zu unterst ablegt. Ergonomische Aspekte sprengen jedoch den Rahmen dieses Buches.

Wie wenig die genannten Anforderungen an professionelle Software in der Praxis erfüllt werden, zeigt eine Bestandsaufnahme der Verwaltungs-Berufsgenossenschaft (Sicherheitsreport 1/2003):

„... So wichtig die Software im Arbeitsprozess ist, so wenig Aufmerksamkeit wird ihr oft geschenkt. Der Zustand der Software ist in vielen Unternehmen alles andere als vorbildlich.

Dies ist umso überraschender, als die Qualität der Arbeit unmittelbar mit der ergonomischen Qualität der Software zusammenhängt. Eine Software, die nicht ergonomisch gestaltet ist und die schlecht in die Arbeitsabläufe integriert ist, vergeudet fast immer Arbeitsproduktivität (...) Beschäftigte verbringen etwa 10 Prozent ihrer Arbeitszeit damit, Fehler im Umgang mit ihrem Computer zu bewältigen. Das bedeutet für ein mittelständisches Unternehmen mit 50 Mitarbeitern rund 400 000 Euro Verlust im Jahr. (...) Psychische Belastungen, zB. Stress durch Softwarefehler und schlechte Softwaregestaltung sowie mögliche körperliche Beschwerden, zB. Kopfschmerzen, sind bei ergonomisch gestalteter Software deutlich geringer. Durch höhere Zufriedenheit und geringere Belastungen steigt bei den Benutzern die Leistungsfähigkeit und -bereitschaft. (...)

Vielen Störfällen, Ablaufproblemen und Unfällen liegt eine schlecht gestaltete Software zugrunde. Informationen wurden übersehen, Daten wurden versehentlich gelöscht und vorher nicht gesichert, Warnmeldungen wurden missverstanden(...)"

Auch das folgende Zitat aus der Siemens-Mitarbeiterzeitschrift SIEMENS WELT 7/2000 (S. 42) sollte für *alle* Programmierer Ansporn und Maßstab zugleich sein: „Hier haben wir von der japanischen Videorecorder- und Kameraindustrie gelernt. Als ich dort gefragt habe, wie sie Fehler in der Softwareentwicklung verhindern, bekam ich zur Antwort: ' Wieso? Das passiert überhaupt nicht.' Der Entwicklungsprozess wird so gestaltet, dass eine fehlerfreie Software dabei herauskommt. Qualität wird nicht geprüft, Qualität wird hineinentwickelt..."

Um die vorgenannten Anforderungen an Vollständigkeit und Fehlerfreiheit zu erfüllen, sind *planerische* und *organisatorische* Vorbereitungen zu treffen. Die Gesamtheit aller Prinzipien und Methoden umfasst die eigenständige Disziplin *Software-Engineering*. Für *unsere Zwecke* genügt es, einige Erkenntnisse herauszugreifen, um erfolgreich C++Programme zu entwickeln. Die folgenden Ratschläge beruhen auf der Erfahrung vieler Menschen und erleichtern die Arbeit.

Beginnen wir jedoch damit, wie man es *nicht* machen sollte:

> *Ich habe einmal vor langer Zeit ein Programm geschrieben, um auf dem Drucker Proportionalschrift im Blocksatzformat (mit rechtem Randausgleich) auszugeben. Dazu musste der Text am Zeilenende getrennt werden. Munter habe ich losprogrammiert, bis ich mich in den Fallstricken der Sprache verhedderte: hier ein Sonderfall beim Trennen von ck in k-k, dort ein Sonderfall beim Trennen eines Bindestrich-Wortes (keine zwei Striche!) usw. Das Programm funktionierte, aber es war chaotisch aufgebaut und brauchte zur Entwicklung viel mehr Zeit. Es fehlten zuvor der Zwang zur Sachanalyse und die klare Strategie. Das war eine heilsame Lehre!*

Beschreiben wir daher den Idealfall, der sich in zwei Teile gliedert:

Konzeptionelle Arbeit

- Setzen Sie sich mit den inhaltlichen Fragen der eigentlichen Aufgabe umfassend auseinander.
- Überlegen Sie, welche Daten die Aufgabe zweckmäßig abbilden, definieren Sie Grenzen von Daten.
- Legen Sie Testdaten fest (innerhalb und außerhalb des zulässigen Bereiches, die Grenzen selbst und die Null).
- Teilen Sie die Aufgabe in in sich abgeschlossene Teile (Module), die durch Funktionen repräsentiert werden. Ist ein Teilproblem zu

komplex, zerlegen Sie es in kleinere, einfachere Teile (top down, schrittweise Verfeinerung).

- Legen Sie auf dem Papier fest, wie Eingaben und Ausgaben optisch aussehen sollen.
- Entwickeln Sie ein Konzept für den Datentransport, definieren Sie die Schnittstellen.
- Entwickeln Sie eine Lösungsstrategie für die einzelnen Teilaufgaben.

Alle bisherigen Arbeiten benötigen bestenfalls Papier und Schreibgerät. Bis zu diesem Zeitpunkt ist der Computer eher hinderlich. Gehen Sie jetzt an den Rechner.

Programmierarbeit

- Codieren/Implementieren Sie jetzt jede Funktion einzeln in einem gesonderten Programm (*test driver*, siehe unten), das nur dazu dient, die zu testende Funktion aufzurufen. Es darf sehr spartanisch aufgebaut sein (ohne Eingabekomfort, ohne Kommentare). Oft ist es nützlich, sich *eigene Testwerkzeuge* zu schreiben (um z.B. eingegebene Werte als Tabelle wieder auszugeben).
- Codieren Sie jetzt die Funktion main() Ihres eigentlichen Programms. Meist besteht das Hauptprogramm aus einer Ablaufsteuerung, die im wesentlichen nur Funktionen aufruft. Kopieren Sie jetzt eine zuvor getestete Funktion in die Ablaufsteuerung, und testen Sie sie im eigentlichen Programmumfeld. Fahren Sie in gleicher Weise so fort mit allen weiteren Funktionen (Bottom up).

  Begründung für diese Vorgehensweise:

  Wenn Sie es nicht wie beschrieben machen, passiert erfahrungsgemäß das Folgende: Sie schreiben *alle* Anweisungen und Funktionen munter runter. Dann drücken Sie zufrieden die Compiliertaste ... und erhalten eine ganze Reihe von Fehlermeldungen, 20 bis 30 sind keine Seltenheit! Das Unangenehme daran ist, dass oft *ein* Fehler viele Folgefehler verursacht. Erfahrungsgemäß geben Compiler auch Falschmeldungen aus, d.h. das wahre Problem liegt an anderer Stelle. Also: Wo anfangen mit dem Bereinigen?

- Testen Sie das Gesamtprogramm. Es ist nicht auszuschließen, dass durch den Datenaustausch im Zusammenwirken aller Teile noch unvorhergesehene Situationen entstehen.

Beispiel eines Testprogramms (*test driver*):

Es ist eine ganz einfache Aufgabe, um das Grundsätzliche zu zeigen. Man kann zu jeder Zeit Beispiele für Strings, Strukturen und Arrays bilden, am Datentyp soll es wirklich nicht hängen!

19 Funktionen

Eine Funktion soll nach Eingabe einer *natürlichen* Zahl n die Summe der ersten n Quadratzahlen ausgeben, die durch folgende Formel gegeben ist:

$$\sum_{k=1}^{n} k^2 = n\,(n+1)\,(2n+1)\,/\,6$$

Testprogramm

Die Testwerte sind zweckmäßigerweise in einem Array gespeichert und werden automatisch aufgerufen. Die Funktion ermittelt einmal die Summe der Quadrate und zum Vergleich den Wert der rechten Seite der Formel, der mit return zurückgegeben wird. Am Ende kann eine der beiden Varianten entfallen.

```
/* Datei : Tdriver.cpp   : Testdriver */
#include <iomanip>     // setw()
#include <iostream>  using namespace std;
int quadratSum (int n, int & Summe);
int main()
{ int n = 0, i, sum;
  int  Summe;
  int a[] = {-10, -5, 0, 1, 2, 3, 4, 5, 10, 100};
  cout << endl;
  for ( i = 0; i< 10; ++i)
   {n = a[i];
    sum = quadratSum (n, Summe);
    cout << " n = "   << setw(6) << n << "  sum = "
         << setw(10) <<  sum   << "   Summe = "
         << setw(10) << Summe   << '\n';
   }
} // end main
```

Die zu testende Funktion:

```
int quadratSum (int n, int & Summe)
{ Summe = 0;
  for (int k = 0; k <= n; ++k)
    Summe += k*k;
  return ((2*n+1)/6*(n+1)*n);
}
```

Sich widersprechende Zahlen in der Anzeige lassen darauf schließen, dass hier noch einige kleine Fehler enthalten sind. Diese wenigen Zeilen sind einfacher zu testen, als wenn sie in ein umfangreicheres Programm mit 20 Seiten Quellcode eingebettet wären. *Stellen Sie das Programm richtig*, indem Sie folgende Fragen in Betracht ziehen:

- Welche der beiden Summenbildungen ist richtig und vor allem: warum?
- Wie ist die falsche Variante abzuändern, damit sie richtig wird (zwei Möglichkeiten)
- Wie kann man eine zulässige Obergrenze für die Eingabe von n abschätzen?

Die ersten beiden Fragen bleiben Ihnen überlassen, die letzte soll wegen des grundsätzlichen Charakters eines ▸Zahlenüberlaufs (dies gilt auch für andere Probleme und andere Programmiersprachen!) behandelt werden:

Der Ausdruck n(n+1)(2n+1)/6 ist näherungsweise $n^3/3$, wenn man die Einsen vernachlässigt. Die größte darstellbare Zahl bei unsigned int (32-Bit-Software) bzw. unsigned long (16-Bit-Software) ist ca. 4.294e9, bei signed int 2.147e9. Daraus folgt:

$n^3 / 3 < 4.294e9$ und

  n < 2340 für unsigned bzw.

  n < 1857 für signed.

Dem nächsten Beispiel für das Verhindern eines ▸Zahlenüberlaufs – und zugleich eines ▸Rechnerabsturzes – liegt die Zinseszinsrechnung zugrunde:

$K_n = K_0 (1 + i)^n = K_0 q^n$

Unterstellen wir für q einen float-Typ, ist die größte Zahl etwa 10^{38} (siehe Kap. 4.2.2 und Anhang 3). Um den Rechnerabsturz zu verhindern, gilt:

(1) $K_0 q^n < 10^{38}$

In einer mathematischen Formelsammlung finden wir $a^x = e^{x \ln(a)}$.

Somit wird (1) nach dem Logarithmieren:

(2) $\ln(K_0) + n * \ln(q) < 38 \ln(10) < 87.5$

Mit unwesentlich mehr Code gewinnt man Sicherheit bei der Eingabe:

    if (ln(K0) + n * ln(q) < 87.5)   Kn = K0 * exp (n * ln(q));

19 Funktionen

Wichtiges in Kürze

- Zu einer sinnvollen Implementierung einer Funktion gehören:
  - Funktionsprototyp (mit Semikolon) vor `main()`
  - Funktionsaufruf in einer Funktion
  - Funktionsdefinition (ohne Semikolon) hinter `main()`
- Funktionen erscheinen in drei Varianten (Beispiele):
  - `clrscr();`
  - `textbackground (BLUE);`
  - `x = sin (alfa);`
- Die Schnittstelle zu Funktionen wird durch den Funktionsprototyp eindeutig beschrieben und enthält den Rückgabetyp der Funktion, den Funktionsnamen, die Funktionsparameter und die Art ihrer Übergabe:

  `<Rückgabetyp> Funktionsname (Typ Variable1, Typ Variable2 );`

- Übergabemechanismen:

  a) Wertübergabe (Kopie veränderbar):

  `void steuer_rechnen ( double zvE)`

  Wertübergabe (Kopie unveränderbar):

  `void anzeigen ( const int a, const int b)`

  b) Übergabe einer Referenz:

  `void tausche ( int & a, int & b)`
  `{int temp = a; a = b; b = temp;}`

  Aufruf: `tausche (c, d); //ohne &`

  c) Übergabe eines Zeigers:

  `void tausche (int *pa, int *pb)`
  `{int temp = *pa; *pa = *pb; *pb = temp;}`

  d) Übergabe eines Arrays:
  - `void change (int b[], unsigned int max);`
    `... change (c, 3);`
  - `void change (int s[][max], unsigned m, unsigned k);`
    `... change (v, 3, 4);`

e) Übergabe eines Arrays mittels Zeiger:
- `int *pa = &a[0];` eindimensional, → `change (pa,m);`
- `int *pa = &a[0][0];` zweidimensional → `change (pa,m,k);`

- Überladen von Funktionsnamen (oder auch Funktionspolymorphie) bedeutet:

  Unter einem Namen existieren mehrere Funktionen, die sich in ihrer Parameterliste (in der Anzahl der Parameter oder im Datentyp *mindestens eines* Parameters) unterscheiden müssen. Ein unterschiedlicher Rückgabewert allein reicht nicht aus. Die verschiedenen Funktionen dürften zwar verschiedene Implementierungen haben – aber dies gibt keinen Sinn!

- Funktionstemplate ist eine Schablone, die für einen allgemeinen Datentyp erstellt ist und vom Compiler mit den richtigen Datentypen ausgestattet wird:

  `template <class AnyT> void tausche (AnyT & a, AnyT &b).` Es ersetzt mehrere Funktionen identischen Quellcodes, aber mit unterschiedlichen Datentypen.

- Funktionsargumente sind Konstanten, algebraische bzw. logische Ausdrücke oder Funktionen mit Rückgabewert.

- Funktionsrückgaben sind ein Ausdruck oder vom Typ `void`.

- Referenzübergaben können nie einen Ausdruck enthalten.

Übung 18 (ohne Lösung)

1 Schreiben Sie eine allgemein verwendbare Funktion (inklusive Testtreiber), die eine `float`-Zahl auf eine vorgebbare Stellenzahl n kaufmännisch rundet. Überlegen Sie mögliche Grenzwerte. ▸Rundungsregel am Beispiel: Die Zahl x wird auf 4 abgerundet, wenn x < 4.5 und auf 5 aufgerundet, wenn x >= 4.5.

2 Schreiben Sie ein Programm, das ein Kapital in der Gegenwart bei einem Zinssatz i über n Perioden aufzinst und die vier Größen sauber auf dem Monitor ausgibt. Es gibt mindestens zwei verschiedene Lösungsstrategien. Welche Grenzen der Variablen sind zu beachten?

3 Schreiben Sie ein Programm, in dem die Namen der Bundesligavereine eingegeben, geändert und als Tabelle ausgegeben werden können. Außerdem sollen die Spielpläne des ersten bzw. zweiten Spieltages namentlich angezeigt werden (siehe Ü16-4 nach Kap. 17.3).

4 Schreiben Sie ein Programm mit Funktionen, das es erlaubt, die Differenz zweier Kalenderdaten (in Tagen, *ohne* Schaltjahr) zu berechnen, z.B. für Zinsberechnungen. Beispiel: 29.09.03 - 18.05.01 = 864 Tage .

Verwenden Sie für die Datumsanzeige eine Funktion.

Hinweis: Rechnen Sie von einem festen Bezugsdatum (zB. 1.1.1980) die Tage aus.

5 Etwas zum Knobeln: Im Internet habe ich eine trickreiche Tausche-Variante ohne Hilfsgröße mit nur zwei Speicherplätzen gefunden:

```
void swap (int & x, int & y) { x = (y += x -= y) - x;}
```

Wie funktioniert sie?

Fassen wir zusammen:

Auch wenn es schwerfällt, nicht sofort in die Tasten zu hauen: Wer beim Programmieren *insgesamt* schneller zum Ziel kommen will, legt sich selbst einen methodischen Zwang auf, der hier ausführlich beschrieben wurde. Der Planungsvorgang, das Nachdenken über die Lösung ist am Anfang wichtiger als das Programmieren. Das Testen kleiner Programmteile gestaltet sich einfacher und effizienter als das Fehlersuchen in unübersichtlichen, größeren Programmen.

20 Gültigkeitsbereiche von Namen

Wir haben bereits mehrfach festgestellt, dass Variablen nur in bestimmten Speicherbereichen erkannt werden. Dies war mit ein Grund dafür, einen Datentransport zwischen den Speicherbereichen einzurichten. Für die Gestaltung der Variablen und ihre Verwaltung im Speicher ist unzweifelhaft der Programmierer verantwortlich. In dem Projekt zur Einkommensteuer haben Sie bereits gesehen, dass Variablen an verschiedenen Stellen eines Programms definiert werden können: Mal vor den verschiedenen Funktionsprototypen, mal innerhalb der main()-Funktion. Wo im Programm wird welche Variable erkannt? Wann sind Variablen *global* gültig, wann nur *lokal*? Diese Thematik betrachten wir in Abschnitt 20.1. Im Abschnitt 20.2 lernen Sie das Konzept der *Namensräume* in C++ kennen. Diese dienen dazu, Namenskonflikte bei Bezeichnern in großen Softwareprojekten mit vielen Programmen zu vermeiden.

20.1 Gültigkeitsbereiche globaler und lokaler Variablen

Wir werden den Sachverhalt mit dem folgenden Beispiel, das des besseren Überblicks wegen auf die notwendigen Anweisungen reduziert ist, eingehender untersuchen. Beachten Sie: Die folgenden Aussagen beziehen sich nicht (in vollem Umfang) auf ältere Compiler.

```
int k = 5; int m = 3;
void f(); // einfachste Funktion
int main()
{ int s = 0;
  cout << "k global : " << k << endl;
  int k = 11;
  cout << "k lokal  : " << k << endl;
   {int m = 31;
    cout << "m lokal  : " << m << endl;
    f();
    s = 1;
   }
  cout << "m global : " << m << endl;
} // end of main
```

20 Gültigkeitsbereiche von Namen

```
void f()
{ int k = 88;
  cout << "k lokal in f : " << k << endl;
  m = 99;
  cout <<"m global in f : " << m << endl;
}
```

Ausgabe:

    k global : 5
    k lokal : 11
    m lokal : 31
    k lokal in f : 88
    m global in f : 99
    m global : 99

Die Variablen k und m, die *vor* main() stehen, haben die Eigenschaft, dass sie vom Anfang des Programms an existieren – sowohl in main() als auch in der Funktion f(). Sie werden erst mit Beendigung des Programms entfernt. Ihre ▸**Lebensdauer** ist die **gesamte Programmlaufzeit**, sie heißen daher ▸**globale** Variablen. Sie sind mit Eintritt des Programmablaufs in den Funktionskörper von main() existent (**gültig**) und für das Programm ▸**sichtbar**, wie die erste Ausgabe zeigt. Mit der Definition von int k = 11; wird eine neue Variable k angelegt, die ab dem Definitionspunkt und nur innerhalb von main() existiert. Sie ist ▸**lokal gültig**, d.h. nur in diesem Speicherbereich. Die **lokale Variable k verdeckt das globale k** wegen **desselben** ▸**Bezeichners**, das wohl **existent, aber nicht mehr sichtbar** ist, wie die zweite Ausgabe zeigt. Mit der Eröffnung eines neuen Blocks wird die Variable m erzeugt, die ihrerseits das globale m verdeckt. Allerdings hört das lokale m auf zu existieren, wenn der Block beendet ist, was das dunklere Grau andeutet. Die **Funktion** f() hat nur den Zweck, in einen **anderen** ▸**Speicherbereich** zu springen. Auch hier gibt es ein lokales k, das sich von dem lokalen k in main() unterscheidet! Die globale Variable m ist existent und sichtbar in f(), deshalb wird ihr Wert auch global auf 99 geändert. Mit der Beendigung der Funktion f() an der schließenden }-Klammer endet die Existenz von k lokal in f(). Mit der Rückkehr nach main() an die Stelle s = 1; wird k wieder mit dem alten Wert 11 sichtbar. Die letzte Ausgabe weist nach, dass die Wertzuweisung an das globale m, das nicht verdeckt war, im Speicherbereich f() dauerhaft war. Für k gab es – trotz gleichen Namens – drei verschiedene Speicherplätze!

20.1 Gültigkeitsbereiche globaler und lokaler Variablen

Fassen wir zusammen:

Variablen gelten ab dem Zeitpunkt ihrer Definition (= Speicherreservierung).

Variablen, die ausserhalb von `main()` und jeder anderen Funktion definiert sind, heißen **global**. Diese Daten haben eine Lebensdauer von Anfang bis zum Ende des Programms, weil sie in einem besonderen Daten-Speicherbereich abgelegt werden.

Lokale Variablen werden automatisch auf dem Stack angelegt und automatisch gelöscht, ihre Lebensdauer ist auf den Block oder die Funktion begrenzt. Lokale Variablen gleichen Namens verdecken globale Variablen.◄

Dieses Konzept der verschiedenen Speicher- und Sichtbarkeitsbereiche lässt sich auf Funktionen, Dateien und die später zu behandelnden Klassen anwenden. Mit dem ▷Gültigkeitsbereichs-Operator **::** (*scope resolution operator*) kann dieses Prinzip durchbrochen werden. Diesen Operator haben wir ohne Begründung im Zusammenhang mit dem Objekt `cout` am Beispiel `ios::left` eingeführt. Er besagt, dass *dieses* `left` nur im Zusammenhang mit `ios` gültig ist. Der Bereichsoperator erlaubt uns hier den Zugriff auf Variablen, die in der gesamten Datei gültig sind.

Wir nehmen an obigem Programm folgende Ergänzungen vor:

```
int k = 5;
int m = 3;

void f();  // einfachste Funktion

int main()
{ int s = 0;
  cout << "k global : " << k << endl;
  int k = 11;
  cout << "k lokal : " << k << endl;
  cout << "k global (innen) : " << ::k << endl;
  {int m = 31;
   cout << "m lokal : " << m << endl;
   f();
   s = 1;
  }
  cout << "m global : " << m << endl;
} // end of main
```

```
void f()
{ int k = 88;
  cout << "k lokal in f : " << k << endl;
  cout << "k global in f : " << ::k << endl;
  m = 99;
  cout <<"m global in f : " << m << endl;
}
```

Ausgabe:

   k global : 5
   k lokal : 11
   k global (innen) : 5
   m lokal : 31
   k lokal in f : 88
   k global in f : 5
   m global in f : 99
   m global : 99

(Wie Sie vielleicht ahnen, hängt meine Empfehlung an den *Lernenden*, alle Variablen zu Beginn einer Funktion zu definieren, auch damit zusammen, bestimmten Problemen aus dem Weg zu gehen.)

20.2 Namensräume

Nach dem neuen **ISO-Standard von 1998** werden Namensräume (▹*namespace*, reserviertes Wort) geschaffen, die es erlauben, Bezeichner einem benannten Block auch über Funktionen, Klassen und Dateien hinweg zuzuordnen, damit (bei großen Programmen mit mehreren 100' 000 bis 1 Mio. Programmzeilen und verschiedenen Programmierern) keine **Namenskonflikte** entstehen. Das Prinzip der Namensräume soll an einem einfachen Beispiel verdeutlicht werden:

```
int main ()
{   namespace block1   // namespace vor jedem Blocknamen!
      { int x = 33;  cout << x << endl;} // Ausgabe : 33
    namespace block2
      {int x = 66; cout << x << endl; } // Ausgabe : 66
    cout << block1::x << endl;  // Ausgabe: 33
    cout << block2::x << endl;  // Ausgabe: 66
}
```

(Sollte Ihr Compiler diese Form nicht akzeptieren, entspricht er nicht der Norm! Wenn Sie mit einem Compiler nach ▸**ISO-Standard** arbeiten, beachten Sie: Die Datei-Endung h der ▸**Header-Dateien** entfällt, so wird aus <iostream.h> das <iostream>. Typische C-Funktionen sind in Headerdateien, denen ein c im Namen vorausgeht: Aus <string.h> wird <cstring>, weil <string> für die Klasse string reserviert ist.)

In gleicher Weise gilt die Namensgebung auch für Funktionen:

```
block1::gib_aus("Alter Narr"); .
```

Wenn kein Namenskonflikt entsteht, kann der Blockname vermieden werden durch eine using-Anweisung der Art:

```
using namespace X;     // oder:
using namespace std;   // standard
```

Im Namensraum std sind alle Bezeichner und Elemente der C++-Standardbibliothek zusammengefasst.

Bei etwas älteren Compilern, die das Konzept der Namensräume schon unterstützen, lässt sich das letzte Beispiel so schreiben:

```
#include <iostream.h>
namespace block1
    {int x = 33;}
namespace block2
    {int x = 66;}
int main ()
{ cout << block1::x << endl;
  cout << block2::x << endl; }
```

Zwei weitere, einfache Beispiele zeigen den Einsatz der Namensräume:

Beispiel 1:

```
#include <iostream>
namespace X
  { int x = 22;  }
namespace Y
  { int y = 33;
    namespace Z
      { int z = 44; }
  }
```

20 Gültigkeitsbereiche von Namen

```
int main()
{ int x = 55;
  cout << X::x <<"  " << Y::Z::z << "  " << x << endl;
  using namespace Y;
  cout << y << "  " << Z::z << endl;
  return 0;
}
```

Die Ausgabe lautet:

22 44 55

33 44

Beispiel 2:

```
#include <iostream>
using namespace std;
double power (double x, int n);
  { /* Implementation */}
int main()
{cout << power(7.4,3);}
```

Die letzte Form erinnert neue Compiler daran, dass Bezeichner wie `cin` und `cout` im Standardnamensraum definiert sind. Ohne `using namespace std;` müsste immer geschrieben werden: `std::cout, std::cin,` was auf die Dauer mehr als lästig wäre.

In älteren Compilern und vor allem in C werden die Bezüge zwischen Variablen **in verschiedenen Dateien** mit dem Schlüsselwort **extern** deklariert (damit Compiler und Linker sie richtig zuordnen können). Dies bewirkt eine **Gültigkeit und Sichtbarkeit über Dateigrenzen** hinweg. Die Aufteilung von Funktionen auf mehrere Dateien ist zwar Gegenstand eines späteren Kapitels, soll uns aber jetzt in diesem Zusammenhang interessieren.

20.3 Zusammenfassung Kapitel 19 und 20

Beispiel für Gültigkeit und Sichtbarkeit über Dateigrenzen:

Datei A.CPP :

Deklaration und Definition:

```
int ich_bin_global;
int main()
{ float x = 3.1415;
  ich_bin_global = 99;
  // sonstige Anweisungen
}
```

Datei B.CPP:

nur Deklaration:

```
extern int ich_bin_global;
void any_function ()
{ float x = 9.99;
  ich_bin_global = 11;
}
```

Fassen wir zusammen:

- Der ▸**Gültigkeitsbereich** einer Variablen ist eng mit ihrer Existenz verknüpft: Die Definition ist die Geburt, und das Ende der Lebensdauer ist durch eine Block-, Funktions- oder Dateigrenze gegeben.

- Der ▸**Sichtbarkeitsbereich** einer Variablen ist der Programmteil, in dem man über ihren Namen auf sie zugreifen kann.

- Eine ▸**globale** Variable wird außerhalb aller Funktionen, also auch außerhalb der main()-Funktion definiert. Ihr Gültigkeitsbereich erstreckt sich von ihrer Definition bis zum Ende der Programmdatei.

- Eine ▸**lokale** Variable wird innerhalb einer Funktion definiert. Ihr Gültigkeitsbereich erstreckt sich von ihrer Definition bis zum Ende desjenigen Blocks innerhalb der Funktion, in dem sie definiert worden ist.

- Variablen mit demselben Bezeichner können einander ▸**überdecken**.

- Mit dem C++Schlüsselwort namespace können Sie Deklarationen und Definitionen von Elementen wie z.B. Variablen und Funktionen unter einem Namen zusammenfassen. Sie dienen der Strukturierung globaler Bezeichner in komplexen Softwaresystemen. Die Elemente können mit dem vollständigen Namen NamensraumName::Bezeichner angesprochen werden.

20.3 Zusammenfassung Kapitel 19 und 20

Es gibt mehrere gute Gründe, Software zu strukturieren. Die älteste Methode der Strukturierung, ist die **Bildung von Unterprogrammen**, in verschiedenen Programmiersprachen als Prozeduren und/oder Funktionen bezeichnet. Das Gliedern nach solchen Gesichtspunkten wird auch als prozeduraler Ansatz bezeichnet. C und C++ kennen (im Gegensatz zu anderen Programmiersprachen) ausschließlich Funktionen. In diesem Teil haben wir die **Konstruktionsregeln für Funktionen** behandelt. Im nächsten Kapitel werden Sie darauf aufbauend die Grundsätze der Modularisierung kennen lernen, d.h. das Zusammenfassen von Funktionen in verschiedenen Dateien. Die Vorgehensweise ist auch gültig, wenn wir uns später mit Klassen beschäftigen. Außerdem werde ich Sie in die Grundgedanken der objektorientierte Programmierung einführen; sie ist die jüngste Methode der Strukturierung und wurde aus dem prozeduralen Ansatz fortentwickelt. Der objektorientierten Programmierung (OOP) liegen andere Grundsätze der Strukturierung zugrunde, aber die **Funktionen sind fundamentaler Bestandteil der OOP**.

Strukturierung – unabhängig ob nach prozeduralem oder objektorientiertem Paradigma (Denkmuster) – reduziert die **Komplexität** von Software. Sie erlaubt es auch, die Gesamtarbeit eines Projektes auf mehrere Teammitglieder zu verteilen und Fremdsoftware einzubinden. Kleinere Softwareteile sind einfacher zu entwickeln und zu pflegen (auszutauschen, zu aktualisieren, Fehler zu bereinigen), leichter zu testen und vor allem häufiger wiederzuverwenden. Dadurch sinkt die Entwicklungszeit, und eigentlich sollte durch getestete Elemente auch die Qualität von Software steigen. Nicht zuletzt schlagen sich diese Aspekte in höherer Wirtschaftlichkeit nieder.

Notwendige Voraussetzung ist ein **Planungs- und Organisationsprozess**, der zu einem zweckmäßigen Konzept von Funktionen führt. Die Erfahrung bei großen Projekten zeigt, dass dafür durchaus ca. 50 % der gesamten Projektdauer gebunden werden kann.

Erste Schritte in dieser Richtung haben Sie bei der Fortführung des Projektes „Einkommensteuer" gemacht. Sie haben gesehen, dass die Beschreibung der Aufgaben in Pseudocode einer guten Strukturierung des Programms durch Zerlegung in Funktionen entsprach.

Für den Benutzer von Funktionen ist – neben der Beschreibung ihrer Aufgaben – nur die Kenntnis der **Schnittstelle** notwendig. Diese enthält **den Rückgabetyp, den Funktionsnamen und eine Liste mit Parametern**, die mit ihren **Übergabemechanismen** spezifiziert sind. Somit lassen sich außer den **benutzerdefinierten Funktionen** auch die **Stan-**

dardfunktionen einsetzen, deren Implementation man nicht kennen muss.

Praktisch gesehen gibt es drei Ausprägungen von Funktionen: Funktionen ohne Übergabe und Rückgabewert von der Art `clrscr()`, Funktionen mit Übergabe und ohne Rückgabewert und den allgemeinen Fall Funktionen mit Übergabe- und Rückgabewert.

Bevor man eine Funktion in C++ verwenden kann, muss sie dem Compiler bekannt gemacht werden. Dies geschieht mit der **Funktionsdeklaration.** Was die Funktion macht und wie sie es macht legen Sie in der **Funktionsdefinition** (Implementation) fest. Benutzt wird eine Funktion, indem man sie mit ihrem Namen aufruft (**Funktionsaufruf**) und ihr gegebenenfalls Argumente übergibt.

Da sich die Daten in verschiedenen Speicherbereichen befinden können, muss sich bei C++ der Programmierer um die Übergabemechanismen der Daten kümmern, die in der Schnittstelle festgelegt sind. Auf jeden Fall werden **Kopien** der Informationen übergeben: **Werte** (Dateninhalte) im einen, **ihre Adressen** im anderen Fall. So unterscheidet man eine Übergabe per **Wert**, per **Referenz** und per **Zeiger**.

Referenz und Zeiger haben bei **großen Datenstrukturen** den Vorteil, dass – statt des Datenobjektes – nur 4 Bytes für die Adresse transportiert werden (Schnelligkeit, Speicherökonomie).

Der **Speicherbereich für Funktionen ist der Stack.** Er wird mit dem Eintritt in die Funktion aufgebaut und mit dem Verlassen gänzlich abgebaut. Sollen auf dem Stack Werte von Variablen **dauerhaft** verändert werden, geschieht dies **über Referenzen** oder **Zeiger**. Aber auch bei Nur-Lese-Vorgängen großer Datenobjekte ist die Verwendung von Referenzen zweckmäßig. Kleine Datenobjekte übergibt man per Wert, wobei die Originale im rufenden Programmen dadurch nicht verändert werden.

C++ erlaubt, **Funktionsnamen** zu **überladen**. Verschiedene Funktionen können denselben Namen tragen, müssen jedoch zum Zweck der Unterscheidbarkeit eine unterschiedliche Parameterliste besitzen. Der Compiler stellt anhand der Funktionsaufrufe fest, welchen Code er bei der zu übergebenden Variablen verwenden muss.

Eine verwandte Technik in C++ bieten die **Templates**: Sie dienen als Platzhalter/Schablonen für Parameter in der Funktionsdeklaration/-definition. Der Compiler analysiert anhand der Funktionsaufrufe, welchen Code er aufgrund der übergebenen Variablen erzeugen muss.

Variablen, die innerhalb von Funktionen oder Blöcken angelegt werden, heißen **lokale Variablen**. Jene, die im Datenbereich (und damit außerhalb jeder Funktion) angelegt werden und von Anfang bis zum Ende des

Hauptprogramms existieren, werden als **globale Variablen** bezeichnet. Neben der Existenz (bzw. der **Gültigkeit**) von Variablen gilt es, ihre **Sichtbarkeit** zu unterscheiden. Globale Variablen werden von lokalen Variablen gleichen Namens verdeckt und sind temporär unsichtbar. Ein modernes Konzept sind **blockorientierte Namensräume**. Mit dem Bereichsoperator lassen sich gleiche Namen verschiedenen Bereichen zuordnen.

21 Großprojekte: Grundsätze der Modularisierung

Die bisherige Methode, Funktionen mit ihren Prototypen bekannt zu machen, Hauptprogramm und Funktions-Implementationen in nur *einer* Datei zu speichern, eignet sich für kleine Aufgabenstellungen, wie sie hier in diesem Buch meist vorliegen. In diesem Kapitel befassen wir uns damit, wie Großprojekte auf mehrere Dateien verteilt werden. Die hier vorgestellten Prinzipien gelten auch und gerade für objektorientierte Programme, auch wenn wir dort nicht mehr auf das Thema eingehen.

21.1 Prinzipien der Modularisierung

Große Programmsysteme werden nicht mehr in einer Datei untergebracht. Dafür gibt es verschiedene, handfeste wirtschaftliche Gründe:

- Nicht alle Software muss neu erfunden werden. Fremdanbieter liefern gute Lösungen, die in ein Software-Projekt eingebunden werden können. Aber nicht jeder Anbieter will offenlegen, wie der Programmcode implementiert ist (*information hiding*). Deshalb liefert er die Schnittstelle und eine compilierte Version seiner Software. Damit ist zugleich auch sichergestellt, dass das Programm beim Einsatz der Fremdsoftware unabhängig von dem zugrunde liegenden Algorithmus ist: Bei gleicher Schnittstelle kann zB. eine verbesserte Lösungsstrategie eingesetzt werden.

- Selbstgeschriebene Software (zB. eine Datenbankverwaltung) soll in verschiedenen Projekten verwendet werden. Dies erlaubt eine größere Produktivität und eine bessere Organisation der Software-Entwicklung. Außerdem macht die Wiederverwendbarkeit die Software kostengünstiger.

- Wenn in einer einzigen Programmdatei eine Änderung vorgenommen wird, muss die gesamte Datei neu compiliert werden statt des betreffenden kleineren Moduls.

- Die Qualität der Software bleibt erhalten, wenn keine neue Fehler bei Änderungen in funktionstüchtige Teile einprogrammiert werden.

Folgende **Aufteilung des Programms** hat sich als zweckmäßig erwiesen:

- ▸Header-Dateien (mit der DateiEndung *.h oder so ähnlich, je nach Compiler), die wir mit include eingebunden haben, enthalten Konstanten und ▸Schnittstellenbeschreibungen der Deklaration von globalen Daten, Klassen und Funktionen (Prototypen). Ferner enthalten sie die Dokumentation, die der Benutzer zur korrekten Verwendung benötigt.

- Die Implementationsdateien (auch mit .CPP oder so ähnlich) enthalten den Programmcode der Funktionen und Klassen.
- Die (stark reduzierte) main-Datei enthält die eigentliche *Programmablaufsteuerung*.

Wenn die Software so gegliedert und ausgelagert wird, ist dringend anzuraten, die Funktionen vorher einzeln „auf Herz und Nieren" mit einem extra geschriebenen, kleinen Programm zu testen. Ein erfolgreicher Test ist jedoch noch keine Garantie für eine fehlerfreie Software, sondern der nur Nachweis, dass kein Fehler gefunden wurde. Sinnvoll ist es aufgrund der eigenen Befangenheit, andere Personen die Software testen zu lassen.

Die Trennung von ▸Schnittstelle (Benutzersicht) und Implementation (Programmiersicht), also die Gliederung eines Programms durch den Einsatz von Funktionen für die fundamentalen Aktionen, heißt prozedurale Verallgemeinerung (*procedural abstraction*). Die Verallgemeinerung von Daten (*data abstraction*) ist der nächste, weiter reichende Schritt der prozeduralen Abstraktion. Dabei werden **Daten und auf sie wirkende Funktionen zusammengepackt in Klassen,** die in C++ aus dem Datentyp struct hervorgegangen sind. Dies ist Gegenstand der objektorientierten Programmierung ab Teil D.

Zunächst jedoch wollen wir an einem umfangreicheren Beispiel die vorgestellte Methode vertiefen. Ziel ist, von einer gegebenen Aufgabe aus die Aufteilung auf mehrere Funktionen vorzunehmen und die Schnittstelle, die Implementation sowie das Hauptprogramm in separaten Dateien zu verwalten. Ferner wird ein Array eingesetzt, das mit Zeigern übergeben wird. Dieses Beispiel soll auch Ausgangspunkt für die Dateiausgabe sein.

21.2 Beispiel der Modularisierung

Als Thema für ein umfangreiches, praktisch durchgeführtes Beispiel wollen wir die ▸Abschreibung nach verschiedenen Methoden wählen. Dabei wird es systematisch nach den bisherigen Prinzipien erarbeitet.

Sachverhalt:

Das Handels- bzw. Steuergesetz verlangt vom Kaufmann bzw. Steuerpflichtigen, den Nutzen langlebiger Wirtschaftsgüter auf die Jahre der voraussichtlichen Verwendungsdauer zu verteilen. Dies wird erreicht mit der Abschreibung. Wenn zB. ein Unternehmen für ein Büro ein Regal zu

1000 Euro kauft, darf es diesen Betrag nicht als Betriebsausgabe im Jahr der Anschaffung auf einmal geltend machen, sondern es muss ihn auf 10 Jahre verteilen. Dafür gibt es zwei gute Gründe. Als (bilanzierendes) Unternehmen muss es sein Vermögen ausweisen, das durch die Nutzung erst allmählich (und nicht auf einen Schlag) abnimmt. Beim Steuerpflichtigen würde der Einmalbetrag von 1000 die zu zahlende Jahressteuer erheblich mindern. Da ist der Fiskus nicht sehr empfänglich. Generell gilt: Der Abschreibungsbetrag wird jedes Jahr ermittelt und vom alten Restwert abgezogen. Der sich ergebende Wert ist der (neue) Restwert, der am Ende Null sein soll(te).

Es gibt im Steuerrecht verschiedene Möglichkeiten, die Absetzung für Abnutzung (AfA), so heißt das mit einem Fachbegriff, zu ermitteln, von denen uns drei interessieren:

1 Der Anschaffungswert wird gleichmäßig auf die (ganzen) Jahre der rechnerischen Nutzungsdauer, die das Finanzamt in Tabellen festlegt, aufgeteilt (lineare AfA). Im Ergebnis berechnet sich die AfA aus einem festen Prozentsatz auf den Anschaffungswert und ist damit ein über die Jahre konstanter Betrag. Fünf Jahre Nutzungsdauer bedeuten dann 20 Prozent.

2 Die AfA wird in fallenden Jahresbeträgen (geometrisch degressiv) festgelegt, dh. sie ergibt sich aus einem bestimmten Prozentsatz des jeweiligen Restwertes.

3 Die digitale AfA (als arithmetisch degressive Form) geht von der Summe der Jahre aus. Bei 10 Jahren folgt aus 1+2+...+10 = 55. Die AfA des ersten Jahres beträgt 10/55, die des zweiten 9/55 und die des letzten dann 1/55 des Anschaffungswertes.

Problemanalyse:

Zunächst erschließen wir uns den Problembereich anhand eines Zahlenbeispiels, um die generellen Zusammenhänge zu erkennen. Wir gehen von 1000 Euro aus, 10 Jahren Nutzungsdauer und – im geometrisch-degressive Fall – vom doppelten Prozentsatz (= 20%) gegenüber dem linearen. Die folgende Tabelle (Werte gerundet) stellt die drei weitverbreiteten Abschreibungsformen einander gegenüber.

21 Großprojekte: Grundsätze der Modularisierung

	linear		degressiv		digital	
Jahr	AfA	Restwert	AfA	Restwert	AfA	Restwert
1	100.00	900.00	200.00	800.00	181.82	818.18
2	100.00	800.00	160.00	640.00	163.64	654.54
3	100.00	700.00	128.00	512.00	145.45	509.09
4	100.00	600.00	102.40	409.60	127.27	381.82
5	100.00	500.00	81.92	327.68	109.09	272.73
6	100.00	400.00	65.54	262.14	90.91	181.82
7	100.00	300.00	52.43	209.71	72.73	109.09
8	100.00	200.00	41.94	167.77	54.54	54.54
9	100.00	100.00	33.56	134.21	36.36	18.18
10	100.00	0.00	26.35	107.37	18.18	0.00

Der degressive AfA-Satz ergibt sich danach zu $2*A/n$, wenn A der Anschaffungswert ist. Der digitale AfA-Satz errechnet sich folgendermaßen:

- Die Summe der n natürlichen Zahlen lässt sich mit der Formel $n*(n+1)/2$ ermitteln.
- Der AfA-Satz im ersten Jahr beträgt im Beispiel 10/55 und allgemein $n / (n*(n+1)/2)$, im zweiten Jahr $(n-1) / (n*(n+1)/2)$ usw.

Wir benötigen offensichtlich nur zwei Größen, den Anschaffungswert und die Dauer, sowie die Methode, um die Zahlen für die AfA und den Restwert auszurechnen. Diese Informationen sind einzugeben. Der Benutzer soll die Wahl zwischen diesen Methoden haben, ohne im Wiederholungsfall jedesmal die Grunddaten eingeben zu *müssen*. Das erscheint etwas bedienerfreundlicher (Ergonomie!).

Die Ausgabe soll die Bezeichnung der Methode enthalten (damit der Nutzer auch nach der Tasse Kaffee noch weiss, was die Zahlen bedeuten) sowie die Tabelle der *einen* auszuwählenden Methode.

Datenanalyse:

Die Nutzungsdauer n darf aus zwei Gründen nicht null sein: Erstens will es so der Nenner (Division!) und zweitens ist es ökonomisch unsinnig. Es muss sogar n > 1 sein. Eine Obergrenze findet sich schnell beim Finanzamt: 50 Jahre für Gebäude. Dies ist nicht so sehr von Bedeutung für den Wertebereich des Datentyps, sondern eher eine Frage der Ausgabe: Für solch eine Tabelle bietet sich ein Array an, und so viele Zeilen gehen auf *eine* Bildschirmseite nicht. Die Zahl 50 legt daher die Arraygröße und die Bildschirmsteuerung fest.

21.2 Beispiel der Modularisierung

Beim Anschaffungswert wollen wir uns mit dem Typ `double` begnügen, denn große Chemieanlagen kosten einige 100 Mio. Geldeinheiten. Aber: negative Anschaffungswerte gibt es nicht, und Beträge unter einem Mindestwert (selten der Inflation angepasst, zur Zeit etwa 450 Euro) fallen nicht unter diese Regelung. Letzteres wollen wir jedoch nicht berücksichtigen.

Bei der Ausgabetabelle bemerken wir, dass ein Satz von Daten zusammengehört: Jahr, AfA und Restwert. Wir verwenden daher einen `struct`-Typ.

Die zu erstellende Tabelle mit Jahr, AfA und Restwert kann – bei zweckmäßiger Gestaltung – mithilfe *einer* Funktion, wir benützen sie dreimal (!), auf den Monitor ausgegeben werden. Für die inhaltlich getrennten Aufgaben der AfA-Ermittlung verwenden wir drei Funktionen. Damit findet über das Array ein Datenaustausch zwischen den Funktionen statt, den wir folgendermaßen symbolisieren:

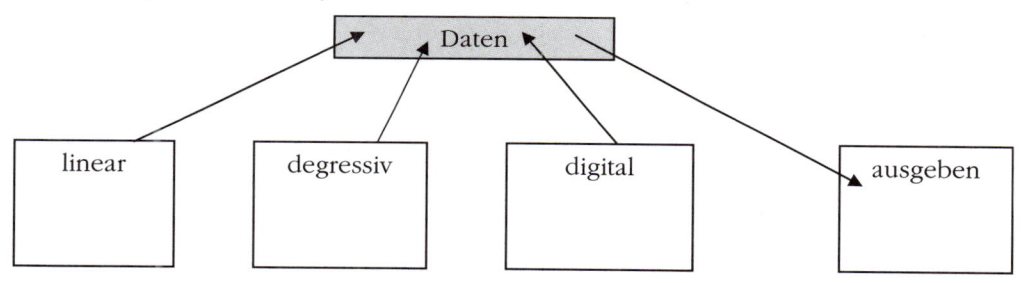

```
            ┌─────────┐
       ┌───▶│  Daten  │◀───┐
       │    └─────────┘    │
       │      ▲     ▲      │
┌──────┴─┐ ┌──┴──┐ ┌┴────┐ ┌┴────────┐
│ linear │ │degr.│ │digi.│ │ ausgeben│
└────────┘ └─────┘ └─────┘ └─────────┘
```

Entwurf

Entwickeln Sie *für sich* ein Struktogramm, das nur die wichtigsten Anweisungen enthält, dh. die Problemstruktur geeignet abbildet.

Nach diesen Vorüberlegungen können wir einen ersten Grobentwurf im Pseudocode wagen:

```
main() {                linear()             degressiv ()
while (weiter)          { werte_rechnen1     { werte_rechnen3
 {                         ausgeben             ausgeben
   werte_eingeben       }                     }
   auswahl_aus_dreien   digital()
   weitermachen?        { werte_rechnen2     ausgeben()
 }                         ausgeben          {cout <<...
}                       }                    }
```

21 Großprojekte: Grundsätze der Modularisierung

Beginnen wir mit der Funktion werte_eingeben. In die Funktion geht nichts hinein, und *in* ihr sind zwei Werte aufzunehmen, die wiederum im Hauptprogramm benötigt werden. Zunächst schreiben wir die (einfache) Funktion in einem Hauptprogramm und testen sie ausgiebig:

```cpp
#include <iostream>  using namespace std;
void werte_eingeben (double & preis, int & dauer);

int main()
{ double zeitwert;
  int n, stop = 0;
  do
  {werte_eingeben ( zeitwert, n);
    cout << zeitwert << " " << n;
    cout << endl << "stop ? (1/0) : " ; cin >> stop;
  }while ( !stop );
}

void werte_eingeben (double & preis, int & dauer)
{ cout << endl << "Anschaffungswert              : ";
  do
     cin >> preis;
  while (preis < 1.0 || preis > 10E9);
  cout << endl << "Abschreibungsdauer (ganze Jahre)   : ";
  do
     cin >> dauer;
  while ( dauer < 1 || dauer > 50);
}
```

Dieses Testprogramm (*test driver*) ist äusserst spartanisch und nur für den Entwickler gedacht. Deshalb fehlt jegliche Dokumentation, die ein langlebiges Programm unbedingt benötigt. Speichern Sie dieses Programm. (Ich empfehle Ihnen, grundsätzlich beim Entwurf von Funktionen so vorzugehen.)

Entwickeln Sie in gleicher Weise eine Funktion weiter_machen(), die zwei Werte (bereits in Großbuchstaben!) im späteren Hauptprogramm bereitstellen muss, um die korrekte Ablaufsteuerung zu ermöglichen. Der Funktionsprototyp sollte so aussehen:

```cpp
void weiter_machen (char & weiter, char & neueDaten);
```

21.2 Beispiel der Modularisierung

Die Variable weiter fragt das Wiederholen des Programms ab und neue-Daten entscheidet über die Eingabe neuer Grunddaten.

Jetzt erstellen wir das Hauptprogramm AFA_eineDatei.CPP. In ihm werden wir die Datentypen festlegen und die while-Schleife einbringen, die sich nach den Vorüberlegungen ergeben hat. Die Auswahl der drei Funktionen für die AfA-Berechnung geschieht mit einer switch-Anweisung. Jedoch haben wir die drei Funktionen noch nicht programmiert, so dass wir sie durch „Dummies" ersetzen. Solch ein Dummy muss nur sicherstellen, dass in die Funktion gesprungen wird. Er hat eine einfache Form und gibt als Nachweis einen Ton aus:

```
void linear () { cout << '\a' ; }
```

Nun kopieren wir die beiden zuvor getesteten Funktionen in das eigentliche Hauptprogramm. Um seinen Quelltext übersichtlich zu halten, speichern wir alle Ausgabetexte in einem Array von Zeigern und verwenden als Index eine sprechende Aufzählvariable.

```
/* Lineare, degr. und digitale Abschreibung berechnen
 *   gänzliche Modularisierung
 *   Datei: AFA_eineDatei.cpp;    Visual C++/Dev C++Compiler */
#include <cctype>   // toupper
#include <conio.h>  // _getch() VC++
#include <iostream>  using namespace std;
void linear()    { cout << '\a'; };
void degressiv(){ cout << '\a'; };
void digital()   { cout << '\a'; };
void werte_eingeben (double & preis, int & dauer);
void weiter_machen(char & weiter, char & neueDaten);
int main ()
{enum wahlT { menu, lin, deg, digi };
 int    n = 1, auswahl; // n : Afa-Dauer
 double zeitwert = 0.;
 char   geht_weiter = 'J', ist_neu  = 'J';
 char * text []
    = {"Methode: 1- Lin  2- Degressiv  3- Digital    : ",
       "\n      Lineare Methode \n\n",
       "\n      Degressive Methode \n\n",
       "\n      Digitale Methode \n\n" } ;
```

```
   while (geht_weiter != 'N')
   { system ("cls"); // Zeile mal auskommentieren!
     if (ist_neu != 'N')
       werte_eingeben(zeitwert,n);
     cout << endl << text [ menu ] ;
     auswahl = 0; // das muss unbedingt hin! Warum?
     while (auswahl < 1 || auswahl > 3) cin >> auswahl;
     switch (auswahl)
        {case 1 : cout<< text [lin];
                  linear();   break;
         case 2 : cout << text [deg] ;
                  degressiv(); break;
         case 3 : cout << text [digi] ;
                  digital();  break;
        } //switch
      weiter_machen (geht_weiter, ist_neu);
   } // while
return 0;
} // Ende Hauptprogramm

// ..........Anschaffungswert und Nutzungsdauer eingeben .....
void werte_eingeben (double & preis, int & dauer)
{ cout << endl << "Anschaffungswert              : ";
  do cin >> preis; while (preis < 1.0 || preis > 1E9);
  cout << endl << "Abschreibungsdauer (ganze Jahre): ";
  do cin >> dauer; while ( dauer < 1 || dauer > 50);
}
// .........Abfrage, ob weitermachen......................
void weiter_machen(char & weiter, char & neueDaten)
{ cout << "   Eine weitere Berechnung ? (j/n) : " ;
  do
    weiter = toupper(weiter = _getch()); // Visual C++
    //statt getch(): cin.get(weiter) geht nicht überall,
    //Rückgabetyp!!
  while ( weiter != 'J' && weiter != 'N');
  cout << endl;
```

21.2 Beispiel der Modularisierung

```
    if (weiter == 'J')
      {cout << "Eine neue Datenmenge eingeben ? (j/n): ";
       do   neueDaten = toupper(neueDaten = _getch());
       while ( neueDaten != 'J' && neueDaten != 'N');
       cout << endl;
      } }
```

Wenn dieses Programm korrekt läuft, müssen wir das Hauptprogramm ausgestalten. Es fehlt ua. noch die Datenstruktur für die Tabelle, die wir *global* definieren:

```
//vor main:
const int feld_max = 5o;
struct   ausgabefeldT
   {int jahr;
    double afa, restwert;
   };
ausgabe_feldT  Tab[feld_max] = {0}, *pTab = Tab; // &Tab[0]
```

Jetzt müssen noch die Schnittstellen zu den drei Funktionen konkretisiert werden, nachdem die Datenstruktur festgelegt ist. Wir übergeben einen **Zeiger auf das Array** und die aktuell genutzte Anzahl der Einträge in Form der Nutzungsdauer sowie den Zeitwert (= Restwert).

```
    void linear (ausgabe_feldT  *PTab, double zeitwert, int n);
```

Wir betrachten noch die Implementation der linearen Abschreibung, um die ▸**Zeigerarithmetik** am Beispiel zu zeigen. Die beiden anderen Funktionen sowie ausgeben() bleiben Ihnen zur Übung überlassen.

```
    void linear (ausgabe_feldT *PTab, double zeitwert, int n)
    { double abschreib;    int   jar;
      abschreib = zeitwert / n;
      for (jar = 1; jar <= n; ++jar)
        {zeitwert -= abschreib;
         (PTab+jar-1)->jahr     = jar;
         (PTab+jar-1)->afa      = abschreib;
         (PTab+jar-1)->restwert = zeitwert;
        }
      ausgeben (PTab, n);// hier wird Tabelle ausgegeben
    }
```

```
void degressiv(ausgabe_feldT *PTab,double zeitwert,int n)
{ /* temporäre Baustelle für den Leser */}

void digital(ausgabe_feldT *PTab,double zeitwert,int n)
{ /* temporäre Baustelle für den Leser */}
```

Das Hauptprogramm sollte jetzt die folgende Form haben, wobei der bereits bekannte Code der Übersicht wegen weggelassen wird, um das Wichtige hervorzuheben.

```
#include <cctype>
#include <conio.h> // _getch()
#include <iostream>   using namespace std;
// .............Marke 10 ................
struct  ausgabefeldT
  {int jahr;
   double afa, restwert;
  };
// .............Marke 11 ..........................
// .............Marke 20 ..........................
void linear (ausgabe_feldT *PTab, double zeitwert, int n);
void degressiv(ausgabe_feldT *PTab,double zeitwert,int n);
void digital(ausgabe_feldT *PTab,double zeitwert,int n);
void werte_eingeben (double & preis, int & dauer);
void weiter_machen(char & weiter, char & neueDaten);
void ausgeben(ausgabe_feldT *PTab, int anzahl);
// .............Marke 21 ..........................

const int feld_max = 50;
ausgabe_feldT  Tab[feld_max], *pTab = Tab;
int main ()
{enum wahlT { menu, lin, deg, digi };
 // Implementation des Hauptprogramms von oben
 // Funktionsaufrufe aktualisieren!
}
// .............Marke 30 ..........................
void linear (ausgabe_feldT *PTab, double zeitwert, int n)
{ /* wie oben */ }
```

21.2 Beispiel der Modularisierung

```
void degressiv(ausgabe_feldT *PTab,double zeitwert,int n)
{ /* temporäre Baustelle für den Leser */ }
void digital(ausgabe_feldT *PTab,dcuble zeitwert,int n)
{ /* temporäre Baustelle für den Leser */ }
void ausgeben(ausgabe_feldT *PTab, int anzahl)
{ /* temporäre Baustelle für den Leser */ }
void weiter_machen(char & weiter, char & neueDaten)
{ /* von oben */ }
void werte_eingeben (double & preis, int & dauer)
{ /* von oben */ }
// ...............Marke 31 ..........................
```

Stellen Sie sicher, dass dieses Programm funktionstüchtig ist. Im nächsten Schritt legen Sie in Ihrer Entwicklungsumgebung („IDE") ein „Projekt" an. Wegen der sehr unterschiedlichen Handhabung dieser Softwarepakete kann ich hier keine konkreten Angaben machen. Bei Visual C++ sieht dies völlig anders aus als zB. beim Dev-C++Compiler. Die grundsätzliche Vorgehensweise ist folgende.

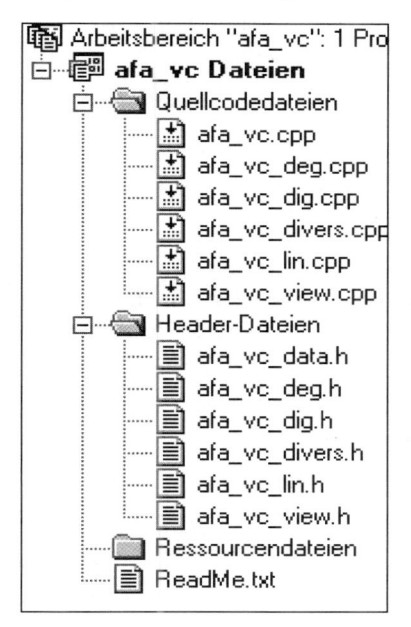

Legen Sie einen Projektnamen fest, zB. afa1, und klicken Sie in der Auswahl „Konsolenanwendung" (*console application*) an. Beachten Sie, in welches Verzeichnis die IDE die Dateien speichert! Mit dem Anlegen des Projekts wird zugleich und automatisch eine Datei angelegt, die int main ( ) { } enthält – nur findet man das nicht gleich. Anschließend sind drei Dateien zu erzeugen: eine Header-Datei afa.h, die Hauptdatei afamain.cpp und die Datei mit den Funktionsimplementationen afafunc .cpp. Zu einem Projekt gehören noch weitere, automatisch erzeugte, aber hier nicht interessierende Dateien, die der Projektverwaltung dienen. Nach der Aufteilung auf drei Dateien werden wir daraus 12 Dateien entwickeln. Der Bildschirmausdruck von Visual C++ zeigt das Ergebnis dieser Aktion.

21 Großprojekte: Grundsätze der Modularisierung

■ Aufteilung auf drei Dateien

Die **erste Datei** ist die Header-Datei afa.h. (oder eine, die Ihrer IDE entspricht). In ihr sind allgemein die Deklarationen globaler Daten, die Funktionsprototypen, eventuelle Konstanten und (später) die Klassendeklarationen enthalten. Die Datei ist öffentlich zugängig und daher mit jedem Editor lesbar. Kopieren Sie jetzt die zwischen den Marken 10 und 21 stehenden Codeteile in die Datei afa.h.

```
// Projekt afa1;    Datei: afa.h
// ...............Marke 10 ...........................
extern const int feld_max; //einfügen, sonst Compilierfehler!
struct   ausgabefeldT
   {int jahr;
    double afa, double restwert;
   };
// ...............Marke 11 ...........................
// ...............Marke 20 ...........................
void linear (ausgabe_feldT  *PTab, double zeitwert, int n);
void degressiv(ausgabe_feldT *PTab,double zeitwert,int n);
void digital(ausgabe_feldT *PTab,double zeitwert,int n);
void werte_eingeben (double & preis, int & dauer);
void weiter_machen(char & weiter, char & neueDaten);
void ausgeben(ausgabe_feldT *PTab, int anzahl);
// ...............Marke 21 ...........................
```

Die **zweite Datei** erhält den Namen afafunc.cpp. Sie enthält die nötigen Implementationen der Funktionen sowie die hierfür benötigten include-Datei(en) aus den Bibliotheken. Kopieren Sie die zwischen den Marken 30 und 31 stehenden Teile hinein und fügen Sie die include-Dateien hinzu.

```
// Projekt afa1    Datei: afafunc.cpp
// Enthält alle Implementationen der Funktionen
// Datum der Erstellung: 8/2005
#include "afa.h"
#include <conio.h>
#include <iostream>
using namespace std;
```

21.2 Beispiel der Modularisierung

```
//  ..............Marke 30 .......................
void ausgeben(ausgabe_feldT *PTab, int anzahl) { /* siehe oben */}
void linear (ausgabe_feldT  *PTab, double zeitwert, int n)
    { /* von oben */}
void degressiv(ausgabe_feldT *PTab,double zeitwert,int n)
    { /* temporäre Baustelle für den Leser */}
void digital(ausgabe_feldT *PTab,double zeitwert,int n)
    { /* temporäre Baustelle für den Leser */ }
void ausgeben(ausgabe_feldT *PTab, int anzahl)
    { /* temporäre Baustelle für den Leser */}
void werte_eingeben (double & preis, int & dauer)   { /* von oben */}
void weiter_machen(char & weiter, char & neueDaten) { /* von oben */}
//  ..............Marke 31 ...........................
```

Die **dritte Datei** enthält das eigentliche Hauptprogramm und heißt daher afamain.cpp. Kopieren Sie die Anweisungen von Marke 21 bis 30 in die neue Datei. Auch müssen Sie die für das Compilieren notwendige Header-Datei <iostream> aus der Bibliothek einbinden. Da jetzt aber die Funktionsschnittstellen in die Datei afa.h ausgelagert sind, müssen sie mit include eingebunden werden – wie schon bei der zweiten Datei –, aber in der Form

    #include "afa.h" bzw. "c:\temp\afa.h"

wobei die Hochkommata dem Compiler vermitteln, dass die Datei im aktuellen bzw. dem angegebenen Verzeichnis steht. Wird dagegen das Klammerpaar < > verwendet, sucht der Compiler nicht im aktuellen, sondern im include-Verzeichnis.

> ☛ Damit der Compiler die Schnittstellen automatisch prüfen kann, müssen die ▸Header-Dateien in *allen* Dateien mit include eingebunden werden, *die diese Schnittstellen benötigen*.

Das Ergebnis unserer Arbeit lässt sich durch folgendes Bild symbolisieren:

afa.h	afafunc.cpp	afamain.cpp
Schnittstellen	Implementation	main() {.......}

Nun folgt für den Lernenden der schwierigste praktische Teil, weil das Compilieren und Binden der vorgenannten Dateien zuweilen Fehlermeldungen erzeugt, die für den Anfänger nicht einfach zu interpretieren

21 Großprojekte: Grundsätze der Modularisierung

sind. Den wesentlichen Ablauf beim Compilieren und Binden der verschiedenen Dateien zeigt die Abbildung 15, Seite 142, im allgemeinen und die folgende Abbildung konkret.

Abbildung 18: Kompilierungs- und Bindevorgang

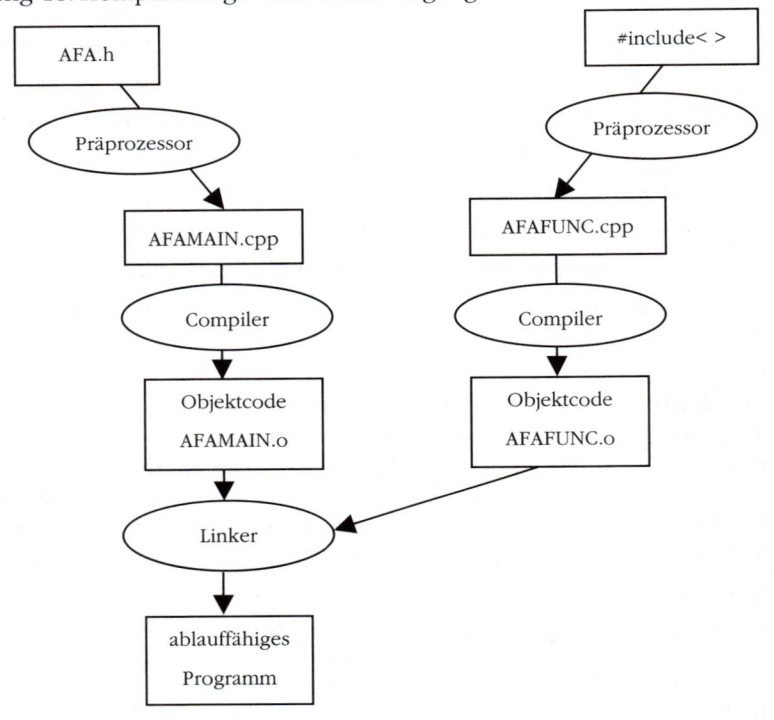

```
     AFA.h                              #include< >
       |                                    |
       v                                    v
   Präprozessor                         Präprozessor
       |                                    |
       v                                    v
   AFAMAIN.cpp                         AFAFUNC.cpp
       |                                    |
       v                                    v
    Compiler                            Compiler
       |                                    |
       v                                    v
   Objektcode                           Objektcode
   AFAMAIN.o                            AFAFUNC.o
          \                            /
           \                          /
            v                        v
              Linker
                |
                v
          ablauffähiges
            Programm
```

■ Probleme beim mehrfachen Einlesen von Dateien

Bei einem größeren Programmsystem kann man auf die Idee kommen, die drei unterschiedlichen Berechnungsmethoden auf drei getrennte Dateien zu verteilen, weil sie so auch einfacher zu pflegen sind. Beachten Sie: Jede der drei Abschreibungsmethoden *und* die Ausgabe-Datei benötigen die Deklaration der Struktur ausgabefeldT, so dass es zweckmäßig ist, auch sie in eine Header-Datei herauszuziehen.

Wie Sie wissen, benötigt *jede* Berechnungsmethode die Funktion ausgeben(). Auch hier kann man sich vorstellen, dass die Ausgabe komfortabler wird. Daher soll die Ausgabe ebenfalls in eine separate Datei ausgelagert werden. Es verbleiben dann noch zwei Funktionen (weiter_machen und werte_eingeben), die in afadiv gespeichert werden. Grafisch lässt sich das Ergebnis so darstellen:

21.2 Beispiel der Modularisierung

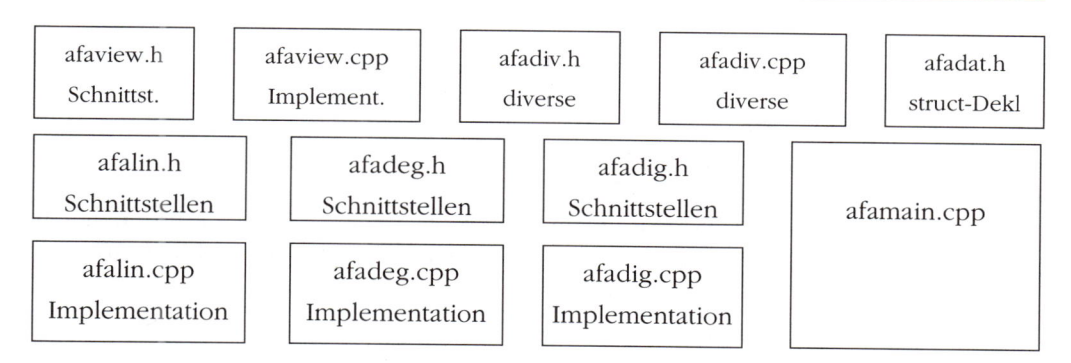

afaview.h Schnittst.	afaview.cpp Implement.	afadiv.h diverse	afadiv.cpp diverse	afadat.h struct-Dekl
afalin.h Schnittstellen	afadeg.h Schnittstellen	afadig.h Schnittstellen	afamain.cpp	
afalin.cpp Implementation	afadeg.cpp Implementation	afadig.cpp Implementation		

Jetzt müssen die 12 Dateien zusammengebunden werden, beachten Sie dabei, *wie* die Dateien durch `#include` verknüpft sind:

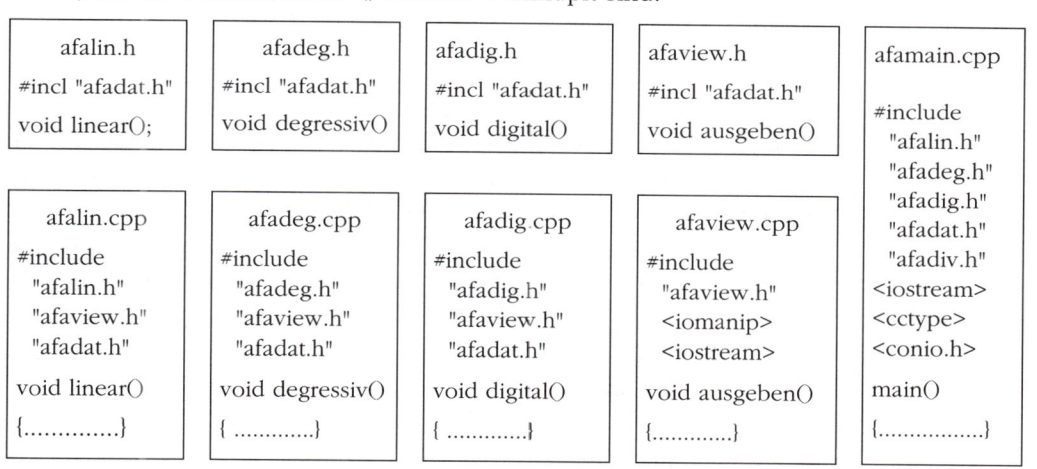

```
afalin.h
#incl "afadat.h"
void linear();
```

```
afadeg.h
#incl "afadat.h"
void degressiv()
```

```
afadig.h
#incl "afadat.h"
void digital()
```

```
afaview.h
#incl "afadat.h"
void ausgeben()
```

```
afamain.cpp
#include
 "afalin.h"
 "afadeg.h"
 "afadig.h"
 "afadat.h"
 "afadiv.h"
 <iostream>
 <cctype>
 <conio.h>
main()
{...............}
```

```
afalin.cpp
#include
 "afalin.h"
 "afaview.h"
 "afadat.h"
void linear()
{..............}
```

```
afadeg.cpp
#include
 "afadeg.h"
 "afaview.h"
 "afadat.h"
void degressiv()
{ .............}
```

```
afadig.cpp
#include
 "afadig.h"
 "afaview.h"
 "afadat.h"
void digital()
{ .............}
```

```
afaview.cpp
#include
 "afaview.h"
 <iomanip>
 <iostream>
void ausgeben()
{..............}
```

Bevor der Compiler ordentlich zu Werk gehen und einen Quelltext compilieren kann, muss ein ▸Präprozessor genanntes Programm die mit `include` bezeichneten Dateien (und eventuell noch gewisse Variablen-Deklarationen) einkopieren. Für afamain.cpp heißt dies dann, dass die Struktur-Deklarationen *mehrfach* enthalten sind.

> ☞ Es kann beim Compilieren zu Problemen führen, wenn Header-Dateien und Deklarationen mehrfach eingebunden sind!

Um dies zu verhindern, setzt man Schalter für das *bedingte* Einfügen von Anweisungen. Das Problem lösen vier (neben weiteren) als ▸Compilerdirektiven bezeichnete Anweisungen

```
#ifdef flag      (if defined )
#ifndef flag     (if not defined)
#define flag
#endif
```

Für `flag` kann man jeden beliebigen Namen wählen. In unserem sehr einfachen Beispiel – es erscheinen nur Deklarationen und keine Dateien mehrfach – schreiben wir:

```
#ifndef data
#define data
 struct { /*Deklaration */};
 extern ..
#endif
```

Wirkungsweise: Beim ersten Einlesen ist `data` nicht definiert (→ wahr), somit wird `data` definiert und die folgenden Anweisungen kopiert. Beim zweiten und jedem weiteren Einlesen ist `data` definiert (→ falsch), und das nochmalige Einkopieren wird unterbunden.

Der folgende Code ist das Ergebnis eines *fehler- und warnungsfreien* Compiler- bzw. Link-Vorgangs und dient der Verdeutlichung des Sachverhalts. Beachten Sie bei diesem Code dass,

- die für mehrere Funktionen gültige Struktur-Deklaration in eine Datei afadat.h ausgelagert wurde,
- die Implementation einer Rechenmethode auch die zugehörige Header-Datei einbindet,
- jede Rechenmethode auch afaview.h einbindet.

```
/* Datei: afamain.cpp
 * Lineare,degressive und digitale Abschreibung berechnen
 * Projektverwaltung: Aufteilung auf viele Header-Dateien
 */
#include <cctype>
#include <conio.h>   // _getch()
#include "afalin.h"  #include "afadeg.h"
#include "afadig.h"
#include "afadat.h"  #include "afadiv.h"
#include <iostream>  using namespace std;
```

21.2 Beispiel der Modularisierung

```cpp
      const int  feld_max  = 50;
      ausgabe_feldT Tab[feld_max], *pTab = Tab;
   int main ()
   { enum wahlT { menu, lin, deg, dig};
      int n = 1, auswahl ; // n: Afa-Dauer
      double zeitwert = 0.;
      char geht_weiter ='J', ist_neu = 'J';
      char * text[] =
        {"Methode: 1 - Lin   2 - Degressiv    3 - Digital    : ",
         "\n   Lineare Methode \n\n    ",
         "\n   Degressive Methode \n\n",
         "\n   Digitale Methode \n\n   "  };
      while (geht_weiter != 'N')
         { system("cls"); // Zeile mal auskommentieren!
           if (ist_neu != 'N')
              werte_eingeben(zeitwert,n);
           cout << endl << text[menu];
           auswahl = 0;
           while (auswahl < 1 || auswahl > 3) cin >> auswahl;
           switch (auswahl)
           {  case 1: cout << text[lin];
                       linear(pTab, zeitwert, n); break;
              case 2: cout << text[deg];
                       degressiv(pTab, zeitwert, n); break;
              case 3: cout << text [dig];
                       digital(pTab, zeitwert, n); break;
           } // switch
            weiter_machen(geht_weiter, ist_neu);
         } // while
      return 0;
   } // Ende Hauptprogramm
```

```c
// --------------- Datei : afadat.h -------------------------
#ifndef ds
#define ds
  struct  ausgabe_feldT
      { int  jahr;
        double afa, restwert;
      } ;
  extern const int feld_max;
#endif
// ----------------Datei : afalin.h ---------------------
#ifndef data
#define data
#include "afadat.h"
#endif
void linear (ausgabe_feldT *PTab, double zeitwert, int n);

// --------------- Datei : afadeg.h -------------------------
#ifndef data
#define data
#include "afadat.h"
#endif
void degressiv (ausgabe_feldT *PTab, double zeitwert, int n);

// ----------------Datei : afadig.h ---------------------
#ifndef data
#define data
#include "afadat.h"
#endif
void digital (ausgabe_feldT *PTab, double zeitwert, int n);

// ----------------Datei: afaview.h ---------------------
#ifndef data
#define data
#include "afadat.h"
#endif
void ausgeben (struct ausgabe_feldT *PTab, int jahr);
```

21.2 Beispiel der Modularisierung

```cpp
// ----------------Datei: afadiv.h ------------------------------
void werte_eingeben ( double &preis, int & dauer);
void weiter_machen ( char & weiter, char & neueDaten);


// -----------Datei: afalin.cpp Lineare Methode ------------------
#include "afalin.h"
#include "afaview.h"
#include "afadat.h"
void linear(ausgabe_feldT *PTab, double zeitwert, int n)
{ double abschreib;
  abschreib = zeitwert / n;
  for (int jar = 1; jar <= n ;++jar)
     { zeitwert -= abschreib;
       (PTab+jar-1)->jahr     = jar;
       (PTab+(jar-1))->afa    = abschreib;
       (PTab+(jar-1))->restwert = zeitwert;
     }
  ausgeben (PTab,n);
} // Lin

// -------------Datei: afadeg.cpp   Degressive Methode ------------
#include "afadeg.h"
#include "afaview.h"
#include "afadat.h"

void degressiv (ausgabe_feldT *PTab, double zeitwert, int n)  //
{ /* Algorithmus */
}
// ------------- Datei: afadig.cpp   Digitale Methode -------------
#include "afadig.h"
#include "afaview.h"
#include "afadat.h"
void digital (ausgabe_feldT *PTab, double zeitwert, int n)  //
{ /* Algorithmus */
}
```

21   Großprojekte: Grundsätze der Modularisierung

```
// -----Datei: afaview.cpp ausgeben mit ArrayÜbergabe ------
#include <iostream>
#include <iomanip> //
#include "afaview.h"
void ausgeben (ausgabe_feldT *pTab, int anzahl)
{ /* Algorithmus */   cout << " "; cout.flush(); }

// -----------Datei: afadiv : diverse Fkt -------------------
#include <iostream>
#include <conio.h>
#include <cctype>
void werte_eingeben (double & preis, int & dauer)
{   /* Algorithmus von oben */ }
void weiter_machen ( char & weiter, char & neueDaten)
{   /* Algorithmus von oben */ }
```

Ich empfehle, etwas zu experimentieren:

- zB. kann man die Compilerdirektiven auskommentieren.
- Experimentieren Sie mit der using-Anweisung (entfernen).
- Kommentieren Sie zB. einmal <iostream> aus.
- Kommentieren Sie `extern const int feld_max;` aus.

Finden Sie eine Begründung für das jeweilige Verhalten des Compilers bzw. Linkers. Beachten Sie beim Compilieren: Jedes *.CPP-Programm wird compiliert, und es entsteht eine zugehörige Objekt-Datei.

Die ▸**Header-Dateien** waren in diesem einfachen Beispiel so beschaffen, dass sie sich **nicht gegenseitig aufgerufen** haben. Bei größeren Systemen lässt sich dies jedoch nicht ausschließen. Dann *umschließt* eine ▸Compilerdirektive den *gesamten Dateiinhalt*.

Beispiel:

```
#ifndef afaview_h
#define afaview_h
    // alles andere hier dazwischen
#endif
```

21.3 Zusammenfassung

Große Programmsysteme werden in einzelne **Module** gegliedert und auf **mehrere Dateien** aufgeteilt. Zum einen erleichtert es die Übersicht und Pflege von Software. So müssen nicht jedesmal die unveränderten Programmteile compiliert und gebunden werden, wenn nur einzelne Teile verändert wurden. Immerhin kann der Vorgang bei sehr großen Programmen mehrere Stunden in Anspruch nehmen. Zum anderen fördert es die Wiederverwendbarkeit von bereits erstellter Software. Zum dritten – und das ist aus ökonomischen Gründen nicht minder wichtig – erlaubt es das Verbergen des Codes, wenn Software-Module verkauft werden. Den Anwender interessieren in der Regel nur die Schnittstellen und weniger die Implementation. In den **mit jedem Editor lesbaren Header-Dateien** werden die **Schnittstellen** im Klartext abgespeichert. Die **Implementationen** werden zunächst als Quelltext entwickelt und liegen nach dem Compilieren als (nicht lesbare) **Objektdateien** vor, die der Linker in das Hauptprogramm einbinden muss. Diese Dreiteilung hat sich als sehr zweckmäßig erwiesen.

Ein ▸**Präprozessor** genanntes Programm sammelt die mit `include` einzukopierenden Dateien vor dem eigentlichen Compiliervorgang ein. **Deklarationen und Header-Dateien** dürfen dabei **nicht mehrfach** einkopiert werden. Um dies zu verhindern, erlauben **Compilerdirektiven** das bedingte Kopieren. Es ist für den Lernenden nicht ganz einfach, die Dateien richtig mit `include` zu verknüpfen, denn Fehler beim Linken führen zu zum Teil dürftigen Fehlermeldungen. An einem einfachen und ausführlichen Beispiel wurde gezeigt, wie man den Code zweckmäßig auf viele Dateien verteilt und mit `include` wieder zusammenführt.

22 Dateibearbeitung

Die Fallstudie mit der Einkommensteuer lieferte nur einen einzigen Wert, den zu speichern nicht sinnvoll ist. Das Beispiel mit der Abschreibung erzeugte mehr Daten und wirft die grundsätzliche Frage auf, wie Daten verschiedenster Art dauerhaft in einer Datei gespeichert und wieder rückgelesen werden können. Zunächst stehen auf einer Platte nur Bytes, aber dennoch unterscheiden sich die Dateien in ihrem inneren Aufbau. Dieses Kapitel beschreibt die verschiedenen Dateiarten sowie das Schreiben in und das Lesen aus Dateien.

22.1 Überblick

Wir unterscheiden folgende Dateiarten:

- **ASCII-Dateien**. Sie sind mit jedem ▸Editor les- und schreibbar. Der Dateityp ist oft an der Dateiendung asc oder txt zu erkennen. Der Datenverkehr zwischen dem Programm und der Platte dauert länger, weil zum Beispiel reelle Zahlen mit ihrem internen Bitmuster zunächst in eine Folge von ASCII-Zeichen umgesetzt werden müssen, bevor sie zur Platte strömen, und umgekehrt. Das ▸Stromkonzept hat den großen Vorteil, dass die bekannten Ein- und Ausgabeoperatoren >> und << die gleiche Verwendung finden wie bei cin und cout. Damit ist formal kein Unterschied zwischen der Datei- und der Standardein- bzw. -ausgabe. Da man mit cout.width(n) n Zeichen für die Ausgabe in Anspruch nimmt (notfalls wird mit Leerzeichen aufgefüllt), richtet sich die Dateigröße nach der Anzahl der ausgegebenen Zeichen (inklusive \n, \t, Leerzeichen usw.) dieser **formatierten Ein- und Ausgabe**.

- **Binäre Dateien**. Sie verfügen über keine Formatierung, dh. sie werden geschrieben und gelesen, wie sie im Speicher stehen. Der Dateiverkehr ist schneller, weil die Umsetzung in ASCII-Zeichen entfällt. Kompliziertere Datenstrukturen, wie zum Beispiel **Array oder Struktur**, werden ebenfalls **byteweise** behandelt. Dazu wird ein Zeiger auf die Anfangsadresse des Datenbereichs gesetzt, der vom Typ *character* ist, weil dieser eben ein Byte repräsentiert: (char *). Ferner wird die Anzahl der zu übertragenden Bytes angegeben, die mit dem sizeof()-Operator ermittelt werden kann. Auf diese einfache Weise lassen sich auch vollständige Arrays transferieren, sie müssen nicht, wie sonst üblich, komponentenweise gesendet werden. Der Versuch, binäre Dateien mit einem Editor zu lesen, ist sträflich.

Der *Ablauf der Dateibearbeitung* wurde einleitend beschrieben und soll kurz unter Berücksichtigung der C++Notation wiederholt werden.

22.2 Das Prinzip

Es wird ein Dateiobjekt mit einem symbolischen Namen erzeugt – wie eine normale Variable – , das stellvertretend für die reale ▸Datei steht, zB. quelle (*source*) oder ziel (*destination*) für eine einzulesende oder zu speichernde Datei. Das input file ist ein Objekt vom Datentyp **ifstream**, das output file eines von **ofstream**. Auch wenn wir noch nicht wissen, wie ein Objekt definiert ist, es fügt sich nahtlos in das bisher vermittelte Konzept: <Datentyp> <Bezeichner> ein. Konkret bedeutet dies beispielsweise

```
ifstream quelle;
ofstream ziel;
```

Beachten Sie: Das Dateiobjekt liefert die **Adresse des ▸Dateipuffers** zurück (Vergleichen Sie nochmals Abbildung 13, Seite 102), falls die Datei erfolgreich angelegt werden konnte – sonst NULL.

Dieses Dateiobjekt wird mit einer (vorhandenen oder anzulegenden) Datei des Betriebssystems verbunden, wobei der Dateiname samt Pfad übergeben wird. Beim Öffnen einer Datei sieht das zB. so aus:

```
char dateiname[40] = "C:\\VC5\\BEISPIELE\\AFA.TXT"    oder:
cin >> dateiname;
quelle.open(dateiname, >modus<);
```

>modus< steht stellvertretend für ▸Bit-Schalter:

- ohne modus bedeutet: voreingestellt, nur für Textdateien
- ios::nocreate : Datei existiert, nicht anlegen
- ios::binary : nur binär lesen/schreiben, dh. **keine Zeilenendekennung \n umwandeln!** (siehe dazu Übung 19 und Anhang 5)
- ios::nocreate | ios::binary : nicht erzeugen und binär behandeln
- ios::in : öffnet für Eingabe (geschieht implizit für ifstreams)
- ios::out : öffnet für Ausgabe (geschieht implizit für ofstreams)
- ios::app : hängt Daten immer an das DateiEnde

Die Bit-Schalter können durch | (bitweises Oder) verknüpft werden.

> Beachten Sie:
> Auf eine geöffnete Datei sollte immer nur einer zugreifen!

Eine Datei unbekannter Länge wird so lange gelesen, solange kein Datei-Ende-Bit (*end of file*) gesetzt ist. Am ▸DateiEnde wird der Zeiger auf das Datenobjekt Datei auf null gesetzt.

Eine geöffnete Datei wird mit quelle.close() wieder geschlossen, womit die Verbindung zum Betriebssystem getrennt wird und der Bezeichner mit einer anderen Datei verbunden werden darf. Wie einleitend im Zusammenhang mit dem Dateipuffer erläutert, soll eine Datei nur für die **kurze Zeit** des Schreibens oder Lesens **geöffnet** sein.

Dies sind die Minimalaktionen, die stattfinden müssen. Dabei wird vorausgesetzt, dass eine Datei im selben oder in einem angegeben Verzeichnis existiert. Es gibt jedoch betriebssystemabhängige Anweisungen, mit denen das Dateiverzeichnis überprüft werden kann, wobei als Ergebnis der komplette Pfad geliefert wird.

> Das Öffnenwollen nicht vorhandener Dateien kann ohne weitere Vorkehrungen zum Absturz führen! Es bleibt dem Leser überlassen, die betriebssystemspezifischen Anweisungen in der Dokumentation nachzuschlagen.

22.3 ASCII-Datei

Dieser Abschnitt gibt rezeptartig Hinweise zur Dateibearbeitung für verschiedene Fälle.

■ Zeichenein- / -ausgabe

Im folgenden sind put() und get() Funktionen, die einzelne Zeichen ausgeben oder einlesen.

```
#include <cstdlib>  // für exit()
#include <fstream>
int main ()
{ char text[] =
    "\"Ratsam ist und bleibt es immer \n \
    für ein junges Frauenzimmer, \n \
    einen Mann sich zu erwählen \n \
    und womöglich zu vermählen. \n \
    Erstens will es so der Brauch,\n \
```

22 Dateibearbeitung

```
zweitens will man's selber auch,\n \
und drittens weil bekanntlich manche Sachen,\n \
welche grosse Freude machen,\n \
Mädchen nicht allein verstehen. \n \
Wilhelm Busch \" ";
   char in_text [300] = {'\0'};
   int k=0;  char ch;
// raus damit:
ofstream   raus;

raus.open ("busch.txt");
if ( !raus ) //Zeiger auf Datenobjekt null?, Datei nicht_da
   { cout << "Datei nicht geöffnet" ; exit(-1); } // bye bye
for (int k = 0; k < strlen(text); ++k)
   raus.put(text[k]);
raus.close();

ifstream   rein;
rein.open ("busch.txt",ios::nocreate);
while ( rein && k< 299)// solange kein eof und Platz im Array
   { rein.get(ch);
      cout << ch; //auf Monitor!
      ++k;
   }
k--; // warum?
rein.close();
raus.open("Loriot.txt"); // auf ein Neues
// weitere Anweisungen
raus.close();
} // end of main
```

■ Zeichenkette einlesen

Im Zusammenhang mit `cout` haben wir die Funktion `getline()` kennengelernt, die eine Zeile inklusive Whitespace bis zum Zeilenendezeichen liest. Diese Funktion ist auch bei der Dateiverarbeitung verfügbar. Zur Abwechslung ändern wir etwas den Programmcode, um zu zeigen, dass dies auch *so* geht:

22.3 ASCII-Datei

```
#include <fstream>
#include <iostream>
int main()
{ const int max = 80;
  char puffer[max]; // Zwischenspeicher
  ofstream output("busch2.txt");
  ifstream input ("busch.txt");
  while (input)
  { input.getline(puffer,80);
     cout << puffer;
     output << puffer;//kopiert von Datei1 nach Datei2
  }
// Wundern Sie sich nicht, close geschieht automatisch am Ende dieses
// kleinen Programms, aber nur bei korrektem Ende. Begründung in Teil D
} // end of main
```

■ Zeichenkette speichern

Hier werden zwei Möglichkeiten gezeigt:

```
fstream datei ("Demo.dat");
char puffer [80] = {'\0'};
char *s = "ABCDEFGHIJ";
strcpy (puffer,s);
/* 1. */ datei << s; // oder:
/* 2. */ datei.write(puffer, strlen(puffer));
// schreibt strlen() Byte in den Ausgabestrom
```

■ Eindimensionales Array mit Struktur

Dem folgenden Programm liegt das Beispiel der linearen Abschreibung zugrunde. Es wird eine Struktur erzeugt, die im Array gespeichert wird. Das Array wird datensatzweise ▸*formatiert* ausgegeben und in ein strukturgleiches zurückgelesen.

```
#include <cstdlib>
#include <fstream>
#include <iostream>  using namespace std;
int main ()
{const int max = 5;
```

```cpp
struct ausgabeT
 {int jahr;
  double afa, restwert;
 };
ausgabeT Tab[max] = { {1,100.0,900.0}, {2,100.0,800.0},
                      {3,100.0,700.0}, {4,100.0,600.0},
                      {5,100.0,500.0} },
   back_Tab[max] =   {0,0.0,0.0};
ofstream ziel;
ifstream quelle;
ziel.open ("afa1.asc");
if (!ziel) // Zeiger auf Objekt: 0, wenn Datei nicht da
  {cout << "Datei nicht geöffnet"; exit(-1);} //abbrechen!
// formatiertes Schreiben, wie bei cout
for (int k = 0; k < 5; ++k) // eindim. Array of struct
{ ziel.width(4); ziel << Tab[k].jahr;// komponentenweise
  ziel.width(8); ziel << Tab[k].afa;
  ziel.width(8); ziel << Tab[k].restwert;
   ziel << endl;
 }
ziel.close();
quelle.open("afa1.asc", ios::nocreate);
  for (k = 0;k< 5;++k)
  {quelle >> back_Tab[k].jahr;
   quelle >> back_Tab[k].afa;
   quelle >> back_Tab[k].restw;
   }
quelle.close();
 for (k = 0;k< 5;++k) // jetzt auf den Monitor:
   {cout.width(4); cout << Tab[k].jahr;
    cout.width(8); cout << Tab[k].afa;
    cout.width(8); cout << Tab[k].restw;
    cout << endl;
    }
 } // end of main
```

■ **Zweidimensionales Array**

Hier wird nur der wesentliche Unterschied gegenüber dem letzten Beispiel dargestellt. Die double-Werte werden zunächst in ASCII umgewandelt und *mit der Weite 12 gespeichert*. Diese Form gilt entsprechend auch für alle einfachen Datentypen.

```
double  feld [max][max] = {/* Ini */};
// formatiertes Schreiben, wie cout
 for (int k = 0; k < max; ++k)
  {for (int j = 0; j<max;++j)
   {ziel.width(12)
    ziel << feld[k][j]
    }
   ziel << endl;
 }
```

22.4 Binärdatei

Die binäre Ein- und Ausgabe soll am Beispiel eines numerischen Arrays gezeigt werden. Die wichtigste Zeile ist

```
ziel.write( (char*) &feld[k], sizeof(double) )
```

Die Funktionen read() bzw. write() lesen bzw. schreiben **unformatierte** Daten von / auf den Datenträger. Wie erwähnt ist (char*) der **Zeiger** auf die Adresse des ersten Bytes einer **beliebigen Datenstruktur**, die anschließend folgt. Sizeof() ermittelt die Größe der Datenstruktur als Anzahl Bytes. Dieses Konzept ist allgemeingültig, daher kann hier eine int-Größe ebenso wie ein Struktur, Array oder ein anderes Objekt stehen.

Das folgende Programm schreibt ein double-Array auf die Platte und liest es in ein typidentisches zurück.

```
#include <iostream>
#include <fstream>
#include <cstdlib> // exit()
int main()
{ char ch;
  double feld[10]
     = {1.1,2.2, 3.3, 4.4, 5.5, 6.6, 7.7, 8.8, 9.9, 10.1 };
```

```cpp
double ausgabe[10] = {0.0};
ofstream ziel;
ifstream quelle;
ziel.open("double.dat", ios::binary);
if (!ziel) {cout << "Datei nicht geöffnet!"; exit(-1);}

// Schreiben der double:
for (int k=0; k<10;++k)
{ cout << feld[k] << "   ";
  ziel.write( (char*) &feld[k], sizeof(double) )
}
ziel.close();
quelle.open("double.dat", ios::nocreate|ios::binary);
if (!quelle) {cout << '\a' <<'\a' << "Keine Datei" ; }
cout<< endl << endl;
int i = 0;
while (quelle)
 {quelle.read( (char*) &ausgabe[i], sizeof(double));
   cout << ausgabe [i] << "   ";
   ++i;
 }
quelle.close();
} // end of main
```

■ Eindimensionales Array mit Struktur

Zum Vergleich wird das vorhin beschriebene Array mit einer Struktur aus Abschreibungsdaten als unformatiertes Array ausgegeben. Diese spezielle Anweisung nimmt trotz der komplizierteren Datenstruktur nur eine Zeile in Anspruch, weil ein **Block von Bytes** transferiert wird. Beim Rücklesen von der Platte muss nach diesem Verfahren die **Blockgröße bekannt** sein!

```cpp
#include <cstdlib>
#include <fstream>
#include <iostream>  using namespace std;

int main ()
{const int max = 5;
```

22.4 Binärdatei

```
  struct ausgabeT
   {int jahr;
    double afa, restwert;
   };
  ausgabeT Tab[max] = { {1,100.0,900.0},{2,100.0,800.0},
                        {3,100.0,700.0},{4,100.0,600.0},
                        {5,100.0,500.0} },
           back_Tab[max] = {0,0.0,0.0};
// Schreiben als Binärdatei
  ziel.open("afa1.bin", ios::binary);
  if (!ziel) {cout << "Datei nicht geöffnet"; exit(-1);}
  ziel.write( (char*) Tab, sizeof(Tab)); // Tab auf einen Satz
  ziel.close;
  quelle.open("afa1.bin", ios::nocreate|ios::binary);
  if (!quelle)  {cout << "Datei nicht geöffnet"; exit(-1);}
  quelle.read( (char*) back_Tab, sizeof(back_Tab)); // auf einen Satz
  quelle.close();

  cout << endl;
// Zum Vergleich: so sieht dagegen der ASCII-Transfer aus:
  for (k = 0; k < 5; ++k)
     { cout.width(4); cout << Tab[k].jahr;
       cout.width(8); cout << Tab[k].afa;
       cout.width(8); cout << Tab[k].restwert;
       cout << endl;
     }
} // end of main
```

■ **Wahlfreier Zugriff**

Wenn der innere Aufbau einer Datei bekannt ist, sind berechnete Zugriffe sowohl bei einer Input-Datei als auch bei einer Output-Datei möglich (zB. suche 5. Eintrag). Dieselbe Datei kann man daher auch zum Schreiben und Lesen einrichten:

```
   fstream  file  ("Demo.dat", ios::in | ios::out);
```

Auf eine Datei lässt sich zugreifen wie auf ein Array. Man nennt dies Direktzugriff (*direct access*) oder wahlfreier Zugriff (*random access*). Die

22 Dateibearbeitung

Zugriffs**position** wird festgelegt mit der Funktion seekg() beim Lesen bzw. seekp() beim Schreiben. Beide Funktionen sind überladen:

- seekg(int) bzw seekp(int) positioniert auf eine absolute Position vom Dateibeginn aus.
- seekg(int, seek_dir) bzw seekp(int, seek_dir) positioniert auf eine Position relativ zu einer über seek_dir angegebenen Position. Die Definition enum seek_dir {beg, cur, end}; entspricht dem Anfang, der aktuellen (*current*) Position bzw. dem Ende. Beachten Sie: Die erste Dateiposition beginnt mit null.

Beispiel:

```
int pos;
cin >> pos;
file.seekg(pos);
```

Bei Lesevorgängen braucht die Datei nicht jedesmal geschlossen und geöffnet werden, um an den Anfang der Datei zu gelangen. Wird bei einem Lesen das Datei-Ende erreicht und das EOF-Bit gesetzt, lässt es sich mit clear(); zurücksetzen:

```
file.clear();
```

Der Vollständigkeit halber wird noch erwähnt, dass an das Datei-Ende Daten angehängt werden können (siehe Bit-Schalter).

■ Byteweise Lesen bzw. Kopieren

Manchmal will oder muss man wissen, was in einer Datei steht. Mir ist zum Beispiel unlängst eine handelsübliche Datenbank mit circa 100 Datensätzen zur falschen Zeit abgestürzt (Fehler des bekannten Datenbank-Herstellers!). Die Datei war vorhanden, aber die Anwendung wollte nicht mehr zugreifen. Ist noch etwas zu retten? Man weiss es, wenn man den Inhalt der Datei kennt. Das folgende Programm liest daher eine Datei byteweise ein und zeigt die Zeichen auf dem Bildschirm an. Überlegen Sie zunächst, welche Fälle dabei auftreten können.

Sie wissen, dass Steuerzeichen nicht angezeigt werden oder auf dem Monitor die falsche Reaktion zeigen (Carriage Return!). Deshalb sollen Steuerzeichen mit dem dezimalen ASCII-Wert angezeigt werden, während die anderen Zeichen im Klartext erscheinen. Man könnte auch sämtliche Steuerzeichen ausblenden. Außerdem eignet sich das Programm bei kleinen Änderungen zum Kopieren einer Datei.

22.4 Binärdatei

```
//Programm zum Lesen und Anzeigen einer beliebigen Datei
#include <iostream>
#include <fstream>  using namespace std;
int main()
{ char dateiname [80] = "c:\\verein\\test\\mitgld.db";
  char ein_byte = 67, stop = '\n', ch;
  fstream quelle;
  if (!quelle)
    {cout << "Datei nicht geöffnet ...";
     while ( cin.get() != stop ); return 0;
    }
  quelle.open(dateiname, ios::nocreate|ios::binary|ios::in);
  int count = 0;
  while ( !quelle.eof() )
  { quelle.get(ein_byte);
     if ( (int)ein_byte <= 32 ) // Steuerzeichen in Zahl!
       cout << (int)ein_byte << " ";
     else
       {cout << ein_byte << " "; cout.flush();}
     if ( count == 850 ) // max Zeichen auf Monitor
       { count = -1; cin.get(ch);}
     ++count;
   }
  quelle.close();
  return 0;
} // end of main
```

Bei der while-Anweisung könnte man versucht sein zu schreiben

```
while (quelle.get(ein_byte)),
```

wie man es in manchen Büchern liest. Nur: Wenn in einer Datei viele Nullen stehen – was oft vorkommt – , dann folgt ein vorzeitiger Abbruch! Wenn man kein Interesse an den Steuerzeichen hat, kann man abändern:

```
if ( (int) ein_byte <= 32)
    ;  // leere Anweisung statt: cout << ...
  else // wie oben
```

Mit etwas mehr Komfort für die Eingabe der Pfade bzw. Dateinamen lässt sich ein ▸**Kopierprogramm** schreiben, dessen wichtigste Anweisungen lauten:

```
while(!quelle.eof())
{ quelle.get(ein_byte);
  ziel.put(ein_byte);
}
```

Sie sollten allerdings beachten, dass ältere DOS-basierte Compiler nicht auf Dateien, die unter 32-Bit-Systemen erstellt sind, zugreifen können.

Fatale Fehler

- Beim Rücklesen von Dateien unbekannter Größe in Arrays kann es zu Problemen führen, wenn die Abbruchbedingung(en) in Schleifen falsch gesetzt sind. Folgende Fälle sind zu unterscheiden:

Dateigröße > Arraygröße

Dateigröße = Arraygröße

Dateigröße < Arraygröße

```
1. while (!eof(datei))
      {++zaehler; quelle >> array [zaehler]; /* usw */}
2. while (!eof(datei))
      for (int i = 0; i < 300; ++i)
         {quelle >> array [i]; /* usw.*/}
```

Überlegen Sie, wo der jeweilige Fehler steckt.

22.5 Zusammenfassung

Die **Dateibearbeitung** hat sich dank des objektorientierten Ansatzes deutlich vereinfacht gegenüber der C-Schreibweise. Möglich wird dies dadurch, dass *alle technischen Geräte gleich behandelt* werden. Es gibt in der Schreibweise der Ausgabe-Operation keinen Unterschied zwischen Platte und Monitor (ziel << datenobjekt, cout << datenobjekt). Bevor ein Schreib- oder Lesevorgang stattfinden kann, müssen gewisse Vorbereitungen getroffen werden. So ist ein Dateiobjekt (im objektorientierten Sinne) als logische Größe mit der physischen (*nicht*: physikalischen!)

22.5 Zusammenfassung

Datei, die durch das Betriebssystem verwaltet wird, zu verbinden. Dies geschieht gleichzeitig mit dem **Öffnen** einer Datei (zB. `ziel.open("c:\\nirwana\\Demo.dat")`). Es ist sehr empfehlenswert, **vor** dieser Aktion **sicherzustellen**, dass die Datei vom Betriebssystem gefunden und der Zugriffspfad an das anfragende Programm zurückgeliefert wird (sonst stürzt im schlimmsten Fall der Rechner ab). Dazu werden **betriebssystemspezifische** Anweisungen benötigt, die dem Leser überlassen bleiben müssen. Zweckmäßigerweise wird ein möglicher **Zugriffsfehler durch** eine Meldung und einen **geordneten Rückzug abgefangen**. Beim Öffnen wertet der Compiler noch bestimmte **Schalter** aus, wie mit der Datei zu verfahren ist: zum Lesen, Schreiben oder beides, zum Anhängen, zur Interpretation als Text- oder Binärdatei. Eine **Textdatei** hat im allgemeinen eine **variable „Satzlänge"**, wenn man den Inhalt bis zu einer Zeilenende-Kennung als Datensatz bezeichnet. Eine **Binärdatei** hat dagegen einen durch den Datentyp definierten, **festen Aufbau**. Daher sind hier auch berechnete Zugriffe für Schreiben und Lesen realisierbar (**wahlfreier Zugriff**). Eine solche Datei verhält sich wie ein Array, allerdings sind die Zugriffszeiten um einige Zehnerpotenzen verschieden! Daher können auch ganze Blöcke transferiert werden, man muss nicht unbedingt komponentenweise arbeiten. Das **Datei-Ende** wird beim Lesen durch ein **EOF-Signal** erkannt. Eine Datei ist nach der Verwendung zu schließen, sonst droht Datenverlust.

Übung 19 (ohne Lösung)

Schreiben Sie ein Programm, das folgende Daten erzeugt und in einer Datei abspeichert (• bedeutet ein Leerzeichen):

123456789012345678901234567890123456789012345678901234567890••1
123456789012345678901234567890123456789012345678901234567890••2
123456789012345678901234567890123456789012345678901234567890••3
123456789012345678901234567890123456789012345678901234567890••4
123456789012345678901234567890123456789012345678901234567890••5

Anschließend soll die Datei (ohne vorheriges `close()` zeichenweise) eingelesen und ohne Zwischenspeichern auf den Monitor ausgegeben werden. Dann werden die Zeichenposition, ab der n Zeichen mit * *in der Datei überschrieben* werden, sowie die Zahl n eingegeben. Das Ergebnis der Änderung in der Datei soll auf dem Monitor erscheinen.

Wie sieht die Bildschirmausgabe aus, wenn der Anwender 200 für die Position und 17 für die Anzahl der Zeichen eingibt, die überschrieben werden sollen?

Achtung: Sie erhalten unterschiedliche Ergebnisse, wenn Sie einmal den Bit-Schalter `ios::binary` setzen und einmal nicht setzen! Überlegen Sie, wodurch dieser Unterschied begründet ist! Am besten sieht man den Effekt, wenn beide Ausgaben zusammen auf einer Bildschirmseite stehen.

Eine Erklärung dieses Effektes finden Sie in Anhang 5.

D Objektorientierte Programmierung

23 Einführung in die Konzepte der OOP

Dieses Kapitel erläutert im Überblick die wesentlichen Ideen, die der objektorientierten Programmierung zugrunde liegen – ohne auf Programmiercode einzugehen. Dazu wird zunächst ein Schwachpunkt der prozeduralen Sichtweise dargestellt, um daraus die Verbesserungen abzuleiten. Das Kapitel beschreibt die wesentlichen Begriffe wie Objekt, Klasse, Erbschaft (Vererbung) und Polymorphie.

23.1 Ein Problem der prozeduralen Sichtweise

In den bisherigen Kapiteln haben wir die ▶prozedurale Sicht und Programmierung dargestellt. Dafür gibt es mehrere Gründe:

- In der Wirtschaft existiert noch eine Vielzahl von C-Programmen, die meist nur langsam auf C++ bzw. die Objektorientierung umgestellt werden. Dies ist einer der gewichtigsten Aspekte. Ein Programmierer muss beide Sichtweisen kennen.
- Die wesentlichen Grundlagen des algorithmischen Programmierens, die Fallstricke und die Konstruktionsprinzipien von Funktionen werden bei reinen C++Büchern meist sehr oberflächlich behandelt; die Frage, wie man eine Aufgabe anpackt und zu einer Lösung kommt, oft gar nicht.
- Nach wie vor müssen korrekte Abläufe organisiert werden, nur stehen sie jetzt nicht mehr im Vordergrund.

Das folgende Beispiel legt nun das Augenmerk auf eine Schwäche, die wir bisher nicht angesprochen haben, die jedoch mit der prozeduralen Sichtweise verbunden ist.

Beispiel:
```
#include <iostream>  using namespace std;
void zeigeKonto ( double stand);
void zeigeAlter (int Alter);
```

23 Einführung in die Konzepte der OOP

```
int main()
{       double g = 255.25;  // soll Guthaben bedeuten
            int a = 65;     // soll Alter bedeuten
// folgendes geht ohne Murren des Compilers:
  zeigeKonto (a);
  zeigeKonto (g);
  zeigeAlter (g);
  zeigeAlter (a);
return 0;
}// end of main
// .............................
void zeigeKonto ( double stand)
{   cout << endl << "   Kontostand : " << stand; }
// .............................
void zeigeAlter (int  Alter)
{   cout << endl << "   Alter : "  << Alter;}
```

Ausdruck:

Kontostand : 65

Kontostand : 255.25

Alter : 255

Alter : 65

Wir beobachten, dass die Funktionen mit Daten arbeiten, die einerseits im Programm allgemein zugänglich sind, aber andererseits inhaltlichen Unsinn ergeben können. Die Programmierung, so wie wir sie bisher kennengelernt haben, gestattet es also, **unzulässige Funktionen** auf die **Daten** anzuwenden. Es gibt **keinen ▸Schutzmechanismus**, der eine solche Vorgehensweise verhindern könnte. Da es sich um einen *semantischen* Fehler handelt, kann der Compiler die Situation nicht erkennen. So etwas ist sicher keine Absicht, in größeren Programmsystemen sind solche Fehler jedoch keineswegs ausgeschlossen.

Schematisch lässt sich das generelle Problem folgendermaßen darstellen: Alle **Daten** sind allgemein zugänglich (**▸öffentlich**) und **von den Funktionen getrennt**. Im Prinzip können daher die in der Abbildung 19 aufgezeigten, vielfältigen Beziehungen zwischen Daten und Funktionen entstehen. Dieses Prinzip trägt nicht dazu bei, die Qualität von Software zu verbessern. Wünschenswert wäre, dass man Daten vor unberechtigtem Zugriff schützen, sie also vor der Allgemeinheit verbergen könnte.

23.1 Ein Problem der prozeduralen Sichtweise

Abbildung 19: Trennung von Daten und Funktionen

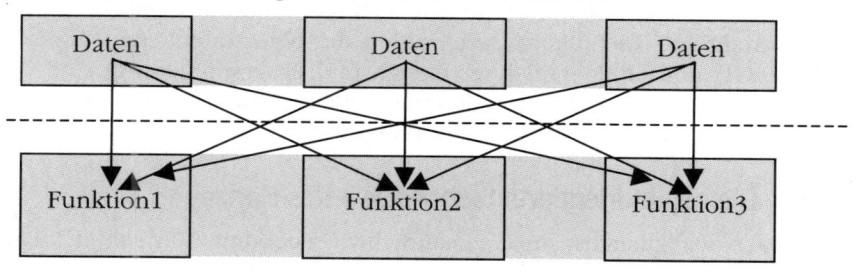

```
[Daten]          [Daten]          [Daten]
    \  \    /   /    \  \    /   /
     \  \  /   /      \  \  /   /
      \  \/   /        \  \/   /
       \ /\  /          \ /\  /
        X  \/            X  \/
       / \ /\           / \ /\
------/---X--\---------/---X--\------
     /   / \  \       /   / \  \
    ▼   ▼   ▼  ▼     ▼   ▼   ▼  ▼
[Funktion1]      [Funktion2]      [Funktion3]
```

Goll [7, S. 22f] fasst die Probleme mit den klassischen Techniken in folgender Weise zusammen: „Klassische Techniken eigenen sich für kleine Systeme, haben aber auch da gewisse Nachteile. Diese Nachteile treten insbesondere bei großen Systemen zu Tage:

- **Mangelnder ▸Schutz der Daten**

Wie man leicht erkennen kann, sind bei der klassischen Vorgehensweise die Daten ziemlich ungeschützt. Entweder liegen sie schutzlos im Pool der globalen Daten oder strömen – auch ungeschützt – in Form von Übergabeparametern von Routine zu Routine. Das bedeutet, dass die Daten von jeder Routine manipuliert werden können, und damit verliert man leicht den Überblick, welche Auswirkungen eine Manipulation auf andere Routinen hat.

- **Mangelnde Verständlichkeit gegenüber dem Kunden**

Oftmals ergibt sich das Problem, dass der Entwickler unverzüglich beginnt, im Lösungsbereich zu denken. Da der Kunde aber in Begriffen seiner Anwendung und nicht in Begriffen der Datenverarbeitung denkt, versteht der Kunde den Entwickler nicht mehr.

- **Mangelnde Übersicht bei großen Systemen**

Ein weiteres Problem ist die Komplexität. Die Bündelung von Anweisungen in Funktionen bringt gewiss mehr Übersicht, der Übersichtsgewinn ist jedoch bei nur kleinen Programmen von Nutzen. Bei großen Programmen erhält man einfach zu viele Funktionen (...)

- **Mangelnde Wiederverwendbarkeit von Quellcode**

Gekoppelt mit mangelnder Übersicht ist eine mangelnde Wiederverwendbarkeit. Wenn man aufgrund der hohen Komplexität vorhandene Bausteine nicht erkennt, kann man sie auch nicht verwenden! Überdies lohnt sich oftmals die Suche nach wiederverwendbaren Teilen nicht, da Suchaufwand und Nutzen aufgrund der geringen Größe der Bauteile nicht in einem vernünftigen Verhältnis stehen."

Kaum jemand hat die Problematik so präzise zusammengefasst wie diese Autoren. Nun stellt sich die Frage, wie sich diese Mängel beheben lassen. Objektorientierte Techniken, dazu zählen die objektorientierten Aspekte OOA, OOD und OOP (Analyse, Design und Programmierung) sind die zur Zeit vorherrschenden Methoden, die bekannten Mängel zu vermeiden (Sie schaffen aber auch wieder neue Probleme!).

23.2 Die objektorientierte Sichtweise – das Konzept

Betrachten wir zunächst unsere natürliche Umgebung: Wir sehen Pflanzen, Autos, Häuser, Menschen, Motorräder, Bilder von Künstlern. Das sind reale Objekte unserer Welt. Der Duden definiert ▶**Objekt** als „Gegenstand, mit dem etwas geschieht oder geschehen soll", der Brockhaus etwas allgemeiner als „Gegenstand der Erkenntnis und Wahrnehmung, des Denkens und Handelns". Neben **reale** Gegenstände schließt die letzte Definition auch von Menschen **gedachte** Gebilde mit ein. So ist ein Vertrag oder ein Konto solch ein abstraktes (= vom Dinglichen gelöstes, siehe Duden) Objekt. Die objektorientierte Sichtweise wird oft auch als objektorientiertes Paradigma bezeichnet, wobei ▶Paradigma als Denkmuster, das das wissenschaftliche Weltbild, die Weltsicht einer Zeit prägt (Duden), erklärt wird.

Von unserer realen Welt betrachten wir immer nur einen **Ausschnitt**, insbesondere dann, wenn Objekte unserer Welt im Rechner abgebildet werden sollen. Eine solche in der Regel vereinfachte Abbildung heißt ▶**Modell**, in dem die für die Aufgabe *unwesentlichen Details weggelassen* werden.

Beispiel für eine einfache Modellbildung:

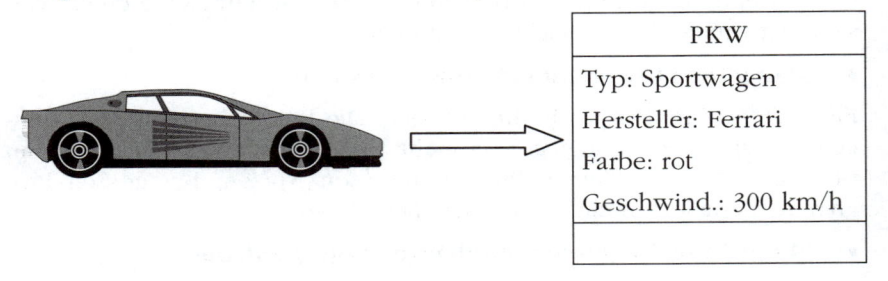

PKW
Typ: Sportwagen
Hersteller: Ferrari
Farbe: rot
Geschwind.: 300 km/h

Wenn wir Informationen verarbeiten, müssen wir die Welt modellieren. Das heißt mit anderen Worten, das (Anwendungs)Problem aus einer **bestimmten Sicht** betrachten, es vereinfachen, **auf das Wesentliche reduzieren**. So bildet zB. die Finanzbuchhaltung *nur* alle finanzwirtschaftlichen Geschäftsvorfälle eines Unternehmens ab und stellt somit Teilaspekte des gesamten Unternehmensgeschehens dar. Beim einleitenden

23.2 Die objektorientierte Sichtweise – das Konzept

Beispiel wird der Fiskus aus seiner Perspektive feststellen, Personen, Autos, Motorräder, Häuser und Bilder sind in irgendeiner Weise steuerrelevant. Die Verkehrspolizei dagegen wird die Pflanzen und Häuser außer acht lassen und ihre Sicht auf die Verkehrsteilnehmer (Menschen, Autos, Motorräder) konzentrieren. So gibt es **unterschiedliche Sichten auf dieselben Objekte**, je nach Anwendungsbereich (*problem domain*).

Beachten Sie bitte die unterschiedlichen Denkweisen zwischen prozeduraler und objektorientierter Sichtweise:

> Beim objektorientierten Paradigma stehen nicht mehr die computerinternen Abläufe im Vordergrund. Vielmehr gilt: „Die Formulierung eines Modells erfolgt bei objektorientierten Techniken **in Konzepten und Begriffen der realen Welt** anstelle in computertechnischen Konstrukten wie Haupt- und Unterprogrammen. Dies bedeutet, dass die **anwendungsorientierte Sicht** gegenüber der computerorientierten Sicht im Vordergrund der objektorientierten Programmierung steht." [7, S. 29]

Ein objektorientiertes Programm kann man sich daher als Modell von realen oder gedachten Objekten in Form von Software vorstellen. Entscheidend ist daher bei dieser Methode nicht das objektorientierte Programmieren selbst, sondern das **Denken in Objekten schon bei der Untersuchung des Problembereichs**.

> Zu den **wichtigsten Begriffen und Konzepten** der objektorientierten Programmierung zählen
> - Objekt
> - Klasse
> - Erbschaft
> - Polymorphie

Dieser Abschnitt versucht in knapper Form das Wichtigste dieser Begriffe und Konzepte zu erläutern.

■ Objekt

Da das Objekt im Zentrum unseres Interesses steht, wollen wir uns jetzt eingehender damit beschäftigen. Als Beispiel wählen wir zwei Konten, ein Sparkonto und ein laufendes Konto (Kontokorrent), die wir mit ihren **Eigenschaften** tabellarisch gegenüberstellen:

23 Einführung in die Konzepte der OOP

Kontokorrent:

| KontoNummer |
| Inhaber |
| Saldo |
| HabenZinsSatz |
| SollZinsSatz |
| ÜberziehungsZinsSatz |
| DispoKredit |

Sparkonto:

| KontoNummer |
| Inhaber |
| Saldo |
| HabenZinsSatz |

Statt Eigenschaft bzw. Merkmal wird oft auch das lateinische Wort ▸Attribut verwendet. Diese wenigen Attribute stellen schon eine starke Vereinfachung gegenüber der Praxis dar. Die Bankleitzahl jedoch ist nicht charakteristisch für das Konto, sondern für das Institut.

Ganz konkrete Konten (Objekte) werden auf den Kontoauszügen bestimmte Werte enthalten: Die Attribut**werte**, also die Daten (*data, fields*), beschreiben den **Zustand** eines Kontos.

Attribute:	Attributwerte:		
	Konto1	Konto2	Konto3
KontoNummer	206038	645129	472981
Inhaber	Beethoven	Mozart	Wagner
Saldo	-3.5	100000	12000
HabenZinsSatz	0.5	1.0	0.75
SollZinsSatz	12.5	12.5	12.5
Überziehungs-ZinsSatz	17	15	16
DispoKredit	4000	20000	8000

Sie werden erkennen, dass die oben aufgeführten Eigenschaften des Kontokorrentkontos **typisch** sind **für alle** Ausprägungen von Kontokorrentkonten, das gleiche gilt für die Sparkonten. So ist es naheliegend, *alle* Kontokorrentkonten in einer Klasse Kontokorrentkonto und Sparkonten in einer Klasse Sparkonto zusammenzufassen. Der Duden definiert ▸**Klasse** als „Gruppe mit besonderen Merkmalen (wie Alter, Ausbildung, sozialer Stand), Einteilung (nach besonderen Kennzeichen)".

Mit einem Konto lassen sich bestimmte ▸**Operationen** ausführen. Der Brockhaus beschreibt Operation als „Durchführung einer bestehenden

Vorschrift". Duden definiert: „Handlung, Verrichtung, Arbeitsvorgang". Zu diesen Operationen zählen beispielsweise *anlegen, einzahlen, auszahlen* und *anzeigen*. Sie beschreiben das **Verhalten** des Objekts und werden als ▸**Methoden**, Elementfunktionen (*operations, methods, member functions*) oder ▸Klassenfunktionen bezeichnet, weil sie Teil der Klassenbeschreibung sind.

Beim objektorientierten Ansatz stellt die ▸**Klasse** eine **Beschreibung** von **Eigenschaften und Operationen** dar. Beachten Sie: Eine *Beschreibung* eines Objekts ist nicht das Objekt selbst, ebensowenig wie der Bauplan (= Konstruktionsvorschrift) eines Architekten ein Haus ist! Die Klasse entspricht somit dem Datentyp und das Objekt, die Konkretisierung, einem Exemplar dieser Klasse (*instance;* ▸Instanz, oft in der Literatur verwendet, ist die germanisierte Form von *instance* und damit nicht einmal eine Übersetzung. Das englische Wort bedeutet soviel wie Beispiel, hier im Sinne von konkrete Ausprägung, Exemplar). Bei der prozeduralen Sicht entspricht das Objekt einer Variablen.

Die Klasse Sparkonto lässt sich nun mit den Eigenschaften, repräsentiert durch die Daten, *und* Operationen beschreiben:

Eigenschaften:
    KontoNummer
    Inhaber
    Saldo
    HabenZinsSatz

Operationen:
    anlegen
    einzahlen
    auszahlen
    anzeigen

Dieses Konzept, Daten und Operationen zusammenzufassen, wird als ▸**Abstrakter Datentyp** definiert:

> **Abstrakter Datentyp = Daten + Operationen**

Abstraktion bedeutet hier begrifflich zusammengefasste Darstellung, Verallgemeinerung; es handelt sich um einen verallgemeinerten Datentyp. Das Besondere des objektorientierten Ansatzes ist nun, dass beim abstrakten Datentyp **nur die ▸Operationen Zugriff auf die Attribute** haben. Somit wird erreicht, was im letzten Abschnitt als großes Problem dargestellt wurde: Die Attributwerte eines tatsächlichen Objekts (im Gegensatz zu seiner Beschreibung) sind vor **unbefugtem Zugriff geschützt**, die **Daten sind eingekapselt** (*data encapsulation*) und nach außen verborgen (*information hiding*). Dies wird auch als ▸**Geheimnisprinzip** bezeichnet.

23 Einführung in die Konzepte der OOP

Wenn nur die Operationen Zugriff auf die Attributwerte haben, heißt dies mit anderen Worten auch, es wird unterschieden, was

- **öffentlich** zugänglich (*public*) ist, nämlich die **Operationen**, und was
- ▸**verborgen** und damit im Privatbereich (*private*) ist, nämlich die **Daten**.

Die öffentlich zugänglichen Operationen bilden die ▸**Schnittstelle** zu den verborgenen Daten und erlauben es, den Zustand eines Objektes zu verändern. Goll formuliert es sehr anschaulich: Die Operationen sind in einer Burg die Wächter, die über einen Goldschatz (Daten) wachen.

Eine unmittelbare Änderung der Daten in der Form

saldo = saldo + zahlung

nach prozeduraler Manier unter **Umgehung der Operationen ist nicht möglich** und entspricht auch nicht der Denkweise objektorientierter Methoden.

„Diese Prinzipien der Kapselung und des Information Hidings haben einen wichtigen Hintergrund: Die Außenwelt soll am besten gar keine Möglichkeit haben, Daten im Inneren des Objekts direkt zu verändern und so möglicherweise unzulässige Zustände herbeizuführen. Das Verstecken sämtlicher Daten und der Implementierung der Methoden in einer "Kapsel" und die Durchführung der Kommunikation mit der Außenwelt durch eigene Schnittstellenmethoden bringt dem **Programmierer** den **Vorteil**, dass er bei der Implementierung der Algorithmen in den Methoden und bei den Datenstrukturen des Objekts sehr viele Freiheiten hat. Dem **Benutzer** bringt dies im Gegenzug den Vorteil, dass er sich nicht darum kümmern muss, was genau im Inneren des Objekts wie passiert, und dass er immer mit der neuesten Version des Objekts arbeiten kann. Er ist ja nicht vom speziellen inneren Aufbau des Objekts abhängig, und der Programmierer der Klasse kann diesen immer wieder optimieren, ohne Komplikationen befürchten zu müssen. Nur die Schnittstellen müssen gleich bleiben." [7, S.31]

Am Beispiel des Kontos bedeutet das konkret: Will man den Saldo des Kontos verändern, geht dies **nur** über die Schnittstellenmethoden *einzahlen* bzw. *auszahlen*. In der Terminologie der OOP heißt es, ein **Objekt kann** Anweisungen ausführen oder **Aufforderungen senden**. (Manchmal werden in der Literatur auch die Begriffe Nachricht oder Botschaft (*message*) verwendet, was aber den handlungsorientierten Charakter, die Aufforderung, nicht treffend widerspiegelt). Die für C++ typische Schreibweise (Notation) für solche Aufforderungen lautet allgemein:

23.2 Die objektorientierte Sichtweise – das Konzept

> **Objektname.Aufforderung (Daten)**

und am **Beispiel**:

```
Konto1.einzahlen(500);
Konto3.anzeigen();  oder auch die bereits benutzten:
cout.precision(4);
ziel.close();
```

Grafisch kann man sich den Sachverhalt mit der folgenden Abbildung 20 verdeutlichen. Zum Vergleich wird der prozedurale Ansatz gegenübergestellt, hier ist die Variable Saldo (und jede andere) öffentlich zugänglich!

Abbildung 20: Bei OOP Zugriff auf Daten nur über Methoden

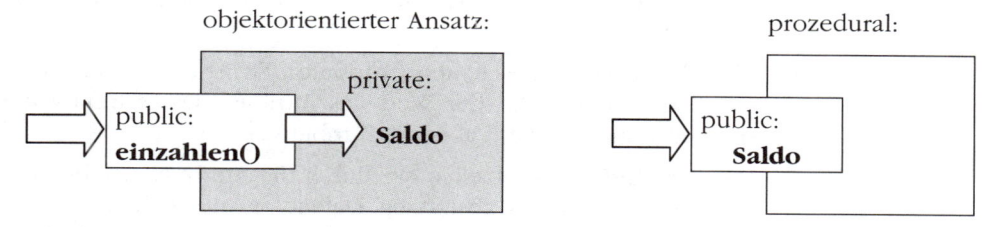

objektorientierter Ansatz: prozedural:

public: einzahlen() private: Saldo   public: Saldo

Der abstrakte Datentyp verhindert unzulässige Zugriffe, vermeidet Fehler und erhöht damit die Qualität von Software. Und weil es **einmal** in der Klasse **definiert** ist, gilt es **für alle Exemplare** dieser Klasse. *Ein* Vorteil dieses Konzepts besteht darin, dass die Darstellung des Typs und die eigentliche Implementierung (dh. der Code) dem Programmierer bekannt ist, dem Benutzer bleiben sie (in der Regel) verborgen. Ihn interessieren nur die öffentliche Schnittstelle und das Verhalten.

Im folgenden sollen die wichtigsten Sachverhalte schlagwortartig zusammengefasst werden:

■ **Klasse**

- Eine Klasse ist eine **Beschreibung** einer Menge von Objekten, die **gemeinsames Verhalten und gemeinsame Eigenschaften** (= Merkmale) aufweisen, oder mit anderen Worten: „die Abstraktion von ähnlichen Eigenschaften und Verhaltensweisen ähnlicher Objekte"[4]. Eine Klasse ist daher mehr als eine Datenstruktur, mehr als ein Speicherschema.

- Eine **Klasse** definiert die **innere Struktur aller** nach ihrem Muster erzeugten **Objekte**, sie ist ein Konstruktionsprinzip oder mit anderen Worten: ein **Datentyp**. Sie ist eine abstrakte Definition eines Objektes. Änderungen in der Struktur wirken sich daher auf alle Objekte aus! Die Syntax lautet in Anlehnung an `struct`:

`class Klassenname { /* Klassenbeschreibung */ } ;`

- Zu einer Beschreibung (Bauplan) gibt es kein, ein oder viele Exemplare (Objekte, Instanzen). **Beispiel:**

`class Freunde { /* alle ihre netten Eigenschaften */};`
`Freunde Paul, Anna, Ingo;`

■ Objekt

- Ein Objekt ist eine konkrete Ausprägung, ein Exemplar einer Klasse, es belegt im Gegensatz zum Datentyp Speicherplatz.
- Ein Objekt besitzt eine Identität, es ist von anderen Objekten allein schon durch den Ort im Speicher unterscheidbar, auch wenn es identische Werte aufweist.
- Ein Objekt hat Eigenschaften (Attribute). So ist „Saldo" eines Kontos ein Attribut und „500" der Wert des Attributs. Die Attribute können sich nicht ändern, wohl aber die Attributwerte.
- Der **Zustand** eines Objekts, der durch die Attributwerte beschrieben wird, ist (wegen des abstrakten Datentyps) nicht direkt von außen änderbar. Attribute sind in der Regel privat. Der Zustand eines Objekts wird **nur durch** die **Methoden** (Klassenfunktionen) verändert.
- Die Attribute sind das Gegenstück der Komponenten beim Datentyp `struct` im klassischen Teil von C++.

■ Methoden (›Klassenfunktionen)

- Methoden beschreiben das Verhalten eines Objekts.
- Objekte können etwas tun! Objekte werden als Handelnde aufgefasst (zB. Konto2.einzahlen), die Aufforderungen ausführen. Das mag durchaus etwas sonderbar erscheinen. Sie mögen sich im übrigen erinnern: Wir haben bei den Funktionen Tätigkeitswörter zur Bezeichnung eingeführt, um den Handlungscharakter auszudrücken.
- alle Objekte einer Klasse können über die jeweilige Methode dasselbe tun.
- Objekte können erzeugt (angelegt) und zur Speicherbereinigung auch wieder vernichtet werden. Dies wird (später) mit speziellen Methoden durchgeführt.
- Methoden (Klassenfunktionen, *class functions*) sind das Gegenstück zu den Funktionen im klassischen Teil von C++.

Fassen wir zusammen:

Der Ansatz der Objektorientierung basiert auf der Idee, Objekte der realen Welt – so wie wir Menschen sie erleben – softwaretechnisch abzubilden und nicht so, wie sie der Computer intern braucht. Damit richtet sich die Maschine nach dem Menschen und nicht umgekehrt – wie es beim prozeduralen Ansatz im Kern der Fall war. Ein **Objekt** ist ein individuelles Exemplar von Dingen, Personen oder Begriffen. Es wird durch seine Eigenschaften (**Attribute**) *und* sein Verhalten (**Operationen, Methoden**) beschrieben. Ein Objekt bildet damit eine Einheit aus Daten und Klassenfunktionen. Eine **Klasse** fasst somit Objekte mit gleichen Attributen und Operationen als Konstruktionsvorschrift zusammen. Aus ihr werden die einzelnen **Exemplare** (Instanzen) konkretisiert, die unterschiedliche Werte annehmen können. Das Konzept ist so aufgebaut, dass sich die Klasse als **Datentyp** in das bisherige Konzept nahtlos einfügt.

23.3 Notationen: UML als Werkzeug für OOA und OOD

Bei Analyse und Design von objektorientierten Anwendungen hat es sich als zweckmäßig erwiesen, die Sachverhalte (lange vor der Implementation) grafisch darzustellen. Die zur Zeit verbreitetste Form basiert auf den Ansätzen mehrerer Autoren, die 1997 zu einer gemeinsamen Darstellung zusammengeführt und daher Unified Modeling Language (▸UML) bezeichnet wurde, siehe zB. [18, 22]. „UML ist eine Sprache, die sich im gesamten Verlauf der Software-Entwicklung von der Anforderungsaufnahme über die konzeptionelle Analyse des Systemverhaltens bis zur detaillierten Beschreibung der Implementierung einsetzen lässt." [22, S. 3].

UML zu vermitteln, ist Gegenstand von Büchern über OOA und OOD. Wir verwenden hier nur einen sehr kleinen Teil davon in vereinfachter Form zur Darstellung von Klassen.

Ein Klassensymbol wird im einfachsten Fall als Rechteck mit dem Klassennamen gezeichnet:

Kontokorrentkonto	Sparkonto

Ein Exemplar hat einen Namen. Der vollständige Objektname besteht aus dem Objektnamen selbst und dem Klassennamen, die durch einen Doppelpunkt voneinander getrennt sind, und er wird unterstrichen. Dient ein Objekt mehr als typisches Beispielobjekt, genügt die Angabe des Klassennamens:

Skto1 : Sparkonto	: Sparkonto

Attribute und Methoden einer Klasse werden in jeweils eigenen Fächern untergebracht. Die Attributwerte eines Objekts enthalten beispielhafte Werte:

Sparkonto
KontoNummer
Inhaber
Saldo
HabenZinsSatz
anlegen()
einzahlen()
auszahlen()
anzeigen()

Skto1: Sparkonto
KontoNummer = 206038
Inhaber = "Dagobert Duck"
Saldo = 1000000
HabenZinsSatz = 2.0

Mit dieser grafischen Darstellung wird es jetzt einfach, das Konzept der Erbschaft zu erläutern.

Fassen wir zusammen:

UML (*Unified Modeling Language*) ist eine standardisierte Notation zur grafischen Darstellung objektorientierter Sachverhalte. UML ist ein mächtiges Werkzeug, von dem wir hier nur das Klassendiagramm zur Darstellung von Klassen und Objekten sowie ihren Beziehungen verwenden.

23.4 Erbschaft

Blicken wir noch einmal kurz zurück. Im letzten Abschnitt wurde der mangelnde Schutz der Daten sowie die mangelnde Verständigung zwischen Kunde und Entwickler als Folge des prozeduralen Ansatzes beklagt. Mit der Einführung des abstrakten Datentyps lies sich dieses Problem beheben. Dabei wurden die Begriffe Objekt und Klasse eingeführt. Ein weiterer wichtiger Begriff ist die Erbschaft, in der Literatur als Vererbung bezeichnet. ▸Vererbung jedoch ist eine falsche Übersetzung, aber sie hat sich weitgehend durchgesetzt. Das englische Wort *inheritance* (= the *receiving* of a genetic characteristic; Webster's Dictionary) bedeutet Erbschaft (das Weitergegebene), während Vererbung die Weitergabe (von der Eltern-Generation aus) bedeutet. Im Englischen liest man auch: *B inherits from A*, das bedeutet halt: *B erbt von A* und nicht: *B vererbt von A*. Aus Gründen der sachlichen Klarheit verwende ich das Wort Erbschaft.

23.4 Erbschaft

Mit der Einführung des Begriffes Erbschaft wird das Problem der Wiederverwendbarkeit gelöst, die den Software-Prozess rationalisieren soll. Er wird uns jetzt beschäftigen.

Betrachten wir noch einmal die *Eigenschaften* der beiden Klassen Kontokorrent- und Sparkonto, stellen wir fest, dass die ersten *drei* Attribute identisch sind. Nun können wir uns auch allgemein Konten vorstellen, bei denen es *keine* Habenzinsen gibt (zB. bestimmte Wertpapierkonten).

Kontokorrent
KontoNummer
Inhaber
Saldo
HabenZinsSatz
SollZinsSatz
ÜberziehungsZinsSatz
DispoKredit

Sparkonto
KontoNummer
Inhaber
Saldo
HabenZinsSatz
Kündigungsdauer

Was liegt also näher, als eine „Überklasse" Konto zu bilden mit den *drei* gemeinsamen Attributen, wobei diese aus den Klassen Kontokorrent- und Sparkonto herausgenommen werden?

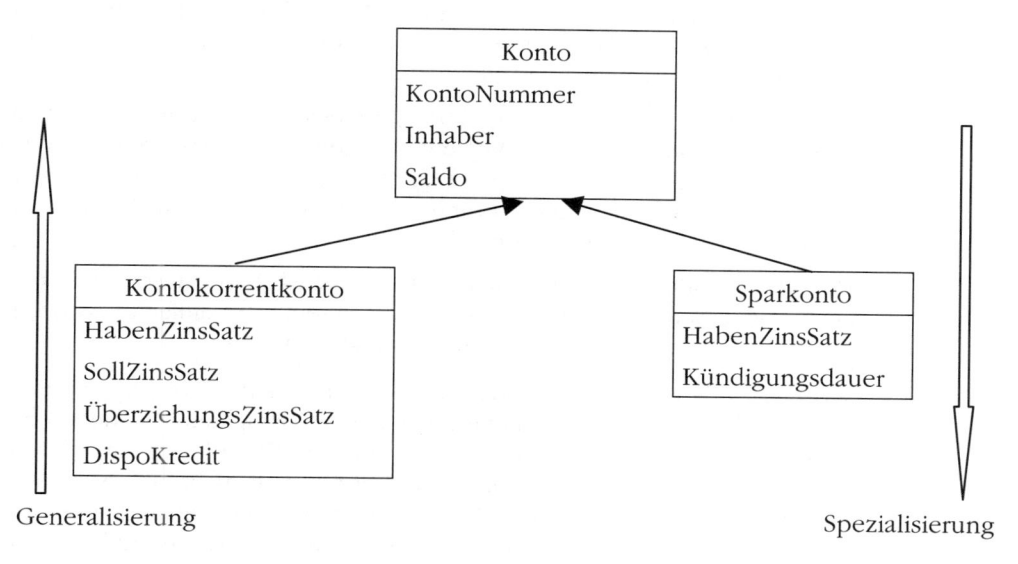

Konto
KontoNummer
Inhaber
Saldo

Kontokorrentkonto
HabenZinsSatz
SollZinsSatz
ÜberziehungsZinsSatz
DispoKredit

Sparkonto
HabenZinsSatz
Kündigungsdauer

Generalisierung   Spezialisierung

Wir können das so entstehende Gebilde auf zweierlei Weise interpretieren:

- Von unten nach oben betrachtet erkennen wir in der Klasse Konto eine Verallgemeinerung (▷**Generalisierung**) der Klassen Spar- bzw. Kontokorrentkonto, dh. die Klasse Konto ist allgemeiner verwendbar als die Klasse Sparkonto.
- Von oben nach unten betrachtet ist Sparkonto eine ▷**Spezialisierung** der allgemeinen Klasse Konto.

Dieses Konzept ist jedoch nur dann tragfähig, wenn die Eigenschaften der Klasse Konto bei der Spezialisierung mitwandern bzw. – um es mit einem biologischen Begriff zu sagen – geerbt werden. Konto stellt dabei die Eltern-Generation und Sparkonto die Kind-Generation dar. Erbschaft bedeutet beim objektorientierten Ansatz, dass die Nachfahren Eigenschaften und Verhalten der Vorfahren empfangen, wobei eine Kind-Generation **durchaus zusätzliche** oder **abweichende** Eigenschaften und Verhaltensweisen haben kann.

Die Unterscheidung zwischen Vererbung und ▷Erbschaft ist keine sprachliche Spitzfindigkeit, sondern durch die Technik begründet: Die Eltern-Generation bemerkt die Weitergabe überhaupt nicht, während die Kind-Generation die Erbschaft ausdrücklich angibt. Wenn die Eltern-Generation deklariert wird mit class Eltern {...}; dann lautet die Syntax der Kind-Generation frei übersetzt: class Kind : **erbt_von** Eltern {...};. Der Unterschied wird noch augenfälliger bei mehrfacher Erbschaft (*multiple inheritance*). Eine Kind-Generation erhält Eigenschaften von der mütterlichen und väterlichen Seite.

Den Zweck dieses technischen Konzeptes beschreibt Seemann (S. 59f): „Durch ▷Generalisierung, dh. Verallgemeinerung von existierenden Klassen oder Zusammenfassen von ähnlichen Klassen, wird eine bessere Struktur des Entwurfs erzielt, Zusammenhänge werden deutlich und auch die Wiederverwendbarkeit steigt.

Der umgekehrte Schritt, nämlich vorhandene Klassen zu spezialisieren, an die neue Situation anzupassen, zu optimieren, oder einfach existierenden Code wieder zu verwenden, tritt ebenso häufig auf."

Wir wollen den Vorgang des Erbens an einem weiteren Beispiel vertiefen und dabei über mehrere Generationen erben. Betrachten wir Menschen. Sie haben einen Namen, Vornamen, (in unserem Kulturkreis) ein Telefon. Natürlich auch eine Adresse, aber das Beispiel soll nicht zu kompliziert werden, wir belassen es daher bei den vorgenannten Eigenschaften, die stellvertretend stehen sollen für alle möglichen! Nun ist ein Student auch ein Mensch, nur verfügt er zusätzlich über eine Matrikelnummer. Damit lassen sich zwei Klassen bilden: Mensch und Student. Wenn wir schon bei einem Entwurf sind, der über den Tag hinaus Bestand haben soll (Wiederverwendbarkeit!), dann fällt uns auf, dass auch Unternehmen Namen, Telefon (und Adresse) haben, aber keinen Vornamen, dafür aber die Merkmale Umsatz und Bonität. Es lässt sich unter Ausnutzung der Einfacherbschaft folgende Klassen*hierarchie* entwickeln, wobei wir berücksichtigen, dass Unternehmen keine Menschen, sondern (juristische) Personen sind:

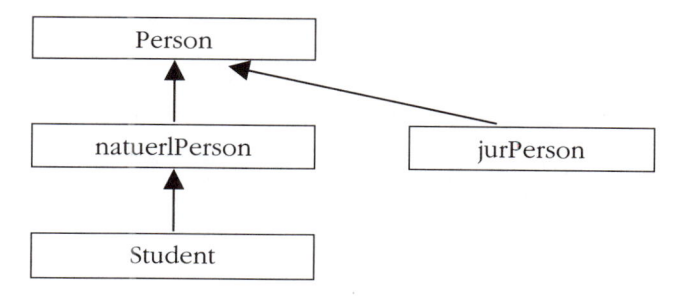

```
              Person
              ↑  ↖
              |    ↖
      natuerlPerson      jurPerson
              ↑
           Student
```

Die in einer Hierarchie ganz oben stehende Klasse heißt Wurzelklasse oder auch ▸**Basisklasse** (*base class*). (Hier sind sich die Experten nicht einig: Manche bezeichnen auch eine Basisklasse als Oberklasse). Eine Klasse, die Eigenschaften weitergibt, wird ▸**Oberklasse** genannt und die, die etwas erbt, heißt **Unterklasse** oder ▸**abgeleitete Klasse**. Bei nur zwei Klassen ist die Oberklasse zugleich Basisklasse.

Bedenken Sie, das Diagramm drückt eine **logische Hierarchie** aus: Ein Student ist eine natürliche Person, aber nicht jede natürliche Person ist ein Student. Das heißt mit anderen Worten, die Umkehrung gilt im allgemeinen Fall nicht. Das Erben ist eine **gerichtete Beziehung**, was auch die Pfeilrichtungen ausdrücken.

Beachten Sie bitte, dass der Ableitungspfeil in obigem Diagramm **von der Unterklasse** zur Oberklasse weist und damit andeutet, **woher** das Erbe stammt.(Es gibt aber noch Literaturstellen, wo es anders herum gezeichnet wird).

Mit der folgenden Abbildung 21 sollen die Attribute und Methoden (ohne die Klasse jurPerson) jeder Klasse sowie das Erben im Detail gezeigt werden. **Grau** unterlegt ist die ▸**Erbschaft** und hell sind die der Klasse eigenen Attribute und Methoden. Die englischen Bezeichnungen set, get, show haben dabei sich als nützlich erwiesen, weil sie kurz sind und die Aktion ausdrücken.

23　*Einführung in die Konzepte der OOP*

Abbildung 21: Mit der Erbschaft erhalten die Kinder Methoden und Attribute

Jedes Objekt der Klasse `Person` hat die Attribute und Methoden:

Jedes Objekt der Klasse `natuerlPerson` hat die Attribute und Methoden:

Jedes Objekt der Klasse `Student` hat die Attribute und Methoden:

```
Name
Telefon
setName()
setTelefon()
showName()
```

```
Name
Telefon
setName()
setTelefon()
showName()

Vorname
setVorname()
```

```
Name
Telefon
setName()
setTelefon()
showName()

Vorname
setVorname()

matrikelNr
setMatrikelNr()
showMatrikelNr()
```

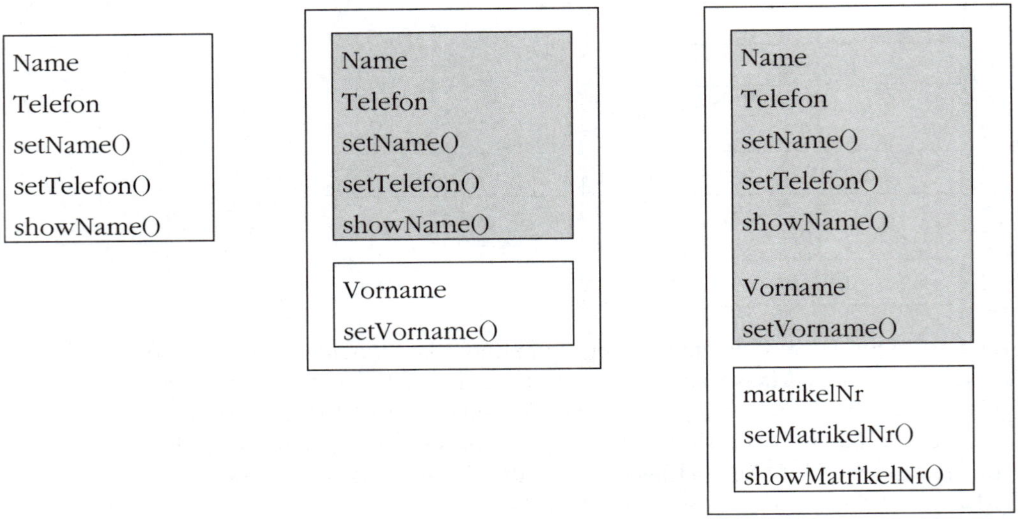

Sie sehen also: „Wenn eine Oberklasse bekannt ist, brauchen in einer Unterklasse nur die *Abweichungen* beschrieben zu werden. Alles andere kann *wiederverwendet* werden, weil es in der Oberklasse bereits vorliegt." [4, S. 270]

Die obige Betrachtungsweise dieser Klassenhierarchie stellt die **logische Sicht** auf die Objekte dar. Tatsächlich aber werden die **Methoden** aus Effizienzgründen **nicht bei jedem Objekt** (und damit mehrfach) sondern nur einmal bei der Klasse gespeichert.

- **Abstrakte Klassen**

Wir haben im letzten Beispiel erwähnt, dass es zu jeder der genannten Klassen Objekte gibt. Das ist aber nicht immer der Fall. Oft werden die **Gemeinsamkeiten** zweier (oder mehrerer) Klassen in einer Oberklasse zusammengefasst, die aber selbst **nicht ausreichen**, konkrete Objekte zu erzeugen, denn erst die abgeleiteten Klassen vervollständigen sie. Im Informatiker-Kauderwelsch heißt es dann, es sei: „... eine Klasse, die nicht *instantiiert* werden kann"(Borland). **Sie existieren also nur, damit ihr Verhalten von anderen Klassen übernommen werden**

23.4 Erbschaft

kann. Eine solche Klasse heißt **abstrakte Klasse**. Sie kann Operationen (dh. einen Methodennamen und damit eine Schnittstelle) enthalten, **ohne** dass es **Implementierungen** in der Klasse gibt.

Betrachten wir dies am Beispiel der Klasse Konto, der wir für spätere Zwecke eine Methode showKonto() mitgeben:

Konto
KontoNummer
Inhaber
Saldo
showKonto()

Objekte dieser Klasse sind deshalb nicht existenzfähig, weil wichtige Merkmale fehlen, um eine reale Kontenklasse zu modellieren. Daher lässt sich auch nicht ein konkretes Konto anzeigen!

Ein anderes Beispiel einer abstrakten Klasse ist die Klasse GeometrieFigur, die die Basisklasse für Kreis, Rechteck und Dreieck darstellt. Oder die Klasse Gerät als Oberklasse für Fax, Rechner, Telekommunikationsanlage.

■ **Mehrfache Erbschaft** (*multiple inheritance*)

Eine Klasse kann von mehreren Oberklassen erben, wie das einfache Beispiel erkennen lässt:

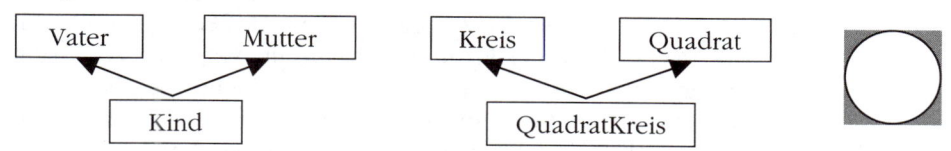

```
   Vater        Mutter           Kreis        Quadrat
        \      /                      \      /
          Kind                      QuadratKreis
```

(Unter QuadratKreis wollen wir eine Figur verstehen, bei der einem Quadrat ein Kreis einbeschrieben ist, siehe Bild). Die mehrfache Erbschaft erlaubt im Vergleich zur einfachen Erbschaft eine günstigere Möglichkeit, Objekte der realen Welt zu modellieren. Frei übersetzt lautet die Syntax der Mehrfacherbschaft:

    class QuadratKreis : erbt_von Kreis, erbt_von Quadrat

Ein fast (für den Lernenden) abschreckendes Beispiel für Vermächtnisse liefert die Klassenfamilie ios, allerdings ist das Ergebnis bequem zu handhaben:

23 Einführung in die Konzepte der OOP

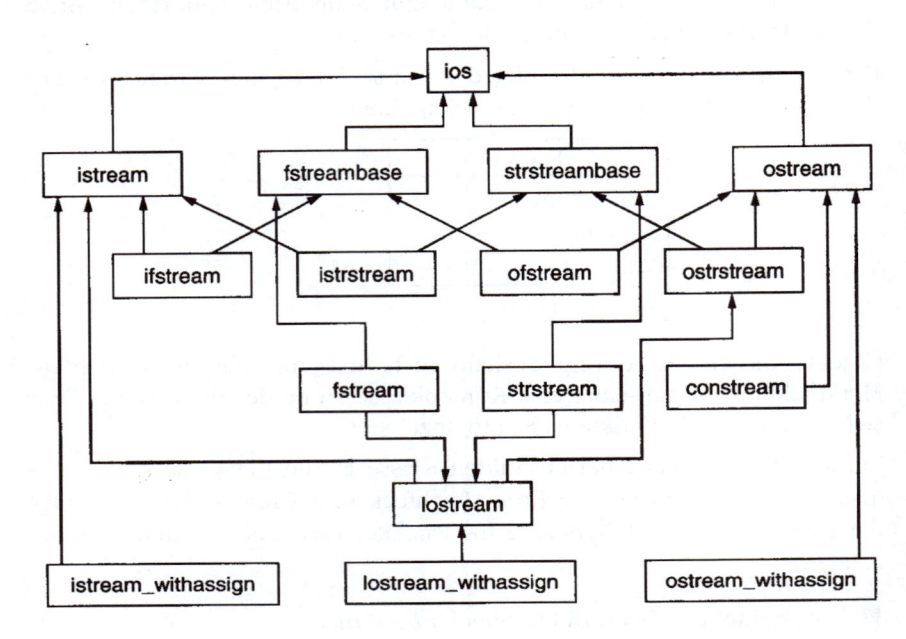

Abbildung 22: Die ▸Klasse ios und ihre Nachfahren   [3, S. 187]

Ein Objekt der Klasse ostream ist ▸cout, eines der Klasse istream ist ▸cin. Beachten Sie, wie ofstream (output file stream) Eigenschaften erbt, die auch cout besitzt ebenso wie die Klasse ifstream sie erbt von istream. Das macht die Dateiein- und -ausgabe im Vergleich zu C sehr einfach. An diesem Beispiel lässt sich auch erkennen, wie die früher schon erwähnten neuen Probleme entstehen: Als Benutzer, der mehr braucht als cin und cout, muss man sich durch die gesamten Familienverhältnisse arbeiten.

Die letzte Abbildung erklärt auch die folgende Schreibweise

```
rein.open("busch.txt", ios::nocreate)
```

aus dem Kapitel Dateibearbeitung. rein war als Objekt der Klasse ifstream definiert und nocreate stammt aus dem Gültigkeitsbereich der Basisklasse ios.

Überlegen Sie, von welchen Klassen fstream erbt? (Lösung am Kapitelende)

23.5 Polymorphie

„Was vom Namen her wie eine Krankheit klingt, ist tatsächlich einer der Eckpfeiler, die die Objektorientierung so mächtig machen."[18, S. 59]. Polymorphie, manchmal auch als Polymorphismus bezeichnet, heißt – wir haben es früher schon betrachtet – Vielgestaltigkeit. Doch auch hier gibt es in der Literatur unterschiedliche definitorische Ansätze. Eine zweckmäßige Unterscheidung ist die

- Statische Polymorphie
- Dynamische Polymorphie

■ Statische Polymorphie

Diese Form der Vielgestaltigkeit ist uns im klassischen Teil begegnet und beschreibt die Tatsache, dass zwei Operationen (Funktionen) mit identischem Bezeichner sich in ihrer Signatur unterscheiden müssen. Unter ▸**Signatur** versteht man die Kombination aus Funktionsname *und* Parameter (in Reihenfolge und Typ). Signatur bedeutet „Kennzeichen auf Gegenständen aller Art, charakteristische Bildunterschrift eines Künstlers", (Duden), signum (lat.) das Zeichen.

Beispiel:

```
#include <string>
void showBenzinKosten (double liter, double preis,
                      const string& waehrung = "Euro");
  // Währung Euro voreingestellt! kann überschrieben werden
int main()
{ //Aufruf mit unterschiedlicher Parameteranzahl:
    showBenzinKosten ( 63.5, 2.05);
    showBenzinKosten ( 49.8, 1.05, "Dollar");
}
```

Anzeige des Programms:

130.18 Euro

52.29 Dollar

Schon beim Compilieren erkennt der Compiler den Unterschied und ordnet den richtigen Code zu. Man nennt dies das frühe oder auch statische Binden (*static binding*) im Gegensatz zum späten oder dynamischen Binden (*late / dynamic binding*), wo erst zur Laufzeit – nach dem Compilieren – zB. durch Benutzeraktionen erkannt werden kann, welche der Methoden ausgeführt werden soll. Das heißt mit anderen Worten: „Bei

23 Einführung in die Konzepte der OOP

der späten Bindung wird der genaue Speicherort einer Operation erst dann ermittelt, wenn der Aufruf stattfindet" [18, S. 60].

■ **Dynamische Polymorphie**

Voraussetzung für die dynamische Vielgestaltigkeit ist das späte Binden. Wo tritt dies aber auf? Beachten Sie, dass Software heutzutage mausgesteuert ist und auf solche Klick-Ereignisse reagieren muss. Welche Operation also ausgewählt wird, wird erst zur Laufzeit festgelegt. C++ muss dazu geeignete Konzepte (in Form der dynamischen Polymorphie) bereitstellen. Erreicht wird dies mit *Zeigern auf Funktionen* (zur Vertiefung: siehe zB. Breymann).

Betrachten wir wieder die Klassen Konto, Kontokorrentkonto und Sparkonto, denen wir der Einfacheit halber nur die eine Methode showKonto() zuordnen:

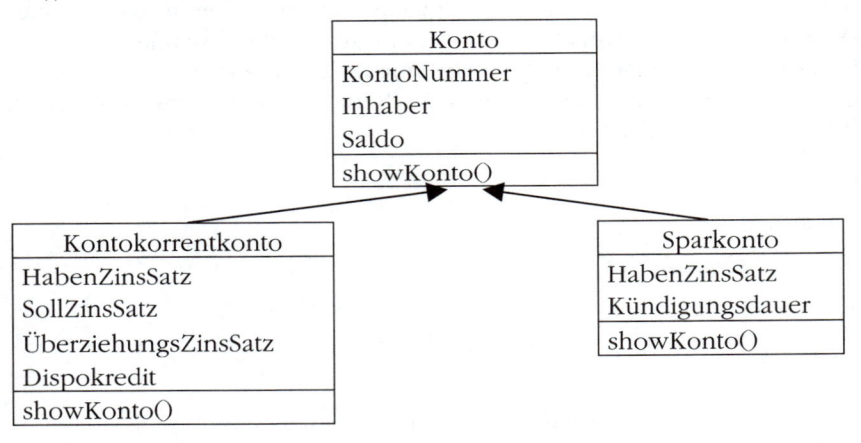

```
              ┌─────────────────┐
              │      Konto      │
              ├─────────────────┤
              │ KontoNummer     │
              │ Inhaber         │
              │ Saldo           │
              ├─────────────────┤
              │ showKonto()     │
              └─────────────────┘
                      △
          ┌───────────┴───────────┐
┌──────────────────────────┐  ┌─────────────────────┐
│    Kontokorrentkonto     │  │     Sparkonto       │
├──────────────────────────┤  ├─────────────────────┤
│ HabenZinsSatz            │  │ HabenZinsSatz       │
│ SollZinsSatz             │  │ Kündigungsdauer     │
│ ÜberziehungsZinsSatz     │  ├─────────────────────┤
│ Dispokredit              │  │ showKonto()         │
├──────────────────────────┤  └─────────────────────┘
│ showKonto()              │
└──────────────────────────┘
```

Bei einem Kontokorrentkonto werden die anzuzeigenden Kontoinformationen sicher andere sein als beim Sparkonto. Somit werden es auch **verschiedene Implementationen** für showKonto() geben müssen. Die ▸**Signatur** jedoch ist **identisch**! Betrachten Sie das daraus entstehende Problem als Folge der Erbschaft beim **Sparkonto**:

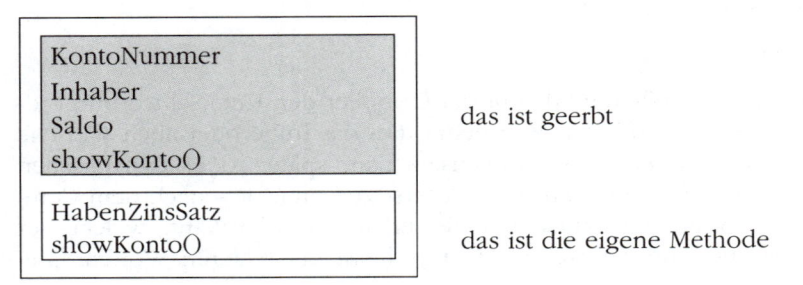

```
┌─────────────────────┐
│ KontoNummer         │        das ist geerbt
│ Inhaber             │
│ Saldo               │
│ showKonto()         │
├─────────────────────┤
│ HabenZinsSatz       │        das ist die eigene Methode
│ showKonto()         │
└─────────────────────┘
```

358

Offensichtlich kommt hier die Methode showKonto() zweimal vor, aber in unterschiedlichen Gültigkeitsbereichen! Dabei wird die Oberklassenmethode gleichen Namens und mit gleicher Parameterliste (dh. mit gleicher Signatur) von der abgeleiteten Methode **überschrieben**. Dabei merkt sich der Compiler zusätzlich zur Signatur noch die Klasse (dh. den Gültigkeitsbereich).

Beachten Sie:

- ▸**Überladen** bezieht sich auf gleichnamige Funktionen mit **unterschiedlicher** Schnittstelle im selben Gültigkeitsbereich.

- ▸**Überschreiben** bezieht sich auf gleichnamige (Klassen)Funktionen mit **derselben** Schnittstelle (derselben Signatur) in abgeleiteten Klassen, dh. in unterschiedlichen Gültigkeitsbereichen (nach Breymann).

Eine erst **zur Laufzeit ausgewählte Methode** heißt in C++ ▸**virtuell**e (*virtual*, Schlüsselwort) Methode, überschriebene Methoden sollten grundsätzlich als virtuell gekennzeichnet sein.

In diesem Kapitel wurde versucht die wesentlichen Konzepte des objektorientierten Paradigmas übersichtsartig, in knapper Form und dennoch anschaulich darzustellen. Wir haben die wichtigsten Begriffe wie Objekt, Klasse, Erbschaft und Polymorphie eingeführt. Allerdings ist nicht erkennbar, *wie* aus einem konkreten Anwendungsfall die Objekte und Klassen gefunden werden. Damit beschäftigt sich der nächste Abschnitt.

23.6 Objektorientiertes Design: Bestimmung von Klassen

Vergegenwärtigen wir uns zunächst nochmals den Software-Prozess. Aufgabe einer ▸**Systemanalyse** ist es, die Wünsche und Anforderungen eines Auftraggebers an ein neues Softwaresystem zu erfassen. Der erste Schritt kann daher die Erstellung eines verbalen Pflichtenheftes sein, das dann als Grundlage für die spätere Modellbildung dient. Die Systemanalyse zählt zu den anspruchsvollsten Tätigkeiten der Software-Entwicklung. Denn: Die Wünsche und Anforderungen sind oft unklar, widersprüchlich sowie einzelfallbezogen (und damit wenig abstrakt).

Bei der Erstellung des Pflichtenheftes sollte man sich darüber im klaren sein, um welche Art von Anwendung es sich handelt:

- Systeme, die von den Daten beherrscht werden, führen normalerweise wenige Verarbeitungsschritte aus, enthalten dafür aber komplexe Datenelemente. Hierzu zählen zB. Anwendungen im Bank- und Versicherungswesen. Mögliche Objekte findet man, indem man die wesentlichen Datenelemente betrachtet. Bei einer Bankanwendung wird man immer ein Konto als Objekt ansehen.

- Von der Funktionalität beherrschte Systeme führen im Gegensatz dazu üblicherweise komplexe Berechnungen mit vergleichsweise einfachen Daten durch. Dazu gehören viele Anwendungen im wissenschaftlichen Bereich. Potentielle Objekte findet man mit der Frage, wofür die Objekte verantwortlich sind. Man sollte daher die Operationen suchen, die ein Objekt ausführen muss. Im Pflichtenheft geben oft die Verben geeignete Hinweise. Beispiel: Email senden, empfangen, bearbeiten.

- Systeme, die durch ihr Verhalten bestimmt sind, müssen dagegen unter Echtzeitbedingungen auf externe Ereignisse reagieren. Typische Beispiele sind technische Anwendungen, die Hardware steuern oder von ihr gesteuert werden. Das Verhalten eines solchen Systems wird im wesentlichen durch Ereignisse gesteuert.

Das **objektorientierte Design** ist der Prozess, in dem die Anforderungen in eine detaillierte Spezifikation von Objekten umgewandelt wird. Die erste Aufgabe ist die Bestimmung von Klassen, aus denen sich der Entwurf zusammensetzt. Dazu benötigt man die Anforderungsspezifikation. Falls Sie keine solche des zu entwerfenden Systems besitzen, sollten Sie selbst eine Beschreibung der Designziele niederschreiben. Ich empfehle Ihnen, auch für Ihre vom Umfang her kleinen Aufgaben ein „Pflichtenheft", eine *Beschreibung der Aufgabe*, zu erstellen. Ich rate Ihnen dringend von der VHIT-Methode ab („Vom Hirn ins Terminal", Oestereich, S. 17; das sagt ein *Praktiker* mit 12 Jahren Erfahrung!). Diskutieren Sie dabei die *Aufgaben* des Systems. Denken Sie an *Eingaben*, *Ausgaben* und *Verhaltensweisen*.

Für die Darstellung der Vorgehensweise bei der Suche nach Klassen dient das folgende Beispiel. Es könnte im Zusammenhang mit der kundenspezifischen Erstellung einer betrieblichen **Auftragsbearbeitung** stehen. Ein fiktives Gespräch des möglichen Auftrag**gebers** repräsentiert die Sicht- und Denkweise des Kunden/Unternehmers (der in den seltensten Fällen ein Informatiker ist!).

Beispiel:

„Wir beschäftigen eine Reihe von Mitarbeitern, von denen einige als Vertreter tätig sind. Diese führen Gespräche mit unseren Kunden und erstellen daraufhin Angebote. In jedem Angebot können ein oder mehrere unserer Produkte als Auftragspositionen erscheinen. Wenn der Kunde mit dem Angebot zufrieden ist, erteilt er uns einen entsprechenden Auftrag. Sobald die Auslieferung erfolgt, wird ein Lieferschein erstellt und vermerkt, daß eine bestimmte Produktmenge aus dem Lager entfernt wurde. Gleichzeitig wird für den Kunden eine Rechnung ausgestellt. Dem zuständigen Vertreter wird eine seinem Provisionssatz entsprechende

23.6 Objektorientiertes Design: Bestimmung von Klassen

Provision gutgeschrieben, welche ihm zusätzlich zum normalen Lohn ausgezahlt wird." [20, S. 255]

Aus diesem Szenario gilt es nun die eigentlichen Informationen herauszufiltern. Offensichtlich spielt sich dieses Problem auf einer höheren Ebene als bei dem prozeduralen Ansatz ab. Wie lässt sich jetzt so ein kleiner Ausschnitt der Welt modellieren?

Bestimmung von Klassen

Die wichtigste Tätigkeit ist das Auffinden von **geeigneten Klassen**. In der Literatur werden verschiedene Möglichkeiten vorgestellt, wie man systematisch vom Problembereich zu Objekten und Klassen gelangt. Zu diesem Thema gibt es viele kluge und dicke Bücher. Hier wollen wir es ganz intuitiv und kochrezeptartig betrachten.

1. Lesen Sie die Anforderungsspezifikation ein zweites Mal **sorgfältig** durch. Formulieren Sie Passivsätze so um, dass sie aktiv sind (wer wird dann Handelnder?).

2. Suchen Sie nach Hauptworten (Substantiven). Verändern Sie alle im Plural vorkommende Begriffe in den Singular. Erstellen Sie daraus eine erste Liste. Mit großer Wahrscheinlichkeit werden Sie die Liste in drei Kategorien unterteilen können: offensichtliche Klassen, offensichtlicher Unsinn und Begriffe, bei denen Sie sich noch nicht sicher sind. Die zweite Kategorie können Sie getrost übergehen.

3. Ersetzen Sie Synonyme (andere Worte für das gleiche) durch das aussagekräftigste Wort.

4. Modellieren Sie physische Objekte und konzeptionelle Objekte, die eine Abstraktion darstellen. Beispiel: ein Fenster auf dem Monitor, eine Datei, ein Konto.

5. Ermitteln Sie Elemente, die außerhalb des Systems sind (zB. der Benutzer).

6. Ermitteln Sie Kategorien von Klassen; daraus werden Basisklassen.

Das **Ergebnis** dieser Vorgehensweise ist **vorläufig** und nicht unbedingt vollständig, das muss es auch nicht beim ersten Wurf sein! Überarbeiten Sie Ihren Entwurf *mehrmals*.

Führen wir dies konkret an obigem Beispiel durch.

Punkt 1 verlangt Aktivsätze. Aus *Sobald die Auslieferung erfolgt, wird ein Lieferschein erstellt und vermerkt, dass eine bestimmte Produktmenge aus dem Lager entfernt wurde* formulieren wir: Ein Lagermitarbeiter entnimmt Produkte aus dem Lager und erstellt am Ende einen Lieferschein. Damit wird zwar ein neues Objekt eingeführt, aber Lager und Lagermitarbeiter

23 Einführung in die Konzepte der OOP

sind Elemente, die außerhalb des Systems *Auftragsbearbeitung* sind und eher zur Lagerverwaltung zählen. Allerdings werden zwischen Lagerverwaltung und Auftragsbearbeitung Nachrichten im Sinne von Aufforderungen ausgetauscht. Der Satz *Gleichzeitig wird für den Kunden eine Rechnung ausgestellt* lässt sich so interpretieren, dass mit dem Schreiben des Lieferscheins auch das Schreiben einer Rechnung angestoßen wird. Die Beschreibung ist hier insofern wenig klar, wer was macht! Grundsätzlich ist auch denkbar, dass Rechnung- und Lieferscheinschreiben Teil der Auftragsbearbeitung ist, denn es gibt durchaus viele Unternehmen mit telefonischer Auftragsannahme, wo Lieferschein und Rechnung sofort mit der Bestellung veranlasst werden. Mit der Lösung dieser Fragen unmittelbar verbunden ist auch die Provisionsabrechnung.

Die erste Rohliste nach Punkt 2 wird in der Reihenfolge des Erscheinens so aussehen:

1	Reihe	10	Auslieferung
2	Mitarbeiter	11	Lieferschein
3	Vertreter	12	Produktmenge
4	Gespräch	13	Lager
5	Kunde	14	Lagermitarbeiter
6	Angebot	15	Rechnung
7	Produkt	16	Provisionssatz
8	Auftragsposition	17	Provision
9	Auftrag	18	Lohn
		19	Wir

Offensichtlicher Unsinn (im Blick auf Klassen!) sind die Worte Reihe (= Anzahl, Attribut), Gespräch (irrelevant, solange kein Text dazu gespeichert wird!), Auslieferung (= Vorgang). Provisionssatz, Provision und Lohn sind Attribute ebenso wie Produktmenge. *Wir* ist zwar kein Hauptwort, steht aber für Firma; fraglich ist, ob die Firma Objekt sein muss.

Synonyme nach Punkt 3 finden sich hier in dieser einfachen Beschreibung nicht. Mögliche Synonyme wären zB. Faktura für Rechnung, Versandpapier für Lieferschein, Angestellter für Mitarbeiter.

Nach Punkt 4 modellieren wir reale oder gedachte Objekte, die Liste reduziert sich schon beachtlich:

2	Mitarbeiter	8	Auftragsposition
3	Vertreter	9	Auftrag
5	Kunde	11	Lieferschein
6	Angebot	13	Lager
7	Produkt	15	Rechnung

23.6 Objektorientiertes Design: Bestimmung von Klassen

Außerhalb des Systems Auftragsbearbeitung könnten zB. das Lager und seine Mitarbeiter sein sowie die Provisionsabrechnung. Damit ist auch Punkt 5 erledigt.

Punkt 6 verlangt, Kategorien von Klassen zu bilden. Eine genauere Betrachtung der letzten Tabelle zeigt, dass man drei Kategorien bilden kann, zu denen die Klassen gehören:

- Mitarbeiter, Vertreter, Kunden → Basisklasse: Person
- Angebot, Auftrag, Lieferschein, Rechnung → Basisklasse: Vorgang
- Produkt, Auftragsposition

Die Klassenhierarchie der ersten Kategorie lässt sich in folgender Weise darstellen:

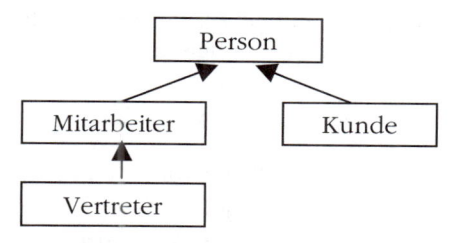

```
           Person
          ↗      ↖
   Mitarbeiter   Kunde
        ↑
    Vertreter
```

Bestimmung der Operationen

Wenn die Klassen festgelegt sind, gilt es, ihre Attribute zu ermitteln. Diese können sich aus dem Pflichtenheft bzw. der verbalen Beschreibung ergeben. Beispiele dazu haben wir in den letzten Abschnitten betrachtet.

Danach erst ist es zweckmäßig, die Operationen (Klassenfunktionen) zu bestimmen, denn sie greifen auf die Attribute zu. Wir haben zuvor erwähnt, ein Objekt kann Anweisungen ausführen oder Anforderungen senden. Rein sprachlich betrachtet ist dies mit Tätigkeitswörtern verbunden. Wir werden daher Klassenfunktionen – wo immer es geht – mit Verben bezeichnen.

Beispiele:

- Rechnung erstellen, ausdrucken, verbuchen, stornieren
- Termine anlegen, löschen, anzeigen, ändern
- Konto anzeigen

Nicht immer lässt sich diese Regel vernünftig umsetzen. Beispielsweise werden oft logische Zustände ermittelt

```
Mitarbeiter.ist_anwesend(),  Zeichen.isdigit(),  Datei.ist_da()
```

oder die Hersteller halten sich nicht daran:

```
cout.precision(4).
```

Die Klassenfunktionen verarbeiten oft komplexe Anweisungsfolgen. So wird man zB. innerhalb der Klassenfunktion `Mitarbeiter.anlegen()` *alle* notwendigen Daten des Mitarbeiters abfragen:

Beispiel:

```
void anlegen()
{ cout << "Name : "; cin >> name;
  cout << "Geburtsdatum : "; cin >> gebdat;
  cout << "Adresse : "; cin >> adresse;
  // usw.
}
```

Es entspricht nicht dem objektorientierten Paradigma, statt dessen folgendes zu programmieren, wobei die Attribute einzeln abgefragt werden:

```
int main()
{ // Anweisungen
  cout << "Name : ";         Mitarbeiter.getName();
  cout << "Geburtsdatum : "; Mitarbeiter.getGebdat();
  cout << "Adresse : ";      Mitarbeiter.getAdresse();
  // usw.
}
```

Dies ist ein wunderbares Beispiel für die Aussage Oestreichs, „auch mit diesem Ansatz [der Objektorientierung] ist es weiterhin möglich, ganz lausige Ergebnisse zu erzielen" [18, S. 31]. Beachten Sie daher:

> Aufgaben, die eine Klassenfunktion zu erledigen hat, dürfen nicht (atomisiert) ins Hauptprogramm verlagert werden.

23.7 Beziehungen

Schon in kleineren Programmen können mehrere Klassen vorkommen, deren Objekte in irgendeiner Beziehung zueinander stehen. Zwischen Objekten können verschiedene Beziehungen bestehen, von denen wir nur zwei herausgreifen wollen:

- Teile-Ganzes-Beziehung
- Oberbegriff-Beziehung

23.7 Beziehungen

■ Teile-Ganzes-Beziehung

Für diese Art von Beziehung existieren verschiedene Namen: Neben dem Begriff Teile-Ganzes-Beziehung (*part-of*) wird in der Literatur auch hat-eine-Beziehung (*has-a*) oder ▶Aggregation (Anhäufung zu einem Größeren) verwendet. Das bedeutet, dass ein Ganzes (Objekt) aus mehreren Teilen (Objekten) bestehen kann. So *hat* das Auto *einen* Motor, eine Karosserie, Sitze und Räder.

Beispiel:

```
class cAuto    //Klassennamen stelle ich ein c voran
{ cMotor      motor;
  cKarosserie karosserie;
  cSitz       sitz[5];
  cRad        raeder[5];
  // usw.
}
```

Sie wissen, Motor und Karosserie sind selbst wieder aus mehreren Teilen zusammengesetzt – ebenso wie die Sitze und Räder.

■ Oberbegriff-Beziehung

Wenn Sie an einem Bahnhof vorbeikommen und die vielen Fahrräder stehen sehen, werden Sie wohl sagen: „Da stehen etwa 80 Fahrräder." Vermutlich werden Sie nicht sagen: „Da stehen 40 Herrenräder, 20 Damenräder, 15 Kinder- und 5 Liegeräder." Unwillkürlich haben Sie den Oberbegriff aller Fahrrad-Arten gewählt, denn ein Herrenrad *ist ein* Fahrrad ebenso wie ein Damenrad ein Fahrrad ist. Daher ist auch die Bezeichnung ist-eine-Beziehung (*is-a*) geläufig.

In der OOP beschreibt man diese Hierarchie mithilfe der Erbschaften: „Fahrrad" stellt in diesem Beispiel die Oberklasse und „Herrenrad" die abgeleitete Klasse dar.

Mit den Abschnitten über die Bestimmung von Klassen und Operationen sowie den Beziehungen haben Sie ein konzeptionelles Werkzeug erhalten, mit dem Sie ein C++Programm zweckmäßig aufbauen können. Ich kann Sie allerdings nicht abhalten, unzweckmäßige Programme zu schreiben. Wenn Sie dieses vermeiden wollen, empfehle ich Ihnen, sich der im weiteren dargestellten Vorgehensweise anzuschließen.

Lösung der Fragen:

Die Klasse fstream erbt von den Klassen iostream, istream, ostream, fstreambase, ios.

23.8 Zusammenfassung

Ausgangspunkt für den **objektorientierten Ansatz** waren eine andere **Sicht auf die** zu programmierenden **Dinge** und bestimmte Probleme des prozeduralen Konzepts. So sind hier Daten und Funktionen getrennt, was zu erheblichen Schwierigkeiten führen kann. Das Problem löst der **Abstrakte Datentyp**, bei dem **Daten** und die auf sie operierenden **Funktionen zusammengefasst** sind. **Nur die öffentlichen Funktionen greifen auf die jetzt gekapselten, privaten Daten zu (Geheimnisprinzip)**. Das neue Weltbild äußert sich auch in einer neuen Begriffswelt: Operationen bzw. Methoden wird bevorzugt verwendet, allerdings benutzen viele Autoren auch den Begriff (Element- oder Klassen)Funktionen. Die ehemaligen Daten heißen jetzt vornehm **Attribute**. **Objekte** (Exemplare) der realen oder gedachten Welt werden durch **Klassen** beschrieben, die (in C++) auf dem Datentyp `struct` aufbauen. Es sind nicht nur semantische Übungen, sondern der Beschreibung der Objekte liegt ein **anderer Denkansatz** zugrunde. Dies wird auch bei der Systemanalyse und dem Design erkennbar: Nicht mehr die Abläufe und Teilprogramme stehen im Vordergrund, sondern **Objekte und ihre wechselseitigen Beziehungen**. Die gilt es aus Beschreibungen der Welt ausschnittsweise herauszuarbeiten. Eine sehr umfängliche, die Ansätze mehrerer Autoren zusammenfassende Modellierung des Anwendungssystems erlaubt die grafische Sprache UML, woraus ein C++Code abgeleitet werden kann (was aber hier nicht Gegenstand dieses Buches sein kann). Hier haben wir uns mit einem vereinfachten Ansatz begnügt, indem mit sprachlichen Mitteln die Attribute und Klassen entwickelt wurden.

Klassen stehen oft in **hierarchischer Beziehung** zueinander, dh. es gibt Ober- und Unterbegriffe zu einem Sachverhalt. So ist zB. in der Betriebswirtschaftslehre Einnahme Oberbegriff und Einzahlung Unterbegriff. Gemeinsame Eigenschaften fasst man daher in **Oberklassen** zusammen, die auf dem Wege der **Erbschaft** von den **abgeleiteten Klassen** aufgenommen werden können. Somit müssen in letzteren nur noch die Abweichungen beschrieben werden. Das Zusammenfassen geht zuweilen so weit, dass von Basisklassen **keine Objekte** gebildet werden können, die selbständig existenzfähig sind. Solche Klassen heißen **abstrakte Klassen**.

Wesentliches Merkmal der objektorientierten Technik ist dabei, dass Methoden überschrieben bzw. überladen werden können: Ein Bezeichner erscheint in verschiedenem Gewand, und die Software wird es zur Laufzeit schon richten. Dieses Merkmal wird als **Polymorphie** bezeichnet. Die **zentralen Begriffe** des objektorientierten Paradigmas sind Objekt, Klasse, Erbschaft und Polymorphie.

24 Klassen und Objekte in C++

Während das letzte Kapitel einen konzeptionellen Überblick über das Wesen der objektorientierten Programmierung gegeben hat, geht dieses Kapitel in die Niederungen der handwerklichen Programmiertechnik. Es beschreibt die Konstruktionsvorschriften für Klassen und Objekte. Sie sind so beschaffen, dass sich Klassen nahtlos in das bisher Gelernte einfügen.

24.1 Überblick

Historisch gesehen wurde die ▸Klasse aus der Syntax der Struktur abgeleitet. Sie hat die folgende Deklaration, zum Vergleich ist die Strukturdeklaration gegenübergestellt.

class cKlassenbezeichner
{ **private:** // die heiligen Gemächer
    Typ Attribut1;
    Typ Attribut2;
    Typ verborgene_Methode();
    //usw.
  public:
    Typ Methode1();
    Typ Methode2();
    Typ oeffentliches_Attribut;
    //usw.
} ; // Semikolon!
	struct Strukturbezeichner
	{
	
	// nur öffentlich:
	    Typ Methode()1;// !
	    Typ Methode()2;// !
	    Typ Bezeichner1;
	    // usw.
	} ;

Die Elemente einer *Klasse* (Attribute und Methoden) sind **standardmäßig** `private`, das heißt mit anderen Worten, das Schlüsselwort dürfte auch fehlen; dies ist aber nicht üblich. Man muss ausdrücklich `public` (oder später `protected`) schreiben, um die Voreinstellung zu ändern. Die Elemente einer ▸*Struktur* dagegen sind standardmäßig `public`. Man kann die Struktur *jetzt* auch als öffentliche Klasse verwenden, was der Entwickler von C++ auch tut.

24   Klassen und Objekte in C++

Obige allgemeine grafische Darstellung weist auch darauf hin, dass es erlaubt ist, *private Klassenfunktionen* sowie *öffentliche Attribute* zu definieren. Um **Klassenbezeichner** von anderen Namen zu unterscheiden, setzen viele Programmierer in selbst auferlegter Disziplin ein c oder C als ersten Buchstaben. Wieder andere lassen private **Attributnamen** mit dem Unterstrich beginnen, um sie deutlich abzuheben. Beides erscheint sehr übersichtlich für den Lernenden, weshalb wir es im weiteren übernehmen.

Der ▸**Gültigkeitsbereich** aller Klassenelemente ist ▸**lokal**, dh. **auf den Bereich des Blocks** zwischen öffnender und schließender Klammer **begrenzt**. Die Reihenfolge von private und public ist nicht vorgeschrieben, dennoch erachte ich es als zweckmäßig, das Innerste (Private) zuerst zu schreiben, weil nach dem Schlüsselwort public alles öffentlich ist.

■   **Definition**

Von einer Klasse werden nach dem bekannten Prinzip Datenobjekte erzeugt, die Speicherplatz belegen:

    Klassenbezeichner Objekt1, Objekt2, Objekt3;

Beispiel: cZeit ankunft, abfahrt, dauer;

Jedes der drei **Objekte** trägt den **vollständigen Satz von Klassenfunktionen und Klassendaten**. Grafisch soll dies so symbolisiert werden:

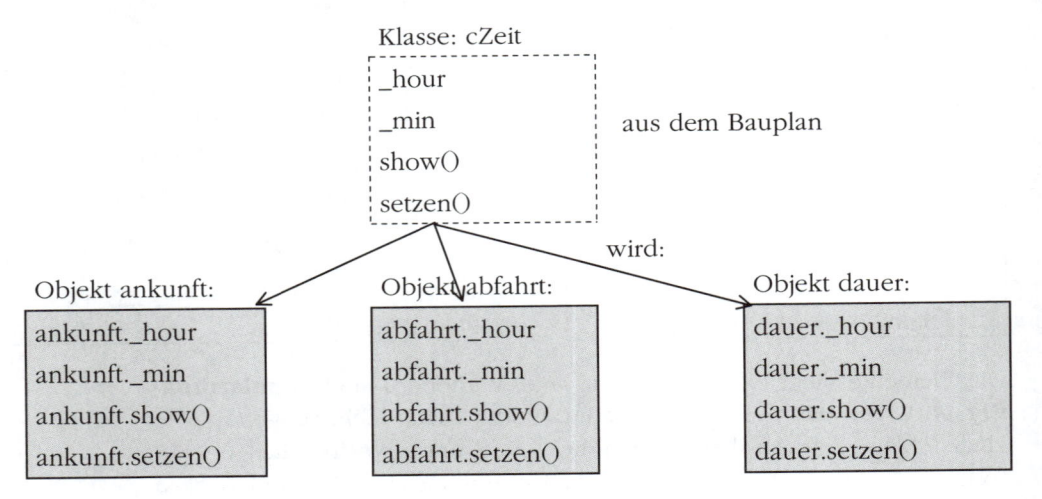

```
          Klasse: cZeit
          ┌─────────────┐
          │ _hour       │
          │ _min        │   aus dem Bauplan
          │ show()      │
          │ setzen()    │
          └─────────────┘
                                    wird:
```

Objekt ankunft:	Objekt abfahrt:	Objekt dauer:
ankunft._hour	abfahrt._hour	dauer._hour
ankunft._min	abfahrt._min	dauer._min
ankunft.show()	abfahrt.show()	dauer.show()
ankunft.setzen()	abfahrt.setzen()	dauer.setzen()

Beispiel: Zeit (1)

Das nun folgende Beispiel, das systematisch entwickelt und uns einige Zeit begleiten wird, zeigt die grundlegenden Zusammenhänge bei der Klassenbildung, Instanzenbildung und der Versorgung der Attribute mit

24.1 Überblick

Werten. Inhaltlich befasst es sich mit Zeiten und greift damit das Beispiel aus dem Kapitel 6.2 wieder auf. Das Ergebnis dieser Darstellung wird unter anderem sein, dass Sie zwei Zeiten, zB. Abfahrtszeit und Fahrzeit, in folgender Weise miteinander verrechnen können:

```
ankunft = abfahrt + dauer;
```

Zunächst wird ein (nicht initialisiertes) Objekt zeit erzeugt, dem über die Methode setzen() ein Wert in Form von int-Zahlen zukommt. Anschließend soll die Zeit im Format hh:mm:ss angezeigt werden. Da hierbei die **Attributwerte nicht verändert** werden (sollen), charakterisieren wir sicherheitshalber die Methode show() mit dem **Schlüsselwort ▸const**.

```
//Einfaches Beispiel für eine Klasse
#include <iostream>   using namespace std;
class cZeit
{ private:
     int _hour, _min, _sec;
  public:
     int STUNDE; //wird nach diesem Abschnitt nicht mehr benötigt
     void show() const;
     void setzen(int stunde, int minute, int sekunde);
};
int main()
{ cZeit zeit;// nicht initialisiertes Objekt
  zeit.setzen(12, 24, 17);
  zeit.show();
}
// ..............Zeit setzen .......................
void cZeit::setzen (int stunde, int minute, int sekunde)
{ _hour = stunde;
  _min  = minute;
  _sec  = sekunde;
}
// ..anzeigen: stark vereinfacht, nicht ganz korrekt ..
void cZeit::show () const
{   cout << _hour << ':' << _min << ':' << _sec;  }
```

24   Klassen und Objekte in C++

Von der Tatsache abgesehen, dass Elementfunktionen über den Punkt-Operator mit dem Objekt verknüpft sind, bringt dieses Beispiel (fast) nicht Neues. Zwei Dinge sind dennoch hervorzuheben:

- Steht die **Implementation außerhalb** der Klassendeklaration, muss **zur eindeutigen Zuordnung der Elementfunktion zur Klasse** der Klassenname gefolgt vom BereichsOperator vorausgehen. Somit lässt sich die Funktion `datum::setzen()` von der Funktion `zeit::setzen()` unterscheiden. Bei **sehr kleinem** Funktionskörper, was bei Klassen häufig vorkommt, ist es üblich, die **Implementation innerhalb** der Deklaration zu schreiben. Wo immer ein Aufruf einer solchen Funktion steht, setzt der Compiler den zugehörigen Funktionscode an der aktuellen Programmstelle ein (anstatt die Funktion auf dem Stack aufzubauen). Da dieser Code in der Reihenfolge der anderen Programm-Anweisungen steht, heißen solche Funktionen ▶`inline`-**Funktionen**. Sie verlängern etwas das Programm, sind aber wegen des *vermiedenen organisatorischen Ballastes* beim Funktionsaufbau auf dem Stack schneller. Der Effizienzgewinn spielt aber in diesem Buch keine Rolle.

- Die Methode `setzen()` – im selben Gültigkeitsbereich wie die Daten – zeigt das *Prinzip*, wie privaten Attributen Werte zukommen.
  Nicht zulässig ist wegen des Geheimnisprinzips:
  `zeit._hour = 12;` oder gar:
  `zeit.setzen (int _hour);`
  Richtig ist: Nur eine **Methode** der Klasse darf auf **private** Daten zugreifen:
  `zeit.setzen ( 12, 24, 17);` mit:

  ```
  zeit.setzen   (int h, int m, int s)
  {
      _hour = h ;
      _min  = m ;
      _sec  = s ;
  }
  ```

  Nur eine **Methode** der Klasse darf **private** Daten zurückliefern:

  `int getHour () { return _hour;}`

Auf öffentliche Daten wie beispielsweise STUNDE wird wie bei Strukturen zugegriffen:

`zeit.STUNDE = 24; // die Variable wird ab sofort nicht mehr benötigt!`

370

24.1 Überblick

☞ Die Schlüsselworte private und public definieren somit die ▸Zugriffsrechte auf Klassenelemente (Attribute und Methoden).

Damit sich Objekte für den Programmierer ebenso einfach in das Gesamtkonzept der Sprache C++ einfügen wie die einfachen Variablen, müssen im Hintergrund eine Menge Dinge ablaufen, die dem Programmierer weitgehend verborgen bleiben. Bedenken Sie, beim Anlegen eines neuen ▸**Objektes** wird zwar Speicherplatz für die Klassendaten angelegt, die zugehörigen ▸**Klassenfunktionen** (*class functions*) werden aber **zentral bei der Klasse** verwaltet. Dieses Einrichten ist mit Organisationsarbeit verbunden, die entweder automatisch oder vom Programmierer gesteuert abläuft. Sie wird von speziellen Elementfunktionen, den ▸**Konstruktoren**, übernommen. Spiegelbildlich dazu müssen am Ende der Lebensdauer eines Objektes gewisse Aufräumarbeiten durch spezielle Elementfunktionen, die ▸**Destruktoren**, durchgeführt werden, damit bei der Speicherverwaltung keine „Löcher" entstehen.

☞
- Konstruktoren bauen Objekte auf, Destruktoren vernichten sie am Ende.
- Konstruktoren und Destruktoren ähneln in ihrem Aufbau einer Klassenfunktion, nur: statt eines Funktionsnamens steht der **Klassenname**!
- Destruktoren stellen vor den Namen die Tilde ~ und haben keine Parameterübergabe.
- Konstruktoren und Destruktoren haben **keinen Rückgabewert**, **nicht einmal** void.

Beispiel:
```
class cZeit
{ private:
    int _hour, _min, _sec;
  public:
    cZeit();  // Konstruktor
    ~cZeit(); // Destruktor
    void show() const;
    void setzen(int stunde, int minute, int sekunde);
};
```

24.2 Konstruktoren

Bevor wir auf die Konstruktoren eingehen, betrachten wir die vom System vorgegebenen Möglichkeiten, relativ einfache Datenobjekte zu erzeugen.

Beispiele:

```
1: double x;
2: double y = 5.1,u = 0.,v = 0.;
3: double z = y;
```

```
struct datum{int tag, mon, jahr;};
datum dat;
datum date = {20,4,2003};
datum ostern = date;
```

Die erste Form erzeugt standardmäßig einen Speicherplatz, die zweite gibt ihm zugleich einen Startwert mit und die dritte reserviert Speicherplatz und kopiert zugleich den Wert einer anderen Variablen an den neuen Ort.

Nun sind – das war ja auch der Zweck – Objekte viel allgemeiner und somit komplizierter aufgebaut. Damit sich Objekte in das bisherige Konzept einfügen, benötigt man mindestens ein gleichartiges Instrument, um Objekte anzulegen – das ist der Konstruktor.

Konstruktoren **erzeugen** Objekte und erlauben es, sie zu initialisieren. Während **einfache Variable einzeln** zu initialisieren waren, geschieht dies nun für **alle Objekte einer Klasse** in gleicher Weise. Es gibt verschiedene Arten von Konstruktoren, die *gleichzeitig* eingesetzt werden dürfen, *solange* sie sich in der *Signatur* unterscheiden, dh. solange der Rechner die verschiedenen Varianten unterscheiden kann.

Wir wollen uns mit drei **Formen von Konstruktoren** beschäftigen:

- Standardkonstruktor
- Allgemeiner Konstruktor
- Kopierkonstruktor

■ **Standardkonstruktor**

Im Augenblick der Geburt eines Objektes wird der Standardkonstruktor **selbsttätig** vom System erzeugt, **wenn** der Programmierer **kein**en Konstruktor vorgegeben hat. Die Daten des Objektes sind dann unbestimmt, wie wir es von den einfachen Variablen her kennen. Wie Sie wissen, bereitet dies beim Kumulieren Probleme. Das Fatale ist, dass dies vom jeweiligen Compiler abhängt (Portabilität!). Beim Testen eines zukünftigen Beispiels lieferte

- Compiler1 den Wert 1.74468e-039 (exotisch)

- Compiler2 den Wert 17.867 (korrekt)

24.2 Konstruktoren

Der Programmierer kann einen Standardkonstruktor selbst definieren: cZeit(); . Er hat **keine Argumente** in der Klammer, aber im Funktionskörper dürfen Zuweisungen enthalten sein. Beachten Sie: Wenn die Implementation *außerhalb* der Klassenklammern stattfindet, *muss* der Klassenname mit dem Gültigkeitsbereichs-Operator davor: cZeit::cZeit(). Es ist zweckmäßig, in den Konstruktoren (und Destruktoren) *Schreibanweisungen* zu plazieren, um *während der Lernphase* das Entstehen und Untergehen von Objekten zu beobachten.

Beispiel: Definition eines Standardkonstruktors

```cpp
#include <iostream>  using namespace std;
class cZeit
{ private:
    int _hour, _min, _sec;
  public:
    cZeit () // als inline-Funktion!
       {_hour = 0; _min = 0; _sec = 0; cout << " in Konstruktor"; }
    void show();
};
int main()
{ cZeit zeit; // Aufruf des Standardkonstruktors
  cout << " in main ";
  zeit.show();
}
```

■ Allgemeiner Konstruktor

Allgemeine Konstruktoren haben **Argumente in der Klammer** und erlauben daher verschiedene Varianten von **Konstruktoren**, weil sie **überladen** werden dürfen. Sie sind somit flexibler bei der Initialisierung. Man darf mehrere allgemeine Konstruktoren anlegen, sie müssen sich nur in der Signatur unterscheiden. Wenn der Programmierer einen allgemeinen Konstruktor deklariert, legt das System von sich aus keinen Standardkonstruktor an.

1. Variante

```cpp
cZeit(int stunde, int minute, int sekunde); // Deklaration in Klasse!
int main()
{ cZeit zeit1,zeit2,zeit3,   //Aufruf selbstdef. Standardkonstruktor
      ankunft(14,12,15);     //Aufruf allg. Konstruktor 1. Variante
```

```
    zeit1.show();
    ankunft.show();
}
// Allgemeiner Konstruktor : 1. Variante ..............
cZeit::cZeit(int stunde, int minute, int sekunde)
{ _hour = stunde;
  _min  = minute;
  _sec  = sekunde;
  assert((_hour >= 0 && _hour < 24) &&
      (_min >= 0 && _min < 60) && (_sec >= 0 && _sec < 60));
}
```

Die Funktion assert() ist aus der Header-Datei cassert einzubinden. Sie ermittelt, ob die in der Klammer stehende Bedingung wahr ist. Sie versichert (*to assert*) damit dem Benutzer, dass die **Daten (in jedem Objekt) korrekt** sind. Die übliche Eingabeprüfung lässt sich ja an *der* Stelle nicht durchführen! Im Fehlerfall wird das Programm an dieser Stelle mit einer Fehlermeldung (überraschend) abgebrochen.

2. Variante mit vorgegebenen Parameterwerten

Die Klassenfunktion übernimmt die in der Schnittstelle vorgegebenen Parameterwerte, sofern sie nicht überschrieben werden. Klassenfunktionen können daher mit variabler Parameterzahl aufgerufen werden. **Achtung**: **Parameter mit Vorgabewerten** müssen **nach** den anderen Parametern aufgeführt werden.

```
  // Deklaration in der Klasse:
  cZeit(int h, int m = 0, int s = 0); // Parametervorgabe
  int main()
  { cZeit ankunft(18,30,15), // Vorgaben werden überschrieben
          Ankomme(14,30),    // Sekunden werden übernommen
          high_noon (12);    // Min u. Sek. werden übernommen!
    ankunft.show();
    Ankomme.show();
    high_noon.show();
  }
  //..Allgemeiner Konstruktor : 2. Variante : mit Parametern.....
  cZeit::cZeit(int h, int m , int s )
  // hier nicht:            m = 0,  s = 0 !! Fehler
```

24.2 Konstruktoren

```
{_hour = h;  _min  = m;  _sec  = s;
  assert((_hour >= 0 && /* usw. */);
}
```

3. Variante: ▸Konstruktor mit Initialisierungsliste

```
// Deklaration in der Klasse:
cZeit(int hour, int min, int sec) ; // mit IniListe
int main()
{ cZeit  arrival(20,7,0) ; // Ini
  arrival.show();
}
//.....Allgemeiner Konstruktor: 3. Variante : mit IniListe..
cZeit::cZeit(int hour, int min, int sec)
                    : _hour (hour), _min (min), _sec (sec)
{    assert((_hour >= 0 && ...usw. .. && _sec  < 60)); }
```

Deklaration und Aufruf unterscheiden sich nicht von den vorherigen Versionen. An der Schnittstelle ist daher nicht erkennbar, dass mit einer Liste initialisiert wird – dh. nur die Implementation enthält die Initialisierungsliste.

Beachten Sie: Hier ist eine **interne Reihenfolge** der Bearbeitung **zwingend** festgelegt:

- „Zuerst wird die Liste abgearbeitet. Die Reihenfolge der Initialisierung richtet sich nach der Reihenfolge **innerhalb der Klassendeklarationen**, nicht nach der Reihenfolge der Liste. (...) Wenn eine Initialisierung auf dem Ergebnis einer anderen aufbaut, wäre eine falsche Reihenfolge verhängnisvoll. Um solche Fehler zu vermeiden, sollen alle Elemente der Initialisierungsliste in der Reihenfolge ihrer Deklarationen aufgeführt werden." [4, S. 161]
- Anschließend wird der Funktionskörper innerhalb von { und } abgearbeitet.

Dieses Beispiel erklärt, *wie* es gemacht wird, es erklärt dagegen nicht, *warum* diese Variante überhaupt notwendig ist. Das folgende Beispiel – es stammt aus einer späteren Fallstudie – ist daher zweckmäßiger. Was es bedeutet, ist nicht so wichtig (es geht um ein Fahrzeug mit einer Geschwindigkeit und Beschleunigung, das einen Weg in einer Zeitspanne zurücklegt). Worauf es ankommt, ist die Startposition lastPos, die hier **als Referenz** (Adresse!) übergeben wird:

```
// die Schnittstelle:
cRGB(float v, float a, int & lastPos);

//die Implementation:
cRGB::cRGB(float v,float a, int& lastPos): _lastPos (lastPos)
{ _Vmax = v; _ax = a; // das ist normal
  _sx = 0; _dauer = 0;}
```

> Die Beachtung der oben genannten Reihenfolge ist besonders wichtig bei der Verwendung von ›**Referenzvariablen,** die **im Augenblick ihrer Entstehung initialisiert** werden **müssen**. Eine Initialisierung **innerhalb** des Funktionskörpers ist schon **zu spät**! Daher geht folgendes **nicht**:

```
cRGB::cRGB(float v, float a, int & lastPos)
{ _Vmax    = v;
  _ax      = a;
  _lastPos = lastPos;// das geht nicht !
  _sx      = 0;
  _dauer   = 0;
}
```

■ Kopierkonstruktor

Der **Zweck** eines Kopierkonstruktors besteht zunächst darin, ein **entstehendes Objekt mit** einem **bestehenden** zu **initialisieren**. (Weitere Anwendungen werden in dem anschließenden Überblick erläutert.) Insofern ist der Kopierkonstruktor vergleichbar mit folgendem Konstrukt:

```
int  k  = 7;
int  nk = k; //bei Klassen: Kopierkonstruktor
```

Das gleiche machen wir jetzt mit einem Objekt, wobei das Argument des Kopierkonstruktors als **konstante Referenz auf ein Objekt der eigenen Klasse** übergeben wird (das somit nicht geändert werden kann). Wie die Liste zeigt, werden die Elemente einfach vom einen in das andere Objekt kopiert:

```
cZeit (const cZeit & dieZeit);  // Deklaration in der Klasse!
// ........Kopierkonstruktor ............
cZeit::cZeit (const cZeit & dieZeit)  :
 _hour(dieZeit._hour), _min(dieZeit._min), _sec (dieZeit._sec)
```

```
{ } // das genügt
// Aufruf:
cZeit high_noon (12);
//usw. .....
   cZeit abfahrt = high_noon;
```

24.3 Destruktoren

Während Konstruktoren die Aufbauarbeiten leisten und Startwerte bereitstellen, übernehmen die Destruktoren die **Aufräumarbeiten für nicht mehr benötigte Objekte**. Damit wird hauptsächlich wieder Speicher freigegeben. Wenn Destruktoren nicht vom Programmierer vorgegeben sind, werden sie automatisch erzeugt. Sie haben **kein Argument** und liefern auch **keinen Rückgabewert** (wozu auch, wenn etwas zerstört wird). Destruktoren werden in umgekehrter Reihenfolge aufgerufen wie Konstruktoren.

Dieser Abschnitt ist nur der Systematik wegen aufgeführt, denn die Destruktoren haben eine größere Bedeutung bei der dynamischen Speicherverwaltung, die wir ausführlich in einem späteren Kapitel behandeln. Dort wird auch verständlich, weshalb der Programmierer eigene Destruktionsarbeit leisten *muss*.

Der Form halber nehmen wir einen einfachen Destruktor, um das Untergehen von Objekten zu zeigen. Wie bereits erwähnt, ist er durch den Klassennamen mit einer vorausgehenden Tilde gekennzeichnet:

```
// Implementation
~cZeit(){} //das reicht eigentlich im Augenblick
```

Das Aufbauen und Abbauen von Objekten wollen wir am Beispiel untersuchen, wobei die Klasse cZeit zweckentfremdet wird: Zum Zählen der Objekte verwenden wir die Variable h, die eigentlich die Stunde repräsentiert. Ich empfehle Ihnen, das Beispiel mit dem Debugger (Watch-Fenster!) zu verfolgen.

Beispiel:
```
#include <iostream>   using namespace std;
class cZeit
{ private:
     int _hour, _min, _sec;
  public:
     cZeit(int h, int m = 0, int s = 0);
```

```
            ~cZeit ();
            // das reicht soweit aus
        };
        cZeit globalTime (0);
        int main()
        { cout << " Ab jetzt: main";
          cZeit ersteZeit(1);
            {//neuer Block:
              cout << " Ich bin drin!";
              cZeit ImBlockZeit(2);
              cout << " Gleich nicht mehr.";
              // gilt nur für Compiler nach dem ISO-Standard!
            }
          cout << "bye bye main";
        }
        // .....Konstruktor .................
        cZeit::cZeit (int h, int m, int s)
        { _hour = h; _min = m; _sec = s;
          cout << " Ab hier: Objekt "<< _hour ;
        }
        // .....Destruktor .................
        cZeit::~cZeit()
        { cout << " Bis hier: Objekt " << _hour;}
```

Die Ausgabe des Programms lautet:

    Ab hier: Objekt 0
    Ab jetzt main
    Ab hier: Objekt 1
    Ich bin drin!
    Ab hier: Objekt 2
    Gleich nicht mehr.
    Bis hier: Objekt 2
    bye bye main
    Bis hier: Objekt 1
    Bis hier Objekt 0

24.4 Die vier automatischen Klassenfunktionen im Überblick

Der Systematik und Vollständigkeit wegen wollen wir die ▸automatischen Klassenfunktionen ansprechen. **Jede** Klasse in C++ muss **zwingend** vier besondere Klassenfunktionen besitzen:

- Standardkonstruktor
- Kopierkonstruktor
- Zuweisungsoperator
- Destruktor

Der Compiler erzeugt diese Funktionen **automatisch**, **wenn** sie **nicht** ausdrücklich in der Klasse definiert sind, wie es oben beschrieben ist. Standardkonstruktor und Destruktor sind dort hinreichend dargestellt.

Der **Kopierkonstruktor** liefert ein **byteweises Speicherabbild** und hat eine ganz spezielle Form:

```
ObjektTyp (const ObjektTyp & bezeichner)
```

Beispiel: `cZeit (const cZeit & z)`

Er wird **automatisch** in drei Fällen aufgerufen:

1 Sobald ein neues Objekt erzeugt und mit einem bestehenden initialisiert wird:
```
cZeit high_noon(12);
cZeit mittag = high_noon;
```
2 Sobald ein Objekt per Wertübergabe an eine Funktion gereicht wird
3 Sobald ein Objekt mit `return` als Wert zurückgegeben wird

Der **Zuweisungs-Operator** (kann beim *ersten* Lesen überflogen werden. Sie müssen dies im Anschluss an den Abschnitt „Überladen von Operatoren" nachholen) ist ein überladener Operator und hat die allgemeine Form

```
ObjektTyp &  operator= (const ObjektTyp & bezeichner);
```

und wird immer aufgerufen, wenn eine Zuweisung stattfindet. Dann wird das eine Objekt in das andere kopiert:

```
ObjektTyp  a, b;
// hier Wert in b speichern, dann:
a = b;
```

24 Klassen und Objekte in C++

Der folgende Kasten kann beim ersten Lesen überflogen werden. Sie sollten es unbedingt nach dem Abschnitt über die Warteschlangen nachholen!

Achtung:

☞ > Ohne die ausdrückliche Definition eines Zuweisungs-Operators innerhalb einer Klasse erzeugt der Compiler eine automatische Version. Aber: Der automatische ZuweisungsOperator erzeugt einfach eine bitweise Kopie der Klassendaten. Bei Klassen, wie sie im Beispiel der Zeiten dargestellt sind, reicht dies völlig aus. Jedoch bei den Klassen mit dynamischen Datenstrukturen (wie Warteschlange, Stack, Verkettete Liste, siehe Kapitel 25) liefert eine bitweise Kopie falsche Ergebnisse!

☞ > Jede Klasse, deren Klassendaten ▸**Zeiger** verwenden, sollte selbsterstellte Kopierkonstruktoren und Zuweisungs-Operatoren enthalten. Ansonsten sollte man sie unwirksam machen, indem **beide** als `private` erklärt werden.

24.5 Fortsetzung: Beispiel Zeit (2)

Wir wollen nun das Beispiel mit den Zeiten wieder aufgreifen und weiterentwickeln. Ziel wird sein, zwei Zeitwerte in der Form `addiere (abfahrt, dauer)` zu verrechnen. Sicher ist Ihnen bereits aufgefallen, dass bestimmte Zeitwerte – verglichen mit einer Digitaluhr – falsch angezeigt werden. Wir wollen dies als erstes richtigstellen, denn bei den jetzt anstehenden Programmteilen soll jedesmal die Korrektheit unserer Programmentwicklung durch eine Ausgabe überprüft werden.

Unter einer korrekten Zeit wollen wir das Format 00:00:00 verstehen. Die bisherige, einfache Ausgabe zeigt dagegen 0:0:0 an. Zur Lösung dieser Frage wandeln wir die int-Zahlen mit der Funktion itoa() in ASCII-Zeichen um und setzen schrittweise einen String zusammen – unter Berücksichtigung der verschiedenen Fälle. Dies leistet die folgende Methode:

```
// ............. Zeit anzeigen ......................
// ersetzt: show()
// verwendet zur Typwandlung int-> ascii die Fkt. itoa
//Form: _itoa( Int-Zahl,ErgebnisString, Basis_Int-Zahl) VC++
#include <cstdlib> // wegen _itoa,
```

24.5 Fortsetzung: Beispiel Zeit (2)

```cpp
#include <cstring> /* wegen strcat */
#include <iostream>  using namespace std;
void cZeit::anzeigen ()
{ char puffer[10] = {'\0'}, mchar[3], schar[3];
  _itoa(_hour, puffer,10);// 10: _hour als Dezimalzahl
  _itoa(_min, mchar, 10); // Visual C++: _itoa, Borland: itoa
  _itoa(_sec, schar, 10);
  if (_hour == 0) strcat(puffer,"0");
  strcat(puffer,":");
  if (_min < 10) strcat(puffer,"0");
  strcat(puffer,mchar);
  strcat(puffer,":");
  if (_sec < 10) strcat(puffer,"0");
  strcat(puffer,schar);
  cout << "\nZeit: " << puffer << " Uhr   ";
}
```

■ **Addition**

Jetzt werden wir zwei Zeitwerte addieren. Dazu übergeben wir sie als Parameter an die Funktion add(). Das Ergebnis liefert return zurück, daher schreiben wir folgende **globale Funktion**:

cZeit add (cZeit zeit1, cZeit zeit2);

Beachten Sie, dass Objekte hin- und zurückgegeben werden; insofern unterscheiden sie sich nicht von den früheren Variablen! Auch die Klassen als Datentypen fügen sich nahtlos in das Konzept ein.

Fassen wir die bisherigen Teile zu einem Programm zusammen:

```cpp
#include <cassert>
#include <cstdlib>  // wg _itoa
#include <cstring>  // wg strcat
#include <iostream>  using namespace std;
class cZeit
{ private:
    int _hour, _min, _sec;
  public:
    cZeit() {_hour =0, _min = 0, _sec = 0;} //Konstruktor
    cZeit(int h, int m = 0, int s = 0);     //Konstruktor
```

```cpp
        cZeit (const cZeit & dieZeit);        //Kopierkonstruktor
        void setzen(int stunde, int minute, int sekunde);
        void anzeigen() ;
        // für später: int getHour() {return _hour;};
        // für später: int getMin () {return _min; };
        // für später: int getSec () {return _sec; };
}; // ........................................................
cZeit add (cZeit zeit1, cZeit zeit2);// globale Funktion
// ..............................................................
int main()
{ cZeit ankunft, dauer(1,26,45); //Initialisierung
  cZeit abfahrt, high_noon (12);

  abfahrt = high_noon; // Objektzuweisung
  abfahrt.anzeigen();           //erfordert Kopierkonstruktor:
  ankunft = add (abfahrt, dauer);
  ankunft.anzeigen();
} // end of main
// ...............Zeit setzen ............................
void cZeit::setzen(int stunde, int minute, int sekunde)
{ _hour = stunde;  _min = minute; _sec = sekunde;
  assert((_hour >= 0 && _hour < 24) &&
         (_min  >= 0 && _min  < 60) &&
         (_sec  >= 0 && _sec  < 60));
}
// ...............Zeit anzeigen .........................
void cZeit::anzeigen ()
{ /* wie zuvor */ }
// ...............Konstruktor...........................
cZeit::cZeit(int h, int m, int s)
{ /* wie zuvor */}
// ............Zeit addieren ...........................
cZeit add (cZeit zeit1, cZeit zeit2) // global, kein cZeit::!
{ /* ist jetzt zu entwickeln! */ }
```

24.5 Fortsetzung: Beispiel Zeit (2)

Das Addieren zweier Zeitwerte sollte nicht sonderlich schwer sein:

```
{// Funktionskörper von add():
  cZeit temp;
  temp._hour = zeit1._hour + zeit2._hour;
  temp._min  = zeit1._min  + zeit2._min ;
  temp._sec  = zeit1._sec  + zeit2._sec ;
  return temp;
}
```

Implementieren und compilieren Sie dies bitte. Was sagt Ihr Compiler? (Lösung am Ende des Kapitels 24) !1

Sie wissen, man darf nur mit Methoden auf die privaten Daten zugreifen. Deshalb probieren wir folgenden Ansatz mit Klassenfunktionen. Sie können als `inline`-Funktionen implementiert werden und stehen deshalb in der Klassenschnittstelle (siehe oben):

```
int getHour() {return _hour;}
int getMin () {return _min; }
int getSec () {return _sec; }
```

Damit lässt sich die Implementation von add() umschreiben. (Die Funktionsschnittstelle bleibt, wie Sie bemerkt haben, immer gleich!):

```
{ int h, m, s;
  h = zeit1.getHour() + zeit2.getHour();
  m = zeit1.getMin()  + zeit2.getMin() ;
  s = zeit1.getSec()  + zeit2.getSec() ;
  cZeit temp(h,m,s); // dazu braucht man den Konstruktor!
  // (**)hier kommt noch etwas hin, siehe Text
  return temp;
}
```

Dieses Programmfragment läuft (nur) fehlerfrei, wenn die Summen der Minuten bzw. Sekunden kleiner als 60 sind. Die Werte können jedoch größer werden. (Die Stunden sollen dagegen nicht in Tage umgerechnet werden.)

Schreiben Sie eine Methode `normalisieren()`, die *allgemeingültig* die Zeitwerte in das Standardformat einer Zeit umrechnet. Der Aufruf ist in der Methode `add()` an der durch (**) gekenzeichneten Kommentarstelle einzufügen. Sie *müssen* dann im Konstruktor `assert()` *entfernen*. !2

Halten wir als Ergebnis fest: Ein direkter Zugriff auf gekapselte Daten wird schon durch den Compiler verhindert. Die Möglichkeit, mit Klassenfunktionen auf private Daten zuzugreifen geht gut, hat aber den **Nachteil**, dass **für jedes** Klassendatum **eine Methode** zu schreiben ist! Bei großen Datenstrukturen wird dies sehr schnell unhandlich. Nun stammen doch die beiden Zeitwerte aus derselben Klasse und sind einander wohlgesonnen. Unter Freunden, die man zu kennen pflegt, ist man sicher etwas großzügiger und erlaubt Dinge, die Fremden verboten sind. Freunde müsste man haben!

24.6 friend-**Funktionen**

Eine mit dem Schlüsselwort friend gekennzeichnete Funktion hat das **Privileg**, auf private Daten zuzugreifen, obwohl sie **keine Methode der Klasse** ist. Es muss natürlich der Klasse bekannt sein, dass sie ein Freund der Klasse ist. So wird eine als Freund charakterisierte Funktion **innerhalb** der Klasse deklariert, indem das Schlüsselwort friend vorangestellt wird. Dazu gibt es zwei Möglichkeiten:

1. Möglichkeit

```
class cZeit
{ private:    int _hour, _min, _sec;
  public:
     friend cZeit add (cZeit zeit1, cZeit zeit2);
     cZeit() {_hour = 0, _min = 0, _sec = 0;} //Konstruktor
     // oder: cZeit() : _hour(0), _min(0), _sec(0){};
```

2. Möglichkeit

```
class cZeit
{ friend cZeit add (cZeit zeit1, cZeit zeit2);
  private:
     int _hour, _min, _sec;
  public:
     // usw.
```

Die zweite Möglichkeit, die wir hier bevorzugen, zeigt, dass Freund-Funktionen *vor* die Schlüsselwörter private und public gesetzt werden dürfen, um klar anzudeuten, dass jene keine Klassenfunktionen sind. Wer es dennoch mit cZeit cZeit::add(//usw.) versucht, wird eine Fehlermeldung der Art: 'add' is not a member of 'cZeit' erhalten. Dass eine friend-Funktion auf die privaten Daten zugreift, zeigt jetzt die Implementation, die mit dem anfangs erwähnten Code identisch ist:

```
{// Implementation der friend-Funktion:
   cZeit temp;
   temp._hour = zeit1._hour + zeit2._hour;
   temp._min  = zeit1._min  + zeit2._min ;
   temp._sec  = zeit1._sec  + zeit2._sec ;
   temp.normalisieren();
   return temp;
}
```

Mit Freund-Funktionen sollte man – wie im Leben – sparsam umgehen. „Wie im wirklichen Leben muß Freundschaft gewährt werden. Keine Funktion oder Klasse kann sich selbst zum Freund einer *anderen* Klasse erklären und sich so den Zugriff auf deren Komponenten verschaffen. Aus diesem Grund wird Freundschaft auch nicht vererbt, dh. eine von einem Freund abgeleitete Klasse ist nicht auch Freund der Freundschaft gewährenden Klasse. Andernfalls wäre es jedem Klassenanwender möglich, sich durch die Ableitung einer neuen Klasse Zugriff auf die Innereien dritter Klassen zu verschaffen, die so unvorsichtig waren, irgend einer anderen Klasse oder Komponentenfunktion Freundschaft zu gewähren." [5, S. 362]. friend-Klassen werden hier nicht behandelt, Interessierte mögen zB. [16] zu Rate ziehen.

Wir sind dem Ziel, zwei Zeitwerte zu addieren, durch die globale Funktion add() erheblich näher gekommen:

```
ankunft = add (abfahrt, dauer);
```

Wünschenswert wäre jedoch die einfache Form

```
ankunft = abfahrt + dauer;
```

die bedeutet, dass der Plus-Operator so verbogen wird, dass er die Addition von Objekten **symbolisiert**. Dies ist in der Tat in C++ realisiert und heißt die Überladung von Operatoren.

24.7   Überladen von Operatoren

Ein **Operator**, hier stellvertretend das +Zeichen, ist eine **Verknüpfungsvorschrift** und damit eine Operation selbst! Üblicherweise wird der Plusoperator so verwendet: c = a + b, aber es existiert bei weitverbreiteten Taschenrechnern auch die Form a b + , die Umgekehrte Polnische Notation heißt. Insofern ist die Position des Verknüpfungszeichens nicht so bedeutend. In beiden Fällen löst das Betätigen der Plus-Taste eines Taschenrechners einige Rechenschritte (Operationen) aus. Wenn wir die Addition nach den bisherigen Kenntnissen als Funktion schreiben, erhalten wir: verknüpfe_nach_plus (a, b), was einerseits das Operationszeichen nach vorne zu ziehen scheint und andererseits den Charakter einer Funktion hat wie add(). In einer mehr formalen Weise können wir daher auch schreiben:

```
c = operator+ (a, b).
```

Dann ist **operator+ der Name der Funktion**, die die Verknüpfung ausführen muss. Beachten Sie, in C++ kann jede Funktion überladen werden, *solange* die *Signatur unterschiedlich* ist. So lässt sich (nahezu) jede Operatorfunktion mit einer anderen Verknüpfungsaufgabe versehen. Der **Zweck** dieser Eigenschaft besteht darin, eine **Klasse** – die ja einen Datentyp darstellt – **mit** einer **vergleichbaren Funktionalität** auszustatten, **wie** sie die **fundamentalen Datentypen** haben. **Vorteil**: Der Quellcode wird übersichtlicher. C++ erlaubt also in gewissen **Grenzen** einen **selbstdefinierten** Operator, dem eine andere als die Standardbedeutung zugewiesen wird. So macht es schon einen Unterschied, ob zwei

Strings :   s1 + s2,
reelle Zahlen: x + y,
komplexe Zahlen: 3 + 4i oder
Zeiten: abfahrt + dauer

verknüpft werden.

Was wir beispielhaft anhand der Addition gezeigt haben, trifft für eine Vielzahl von Operatoren zu. Dabei gilt – durch Anhängen des Operatorsymbols – die **grundsätzliche Form**

```
operator⊗
```

wobei das Zeichen ⊗ für einen der folgenden Operatoren steht:

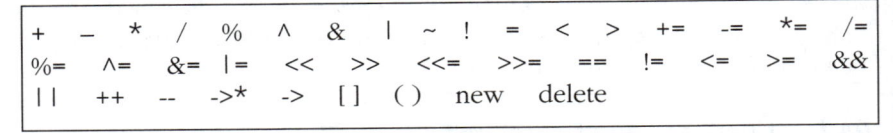

+	–	*	/	%	^	&	|	~	!	=	<	>	+=	-=	*=	/=
%=	^=	&=	|=	<<	>>	<<=	>>=	==	!=	<=	>=	&&				
||	++	--	->*	->	[]	()	new	delete								

Die folgenden Operatoren können jedoch **nicht überladen** werden:

.   .*   ::   ?:   **sizeof**

24.7 Überladen von Operatoren

Die Operatorsymbole müssen aus dem C++Tokenvorrat stammen, andere Zeichen wie zB. $, #, ## oder § sind nicht zulässig. Obwohl es erlaubt ist, sollte man überladene **Operatoren nicht** derart **zweckentfremden**, dass der fremde Programmierer die Bedeutung nicht erkennt und verwirrt wird. Oder mit anderen Worten: Die überladenen Operatoren sollen sich **erwartungsgemäß** verhalten!

Beispiele:

1. Aus dem ZuweisungsOperator = sollte man keinen heimlichen Multiplikations-Operator machen.

2. Überlädt man den +Operator bei Strings, kann man sie aneinanderketten:

   Mit den Strings s1 = "Bernhard & ", s2 = "Bianca" kann man schreiben: s3 = s1 + s2. (Vergleichen Sie diese Lösung mit einer unter Verwendung von C-Funktionen.) In diesem Beispiel hier verhält sich der +Operator erwartungsgemäß.

Für das Bilden von Operatorfunktionen gibt es gewisse Regeln. So ist zu entscheiden, ob die Operatorfunktion eine Klassenfunktion sein soll oder nicht. Danach richtet sich die **Konstruktionsvorschrift** der Schnittstelle.

Beispiel: Der Ausdruck x + y wird als

„normale" Funktion } intern ersetzt durch { operator+ (x,y)
Klassenfunktion   x.operator+ (y)

Die Tabelle 12 zeigt an einigen Beispielen, wie der Compiler intern die Syntax in einen Funktionsaufruf umwandelt.

Tabelle 12: Syntaxumwandlung in Operatorfunktionen

Syntax	Klassenfunktion	„normale" Funktion
x ⊗ y	x.operator⊗(y)	operator⊗ (x,y)
⊗x	x.operator⊗( )	operator⊗ (x)
x⊗	x.operator⊗(0)	operator⊗ (x,0)
x = y	x.operator= (y)	
x [y]	x.operator[] (y)	

Betrachten wir die Situation am Beispiel der Zeiten. Das Ziel unserer Bemühungen ist eine Form der Art

(*)   ankunft = abfahrt + dauer;   (Syntax: x + y)

Wählen wir als Operatorfunktion eine normale Funktion, so bildet der Compiler aus (*)

(1)   ankunft = operator+(abfahrt, dauer);

24 Klassen und Objekte in C++

Dagegen wird bei Verwendung einer Klassenfunktion

```
(2) ankunft = abfahrt.operator+(dauer);// z = x.operator+(y)
```

Deshalb lauten die Schnittstellen für die

- normale Funktion: cZeit operator+ (cZeit zeit1, cZeit zeit2)
- Klassenfunktion: cZeit operator+ (cZeit z)

Die Wahl – ob normale oder Klassenfunktion – ist keineswegs beliebig! So ist in der Mathematik x + 1 identisch mit 1 + x. Die erste Form lässt sich schreiben: x.operator+(1), die zweite Form **geht** dagegen **nicht: 1.operator+(x),** weil die Zahl Eins kein Objekt ist. Ferner *müssen* bestimmte Operatoren mithilfe von Klassenfunktionen überladen werden.

Beachten Sie im Fall (2), dass abfahrt das Objekt und operator+ die Klassenfunktion ist, während dauer als Argument übergeben wird (Achtung: Diese Form mag vortäuschen, dass das Objekt abfahrt verändert wird!)

Definieren wir jetzt den PlusOperator für die Addition zweier Zeitwerte. Wie Sie sehen werden, haben wir schon sehr viel Vorarbeit geleistet, denn bei der friend-Funktion ist der Code nahezu identisch mit dem bereits dargestellten.

Die **Implementation als (globale) friend-Funktion** lautet:

```
cZeit operator+ (cZeit zeit1, cZeit zeit2)
{ int h = zeit1._hour + zeit2._hour;
  int m = zeit1._min  + zeit2._min ;
  int s = zeit1._sec()+ zeit2._sec ;
  cZeit temp(h,m,s);
  temp.normalisieren();
  return temp; }
```

Die **Implementation als Klassenfunktion** lautet:

```
cZeit  cZeit::operator+ (cZeit  z )
{ cZeit temp;
  temp._hour = _hour + z._hour;
  temp._min  = _min  + z._min;
  temp._sec  = _sec  + z._sec;
  temp.normalisieren();
  return temp;
}
```

Attribute des damit verknüpften Objekts (hier: abfahrt)

24.7 Überladen von Operatoren

Den Aufruf zeigt das folgende Programm:

```
int main()
{ cZeit ankunft, dauer;
  cZeit abfahrt ;
  abfahrt.setzen (12,43,17);
  dauer.setzen (1,26,53);
  cout << " Abfahrt: " << abfahrt.anzeigen();
  cout << " Dauer   : " << dauer.anzeigen();
  cout.flush();     // VC++: für den Debugger, sonst Anzeige zu spät
  ankunft = abfahrt + dauer;// für beide Implementationen!
  cout << " Ankunft: " << ankunft.anzeigen();
} // end of main
```

■ Der überladene <<Operator

Damit ist erreicht, was im Kapitel 6.2 als Ziel angesprochen war. Aber: Kaum ist der Wunsch gewährt, schon zeugt er neuen (Wilhelm Busch). Könnte man die Ausgabe nicht auch folgendermaßen gestalten, dann würde sie gut ins Konzept passen:

```
cout << " Abfahrt: " << abfahrt     // (*)
     << " Dauer   : " << dauer
     << " Ankunft: " << ankunft  << endl << endl;
```

Die obige Tabelle überladbarer Operatoren weist mit dem <<Operator den Weg zu einer guten Lösung. Ziel ist zunächst die Form

```
cout << abfahrt; //Beachten Sie: cout ist ein Objekt der Klasse ostream
```

Nach der Tabelle 12 gilt für eine Nicht-Klassenfunktion:

Die Syntax   x << y   wird ersetzt durch operator<<(x,y). Anstelle von x steht cout, an der von y das Objekt abfahrt, also folgt:

```
operator<< (cout, abfahrt)   und allgemein:
operator<< (ostream & ausgabe, const cZeit& z)
```

Beachten Sie bei dem folgenden Code die fetten Hervorhebungen.

```
// ........... gute Freunde ! ...........................
ostream & operator<< (ostream & ausgabe, const cZeit& z)
{ char puffer[10] = {'\0'}, mchar[3], schar[3];
  _itoa(z._hour, puffer, 10);
```

```
            _itoa(z._min, mchar, 10);
            _itoa(z._sec, schar, 10);
            if (z._hour == 0) strcat(puffer,"0");
            strcat(puffer,":");
            if (z._min < 10) strcat(puffer,"0");
            strcat(puffer,mchar);
            strcat(puffer,":");
            if (z._sec < 10) strcat(puffer,"0");
            strcat(puffer,schar);
```
ausgabe << puffer ;

return **ausgabe**;

}

Vergleichen Sie diesen Teil auch mit der Lösung im Abschnitt Beispiel Zeit (2). Beachten Sie ferner die Referenzen in der Schnittstelle: Durch sie wird es erst möglich, die Ausgabeoperatoren zu verketten, wie es oben (*) gezeigt ist. Diese Art des Ansatzes lässt sich auch durch Abwandlung *auf andere Fälle übertragen.*

Übung 20 (ohne Lösung)

1   Schreiben Sie Operatorfunktionen für Vergleiche (<, >, ==) der Art:
    if (ankunft < high_noon)

2   Überladen Sie den Eingabeoperator so: cin >> abfahrt;

3   Bilden Sie die Differenz zweier Zeiten: dauer = ankunft - abfahrt

Fortsetzung Beispiel Zeit (3)

In dem zukünftigen Beispiel mit dem schon erwähnten Fahrzeug werden wir die Fahrdauer in Sekunden ermitteln. Dieser Wert soll in das bekannte Zeitformat umgewandelt werden.

Schreiben Sie eine Methode der Klasse cZeit, die die Sekunden (double Typ) in das Format 00:00:00 umwandelt. Rufen Sie die Methode auf und addieren Sie diese Fahrzeit zur Abfahrtszeit.

Wie so oft beim Programmieren, lässt sich diese Aufgabe mit mehreren Ansätzen bewältigen, je nachdem wie das Ergebnis weiterverarbeitet wird. So kann man zB. den Rückgabetyp void oder cZeit wählen. Der Algorithmus dagegen ist gleich, nur die beteiligten Variablen können verschieden sein. Beginnen wir mit dem Rückgabetyp void:

24.7 Überladen von Operatoren

```
//..................Version1....................
void cZeit::wandeln ( double timeSec)
// rechnet timeSec Sekunden (zB 7448.3) um in 00:00:00
{ int    t_sec = timeSec + 0.5;
         _sec = t_sec % 60;
  int temp_min = (t_sec - _sec)/60;
         _min = temp_min % 60;
         _hour = (temp_min - _min)/60;
}
```

Hier werden die Attribute direkt verändert. Der Aufruf geschieht in folgender Weise:

```
dauer.wandeln (fahrzeit);
ankunft = abfahrt + dauer;
```

Überlegen und begründen Sie, welche Wirkung folgender Code hat:

```
ankunft = abfahrt + (dauer.wandeln(fahrzeit));
```

!4

Ein zweiter Ansatz, mit nur wenigen Änderungen, könnte der folgende sein. Er hat nun einen Rückgabewert:

```
//..............Version2.....................
cZeit cZeit::wandeln ( double timeSec)
// rechnet timeSec Sekunden (zB 7448.3)um in 00:00:00
{ int    t_sec = timeSec + 0.5;
  int    sec = t_sec % 60;
  int temp_min = (t_sec - sec)/60;
  int    min = temp_min % 60;
  int    hour = (temp_min - min)/60;
  cZeit temp(hour, min, sec);
  return temp;
}
```

Der zugehörige Aufruf lautet:

```
ankunft = abfahrt + dauer.wandeln(fahrzeit);
```

Erläutern Sie, welche Wirkung dieser Code hat.

!5

Wie gibt man nun dauerhaft ein Objekt zurück? Referenzen, die bei OOP so oft vorkommen, sind hier sicher eine gute Idee. Wie aber gibt man genau *dieses* (*this*) Objekt selbst zurück, das gerade verändert wurde?

391

24.8 this-Zeiger

Wenn eine Methode aufgerufen wird, muss sie an ein ganz konkretes Exemplar der Klasse gebunden sein. Zum Beispiel:

```
cZeit dauer;
dauer.wandeln(fahrzeit);
```

Der Aufruf wandeln(fahrzeit) ist über den Punktoperator an das Objekt dauer gebunden. Um die entsprechenden Anweisungen ausführen zu können, muss die Methode auf beides zugreifen dürfen – das explizite Argument fahrzeit und das implizite Argument dauer. Die Methoden können auf ihre expliziten Argumente über ihre Parameter (hier: fahrzeit) zugreifen, auf ihre impliziten Argumente, dh. auf dieses (*this*) Objekt selbst (hier: dauer), nur über den vordefinierten Zeiger this. Das Schlüsselwort this darf **nur innerhalb von Methoden** verwendet werden. Dieser **Zeiger** zeigt immer **auf das Objekt selbst,** an das die Methode gebunden ist.

Ein **Beispiel** soll dies verdeutlichen. Wir wollen mit einer Klassenfunktion von cZeit anhand ihrer Adressen vergleichen, ob zwei Objekte *identisch* sind:

```
bool ist_gleich ( cZeit & eineZeit)
{   return  bool (& eineZeit == this); }
```

Der zugehörige Aufruf könnte so aussehen:

```
if (ankunft.ist_gleich(abfahrt)) cout <<"Objekte identisch!";
```

Mit diesem Beispiel sollte nur der Zeiger erklärt werden (natürlich ist diese Funktion hier nicht übermäßig sinnvoll). Mit return *this **kann dagegen immer eine Referenz auf das Objekt** selbst zurückgegeben werden. Das ist im übrigen der Standardcode für den **überladenen Zuweisungs-Operator**. Ein zweckmäßiges **Beispiel** hierzu finden wir später im Kapitel 25.3 über die **Queue-Klasse**.

Erinnern wir uns: Der Ausgangspunkt dieser Betrachtungen war die Tatsache, dass bei der Rückgabe des Zeitobjektes nur eine Kopie geliefert wurde und damit das Original nicht verändert wurde. Jetzt können wir das Problem lösen:

```
//..............Version3....................
cZeit& cZeit::wandeln ( double timeSec)
// rechnet timeSec Sekunden (zB 7448.3) um in 00:00:00
{ int    t_sec = timeSec + 0.5;
```

24.8 this-Zeiger

```
            _sec = t_sec % 60;
   int temp_min = (t_sec - _sec)/60;
           _min = temp_min % 60;
          _hour = (temp_min - _min)/60;
   return *this;
}
```

Aufruf:

```
ankunft = abfahrt + dauer.wandeln(fahrzeit);
```

Mit dem Aufruf von `wandeln(fahrzeit)` werden zugleich die Attributwerte von `dauer` bleibend verändert.

Wie manches Konzept in C++ ist auch der `this`-Zeiger sicher gewöhnungsbedürftig. Deshalb folgen noch einige **Beispiele**:

1 Der überladene Plusoperator als Klassenfunktion (Vergleichen Sie den Code mit der früheren Implementation):

```
cZeit cZeit::operator+ (cZeit z)
{ this->_hour += z._hour;
  this->_min  += z._min;
  this->_sec  += z._sec;
  this->normalisieren();
  return *this;
}
```

Die Anweisung `ankunft = abfahrt + dauer;` entspricht – wie Sie wissen –

```
ankunft = abfahrt.operator+(dauer);
```

`this` bezieht sich daher hier auf das Objekt `abfahrt`. Der obige Code *bedeutet* deshalb folgendes:

```
abfahrt._hour += z._hour;
abfahrt._min  += z._min;
abfahrt._sec  += z._sec;
abfahrt.normalisieren();
return abfahrt;
```

Wenn gilt: `cZeit abfahrt(12,43,53), dauer(1,26,17), ankunft;`
Welchen Wert hat `ankunft` nach der Addition, welchen `abfahrt`?

24 Klassen und Objekte in C++

!6 Wie das Beispiel zeigt, sind bei der Verwendung von this Vorsicht und einige Überlegungen angebracht.

2 Das folgende Beispiel – mit freundlicher Genehmigung des Studenten Simon Mittag – verwendet durchgängig this-Zeiger:

```cpp
#include <iostream> using namespace std;
class Zeit
{ private:
    int _hour;
    int _min;
  public:
    Zeit() {}
    Zeit(int hour, int min)
      {this->_hour = hour;
       this->_min  = min;
      }
    Zeit& addieren(Zeit zeit);
    int getHour() {return this->_hour;}
    int getMins() {return this->_min; }
} ;

int main()
{ Zeit abfahrt(12,24);
  Zeit dauer (5,50), ankunft;
  ankunft = abfahrt.addieren(dauer);
  cout<<  "Stunden: " << ankunft.getHour()
      << "\nMinuten: " << ankunft.getMins();
} // end of main

Zeit & Zeit::addieren(Zeit zeit)
{ this->_hour += zeit._hour;
  this->_min  += zeit._min;
  if (this->_min > 59)
    {(this->_hour)++;
      this->_min = this->_min%60;
    }
  return *this;
}
```

Lösungen:

1 Es war so verführerisch einfach, aber *so* geht es *nicht* wegen des Geheimnisprinzips:

error C2248: '_hour' : cannot access private member declared in class ' cZeit'
error C2248: '_min' : cannot access private member declared in class ' cZeit'
error C2248: '_sec' : cannot access private member declared in class ' cZeit'

2
```
    void cZeit::normalisieren()
    { int carry = 0;
      if (_sec > 59) {_sec %= 60; carry = 1;}
      if ( carry )   {++ _min; carry = 0;}
      if (_min > 59) {_min -= 60; carry = 1;}
      if ( carry )   {++ _hour;}
    }
```
Aufruf: temp.normalisieren();

3 Lösung wird im Text problematisiert

4 Weil die Methode nichts zurückgibt, kann sie auch nicht nach Plus verknüpft werden. Fehlermeldung (sinngemäss): kein geeigneter Operator definiert bzw. keine Konversion möglich.

5 return liefert eine Kopie zurück und ermittelt korrekt die Ankunftszeit, aber das Objekt dauer wird nicht bleibend verändert. Ob dies problematisch ist, kann nur das entsprechende, hier nicht bekannte Programmierumfeld vermitteln.

6 ankunft == 14:10:10, abfahrt == 14:10:10! Das Objekt selbst wird offensichtlich verändert. Das ist der Nachweis, dass this sich auf das Objekt selbst bezieht.

24.9 Zusammenfassung

Klassen sind von der Syntax her aus dem Datentyp `struct` abgeleitet, den man jetzt als öffentliche Klasse verwenden kann. Im allgemeinen werden die Attribute und Methoden in öffentliche, geschützte, und geheime eingeteilt. Die unterschiedlichen Zugriffsrechte auf die Klassenelemente regeln die Zugriffsspezifizierer `public`, `protected` bzw. `private`.

Die Klasse ist ein Baumuster, nach dem die Objekte erzeugt werden. Im allgemeinen benötigt man hierzu Konstruktoren (Standard-, Allgemeiner und Kopierkonstruktor), die auf verschiedene Weisen und sehr flexibel Objekte erzeugen – und zwar so, dass sie wie Nicht-Klassenobjekte angelegt werden. Die Aufräumarbeiten im Speicher bei nicht benötigten Objekten übernehmen die Destruktoren. Es gibt zwar vier automatische Klassenfunktionen, die bei jeder Klasse angelegt werden, aber im Einzelfall muss sie der Programmierer doch selbst anlegen – speziell wenn dynamische Objekte beteiligt sind.

Ein wesentliches Prinzip der Objektorientierung ist das Geheimnisprinzip, wo die Attribute vor der Allgemeinheit zu verbergen sind. Dennoch gibt es die Situation, auf private Daten *vergleichsweise einfach* zugreifen zu müssen. Diese Privileg erhalten `friend`-Funktionen (und `friend`-Klassen), mit denen man sparsam umgehen sollte, weil das Geheimnisprinzip durchbrochen wird.

Das Überladen von bestimmten Operatoren erlaubt, durch eine vom Programmierer festgelegte Verknüpfungsvorschrift Objekte miteinander zu verknüpfen, so dass sich Objekte in das bisherige Konzept nahtlos einfügen. Man kann die Überladung als Klassenfunktion oder als Nicht-Klassenfunktion realisieren – was im Einzelfall geprüft werden muss, denn es besteht *nicht immer* eine Wahlmöglichkeit.

25 Dynamische Datenobjekte

Wir haben ▸Arrays eingeführt als Sammlung von Daten identischen Typs unter einem gemeinsamen Bezeichner. Sie haben die bedeutsame Eigenschaft, dass sie in ihrer **Größe** vom Programmierer, und damit **zur Zeit des Compiliervorgangs, festgelegt** sind. Wir bezeichnen sie daher als ▸**statische Datenobjekte**. Sie existieren vom Augenblick ihrer Erzeugung, bis die entsprechende Funktion, zB. auch main(), abgebaut wird. Es ist daher **nicht** möglich, dass der Anwender **zur Laufzeit** des Programms durch externe Dateneingabe die Größe **verändern** kann. Als Folge dieser Eigenschaft sind Arrays vorsichtshalber regelmäßig über- und seltener bedarfsgerecht dimensioniert. Ein Beispiel dafür war die Abschreibung, die auf den Maximalwert 50 Perioden festgelegt wurde. Bei der Ausreichung von Krediten dagegen können durchaus mehr als 400 Perioden anfallen, manchmal aber auch nur 60. Zu groß dimensionierte Felder sind einerseits Resourcenvergeudung, andererseits entstehen Probleme, wenn auch nur ein einziges Feldelement zusätzlich benötigt wird. Eine Lösung dieses Problems erlauben ▸**dynamische Datenobjekte**, die **zur Laufzeit bedarfsgerecht dimensioniert** werden können.

25.1 Übersicht

Unter den dynamischen Datenobjekten gibt es verschiedene Konzepte. Wir wollen uns in den weiteren Abschnitten mit den folgenden Begriffen beschäftigen:

- ▸Warteschlange (*queue*), Stapelspeicher (*stack*). Wir unterstellen **hier** (der Einfachheit halber) eine zur Laufzeit eingebbare, **maximale Größe,** die also vorbestimmt ist (man kann sie auch nach dem später folgenden Konzept der verketteten Liste aufbauen). Dem ▸Stack liegt die Strategie LIFO (*last-in-first-out*), der Warteschlange die Strategie FIFO (*first-in-first-out*) zugrunde. Entscheidend ist hier also, wie neue Elemente zu- und alte abgehen.

- ▸Verkettete Liste (*linked list*). Eine Liste ist ebenfalls eine Folge von identischen Datentypen und somit einem Array sehr ähnlich – mit entscheidenden Unterschieden. Der Zugriff auf ein Element findet bei verketteten Listen **sequentiell** statt.

Das Wesen dynamischer Datentypen ist entscheidend mit den Eigenschaften der C++Operatoren new und delete verbunden.

25.2 new- und delete-Operator

Der ▸Speicherplatz statischer Datenobjekte wird vom Compiler festgelegt und ist zur Laufzeit unveränderlich. C++ erlaubt es jedoch, mithilfe des new-Operators Speicherplatz zur rechten (Lauf)Zeit in der richtigen Menge zur Verfügung zustellen. Mit dem delete-Operator dagegen muss man diesen Speicherplatz wieder freigeben (sonst entstehen „Löcher" in der Speicherverwaltung). Diese Eigenschaft unter anderen erlaubt es, denselben physischen Speicher mehrfach für unterschiedliche Objekte zu verwenden.

Die mit new erzeugten Datenobjekte liegen im ▸Heap, jenem Speicherbereich, den wir in Abbildung 7, Seite 30, zwar erwähnt, bisher aber nicht benutzt haben. Der Zugriff auf diese Datenobjekte findet ausschließlich über Zeiger statt (die im Daten-, Stack- oder Heapbereich liegen dürfen)!

Beispiele:

```
double *pd;// Zeiger auf double-Typ
pd = new double;
//double-Objekt auf dem Heap anlegen und in pd die Adr. speichern
*pd = 3.1415;
// am Ende nicht vergessen:
delete pd;

cZeit *pZ = new cZeit;
//jedes Datenobjekt, auch und gerade Exemplare einer Klasse
...
delete pZ;
```

new hat folgende **Wirkung**: Auf dem Heap wird soviel Speicherplatz reserviert, wie das Datenobjekt in Anspruch nimmt (hier: sizeof double bzw. sizeof cZeit), und die Anfangsadresse wird im Zeiger gespeichert, womit dieser auf das **namenlose** (!) **Datenobjekt** zeigt. Ab dann kann auf das Objekt nach den bisher vorgestellten Weisen zugegriffen werden. Wenn das Objekt nicht mehr benötigt wird, muss es mit delete gelöscht werden. Weitere, vor allem sinnvolle Anwendungsfälle werden uns gleich begegnen.

Mit dem new[]-Operator können in einfacher Weise auch (**dynamische**) Arrays angelegt und mit delete [] gelöscht werden:

```
int max;
cin >> max; //zB. 10
```

25.2 new- und delete-Operator

```
double *pd = new double [max];// das ist der Vorteil!
pd[3] = 3.14159;
pd[7] = 6.28318;
....
delete [] pd;
```

> Beachten Sie, dass sich der new[]-Operator für Arrays von dem new-Operator für Einzelvariablen unterscheidet. Das gleiche gilt für delete [] und delete.
>
> Die Operatoren new und delete bzw. new[] und delete[] gehören immer paarweise zusammen.
>
> Beachten Sie: Ein ▸Destruktor löscht *nicht automatisch* dynamische Arrays! Hier muss eigene Destruktionsarbeit (Beispiel: siehe Warteschlange) geleistet werden.

Fatale Fehler

- Der folgende Programmcode führt zur Reservierung von nicht mehr zugänglichem, dh. auch nicht mehr freigebbarem Speicher (grau unterlegt):

```
int  *pi;
pi = new int;// 1)
pi = new int;// 2)
```

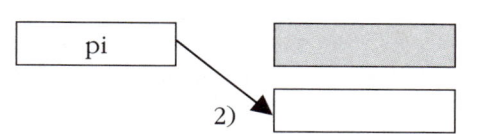

- Mit delete dürfen *nur* die Datenobjekte gelöscht werden, die mit new erzeugt wurden:

```
double PI = 3.14159;
double *p = &PI;
delete p;  //Absturzgefahr
```

- delete darf nur *einmal* auf ein bestimmtes Objekt angewendet werden.

- Wurde ein Speicherbereich mit delete gelöscht, hat der Zeiger auf den ehemaligen Bereich einen *nicht definierten* Wert, keinesfalls jedoch NULL.

25 Dynamische Datenobjekte

- Mit new erzeugte Datenobjekte werden *nicht* wie normale Variable behandelt, deren Gültigkeitsbereich (bei neuen Compilern) an den Blockgrenzen endet.

```
{
  int k;
  double *pd = new double;          3.14159
  *pd = 3.14159;
  // usw.
}
// k und pd existieren nicht mehr       pd
```

pd existiert nicht mehr nach den Blockgrenzen, wohl aber der **Speicherbereich** mit dem Wert 3.14159, der jetzt **nicht mehr erreichbar** ist. Solch **verwaiste Objekte** erzeugen ein Leck in der Speicherverwaltung (*memory leak*). Korrekte Lösung: pd **innerhalb** der Blockgrenzen löschen oder **außerhalb** der Blockgrenzen definieren und löschen.

25.3 Datenstruktur Warteschlange

Die Datenstruktur Warteschlange (*queue*) oder auch nur Schlange ist ein abstrakter Datentyp, der durch eine Klasse repräsentiert wird. Praktisch ist sie allen aus dem Alltagsleben bekannt: An jeder Supermarktkasse, vor allem an jedem Postschalter kann man das Prinzip studieren. Stets am Ende beobachten wir den Zugang eines Elements und am Anfang den Abgang, Abbildung 23, wobei das ursprünglich zweite jetzt zum ersten Element wird. Diese Methode eignet sich zum Beispiel bei der Bearbeitung von Aufträgen: Wer zuerst kommt, wird (in der Regel) zuerst bedient.

Abbildung 23: Prinzip einer Warteschlange

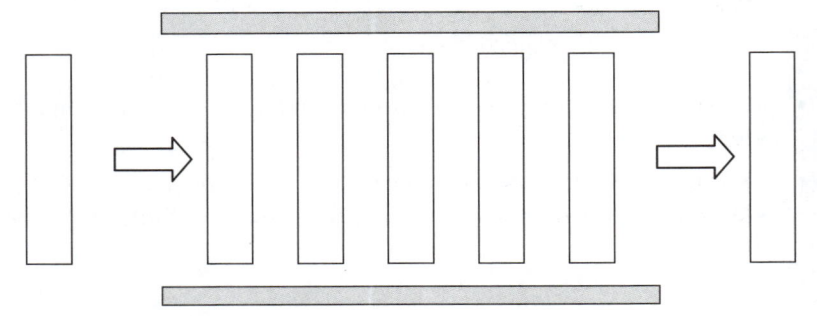

25.3 Datenstruktur Warteschlange

Eine Schlange modellieren wir als Exemplar der Klasse cQueue. Wir wollen die Länge der Schlange dynamisch vorgeben, dann aber konstant halten. Es ist nötig festzustellen, ob eine Schlange leer bzw. voll ist, und wie das erste bzw. letzte Element lautet (getVorne() bzw. getHinten()). Außerdem sind Zu- und Abgang zu regeln. Das Element einer Schlange kann von jedem Datentyp sein, der Einfachheit halber verwenden wir eine Ganzzahl.

Ein Problem gilt es noch zu bewältigen: Wie schaufelt man die Elemente um, dh. wie wird nach einem Abgang das ehemals zweite zum ersten, das dritte zum zweiten, usw.? Das gleiche Problem tritt auf, wenn im Kino die Leute um einen Sitz weiterrücken.

Entwickeln Sie hierzu eine Lösungsstrategie mit einem statischen Array mit Ganzzahlen.

!1

Bei 20000 Elementen werden anfangs mehr als 19990 regelmäßig (!) umkopiert. Das ist nicht sehr pfiffig. Überlegen Sie eine andere Strategie. Hinweis: Wie ist das Prinzip eines Zugschaffners?

!2

Die soeben angesprochene Strategie vermeidet das ständige Umkopieren nach jedem Abgang und läuft daher erheblich schneller. Wir wollen sie bildlich verdeutlichen. Den Arrayanfang legt ein Zeiger _ar fest, die Schlange soll maximal 15 Elemente haben, die Position des vorderen als nächstes abgehenden Elements gibt _vorn, die des nächsten zugehenden _hinten an. Das Objekt der Klasse cQueue soll Q heißen und (nur für die Grafik) als Elemente Zeichen aufnehmen. Die folgende Grafik zeigt den Zustand nach 11 Zugängen ohne Abgang.

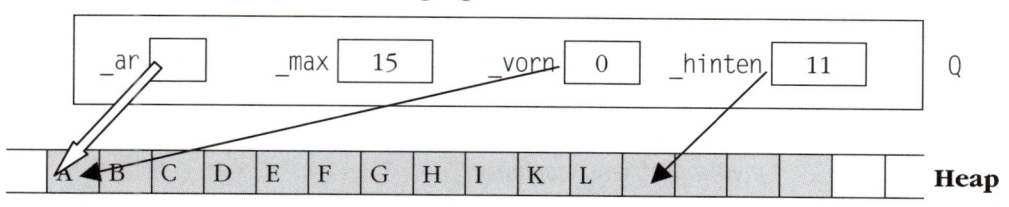

Nach weiteren Zu- und Abgängen entwickelt sich der folgende Zustand. Es ist erkennbar, dass der Zugang nach dem Zeichen P, dh. Q, wieder ganz vorne eingespeichert wird. Wir können das Ende des Speichers quasi „herumwickeln" zu einem Endlosband. Eine solche Form heißt Ringspeicher (*circular array*).

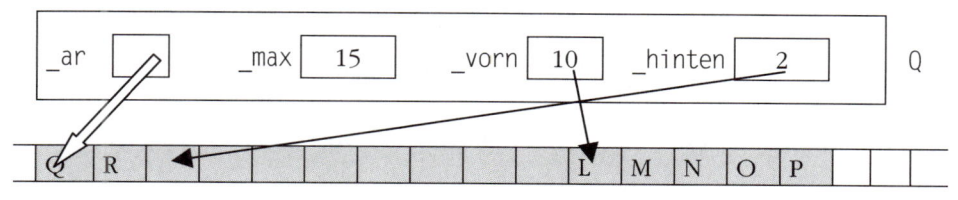

25 Dynamische Datenobjekte

Offensichtlich hat im obigen Bild dabei der Anfang eine höhere Positionsnummer als das Ende. Diese Strategie ist die effizienteste, die wir auch implementieren wollen. Bei diesem Beispiel ist es ratsam, das Augenmerk auf den Konstruktor und noch vielmehr auf den Destruktor zu legen. Es ist nämlich **nicht möglich**, den **automatischen ›Destruktor** zu verwenden.

```cpp
#include <iostream>
#include <assert>
#include <iomanip>   using namespace std;
class cQueue
{ private:
    int  _max;     // Max. Elemente
    int  _count;   // aktuelle Anzahl Elemente
    int  _vorn;    // Position des nächsten abgehenden Elem.
    int  _hinten;  // Position des nächsten zugehenden Elem.
    int* _ar;      // ein dyn. Array, Zeiger auf die Schlange
  public:
    cQueue(int q=10);
    ~cQueue();
    int  abgehen();
    void zugehen(int neu);
    int  getVorne()  { return _ar[_vorn]; }
    int  getHinten() { return _ar[_hinten-1]; }
    bool is_voll();
    bool is_leer();
    void zeigen() const;
};
//-------------QUEUE-------------------------------
cQueue::cQueue(int q) : _max(q)
{ _ar = new int[_max];
  _count = 0;
  _vorn = _hinten = 0;
  assert(_ar != 0); // damit genug Speicher da ist!
}
cQueue::~cQueue() { delete [] _ar; } // Destruktor
```

25.3 Datenstruktur Warteschlange

```
int cQueue::abgehen()
{ assert(_count > 0);
  _count--; _vorn++; _vorn %= _max;
  return _ar[_vorn-1];
}
void cQueue::zugehen(int neu)
{ assert( _count < _max);
  _count++;
  _ar[_hinten++] = neu;
  _hinten %= _max;
}
void cQueue::zeigen() const
{ for (int i = 0; i < _count; ++i)
    cout << _ar[(_vorn+i) % _max] << " ";
  cout << endl << endl;
}
bool cQueue::is_voll()    { return bool (_count == _max); }
bool cQueue::is_leer()    { return bool (_count == 0); }
```

Im folgenden Programm wird beispielhaft eine Schlange auf- und abgebaut sowie der Zustand zwischendrin angezeigt:

```
int main ()
{cQueue Q(12);
 Q.zugehen(13); Q.zugehen(17);
 Q.zeigen();
 if (!Q.is_voll()) Q.zugehen(19);
 cout << Q.abgehen() <<"\n\n" ;
 Q.zeigen();
 Q.zugehen(21); Q.zugehen(23); Q.zugehen(25); Q.zugehen(27);
 Q.zeigen();
 Q.zugehen(29); Q.zugehen(31); Q.zugehen(33); Q.zugehen(35);
 Q.zeigen();
 cout << Q.abgehen()<<"\n\n";   cout << Q.abgehen()<<"\n\n";
 Q.zeigen();
 cout << " " << Q.getVorne() << " " << Q.getHinten() << "\n\n";
```

25 Dynamische Datenobjekte

```
   Q.zugehen(37); Q.zugehen(39); Q.zugehen(41); Q.zugehen(43);
   Q.zeigen();
   if (Q.is_voll) cout << "VOLL \n\n";
   cout << Q.abgehen()<<"\n\n";  cout << Q.abgehen()<<"\n\n";
   Q.zeigen();
} // end of main
```

!3 Erklären Sie, warum der Konstruktor gerade *so* gewählt wurde:

```
cQueue::cQueue(int q) : _max(q)
```

!4 Schreiben Sie ein Programmfragment, bei dem die Größe der Schlange durch eine von außen eingegebene Zahl festgelegt wird.

Mit dem nun folgenden wollen wir eindringlich auf einige **Probleme** hinweisen, die im Umgang mit (selbstgeschriebenen) dynamischen Datenstrukturen entstehen können. Das Klassenkonzept ist sehr mächtig. Wie Sie gesehen haben, werden unmerklich beim Anlegen einige Dinge automatisch in die Wege geleitet, so zB. entsteht ein automatischer ▸ZuweisungsOperator im Stile von x1 = x2 oder bei den Zeitwerten ankunft = abfahrt. Nur: **dies geht nicht bei** Q1 = Q2, wenn dies **dynamische Datenstrukturen** sind.

Allgemein gilt:

> Jede Klasse, deren Klassendaten ▸**Zeiger** verwenden, sollte ausdrücklich definierte ▸Kopierkonstruktoren und ▸Zuweisungs-Operatoren enthalten. Ansonsten sollte man sie unwirksam machen, indem beide als `private` erklärt werden.

Einen **expliziten ZuweisungsOperator** für die Klasse cQueue zeigen wir beispielhaft, in ähnlicher Form gilt er für die Klasse cStack und andere dynamische Datenstrukturen.

```
    cQueue &  cQueue::operator=(const cQueue & q)
    { if (&q == this) return *this;
      _max     = q._max;
      _count   = q._count;
      _vorn    = q._vorn;   _hinten = q._hinten;
      _ar = new int [_max];
      for (int k = 0; k < _count; ++k)
        _ar[k] = q._ar [k];
      return *this;
    }
```

Diese Klassenfunktion wird sofort beendet, wenn das zuzuweisende Objekt mit dem aufnehmenden Objekt identisch ist (erkennbar an denselben Adressen). Ansonsten werden die Klassendaten kopiert und ein dynamisches Array aufgebaut, das anschließend in einer Schleife die Elemente von q erhält. Dadurch, dass der ZuweisungsOperator `*this` zurückgibt, können ▸**Mehrfachzuweisungen** der Art

    q1 = q2 = q3;

vorgenommen werden. Wenn wir uns an die formale Definition des ZuweisungsOperators erinnern, entspricht dies:

    q1.operator=(q2.operator=(q3));

Lesen Sie jetzt den Kasten im Abschnitt 24.4 'Die vier automatischen Klassenfunktionen im Überblick'.

25.4 Datenstruktur Stapelspeicher

Ein Stapelspeicher (▸Stack) ist ebenfalls eine abstrakte Datenstruktur, deren Elemente aber immer oben (*top*) aufgelegt (*push*) und von oben wieder entfernt (*pop*) werden. Abbildung 24 verdeutlicht die Zusammenhänge.

Abbildung 24: Auf- und Abbau eines Stapels

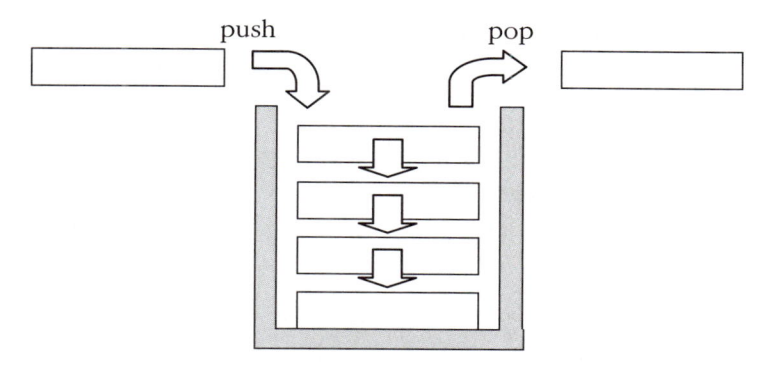

Die Klassenbeschreibung wollen wir für reelle Zahlen vornehmen, natürlich ist das Konzept auf jeden anderen Datentyp übertragbar. Mit push bzw. pop können wir den Stack verändern, die Grenzen (leer bzw. voll) fragen wir mit ist_leer bzw. ist_voll ab.

```
class cStack
{ private:
    int    _max;
```

```
        double* _arr;
        int     _count;
    public:
        cStack (int s = 50);
        ~cStack() ;
        double top() const;
        bool    ist_leer() const;
        bool    ist_voll() const;
        void    push(const double drauf);
        void    show() const;
        double pop();
    };
```

Der Aufruf kann zB. folgendermaßen vonstatten gehen:

```
int main ()
{ const int anzahl = 5;
  cStack s (anzahl);
  double weg_damit, oben;
  bool voll = false;
  for (int i = 0; i < anzahl; ++i)
    { s.push((127*(i+1))% 125);
      oben = s.top();
    }
  s.show();
  voll = s.ist_voll();
  if ( voll )   s.pop();
  while ( s.top() > 4 )
    {weg_damit = s.pop();
     oben = s.top();
    }
  s.show();
  if ( !s.ist_voll()) s.push(20);
}
```

Es bleibt Ihnen überlassen, hierzu eine geeignete Implementation zu entwickeln.

25.5 Verkettete Liste

Sieht man von den Zugangs- und Abgangsmethoden einmal ab, verhalten sich Schlange und Stack – in der hier beschriebenen Weise – wie ein Array. Ein Array als Speicherform ist aber sehr ineffizient, wenn Elemente zwischendrin ein- oder ausgefügt werden müssen. Das liegt daran, dass sie im Speicher fortlaufend abgelegt sind. Verkettete Listen lösen dieses Problem, indem sie die Elemente zwar physisch fortlaufend speichern, aber die logische Reihenfolge der Elemente anders lösen. Dazu müssen die einzelnen Elemente über ihre Adressen miteinander verbunden (verkettet) werden. Oder mit anderen Worten: Ein Element **muss** immer auf seinen Nachfolger zeigen, bis das Listenende erreicht ist. Damit diese Strategie funktioniert, **muss** ein **Listenelement neben** den **Daten** einen **Zeiger** speichern. Diese beiden Teile werden in einem Objekt gekapselt, das man einen ▸Knoten (*node*) nennt. Eine verkettete Liste ist daher eine Folge von derartigen Knoten. Das **Prinzip** wollen wir an einem struct-Typ zeigen (Beachten Sie, dass innerhalb der Struktur schon der Bezeichner demoT verwendet werden darf, weil der Name mit dem *tag* bekannt gemacht wurde):

```
struct demoT
{ int x;
  demoT *next;
};
demoT  *pd = new demoT;
```

Beachten Sie: Der struct-Typ ist bewusst einfach gehalten. In der Praxis könnten dies zB. Adress-, Personal-, Material- oder Auftragsdaten sein, in der Regel also komplexere Daten.

Diese Struktur stellt *einen* Knoten dar, auf den ein Zeiger pd zeigt. Eine (einfach) verkettete Liste mit vier Knoten lässt sich nacheinander aufbauen und grafisch dann so darstellen (wobei der dicke Punkt den Zeiger symbolisiert):

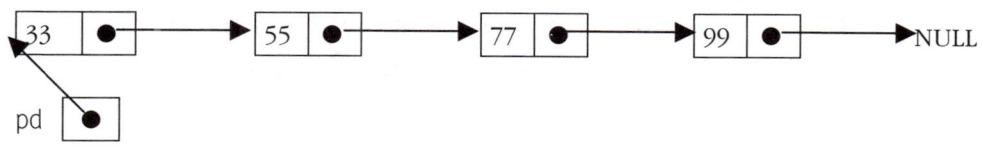

33 ● → 55 ● → 77 ● → 99 ● → NULL

pd ●

An den Listenanfang, den jüngsten Eintrag, muss ein Zeiger zeigen, der **nie** für etwas anderes verwendet werden darf. **Geht der Listenanfang verloren, kann man nicht mehr auf die Liste zugreifen!** Das ListenEnde, der älteste Eintrag, wird mit dem Nullzeiger abgeschlossen

25 Dynamische Datenobjekte

(woran man es erkennen kann). Der schwarze Punkt symbolisiert den Zeiger auf den Nachfolger. An dem Bild lässt sich auch ablesen, dass man immer nur am Listenanfang eintreten kann und sie **sequentiell** durchlaufen **muss**, wenn ein Element benötigt wird.

Den Aufbau der Liste kann man einfach beschreiben:

wiederhole
- erzeuge Knoten und weise seinem Zeiger die Vorgängeradresse zu
- speichere die Knotenadresse im Zeiger auf den Listenanfang.

Im weiteren wollen wir eine Klasse für den Knoten verwenden und diesen bei seiner Geburt initialisieren. Die englischen Begriffe werden verwendet, weil sie kürzer sind und keine Umlaute haben:

```
class Node
{ private:
    int   _data;
    Node* _next;
  public:
    Node (int data,Node *next): _data (data),_next (next) { }
};
```

Das *erste* Listenelement wird mit new erzeugt und (über den Konstruktor) mit dem Nullzeiger initialisiert:

```
Node* kopf = new  Node (99,0);
```

Das zweite Listenelement wird ebenso erzeugt und mit dem Vorgänger (auf den kopf zeigt) initialisiert, wobei die neue Anfangsadresse wieder in kopf gespeichert wird:

```
kopf = new  Node (77, kopf); // Zeile 1
kopf = new  Node (55, kopf); // Zeile 2
```

Wir wollen uns dies grafisch verdeutlichen. Dazu setzen wir die Situation der Zeile 1 voraus: Der Knoten mit dem Wert 77 existiere bereits.

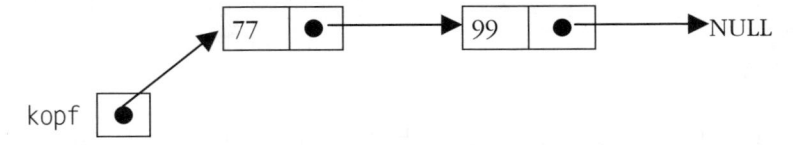

Die rechte Seite der Zeile 2 erzeugt einen neuen Knoten, dessen Attribut _next die in kopf gespeicherte Adresse erhält; damit zeigt _next auf den Vorgängerknoten:

25.5 Verkettete Liste

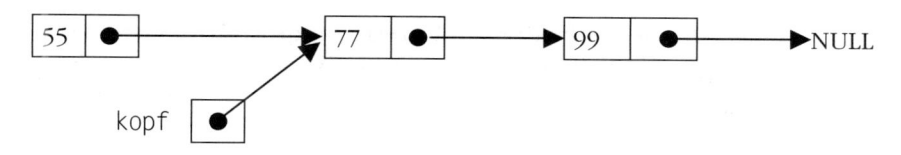

```
  ┌──┬─┐      ┌──┬─┐      ┌──┬─┐
  │55│•┼────► │77│•┼────► │99│•┼────► NULL
  └──┴─┘      └──┴─┘      └──┴─┘
              ▲
        ┌────┬┴┐
        │kopf│•│
        └────┴─┘
```

Die linke Seite der Zeile 2 bedeutet, dass jetzt in kopf die Anfangsadresse des neuen Knotens gespeichert wird. Damit zeigt kopf auf den neuen Knoten:

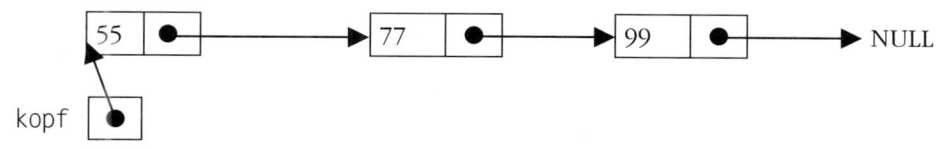

```
  ┌──┬─┐      ┌──┬─┐      ┌──┬─┐
  │55│•┼────► │77│•┼────► │99│•┼────► NULL
  └──┴─┘      └──┴─┘      └──┴─┘
   ▲
┌────┬─┐
│kopf│•│
└────┴─┘
```

Das war das Prinzip. Um es praktisch umsetzen zu können, benötigen wir dazu Methoden, die auf die Knotenkomponenten zugreifen dürfen. Das könnten entweder Klassenfunktionen von Node sein oder Freunde. Beides ist unhandlich. Ein anderer Ansatz besteht darin, eine Klasse für die Liste zu bilden, die der Knotenklasse freundschaftlich verbunden ist. Aber: Es sind zwei eigenständige Klassen. So machen es viele Programmierer. Hier wollen wir eine weitere Möglichkeit realisieren, die die Knotenklasse in die Listenklasse schachtelt, denn die Knoten werden nur innerhalb der Liste benötigt und sind selbständig nicht lebensfähig. (Beachten Sie: Einige Vor-Standardcompiler können keine Schachtelungen unterstützen! Die Schachtelungen hier sind mit einem alten Borland- und einem jungen Microsoft-Compiler getestet). Außerdem erlaubt dies nur den Listenfunktionen einen Zugriff auf die Mitglieder Knotenklasse:

```
class cList
{ private:
    class Node
    { //wie gehabt
    };
  public: // usw.
};
```

Viele C++Programmierer wählen Klassen statt Strukturen. Aber es war Bjarne Stroustrup selbst, der Vater von C++, der die Verwendung von **Strukturen statt Klassen** empfiehlt, **wenn alle** Mitgliedsfunktionen **vom Typ** public sind. Das macht den Code auch einfacher.

In der jetzt zu entwickelnden Liste wollen wir zunächst am Listenkopf ein Element hinzufügen (add). Zur Kontrolle soll die Liste ausgegeben werden (print). Da hier dynamische Datenstrukturen zugrunde liegen, müs-

25 Dynamische Datenobjekte

sen wir ▸**Konstruktor** und ▸**Destruktor selbst schreiben**! Erst wenn dies korrekt läuft, erweitern wir die Wünsche: Ein Listenelement soll am Listenkopf entfernt (remove), irgendwo zwischendrin ein- (insert) oder ausgefügt (extract) werden.

> ☞ Beachten Sie: Compiler und Linker können korrekt arbeiten und dennoch stürzt ein Programm zur Laufzeit ab, wenn Zeiger – wie auch immer – in die Wüste gestellt werden! Um dies zu vermeiden, ist es nützlich, sich die verschiedenen Strategien grafisch zu verdeutlichen.

Studieren Sie zunächst die Klassenbeschreibung und die Aufrufe im Hauptprogramm. Die Implementationen dagegen bedürfen einiger Erläuterungen.

```
#include <iostream>  using namespace std;
class cList
{ private:
    struct Node
      { Node(int data, Node *next):
           _data (data), _next (next) { }
        int _data;
        Node* _next;
      };
    Node* _kopf;
  public:
    cList() : _kopf (0) {}
    ~cList();
    void add (const int ganz){_kopf = new Node(ganz, _kopf);}
    //int remove(); void insert(); int extract();
    void print();
};
int main()
{ cList L;
  L.add (99); L.add (77); L.add (55);
  L.print();
}// end of main
```

Betrachten wir zunächst die Methode zum Ausgeben der Knotendaten:

410

25.5 Verkettete Liste

```
void cList::print()
{ if (_kopf != 0)
    {cout << '\n';
     for ( Node * p = _kopf; p != 0; p = p->_next)
        cout << p->_data << " ";
     cout.flush();// nur fürs Debuggen (VC++6), da Ausgabe gepuffert
    }
  else
    cout << '\a';
}
```

Die zugehörige Grafik zeigt die Initialisierung des Hilfsknotens p:

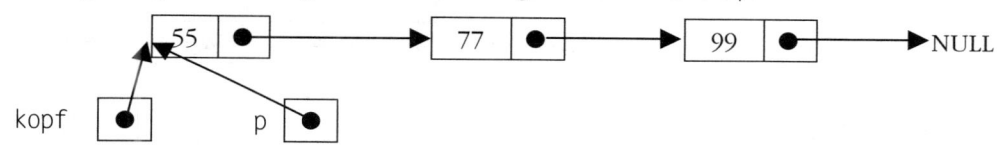

Nach der Ausgabe der Zahl 55 wird die Laufvariable p verändert: p erhält die in _next gespeicherte Adresse des aktuellen Knotens. Damit zeigt p auf den Anfang des Knotens mit dem Wert 77:

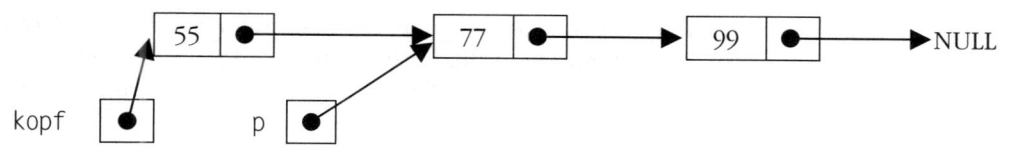

So hangelt sich der Zeiger p durch die Liste, bis NULL erreicht ist.

Von kleinen Abweichungen abgesehen, können wir die gleiche Strategie verwenden, um den Destruktor zu erzeugen, bei dem ja die ganze Liste – im Vergleich zum Aufbau – sinngemäss in umgekehrter Reihenfolge abgebaut wird. Dabei wird jedesmal ein Knoten gelöscht:

```
cList::~cList() // große Vorsicht, sonst Absturz!:
{ while (_kopf != 0)
    { Node *p = _kopf;
      _kopf = p->_next;
      delete p;
    }
}
```

25 Dynamische Datenobjekte

Die erste Anweisung in der Schleife initialisiert wieder den Hilfsknoten p:

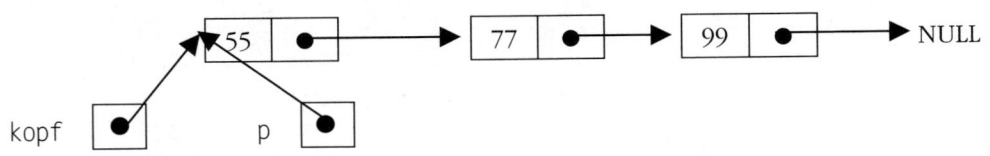

Jetzt wird aber nicht p, sondern kopf durch die Liste bewegt

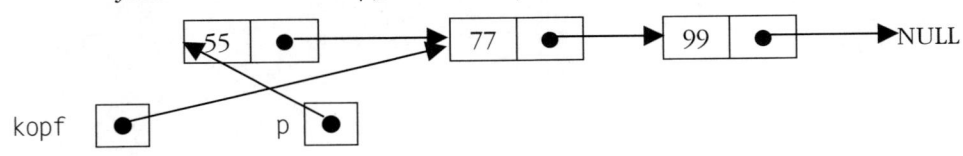

Jetzt kann p gelöscht werden:

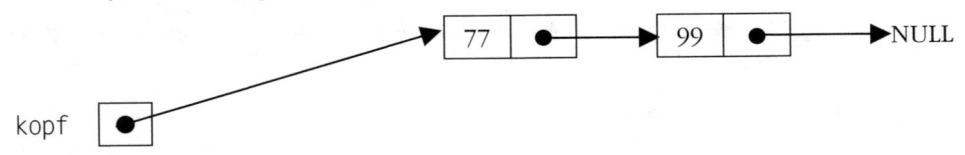

Mit diesen Prinzipien ist es nun ein leichtes, nur das erste Listenelement auszufügen (*remove*), den zugehörigen Code zeigen wir in der nächsten Etappe unserer Entwicklung.

In diesem Schritt wollen wir Elemente **an beliebiger Stelle ein- bzw. ausfügen**. Wir erweitern daher die Klassenschnittstelle um die Methoden insert() bzw. extract(). Betrachten Sie auch das zugehörige Hauptprogramm.

```
// Nur die Veränderungen:
#include <cassert>
//in der Klasse, public:
  int  remove();
  void insert(int zahl);
  int  extract(int zahl);
  bool is_leer() { return bool (_kopf == 0);}
  void print();
int main()
{ cList L;
  L.add (99); L.add (77); L.add (55);
  L.print();
  cout << "\nVorn entfernen: " << L.remove();
```

```
    L.print();
    L.add (55);
    L.insert(88);
    L.print();
    cout << "\nAusfuegen: " << L.extract(99);
    L.print();
    cout << "\nAusfuegen: " << L.extract(77);
    L.print();
}// end of main
```

Beginnen wir mit dem Einfügen. Es muss zunächst eine Entscheidung getroffen werden, was das *Kriterium* ist, an welchem Ort eingefügt wird. Der Einfachheit unterstellen wir eine aufsteigend sortierte Liste. Der Wert eines bestimmten Klassendatums des einzufügenden Objekts muss damit kleiner sein als das entsprechende seines Nachfolgers. Es sind beim Einfügen zwei temporäre Zeiger nötig: Vom einzufügenden Objekt der Vorgänger und der Nachfolger. Die Zeiger werden – wie schon zuvor – durch die Liste geschoben, bis das Kriterium nicht mehr erfüllt ist. Die Strategie des Einfügens (der Zahl 88) wollen wir auch wieder grafisch darstellen:

```
    void cList::insert(int zahl)
    { Node * vor;
      for (Node *nach = _kopf;
           nach != 0 && nach->_data < zahl;
           nach = nach->_next)
           vor = nach;
      vor->_next = new Node (zahl, nach);
    }
```

Nach der Initialisierung in der Schleife ergibt sich folgende Situation:

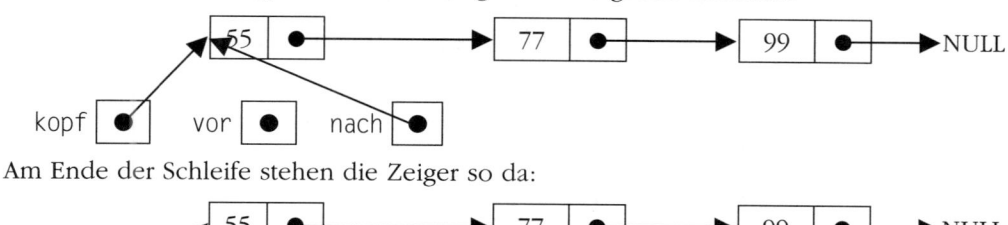

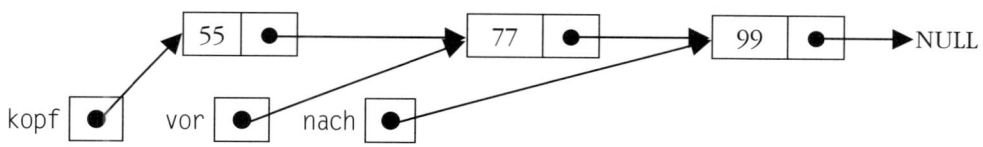

Am Ende der Schleife stehen die Zeiger so da:

25 Dynamische Datenobjekte

Die rechte Seite der Anweisung vor->_next = new Node (zahl, nach) erzeugt einen neuen Knoten (*im Speicher im Anschluss an das Objekt mit dem Wert 55!*, dh. in der Grafik *links* davon) und verbindet den _next-Zeiger mit dem Nachfolger, auf den nach zeigt. Die linke Seite besagt, dass die Adresse des neuen Objekts in dem Objekt (bei _next) eingetragen wird, auf das der Vorgänger vor zeigt. Damit ist das Objekt eingekettet und die temporären Zeiger werden nicht mehr benötigt.

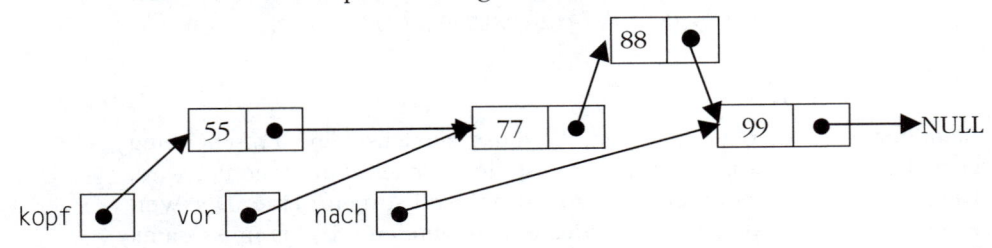

An diesem Beispiel ist der große ▸**Vorteil von verketteten Listen** zu erkennen: Die Objekte müssen keineswegs fortlaufend gespeichert sein, dh. sie befinden sich *physisch* an unterschiedlichen Orten und sind *logisch* über die Zeiger verbunden. Zeiger (mit 4 Byte) zu kopieren ist schneller als eine komplizierte Datenstruktur im Speicher herumzukopieren. Außerdem wird beim Kopiervorgang weniger Speicherplatz in Anspruch genommen. So lässt sich schon bei der Eingabe eine sortierte Liste erzeugen.

Für das Ausfügen kann man sich eine vergleichbare Strategie entwickeln. Hier ist eine Methode, die dies leistet *(Denken Sie dabei immer an das letzte Listenelement, damit nicht über das Ende der Liste hinausgegriffen wird. Alle Werte sind dort unbestimmt!)*:

```
int cList::extract(int zahl)
{ assert ( _kopf != 0);
  int temp; // für die Ausgabe gerettet
  Node * p = _kopf, *vor, * nach;
  while ( p->_next != 0 && p->_data != zahl)
    { vor = p;
      p = p->_next;
    }
  temp = p->_data;
  nach = p->_next;
  delete p;
  vor->_next = nach;
```

```
    return temp;
}
```

Das Entfernen des ersten Listenelements am Listenkopf bereitet jetzt keine Schwierigkeiten mehr:

```
int cList::remove()
{ int temp;
  if (is_leer()) // oder mit assert
    { cout << "\n Leere Liste! "; cout.flush(); }
  else
    { temp = _kopf->_data;
      Node * p = _kopf;
      _kopf = p->_next;
      delete p;
    }
  return temp;
}
```

25.6 Ausblick

Als Einführung in die Thematik dynamischer Datenstrukturen haben wir die Schlange mit einer festen Anzahl von Elementen gewählt, weil sie einfach zu vermitteln ist. Ihr Charakteristikum ist, dass auf einer Seite nur Zugänge und auf der anderen Seite nur Abgänge zu verzeichnen sind. Die Strategie lässt sich verallgemeinern, wenn man auf beiden Seiten Zu- und Abgänge zulässt, was im Englischen mit *double ended queue* und dem Kunstwort ▸*deque* (reimt sich auf: *neck*) bezeichnet wird. Die folgende Abbildung verdeutlicht dies.

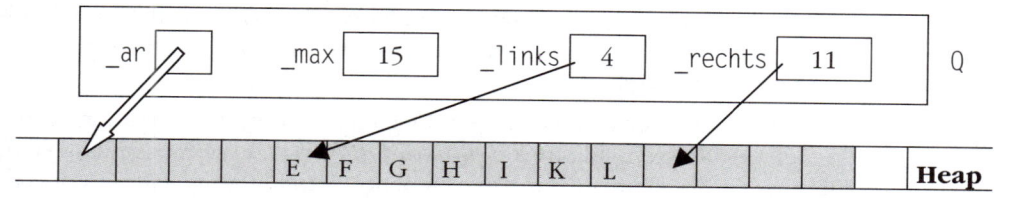

Stack, Queue und Deque sind in der Literatur auch mit Zeigern aufgebaut worden wie die *einfach* verkettete Liste. Das Wort weist schon darauf hin: Um den **Nachteil** der ▸**einfach verketteten** Liste (den Einstieg in die Liste immer nur vom Listenanfang her) zu beseitigen, wurde auch eine ▸**doppelt verkettete** Liste geschaffen, die es erlaubt, innerhalb der

25 Dynamische Datenobjekte

Liste vorwärts oder rückwärts zu gehen. Bei großen Listen hat man hier einen Effizienzgewinn. Bei der doppelt verketteten Liste gibt es – als Teil der Daten – einen weiteren Zeiger, der jetzt auf den Vorgänger zeigt. Das Prinzip der doppelt verketteten Liste im Vergleich zur einfach verketteten Liste zeigt die folgende Grafik:

Einfach verkettete Liste:

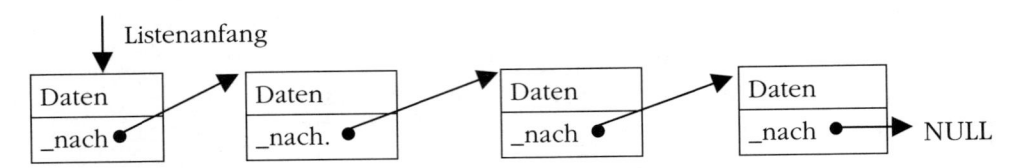

```
     ↓ Listenanfang
  ┌──────┐    ┌──────┐    ┌──────┐    ┌──────┐
  │ Daten│──▶ │ Daten│──▶ │ Daten│──▶ │ Daten│──▶ NULL
  │ _nach│    │ _nach│    │ _nach│    │ _nach│
  └──────┘    └──────┘    └──────┘    └──────┘
```

Doppelt verkettete Liste:

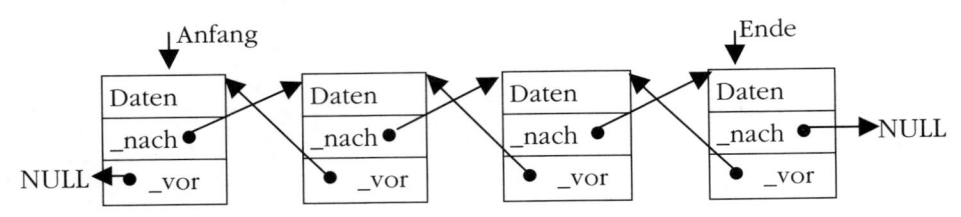

```
              ↓ Anfang                                        ↓ Ende
          ┌──────┐    ┌──────┐    ┌──────┐    ┌──────┐
          │ Daten│    │ Daten│    │ Daten│    │ Daten│
          │ _nach│──▶ │ _nach│──▶ │ _nach│──▶ │ _nach│──▶ NULL
 NULL ◀── │ _vor │◀── │ _vor │◀── │ _vor │◀── │ _vor │
          └──────┘    └──────┘    └──────┘    └──────┘
```

Nebenbei bemerkt: Diese Konzepte lassen sich in C++ gegenüber C deutlich einfacher programmieren. Da dies aber insgesamt Konzepte für fortgeschrittene Programmierer sind, mit denen man sich intensiv auseinandersetzen muss, wollen wir dies im Hinblick auf die Programmierung nicht weiter vertiefen. In der Literatur werden diese Konzepte unter dem Stichwort Datenstrukturen sowie Algorithmen behandelt, zu denen auch Bäume, Sortieren und Mischen zählen. Eine gute Darstellung finden Sie in [21].

Sie mögen erkennen, dass dies (und weitere nicht erwähnte) wichtige Konzepte sind, so wichtig, dass sie mittlerweile standardisiert und in einer C++Klassenbibliothek zu finden sind. Das zugehörige Stichwort heißt Behälter (*container*).

Zu jedem Compiler gibt es weitere nützliche Klassen und Funktionen, die in der C++Klassenbibliothek (*standard library*) zusammengefasst sind. Sie werden üblicherweise in verschiedene Gruppen eingeteilt. Grundlage ist die von Hewlett Packard entwickelte Standard Template Library (STL). Es würde jedoch Ziel und Umfang dieses Buches sprengen, hierauf einzugehen. Ich empfehle, zB. bei [4] und [28] nachzuschlagen. Einen Einstieg in das Thema gibt das nächste Kapitel.

Lösungen:

1. ```
   const int max = 10;
   int a[max] = {10, 20, 30 , 40, 50, 60}, abgang;
   abgang = a[0];
   for (int k = 1; k< max; ++k)  a[k-1] = a[k];
   ```

2. Die erste Strategie entspricht der an einer Kasse: Diese ist ortsfest und die Schlange bewegt sich. Beim Zugschaffner ist die Schlange ortsfest und der Schaffner verändert seine Position.

3. Die Initialisierungsliste wurde gewählt, weil die Listenelemente zuerst bearbeitet werden. Somit steht der Wert _max *sicher* zum Aufbau des dynamischen Arrays zur Verfügung.

4. ```
   int anzahl = 0;
   do  cin >> anzahl; while (anzahl < 1);
   cQueue  Q (anzahl);
   ```

25.7 Zusammenfassung

Statischen Objekten wird bei der Compilierung Speicherplatz zugewiesen. Dies kann sich als nachteilig erweisen, wenn die Anzahl viel zu groß – oder schlimmer – viel zu klein gewählt ist. Dynamische Datenobjekte dagegen werden zur Laufzeit bedarfsgerecht dimensioniert und auf dem Heap als namenlose Objekte angelegt, auf die nur über Zeiger zugegriffen wird. Ferner kann man Speicherplatz einsparen, wenn sich Datenobjekte während des Programmablaufs den Speicherplatz teilen können. Eine zur Laufzeit bedarfsgerechte Dimensionierung und Löschung erlauben die Operatorenpaare new/delete bzw. new []/delete [], wobei bei der Verwendung von delete / delete [] ein Destruktor geschrieben werden *muss*. Die damit aufgebauten Datenobjekte sind anonym. Mit den dynamischen Datenobjekten lassen sich neue Datenstrukturen wie Warteschlange, Stapelspeicher und verkettete Liste aufbauen. Das Verständnis der hier beschriebenen Konzepte ist die Voraussetzung für den Einsatz der entsprechenden Container-Klassen.

26 C++-Standard-Container-Klassen

Ein ▸**Container** ist ein Objekt, das andere Objekte enthält – wie es die Eigenschaft eines *Behälters* so ist. In Anbetracht der Tatsache, dass in der Logistik auch von Containern gesprochen wird und dies zum Alltagsbegriff wurde, ist es nicht sehr sinnvoll, dieses Wort zu übersetzen.

Die Inhaltselemente eines Containers müssen denselben Typ haben. Unter diesem Aspekt sind Arrays, Stacks, Schlangen und Listen ganz einfach Container: Wir haben im letzten Kapitel dies ansatzweise behandelt, ohne es so zu nennen.

Eine **Container-Klasse** ist folgerichtig eine Klasse, deren Exemplare Container sind. So sind `cQueue`, `cStack` und `cList` Container-Klassen – im Vergleich zur neuen ISO-C++Standard-Bibliothek natürlich die stark vereinfachte Variante, um die Konzepte zu zeigen. Der nach wie vor neugierige Leser sei auf die etwas tiefergehende Literatur verwiesen: Hier kann man C++ nicht in 24 „Stunden" lernen, eher in 24 Monaten. Breymann zB. bietet eine (sehr) kompakte Einführung.

Um die Standard-Container-Klassen nachvollziehen zu können, fehlt hier noch ein wichtiger Schritt. Aus Vereinfachungsgründen wurden die Klassendaten bisher entweder als `int`- oder `double`-Typ angenommen. In der Praxis aber können beliebige Objekte Elemente eines Containers sein – das macht gerade die Allgemeingültigkeit und die Flexibilität aus. Daher betrachten wir jetzt noch die Klassentemplates (nachdem früher schon die Funktionstemplates eingeführt waren).

26.1 Klassentemplates

Wir haben Funktionstemplates eingeführt, um nicht für eine bestimmte Aufgabe (zB. Tauschen) eine Vielzahl von Funktionen zu schreiben, die sich nur in den Datentypen unterscheiden und somit den Code aufblähen. Dies wäre – bei der schöpferischen Fähigkeit eines Programmierers – ein nie endendes Unterfangen. Viel sinnvoller ist es, eine **Schablone** für die Aufgabe zu entwickeln und den Compiler die Arbeit ausführen zu lassen. Denn der **muss bei der Compilierung** den richtigen Datentyp einsetzen und **für den richtigen Datentyp Code erzeugen**. Was der „richtige" Datentyp ist, erkennt der Compiler am Aufruf der Funktion in `main()`. Beachten Sie, dass der Effizienzgewinn *nur* beim Quellcode besteht und nicht bei der ausführbaren Datei.

Das Template-Konzept gilt auch für Klassen. So lassen sich jetzt Klassen entwickeln, die für alle Datentypen gelten können. Welche grundsätzlichen Änderungen einzuführen sind, wollen wir am praktischen Beispiel zeigen, dazu verwenden wir die Klasse cList, wobei die wichtigen Neuerungen grau unterlegt bzw. durch Fettdruck hervorgehoben sind. ACHTUNG: Dieses spezielle Beispiel gilt nicht für beliebige Datentypen einer Liste wie zB. Strukturen und Klassen, sonst müsste man den Vergleich beim Einfügen von Listenelementen von Anfang an anders gestalten und für die Ausgabe den Operator überladen. Dabei wäre das Beispiel so umfangreich, dass es den Blick für das Wesentliche verstellt. Der einzige Zweck dieses Beispiels ist daher die Kenntlichmachung der syntaktischen Änderungen. Die sind im wesentlichen:

- template <class T> **vor** der Klassenbeschreibung und **allen** Funktionsköpfen, wobei T der Template-Parameter ist und für einen beliebigen Bezeichner steht.
- cList**<T>**::~cList() Nach dem Klassennamen und vor dem GültigkeitsbereichsOperator erscheint in spitzer Klammer der Template-Parameter (Implementation).
- Überall, wo im vorigen Beispiel der spezielle Datentyp definiert, übergeben, zurückgegeben oder als Hilfsgröße angelegt wurde, wird jetzt der Template-Parameter eingesetzt.
- Im Hauptprogramm wird bei der Definition der Exemplare der konkrete Datentyp in spitzer Klammer ausgewählt, zB. cList<int> L; für den int-Typ.

Betrachten Sie nun das folgende Programm:

```
#include <iostream>  #include <cassert>  using namespace std;
template <class T>
class cList
{ private:
    struct Node
    { Node (T data, Node *next):_data (data),_next (next){ }
      T _data;
      Node* _next;
    };
    Node* _kopf;
  public:
    cList() : _kopf (0) {}
    ~cList();
```

26.1 Klassentemplates

```cpp
        void add (const T ganz) {_kopf = new Node(ganz, _kopf);}
        T    remove();
        void insert(T zahl);
        T extract(T  zahl);
        bool is_leer() { return bool (_kopf == 0);}
        void print();
};
int main()
{
  cList<int> L; // einzige Änderung in main für eine int-Liste!
   L.add (99); L.add (77); L.add (55);     // usw.
//neu:
cList<double> D;
D.add (99.9); D.add (77.7); D.add (55.5); // usw.
cList<char> C;
C.add ('A'); C.add ('C'); C.add ('E');    // usw.
}// end of main
//.......................................
template <class T>
cList<T>::~cList() // große Vorsicht, sonst Absturz!:
{ while (_kopf != 0) // wie bisher
}

template <class T>
void cList<T>::print()
{ if (_kopf != 0) // wie bisher; allgemein: <<Operator überladen!
}

template <class T>
T cList<T>::remove()
{ T temp;
   if (is_leer()) { cout << "\n Leere Liste! "; cout.flush(); }
   else // wie bisher
   return temp;
}
```

```
template <class T>
void cList<T>::insert(T zahl)
{ Node * vor; /* wie bisher */ }
```

```
template <class T>
T cList<T>::extract(T zahl)
```
```
{ assert ( _kopf != 0);
  T temp;
  Node * p = _kopf, *vor, * nach;
  while ( p->_next != 0 && p->_data != zahl)
    { vor = p;
      p = p->_next;
    }
   // wie zuvor
   return temp;
}
```

26.2 Standard-Container-Klassen

Die Standardbibliothek enthält 10 Container-Klassen-Templates:

stack< T >	priority_queue< T >
queue< T >	set< T >
deque< T >	multiset< T >
vector< T >	map< T >
list< T >	multimap< T >

Den linken Teil dieser Aufzählung haben wir bereits von den grundsätzlichen Konzepten her behandelt – mit Ausnahme der ▸vector-Klasse, die im Anschluss folgt. Eine vertiefte Betrachtung des rechten Teils findet sich zB. in Breymann.

Die wesentlichen Eigenschaften einer Container-Klasse wollen wir am Beispiel der vector-Klasse untersuchen. Ein vector ist eine Folge von Elementen, die einen direkten Zugriff erlauben. Mit Ausnahme von Referenzen (warum?) können alle Datentypen – auch zusammengesetzte – verwendet werden. Als abstrakter Datentyp ist er die Verallgemeinerung des *einfachen* Array-Typs: allerdings nicht mit identischem Funktionsumfang. So gibt es speziell **für mathematische Operationen** die dafür optimierte **Klasse** valarray mit deutlich erweitertem Funktionsumfang,

26.2 Standard-Container-Klassen

und auch die zweidimensionalen Arrays sind nicht so einfach abzubilden. Die Standardbibliothek enthält das vector<T>-Klassentemplate in der vector-Datei.

Die folgende Klassenschnittstelle ist der Prototyp für alle Klassen-Templates der Standard-Container. Mit wenigen Ausnahmen besteht zu einer vector-Klassenfunktion eine entsprechende in den oben aufgeführten anderen Container-Klassen. Hier folgt die vereinfachte Beschreibung der Schnittstelle:

```
template <class T>
class vector
{   friend bool operator==(const vector&, const vector&);
    friend bool operator<(const vector&, const vector&);
  public:
    vector();//Standardkonstruktor
    vector(int n=0);                    //Allg. Konstruktor
    vector(const vector&);              //Kopierkonstruktor
    vector(int , const T&);             //Allg. Konstruktor
    vector( T*, T*);                    //Allg. Konstruktor
    ~vector();                          //Destruktor
    vector& operator=(const vector&);   //Zuweisungsoperator
    void assign(int n, const T&);       //weist n gleiche Elemente zu
    void assign(T*,  T*);               //kopiert Bereich aus Objekt
    void resize(int);                   //verändert Größe
    void swap(vector&);                 //tauscht zwei Vektorobjekte
    bool empty() const;                 //liefert true, wenn leer
    int size() const;                   //liefert aktuelle Größe
    T*   begin();                       //holt Position erstes Element, Zeiger
    T*   end();                         //holt Pos. (letztes+1)Element, Zeiger
    T&   operator[](int);               //Indexoperator
    T&   at(int);                       //Zugriff mit Bereichsprüfung
    T&   front();                       //liefert erstes Element
    T&   back();                        //liefert letztes Element
    void push_back(const T&);           //hängt Element am Ende an
    void pop_back();                    //nimmt Element am Ende weg
    T*   insert(T*, const T&);          //fügt an Pos. Element ein
    void insert(T*, int,const T&);      //
```

26   C++Standard-Container-Klassen

```
    void insert(T*, T*, T*);        //
    T* erase(T*);                   //löscht an Pos. Element
    T* erase(T*, T*);               //löscht Bereich
    void clear();                   //löscht alle Elemente
   private:  //...
};
```

Mit dem folgenden Programmaufruf untersuchen wir die Wirkungsweise verschiedener Klassenfunktionen, die zusammen mit dem Ergebnisausdruck am Ende des Quellcodes selbsterklärend sind.

```
// vektor1.cpp : Untersuchung verschiedener Klassenfunkt.
#include <iostream>
#include <vector>
#include <iomanip>  using namespace std;
void print (vector<double>& y);
int main()
{ double x = 3.1;   vector<double> v(10), w(10);
  for (int k = 0; k < v.size();++k)   v[k] = (k+1)*x;
  cout << "erstes: "<< v.front()<< " und letztes: "
       << v.back() << '\n';
  v.push_back(x);
  cout << "letztes Element : " << v.back()<< endl;
  v.resize(v.size()-1);
  w = v; // das geht jetzt !
  print ( w );     // Zeile (A) im Ausdruck am QuelltextEnde
  w.assign(v.begin()+1, v.end()-2);
  print(w);              // (B)
  w.assign(2,*(w.begin()+2));
  print (w);             // (C)
  vector<double> a(10,1.0);
  vector<double> u(a.size(),5.0);
  u.swap(a);
  print ( u );           // (D)
  u.assign(v.begin()+2,v.end()-3);
  print (u);             // (E)
  u.insert(u.end()-1,3, 2.0);
```

26.2 Standard-Container-Klassen

```
      print (u);              // (F)
      u.erase(u.begin()+1, u.end()-5);
      print (u);              // (G)
      cout << endl;
      for (int k = 0; k < 25;++k)  // Obergrenze > u.size()
        {cout << setw(7) << u[k];  // ohne Bereichsprüfung !
         if ( k > 1 && (k+1)%10 == 0) cout << endl;
        }                     // (H)
           // statt u[k]:   u.at(k)  mit Bereichsüberprüfung
      cout <<"\nu[2]: "<< u[2]<< " v[3]: " << v[3]
           <<" u * v : " <<u[2] * v[3]<< endl;
      cout <<"u[2]: "<< u[2]<< " v[3]: " << v[3]
           <<" u / v : " <<u[2] / v[3]<< endl << endl;
      system("pause");
   }
   void print (vector<double>& y)
   { cout << endl;
      for (int k = 0; k < y.size();++k)    cout << setw(7) << y[k];
   }
```

Ergebnisausdruck:

erstes: 3.1 und letztes: 31
letztes Element: 3.1

(A)	3.1	6.2	9.3	12.4	15.5	18.6	21.7	24.8	27.9	31
(B)	6.2	9.3	12.4	15.5	18.6	21.7	24.8			
(C)	12.4	12.4								
(D)	1	1	1	1	1	1	1	1	1	1
(E)	9.3	12.4	15.5	18.6	21.7					
(F)	9.3	12.4	15.5	18.6	2	2	2	21.7		
(G)	9.3	18.6	2	2	2	21.7				
(H)	9.3	18.6	2	2	2	21.7	2	21.7	1	1
	9.3	9.3	9.3	12.4	15.5	18.6	21.7	24.8	27.9	31
	5	5	5	5	5					

u[2]: 2 v[3]: 12.4 u*v: 24.8
u[2]: 2 v[3]: 12.4 u/v: 0.16129

Die Schnittstelle und das Programmbeispiel charakterisieren auch die heutige Sichtweise auf Software. vector ist eine vordefinierte Klasse, deren innerer Aufbau hier nicht erkennbar ist. Man benutzt eine solche Klasse als Baustein im eigenen Programm. Hierzu muss man nur wissen

- was der Baustein leistet,
- wie er verwendet werden muss.

Für Softwerker ist es daher wichtig, die Klassenschnittstelle richtig interpretieren zu können. Etwas Mut und Experimentierfreude helfen über die oft sparsamen Beschreibungen in der Literatur und in den Dokumentationen hinweg.

26.3 Zusammenfassung

Unsere Betrachtungen haben folgendes ergeben:

Mit den Konstruktoren lassen sich allgemeine Vektorobjekte anlegen, eine bestimmte Anzahl Elemente mit identischen Werten vorbelegen und Teilbereiche eines Vektorobjektes zur Initialisierung verwenden.

Bei einem Vektorobjekt kann man Elemente anhängen und entfernen, ohne neu dimensionieren zu müssen. Auf diese Weise ist ein früher angesprochenes Problem der bedarfsgerechten Größe gelöst.

Auf einzelne Elemente kann man in gewohnter Weise mit dem Indexoperator zugreifen.

> Es gibt auch hier keine Überprüfung auf Bereichsüber- oder -unterschreitung. Zugriffe auf nicht existierende Elemente erzeugen offenbar keine Fehlermeldung. Weder Compiler noch Laufzeitsystem führen eine Prüfung durch. Verwendet man statt v[k] die Klassenfunktion at(k), die den Wert *an* der Position k ermittelt, wird der Zugriff geprüft. (Mir liegt aber eine weitverbreitete Freeware-Version aus dem Jahr 2000 vor, bei der at() anscheinend nicht implementiert ist.)

Die ▸vector–Klasse verhält sich ähnlich wie die zuvor besprochenen dynamischen Datenstrukturen Stack und Queue: Es werden zur Bereichsbegrenzung nur Zeiger verschoben (Es sind noch die alten Werte vorhanden, beachten Sie die Aussagen über: Lesen oberhalb der Indexgrenze).

Mit vector-*Elementen* kann man die Grundrechenarten neben den Vergleichen ausführen. Eine Schachtelung der Art vector<vector <double>> für ein zweidimensionales Array sollte nach dem neuen ▸ISO-Standard möglich sein. (Nicht immer werden Standards umgesetzt: So endet bei einem unübersehbaren Anbieter der Gültigkeitsbereich von i *nicht* am Ende der for-Schleife : for (int i = 0; i<14;++i) sum += i;)

27 String-Klasse

Der Einsatz der bisher dargestellten Zeichenketten, die noch ein Relikt der C-Programmierung sind, ist bei häufigem Programmieren ziemlich mühevoll und fehlerträchtig. Um vieles einfacher und sicherer gestaltet sich die Verwendung von Objekten aus der string-Klasse.

27.1 Anwendungsbeispiele

Die Klasse string wird mit include <string> eingebunden. (Beachten Sie: Die Inhalte der bisher bekannten Header-Datei <string.h> werden jetzt mit <cstring> gerufen!) Bei ihr treten ähnliche Klassenfunktionen auf wie bei den anderen Containern.

Eine umfassende, detaillierte Beschreibung einer Teilmenge aus der Standardbibliothek umfasst in [4] neun Seiten, auf die der interessierte Leser verwiesen wird. Hier wollen wir die wichtigsten Konzepte anhand von Beispielen besprechen.

Objekte der Klasse string können wir auf verschiedene Weise definieren und initialisieren:

```
string s1;
string s2 = "Das Leben der Wikinger";
string s3 = s2;
string s4 (12, '*');    // ************
string s5(s2,16,4);     // king
```

Ein nicht initialisierter String, wie s1, ist selbstverständlich leer. Ein string-Objekt wie s2 kann in derselben Weise initialisiert werden wie ein C-String. Als Folge der Überladung von Operatoren lässt sich ein string-Objekt mit der Kopie eines anderen initialisieren. Für einige Zwecke nützlich ist die Vorbelegung eines Strings mit einer Anzahl identischer Zeichen wie bei s4. Ferner lässt sich ein String mit einem Teilstring eines anderen, hier s2, initialisieren. Der Teilstring beginnt mit der Position 16 und ist 4 Zeichen lang.

Auch der Indexoperator ist implementiert, so dass sich ein C++String wie ein C-String verhält:

```
char ch = s2[4];    // L
```

Andererseits kann man auch C++Strings in C-Strings konvertieren:

```
const char *Cs = s2.c_str()
// Rückgabewert von c_str(): const char* !
```

Die Länge eines Strings lässt sich mit length() wie mit size() ermitteln:

```
cout << s2.length();
```

Die substr()-Funktion liefert wie die entsprechende Initialisierung von s5 einen Teilstring:

```
s4 = s2.substr(16,4); // king
```

Die erase() und replace()-Funktionen arbeiten folgendermaßen:

```
s3.replace(4,0,"Liebes"); // Das LiebesLeben der Wikinger
s3.replace(10,1,"b");     // Das Liebesbeben der Wikinger
s3.erase(5,6);            // Das Leben der Wikinger
```

Zunächst wird in diesem Beispiel auf den Index 4 positioniert, 0 Zeichen entfernt und alle Zeichen des folgenden Strings eingefügt. Dann werden das elfte Zeichen durch das Zeichen b ersetzt und zum Schluss ab Position 5 sechs Zeichen „ausradiert" (*to erase*).

Die find()-Funktion liefert den Index des ersten Erscheinens eines gegebenen Suchstrings oder die Gesamtlänge des Strings:

```
string s6 = "Mississippi River Boat";
int wo = s6.find("si"); // 3
    wo = s6.find("ri"); // 23
```

Mit der Zuweisung einer anderen Bedeutung an die Operatoren lassen sich folgende Möglichkeiten realisieren:

```
string s7 = s5 + " of the road";   // king of the road
string s8 (s2,0,2);
s8  += s2.substr(0,2);              // DaDa
s4.assign("Kostenartenrechnung");   // Zuweisung
s5.assign("Kostenartenverfahren");
if ( s4 < s5)   cout << s4 << " lexikografisch vor " << s5;
while ( s4 == s5) //usw.
```

Im Zusammenhang mit den Relationsoperatoren werden die Strings zeichenweise miteinander verglichen. Anhand der Ordnungsnummer im zugrunde liegenden Zeichencode lässt sich eine Entscheidung treffen, ob ein Zeichen größer oder kleiner als ein anderes ist. Bei identischer Zeichenfolge gilt der String als kleiner, der kürzer ist: „Kostenart" < „Kostenarten".

- **Exkurs:** Alfabetische ▸Sortierung

Im angloamerikanischen Sprachbereich gestaltet sich die alfabetische Sortierung sehr einfach, im deutschen findet man der Umlaute wegen zwei Möglichkeiten: die lexikografische Sortierfolge und die nach den Regeln des ehemaligen Monopolbetriebs Telekom.

• Lexikografische Sortierfolge

Stichwortverzeichnisse in Büchern und Lexika folgen dem einfachen Prinzip ä → a, ö → o usw. und ß → ss, dh. Umlaute werden quasi durch den einfachen Buchstaben ersetzt und die Wörter entsprechend eingeordnet. Auch Leerzeichen zwischen zwei Wortteilen muss man beim Sortieren berücksichtigen:

Beispiele:

Stichwortverz.:	Brockhaus:	Brockhaus:	MS-Word:
Blasen	Strasburg	Rask	Ras Lanuf
Blätter	Straß	Raskolniki	Rask
Block	Straßburg	Ras Lanuf	Raskolniki
Blöcke	Straßenverkehr	Raslinge	Raslinge
Blockkonzept	Strasser		
	Straßmann		

Die Microsoft-Produkte (Word, Excel) sortieren lexikografisch ebenso wie zB. Borlands C++Compiler (deutsch), dh. gegenüber dem ASCII herrscht eine andere (länderspezifische) Ordnung. Wie das rechte Beispiel oben aber zeigt, werden die Leerzeichen unterschiedlich behandelt.

• Sortierregeln der Telekom

Diese Regeln sind ausführlich in den (großen) Telefonbüchern dargestellt. Wesentlich ist hier, dass die Umwandlung ä → ae, ö → oe etc. vorgenommen und dann lexikografisch sortiert wird, was zu einer anderen Sortierreihenfolge führt.

Beispiele:

ADS	Blätter
AEG	Blasen
Ärztlicher Notdienst	Block
Afteni	Blockkonzept
	Blöcke

Gelegentlich stellt sich auch die Frage, welcher Datentyp für die Postleitzahlen richtig sei, `int` oder `string`. Wegen der führenden Null (in Ostdeutschland) als Sortierkriterium *muss* die PLZ als String codiert werden, dennoch wird gern in Beispielen (wenn es auf das Sortieren wirklich nicht ankommt) der `int`-Typ verwendet.

Verwendet man den int-Typ, passieren zwei unerwünschte Effekte: erstens geht die führende Null verloren und die Postleitzahlen werden nur mit vier Ziffern ausgedruckt und zweitens werden (beim Sortieren) die ostdeutschen PLZ mit der ursprünglich zweiten (jetzt ersten) Ziffer bei den westdeutschen zwischendrin eingeordnet!

27.2 Zusammenfassung

Aufgrund der Objektorientierung stellt die `string`-Klasse ein mächtiges und einfaches Werkzeug zur Behandlung von Zeichenketten dar – verglichen mit den C-Strings. Zugleich erhält der C++String durch entsprechende Klassenfunktionen und Überladung von Operatoren die bekannte C-Funktionalität. Wer viel mit Strings arbeitet, wird sie oft auch sortieren müssen. Dabei ist im Deutschen die lexikografische Sortierfolge von der der Telekom zu unterscheiden.

28 Erbschaften

Die Erbschaft ist, neben den Klassen, eines der bedeutendsten und leistungsfähigsten Merkmale objektorientierter Programmierung. Das Erben ist die Bezeichnung für die Erstellung neuer Klassen – die auch abgeleitete Klassen genannt werden – auf der Grundlage von bestehenden Klassen, den Ober- oder auch Basisklassen.

28.1 Erben in C++

Das Erben bietet entscheidende Vorteile, der wichtigste ist wohl die **Wiederverwendbarkeit** eines bestehenden und getesteten Codes. Allerdings muss man wegen der Generalisierung der Klassen oft Änderungen vornehmen: einige Elemente (Attribute und Methoden) hinzufügen oder andere leicht verändern, um sie einer neuen Aufgabe anzupassen. Es ist nicht sinnvoll, einen gut funktionierenden Quellcode im Original zu verändern, dabei bestünde die Gefahr neuer Fehler. Außerdem spart es Zeit und Geld und erhöht die Zuverlässigkeit, wenn man sich als Programmierer auf Bestehendes verlassen kann. Manchmal gelingt der Eingriff in den Quellcode aber auch gar nicht, zum Beispiel bei im Handel erhältlichen Klassenbibliotheken – dann ist der Programmierer auf Erbschaften angewiesen.

Bei geerbten Klassen muss der Programmierer bei den allfälligen Änderungen daher auch den ▸Zugriff der durch `public` und `private` definierten Elemente nach seinen Notwendigkeiten anpassen dürfen. Dies ist Gegenstand des folgenden Kapitels.

Beginnen wir mit einem Beispiel – im Hinblick auf das sich anschließende Projekt – aus dem Bereich der Logistik. Beim innerbetrieblichen Materialfluss lassen sich die Transportmittel nach [17] (vereinfacht) gliedern:

Abbildung 25: Systematik innerbetrieblicher Transportmittel

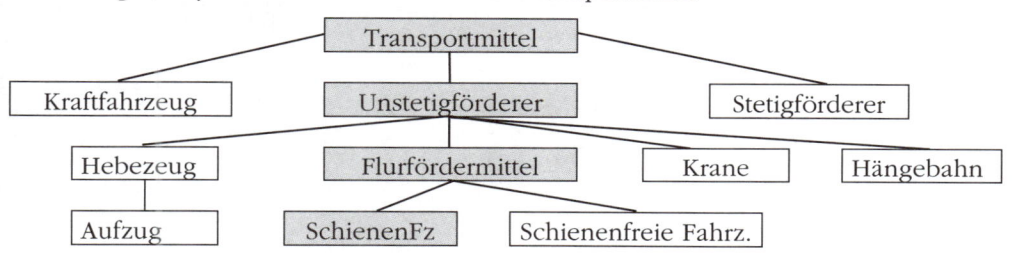

28 Erbschaften

Ein Beispiel für einen Stetigförderer ist das Förderband, das kontinuierlich die Güter transportiert. Ein Unstetigförderer *ist ein* Transportmittel, das diskontinuierlich (unstetig) Schütt- oder Stückgüter befördert. Zu den Flurfördermitteln (FFM) zählen als schienenfreie Ausprägung der Stapler und das fahrerlose Transportsystem (FTS) sowie als schienengebundene die im Hochregal fahrenden, elektrisch betriebenen Regalbediengeräte (RGB).

Für unsere Zwecke bilden wir einen Teilausschnitt dieses realen Umfeldes. Eine solche Hierarchie lässt sich gut mit Klassen abbilden, Abbildung 26, um diese Miniwelt im Rechner zu modellieren. Dabei bestehen zwischen den Klassen bestimmte Beziehungen. So beschreibt die Erbschaft eine ▷ *ist-ein*-Beziehung: Das RGB *ist ein* FFM, und der Stapler *ist ein* FFM und *ist ein* Kfz. Während die Beziehung zwischen RGB und FFM durch eine einfache Erbschaft dargestellt wird, weist die Abbildung beim Stapler eine mehrfache Erbschaft aus.

Abbildung 26: Vereinfachte Klassen mit Erbschaften

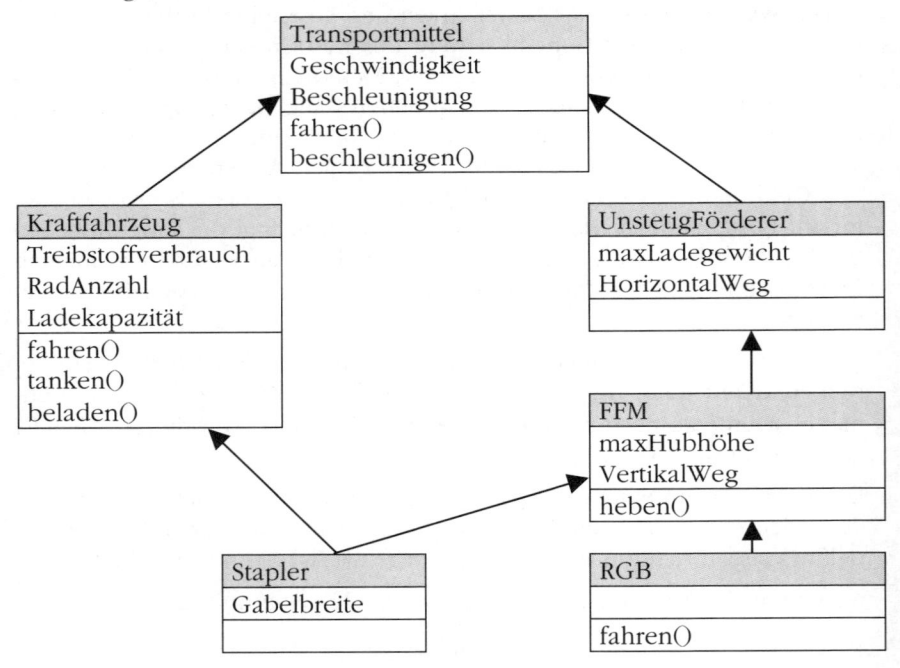

Transportmittel
Geschwindigkeit
Beschleunigung
fahren()
beschleunigen()

Kraftfahrzeug
Treibstoffverbrauch
RadAnzahl
Ladekapazität
fahren()
tanken()
beladen()

UnstetigFörderer
maxLadegewicht
HorizontalWeg

FFM
maxHubhöhe
VertikalWeg
heben()

Stapler
Gabelbreite

RGB
fahren()

432

28.1 Erben in C++

■ **Deklaration**

In C++ wird

- die *einfache* Erbschaft syntaktisch ausgedrückt durch

  ```
  class cB   : >ZugriffSpez<   cA
  ```

  was soviel bedeutet wie: Die Klasse cB erbt von (oder: ist abgeleitet von) der Klasse cA

- die *mehrfache* Erbschaft durch

  ```
  class cC   : Oberklassenliste
  ```

Als ▸**Zugriffspezifizierer** >ZugriffSpez< gelten die Schlüsselworte public, private und (neu) protected. Die Oberklassenliste Oberklassenliste führt die einzelnen Vorfahren mit Zugriffspezifizierern versehen und durch Komma getrennt auf.

Beispiel:
```
class cA   {....};
class cB   {....};
class cD   : public cA, protected cB
    {......};
```

Die Zugriffspezifizierer gelten also nicht nur innerhalb von Klassen, sondern sie regeln auch die Zugriffsrechte zwischen den Klassen – doch davon später mehr.

Wie sieht nun eine Deklaration der oben beschriebenen Miniwelt in C++ aus? Die folgenden (stark vereinfachten) Deklarationen sollen zunächst nur einen ersten Eindruck vermitteln.

```
class cTransportmittel
{
  protected:
    float _vmax;  // Maximalgeschwindigkeit
    float _accel; // Beschleunigung (acceleration)
  public:
    void fahren();
    void beschleunigen();
};
```

```cpp
class cKFZ : public cTransportmittel
{ protected:
     int    _RadAnzahl;
     float  _Ladekapazitaet;
     float  _Verbrauch; // Treibstoff
  public:
     void fahren(); // ersetzt cTransportmittel::fahren() !
     void tanken();
     void beladen();
};
class cUnstetigF : public cTransportmittel
{ protected:
     float _maxLadegewicht;
     float _WegX ; // Horizontalweg
};
class cFFM : public cUnstetigF
{ protected:
    float _maxHub;
    float _WegY ;
   public :
    void heben();
};
class cRGB : public cFFM
{ public:
    void fahren(); // ersetzt cTransportmittel::fahren();
};
class cStapler : public cFFM, public cKFZ
{ private:
    float _Gabelbreite;
};
```

Wie im Kapitel 23 beschrieben, übernimmt eine abgeleitete Klasse die Attribute und Methoden der Oberklasse. Vergleichen Sie jetzt nochmals die Abbildung 21, die jetzt präzisiert wird.

Mit dem Erben von Eigenschaften einer Oberklasse sind folgende Aspekte verbunden:

1. Wenn ein Objekt einer abgeleiteten Klasse erzeugt wird, vollzieht sich ein mehrstufiger Prozess. (Beachten Sie: Ein abgeleitetes Objekt enthält eingebettet ein nicht sichtbares Objekt der Oberklasse, vgl. Abbildung 21, jeweils grau unterlegt, und Abbildung 27). Zunächst wird automatisch ein ▸Konstruktor einer Oberklasse aufgerufen und Speicher für ein solches eingebettetes Objekt reserviert (nur für Attribute, nicht für Funktionen). Dann erst wird der Konstruktor des abgeleiteten Objektes aufgerufen.

2. Jede Klassenfunktion einer Oberklasse kann von einem Objekt der abgeleiteten Klasse aufgerufen werden, falls diese Klassenfunktion als public spezifiziert ist. So kann ein Objekt FFM der Klasse cFFM die Klassenfunktion cTransportmittel::fahren() ebenso nutzen (in der Form FFM.fahren()) wie ein Objekt UnstetigF (UnstetigF.fahren()). Ruft ein Objekt eine Klassenfunktion auf, so ist nicht erkennbar, ob sie zur Klasse selbst oder zur Oberklasse gehört. Deshalb wurde auch grafisch in Abbildung 21 sowie in der Abbildung 27 ein gemeinsamer Bezugsrahmen eingeführt.

3. Die abgeleitete Klasse kann zusätzliche Attribute und Methoden enthalten, die in Oberklassen nicht vorkommen. So ist _maxLadegewicht ein Attribut, das nicht Teil der Oberklasse cTransportmittel ist. Sie erinnern sich: Die Oberklassen sind stets allgemeiner gehalten als die Unterklasse (Prinzip der Generalisierung).

4. Es können in abgeleiteten Klassen zusätzlich **Methoden** deklariert werden, **die in ihrer ▸Signatur identisch** sind **mit Oberklassenmethoden**. Die Klassenfunktionen ersetzen (oder ▸überschreiben) die entsprechenden Oberklassenfunktionen. In Abbildung 26 und dem sich anschließenden Quellcode ist die Methode cRGB::fahren() ein Beispiel dafür, wie cTransportmittel::fahren() ersetzt und damit unwirksam wird.

5. Findet der Compiler in der abgeleiteten Klasse eine Funktion nicht, greift er auf die Oberklasse zurück.

Abbildung 27: Einbettung von Oberklassenelementen

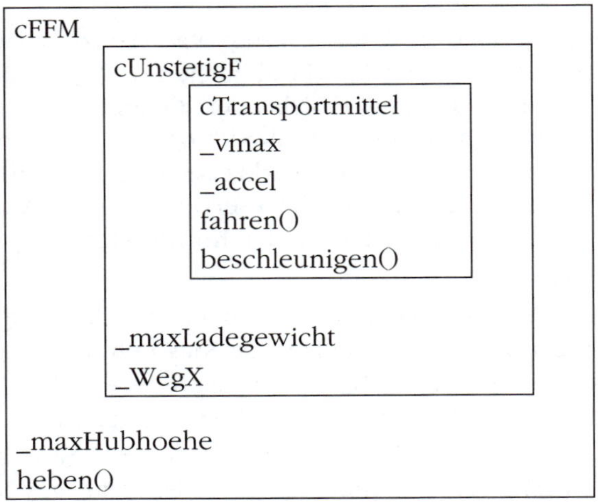

```
cFFM
    cUnstetigF
        cTransportmittel
        _vmax
        _accel
        fahren()
        beschleunigen()

        _maxLadegewicht
        _WegX

    _maxHubhoehe
    heben()
```

28.2 Zugriff auf Elemente einer Klasse

Die Elemente einer Klasse – Attribute und Methoden – erhalten Zugriffspezifizierer, die die Art des Zugriffs festlegen. Wir haben uns bisher nur mit public und private beschäftigt, im Zusammenhang mit dem Ableiten wird protected benötigt.

Die Bedeutung der Zugriffspezifizierer ergibt sich aus folgenden **Definitionen**:

public: Das so gekennzeichnete Element kann von jeder Funktion (innerhalb und außerhalb einer Klasse) benutzt werden.

private: Das Element kann nur von Methoden (und Friends) der Klasse benutzt werden, in der es deklariert wurde.

protected: Das Element kann nur von Methoden benutzt werden, in denen es deklariert wurde, sowie von Methoden von Klassen, die von der deklarierten Klasse abgeleitet sind (inklusive weiterer Erben). Von außenstehenden Funktionen ist kein Zugriff möglich.

Achtung:

- friend-Funktionsdeklarationen werden von den Zugriffspezifizierern nicht beeinflusst.
- Elemente einer Klasse sind standardmäßig private – deshalb kann das Schlüsselwort auch entfallen. *Sie* müssen explizit public oder protected verwenden, um die Voreinstellung zu überschreiben.

28.2 Zugriff auf Elemente einer Klasse

- Die Zugriffspezifizierer können in beliebiger Reihenfolge geschrieben werden.

> Private Klassenelemente sind stark gekapselt, öffentliche dagegen überhaupt nicht. Der **Mittelweg** zwischen `private` und `public` heißt also `protected` (geschützt).

■ Zugriff auf Oberklassen und abgeleitete Klassen

Wir haben bisher die Elemente in der beschriebenen Weise verwendet, ohne auf die Tragweite näher einzugehen. Beginnen wir mit dem Beispiel einer einfachen Klasse.

```
//zugriff1.cpp
class cA
{
  private   : int _apriv;
  protected : int _aprot;
  public    :
    int _apub;
    void setApriv( int a) { _apriv = a;}
    void setAprot( int a) { _aprot = a;}
    int _a1pub;
};
int main()
{
  cA A;
  A._apub = 5;      // öffentlicher Zugriff
  A.setApriv(7);    // über Klassenfkt
  A.setAprot(9);    // über Klassenfkt
}
```

Anzeige eines Debuggers:

A	
_apriv	7
_aprot	9
_apub	5
setApriv()	
setAprot()	

Ein (guter) Debugger liefert die im Kasten neben dem Quellcode (vereinfacht) dargestellten Informationen über das Objekt A, dessen Klasse wir als Oberklasse für weitere Ableitungen verwenden. *Ziel* dieser Untersuchungen ist hier, die Auswirkungen unterschiedlicher Zugriffsrechte zu zeigen, denn mit der Erbschaft der Elemente der Oberklasse können die ▷**Zugriffsrechte** mit den Zugriffspezifizierern bei der Deklaration der Klasse **verändert** werden.

28 Erbschaften

Welche Zugriffseigenschaften erhalten nun die geerbten Elemente aus der Sicht der abgeleiteten Klassen?

Die folgenden Programmfragmente – zusammengenommen ergeben sie ein lauffähiges Programm – ändern systematisch die Zugriffsrechte auf die Klasse cA. Jene Teile des Quellcodes, die beim Compilieren Fehler erzeugen, sind als Kommentare gekennzeichnet und erläutert.

```
class cB : private cA
{
  private   : int _bpriv;
  protected : int _bprot;
  public    :
    int _bpub;
    void setBpriv( int b) { _bpriv = b;}
    void setBprot( int b) { _bprot = b;}
    void setBApub( int b) { _apub  = b;}
    void setBAprot(int b) { _aprot = b;}
    //void setBApriv(int b) { _apriv = b;}; kein Zugriff mögl.
};
```

Aufruf:

```
cB B; // cA ist private!
  /*
    B._apub = 10;    // Fehler: kein Zugriff auf _apub
    B.setApriv(13);  // Fehler: kein Zugriff auf setApriv()
    B.setAprot(15);  // Fehler: kein Zugriff auf setAprot()
  */
  B._bpub = 12;
  B.setBpriv(17);
  B.setBprot(19);
  B.setBApub(11);
  B.setBAprot(14);
  //B.setBApriv(16); nicht möglich
```

28.2 Zugriff auf Elemente einer Klasse

Bei der nächsten Ableitung werden die Elemente als protected spezifiziert:

```
class cC : protected cA
{
  private   : int _cpriv;
            //cA::_alpub; // verschärfter Zugriff, siehe Text
  protected : int _cprot;
  public    :
    int _cpub;
    void setCpriv( int c) { _cpriv = c;}
    void setCprot( int c) { _cprot = c;}
    void setCApub( int c) { _apub  = c;}
    void setCAprot (int c){ _aprot = c;}
    //void setCApriv (int c){ _apriv = c;} Fehler: kein Zugriff möglich
};
```

Aufruf:

```
cC C;  // cA ist protected!
/*
  C._apub = 20;     // Fehler: kein Zugriff auf _apub
  C.setApriv(23);   // Fehler: kein Zugriff auf setApriv()
  C.setAprot(25);   // Fehler: kein Zugriff auf setAprot()
*/
C._cpub = 22;
C.setCpriv(27);
C.setCprot(29);
C.setCApub (21);
C.setCAprot(24);
//C.setCApriv(26);
```

Mit der public-Spezifizierung ergibt sich :

```
class cD : public cA
{
  private   : int _dpriv;
  protected : int _dprot;
            // cA::_alpub; // verschärfter Zugriff, siehe Text weiter unten
```

28 Erbschaften

```
    public   :
      int _dpub;
      void setDpriv( int d) { _dpriv = d;}
      void setDprot( int d) { _dprot = d;}
      void setDApub( int d) { _apub  = d;}
      void setDAprot (int d){ _aprot = d;}
      //void setDApriv (int d){ _apriv = d;} kein Zugriff mögl.
    };

    cD D;   // cA ist public!
      D._apub = 30;
      D.setApriv(33);
      D.setAprot(35);
      D._dpub = 32;
      D.setDpriv(37);
      D.setDprot(39);
      D.setDAprot(31);
      D.setDApub (34);
```

Anhand des Quellcodes – er ist gut, um die Sachverhalte mit einem Debugger zu prüfen – lassen sich jedoch keine Regeln erkennen, wie die Zugriffe gesteuert werden. Wir definieren jetzt die Regeln und untersuchen dann den Code anhand von Debugger-Informationen.

Die abgeleitete Klasse erbt die Zugriffseigenschaften von der Oberklasse nach folgenden

Regeln:

public-Ableitung:

- public-Elemente der Oberklasse werden wieder zu public-Elementen.
- protected-Elemente der Oberklasse werden zu protected-Elementen der abgeleiteten Klasse.
- private-Elemente der Oberklasse bleiben solche.

protected-Ableitung:

- public- und protected-Elemente der Oberklasse werden protected-Elemente der abgeleiteten Klasse
- private-Elemente der Oberklasse bleiben ebensolche.

`private`-Ableitung:

- `public`- und `protected`-Elemente der Oberklasse werden `private`-Elemente der abgeleiteten Klasse
- `private`-Elemente der Oberklasse bleiben `private`-Elemente.

Diese Regeln lassen sich auch in Form folgender Tabelle darstellen:

Ableitung → ↓ Oberklasse	private	protected	public
public	private	protected	public
protected	private	protected	protected
private	private	private	private

Wer auf so spezifizierte Elemente zugreifen darf, legen die zuvor gegebenen Definitionen der ▸Zugriffspezifizierer fest.

Halten wir einige wesentliche Aussagen fest:

- Abgeleitete Klassen können nur auf `protected`- oder `public`-Elemente zugreifen.
- `private`-Elemente der Oberklasse bleiben vor **jedem** Zugriff sicher.
- mit der Ableitung geht eher eine Verschärfung des Zugriffs einher, keinesfalls eine Lockerung.

> Die Entscheidung, ob bei der Ableitung die Oberklasse als öffentlich, geschützt oder privat deklariert wird, hängt von der Aufgabe der abgeleiteten Klasse ab. Ist die Unterklasse schon soweit spezialisiert, dass ein weiteres Ableiten unzweckmäßig wäre, verhindert eine private Deklaration eine weitere Ableitung. Ist es jedoch wahrscheinlich, dass die abgeleitete Klasse wieder abgeleitet wird, dann sollte man die Oberklasse als öffentlich deklarieren.

Mit diesem Regelwerk lassen sich die Fehlermeldungen im obigen Quellcode zugriff1.cpp erklären. Zusätzlich verwenden wir Debugger-Informationen über die Objekte:

28 Erbschaften

A	
_apriv	7
_aprot	9
_apub	5
setApriv()	
setAprot()	

	B, priv. cA	
1	cA::_apriv	8512
2	cA::_aprot	14
2	cA::_apub	11
3	cA::setApriv()	
3	cA::setAprot()	
	_bpriv	17
	_bprot	19
	_bpub	12
	setBpriv()	
	setBprot()	
2	setBAprot()	
2	setBApub()	
1	setBApriv()	

C, prot. cA	
cA::_apriv	8492
cA::_aprot	24
cA::_apub	21
cA::setApriv()	
cA::setAprot()	
_cpriv	27
_cprot	29
_cpub	22
setCpriv()	
setCprot()	
setCAprot()	
setCApub()	
setCApriv()	

D, pub. cA	
cA::_apriv	33
cA::_aprot	35
cA::_apub	30
cA::setApriv()	
cA::setAprot()	
_dpriv	37
_dprot	39
_dpub	34
setDpriv()	
setDprot()	
setDAprot()	
setDApub()	
setDApriv()	

es geht nicht: B._apub   C._apub

Die drei links neben dem Objekt B mit 1, 2, 3 markierten Fälle wollen wir exemplarisch untersuchen und die Regeln erläutern (private-Ableitung):

1   _apriv ist in cA privat, die Ableitung ist privat. Deshalb kann nicht mit setBApriv() von B, dem abgeleiteten Objekt, auf A, das Oberklassenelement, zugegriffen werden.

2   cA::_aprot und cA::_apub sind in der Oberklasse protected bzw. public und werden durch die Ableitung in B private-Elemente, auf die man mit Klassenfunktionen von B (setBApub(), setBAprot()) zugreifen darf.

3   Nach der Regel werden public-Elemente der Oberklasse (hier: die Funktion cA::setApriv(), cA::setAprot()) zu private-Elementen der abgeleiteten Klasse cB. In ihr ist daher kein direkter Zugriff B.setApriv() möglich, sondern nur (nach Definition) über eine Klassenfunktion von B.

Beachten Sie, dass D.setAprot() und D.setDAprot() sowie D._apub und D.setDApub identische Wirkung haben!

! 1   Erklären Sie, warum der Zugriff B._apub nicht geht, wo doch _apub öffentlich ist.

28.2 Zugriff auf Elemente einer Klasse

Bemerkung:

In der Konsequenz des letzten Satzes von Punkt (3) lässt sich in böser Absicht das Schutzkonzept umgehen! Mit der (zusätzlichen) Klassenfunktion setBAA (int b) kann man auf die Klassenfunktion cA::setApriv() zugreifen, die wiederum das private _apriv verändern darf:

```
void cB::setBAA(int b) {setApriv(b);} //So lässt sich Zugriffssperre umgehen!
Aufruf:   B.setBAA(99);
```

In einigen Fällen führt die durch Ableitung erreichte Flexibilität dennoch zu gewissen Erschwernissen, denn manchmal wäre es wünschenswert, **einige wenige** Attribute einer abgeleiteten Klasse von der pauschalen Zugriffsspezifikation in der Klassendeklaration **abweichen** zu lassen. Gehen wir von folgendem (stark vereinfachten) Beispiel – es stammt aus [25, S. 135] – einer bestehenden Implementation einer Klasse Kunde aus:

```
class Kunde
{ public:
    char vorname[80];
    char name[80];
    unsigned int geheimzahl;
};
```

Für eine Bankanwendung soll aus dem generalisierten Kunde ein spezieller Bankkunde werden. Der vor der Öffentlichkeit zu verbergenden Geheimzahl wegen soll der public-Zugriff ausscheiden, so dass sich der protected-Zugriff anbietet. Damit werden alle Elemente der Oberklasse nur noch für die abgeleitete Klasse und weitere Erben erreichbar.

```
class BankKunde   :    protected Kunde
{ public :
    void init () {geheimzahl = 0}
};
```

Die pauschale protected-Spezifikation hat zur Folge, dass alle öffentlichen Elemente, also auch Name und Vorname, generell geschützt sind. Wie unter der Bemerkung gezeigt, lässt sich dennoch leicht auf Umwegen auf die Geheimzahl zugreifen:

```
class Spion : public BankKunde //jetzt ist er öffentlich
{                              //aber nur über eine Methode dieser Klasse
  public:
    void getGeheimzahl()  { cout << geheimzahl;} };
```

Eine pauschale `private`-Ableitung dagegen verbietet sich, weil dann beim weiteren Erben der Zugriff verwehrt wird. Die geschickte Lösung für das **Abweichen von der generellen Zugriffsspezifikation** bei der Ableitung wird erreicht durch das Einrichten von ▸Zugriffs-Deklarationen:

```
class BankKunde : protected Kunde
{ private:
    Kunde::geheimzahl;
  public:
    void init () { geheimzahl = 0;}
};
```

Zugriffs-Deklarationen werden gebildet, indem das Attribut mit dem (Gültigkeits)Bereichsoperator :: eindeutig spezifiziert wird. Beachten Sie: Das ist **keine Redeklaration** eines Attributs, der Datentyp `unsigned` darf **nicht** nochmals aufgeführt werden!

Bei Zugriffsdeklarationen darf man den ursprünglichen Bezugsrahmen nur beibehalten oder verschärfen, dh. ein `private`-Element der Oberklasse kann kein `public`- oder `protected`-Elemente der Unterklasse werden.

Übung 21 (ohne Lösung)

Vervollständigen Sie die Datei zugriff1.cpp, indem Sie die Deklaration von cB::setBAA und den entsprechenden Aufruf setBAA(99) nachtragen. Fügen Sie ferner in der Klasse cB die Änderung der Zugriffsspezifikation cA::_alpub unter `public` sowie die Deklaration `int _alpub` in cA unter `public` ein. In gleicher Weise fügen Sie cA::_alpub unter `private` in cC sowie unter `protected` ein. Rufen Sie die Attribute in main() auf.

■ **Erbschaft von Konstruktoren und Destruktoren**

▸Konstruktoren und ▸Destruktoren können *nicht* geerbt werden, allerdings kann eine abgeleitete Klasse die Konstruktoren und Destruktoren der Oberklasse aufrufen. Auch der überladene ▸operator= kann nicht abgeleitet werden. **Oberklassenkonstruktoren werden vor den Unterklassenkonstruktoren aufgerufen.**

■ **Erbschaft und Initialisierung**

Wir haben schon darauf hingewiesen, dass beim Aufruf von Konstruktoren intern ein bestimmter Mechanismus abläuft, um die Speicherplätze mit Werten zu versorgen. Mit der Datei zugriff1.cpp war die Einspeicherung über Klassenfunktionen in bereits erzeugte, aber nicht initialisierte Objekte verbunden. Jetzt wollen wir die Initialisierung betrachten, die ja im Augenblick der Erzeugung vonstatten geht. Als Beispiel wählen wir

28.2 Zugriff auf Elemente einer Klasse

die Datei zugriff2.cpp, die aus der Datei zugriff1.cpp dadurch hervorgeht, dass alles Unnötige entfernt wurde.

Wenn man den allgemeinen Konstruktor cA() wie unten im Quellcode (**) deklariert, kann man mit folgenden zwei Varianten die Objekte der Klassen cB bzw. cC initialisieren:

- cB () : cA() { }
- cC () { _cpriv = 0; _cprot = 0; _aprot = 9;}

Im ersten Fall wird der Oberklassenkonstruktor cA() in einer **Initialisierungsliste** aufgerufen, im zweiten Fall wird implizit der Oberklassenkonstruktor gerufen und dann erst cC(). Beachten Sie hierbei, dass beim Aufruf von cC () auch das Oberklassenelement _aprot initialisiert wird!

Die Wirkungen dieser beiden Formen lassen sich anhand des Quellcodes und des sich anschließenden Speicherauszugs der initialisierten Objekte untersuchen.

```
// zugriff2.cpp
class cA
{ private  :  int _apriv;
  protected:  int _aprot;
  public:
    int _apub ;
    cA() {_apriv = -1; _aprot = -1; _apub= -1;}  // (**)
};

class cB   : public cA
{ private  :  int _bpriv;
  protected:  int _bprot;
  public:
    int _bpub ;
    cB() : cA() {}
};

class cC   : protected cA
{ private  :  int _cpriv;
  protected:  int _cprot;
  public:
    int _cpub ;
    cC() {_cpriv = 0; _cprot = 0; _aprot= 9;}  };
```

28 Erbschaften

```
int main ()
{ cA A0;   // nur Oberklasse-Objekt
  cB B0;   // Unterklasse B
  cC C0;   // Unterklasse C
}
```

Ein Debugger liefert folgende Informationen zu den Objekten:

Untersuchen:A0			Untersuchen:B0			Untersuchen:C0		
Untersuchung von: A0			Untersuchung von: B0			Untersuchung von: C0		
class cA 2467:2138			class cB 2467:212C			class cC 2467:2120		
_apriv	int	-1 (0xFFFF)	cA::_apriv	int	-1 (0xFFFF)	cA::_apriv	int	-1 (0xFFFF)
_aprot	int	-1 (0xFFFF)	cA::_aprot	int	-1 (0xFFFF)	cA::_aprot	int	9 (0x0009)
_apub	int	-1 (0xFFFF)	cA::_apub	int	-1 (0xFFFF)	cA::_apub	int	-1 (0xFFFF)
			_bpriv	int	9319 (0x2467)	_cpriv	int	0 (0x0000)
			_bprot	int	1 (0x0001)	_cprot	int	0 (0x0000)
			_bpub	int	560 (0x0230)	_cpub	int	9319 (0x2467)
class cA * cA() [*no address*]			class cB * cB() [*no address*]			class cC * cC() [*no address*]		

Beim Objekt B0 initialisiert der Oberklassenkonstruktor cA() mit den Werten -1, während (in dieser Variante) die cB-Attribute nicht-initialisiert bleiben. Das Objekt C0 weist auf einen bemerkenswerten Aspekt hin: zuerst werden die cA-Attribute mit −1 belegt und beim Aufruf des cC-Konstruktors wird anschliessend ein bereits initialisiertes Attribut überschrieben (_aprot = 9)!

Die **Initialisierung innerhalb eines Blockes** ist damit **aufwendiger als** mit einer **Initialisierungsliste**. Diese ist **generell vorzuziehen**, weil die Initialisierung in **einem** Schritt geschieht.

Betrachten wir nun die **endgültige Version der Initialisierung**:

```
cA (int m, int n) {_apriv = m; _aprot = n; _apub = -2;}  // (*)
.....
cB (int m, int n, int f1, int f2)
   : _bpriv (m), _bprot (n), cA(f1,f2)  { }
.....
cB B1 (7,8,9,9);
```

Das Besondere des Konstruktors, mit dem B1 initialisiert wird, liegt im folgenden Aufbau: Die im Konstruktor cB mit f1, f2 bezeichneten Argumente werden an den Konstruktor cA weitergereicht. Damit können –

offensichtlich – auch `private`- und `protected`-Attribute der Oberklasse von der abgeleiteten Klasse cB aus initialisiert werden!

```
cB  ( .... int f1, int f2)   :   cA(f1, f2)
```

Dazu muss natürlich der oben mit (*) bezeichnete Konstruktor cA zur Verfügung stehen.

Lösung:

1 _apub ist öffentlich, aber nur in cA, nicht jedoch durch die `private`-Ableitung in cB.

28.3 Zusammenfassung

Erben von Vorfahren ist eines der bedeutendsten Merkmale objektorientierter Programmierung. Dabei werden vom Vorfahren *alle* Attribute und Methoden übernommen, wobei letztere allerdings *durch gleichnamige Methoden ersetzt*, dh. überschrieben werden dürfen. Die Zugriffsrechte beim Ableiten regeln die Zugriffsspezifizierer `public`, `protected` und `private` mit unterschiedlich stark ausgeprägten Rechten. An einem Beispiel wurden alle Möglichkeiten systematisch untersucht.

Nicht geerbt werden können die Konstruktoren und Destruktoren sowie der überladene Zuweisungsoperator.

29 Fallstudie

In den letzten Kapiteln haben wir systematisch einige wichtige Eigenschaften an kleineren Beispielen beschrieben. Mit der Fallstudie wollen wir wieder ein größeres Projekt angehen, bei dem wir verschiedene Aspekte berücksichtigen und das wir in mehreren Etappen erarbeiten. Wir folgen wieder unserer Systematik, nach der wir den Sachverhalt intensiv aufarbeiten, bevor das eigentliche Programmieren im Vordergrund steht.

29.1 Vorüberlegungen

■ Ziele

Wenn Sie die Kapitel über die Objektorientierung überfliegen, wird Ihnen auffallen, dass die bisherigen Klassen eine gemeinsame Eigenschaft haben: Keine Klasse benutzt Objekte einer anderen Klasse. In dieser Fallstudie wollen wir mehrere Klassen entwickeln und das komplexe Zusammenspiel betrachten. (Das Prinzip haben wir bereits im Kapitel 5.2 im Zusammenhang mit der Struktur adr dargestellt). Ferner wollen wir beispielhaft auch den Einsatz einer Container-Klasse behandeln. Sollten Sie über keinen Compiler nach dem neuen Standard verfügen: wir betrachten auch die klassische Variante. Die Unterschiede sind nicht sehr groß. Hauptzweck ist jedoch die schrittweise Entwicklung eines umfangreichen Beispiels. Dieses wollen wir wieder in vernünftige Teile gliedern, sie ausführlich testen und dann zusammenkopieren. Danach fallen nur geringe Anpassungsarbeiten an. Die Klasse cZeit können wir wiederverwenden.

■ ökonomischer Hintergrund

Die Fallstudie greift beispielhaft Fragestellungen auf, die für viele Produktions- und Versandunternehmen (zB. Büromaterial, Kleidung) von herausragender betriebswirtschaftlicher Bedeutung sind. Aber auch einige Bürger haben selbst schon solche Erfahrungen in einem Stuttgarter Kaufhaus gemacht. Dort holt ein (Portal)roboter die Schuhe aus dem Lager. („Wo der Roboter Schuhe räumt ... und die Kundschaft zusieht", VDI-N Nr. 21, 1997, S. 3). Bei moderner Fabrikplanung bedient man sich zunehmend professioneller Software zur Simulation von Betriebsmitteln (zB. Regalbediengeräte, Roboter) und ihren Arbeitsprozessen. Grundsätzliche Fragestellungen sind zB.: Wie groß ist die Reaktionszeit auf (interne oder externe) Kundenwünsche? (Wie) lässt sich die Reaktionszeit vermindern? Wieviele Transportmittel sind zur Erledigung von Transportaufträgen nötig? Entstehen bei einer gewählten Anzahl von Transportmitteln Engpässe?

Lassen sich alle Lageraufträge innerhalb einer vorgegebenen Zeit erledigen? Dies sind Fragen, die sich nicht durch praktisches Probieren lösen lassen, deshalb werden solche Prozesse im Rechner durch ein Modell abgebildet und simuliert.

Fehler bei der Fabrikplanung können höchst unterschiedliche Wirkungen haben, alle sind jedoch mit Geld verbunden: Bei zu langen Lieferzeiten wandern Kunden ab, bei zuviel gekauften Flurförderzeugen ist mit unterbeschäftigten Betriebsmitteln totes Kapital gebunden, ein zu klein dimensioniertes Lager schafft Engpässe und ein zu großes bindet Kapital, für das (meist Fremdkapital-)Zinsen zu zahlen ist. Konzeptionelle Fehlentscheidungen bei der Planung sind oft schwer korrigierbar.

■ Problembeschreibung

Gegenstand unserer Betrachtungen ist ein Hochregallager mit einem Regalbediengerät. Die Abbildung 28 zeigt ein solches Lager mit vier Regalgängen, von denen die Abbildung 29 *einen* beispielhaft darstellt. Die Lagerplätze erhalten Ordnungsnummern, die ein Logistikrechner verwaltet, und die physische Darstellung des Regals lässt an ein Array als softwaremäßiges Abbild denken. Zur automatischen Ansteuerung von Regalbediengeräten (RGB) müssen die Lagerplätze im Rechner *auch* durch eine Ortsangabe der Form (x,y) gekennzeichnet sein, wobei x die horizontale und y die vertikale Entfernung (in Meter) von einem Bezugspunkt bedeuten. Dieser „Einlagerstich" genannte Punkt mit den Koordinaten (0,0) ist zugleich die Übergabestelle einer Palette an andere Fördermittel. (Um die Software einfach zu halten, soll später das Arrayelement[0][0] mit dem Einlagerstich am Ort (0,0) identisch sein.)

Ein RGB hat Aufträge nach einer vorgegebenen Auftragsliste ein- und auszulagern. Letztere wird vom Logistikrechner zusammengestellt und repräsentiert den Arbeitsvorrat des RGB. Jeder Auftrag soll im Transport einer Palette bestehen, die – je nach Branche – sehr unterschiedliche Güter tragen kann (zB. Tiefkühlkost, Duschbrausen, Aktenordner). In der Auftragsliste enthalten ist daher das Produkt, der Status (erledigt, offen) und die Art (einlagern, auslagern). Wenn ein Auftrag erledigt ist, wird er in der Liste nur markiert (und nicht gelöscht), so dass für einen Disponenten jederzeit ein Überblick über die Auftragslage besteht.

29.1 Vorüberlegungen

Abbildung 28: Hochregal mit Regalbediengerät [17, S. 296]

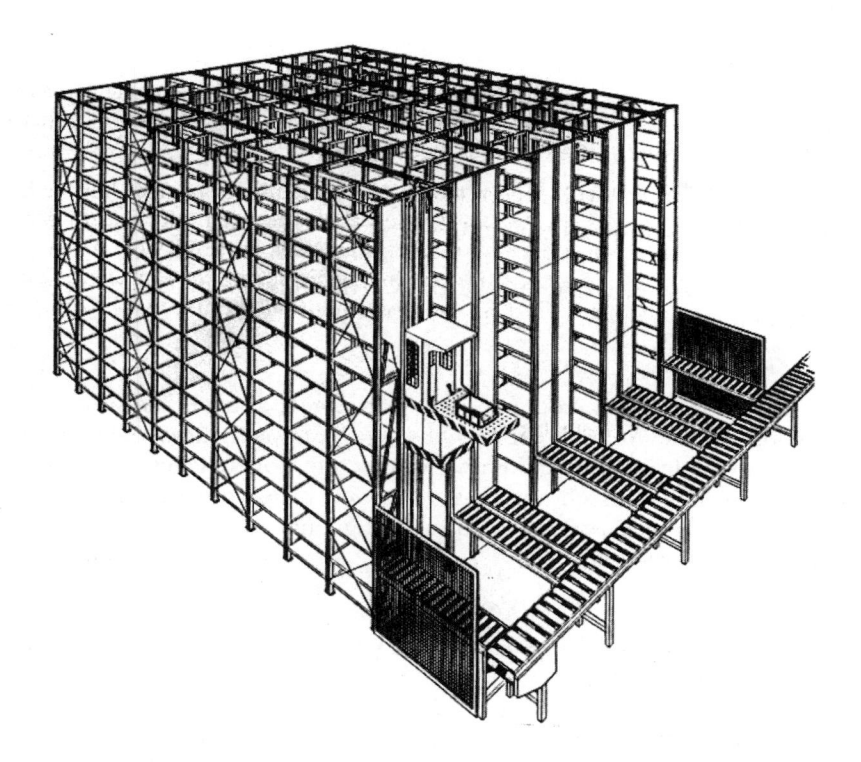

Abbildung 29: Regalgang mit Lagerortkennzeichnung [nach 17, S. 278]

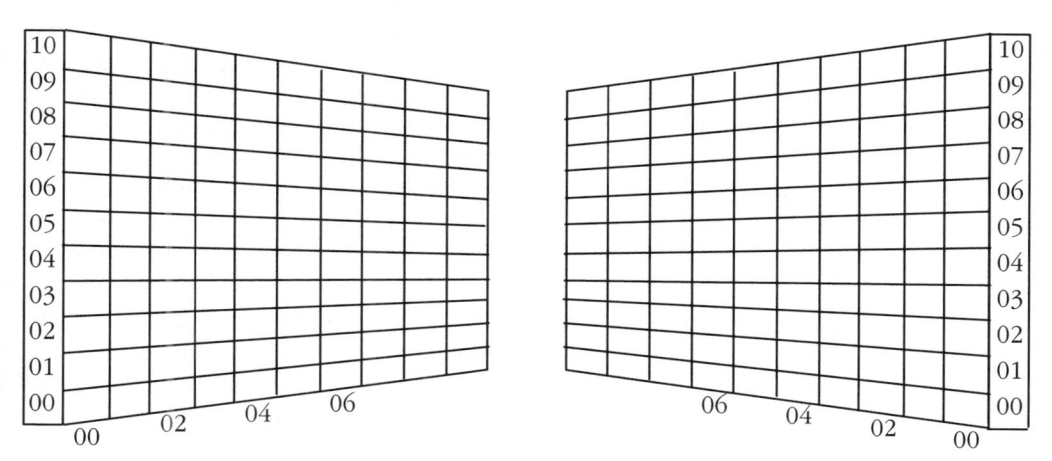

Regalbediengeräte sind durch bestimmte technische Daten gekennzeichnet, zum Beispiel:

- maximale Hubhöhe : 12 m
- max. Geschwindigkeit beim Heben : 1.8 m/min → 0.03 m/s
- max. Geschwindigkeit beim Senken : 24.0 m/min → 0.40 m/s
- max. Geschwindigkeit horizontal : 96.0 m/min → 1.60 m/s
- bauartbedingte Beschleunigung : 2.50 m/s^2

Aus Vereinfachungsgründen wählen wir hier nur *eine* Geschwindigkeit für Heben und Senken.

■ Ziel des Programms

Das zu entwickelnde Programm simuliert die Logistikabläufe und prüft, ob vorgegebene Aufträge *innerhalb einer festgelegten Zeit* erledigt werden können. In der ersten Entwicklungsstufe sollen Paletten nur horizontal vom Einlagerstich aus hintransportiert bzw. vom Lagerplatz abgeholt werden; in der zweiten wird das Programm eine gewisse Wegezeitoptimierung vornehmen.

■ Beschreibung zur Klassenbildung

Eine Palette enthält eine Anzahl von Verpackungseinheiten (= Menge) eines bestimmten Produktes, das durch seine Artikelnummer, den Namen und Preis gekennzeichnet ist. (Bei einem echten Simulationsprogramm wären noch die maximale Anzahl und eventuell das Gewicht zu berücksichtigen). Der Transport einer Palette stellt einen Lagerauftrag dar. Der Rechner erstellt eine Liste von Aufträgen, die ein-, aus- oder umgelagert werden können. Beim Einlagern muss das RGB eine Palette am Einlagerstich aufnehmen und zum Lagerort fahren, beim Auslagern geschieht der umgekehrte Vorgang. Erledigte Aufträge muss der Disponent von den noch offenen (= in Arbeit oder noch nicht erledigt) unterscheiden können. Die Ausführung eines Auftrags benötigt aufgrund der räumlichen Ausdehnung des Lagers und der technischen Geschwindigkeiten des RGBs eine gewisse Zeit. Das Unternehmen interessiert, ob eine bestimmte Anzahl von Aufträgen innerhalb einer vorgegebenen Zeit abgearbeitet werden können.

Ein RGB fährt vom Einlagerstich aus mit konstanter, bauartbedingter Beschleunigung los, wobei die Geschwindigkeit zunimmt und ein Wegstück zurückgelegt wird. Ist die maximale Geschwindigkeit erreicht, fährt es mit konstanter Geschwindigkeit weiter. Es muss jedoch rechtzeitig abbremsen, damit es den Zielort punktgenau erreicht. Wenn beim Einlagern der Zielort erreicht ist, wird die Palette an das Hochregal übergeben, dh. dort ist das Inventar zu aktualisieren und der Auftragstatus zu ändern. Anschließend fährt das RGB leer zum nächsten Zielort. Ein RGB ist durch die zuvor angegebenen technischen Daten bestimmt.

Aus diesem Text sind jetzt die Klassen nach der im Kapitel 23.6 vorgestellten Methode zu entwickeln.

Übung 22 (ohne Lösung)

1 Erstellen Sie eine Liste der Substantive.
2 Welche Substantive stellen im Sinne der Klassenbildung „Unsinn" dar?
3 Welche Substantive sind Synonyme?
4 Bei welchen Substantiven bestehen noch Zweifel, wie sie einzuordnen sind?
5 Welche Substantive repräsentieren Attribute?
6 Welche Substantive eignen sich als Klassen?
7 Stellen Sie jetzt die Klassen mit den bisher insgesamt angegebenen Attributen zusammen. ◄

Die Klassen mit ihren Attributen, soweit sie jetzt erkennbar sind, lassen sich zur konzeptionellen Betrachtung sehr übersichtlich in folgender Weise angeben:

- cZeit (Stunde, Minute, Sekunden)
- cProdukt (ArtNr, ArtName, ArtPreis, Menge)
- cOrt (x,y)
- cRGB (Beschleunigung, maxGeschwindigkeit, Weg, maxHub, Auftrag, Zeit)
- cAuftrag (Produkt, von, nach, Status, Art)

Status kennzeichnet den aktuellen Zustand (erledigt, offen) eines Auftrages, und *Art* die Art des Transports (ein-, aus- oder umlagern).

Untersuchen wir jetzt noch einige Substantive aus dem Text: Einlagerstich, Lagerort und Zielort. Das sind ganz offensichtlich Objekte der Klasse cOrt. (Den Einlagerstich werden wir im Programm kurz mit *Start* bezeichnen). Im Text erscheint das Adjektiv *leer*, das aber sinngemäß für eine leere Palette steht, also ein Objekt, dessen Werte null sind.

Untersuchen Sie jetzt, welche Beziehungen zwischen den Klassen bestehen.

Ordnen Sie die Klassen in ihrer Reihenfolge jetzt so, dass die von keinen anderen abhängigen Klassen vor den abhängigen stehen.

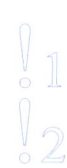

Die obige Reihenfolge der Klassen hat sich eher zufällig ergeben. Sie wissen aber, dass ein Objekt vor der Benutzung definiert werden muss. Daher sind die Klassen, die in andere eingehen, *vor* letzteren zu entwickeln.

Es ergibt sich deshalb die folgende logische Struktur:

```
                        cOrt ⌐
cProdukt  →  cAuftrag  →  cRGB  ←  cZeit
```

Bei den Klassen fehlen noch die Klassenfunktionen. Es ist guter Brauch, viele – aber beileibe nicht alle – Klassenfunktionen mit Verben zu bezeichnen.

!₀3 Nennen Sie einige Funktionen aus C++, die keine Aktivität (Verb) angeben.

!₀4 Untersuchen Sie obige Beschreibung auf geeignete Verben für Klassenfunktionen.

!₀5 Welche Funktionen braucht man noch, auch wenn sie nicht explizit aufgeführt sind?

Wir haben schon viel erreicht – ohne Zweifel. Dennoch ist noch nicht die Zeit gekommen, Code zu schreiben (VHIT!). Einige Dinge werfen schon bei erster Betrachtung Fragen auf, die *vor* der Programmierung geklärt werden *müssen*.

So steht in obiger Beschreibung nichts über die Transportstrategie. Diese ist sehr einfach, wenn artreine Aufträge zu erledigen sind (nur ein- oder auslagern). Wie sieht es bei gemischten Aufträgen aus? Ferner müssen wir uns Klarheit verschaffen über das Fahren und Bremsen eines RGBs, weil dies sicher in den Zeitbedarf eingeht. Solche und ähnliche Fragen werden im Rahmen der Sachanalyse erörtert.

■ Sachanalyse

Gegenstand der Sachanalyse ist, den Sachverhalt im Detail geistig so zu durchdringen, dass **mögliche Probleme rechtzeitig erkannt und gelöst** werden können. Dies kennzeichnet die **Planungsphase**. Darauf aufbauend soll eine geradlinige und zielgerechte Lösungsstrategie entworfen werden. *Sie* vermeiden vor allem, einmal geschriebene Codeteile wegwerfen oder hahnebüchene Lösungen entwickeln zu müssen. Probleme, die wir jetzt klären, entstehen nicht bei der Programmierung. *Sie* sparen nachweislich Zeit.

Im Rahmen der Sachanalyse beschäftigen wir uns mit vier Themenkreisen und treffen dabei Entscheidungen, was diese Software leisten bzw. nicht mehr leisten soll.

29.1 Vorüberlegungen

Der **erste Themenkreis** setzt sich mit den Aufträgen, der Transportstrategie und einer geeigneten Datenstruktur auseinander.

Artreine Einlageraufträge sind dadurch gekennzeichnet, dass die Palette jedesmal am Einlagerstich abgeholt und am Zielort übergeben wird. Somit entsteht mit der Rückfahrt ein Leerweg gleicher Entfernung – ebenso wie beim Auslagern. Gemischte Aufträge mit Ein- und Auslagern reduzieren dagegen die Leerfahrten deutlich (was die Produktivität erhöht), weil nach dem Einlagern in der Regel eine vergleichsweise kurze Leerfahrt bis zum nächsten Lagerort zurückzulegen ist.

Um die Leerfahrten zu einem (mathematischen) Minimum zu bringen, genügt es keineswegs, die jeweils kürzeste Zeit bis zum nächsten Zielort zu errechnen. Vielmehr müssten hier spezielle Methoden des Operations Research eingesetzt werden, die den Rahmen der Fallstudie übersteigen. (Operatios Research ist ein Fachgebiet der Mathematik, wo optimale Lösungen gesucht werden).

Wir legen daher bei gemischten Aufträgen eine vereinfachte Strategie **fest**, nach der sich – soweit möglich – Ein- und Auslagerungen abwechseln, beginnend mit einer Einlagerung.

Der **zweite Themenkreis** der Sachanalyse untersucht systematisch, welche Datenstruktur sich nun für eine Auftragsliste eignet. Betrachten wir den Fall mit sechs offenen Aufträgen in einer Liste:

AuftragNr	0	1	2	3	4	5	6	7	8	...
Aufträge	×	×	×	×	×	×				

Eine artreine oder nach unserer Strategie gemischte Liste lässt sich von links abarbeiten: Zwei Aufträge sind erledigt (•) und einer ist hinzugekommen:

AuftragNr	0	1	2	3	4	5	6	7	8	...
Aufträge	•	•	×	×	×	×	×			

Hätten wir jedoch die optimale Strategie ausgesucht, könnte folgende Situation entstehen:

AuftragNr	0	1	2	3	4	5	6	7	8	...
Aufträge	•	×	•	•	×	×	×			

In der Auftragsliste sind zwischendrin einige Aufträge erledigt. Nach ihrem Löschen müssten die Lücken durch Umspeichern der Aufträge eliminiert werden, oder man wählt eine doppelt verkettete Liste, wo sich das Ausfügen von Elementen recht einfach gestaltet. Auf jeden Fall ist diese

Variante auch für den Lernenden mit erheblich mehr Programmieraufwand verbunden. Sie scheidet hier aus.

Die verbleibenden Datenstrukturen – Warteschlange, Deque, Stapelspeicher und Vektor – wollen wir untersuchen. Beim Stapelspeicher wird der neueste Auftrag zuerst abgearbeitet bzw. der älteste wartet am längsten. Das ist weder bei einer Produktion noch einer Dienstleistung tragbar.

Die Warteschlange mit beidseitigem Zu- und Abgang (Deque) erscheint bei näherer Betrachtung auch nicht sehr zweckmäßig, denn warum sollen *vor* abgearbeitete Aufträge ganz neue gestellt werden? Welche Regeln gelten für die Abarbeitung: Erst von vorne, dann hinten oder umgekehrt oder wie es gerade so kommt?

Die (einfache) Warteschlange hat die Eigenschaft, Aufträge in der Reihenfolge ihres Erscheinens abzuarbeiten – womit gewisse betriebswirtschaftliche Anforderungen erfüllt werden (*first come, first served*). Bei artreinen Aufträgen ist die Warteschlange eine gute Lösung, bei gemischten Aufträgen dagegen müssten wir erst eine Reorganisation der Daten nach der von uns festgelegten Strategie vornehmen. Da aber nur auf das erste oder letzte Element zugegriffen werden kann (`getVorne()`, `getHinten()`), ist eine Änderung in der internen Reihenfolge nicht möglich.

Aufgrund dieser Überlegungen verbleibt als einzige Datenstruktur die Container-Klasse `vector`, die es erlaubt, die Reihenfolge nach einer von uns vorgegebenen Strategie festzulegen. Beachten Sie im übrigen die Aufgabenverteilung: Es ist nicht Aufgabe des RGBs, sondern des Logistikrechners, eine gute Strategie zu finden, um Aufträge abzuarbeiten. Das RGB muss sie in dieser Form umsetzen.

Der **dritte Themenkreis** der Sachanalyse untersucht die themenrelevanten Eigenschaften des Regalbediengeräts, das eine Masse besitzt, die nicht unendlich schnell beschleunigt werden kann (sagt die Physik) – ebensowenig wie die eines Autos. (Insofern haben die weiteren Überlegungen sehr viele Bezüge zu den Verhältnissen auf deutschen Autobahnen!). Das Beschleunigen und die konstante Fortbewegung brauchen Zeit. Wir betrachten daher einige elementare Zusammenhänge der Mechanik.

Fahrzeuge, zu denen nach dem Kapitel über die Erbschaft Regalbediengeräte und Autos gehören, haben ein durch die Konstruktion bedingtes, konstantes Beschleunigungsvermögen, beispielsweise a = 2.5 m/s^2. Während der Beschleunigungsphase nimmt die Geschwindigkeit im gleichen Maß zu, wie die Zeit fortschreitet (nämlich in jeder Sekunde um 2.5 m/s (= 9 km/h)). Mit wachsender Geschwindigkeit nimmt auch der Weg zu. Für den begrenzten Zeitabschnitt der Beschleunigung – Abbremsen ist eine Beschleunigung mit negativem Zahlenwert – gelten folgende allgemeine Formeln:

29.1 Vorüberlegungen

1   a = konstant

2   $v(t) = a \cdot t + v_A$ // v_A Geschw. am Anfang der Zeitzählung

3   $s(t) = \frac{1}{2} a \cdot t^2 + v_A \cdot t + s_A$

Solche Fahrzeuge haben eine bauartbedingte Höchstgeschwindigkeit v_{max}. Mit dem Erreichen von v_{max} ist die Beschleunigung a = 0, und es ergibt sich der Sonderfall obiger Formeln:

2a $v(t) = v_{max}$

3a $s(t) = v_{max} \cdot t$

Diese Formeln bilden die Grundlage für folgende Fahrzyklen, deren Geschwindigkeitsprofile die Abbildung 30 zeigt.

Abbildung 30: Geschwindigkeitsprofil bei (a) „langem" und (b) „kurzem" Weg

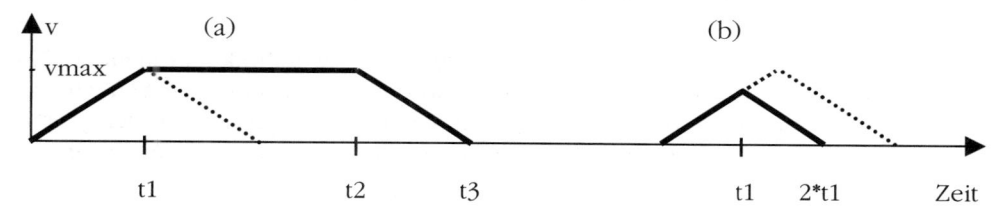

In der Abbildung 30 ist die Geschwindigkeit über der Zeit aufgetragen, im Teilbild (a) für eine ausreichend lange, im Teilbild (b) für eine relativ kurze Wegstrecke. Der letzte Fall zeichnet sich dadurch aus, dass die Maximalgeschwindigkeit nicht erreicht ($v < v_{max}$) und frühzeitig abgebremst wird. (Wie es bei Stop-and-Go-Verkehr meist der Fall ist).

Wenn ein Fahrzeug mit konstanter Beschleunigung a bis zur maximalen Geschwindigkeit bewegt wird, gelten folgende Formeln:

    benötigte Zeit bis v_{max}: $t_1 = v_{max} / a$

    zurückgelegter Weg bis t_1 : $s_{min} = \frac{1}{2} a \cdot t_1^2 = \frac{1}{2} v_{max}^2 / a$

Wird ein Fahrzeug bei Erreichen von v_{max} wieder abgebremst, wird der Weg $2 s_{min}$ zurückgelegt. Für alle Wege größer als $2 s_{min}$ folgt ein Abschnitt ($t_2 - t_1$) konstanter Geschwindigkeit v_{max}. Die für den Gesamtweg benötigte Zeit setzt sich aus den beiden Beschleunigungsphasen und der Zeit konstanter Geschwindigkeit zusammen:

    Dauer   = $2 v_{max} / a$ + (Gesamtweg $- 2 s_{min}$) / v_{max}

Ist der Fahrweg kleiner als $2 s_{min}$, bleibt die tatsächliche Geschwindigkeit v kleiner als v_{max} und die Dauer wird (unter Berücksichtigung der Symmetrie):

½ Gesamtweg = $\frac{1}{2} a \cdot t^2$ → $t = \sqrt{(Gesamtweg/a)}$ → Dauer = $2 \sqrt{(Gesamtweg/a)}$

In welcher Weise ein Regalbediengerät fährt, legt somit nur die Entfernung zwischen Start- und Zielort fest.

Wir haben bisher nur eine, nämlich die horizontale Richtung des Regalbediengeräts betrachtet. Vergleichen wir jetzt die realen Geschwindigkeiten, die beim Heben zu erreichen sind, mit denen in horizontaler Richtung:

$$\frac{v_{x,\max}}{v_{y,\max}} = \frac{1.5\ m/s}{0.03\ m/s} = 50$$

Da die Vertikalgeschwindigkeit sehr klein und nur ein Fünfzigstel der Horizontalgeschwindigkeit ist – und damit die Abläufe wesentlich bestimmt –, **vernachlässigen** wir **in Vertikalrichtung die Beschleunigung**sphasen.

Nun können wir auch die Fahrzeit zwischen zwei Punkten ermitteln. Dazu treffen wir die Annahme: Während das RGB in horizontaler Richtung fährt, kann *gleichzeitig* das Heben/Senken durchgeführt werden. Dann bestimmt die längere der beiden Zeiten t_x bzw. t_y die Dauer des Vorgangs (Rechenvorschrift!).

Damit haben wir den Sachverhalt aufgearbeitet, die nötigen Formeln bereitgestellt und einige Entscheidungen getroffen.

Der **vierte Themenkreis** befasst sich mit der Analyse der Abläufe – oder wie man heute sagt – der Prozesse. Der weitere Verlauf der Fallstudie wird zeigen, dass bei aller Objektorientierung die klassischen prozeduralen Anteile nicht ganz verloren gehen. Versuchen Sie nun, sich die Abläufe des Einlagerns und Auslagerns bis in die kleinsten Arbeitsschritte und Vorgänge vorzustellen! Lassen Sie die Abläufe vor Ihrem geistigen Auge abrollen. (Stellen Sie sich gegebenenfalls im Detail vor, Sie müssten ein Auto sowohl beladen als auch entladen. Wie würden Sie sich organisieren?)

Mit Ihrer grundsätzlichen Strategie könnten Sie nun das Problem des Regalbediengeräts im Pseudocode folgendermaßen formulieren:

```
gib_rgb_Daten_ein
gib_Produktdaten_ein
gib_Aufträge_ein
sortiere_Aufträge
setze_Abfahrtszeit
setze_Auftragszähler k
do
{   rgb.fahre_nach Startort von Auftrag k
    rgb.nimmPalette mit Auftrag k
```

29.1 Vorüberlegungen

```
          rgb.fahre_nach Zielort von Auftrag k
          wenn (einlagern)
             Palette_übergeben
          sonst
             Palette_übernehmen
          ++k
   }while (k < AnzahlAufträge)
   Ankunft = Abfahrt + Dauer
   wenn (Ankunft < High_noon)
       cout << " Sehr effizient :" <<  Dauer
   sonst
       cout << " Zu langsam : " << Dauer
```

■ Vorgehensweise

Wir haben nun den wesentlichen Teil der Fallstudie aufgearbeitet und manche Fallstricke durch gemeinsame Überlegung umgangen. Einige Vorarbeiten sind schon geleistet, indem wir uns mit den Klassen cZeit und vector beschäftigt haben. Diese Klassen können Sie nun verwenden.

> Jetzt stellt sich die Frage, wie Sie dieses umfangreichere Beispiel anpacken, denn Sie sollten jetzt das Buch zuschlagen, eine Codierung selbst entwickeln und anschließend hier weiterlesen!

Die Tatsache, dass Sie diese Zeilen lesen, hat Sie abgehalten, diesen Rat zu befolgen. Deshalb noch einige Ratschläge zur Software-Entwicklung:

- Versuchen Sie nicht, Ihre gesammelten Ideen in Form der Klassendeklarationen und -implementationen sowie alle Abläufe sofort in vollem Umfang als Programm niederzuschreiben. Begründung: Bei diesem etwas größeren Beispiel mögen Sie vielleicht 60, 70 oder mehr Fehlermeldungen erhalten, von denen erfahrungsgemäß viele auf einen Schlag verschwinden, wenn Sie die eigentliche kleine Ursache beheben (Folgefehler!). Ein Berg von Fehlermeldungen verleitet dazu, die Übersicht zu verlieren. Wenige Fehlermeldungen führen schneller zum Erfolgserlebnis.

- Nehmen Sie sich einzelne Klassen unter Beachtung der oben angegebenen Reihenfolge vor. Entwickeln Sie diese, wie wir es mit cZeit unter Verwendung eines Testdrivers durchgeführt haben. **Testen Sie ausführlich.** Speichern Sie das Miniprogramm in je einer Datei ab (Sie erinnern sich: teile und herrsche). Bedenken Sie: Wenn Sie Ihre Strategie ändern müssen, sind die Auswirkungen nicht so groß.

- Fangen Sie mit kleinen Teilen an, und werden Sie dann mutiger.

29 Fallstudie

- Wenn Klassen mit ihren Attributen und Funktionen nicht vollständig sind, überarbeiten Sie Ihr Konzept (Monopoly: „Gehe zurück auf Start").

- Kopieren Sie aus den verschiedenen Dateien die getesteten Klassendeklarationen und -implementationen eine nach der anderen in Ihre eigentliche Applikationsdatei. Passen Sie jedesmal die Anweisungen in `main()` an, und testen Sie dies, bevor Sie die nächste Klasse kopieren.

- „Entwickeln" Sie Ihr Programm – das braucht Zeit. Rom wurde bekanntlich auch nicht in einem Jahr gebaut. In allen Büchern finden Sie natürlich nur die klinisch reine, druckreife Endversion. Was glauben Sie, wie lange die jeweiligen Autoren für ihre Lösungen gebraucht haben?

- Errechnen Sie von Hand einige Testdaten.

29.2 Programmentwicklung

Die zu entwickelnde Software sollen Sie in mehreren Etappen erstellen. Dafür gibt es verschiedene Gründe. Erstens ist es für den Lernenden durchaus ein größeres Vorhaben, das man aus psychologischen (Erfolgserlebnis) und praktischen (Effizienz, Zeitverbrauch) Gründen aufteilt. Und zweitens fehlt hier eine Methode (UML), um das Projekt konzeptionell vorzubereiten. Deshalb werden im Verlauf der Varianten immer wieder bestehende Klassen erweitert und angepasst, wie es der Arbeitsfortschritt verlangt. Die Fortschritte werden aus Vorsichtsgründen immer in einer neuen Datei gespeichert, damit man auf der älteren Version wieder aufbauen kann, wenn man sich beim Programmieren verheddert.

1. Etappe

Beginnen Sie nun mit der Klasse `cOrt`, die in RGB eingeht. Ihre Lösung könnte zum Beispiel so aussehen:

```
// Datei: cOrt.cpp ; für: rgbn1.cpp
#include <cmath>
#include <iostream>  using namespace std;

class cOrt
{ private:
    double _x, _y;
  public:
    cOrt() { _x = _y = 0.0;}
    ~cOrt() {}
```

29.2 Programmentwicklung

```
        cOrt (double x, double y) { _x = x; _y = y;}
        double getX() {return _x;}
        double getY() {return _y;}
     };
     int main()
     { cOrt start, LagOrt (3.,4.), IstPos, ZielPos;
       IstPos  = start;
       ZielPos = LagOrt;
       // direkte Entfernung zw. start u. LagOrt:
       double x = ZielPos.getX() - IstPos.getX();
       double y = ZielPos.getY() - IstPos.getY();
       double z = sqrt( x*x + y*y); // für Test: Ergebnis 5
       cout << " Entfernung : " << z << endl;
       cOrt NeuOrt(4.0,4.0);
       LagOrt = NeuOrt;
       x = ZielPos.getX() - IstPos.getX();
       y = ZielPos.getY() - IstPos.getY();
       z = sqrt( x*x + y*y);
       cout << " Entfernung : " << z << endl;
     } // end of main
```

Hier lohnt es sich nicht, für die Wegdifferenz einen überladenen Operator einzusetzen, denn dies wird der einzige Einsatz sein, und die Ortskomponenten braucht man sowieso getrennt. Wenn die numerische Korrektheit sichergestellt ist, können wir die nächste Teilarbeit anpacken.

2. Etappe

Wir haben jetzt die Wahl: Wir können die Klassen cProdukt und dann cAuftrag entwickeln, weil sie ebenso eigenständig sind wie cOrt, oder mit cRGB beginnen, ohne zunächst dort die Klasse cAuftrag einzusetzen. Diese letzte Lösung erscheint im Augenblick die spannendere, weil cOrt sehr klein (nur inline-Funktionen) und die Hauptarbeit des RGBs das Fahren ist. Kopieren Sie jetzt diese Klasse in die neue Datei rgbn1.cpp.

Mit diesem Programm wollen wir auch wieder die externe Eingabe der Daten untersuchen. Um den Quelltext im weiteren übersichtlich zu halten, wird die Klasse cOrt nicht wieder gedruckt, sondern durch cOrt {..}; symbolisiert.

```cpp
// rgbn1.cpp; Zweck: richtige Fahrzeitermittl./ Dateneingabe;
#include <iostream>   #include <cassert>
#include <cmath>    using namespace std;
class cOrt {...}; // Kopie aus cOrt.cpp
class cRGB
{ private:
    double _vxmax, // Max. Geschwind. in horiz. R. in m/s
           _vymax, // Max. Geschwind. in vertik. R.in m/s
           _ax,    // Beschleunigung in horiz. R.  in m/(s*s)
           _smin,  // siehe Text                   in m
           _dauer, // Fahrdauer                    in s
           _totalZeit; // Gesamtfahrdauer          in s
           cOrt  _IstPos;
           // jeweils neue StartPos = alte ZielPos
           double _sx, _sy;
           // Fahrweg in x-, y-Richtung zum Testen
  public:
    cRGB() {}
    ~cRGB() {}
    void setData();
    void fahre_nach (cOrt ZielPos);
    void showDauer(); // zum Testen
    void showWeg();   // zum Testen
};
int main()
{ cOrt Ziel (3.,4.);       // langer Weg
  cOrt NeuZiel(3.45,4.);   // kurzer Weg
  cRGB rgb;   rgb.setData();
  rgb.fahre_nach (Ziel);
  rgb.showDauer();
  rgb.showWeg();
  rgb.fahre_nach(NeuZiel);
  rgb.showDauer();
  rgb.showWeg();
} // end of main
```

```cpp
//..........................................RGB.........
void cRGB::setData()
{ double u;
  cout << endl << " Vx,max   : ";
  do   cin >> u;
  while (u < 0.001 || u > 3.);
  _vxmax = u;
  cout << endl << " Vy,max   : ";
  do   cin >> u;
  while (u < 0.0001 || u > 2.);
  _vymax = u;
  cout << endl << " Ax       : ";
  do   cin >> u;
  while (u < 0.001 || u > 5.);
  _ax = u;
  _smin = _vxmax * _vxmax / (2 * _ax);
  _dauer = _totalZeit = 0.;
  // für Test:
  _sx = _sy = 0.0;
}
//....................................
void cRGB::fahre_nach ( cOrt ZielPos)
{ // assert (ZielPos.getY() <= 12.); maxHubHoehe
  double dauerX, dauerY;
  double deltaX = ZielPos.getX() - _IstPos.getX();
  double deltaY = ZielPos.getY() - _IstPos.getY();
  deltaX = (deltaX >= 0) ? deltaX : -deltaX;
  deltaY = (deltaY >= 0) ? deltaY : -deltaY;

  if (deltaX > 2*_smin) // langer Weg: Dauer horizontal
    dauerX = (deltaX - 2*_smin)/_vxmax + 2*_vxmax / _ax;
  else     // kurzer Weg
    dauerX = 2 * sqrt(deltaX / _ax);
  dauerY = deltaY / _vymax; // Dauer vertikal
  _dauer = (dauerX >= dauerY) ? dauerX : dauerY; // Maximum
  _IstPos = ZielPos; // retten!
```

```
        _totalZeit += int(_dauer*100. +0.5)/100.;
        // für Test:
        _sx += deltaX;  _sy += deltaY;
    }
    //.................................
    void cRGB::showDauer()
    {   cout << endl << " Fahrzeit (sec): " << _dauer
                    << "   Total : " << _totalZeit; }

    void cRGB::showWeg()
    {   cout << "     x-Weg : " << _sx << "   y-Weg : " << _sy;}
```

Die Eingabe der RGB-Daten bedarf einer gewissen Überprüfung auf zulässige Wertebereiche, Sie wissen mittlerweile warum. Vor allem muss die Untergrenze abgeprüft werden, weil davon der Wert s_{min} abhängt. Diese Eingabefunktion `setData()` ist charakteristisch für alle Eingabefunktionen: Es gibt viel zu programmieren ohne großen Neuigkeitswert – das ist reine Fleissarbeit. Wenn ein Programm entwickelt wird, muss man häufig Werte eingeben, was mit steigender Zahl lästig wird. *Wir ersetzen deshalb ab sofort während der Programmentwicklung solche Eingabefunktionen durch konstante Werte* im Quellcode, die natürlich am erfolgreichen Ende entfernt werden. Beachten Sie außerdem: Wenn Sie eine Windows-Version entwickeln, werden die Eingaben sowieso anders realisiert, aber **der entwickelte Algorithmus bleibt!**

Die Klassenfunktion `fahre_nach()` enthält den Algorithmus, den wir zuvor im Rahmen der Sachanalyse entwickelt haben. Untersuchen Sie mit dem Debugger den Konstruktor `cRGB::rgb()`. Wenn der Standard-Konstruktor von `cRGB` aufgerufen wird, ruft der wiederum den Konstruktor von `cOrt` auf, so dass `_IstPos` automatisch zu (0.0,0.0) initialisiert wird. Eine Konstruktion in `setData()` wie zB.

```
    cOrt start ;   _IstPos = start;
```

ist überflüssig.

3. Etappe

Überarbeiten Sie nun das Programm, indem Sie es in eine neue Datei rgbn2.cpp kopieren und die Änderungen vornehmen, die durch den Wegfall von `setData()` bedingt sind.

Als Ersatz wird jetzt ein benutzerspezifischer Konstruktor notwendig, über den die Konstanten eingeführt werden:

```
//Schnittstelle:
cRGB( double vx, double vy, double ax);
// Aufruf:
cOrt start (0.,0.);
cRGB rgb(1.5, 0.03, 2.5);          // und:
// Implementation:
cRGB( double vx, double vy, double ax)
{ _vxmax = vx; _vymax = vy; _ax = ax;
  _dauer = _totalZeit = 0.;
  _IstPos = start;
  assert (_ax > 0 && _vxmax > 0 && _vymax > 0); // wichtig:
  _smin = _vxmax * _vxmax / (2*_ax);
}
```

4. Etappe

Die nächste Teilaufgabe beschäftigt sich mit den Produkten und anschließend den Aufträgen, denn erstere gehen in letztere ein. Sie werden erkennen, dass zur Festlegung der Aufträge die Klasse cOrt leicht anzupassen ist.

Falls Sie über einen älteren Compiler verfügen, können Sie dennoch weitermachen, denn zunächst wird die Lösung nach klassischer Art angegeben, und dann werden die – nach außen – geringen Änderungen unter Nutzung der Klasse vector dargestellt. Die klassische Lösung basiert auf einem einfachen Array, das die Aufträge aufnimmt. Beachten Sie, wie die Ortswerte für die Aufträge übergeben werden: von.setOrt(3.,4.). Diese Form verlangt zwingend eine Ortskoordinate als Rückgabewert der Funktion (siehe cOrt.cpp). Deshalb muss der Wert mit *this zurückgegeben werden.

```
// Datei: cauftrag.cpp
// enthält: cProdukt und cAuftrag , geht nach: rgbn3.cpp
#include <iostream>
#include <cstring>   using namespace std;

class cOrt    // wie zuvor, aber:
{ public:
    // hinzufügen:
    cOrt setOrt (double x, double y) { _x = x; _y = y; return *this;}
};
```

```
class cProdukt
{ private:
    unsigned  _nr;
    char      _name[20];
    double    _preis;
    int       _menge;    // Anzahl Verpackungseinheiten
  public:
    cProdukt(){_nr = 0; strcpy(_name,"\x0");
              _preis = 0.0, _menge = 0;}
    cProdukt (int nr, char *name, double preis, int menge);
    ~cProdukt(){}
    void setData(int nr,char *name,double preis,int menge);
};
enum art {ein, aus, um}; // -lagern
enum status {offen, erledigt}; // Auftrag

class cAuftrag
{ private:
    cProdukt _p;
    cOrt     _quelle, // Transport von ..
             _ziel;   // .. nach
    status   _status;
    art      _art;
  public:
    cAuftrag(){}
    cAuftrag (cProdukt p, cOrt von, cOrt nach,
                     status stat, art wie);
    ~cAuftrag(){}
    void setA (cProdukt p, cOrt von, cOrt nach,
                     status stat, art wie);
    art  getArt () {return _art;}
    // void eingeben(); für die Endversion
};
void tausche (cAuftrag & erster, cAuftrag & zweiter);
```

29.2 Programmentwicklung

```
int main()   // ....................................................
{ cOrt von, nach;
  cProdukt leer (0, "", 0.0, 0);
  cProdukt
      p1 (1111, "Feile",    24.5,  48. ),
      p2 (2222, "Hammer",   37.5,  40. ),
      p3 (3333, "Meisel",    5.6,  60. ),
      p4 (4444, "Zange",     7.6,  55. ),
      p5 (5555, "Bohrer",    2.8,  90. ),
      p6 (6666, "Greifer",   2.7,  80. ),
      p7 (7777, "Spatel",    0.8, 100. ),
      p8 (8888, "Futter",    6.3,  72. ),
      p9 (9999, "Säge",      9.2,  40. ),
      p10(1010, "Pinsel",    1.5, 120. );
  const int max_order = 10;
  cAuftrag orders[max_order];

  orders[0].setA(p1, von.setOrt(3.,4.), nach.setOrt(0.,0.), offen,aus);
  orders[1].setA(p2, von.setOrt(4.,2.), nach.setOrt(0.,0.), offen,aus);
  orders[2].setA(p3, von.setOrt(0.,0.), nach.setOrt(5.,8.), offen,ein);
  orders[3].setA(p4, von.setOrt(0.,0.), nach.setOrt(1.,7.), offen,ein);
  orders[4].setA(p5, von.setOrt(0.,0.), nach.setOrt(2.,5.), offen,ein);
  orders[5].setA(p6, von.setOrt(9.,3.), nach.setOrt(0.,0.), offen,aus);
  orders[6].setA(p7, von.setOrt(7.,2.), nach.setOrt(0.,0.), offen,aus);
  orders[7].setA(p8, von.setOrt(0.,0.), nach.setOrt(1.,6.), offen,ein);
  orders[8].setA(p9, von.setOrt(0.,0.), nach.setOrt(1.,8.), offen,ein);
  orders[9].setA(p10,von.setOrt(0.,0.), nach.setOrt(7.,1.), offen,ein);
// sortieren:   zB. ein - aus - ein - ein;
  int m;
  for (int k = 0; k <  max_order - 1; ++k)
   { if ( k%2 == 0 && orders[k].getArt() == aus )
       { m = k;
         while ( orders[m].getArt() != ein && m < max_order ) ++m;
         if ( m > k) tausche (orders[k], orders[m]);
       }
     if ( k%2 == 1 && orders[k].getArt() == ein )
```

```
            { m = k;
              while ( orders[m].getArt() != aus && m < max_order)
                 ++m;
              if ( m > k) tausche (orders[k], orders[m]);
            }
       } // for
    } // end of main
    // ....................................... Produkt .....
    cProdukt::cProdukt (int nr,char *name,double preis,int menge)
    {_nr = nr;strcpy(_name, name);_preis = preis;_menge = menge;}
    // ........................
    void cProdukt::setData(int nr,char *name,
                                 double preis,int menge)
    {_nr = nr;strcpy(_name,name);_preis = preis;_menge = menge;}
    //........................................... Auftrag ....
    cAuftrag::cAuftrag(cProdukt p,cOrt von, cOrt nach,
                                     status stat,art wie)
      {_p = p; _quelle = von; _ziel = nach;
                         _status = stat;   _art = wie; }
    //.........................
    void cAuftrag::setA(cProdukt p,cOrt von,cOrt nach,
                                     status stat,art wie)
      {_p = p; _quelle = von; _ziel = nach;
                         _status = stat;   _art = wie;}
    // ...............................................Allg. Fkt..
    void tausche (cAuftrag & erster, cAuftrag & zweiter)
       { cAuftrag temp = erster;
         erster  = zweiter;
         zweiter = temp;
       }
```

Wenn Sie selbst vor der Situation stehen, einen Algorithmus (zB. wie den obigen speziellen Sortieralgorithmus zu entwickeln), und Sie haben alle Fehler beseitigt, empfiehlt es sich, zugunsten der Übersicht im Hauptprogramm den Algorithmus in eine Funktion zu packen (siehe Kap. 19.8.4):

```
void sortiere (cAuftrag [], const int max_order)
{ /* hier der Code ab dem Kommentar sortieren: ...... */  }
```

Sollten Sie über einen modernen Compiler verfügen, können Sie nun wenige *Änderungen* vornehmen, um die Klasse vector zu verwenden (Sie wissen, das ist einfach sicherer). Die folgende Gegenüberstellung zeigt die beiden Möglichkeiten:

Klassische Variante:

```
cAuftrag orders[max_order];

orders[0].setA ...

sortiere (orders, max_order);  // Sortieren im Original

void sortiere (cAuftrag [], const int max_order)
    {... for (int k = 0; k < max_order - 1; ++k)   usw.
```

Variante mit der vector-Klasse:

```
#include <vector>

vector <cAuftrag>  AListe(max_order), BListe(max_order);

AListe [0].setA ..    // ausser dem Namen:  identisch

BListe = AListe;      // so einfach ging es vorher nie!
   // A: das Original, B: die Kopie

sortiere (BListe);    // ohne Übergabe der Arraygröße

void sortiere (vector <cAuftrag> & CListe) // Achtung: Referenz!
    {.... for (int k = 0; k <  CListe.size() - 1; ++k)   usw.
```

Die entsprechenden Teile lassen sich schnell austauschen.

5. Etappe

Wir haben bisher die Klassen cOrt, cProdukt, cAuftrag und cRGB entwickelt und getestet. Jetzt fehlt noch der Schritt, einen Auftrag in Form einer Palette an das RGB bzw. Hochregal zu übergeben. Die Datei rgbn3.cpp entsteht durch Kopie und Einfügen/Ändern des folgenden Codes an den benannten Stellen.

Die Klasse cProdukt wird zu Testzwecken erweitert um:

```
void showProdukt () const;
void cProdukt::showProdukt() const
```

```
                { cout << endl << _nr << "  " << _name << "  "
                       << _preis << "  " << _menge;}
```

Die Klasse cRGB wird erweitert um:

```
   private: cProdukt & _palette;
   public:
     cRGB (double vx, double vy, double ax, cProdukt & P);
     void getPalette(cProdukt & palette);
     void mach (cProdukt & palette);
     void showPalette ();   // wir trauen dem nicht
```

vor main():
```
     cProdukt leer(0,"", 0.0, 0);
```

in main():
```
     //cOrt Ziel (3., 4.), NeuZiel(3.45, 4.);  das ist schon da
     cRGB (1.5, 0.03, 2.5, leer);
     rgb.getPalette(p1);
     rgb.showPalette();
     //rgb.fahre_nach(Ziel);  schon da
     rgb.mach(leer);
```

und :

```
     cRGB::cRGB (double vx, double vy, double ax, cProdukt & P)
              : _palette (P)
        {/* wie zuvor */}
     void cRGB::showPalette()
        { _palette.showProdukt();}
```

Beachten Sie, dass wir das Produkt nicht als Kopie, sondern als Referenz übergeben. Der **Konstruktor** braucht deshalb **zwingend die Initialisierungsliste**, wie es früher schon dargestellt ist.

Beachten Sie auch, wie leicht das Klassenattribut _palette in der letzten Klasse cRGB auf die Klassenfunktion von cProdukt zugreift.

6. Etappe

Jetzt kann das RGB einen Auftrag übernehmen, zum Lagerort fahren und die Palette übergeben, aber es kann keine Auftragsliste abarbeiten. Im nächsten Schritt übernehmen wir die Auftragsliste aus der Datei cAuf-

29.2 Programmentwicklung

trag.cpp und ändern das Steuerprogramm (das also in main() die Ablaufsteuerung enthält) so, dass die Auftragsliste automatisch abgearbeitet wird. Die neue Datei rgbn4.cpp enthält jetzt die erste Version unserer eigentlichen Applikation, die allerdings noch einige Entwicklungsschritte braucht, denn die Ablaufsteuerung ist nur vorläufig und die Klasse cZeit fehlt noch.

Die erste Version der **Ablaufsteuerung** könnte so aussehen:

```
int  k = 0; // Auftragszähler
do
{ rgb.fahre_nach( orders[k].getStart() );
  rgb.getPalette( orders[k].getProdukt() );
  rgb.fahre_nach( orders[k].getZiel() );
  if (orders[k].getArt() == ein )
    { rgb.showPalette();
      rgb.mach(leer);
      // Auftrag erledigt markieren
      // Hochregallager aktualisieren
    }
  else
    { rgb.showPalette();
      rgb.mach(leer);
      // Auftrag erledigt markieren
    }
  ++k;
}while (k < max_order);
rgb.showDauer();
rgb.showWeg();
```

Um auf die Daten zugreifen zu können, haben wir drei Klassenfunktionen einführen müssen, die sich in der Klasse cAuftrag schnell einfügen lassen:

```
cOrt     getZiel ()    { return _ziel;}
cOrt     getStart ()   { return _quelle;}
cProdukt getProdukt()  { return _p;}
```

7. Etappe

Mit der neuen Datei rgbn5.cpp wollen wir die Klasse cZeit einführen, die noch um einige überladene Operatoren erweitert wird. Außerdem sind noch kleine Anpassungen vorzunehmen.

Den vollständigen Quellcode eines lauffähigen Programms finden Sie hier:

```cpp
// Datei: rgbn5.cpp
// Zusammenführung aller Klassen
#include <iostream>
#include <cassert>
#include <cmath>
#include <cstdlib>   // wg _itoa
#include <cstring>   // wg strcat
   //bei älteren Compilern zwingend, bei neuen löschen:
enum bool {false, true};
class cZeit //..............................................
{ friend ostream& operator<< (ostream & ostr,const cZeit& z);
  friend cZeit operator- (cZeit z1, cZeit z2);
  friend bool operator>= (cZeit z1, cZeit z2);
  private:
     int _hour, _min, _sec;
  public:
     cZeit() {_hour = 0, _min = 0, _sec = 0;}
     cZeit   (int h, int m = 0, int s = 0);
     cZeit(const cZeit& dieZeit);
     ~cZeit() {}
     cZeit   operator+ (cZeit z);
     void    anzeigen() ;
     void    setzen(int stunde, int minute, int sekunde);
     void    normalisieren();
     cZeit&  wandeln(const double timeSec);
};

class cOrt //..............................................
{ private:
    double _x, _y;
```

29.2 Programmentwicklung

```cpp
    public:
      cOrt() {_x = _y = 0.0;}
      ~cOrt() {}
      cOrt (double x, double y) { _x = x; _y = y;}
      cOrt   setOrt (double x, double y) { _x = x; _y = y; return *this;}
      double getX() {return _x;}
      double getY() {return _y;}
};
class cProdukt // ....................................................
{ private:
    unsigned _nr;
    char     _name[20];
    double   _preis;
    int      _menge;    // Anzahl Verpackungseinheiten
  public:
    cProdukt(){_nr = 0; strcpy(_name,"\x0"); _preis = 0.0, _menge = 0;}
    cProdukt (int nr, char *name, double preis, int menge);
    ~cProdukt(){}
    void setData (int nr, char *name, double preis, int menge);
    void showProdukt () const;
};
enum art {ein, aus, um}; // -lagern
enum status {offen, erledigt}; // Auftrag
class cAuftrag // .....................................................
{ private:
    cProdukt _p;
    cOrt     _quelle, // Transport von ..
             _ziel;   // .. nach
    status   _status;
    art      _art;
  public:
    cAuftrag(){}
    cAuftrag (cProdukt p, cOrt von, cOrt nach, status stat, art wie);
    ~cAuftrag(){}
    void setA (cProdukt p, cOrt von, cOrt nach, status stat, art wie);
```

```
        art     getArt ()     { return _art;}
        cOrt    getZiel()     { return _ziel;}
        cOrt    getStart ()   { return _quelle;}
        cProdukt getProdukt (){ return _p;}
        // void eingeben();
};
class cRGB //..............................................
{ private:
    double _vxmax, // Max. Geschw. in horizontaler R.in  m/s
           _vymax, // Max. Geschw. in vertikaler R.  in  m/s
           _ax,    // Beschleun. in horiz. Richt. in m/(s*s)
           _smin,  //                                      in m
           _dauer, // Fahrdauer                            in s
           _totalZeit; // Gesamtfahrdauer                  in s
           cOrt    _IstPos; //neue StartPos = alte ZielPos
           cProdukt & _palette;
           double _sx, _sy;// Fahrweg in x-, y-Richtung
  public:
    cRGB (double vx, double vy, double ax, cProdukt & P);
    ~cRGB(){}
    // void setData(); Nur für Endversion
    void    fahre_nach (cOrt ZielPos);
    void    getPalette (cProdukt & palette );
    void    mach (cProdukt & palette);
    double getZeit() { return _totalZeit;}
    void    showPalette();
    void    showDauer();
    void    showWeg();
};
void    sortiere (cAuftrag auftrag [], int max_order);
void    tausche (cAuftrag & erstes, cAuftrag & zweites);
cProdukt leer (0, "", 0.0, 0);
cOrt    start(0., 0.);
int main() //************************************************
{ cOrt von, nach; // wichtigste Anweisungen grau unterlegt
```

29.2 Programmentwicklung

```
cOrt Ziel (3.,4.), NeuZiel(3.45,4.);
    // RGB-Daten bereitstellen:
cRGB rgb(1.5, 0.03, 2.5, leer);
    // Produkte :      statt lästiger Dateneingabe:
cProdukt
   p1 (1111, "Feile",   24.5,  48.0),
   p2 (2222, "Hammer",  37.5,  40. ),
   p3 (3333, "Meisel",   5.6,  60. ),
   p4 (4444, "Zange",    7.6,  55. ),
   p5 (5555, "Bohrer",   2.8,  90. ),
   p6 (6666, "Greifer",  2.7,  80. ),
   p7 (7777, "Spatel",   0.8, 100. ),
   p8 (8888, "Futter",   6.3,  72. ),
   p9 (9999, "Säge",     9.2,  40. ),
   p10(1010, "Pinsel",   1.5, 120. );
    // Aufträge :
const int max_order = 10;
cAuftrag orders[max_order];
orders[0].setA(p1, von.setOrt(3.,4.), nach.setOrt(0.,0.), offen,aus);
orders[1].setA(p2, von.setOrt(4.,2.), nach.setOrt(0.,0.), offen,aus);
orders[2].setA(p3, von.setOrt(0.,0.), nach.setOrt(5.,8.), offen,ein);
orders[3].setA(p4, von.setOrt(0.,0.), nach.setOrt(1.,7.), offen,ein);
orders[4].setA(p5, von.setOrt(0.,0.), nach.setOrt(2.,5.), offen,ein);
orders[5].setA(p6, von.setOrt(9.,3.), nach.setOrt(0.,0.), offen,aus);
orders[6].setA(p7, von.setOrt(7.,2.), nach.setOrt(0.,0.), offen,aus);
orders[7].setA(p8, von.setOrt(0.,0.), nach.setOrt(1.,6.), offen,ein);
orders[8].setA(p9, von.setOrt(0.,0.), nach.setOrt(1.,8.), offen,ein);
orders[9].setA(p10,von.setOrt(0.,0.), nach.setOrt(7.,1.), offen,ein);
    // Aufträge sortieren:
sortiere (orders , max_order);
    // Zeit festlegen:
cZeit dauer, ankunft, differenz, fruhstuck (11,30,0);
cZeit abfahrt, high_noon (12,0,0);
abfahrt = fruhstuck;//überTastatur: abfahrt.setzen(9,15,0)
```

```
    int k = 0; // Auftragszähler
    do
    { rgb.fahre_nach (orders[k].getStart());
      rgb.getPalette (orders[k].getProdukt());
      rgb.fahre_nach (orders[k].getZiel());
      if ( orders[k].getArt() == ein)
         { rgb.showPalette();
           rgb.mach(leer);
           // Auftrag erledigt markieren
           // Inventar Hochregallager aktualisieren
         }
      else
         { rgb.showPalette();
           rgb.mach(leer);
           // Auftrag erledigt markieren
         }
      ++k;
    }while ( k < max_order );
    rgb.showDauer();
    rgb.showWeg();

    dauer.wandeln(rgb.getZeit());
    ankunft   = abfahrt + dauer;
    differenz = high_noon - fruhstuck;

    cout << endl << "Abfahrt : ";   abfahrt.anzeigen();
    cout << endl << "Dauer   : " ;  dauer.anzeigen();
    cout << endl << "Ankunft : " ;  ankunft.anzeigen();
    if ( dauer >= differenz)
       cout << endl <<"\n Ein- / Auslagern dauert zu lange ! ";
} // end of main  ******************************************

//...................................................RGB.......
cRGB::cRGB(double vx, double vy, double ax, cProdukt & P)
          : _palette ( P )
{ _vxmax = vx; _vymax =  vy; _ax = ax;
  _dauer = _totalZeit = 0.;
```

29.2 Programmentwicklung

```cpp
  _IstPos = start;
  _sx = _sy = 0. ; // Test
  assert (_ax > 0 && _vxmax > 0 && _vymax > 0);
  _smin = _vxmax * _vxmax / (2.*_ax);
}
//............................................................
void cRGB::fahre_nach ( cOrt ZielPos)
{ double dauerX, dauerY;
  double    deltaX = ZielPos.getX() - _IstPos.getX();
  double    deltaY = ZielPos.getY() - _IstPos.getY();
  deltaX = (deltaX >= 0) ? deltaX : -deltaX;
  deltaY = (deltaY >= 0) ? deltaY : -deltaY;
  if (deltaX > 2*_smin) // Dauer horizontal
     dauerX = (deltaX - 2*_smin)/_vxmax + 2*_vxmax / _ax;
  else
     dauerX = 2 * sqrt(deltaX / _ax);
  dauerY = deltaY / _vymax; // Dauer vertikal
  _dauer = (dauerX >= dauerY) ? dauerX : dauerY; // Maximum
  _IstPos  = ZielPos;
  _dauer   = long (_dauer*100. +0.5)/100.;
  _totalZeit += _dauer ;
  _sx += deltaX;  _sy += deltaY;
}
// ............................................................
void cRGB::getPalette (cProdukt & palette)  { _palette = palette; }
// ............................................................
void cRGB::mach (cProdukt & palette)        { _palette = palette; }
//............................................................
void cRGB::showDauer()
    { cout << "\n\n" << " Fahrzeit total (sec): " << _totalZeit ; }
// ............................................................
void cRGB::showWeg()
    { cout << "    x-Weg : " << _sx << "   y-Weg : " << _sy << "\n\n";}
// ............................................................
void cRGB::showPalette ()       { _palette.showProdukt(); }
```

```cpp
// .................................... Produkt ......
cProdukt::cProdukt(int nr,char *name,double preis,int menge)
{_nr = nr;strcpy(_name,name);_preis = preis;_menge = menge; }
// .................................................
void cProdukt::setData(int nr,char *name,
                                double preis,int menge)
{_nr = nr;strcpy(_name, name);_preis = preis;_menge = menge;}
//..................................................
void cProdukt::showProdukt () const   // für Test
   {cout << endl << _nr << "  " << _name << "  "
         << _preis << "  " << _menge;}
//........................ Auftrag ....................
cAuftrag::cAuftrag(cProdukt p,cOrt von, cOrt nach,
                                status stat,art wie)
   { _p = p; _quelle = von; _ziel = nach;
                          _status = stat; _art = wie; }
// ................................................
void cAuftrag::setA(cProdukt p,cOrt von,cOrt nach,
                                status stat,art wie)
   { _p = p; _quelle = von; _ziel = nach;
                          _status = stat; _art = wie; }
// ................................... Allgemeine Fkt. ..
void tausche (cAuftrag & erstes, cAuftrag & zweites)
{ cAuftrag  temp = erstes;
  erstes = zweites;
  zweites = temp;
}
// ................................................
void sortiere (cAuftrag auftrag [], int max_order)
{ int m;
  for (int k = 0; k <  max_order - 1; ++k)
  { if ( k%2 == 0 && auftrag[k].getArt() == aus )
     { m = k;
        while ( auftrag[m].getArt() != ein && m < max_order )
            ++m;
```

29.2 Programmentwicklung

```
            if ( m > k) tausche (auftrag[k], auftrag[m]);
         }
      if ( k%2 == 1 && auftrag[k].getArt() == ein )
         { m = k;
            while ( auftrag[m].getArt() != aus && m < max_order )
               ++m;
            if ( m > k) tausche (auftrag[k], auftrag[m]);
         }
   } }
// ......................................... Zeit ..........
ostream& operator<<(ostream & ausgabe, const cZeit& z)
{ char puffer [10] = {'\0'}, mchar[3], schar[3];
   _itoa(z._hour, puffer,10); // 10: Dezimalzahl
   _itoa(z._min, mchar, 10);    _itoa(z._sec, schar, 10);
   if (z._hour == 0) strcat(puffer,"0");
   strcat(puffer,":");
   if (z._min < 10) strcat(puffer,"0");
   strcat(puffer,mchar);    strcat(puffer,":");
   if (z._sec < 10) strcat(puffer,"0");
   strcat(puffer,schar);
   ausgabe << puffer ;
   return ausgabe;
}
// ..................................................
bool operator>= (cZeit z1, cZeit z2)
{ if (z1._hour > 0) { --z1._hour; z1._min += 60;}
   if (z1._min  > 0) { --z1._min ; z1._sec += 60;}
   bool groesser =((z1._hour - z2._hour)*3600 +
                   (z1._min  - z2._min )*60   +
                   (z1._sec  - z2._sec ) ) >= 0;
   if ( groesser) return true;
   else   return false;
}
cZeit operator- (cZeit z1, cZeit z2) // ....................
{ cZeit temp;
```

```
    if (z1 >= z2)
      {if (z1._hour > 0) { --z1._hour; z1._min += 60;}
       if (z1._min  > 0) { --z1._min ; z1._sec += 60;}
       temp._hour = z1._hour - z2._hour;
       temp._min  = z1._min  - z2._min;
       temp._sec  = z1._sec  - z2._sec;
      }
    else
      cout << " Zeit1 < Zeit2!";
    return temp;
}
// ............................................................
cZeit cZeit::operator+ (cZeit z)
{ cZeit temp;
  temp._hour = _hour + z._hour;
  temp._min  = _min  + z._min;
  temp._sec  = _sec  + z._sec;
  temp.normalisieren();
return temp;
}
//............................................................
cZeit::cZeit(int h, int m , int s )
{_hour = h;
 _min  = m;
 _sec  = s;
  assert((_hour >= 0 && _hour < 24) &&
         (_min  >= 0 && _min  < 60) &&
         (_sec  >= 0 && _sec  < 60));
}
// ............................................................
cZeit::cZeit(const cZeit& dieZeit) :
_hour(dieZeit._hour),_min (dieZeit._min),_sec (dieZeit._sec)
     {   }
// ............................................................
cZeit&  cZeit::wandeln(const double timeSec)
{// rechnet timeSec Sekunden um in h:m:s, zB. 7448.3 -> 2:4:8
```

29.2 Programmentwicklung

```
   int   t_sec  = timeSec + 0.5;
         _sec   = t_sec % 60;
   int temp_min = (t_sec - _sec)/60;
         _min   = temp_min % 60;
         _hour  = (temp_min - _min)/60;
   return *this;
}
//.................................................
void cZeit::normalisieren()
{ int carry = 0;
  if ( _sec > 59)
     { _sec %= 60 ; carry = 1;}
  if ( carry)   {++ _min; carry = 0;}
  if ( _min > 59) { _min %= 60 ; carry = 1;}
  if ( carry)   ++ _hour;
}
// ................................Zeit setzen .....................
void cZeit::setzen (int stunde, int minute, int sekunde)
{_hour = stunde;   _min  = minute;   _sec  = sekunde;
 assert(( _hour >= 0 && _hour < 24) && (_min  >= 0 && _min  < 60) &&
         (_sec  >= 0 && _sec  < 60));
}
void cZeit::anzeigen ()// .......... Zeit anzeigen ....................
{ char puffer[20] = {'\0'}, mchar[3], schar[3];
  _itoa(_hour, puffer,10);// 10: hour als Dezimalzahl
  _itoa(_min, mchar, 10); // Visual C++: _itoa, DOS: itoa
  _itoa(_sec, schar, 10);
  if (_hour == 0) strcat(puffer,"0");
  strcat(puffer,":");
  if (_min < 10) strcat(puffer,"0");
  strcat(puffer,mchar);
  strcat(puffer,":");
  if (_sec < 10) strcat(puffer,"0");
  strcat(puffer,schar);
  cout << "  " << puffer << " Uhr";
}
```

Diese Version lässt immer noch einige Wünsche offen, wir wollen es aber dabei bewenden lassen.

■ ökonomische Interpretation

Welche ökonomische Schlüsse lassen sich nun aus den Ergebnissen eines solchen Programms ziehen? Die Einlagerung in der Horizontalen geht deutlich schneller als in der Vertikalen, häufig verwendete Artikel wird man daher eher unten lagern und selten genutzte eher oben. Entsprechend der ABC-Analyse, die die wertmäßige Zusammensetzung des Inventars ermittelt, kann man eine XYZ-Analyse durchführen, die die Häufigkeit der Lagervorgänge klassifiziert.

Die Untersuchung zeigt vor allem, ob ein gewisser Arbeitsvorrat innerhalb einer bestimmten Zeit abgearbeitet werden kann. Abhängig vom Simulationsergebnis sind betriebliche Entscheidungen zu treffen hinsichtlich der Anzahl der RGBs und der Dimensionierung des Lagers – ist es besser die Regalhöhe zu vergrößern oder die Lagerfläche?

Übung 23 (ohne Lösung)

In der Fallstudie wurde die Ortsangabe des Start- bzw. Zielpunkts der Einfachheit halber in Meter angegeben. Schon zu Beginn der Fallstudie wurde jedoch darauf hingewiesen, dass ein Logistikrechner die Lagerplätze mit ihren Lagernummern verwaltet – wie es die Abbildung 29 zeigt. Auch das Ein- und Auslagern war nicht ganz präzise ausgeführt.

Aufgabe ist jetzt, das bestehende Programm um die folgenden Anforderungen zu erweitern:

In einem Hochregallager (HR) werden Paletten eingelagert, die einen Lagerort belegen. Wird eine Palette ausgelagert, ist der Ort freizugeben. Der Disponent kann sich den Inhalt der belegten HR-Plätze anzeigen lassen.

Um von einem Lagerplatz mit seiner Lagernummer in eine Entfernung vom Einlagerstich (= Koordinatenursprung) umrechnen zu können, werden folgende Maße festgelegt: In horizontaler Richtung haben die Paletten einen Abstand von 1.5 m, in vertikaler einen von 1.25 m. Aus Sicht des Hochregallagers ist der Lagerort [0][0] identisch mit dem Einlagerstich und daher als Lagerplatz gesperrt.

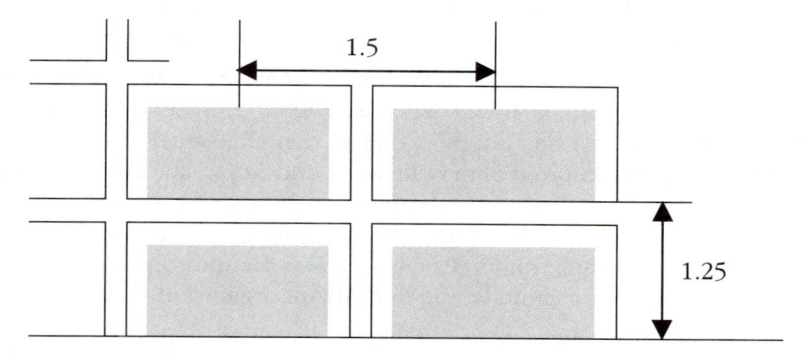

Transportaufträge für das Regalbediengerät können auch das Umlagern von Paletten von einem zum anderen Lagerplatz sein.

Fügen Sie die notwendigen Teile einer einfachen HR-Lagerverwaltung hinzu oder ändern Sie bestehenden Code so ab, dass eine korrekte Ein-, Um- oder Auslagerung durchgeführt werden kann, wobei das Inventar des Hochregallagers stets aktuell ist.

Lösungen:

1 „Produkt" geht in „Auftrag" ein und „Auftrag" in RGB.

2 Wird im Text problematisiert.

3 zB. alle Funktionen, die logische Größen zurückgeben: is_bool(), is_alpha(), is_digit(), eof().

4 Produkt_einlagern, auslagern, RGB_fahren, Auftrag_markieren.

5 Fkt. für das Ein- und Ausgeben von Werten bei Produkten, Aufträgen.

29.3 Zusammenfassung

Mit dieser Fallstudie habe ich verschiedene Zwecke verfolgt. Erstens sollte noch einmal der gesamte Entwicklungsprozess mit einem objektorientierten Ansatz durchlaufen werden – ohne jedoch die Methoden von UML in Anspruch zu nehmen. Hier war es wiederum notwendig, einige Vorüberlegungen anzustellen, die einerseits den Sachverhalt aufgearbeitet und andererseits bestimmte Entscheidungen hinsichtlich der Datenstruktur und der Vorgehensweise herbeigeführt haben.

Zweitens haben wir gesehen, wie sich ein größeres Programm auch wieder in Teilschritten entwickeln lässt. Das erleichtert den Überblick über die Aufgabe – man verliert das Ziel nicht aus den Augen – und vereinfacht die Fehlersuche beim Testen, die hier ausgespart wurde. Beachten Sie: Die druckreife Version war bestimmt nicht der erste Wurf! Die einzelnen Schritte haben sich mit der Entwicklung der Klassen ergeben, die ganz zuletzt zur eigentlichen Anwendung zusammengeführt wurden.

Drittens war es ein Anliegen, Ihnen zu zeigen, dass bei aller Euphorie für die Objektorientierung nach wie vor das Algorithmische nicht zu kurz kommt. Nur spielt sich das überwiegend in den (Klassen)Funktionen ab. Daher wird das Hauptprogramm sehr kurz und kompakt, zur Verdeutlichung ist es grau unterlegt. Im wesentlichen besteht es aus einer Folge von Funktionsaufrufen. Der Kern, die do-Schleife, liest sich fast wie Pseudocode: fahre_nach, nimm_Palette etc. Das Hauptprogramm fungiert hier nur noch als Steuerzentrale, die den Ablauf organisiert.

Viertens haben Sie festgestellt, wie Objekte verschiedener Klassen in den verschiedenen Klassen verwendet werden – wie einfache Datenobjekte. Erfahrungsgemäß scheuen sich Programmieranfänger, Objekte anderer Klassen in einer Klasse zu verwenden. Es besteht kein Anlass zu solchen Berührungsängsten. Sie haben auch gesehen, wie eigene Klassen (cZeit) und fremde Klassen (vector) eingebunden werden.

30 Ausblick

Sie haben mit diesem Buch eine Einführung in das objektorientierte Programmieren unter Verwendung der doch recht mächtigen Sprache C++ erhalten. Ziel war nicht, den vollständigen Funktionsumfang einer Sprache wie C++ anhand von Softwarepröbchen systematisch darzustellen, sondern den Problemlösungsprozess zu entwickeln und zu fördern. Sie haben nun ein solides Fundament, auf das Sie aufbauen können – wenn Sie mögen. Welche Möglichkeiten eröffnen sich Ihnen jetzt?

- Sie können die Sprache C++ vertiefen – es gibt noch viel zu tun. Insbesondere die Standard Template Library (STL) ist etwas zu kurz gekommen. Im Rahmen dieses Buches habe ich zugunsten des handwerklichen Programmierens auf einige Themen verzichtet. Ein gutes Buch, das systematisch, umfassend und formal ist, stammt von Breymann [4]. Natürlich gibt es noch viele andere gute Bücher.

- Sie können umsteigen auf eine Software wie den C++Builder von Borland, mit dem man interaktiv die eigentliche Optik von Windows-Programmen entwickeln kann. Aus einem vorgefertigten Werkzeugkasten lassen sich schnell per Drag & Drop grafisch die verschiedenen Elemente aufbauen: zB. Auswahlflächen, Popup-Menüs, Scrollbars und Formulare. Damit erhalten C++Programme ein professionelles Aussehen. Ein sehr empfehlenswertes Buch, das zugleich auch in C++ unter anderen Aspekten einführt und es bis zur Web-Applikation vertieft, stammt von Kaiser [12]. Hier finden Sie zB. auch Informationen, wie Sie in eigenen Programmen MS-Office-Anwendungen (Word, Excel etc) aufrufen und Internet-Komponenten einbinden können. Wer sich eh mit der Windows-Programmierung beschäftigen möchte, ist mit diesem Buch in manchen C++spezifischen Dingen besser bedient als mit dem Buch von Breymann.

- Mit C++ haben Sie eine gute Basis, um sich schnell in Java einzufinden. Dort finden Sie dieselben Konzepte (Datentypen, Steuerstrukturen, Klassen, Objekte). Vieles wird Ihnen bekannt, ja vertraut sein. In die syntaktischen und konzeptionellen Unterschiede können Sie sich schnell einarbeiten. Das folgende (gekürzte) Beispiel aus Jobst [11, Seite 80] soll die (beabsichtigte) Verwandschaft zu C++ verdeutlichen:

```
public class Person{
    String Name;
    int PersonalNummer;
```

```
        double Gehalt;
        // Ein Konstruktor:
        public Person (String Name, int PersonalNummer,
                    double Gehalt){
          this.Name = Name;
          //ebenso für: PersonalNummer, Gehalt
        }
        // Methoden:
        public void drucke (){
          System.out.print (" Name " + Name);
          //ebenso für: PersonalNummer, Gehalt
        }
        void erhöheGehalt (double Betrag){
          Gehalt += Betrag;
        }
        public static void main (String args[]){
          Person Alfred = new Person ("Hitchcock", 0, 1000);
          ...
          Alfred.drucke();
          ...
          Alfred.erhöheGehalt(4000);
        }
    }
```

31 Lösungen

Ü 1

[1]

Ausgangssituation   1. Schritt   2. Schritt   3. Schritt

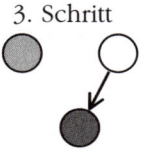

Tauschen

| a = 5 |
| b = 7 |
| c = a |
| a = b |
| b = c |

[2] Variante 1: grenze muss den Wert n+1 haben,   sum wird 1275;
    Variante 2: 2 + 3 +... + 50   (dh. zaehler < 50) → sum wird 1274
                 2 + 3 +... + 50 + 51 (dh. zaehler < 51) → sum wird 1325
    Variante 3: Bedingung ist: grenze = n
    Es gibt einen einfacheren Weg nach der Formel: sum = n*(n+1)/2;

[3]

      Eingabe von a
      Eingabe von b
      c erhält Wert a minus b
      Wenn (c ungleich null)
        dann: x ist a geteilt durch c
            Ausgabe von x
        sonst: Ausgabe ("Division durch Null")

Das Struktogramm folgt auf der nächsten Seite.

Bruch

Eingabe (a)	
Eingabe (b)	
c = a - b	
if c <> 0	
then ... else	
x = a / c	Ausgabe
Ausgabe (x)	("Division durch Null!")

[5] EST = 430; EST = 13440; EST = 54002

[6]

Einkommensteuer 1990:

Eingabe zvE

gerundet = zvE durch 54 teilen und abrunden

x = gerundet * 54

y = (x - 8100)*0,0001

wenn (x ≤ 5616) dann: Steuer = 0

wenn (5167 ≤ x ≤ 8153) dann Steuer = 0,19*x − 1067

wenn (8154 ≤ x ≤ 120041)

  dann: - multipliziere y mit 151,94

    - Runden_auf_drei_Stellen

    - 1900 addieren

    - mit y multiplizieren

    - Runden_auf_drei_Stellen

    - 472 addieren

    - Steuer erhält Ergebnis

wenn(x ≥ 120042) dann: Steuer = 0,53 * x − 22842

Steuer abrunden

Ausgabe (Steuer)

Struktogramm:

Steuer 1990

Eingabe zvE		
gerundet = zvE durch 54 teilen und abrunden		
x = gerundet * 54		
y = (x -8100)*0,0001		
if x <= 5616		
then		else
Steuer = 0		
if 5167 <= x <= 8153		
then		else
Steuer = 0.19*x - 1067		
if 8154 <= x <= 120041		
then		else
151,94 * y		
Runden_auf_drei_Stellen		
1900 addieren		
mit y multiplizieren		
Runden_auf_drei_Stellen		
472 addieren		
Steuer erhält Ergebnis		
if x >= 120042		
then		else
Steuer = 0,53*x - 22842		
Steuer abrunden		
Ausgabe (voller DM-Betrag)		

[7]

Geldscheine

Eingabe (Rest)	
if Rest >= 50	
then	else
Rest = Rest-50	
a1 = 1	
if Rest >= 20	
then	else
Rest = Rest-20	
a2 = 1	
if Rest >= 20	
then	else
Rest = Rest-20	
a2 = a2+1	
if Rest >= 10	
then	else
Rest = Rest-10	
a3 = 1	
if Rest >= 5	
then	else
Rest = Rest-5	
a4 = 1	
if Rest >= 2	
then	else
Rest = Rest-2	
a5 = 1	
if Rest >= 2	
then	else
Rest = Rest-2	
a5 = a5+1	
if Rest >= 1	
then	else
Rest = Rest-1	
a6 = 1	

Ü 2

[1]

10#	2#	8#	16#
148	10010100	224	94
16583	100000011000111	40307	40C7
89427,625	10101110101010011,101	256523,5	15D53,A

[2]

2#	8#	16#	10#
1010	12	A	10
10,1001	2,44	2,9	2,5625
10101010101010	25252	2AAA	10922

[3]

16#	8#	2#	10#
2A1F	25037	10101000011111	10783
100	400	100000000	256
FF	377	11111111	255

[4] [6]

10	16	8	2	0,5	0,25	0,125	0,0625	Sum. dezim.
0	0	0	00000	0	0	0	0	0,0000
1	1	1	00001	0	0	0	1	0,0625
2	2	2	00010	0	0	1	0	0,1250
3	3	3	00011	0	0	1	1	0,1875
4	4	4	00100	0	1	0	0	0,2500
5	5	5	00101	0	1	0	1	0,3125
6	6	6	00110	0	1	1	0	0,3750
7	7	7	00111	0	1	1	1	0,4375
8	8	10	01000	1	0	0	0	0,5000
9	9	11	01001	1	0	0	1	0,5625
10	A	12	01010	1	0	1	0	0,6250
11	B	13	01011	1	0	1	1	0,6875
12	C	14	01100	1	1	0	0	0,7500
13	D	15	01101	1	1	0	1	0,8125
14	E	16	01110	1	1	1	0	0,8750
15	F	17	01111	1	1	1	1	0,9375
16	10	20	10000					
17	11	21	10001					
18	12	22	10010					

[5] nächste Seite!

[5]

Stelle	4	3	2	1	0	-1	-2	-3
dual	16	8	4	2	1	0,5	0,25	0,125
oktal	4096	512	64	8	1	0,125	0,015625	0,0019525
hex	65536	4096	256	16	1	0,0625	003906	0,000244141
dezim.	10000	1000	100	10	1	0,1	0,01	0,001

[7]

n	2	5	8	10	16
Max_Zahl	3	31	255	1023	65535

Ü 3:

[1]

```
' 0'    0011  0000
' 1'    0011  0001
...     0011  ...
' 8'    0011  1000
' 9'    0011  1001

' A'    01 0 0 0001
...     01 0 ...
' Z'    01 0 1 1010

' a'    01 1 0 0001
...     01 1 ...
' z'    01 1 1 1010
```

[2] im sechsten Bit ist der Unterschied: $2^5 = 32$

[3] Bar-(=Balken)code, Signalflaggen-Alfabet bei Schiffen, Sirenencode, Rauchzeichen

Ü 4

[1] 8 Bit

0	0	0	0	0	1	0	0
1	1	1	0	0	1	0	0

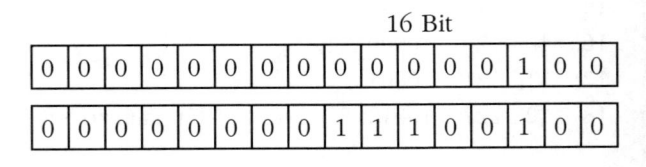

16 Bit

0	0	0	0	0	0	0	0	0	0	0	0	0	1	0	0
0	0	0	0	0	0	0	0	1	1	1	0	0	1	0	0

[2]

Original: 10#I-248I	0	0	0	0	0	0	0	0	1	1	1	1	1	0	0	0
Einerkomplement	1	1	1	1	1	1	1	1	0	0	0	0	0	1	1	1
Zweierkomplement	1	1	1	1	1	1	1	1	0	0	0	0	1	0	0	0
Originalzahl 10#I-28459I	0	1	1	0	1	1	1	1	0	0	1	0	1	0	1	1
Einerkomplement	1	0	0	1	0	0	0	0	1	1	0	1	0	1	0	0
Zweierkomplement	1	0	0	1	0	0	0	0	1	1	0	1	0	1	0	1

[3] Lege 5 Speicherplätze für int-Zahlen an, die der Programmierer mit a,...,e bezeichnet. Speichere in a den Wert 1, in b 5, in d 7. Addiere a und b und speichere unter c; nimm den Wert von b, subtrahiere 2 und speichere in b. Dividiere die Ganzzahl d durch die Ganzzahl b und speichere unter e. Ergebnis: c ist 6, b ist 3 und e ist 2.

[4] 250 * 400 =100000;   100000 % 32768 = 1696; -32768 + 1696 = -31072; -31072 / 8000 = minus 3

[5] Für n ungerade folgt ein Fehler als Folge der Ganzzahldivision n/2

Ü 5

[2] Die Aussage ist immer falsch, weil !k nur die Werte 0 bzw. 1 annehmen kann.

[3] (alter > 50 || gewicht > 300) && spende >= 1000

[4] (gewicht > 300 und zugleich spende >= 1000) oder (alter > 50)

[5] ch >= 'a' && ch <= 'z' || ch >= 'A' && ch <= 'Z'

Ü 6

[1]

Adresse:	Inhalt:	Bezeichner:
20A0	12	n
20A2	20A0	pI
20A6	14.7	x

| 20AA | 20A6 | pF |

[2] Nein, ein Zeiger kennt die Größe und die Art des Datentyps, es passen nicht zusammen: Zeiger auf int und float, Zeiger auf float und int, Zeiger auf double und float.

[3]

Adresse:	Inhalt:	Bezeichner:
20C0	20C8	p3i
20C4	20C8	p2i
20C8	12	n
20CA	....	

```
p3i [ 20C8 ]─┐
             ├──▶ [ 20C8 | 12 ] n
p2i [ 20C8 ]─┘
```

[4] Es wird der Inhalt von p2i (=Adresse) nach pi kopiert. pi zeigt dann auf n (Grafik wie in Übung 3).

Ü 7

[1] float x[] = {-3.5, 4.7, 1.0, 0.2, 34.129, -151.92};

[2] float Tagestemp[24] = { ...wie zuvor ...}, Tagesmittel;
   int y = 0, z = 8, w = 20; // zum Beispiel
   Tagesmittel=(Tagestemp[y]+Tagestemp[z]+2*Tagestemp[w])/4.0;

[3] bool LOTTO [49] = {false};
         LOTTO [12] = true;

[4] unsigned int size[] = {36,37,38,39,40,41,42,43,44,45,46};

Ü 8

[1] float vobis [4][3][12];

[2] Umsatz der Filiale mit Index 1 im Januar:
   Umsatz = vobis[1][0][0] + vobis[1][1][0] + vobis[1][2][0];

Umsatz der Filiale mit Index 1 im Februar:

Umsatz = vobis[1][0][1] + vobis[1][1][1] + vobis[1][2][1];

Umsatz Monitoren im Quartal:

UmsatzMoni = vobis[1][1][0] + vobis[1][1][1] + vobis[1][1][2];

Umsatz Mäuse im Februar:

UmsatzMausFeb =

vobis[0][2][1] + vobis[1][2][1] + vobis[2][2][1] + vobis[3][2][1]

[3] Die Texte können nicht gespeichert werden, weil das Array nur float-Werte aufnehmen kann.

Ü 9

[1] KundenTab[1].name[1] stellt das zweite Zeichen der Komponente name im zweiten Datensatz dar: i (aus Fink)

[2] KundenTab[48].Adresse.strasse

[3]
```
ein_kunde.name              = KundenTab[1].name
ein_kunde.Adresse.strasse   = KundenTab[1].Adresse.strasse
ein_kunde.Adresse.plz       = KundenTab[1].Adresse.plz
ein_kunde.Adresse.ort       = KundenTab[1].Adresse.ort
ein_kunde.status            = KundenTab[1].status
ein_kunde.umsatz            = KundenTab[1].umsatz
```

[4]
```
    struct ZulasDat
      { unsigned int Monat;
        unsigned int Jahr;
      };
    struct auto
      { char Marke[20];
        char Farbe [10];
        unsigned Hubraum;
        ZulasDat    ErstZul;
      };
    auto    VW;
```

Der Bezeichner ist: VW.ErstZul.Jahr

Ü 10

[1] int zeit [3];
   enum time { Stunde, Minute, Sek};

zeit[0] = 4;	alternativ:	zeit[Stunde] = 4;
zeit[1] = 35;		zeit[Minute] = 35;
zeit[2] = 17;		zeit[Sek] = 17;

[2] enum bool {false, true};   bool   ok = false;

[3] Es ist: 8#010 = 10#8; 8#020 = 10#16; 8#040 = 10#32; 8#100 = 10#64;

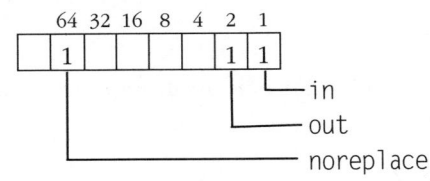

```
 64 32 16  8  4  2  1
[ 1|  |  |  |  | 1| 1]
                  │  └─ in
                  └──── out
  └─────────────────── noreplace
```

Ü 11

[1] Wenn eine Datei leer ist, zeigen Pufferanfang und Dateizeiger auf denselben Speicherplatz.

[2] In einer Textdatei sind die „Datensätze" durch das Zeilenende (Return- bzw. Enter-Taste) gekennzeichnet. Dies kann bei Leerzeilen unmittelbar aufeinander folgen oder auch erst nach wechselnder Zeilenlänge. Es gibt keine feste Länge.

Ü 12

[1]

if (n >= 2)	oder:	if (n >= 7)
{ n = 3*n +1;		n = 3*n - 6;
if (n >= 7) n -= 7;		else
}		if (n >= 2) n = 3*n + 1;

[2]   k = 0 für -∞ <= a <= + ∞;
      k = 1 für Leere Menge

[3]
```
   if ( n < 10 && n >= 0) cout << "klein";
   else if ( n < 20 && n > 9) cout << "mittel";
        else if ( n < 30 && n > 19) cout << "beachtlich";
             else if ( n < 41 && n > 29) cout << "groß";
```
oder:
```
   if ( n >= 0 && n < 41)
     if ( n < 10) cout << "klein";
     else if ( n < 20) cout << "mittel";
          else if (n < 30) cout << "beachtlich";
               else cout << "groß";
```

Ü 13

[1]
```
   char ch;
   cin >> ch; // nur korrekte Zeichen
   ch = toupper(ch);
   switch (ch)
    { case 'D' : mach_was1; break;
      case 'B' : mach_was2; break;
      case 'A' : mach_was3; break;
      case 'E' : mach_was4; break;
    }
```
[2]
```
   char ch;
   cin >> ch; // nur korrekte Zeichen
   ch = toupper(ch);
   switch (ch)
    { case 'D' : cin >> ch; ch = toupper(ch);
                 switch (ch)
                   { case 'N' : neu_machen; break;
                     case 'L' : loeschen;   break;
                     case 'S' : schliessen; break;
                   }
                 break;
```

```
                    case 'B' : cin >> ch; ch = toupper(ch);
                               switch (ch)
                                 { case 'X' : mach_was1; break;
                                   case 'Y' : mach_was2; break;
                                   case 'Z' : mach_was3; break;
                                 }
                               break;     usw.
    [3] char ch;
        cin >> ch; // nur 'n', 's', 'o', 'w'
        ch = tolower(ch);
        switch (ch)
          { case 'n' : --y; break;
            case 's' : ++y; break;
            case 'o' : ++x; break;
            case 'w' : --x; break;
          }
```

Ü14

```
[1] #include <iostream> using namespace std;
    int main ()
    { int m = -1, n = -1, k=0, rest;
      cout << "\nGeben Sie zwei ganze Zahlen ein : ";
      while (m < 0)  cin >> m; /*Zaehler*/
      while (n < 1)  cin >> n; /* Nenner*/
      if (m >= n)
        { rest = m;
          while (rest >= n)
            { ++k;
              rest -= n;
            }
          cout << m << " dividiert durch " << n << " ist " << k
               << " Rest " << rest;
        }
      else  // m < n
        cout << " 0  Rest " << m ;  } // end of main
```

[2] Nur zwei positive Zahlen ermöglichen den Eintritt in die Schleife. Innnerhalb sind nochmals zwei Werte einzugeben, die dann aber nicht unbedingt positiv sein müssen. Negative Zahlen werden getauscht ausgegeben und dienen daher erst im zweiten Anlauf dem Abbruch. Das Programmfragment verhält sich nicht aufgabenkonform.

[3]
```
int zahl = -1, k = 1;
while (zahl <= 1) cin >> zahl;
while ( k < zahl) k *=2;
cout << k;
```

[4] Die Antwort wird später unter FF behandelt!

[5]
```
double population = 1e7, rest = population / 10;
int jahr = 0;
while (population > rest)
   { ++jahr;
     population *= 0.977;
   }
cout << "Dauer : " << jahr << " Jahre";
```

[6] Das Programmfragment wandelt den eingegebenen Text zeichenweise in Großbuchstaben um und gibt sie aus.

Ü15

[1]
```
int main()
 { int a, b, rest, quotient;
   char ch;
   do
   { cin >> a;
     do cin >> b; while (b <= 0);
     quotient = a/b;
     rest = a % b;
     cout << a << " / " << b << " = " << quotient
          << " Rest " << rest << endl << endl;
     cout << "Weiter? " ;
     cin >> ch;
     ch = toupper(ch);
```

31 Lösungen

```
      }while ( ch == 'J');
   }
[2] int main()
   { int n, k, i;
     do cin >> n  while ( n < 1 || n > 16);
     for ( k = 1; k <= n; ++k)
       { for ( i = 1; i <= n; ++i)
           { cout.width(5);
             cout << k*i;
           }
         cout << endl;
       }
   } // end
```

Ü16

[1]   a[k][i] = k*m +i +2;

[2]

a[k][i]

1	2	3
4	5	6
7	8	9

a[i][k]

1	4	7
2	5	8
3	6	9

Ü17

```
// Datei : Flug.cpp
#include <iostream> using namespace std;

int main()
{char *zustand[4] = {"planmässig","gestrichen","ausgebucht"};
 enum statusT {planmaessig, gestrichen, ausgebucht, leer};
 struct zeitT
  { int h;
    int min;
  };
 struct flugT
  { char nr[8];
    char ziel[5];
```

500

```
      zeitT ab;
      char terminal;
      unsigned gate;
      statusT status;
   };
flugT fluege[10],
      leerflug = { "\x0","\x0",{0,0},'\x0',0,leer};
char ch ; // p, g oder a
int anzahl = 0, k = 0, n;
for (int m = 0; m < 10;++m)
     fluege[m] = leerflug;
cout << "Anzahl Flüge : ";
do
   cin >> n;
while ( n < 1 || n > 10);
ch = 'a';
while (ch != '\n') cin.get(ch); //Räumt \n aus dem Puffer
do
 { cout   << "\nFlugnummer : ";
      cin >> fluege[anzahl].nr;
    cout   << "\nZielort    : ";
      cin >> fluege[anzahl].ziel;
    cout   << "\nAbflug     : ";
      cin >> fluege[anzahl].ab.h >> fluege[anzahl].ab.min;
    cout   << "\nTerminal   : ";
      cin >> fluege[anzahl].terminal ;
      cin.ignore(1,'\n'); // räumt \n aus dem Puffer
    cout   << "\nGate       : ";
      cin >> fluege[anzahl].gate;cin.ignore(1,'\n');
    cout   << "\nStatus     : ";
      do cin.get(ch );
      while (ch != 'a' && ch != 'p' && ch != 'g' );
      char tmp = ch;
      while (tmp != '\n') cin.get(tmp);
```

```cpp
            switch (ch)
             {case 'p' : fluege[anzahl].status = planmaessig; break;
              case 'g' : fluege[anzahl].status = gestrichen;  break;
              case 'a' : fluege[anzahl].status = ausgebucht;  break;
             }
            ++anzahl;
      }while ( anzahl < n);
      cout << endl << endl;
      cout << " FlugNr   Ziel  Abflug Term.  Gate    Status\n";
      for ( k = 0; k < anzahl; ++k)
         {
          cout.width(8);
          cout << fluege[k].nr;
          cout.width(6);
          cout << fluege[k].ziel;
          cout.width(6);
          cout << fluege[k].ab.h << ":";
          cout.width(2);
          cout << fluege[k].ab.min ;
          cout << "   " ;
          cout << fluege[k].terminal ;
          cout.width(6);
          cout << fluege[k].gate ;
          cout.width(12);
          cout << zustand[fluege[k].status] << '\n' ;
         }
      return 0;
     }
```

Anhang

Anhang 1: ASCII-Tabelle

Dez	Hex	Okt	Char	Bedeutung
0	0	00	NUL	null
1	1	01	SOH	start of heading
2	2	02	STX	start of text
3	3	03	ETX	end of text
4	4	04	EOT	end of transmission
5	5	05	ENQ	enquiry
6	6	06	ACK	acknowledge
7	7	07	BEL	bell
8	8	010	BS	backspace
9	9	011	TAB	horizontal tab
10	A	012	LF	line feed, new line
11	B	013	VT	vertical tab
12	C	014	FF	form feed, new page
13	D	015	CR	carriage return
14	E	016	SO	shift out
15	F	017	SI	shift in
16	10	020	DLE	data link escape
17	11	021	DC1	device control 1
18	12	022	DC2	device control 2
19	13	023	DC3	device control 3
20	14	024	DC4	device control 4
21	15	025	NAK	negative acknowledge
22	16	026	SYN	synchronous idle
23	17	027	ETB	end of transmission
24	18	030	CAN	cancel
25	19	031	EM	end of medium
26	1A	032	SUB	substitute
27	1B	033	ESC	escape
28	1C	034	FS	file separator
29	1D	035	GS	group separator
30	1E	036	RS	record separator
31	1F	037	US	unit separator

ASCII steht für American Standard Code for Information Interchange und war für den Datenaustausch entwickelt. Zur Steuerung von Fernschreibern dienten ursprünglich die ersten 32 nicht druckbaren Steuerzeichen, deren Bedeutung heute weitgehend unverständlich ist. Siehe: www.asciitable.com.

Dez	Hex	Okt	Char	Dez	Hex	Okt	Char	Dez	Hex	Okt	Char
32	20	040	Leer	64	40	100	@	96	60	140	`
33	21	041	!	65	41	101	A	97	61	141	a
34	22	042	"	66	42	102	B	98	62	142	b
35	23	043	#	67	43	103	C	99	63	143	c
36	24	044	$	68	44	104	D	100	64	144	d
37	25	045	%	69	45	105	E	101	65	145	e
38	26	046	&	70	46	106	F	102	66	146	f
39	27	047	'	71	47	107	G	103	67	147	g
40	28	050	(	72	48	110	H	104	68	150	h
41	29	051	)	73	49	111	I	105	69	151	i
42	2A	052	*	74	4A	112	J	106	6A	152	j
43	2B	053	+	75	4B	113	K	107	6B	153	k
44	2C	054	,	76	4C	114	L	108	6C	154	l
45	2D	055	-	77	4D	115	M	109	6D	155	m
46	2E	056	.	78	4E	116	N	110	6E	156	n
47	2F	057	/	79	4F	117	O	111	6F	157	o
48	30	060	0	80	50	120	P	112	70	160	p
49	31	061	1	81	51	121	Q	113	71	161	q
50	32	062	2	82	52	122	R	114	72	162	r
51	33	063	3	83	53	123	S	115	73	163	s
52	34	064	4	84	54	124	T	116	74	164	t
53	35	065	5	85	55	125	U	117	75	165	u
54	36	066	6	86	56	126	V	118	76	166	v
55	37	067	7	87	57	127	W	119	77	167	w
56	38	070	8	88	58	130	X	120	78	170	x
57	39	071	9	89	59	131	Y	121	79	171	y
58	3A	072	:	90	5A	132	Z	122	7A	172	z
59	3B	073	;	91	5B	133	[	123	7B	173	{
60	3C	074	<	92	5C	134	\	124	7C	174	|
61	3D	075	=	93	5D	135	]	125	7D	175	}
62	3E	076	>	94	5E	136	^	126	7E	176	~
63	3F	077	?	95	5F	137	_	127	7F	177	Del

Aus den Hex-Werten lassen schnell nach folgender Vorschrift die Dualzahlen ableiten (siehe: Umwandlung dual in hex, Kapitel 3.1): Die Hex-Ziffern werden *stellenweise* ins Dualsystem übertragen.

Beispiel: Buchstabe k (16#6B)

```
   6    B
0110 1011
```

Sie werden sicher bei der Betrachtung der ASCII-Tabelle beobachten, dass auf der Tastatur manche Zeichen nur durch zwei Tastendrucke zu erreichen sind. Beispiele: Einerseits brauchen die Großbuchstaben zusätzlich die Umschalttaste, andererseits entsteht das Zeichen] – ASCII 93 – durch AltGr + 9 bzw. das Zeichen (– ASCII 40 – durch Umschalt + 8. Dennoch wird nur *ein* Byte in den Tastaturpuffer gestellt. Die *Sondertasten*, die mit der IBM-Tastatur eingeführt wurden, haben nichts mit dem ASCII zu tun, werden aber hier aus praktischen Gründen dennoch angeführt, weil man sie aus dem Tastaturpuffer auslesen und zur Steuerung des Ablaufs verwenden kann. Der IBM-Scan-Code für folgende Sondertasten zeichnet sich dadurch aus, dass er aus *zwei* Byte besteht, wobei das erste das Nullbyte (ASCII 0) ist.

IBM Scan Codes (DnArrw = DownArrow, Pfeil ab; Rt = Right, Lft = Left)

(Fortsetzung nächste Seite)

Char	Dez	Hex	Char	Dez	Hex
Alt-A	(0, 30)	(0x0, 0x1E)	End	(0, 79)	(0x0, 0x4F)
Alt-B	(0, 48)	(0x0, 0x30)	UpArrw	(0, 72)	(0x0, 0x48)
Alt-C	(0, 46)	(0x0, 0x2E)	DnArrw	(0, 80)	(0x0, 0x50)
Alt-D	(0, 32)	(0x0, 0x20)	LftArrw	(0, 75)	(0x0, 0x4B)
Alt-E	(0, 18)	(0x0, 0x12)	RtArrw	(0, 77)	(0x0, 0x4D)
Alt-F	(0, 33)	(0x0, 0x21)	F1	(0, 59)	(0x0, 0x3B)
Alt-G	(0, 34)	(0x0, 0x22)	F2	(0, 60)	(0x0, 0x3C)
Alt-H	(0, 35)	(0x0, 0x23)	F3	(0, 61)	(0x0, 0x3D)
Alt-I	(0, 23)	(0x0, 0x17)	F4	(0, 62)	(0x0, 0x3E)
Alt-J	(0, 36)	(0x0, 0x24)	F5	(0, 63)	(0x0, 0x3F)
Alt-K	(0, 37)	(0x0, 0x25)	F6	(0, 64)	(0x0, 0x40)
Alt-L	(0, 38)	(0x0, 0x26)	F7	(0, 65)	(0x0, 0x41)
Alt-M	(0, 50)	(0x0, 0x32)	F8	(0, 66)	(0x0, 0x42)
Alt-N	(0, 49)	(0x0, 0x31)	F9	(0, 67)	(0x0, 0x43)
Alt-O	(0, 24)	(0x0, 0x18)	F10	(0, 68)	(0x0, 0x44)
Alt-P	(0, 25)	(0x0, 0x19)	F11	(0, 133)	(0x0, 0x85)
Alt-Q	(0, 16)	(0x0, 0x10)	F12	(0, 134)	(0x0, 0x86)
Alt-R	(0, 19)	(0x0, 0x13)	Alt-F1	(0, 104)	(0x0, 0x68)
Alt-S	(0, 31)	(0x0, 0x1F)	Alt-F2	(0, 105)	(0x0, 0x69)

Alt-T	(0, 20)	(0x0, 0x14)	Alt-F3	(0, 106)	(0x0, 0x6A)
Alt-U	(0, 22)	(0x0, 0x16)	Alt-F4	(0, 107)	(0x0, 0x6B)
Alt-V	(0, 47)	(0x0, 0x2F)	Alt-F5	(0, 108)	(0x0, 0x6C)
Alt-W	(0, 17)	(0x0, 0x11)	Alt-F6	(0, 109)	(0x0, 0x6D)
Alt-X	(0, 45)	(0x0, 0x2D)	Alt-F7	(0, 110)	(0x0, 0x6E)
Alt-Y	(0, 21)	(0x0, 0x15)	Alt-F8	(0, 111)	(0x0, 0x6F)
Alt-Z	(0, 44)	(0x0, 0x2C)	Alt-F9	(0, 112)	(0x0, 0x70)
PgUp	(0, 73)	(0x0, 0x49)	Alt-F10	(0, 113)	(0x0, 0x71)
PgDn	(0, 81)	(0x0, 0x51)	Alt-F11	(0, 139)	(0x0, 0x8B)
Home	(0, 71)	(0x0, 0x47)	Alt-F12	(0, 140)	(0x0, 0x8C)

Umschalt F1 bis F10 : 10#84 bis 93
Strg F1 bis F10 : 10#94 bis 103
Alt 1 bis Alt 0 : 10#120 bis 129

Wenn man zB die Pfeiltasten zur Steuerung des Programms verwenden will, geht es beispielsweise folgendermaßen:

lies_ein_Zeichen; // aus dem Tastaturpuffer, zB. mit getch(ch)
wenn (Zeichen == ASCII 0)
{ lies Zeichen;
  switch (Zeichen)
    { case ' 72' : irgendwelche_Aktionen; break; //Pfeil auf
      case ' 80' : was _anderes; break; // Pfeil ab
      //usw.
    }
}

Weitere Tastencodes lassen sich leicht mit obigem Programm und dem Debugger auslesen.

Anhang 2: Formulieren von Bedingungen – eine sichere Methode

In vielen Fällen gestaltet sich das Formulieren von Bedingungen sehr einfach, zB. `if ( k >= 5 )` oder `while ( !cin.eof () )`. Schwieriger wird es, wenn die Bedingung aus mehreren Teilen zusammengesetzt ist.

Beispiel:

Wir wollen bei der Eingabe über die Tastatur nur solche ASCII-Zeichen an das Programm weiterleiten, die den Wertevorrat von '0' bis '9' und das Komma ',' umfassen. Alle anderen Zeichen sollen schon bei der Eingabe abgewiesen werden. Ein einfaches Konzept lautet zB.:

```
do
   ch = cin.get()
while (ungueltigesZeichen);
```

Was ist nun ein ungültiges Zeichen? Ein NICHT gültiges natürlich. Gültige Zeichen sind die, die im ASCII größer-gleich '0' und kleiner-gleich '9' sind sowie das Komma. Mit den Bezeichnungen

A ist wahr für ch >= '0',
B ist wahr für ch <= '9',
C ist wahr für ch == ','

lassen sich mit den De Morganschen Regeln zwei identische Bedingungen formulieren:

- NICHT (A UND B ODER C)
- (NICHT A ODER NICHT B) UND NICHT C.

Beim praktischen Programmieren werden erfahrungsgemäß häufig die Operatoren UND bzw. ODER (fälschlicherweise) vertauscht sowie der NICHT-Operator an die falsche Stelle gesetzt. Die Lösung kommt meist durch reines Probieren mit unterschiedlichem Erfolg zustande.

Sie können jetzt selbst einmal versuchen, eine Lösung für folgende Aufgabe zu finden: Es geht darum zu entscheiden, ob ein Jahr ein Schaltjahr ist. Schaltjahre sind alle durch vier ohne Rest teilbare Jahre. Ausnahme: Alle durch 100 teilbare Jahre sind keine Schaltjahre. Ausnahme von der Ausnahme: Alle durch 400 teilbare Jahre sind Schaltjahre. Wie lautet jetzt die logische Bedingung? Probieren Sie ruhig einmal verschiedene Möglichkeiten. Hilfestellung:

Schaltjahre sind:	1992, 1996, 2004, 2008
keine Schaltjahre sind:	1900, 2100, 2300, 1993, 1997
Schaltjahre sind:	2000, 2400

Bestimmt werden Sie zwei Lösungen gefunden haben – sind Sie aber sicher, dass sie korrekt sind? Gibt es eine *sichere* Methode? Ja, und schon seit ca. 50 Jahren; man findet sie nur nicht in den Büchern über das Programmieren.

Ausgangspunkt der weiteren Betrachtung sind nochmals die Wahrheitstabellen von UND und ODER:

A	B	UND
0	0	0
0	1	0
1	0	0
1	1	1

A	B	ODER
0	0	0
0	1	1
1	0	1
1	1	1

Die grau unterlegten Aussagen weisen den Weg:

- ▸UND (Konjunktion): Wenn *alle* Aussagen A, B, C etc wahr sind, ist das Ergebnis der Verknüpfung wahr. Umgekehrt kann man schließen: Wenn das Ergebnis wahr ist, dann müssen *alle* einzelnen Aussagen wahr sein.
- ▸ODER (Disjunktion): Wenn *alle* Aussagen falsch sind, ist das Ergebnis der Verknüpfung falsch. Umgekehrt: Wenn das Ergebnis falsch ist, müssen *alle* Aussagen falsch sein.

■ ▸**Vollkonjunktion**

Wie sieht die Situation aber aus, wenn es drei logische Variablen A, B und C gibt, deren Einzelwerte nicht alle 1 sind, und das Ergebnis E einer UND-Verknüpfung dennoch wahr sein soll?

Beispiel:

A	B	C	E
1	0	1	1

E ist wahr (= 1), dann und nur dann, wenn gilt:

E = A UND (NICHT B) UND C.

In der Schreibweise von George Boole lautet die Gleichung (der *Unterstrich* soll hier die *Negation* bedeuten):

E = A•B̲•C oder einfach nur: E = A B̲ C

Definition:

☞ Wenn n logische Variablen gegeben sind und *alle* n in einem Ausdruck UND-verknüpft sind, nennt man dies eine **Vollkonjunktion**.

▸Volldisjunktion

Angenommen, drei Variablen sind ODER-verknüpft und das Ergebnis ist falsch:

Beispiel:

A	B	C	E
0	1	0	0

E ist nur dann falsch, wenn jede einzelne Aussage falsch ist, wenn also gilt:

$\quad$ E = A ODER (NICHT B) ODER C

oder nach Boole: $E = A + \underline{B} + C$

> ☞ Wenn n logische Variablen gegeben sind und *alle* n in einem Ausdruck ODER-verknüpft sind, nennt man dies eine **Volldisjunktion**.

Der Sinn dieser Definitionen wird klar, wenn wir uns einer praktischen Fragestellung zuwenden.

Beispiel:

In einer Firma gibt es vier große Heizöfen, die ihre elektrische Energie von zwei Stromgeneratoren G1 und G2 beziehen. Der eine mit 120 kW ist dauernd in Betrieb, der zweite wird über den Schalter y zugeschaltet, wenn die Öfen mehr Leistung benötigen, als der erste Generator liefern kann. Die einzelnen Öfen lassen sich über Schalter x an das Netz schalten:

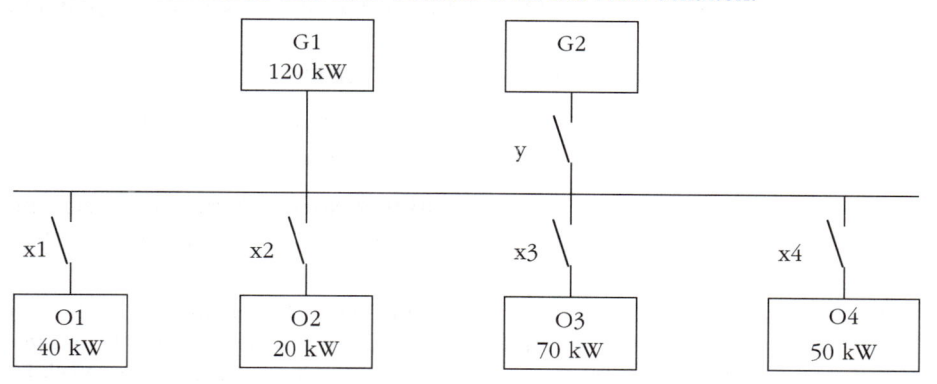

Hier – und das ist in der Praxis häufig der Fall – stellt sich die Frage, unter welcher Bedingung der Schalter y in Abhängigkeit von den Schaltern x1 bis x4 eingeschaltet wird. Mit anderen Worten: Wir suchen zu einer gegebenen Situation die zugehörige logische Bedingung.

509

Anhang

■ Disjunktive Normalform (DNF)

Zur Lösung der Aufgabe *müssen* wir eine Wahrheitstabelle *mit allen vier Variablen* aufstellen, weil **alle möglichen Kombinationen vollständig** erfasst werden müssen:

x4	x3	x2	x1	kW	y	
0	0	0	0	0	0	
0	0	0	1	40	0	
0	0	1	0	20	0	
0	0	1	1	60	0	
0	1	0	0	70	0	
0	1	0	1	110	0	
0	1	1	0	90	0	
0	1	1	1	130	1	(1)
1	0	0	0	50	0	
1	0	0	1	90	0	
1	0	1	0	70	0	
1	0	1	1	110	0	
1	1	0	0	120	0	
1	1	0	1	160	1	(2)
1	1	1	0	140	1	(3)
1	1	1	1	180	1	(4)

Man kann sofort sagen: Schalter y wird eingeschaltet, wenn die Bedingung gilt

y = Fall (1) ODER Fall (2) ODER Fall (3) ODER Fall (4)

Wir stellen nun die ODER-Verknüpfung der Vollkonjunktionen auf:

y = x1•x2•x3•x̲4̲ + x1•x̲2̲•x3•x4 + x̲1̲•x2•x3•x4 + x1•x2•x3•x4

Die eben dargestellte Form heißt **disjunktive Normalform**. Sie liefert eine vollständige, aber keineswegs optimale Form. Im nächsten Abschnitt wollen wir die Optimierung durchführen.

Wir haben die ODER-Verknüpfung gewählt, weil die Anzahl der Einsen in der Wahrheitstabelle mit 4 kleiner ist als die Anzahl der Nullen. Im umgekehrten Fall bietet sich die Möglichkeit der UND-Verknüpfung von Volldisjunktionen an. Am Ende *muss* dasselbe logische Ergebnis – vielleicht in unterschiedlicher Darstellung – stehen.

■ **Konjunktive Normalform (KNF)**

Bei der konjunktiven Normalform werden die Volldisjunktionen (Zeilen mit y = 0) UND-verknüpft. Aus der obigen Wahrheitstabelle läßt sich dann folgender Ausdruck herleiten, der hier nach wenigen Termen abgebrochen wird:

$y = (x_1+x_2+x_3+x_4) \cdot (\underline{x_1}+x_2+x_3+x_4) \cdot (x_1+\underline{x_2}+x_3+x_4) \cdot (\underline{x_1}+\underline{x_2}+x_3+x_4)$ ...usw

Dieser Ausdruck darf – wie in der Schulmathematik – „ausmultipliziert" werden, was hier wegen der 12 Klammern nicht sehr pfiffig ist. Aber: Die entstehenden Terme können mit folgenden Regeln vereinfacht werden.

Rechenregeln zur Vereinfachung:

0: „Ausmultiplizieren": A(B + C) = AB + AC

1a: X•1 = X   1b: X + 1 = 1

2a: X•0 = 0   2b: X + 0 = X

3a: X•$\underline{X}$ = 0   3b: X + $\underline{X}$ = 1

4a: X•X = X   4b: X + X = X

Mit diesen Rechenregeln läßt sich obiges Ergebnis

$y = x_1 \cdot x_2 \cdot x_3 \cdot \underline{x_4} + x_1 \cdot \underline{x_2} \cdot x_3 \cdot x_4 + \underline{x_1} \cdot x_2 \cdot x_3 \cdot x_4 + x_1 \cdot x_2 \cdot x_3 \cdot x_4$

noch vereinfachen:

Regel 4b besagt, man darf eine logische Variable beliebig oft mit sich selbst ODER-verknüpfen; dies wenden wir auf den Term x1x2x3x4 an. Mit den Regeln 0 und 3b folgt:

$\underline{x1}x2x3x4 + x1x2x3x4 = x2x3x4 (\underline{x1} + x1) = x2x3x4$

$x1\underline{x2}x3x4 + x1x2x3x4 = x1x3x4 (\underline{x2} + x2) = x1x3x4$

$x1x2x3\underline{x4} + x1x2x3x4 = x1x2x3 (\underline{x4} + x4) = x1x2x3$

Somit wird

$y = x1x2x3 + x1x3x4 + x2x3x4$

das endgültige Ergebnis. (Prüfen Sie in der Wahrheitstabelle, welchen Fällen dies entspricht).

Kehren wir zu unserem eigentlichen Beispiel mit dem Schaltjahr zurück und wenden wir diesen Formalismus an. Es ist nun nicht nötig, sämtliche Jahre aufzuführen, es reichen die vier Kategorien von Jahren, nämlich 1900, 1996, 1997 und 2000.

A = 1 bedeutet: Jahr durch 4 ohne Rest teilbar: jahr % 4 == 0

B = 1 bedeutet: Jahr durch 400 ohne Rest teilbar

C = 1 bedeutet: Jahr durch 100 ohne Rest teilbar

Somit erhält man die folgende Tabelle:

	A jahr % 4 == 0	B jahr % 400 == 0	C jahr % 100 == 0	ist_Schaltjahr
1900	1	0	1	0
1996	1	0	0	1
1997	0	0	0	0
2000	1	1	1	1

Daraus folgt sofort die disjunktive Normalform:

ist_Schaltjahr = A $\underline{B}$ $\underline{C}$ + A B C = A ($\underline{B}$ $\underline{C}$ + B C)

Als C++Code lautet diese Bedingung mit y = jahr:

(y%4 == 0) && ((y % 100 == 0 && y%400 == 0)||
(y % 100 != 0 && y%400 != 0))

Wir sind **absolut sicher**, dass dieser voluminöse Ausdruck **richtig** ist, nur stellt sich die Frage, ob er nicht doch einfacher zu schreiben wäre. Es gibt zwar noch weitere, hier nicht genannte Rechenregeln, aber man braucht sehr große Erfahrung auf diesem Gebiet, um die Lösung zu finden. Die optimale Lösung gewinnt man zwar auch mit einem rechnerischen, aber viel einfacher mit einem **grafischen Verfahren**, das von Karnaugh und Veitch 1953 vorgestellt und als KV-Diagramm bezeichnet wurde.

■ ▸**KV-Diagramm**

Bei der grafischen Methode wird je einem binären Zustand (0 bzw. 1) eine Fläche zugeordnet:

| A | $\underline{A}$ |

Bei zwei logischen Variablen A und B ergeben sich dann vier Flächen und bei drei dann acht, die in folgender Weise angeordnet werden:

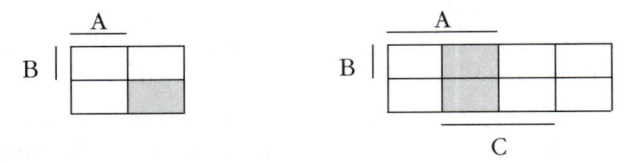

Über bzw. seitlich vom Rechteck befindet sich jeweils ein Strich, der den wahr-Streifen einer Variablen kennzeichnet. So sind im Viererfeld dem horizontalen Streifen von B die Teilflächen AB und $\underline{A}$B zugeordnet. Das graue Feld stellt die Fläche $\underline{A}$ $\underline{B}$ dar.

In gleicher Weise wird das Achterfeld interpretiert. Der graue Streifen kennzeichnet die Fläche A•C, weil er die Schnittmenge des Viererfelds von A und von C bedeutet.

In diese Felder werden die 1-Werte aus einer Wahrheitstabelle eingetragen und jeweils zwei, vier oder acht Felder zu einem Block horizontal oder vertikal – nie diagonal – zusammengefasst, zB.

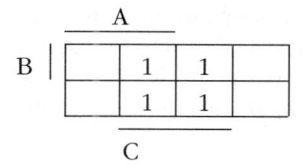

```
        A
     _____
B |  | 1 | 1 |  |
   |  | 1 | 1 |  |
     _____
        C
```

oder zB.

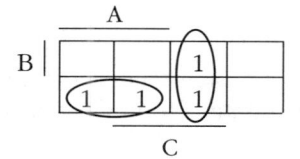

```
        A
     _____
B |  |   |(1)|  |
   |(1 | 1)(1)|  |
     _____
        C
```

Beachten Sie: Man darf auch die Eckfelder A̲ B C̲ mit A B C̲ bzw. A̲ B C̲ mit A B̲ C zusammenfassen, woran Sie das zugrundeliegende Bildungsprinzip erkennen können: Die rechnerische Vereinfachung B C̲ (A̲ + A) = B C̲ bzw. B̲ C (A̲ + A) = B̲ C entspricht dem grafischen Zusammenfassen zu Blöcken.

So entstehen im letzten Bild aus den vier Termen

    A B̲ C̲ + A B̲ C + A̲ B C + A̲ B C̲

letztlich die beiden umrandeten Felder und Terme

    A B̲ + A̲ C,

die die **maximale Vereinfachung** darstellen. Die grafische Methode ist sehr anschaulich und bei kleiner Variablenzahl (bis 5) unübertroffen. (Die weiteren Felder für mehr als drei Variablen finden sich in vielen Standardbüchern über Digitaltechnik, zB.[6].

Wenden wir unsere Kenntnisse bei dem Problem mit dem Schaltjahr an. Die erste Lösung

    ist_Schaltjahr = A B̲ C + A B C̲ = A (B̲ C + B C̲)

führt zu einer diagonalen Anordnung, die nicht zusammengefasst werden darf:

```
        A
    ┌───┬───┬───┐
B  │   │ 1 │   │
   ├───┼───┼───┤
   │ 1 │   │   │
   └───┴───┴───┘
        C
```

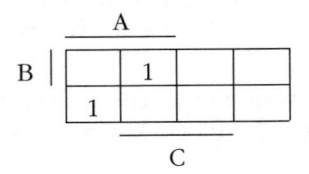

Allerdings haben wir bei unserer Analyse etwas übersehen: Wenn ein einfaches Schaltjahr schon nicht durch 100 teilbar ist, dann spielt es auch keine Rolle, ob es durch 400 teilbar ist. Dann ersetzen wir es in der Tabelle durch ein d (im Englischen: don't care), wenn es nicht darauf ankommt, ob es 0 oder 1 wird.

| | A | B | C | |
	jahr % 4 == 0	jahr % 400 == 0	jahr % 100 == 0	ist_Schaltjahr
1996	1	**d**	0	1

Im KV-Diagramm dürfen wir daher zu unseren Gunsten eine 1 annehmen und in folgender Weise zusammenfassen, die die Optimalform darstellt:

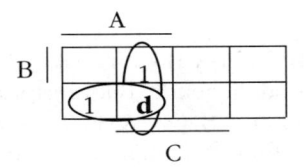

```
        A
    ┌───┬───┬───┐
B  │   │ 1 │   │
   ├───┼───┼───┤
   │ 1 │ d │   │
   └───┴───┴───┘
        C
```

Somit folgt das kürzeste Ergebnis A $\underline{B}$ + A C = A ($\underline{B}$ + C). (Ein weniger gutes ist: A $\underline{B}$ + A B C, wo das waagerechte Paar und die einzeln stehende Eins ausgewertet wurde).

In C++ umgesetzt lautet die Bestform einer sicheren Bedingung, die nun deutlich kürzer geraten ist:

    (y % 4 == 0) && (y%100 != 0 || y % 400 == 0)   (*)

Diese Form habe ich auch in [5] gefunden, während andere Autoren zB. folgende Lösungen anbieten, zB:

```
bool isSchaltjahr (int x)
{ if (x%4)   return (0);
  if (x%100) return (1);
  if (x%400) return (0);
  return (1);
}
```

Beachten Sie die nicht gerade überzeugende Mischung der Datentypen: `bool` in der Funktionsschnittstelle und `int` als `return`-Wert. Die Korrektheit dieser Logik zu prüfen bereitet schon einige Mühe, während die folgende Logik [25] offensichtlich ist:

```
bool  is_leap_year (int year)
{ if (year % 400 == 0) return true;
  if (year % 100 == 0) return false;
  if (year %  4  ==  0) return true;
  return false;
}
```

Die drei Lösungen unterscheiden sich auf jeden Fall im Hinblick auf Schnelligkeit: Die letzten beiden müssen eine Funktion aufbauen und der Reihe nach alle Fälle prüfen – das kostet Zeit.

Bei unserer Bestform, dem logischen Ausdruck (*), dagegen wird die Auswertung der Logik in der Mehrzahl der Fälle (!) schon nach dem Auswerten der ersten Klammer abgebrochen (engl: *short cut,* Kurzschlussverfahren).

Übung (Ohne Lösung)

Die Eingabe von Zeitwerten soll in folgender Weise vorgenommen werden:

```
do
   cin >> Stunde >> Minute;
while ( bedingung );
```

Wie muss der logische Ausdruck bedingung korrekt heißen?

Anhang 3: Rechnen mit Computerzahlen

In unserem Einkommensteuer-Programm wird die Variable a mit der Konstanten 3.05 initialisiert:

```
float a = 3.05;
```

Ein Blick in den Speicher mit einem Debugger zeigt folgende interne Darstellung (in dezimaler Form, sieben signifikante Stellen unterstrichen):

a: 3.0499999523168

Wenn wir jedoch a den Wert 3.050001 zuweisen, zeigt der Debugger

a: 3.0500009059906

Dem Anschein nach trifft man den programmierten Wert nicht exakt. Wir halten daher fest: Allein schon bei der Eingabe entsteht im allgemeinen ein ▸*Umwandlungsfehler*. Beachten Sie: Die nicht unterstrichenen Ziffern sind nicht sehr zuverlässig.

Wenn man sich mit diesen sonderbaren Zahlen etwas näher beschäftigt, wird man Faszinierendes und Erschreckendes zugleich feststellen: Letzteres deshalb, weil die Computerzahlen einem unvorsichtigen Programmierer einen Streich spielen, ersteres weil sie so anders sind als die mathematischen Zahlen. Damit möchte ich Sie etwas vertraut machen.

Mit dem ▸IEEE-Standard P754 folgen viele Prozessorhersteller (wie zB. Intel, Sun) und daher auch Softwarehersteller (wie zB. Microsoft) der folgenden Zahlendarstellung für Gleitpunktzahlen. (Im weiteren gelten die Aussagen deshalb auch für Softwaresysteme wie Java und Excel).

■ Innerer Aufbau von Computerzahlen

Eine Dualzahl wird auf $1.xxxx \bullet 2^e$ normalisiert, wobei $x \in \{0,1\}$ und e den Exponenten darstellt, der in einer speziellen Form gespeichert und dann als ▸*Charakteristik* bezeichnet wird. Die immer **führende Eins** vor dem Dezimalpunkt wird **nicht gespeichert**!

Der Exponent 2^e wird als Dualzahl dargestellt und

– bei einfacher Genauigkeit um 10#127 = $2^7 - 1$
– bei doppelter Genauigkeit um 10#1023 = $2^{10} - 1$

verschoben. Die Verschiebung heißt im Englischen *excess* (Überschuss) und hat die Wirkung, dass der Exponentenbereich –127 ... +127 auf den Bereich 0...254 abgebildet wird.

Beispiel:

Die Zahl 5.75 lautet im Dualsystem 101.11 und normalisiert $1.0111 \bullet 2^2$. So erhält man in der float-Darstellung

- die Mantisse zu: 2#01110000...
- den Exponenten zu: 2#10000001 = 2 + 127 = 129

Die Tabelle 1 vermittelt einen guten Eindruck vom Aufbau des internen Bitmusters und zeigt einige Besonderheiten. So ist 6.38E+38 (1) die theoretisch größte darstellbare Zahl in diesem Zahlenformat. Enthält der Exponent nur Einsen, verwendet man dies, um einen Überlauf – eine nicht mehr gültige Zahl – anzuzeigen. Diese Situation wird oft in Compiler-Software mit NotaNumber (NaN) bezeichnet. Die praktisch größte darstellbare Zahl ist daher 3.4E+38 (2), die praktisch kleinste dagegen 1.17E–38 (3). Wie Sie sehen, sind die beiden *Grenzen ziffernmäßig nicht zwangsläufig gleich*, wie es manchmal in Büchern abgedruckt wird. Allerdings dürfte die Abweichung für den praktischen Gebrauch eher unbedeutend sein.

Tabelle 1: Interne Darstellung einiger Gleitpunktzahlen [27, S. 99]

Dezimalzahl	VZ	Exponent 76543210	Mantisse	
1.0000	0	01111111	00000000000000000000000	
-1.0000	1	01111111	00000000000000000000000	
2.0000	0	10000000	00000000000000000000000	
3.0000	0	10000000	10000000000000000000000	
4.0000	0	10000001	00000000000000000000000	
5.0000	0	10000001	01000000000000000000000	
6.0000	0	10000001	10000000000000000000000	
7.0000	0	10000001	11000000000000000000000	
8.0000	0	10000010	00000000000000000000000	
9.0000	0	10000010	00100000000000000000000	
10.0000	0	10000010	01000000000000000000000	
100.0000	0	10000101	10010000000000000000000	
1000.0000	0	10001000	11110100000000000000000	
10000.0000	0	10001100	00111000100000000000000	
0.5000	0	01111110	00000000000000000000000	
0.2500	0	01111101	00000000000000000000000	
0.0100	0	01111000	01000111101011100001010	
0.0010	0	01110101	00000110001001001101111	
0.0001	0	01110001	10100011011011100010111	
0.0000	0	00000000	00000000000000000000000	
6.80E+38	0	11111111	11111111111111111111111	(1)
3.40E+38	0	11111110	11111111111111111111111	(2)
1.17E-38	0	00000001	00000000000000000000000	(3)
0.0000	0	00000000	00000000000000000000000	(4)

Die letzte Anmerkung (4) in der Tabelle betrifft die exakte Darstellung der Zahl Null (vergleichen Sie die Abweichung gegenüber der kleinsten Zahl!). Ferner zeigt die Tabelle, dass die Zahlen 0.01 sowie 0.001 etc. (neben vielen anderen) nicht exakt abgebildet werden können. Sie sind unendliche Dualzahlen, die ab einer bestimmten Stelle technisch begrenzt werden müssen.

Fassen wir wichtige **Eigenschaften der Computerzahlen** zusammen:

- **Computerzahlen** stellen eine **Teilmenge** der reellen Zahlen dar und dienen als Ersatz für sie.
- Computerzahlen sind daher – von Ausnahmen abgesehen – **Näherungen** (Approximationen) für die mathematischen (= reellen) Zahlen.
- Soll eine reelle Zahl dargestellt werden, die zwischen zwei Computerzahlen liegt, ist sie auf die nächstliegende Computerzahl (auf oder ab) zu **runden**. Beispiel beim Taschenrechner: 0.66666667
- Eine **Computerzahl** repräsentiert daher immer ein **Intervall reeller Zahlen**.

■ Anzahl und Verteilung der Computerzahlen

Von den mathematischen Zahlen gibt es unvorstellbar viele, genau: unendlich viele. Und sie liegen auf dem Zahlenstrahl dicht an dicht, so dass zwischen zwei reellen Zahlen kein Platz mehr ist. Der Mathematiker sagt, die reellen Zahlen bilden ein Kontinuum. Wie sieht es mit den Computerzahlen aus? Betrachten wir *der Einfachheit halber* Dualzahlen mit nur *drei* signifikanten Stellen (t = 3) und einem Exponentenbereich e = -1, 0, 1, 2. Damit lassen sich folgende positive, auf 0.1xx normalisierte Zahlen darstellen [23, S. 3]:

$.100*2^e$

$.101*2^e$

$.110*2^e$

$.111*2^e$

Diese vier Möglichkeiten an 0/1-Kombinationen in der Mantisse führen bei den vier Exponentenwerten zu 16 Zahlen. Berücksichtigt man die negativen Zahlen und die Null, erhalten wir insgesamt nur 33 Zahlen.

Die betragsmäßig kleinste Zahl ist

$.100*2^{-1} = 1/2 * 1/2 = 1/4$

und die betragsmäßig größte

$.111*2^2 = (1/2 + 1/4 + 1/8)*4 = 3 + 1/2$

Die nicht-negativen Zahlen lauten somit

$$0 \quad \frac{1}{4} \quad \frac{5}{16} \quad \frac{3}{8} \quad \frac{7}{16} \quad \frac{1}{2} \quad \frac{5}{8} \quad \frac{3}{4} \quad \frac{7}{8} \quad 1 \quad \frac{5}{4} \quad \frac{3}{2} \quad \frac{7}{4} \quad 2 \quad \frac{5}{2} \quad 3 \quad \frac{7}{2}$$

oder auf Sechzehntel umgerechnet:

$$0 \quad \underbrace{\frac{4}{16} \quad \frac{5}{16} \quad \frac{6}{16} \quad \frac{7}{16}}_{\substack{e = -1 \\ \Delta = 1/16}} \quad \underbrace{\frac{8}{16} \quad \frac{10}{16} \quad \frac{12}{16} \quad \frac{14}{16}}_{\substack{e = 0 \\ \Delta = 2/16}} \quad \underbrace{\frac{16}{16} \quad \frac{20}{16} \quad \frac{24}{16} \quad \frac{28}{16}}_{\substack{e = 1 \\ \Delta = 4/16}} \quad \underbrace{\frac{32}{16} \quad \frac{40}{16} \quad \frac{48}{16} \quad \frac{56}{16}}_{\substack{e = 2 \\ \Delta = 8/16}}$$

Die Differenz Δ benachbarter Zahlen ist beileibe nicht konstant, sondern hängt offensichtlich vom Exponenten ab. Auch die Anzahl je Intervall – die Häufigkeit – ist unterschiedlich. So finden sich im Intervall

(0,1]   9 Zahlen

(1,2]   4 Zahlen

(2,3]   2 Zahlen

wobei die runde Klammer *aus-* und die eckige Klammer *einschließlich* Intervallgrenze bedeutet. Auf den allgemeinen Fall bezogen heißt das mit anderen Worten: Es gibt Intervalle, in denen Zahlen dichter beisammen sind als in anderen, und solche, in denen weit und breit keine zu finden sind. So existieren beim letzten Beispiel im Intervall (0, 1/4) überhaupt keine Computerzahlen. Übertragen wir dies auf die Dezimalzahlen und betrachten wir die Konsequenzen, die sich für das Programmieren ergeben.

Beispiele:

x_1:	314159100000000000.	3.141591*e17
x_2:	314159200000000000.	
x_3:	3141591.00000000	3.141591*e5
x_4:	3141592.00000000	
x_5:	3.14159100	3.141591*e0
x_6:	3.14159200	

Die kleinsten im Rechner erkennbaren Änderungen finden in der letzten Stelle der Mantisse statt: 1→2, die Genauigkeit beträgt hier (bei float-Zahlen) ca. 10^{-7}. Im obigen Beispiel symbolisieren die vielen Nullen bei den Zahlen x_1 und x_2 die große Leere – das Nichtvorhandensein von mathematischen Zahlen. Beachten Sie nochmals die Zusammenfassung wichtiger Eigenschaften von Computerzahlen.

Wenden wir uns jetzt den Differenzen der obigen Zahlenpaare zu. Damit beschäftigt sich ein spezieller Zweig der Mathematik, die Fehlerrechnung, die ua. von C.F. Gauss (1777 - 1855) auf ein solides mathematisches Fundament gestellt wurde.

■ ›Fehlerrechnung

Der Begriff Fehler hat zweierlei Bedeutung. Wenn ein Mensch einen Fehler macht, macht er gemeinhin etwas falsch. Wenn wir in der Mathematik von Fehler (im Sinne der Fehlerrechnung) sprechen, so gibt es keine falsche Zahlen, sondern nur Näherungen für den wahren, exakten Wert. Besser wäre es, von Abweichungen zu reden – wie es auch in der moderneren Literatur der Fall ist –, aber der Begriff hat sich über Jahrhunderte eingeprägt.

Die Fehlerrechnung beschäftigt sich mit der Genauigkeit von Zahlen und den Rechenergebnissen. Wir befassen uns jetzt mit einigen wichtigen Begriffen.

Absoluter und relativer Fehler

Wenn wir den exakten, wahren Wert einer Zahl Z kennen und mit fl(Z) eine Gleitpunktzahl – einen Näherungswert – bezeichnen, dann heißt

- $e_{abs} = |fl(Z) - Z|$ der absolute Fehler (*error*)
- $e_{rel} = |fl(Z) - Z| \; / \; |Z|$ der relative Fehler

der Computerzahl fl(Z).

In praktischen Fällen ist der exakte Wert Z oft gar nicht bekannt oder nicht darstellbar. Es lassen sich aber Schranken angeben, innerhalb denen sich ein Wert befinden muss.

Schranken für den absoluten Fehler

Eine positive Zahl ΔZ, die nicht vom Betrag des absoluten Fehlers übertroffen wird, heißt absolute Schranke des Näherungswertes fl(Z):

$$|e_{abs}| = |fl(Z) - Z| \leq \Delta Z.$$

Kennt man die Schranke – oft auch mit ε (epsilon) bezeichnet – schreibt man auch

$$Z = fl(Z) \pm \Delta Z,$$

was gleichbedeutend ist mit

$$fl(Z) - \Delta Z \leq Z \leq fl(Z) + \Delta Z.$$

Die exakte Zahl liegt somit in einem Intervall der Breite $2 \Delta Z$.

Diese Schranke muss man zB. dann kennen, wenn zwei Gleitpunktzahlen auf Gleichheit geprüft werden sollen:

```
if ( abs(x-y) < epsilon )
```

Für `float`-Zahlen ist eine Schranke `epsilon` von 10^{-6} und für `double` eine von 10^{-15} zweckmäßig.

Beispiel:

Die unendliche Zahl π wird bei normalisierter Darstellung $0.3141593*10^1$ mit der Basis B = 10, t = 7 signifikanten Stellen und dem Exponenten e = 1 als Näherungswert angegeben. Damit errechnet sich die Schranke für den absoluten Fehler nach der Formel

$$\Delta Z = (1/2) * B^{e-t}$$

zu: $\Delta Z = (1/2) * 10^{-6}$

Betrachten wir jetzt nochmals die erwähnten Zahlenpaare

x_1:	314159100000000000.	3.141591*e17
x_2:	314159200000000000.	
x_3:	3141591.00000000	3.141591*e5
x_4:	3141592.00000000	
x_5:	3.14159100	3.141591*e0
x_6:	3.14159200	

und rechnen die Fehler aus:

absolute Fehler	relative Fehler		
$\|x_2 - x_1\| = 1*10^{11}$	$10^{11} / 3.14...*10^{17}$		$= 3.183*10^{-7}$
$\|x_4 - x_3\| = 1$	$1/3141591$		$= 3.183*10^{-7}$
$\|x_6 - x_5\| = 1*10^{-7}$	$10^{-6} / 3.141591$		$= 3.183*10^{-7}$

Der absolute Fehler des ersten Zahlenpaares ist enorm verglichen mit dem des letzten Zahlenpaars. Bezieht man den absoluten Fehler auf die Zahl selbst, ergibt sich ein relativer (prozentualer) Fehler, der konstant ist und die Genauigkeit angibt.

Wir wollen nun die Grundrechenarten mit Computerzahlen betrachten, die bemerkenswerte Ergebnisse zeigen werden. Dazu ist noch festzuhalten, dass die Stellenzahl des Rechenwerks auf dem Prozessor im allgemeinen größer sein muss als die des Speicherformats. Es ist bei 32-Bit-Prozessoren mit 80 Bit (64 Bit Mantisse, 15 Bit Exponent, 1 Vorzeichenbit) festgelegt und bietet ausreichend Platz. Dieses Zahlenformat des Rechenwerks lässt sich auch als `long double` speichern.

- **Addition und Subtraktion**

Zwei Computerzahlen $x = m_x B^{ex}$ und $y = m_y B^{ey}$ lassen sich nur dann addieren, wenn die beiden Exponenten ex und ey gleich sind. Eine Exponentenangleichung lässt sich durch Verschieben der Mantisse bei gleichzeitiger Änderung des Exponenten erzielen, wobei gelten muss: ex = ey = Maximum von (ex, ey).

Beispiel:

Mit y = 2#1011 wird in nicht-normalisierter Darstellung

$$y = 0.1011*2^4 = 0.01011*2^5 = 0.001011*2^6 = 0.00001011*2^8$$

Beispiel:

Die zwei Zahlen $x = 2\#10011010 = 0.10011010*2^8$ und $y = 2\#1011 = 0.1011*2^4$ sollen addiert werden. Es ist max(4,8) = 8. Durch Exponentenangleichung erhalten wir:

$$x = 0.10011010*2^8$$
$$y = 0.00001011*2^8$$
$$z = x+y = 0.10100101*2^8$$

Wenn das Ergebnis mit einer geringeren Mantissenzahl, zB. t = 5, gespeichert werden soll, geht ein Teil des Zahlenvorrates verloren:

$$z' = 0.10100*2^8$$

Das ist im übrigen auch die Erklärung für den Genauigkeitsverlust, wenn eine `double`-Zahl im Zuge der unbeabsichtigten, automatischen Typumwandlung in das Format `float` gepresst wird. Bei der *zwangsweisen* Umwandlung sollte der Programmierer schon wissen, was er tut.

Durch die automatische Exponentenanpassung bei **Addition und Subtraktion** von Computerzahlen treten **typische Fehler** auf:

Beispiel:

In der Mathematik ist der Ausdruck auf der linken Seite identisch mit dem Ausdruck auf der rechten Seite [14, S. 52]):

$$\left(\frac{1}{a} - \frac{1}{a+1}\right) * b = \frac{b}{a(a+1)}$$

Setzen wir Zahlen ein: a = 89, b = 3000 und rechnen die Seiten getrennt aus.

Mit nur dreistelliger Mantisse (um den Effekt zu verdeutlichen) erhalten wir für den linken Ausdruck:

$$(0.0112 - 0.0111)*3000 = 0.300$$

und für den rechten

$$0.125 * 10^{-3} * 300 * 10^3 = 0.375,$$

während ein Taschenrechner 0.3745318 ausweist.

Wieso entsteht eine Abweichung von ca. −20% (= relativer Fehler) nach der Methode auf der linken Seite? Die Differenz aus den beiden Zahlen

```
   0.0112
 - 0.0111
 ─────────
   0.0001  = 0.1xxx*10³
```

zeigt, dass sich signifikante Stellen auslöschen, während die niederwertigen, meist ungenaueren verbleiben. Die mit x bezeichneten Stellen sind nach der ▸Auslöschung und Verschiebung entstanden und *nicht signifikant*. Bei der anschließenden Multiplikation erhalten sie ein hohes Gewicht!

> Regel:
> Vermeiden Sie die Subtraktion zweier annähernd gleich großer Zahlen gleichen Vorzeichens.

Addition und Subtraktion haben noch einen Fallstrick parat, wie das folgende Beispiel zeigt.

Beispiel:

Es sollen die zwei Zahlen x = 120.0 und y = 0.11 addiert werden (dreistellige Mantisse vorausgesetzt):

x: 120.0 = $0.120 * 10^3$ $0.120 | *10^3$
y: 0.11 = $0.11 * 10^0$ $\underline{0.000|11*10^3}$
                                  $0.120*10^3$

Ist in **normalisierter Darstellung** die **Differenz der Exponenten zu groß**, rücken beim Exponentenangleich die kleinsten **Zahlen** zu weit nach „rechts" und **verschwinden** eventuell.

> Regel:
> Addieren Sie nach Möglichkeit nur Zahlen mit gleichem Vorzeichen, die nicht zu große Exponentenunterschiede haben.

Sollten sowohl mehrere *kleine als auch große* Zahlen vorliegen, summieren Sie zuerst die kleinen:

Beispiel (dreistellige Mantisse [14, S. 52]):

sum1 = 229+0.23+467+0.37+0.15+143+0.06+51+0.09+109+0.1 = 999

sum2 = 0.23+0.37+0.15+0.06+0.09+0.10+229+467+...+109 = 1000

= 1 + 229 +467+...+109

Die Abweichung beträgt zwar nur ein Promille, aber in einer Buchhaltungssoftware wäre sie katastrophal, weil niemand den Fehler fände (zunächst sucht man Falschbuchungen!).

Offensichtlich – so zeigt es das Beispiel – kann es doch auf die *Reihenfolge der Berechnungen* ankommen.

■ Multiplikation und Division

Zwei Zahlen $x = m_x B^{ex}$ und $y = m_y B^{ey}$ werden multipliziert, indem die beiden Mantissen multipliziert und die Exponenten addiert werden:

$$x * y = m_x * m_y B^{ex + ey}$$

Zwei Zahlen werden durch einander dividiert, indem die Mantissen dividiert und die Exponenten subtrahiert werden. Diese beiden Rechnungsarten erfordern *keinen* Exponentenangleich, sind daher einfacher auszuführen und werfen keine besonderen Probleme auf.

■ ›Fehlerfortpflanzung

Da (fast) jeder Wert an sich mit Ungenauigkeiten behaftet ist und allein schon durch die Grundrechenarten zu weiteren Abweichungen führen können, pflanzen sich die Fehler mit jedem weiteren Rechenschritt fort. Um den Gesamtfehler einer Rechnung abschätzen zu können, enthalten gute Mathematikbücher entsprechende Formeln zur Fehlerfortpflanzung, auf die ich hier nicht eingehen will. Gehen Sie im übrigen davon aus, dass die in diesem Kapitel beschriebenen Sachverhalte auch bei Taschenrechnern gültig sind, die ja auch Prozessoren enthalten. Ein wunderbares Beispiel, wie zwei Taschenrechner bei gleichem Algorithmus und Startwert zu höchst unterschiedlichen Ergebnissen kommen, finden Sie in: Peitgen, Heinz-Otto; Jürgens, Hartmut; Saupe, Dietmar: Bausteine des Chaos – Fraktale. Rowohlt Taschenbuch Verlag, 1998, Seite 63f.

Anhang 4: Computerzahlen im Kreis

Erfahrungsgemäß bereitet es einigen Menschen Schwierigkeiten, sich die Modulo-2^n-Arithmetik bzw. die Aussage, die Computerzahlen seien wie auf einem Kreis angeordnet, in ihrer Tragweite vorzustellen – vor allem, wenn es darum geht, den tatsächlich angezeigten Wert (wie bei Fatale Fehler im Kap. 4.2.1) zu errechnen.

Die folgende Bastelarbeit mit Klebstoff und Papier ist wenig wissenschaftlich, abersehr anschaulich:

1. Nehmen Sie ein Blatt DIN A4 kariert und schneiden Sie an der schmalen Seite zwei Streifen ab, die jeweils zwei Karos breit sind.
2. Beim ersten Streifen lassen Sie das erste Karopaar frei, hier wird das Ende angeklebt. Ab dem zweiten Karopaar schreiben Sie quer auf den Streifen die Zahlenfolge 0, 1, 2, ... 14, 15, -16, -15, ..., -2, -1. Den Rest des Streifens abschneiden.
3. Legen Sie den Streifen mit den Zahlen nach außen zu einem Ring und kleben Sie die Enden zusammen.
4. Beim zweiten Streifen werden die Zahlen 0, 1, ... , 20, 21 aufgeschrieben und der Rest des Papiers abgeschnitten.

Wir legen nun den folgenden Überlegungen einen Datentyp mit nur 5 Bit Breite zugrunde, der mit int5 bezeichnet wird. Sein dezimaler Zahlenvorrat umfasst die Zahlen von –16 bis +15, wobei 16 die betragsmäßig größte Zahl darstellt.

Betrachten wir das einfache Programm:

```
int5  p = 3, q = 7, s;
s = p * q; // Ergebnis: -11 und nicht 21
```

Legen Sie jetzt den Papierstreifen in Richtung positiver Zahlen auf den Ring, so dass die Nullen aufeinander zu liegen kommen. Rollen Sie den Streifen auf dem Ring ab: die 21 endet auf der —11.

Zur Mathematik:

Es ist 21%16 = 5 oder: 21 – 16 = 5. Die fünf Einheiten ragen in den negativen Zahlenbereich in positiver Richtung: -16 +5 = -11. Das gleiche Ergebnis erhält man zB. mit 5*17 = 85. Exakt betrachtet lautet das Beispiel: (5%16) * (17%16) = 5*1 = 5; usw., denn schon bei der Eingabe/Speicherung tritt die Modulo-Arithmetik in Aktion, nicht erst beim Rechnen.

Beachten Sie: Bei `unsigned char/short` wird modulo 256/65536, bei `signed char/short` modulo 128/32768 gerechnet.

Anhang

Anhang 5: ASCII contra binär

Für das Verständnis dieses Anhangs benötigen Sie die Kenntnis der Kapitel 4, 5, und 7. Auch die Lösung der Übung 19 wäre Ihnen ganz nützlich.

Gelegentlich wird listig die Frage gestellt, ob denn zu Beginn des Buches die ausführliche Darstellung des internen Aufbaus der Datentypen wirklich nötig sei.

Ein einfaches Ja wirkt wohl nicht sehr überzeugend, deshalb betrachten wir folgendes Beispiel, an dessen Ende Sie selbst entscheiden können. Das folgende Programm ist syntaktisch korrekt geschrieben und verursachte dennoch einen Tag intensiver Fehlersuche. An solchen Fehlern „stirbt" der Anfänger und verliert die Lust am Programmieren. Worum geht es?

Die Aufgabe besteht darin, ein paar einfache Datensätze – im Array Lagertab gespeichert – in eine Datei zu schreiben und wieder zurückzulesen – sicherheitshalber in ein zweites Array.

Die hier wichtigsten Codezeilen lauten:

```
struct lagerDS    // ArtikelDatensatz
{   unsigned short  ArtNr;          // 2 Byte
    char            ArtName[8];     // 8 Byte
    char            LagerOrt[4];    // 4 Byte
    unsigned short  Menge;          // 2 Byte
    unsigned short  MinBestand;     // 2 Byte
    float           Preis;          // 4 Byte
    char            Status          // 1 Byte
};
lagerDS
   Lagertab[10] = {{1111,"hase1 ","h11",11,11,1.1,'S'},
                   {2222,"hase2 ","h22",22,22,2.2,'S'},
                   {3333,"hase3 ","h33",33,33,3.3,'S'},
                   {3444,"hase34","h34",34,34,3.4,'S'},
                   {3555,"hase35","h35",35,35,3.5,'S'},
                   {3666,"hase36","h36",36,36,3.6,'S'}};
```

Dieses initialisierte Array wird in eine Datei geschrieben, die so erstellt und geöffnet wird

```
datei = fopen("Lager.dat", "w");// w wie write
```

Die Schreibanweisungen interessieren hier nicht. Zum Lesen der zuvor geschlossenen Datei wird sie geöffnet

```
datei = fopen("Lager.dat", "r");// r wie read
```

In der Anzeige ist eine Darstellung zu erwarten, wie sie der Initialisierung entspricht. Stattdessen erscheint auf dem Monitor:

1111	hase1	h11	11	11	1.1	S
2222	hase2	h22	22	22	2.2	S
26629	ase3	33	8448130560295720 96.0			
24936	se34	4	// so etwas ähnliches wie oben			
29537	e35					

Der Debugger zeigt folgendes an, wobei für ASCII 0 (= \x0) der besseren Übersicht wegen der Strich - gesetzt wird:

[0] {1111,"hase1---","h11-",11,11,1.1,'S'},
[1] {2222,"hase2---","h22-",22,22,2.2,'S'},
[2] {26629,"ase3---h","33-!",8448,13056,8.26029e11,'t'},
[3] {24936,"se34--h3","4-\-",34,39322,-3.8969e21,'h'},
[4] {29537,"e35--h35","-#-#",0,24576,2.59e-30,'h'}.

Haben Sie die Idee einer Erklärung für diese sonderbaren Zeichen? Was beobachten Sie bei ArtikelName und LagerOrt?

Mithilfe eines speziellen Programms, mit dem man byteweise eine Datei lesen kann, erhalten Sie folgende Auskunft, wobei jedes Byte durch eine zweistellige Hexzahl dargestellt wird:

57 04 68 61	73 65 31 00	00 00 68 31	31 00 0B 00
0B 00 CD CC	8C 3F 53 AE	08 68 61 73	65 32 00 00
00 68 32 32	00 16 00 16	00 CD CC 0C	40 53 05 0D
68 61 73 65	33 00 00 00	68 33 33 00	21 00 21 00
33 33 53 40	53 74 0D 68	61 73 65 33	34 00 00 68
33 34 00 22	00 22 00 9A	99 59 40 53	E3 0D 68 61
73 65 33 35	00 00 68 33	35 00 23 00	23 00 00 00
60 40 53			

Alle ungeraden Datensätze (mit 23 Byte) sind grau unterlegt. Beginnen wir unsere Analyse mit dem, was korrekt ist. Rechnen wir die Zahlen 10#1111 bzw. 10#2222 ins Dual- und dann ins Hex-System um (Kapitel 3.1): 10#1111 entspricht 16#0457 bzw. 10#2222 entspricht 16#08AE. Die ersten beiden Byte eines jeden Datensatzes und allgemein bei int-Zahlen sind offensichtlich vertauscht (das war unter DOS so üblich). Mit der ASCII-Tabelle erkennen wir bei den folgenden Bytes: 68 61 73 65 bedeutet hase. Wenn Sie so weiterfahren, stellen Sie fest, dass der Inhalt der Datei korrekt ist, das Problem also beim Rücklesen entsteht.

Nun drehen wir die Sache um: Die erste ungewöhnliche Zahl ist 10#26629 = 16#6805 statt 10#3333 = 16#0D05.

Betrachten wir nun den dritten Datensatz im Original und in der zurückgeschriebenen Version:

Orig.	05 0D	68 61 73 65 33 - - -	68 33 33 -	21 00	21 00	33 33 53 40 53
Klartext	3333	h a s e 3	h 3 3	33	33	1.1 S
Gelesen	05 68	61 73 65 33 - - - 68	33 33 - 21	00 21	00 33	33 53 40 53 74
Klartext	26629	a s e 3 - - - h	3 3 - !	8448	13056	8.26e11 t

Es wird erkennbar, dass jedes 0D (=ASCII 13, carriage return) schlichtweg überlesen wird und alle weiteren Bytes immer um je ein Byte (nach links) aufrücken. So entstehen dann auch anschließend bei der Umwandlung in Zahlen die exotischen Werte, wie man leicht bei den Ganzzahlen nachrechnen kann.

Aber das ist nicht alles, was passieren kann. In einem anderen Beispiel ist ein Datensatz auf 16 Byte verkürzt und das empfangende Array mit 0 bzw. „0" initialisiert, wie es [3] zeigt. Das Ergebnis des Rückschreibens sieht so aus:

    [1] {2222,"S -","s2 -", 22,22,2.2,'S'}
    [2] {3326,"S -","s3 -",773, 0,0.0,'0'}
    [3] {   0,"0 -","0- -", 0, 0,0.0,'0'}

Hier wird das Rücklesen der Datensätze mitten im Datensatz [2] bei der Zahl 10#26 (wo jetzt 773 steht) abgebrochen, wobei dieser falsche Wert entsteht. Hervorgerufen wird dies durch 10#26 = 16#1A, was im ASCII die Codenummer für Escape (= Abbruch) ist. Der Rechner macht genau das, was man ihm sagt!

Halten wir das Ergebnis dieser Betrachtung fest: Beim Rücklesen werden die einzelnen Byte als ASCII-Zeichen behandelt. Solche Bitmuster, die zufällig bestimmten Steuerzeichen entsprechen, kommen bestimmungsgemäß (!) zur Ausführung, was sehr überraschende Effekte zeitigen kann.

Hätte man dies als Programmierer vermeiden können? Dazu ein Zitat aus einem Handbuch eines bekannten (guten) Herstellers:

„Bei der Öffnung [der Datei, d.A.] kann zusätzlich [zu r bzw. w, d.A.] angegeben werden, ob die Datei im Modus text (t) oder binary (b) bearbeitet werden soll. Die Angabe geschieht durch einfaches Anhängen des jeweiligen Buchstabens (also wb, rt, usw.)." Die korrekte Anweisung an den Rechner hätte daher lauten müssen:

```
datei = fopen("Lager.dat", "rb");// r wie read binary
```

Hätten Sie aus diesem Text die Tragweite der Unterlassungssünde erkannt, denn die Lagerdatei ist ja keine Textdatei? Hätten Sie das Problem ohne Kenntnis der Kapitel 4, 5, und 7 lösen können?

Jetzt haben Sie auch die Erklärung für das Verhalten des Programms in der Übung 19. Bei C++ ist statt des b der Schalter `ios::binary` zu setzen, um dieselbe Wirkung zu erzielen.

Literaturverzeichnis

[1] Beutelspacher, Albrecht: Geheimsprachen - Geschichte und Techniken
C.H.Beck Verlag, 1997

[2] Beutelspacher, Albrecht: Kryptologie
Vieweg Verlag, 1996

[3] Borland GmbH (Hrsg.): Dokumentation zu Turbo C++ 3.0, 1992

[4] Breymann, Ulrich: C++ Eine Einführung
3. Auflage, Hanser Verlag, 1995; (mittlerweile 6. Auflage)

[5] Fleischhauer, Dr., Christian: Das große Buch zu Visual C++ 5
Data Becker, 1997

[6] Fricke, Klaus: Digitaltechnik
2. Auflage, Vieweg Verlag, 2001

[7] Goll, Joachim; Weiß, Cornelia; Rothländer, Peter:
Java als erste Programmiersprache
2. Auflage, Teubner Verlag, 2001

[8] Hansen, Henning: Windows-Programmierung mit C++
Addison-Wesley, 2001

[9] Horn, Christian; Kerner, Immo O. (Hrsg.): Informatik
Band 1, Grundlagen und Überblick
Fachbuchverlag Leipzig, 1995

[10] Hubbard, John R.: Fundamentals of Computing with C++
Schaum's Outline Series, McGraw-Hill, 1998

[11] Jobst, Fritz: Programmieren in Java
3. Auflage, Hanser Verlag, 2001

[12] Kaiser, Richard: C++ mit dem Borland Builder
Springer Verlag, 2002. (Inkl. CD-ROM mit C++Builder)

[13] Kippenhahn, Rudolf: Verschlüsselte Botschaften
Rowohlt Verlag, 1998

[14] Körth, Heinz; Dück, Werner; Kluge, Paul-Dieter; Runge, Walter:
Wirtschaftsmathematik
Band 1, Verlag Die Wirtschaft, Berlin, 1993

[15] Kurbel, Karl: Programmierung und Softwaretechnik
Addison-Wesley Longman Verlag, 1997

[16] Lafore, Robert: Objektorientierte Programmierung in Turbo C++
te-wi Verlag, München, 1992; (aus dem Amerikanischen)

[17] Martin, Heinrich: Transport- und Lagerlogistik
Vieweg Verlag, 1995

[18] Oestreich, Bernd: Objektorientierte Softwareentwicklung
4. Auflage, Oldenbourg Verlag, 1998

[19] Prata, Stephen: C++. Eine Einführung in die objektorientierte Programmierung
te-wi Verlag, 1992, (aus dem Amerikanischen)

[20] Schnorrenberg, Uwe: Pascal für Wirtschaftswissenschaftler
Vieweg Verlag, 1994

[21] Sedgewick, Robert: Algorithmen in C++
Person Education Deutschland, 2002

[22] Seemann, Jochen; Wolf von Gudenberg, Jürgen: Softwareentwurf mit UML
Springer Verlag, 2000

[23] Späth, Helmut: Numerik
Vieweg Verlag, 1994

[24] Tanenbaum, Andrew S.; Goodman, James: Computerarchitektur
4. Auflage, Pearson Education Deutschland, 2001

[25] Willms, André: C++ Programmierung
Addison-Wesley Longman, 1998

[26] Willms, André: Workshop C++
Addison-Wesley Longman, 2000

[27] Zeiner, Karlheinz: Programmieren lernen mit C
2. Auflage, Hanser Verlag, 1996

[28] Louis, Dirk: C/C++ new reference (deutsch!)
Markt und Technik

Sachwortverzeichnis

#define 318, 322
#endif 318, 322
#ifdef 318
#ifndef 322
#include 315, 317
? 176

Abschreibung 304
Adresse **29**, 272
Aggregation 365
Algorithmus 12, 18
ANSI-Code 43
Anweisung 112, **131**, 251
Arbeitsablauf im Rechner 32
Arbeitsspeicher 28, **29**, 30
Argument 247, **258**
Array **73**, **219**, 397
   -ausgabe 153
   Definition 74
   eindimensionales 74
   Rechnen mit - 226
   rechnerintern 83
   zweidimensionales 77
ASCII 42
ASCII-Tabelle 503
Assembler 31
assert() 374
Asterisk 70
Attribut 344
Aufzähltyp 89
Ausdruck **128**, 153, 260, 272
   mathematischer 129
Ausgabe
   -format 153
   in Datei formatiert 329
Ausgabe in C++ 146
Ausgabeeinheit 28
Auslöschung 523
Auswahl **13**, 16, **17**, **169**
   einseitige if 169
   Mehrfach- switch 188

Mehrfach- if 173
zweiseitige if else 172

Basisklasse 353
Bedingung 13, 63
   zusammengesetzte 65
Bestimmung von
   Klassen 361
   Operationen 363
Bezeichner 46, **117**, 294
Beziehung 364
   Oberbegriff- (ist-ein) 365
   Teile-Ganzes- (hat-ein) 365
Bibliothek 113
binär **29**, 39
Bit 38
Bitoperation 64
Bit-Operatoren 126
Bit-Schalter 326
Block 170, 368
break-Anweisung 189, 190, 208
Bubble-Sort-Algorithmus 221
Byte 38

Charakteristik 516
cin 147, **157**, 356
Code 41
Compiler 31, 141
Compilerdirektive 317, 322
Compilieren 142
Computerzahl
   Aufbau 516
   Eigenschaften 518
   Rechnen mit - 516
const **122**, 271, 369
Container 419
Container-Klasse 419
   Standard- 422
continue-Anweisung 208, **210**

cout 147, **148**, 356
CPU 28

Datei **97**, 326
   ASCII- 325, **327**
   -bearbeitung 325
   Binär- 101, 325, **331**
   byteweise lesen 334
   Direktzugriff 102, **333**
   -Ende (eof) 102, 327
   -puffer 101, 326
   Schreiben / Lesen 101
   sequentieller Zugriff 102
   Strukturierte 100
   Text- 99
   -verzeichnis 97
Daten
   öffentlich 340
   verborgen 346
Datenbereich 30
Datendefinition 46, **50**
Datenobjekt
   dynamisches - 397
   statisches - 397
Datenstrom 146
Datentyp 45, **85**
   abstrakter 345
   bool 63
   einfacher 45, **46**
   logischer 63
   Systematik 93
   Vergleiche 94
   zusammengesetzter 45, **73**
Datenverbund *Siehe* Struktur
De Morgan Regeln 64
Debugger 143
Debug-Vorgang 143
Definition 251
Deklaration 251
Dekrementieren 124
Deque 415
Dereferenzierung 71
Destruktor 371, **377**
   dynamisches Array 399

   selbstgeschriebener - 402, 410
Disjunktion *Siehe* ODER
do-while-Anweisung *Siehe* Schleife
dual 39
Dualzahlensystem 38
dynamische Speicherverwaltung 30

Editor 141, 325
Ein-/Ausgabe **145**, 148
Eingabe in C++ 146
Eingabeeinheit 28
Endlosschleife 196, 209
Entwicklungsumgebung 35, **141**
enum-Typ 89
Erben 435
   Konstruktor 435
Erbschaft **350**, 352, 353, **431**
   Deklaration 433
   Destruktor 444
   Initialisierung 444
   Konstruktor 444
   mehrfache - 355
Exklusiv-ODER 64
extern 298

Fehler 137
   absoluter 520
   bei Addition 522
   Binde- 139
   Laufzeit- 140
   logische 137
   relativer 520
   Schranken 520
   semantischer 137, 138, 180
   Strategie- 137
   Syntax- 139
Fehlerfortpflanzung 524
Fehlerrechnung 520
Feld *Siehe* Array
Festkommadarstellung 54
for-Anweisung *Siehe* Schleife
friend-Funktion **384**, 436

Funktion 112, **245**
  -argumente 270
  Aufruf 251
  Benutzerdefinierte - 249
  Definition 251
  Deklaration 250
  friend- 384
  main() 248, **266**
  mit Parameter 257
  mit Rückgabewert 261
  ohne Parameter 249
  Operator- 387
  Prototyp 250
  Schnittstelle **265**
  Standard- 249, 283
  -template 282
Funktionskörper 112

Ganzzahldivision 52
Ganzzahlen 46
Geheimnisprinzip 345
Generalisierung 352
Gleitpunktzahl 54
global 30, **294**, 299
Gültigkeitsbereich 206, **293**, 299
  Klasse 368

Header-Datei 142, 297, 303, 315, 322
Heap 30, **398**
Hexadezimalsystem 39
Horner-Schema 20, 183, 228

IEEE-Standard P754 55, 516
if-Anweisung *Siehe* Auswahl
Index **74**, 83
indirekte Adressierung 69
Indirektion 71
Initialisierung 50
Inkrementieren 124
inline-Funktion 370
Instanz 345

ios-Klasse 356
ISO-Standard 111, 205, 296, 297, 426
ist-ein-Beziehung *Siehe* Beziehung
Iteration 262

Klasse 344, 345, **347**
  abgeleitete - 353
  abstrakte - 354
  Definition 368
  Deklaration 367
  Zeiger in - 380, 404
Klassen
  Bestimmung von 359, **361**
Klassenfunktion 345, **348**, 371
  automatische 379
Klassentemplate 419
Knoten 407
Kommaoperator 124, **208**
Kommentar 133
Komplement 49
  Einer- 49
  -operator 126
  Zweier- 49
Konjunktion *Siehe* UND
Konstante 119
  benutzerdefiniert 122
  Dezimalzahl 119
  Fliesskommazahl 120
  Hexadezimalzahl 119
  Oktalzahl 119
  String 120
  Zeichen 120
Konstruktor 371, **372**
  Allgemeiner - 373
  erben 444
  Kopier- **376**, 379, 404
  mit Initialisierungsliste 375
  selbstgeschriebener - 410
  Standard- 372
Kopierprogramm 336
KV-Diagramm 512

Laufvariable 204
Lebensdauer 294
Linker 139, 142
Literal *Siehe* Konstante
lokal **294**, 299, 368
Lösungsstrategie 12
lvalue 131

main 112
main-Datei 304
Manipulator 150, 154, 164
Maschinenbefehl 30
Mehrfachzuweisung 405
Methode *Siehe* Klassenfunktion
Mikroprozessor 28
Mittelwert
   gewichteter 234
   gleitender 233
Modell 342
Modul 5
Modularisierung 303

Namensraum 296
namespace 296
Negation
   bitweise 49
   logische 63
NICHT 63
Normalisierung 55
NULL 71

Oberbegriff-Beziehung 364
Oberklasse 353
Objekt 31, 342, **343**, **348**, 371
ODER **64**, 67, 191, 508
   bitweise 126
Oktalsystem 39
Operation 344
Operationen
   Bestimmung von 363
Operator 50, **123**
   Adress- 70

Ausgabe- 149
Bedingungs- 123, 176
Bit- 126
delete 398
Eingabe- 158
Gültigkeitsbereichs- 295, 370
Inhalts- 70
Komma- 124, **208**
Komplement- 126
logischer 64
Modulo- 50, 52
new 398
Punkt- 86, 87
Referenz- 272
Schiebe- 127
sizeof 124
Tabelle 125
Zuweisungs- **130**, 379, 404
Zuweisungs- (Beispiel) 404
Zuweisungs-, erben 444
Operatorfunktion 387

Paradigma 342
Parameter
   aktueller 258
   formaler 258
Pause 213
Polymorphie 357
   dynamische - 358
   statische - 357
Präprozessor **317**, 323
private 436
Programm 32
Programmaufbau 111
Programmbereich 30
Programmentwicklung 144, 285
Programmieren 10
   objektorientiertes (OOP) 32
   strukturiertes - 6
Programmiersprache 10, 30
   objektorientiert 10
   prozedural 10
protected 436
Pseudocode 15

public 436
Puffer
   Datei- 101
   Tastatur- 103, 162
Punktoperator *Siehe* Operator

Rang 65, 123
Rechenwerk 28
Rechnerabsturz 289
Rechneraufbau 27
Reelle Zahlen 54
Referenz 271
   *this 392
   Initialisierung 376
   und Zeiger 273
Referenzoperator 272
Regressionsrechnung 233
return-Anweisung 265, 266
Rückgabe *Siehe* return
Rundung bei Ausgabe 156
Rundungsregel 291

Schleife *Siehe* Wiederholung
   do-while 202
   for 204
   for Schachtelung 207
   for Schrittweite 207
   Vergleich 210
   while 195
Schleifenkörper 15, 196
Schleifenzähler 196
Schlüsselwörter 15, **116**
Schnittstelle **265**, 304, 346
Schutz der Daten 340, 341
Semikolon 131, 250
Sequenz 12
Sichtbarkeitsbereich 294, 299
Sichtweise
   objektorientiert 342
   prozedural **18**, 339
Signatur 357, 358, 435
signifikante Stellen 55
sleep() 213

Sortieren 221
Sortierfolge
   lexikografische - 429
Speicherbereich 251, 294
   main / Funktion 248
Speicherplatz **29**, 85, 398
   reservieren 47
Speicherverwaltung 30
Spezialisierung 352
Sprunganweisung 132
Stack 30, **270**, 397, **405**
Standardfunktionen 283
Stapelspeicher *Siehe* Stack
statisch 30
Steuerelemente 12
Steuerzeichen **42**, 61
String 61, 81
   -konstante 121
Stringbearbeitung
   mit Standardfunktionen 279
   mit string-Klasse 427
string-Klasse 427
Stromkonzept 147, 325
Struktogramm 16
Struktur **84**, **235**, 367
   Ausgabe einer 153
   in Struktur 86
   typ-identisch 88
Strukturblock 16
Subtraktion 38
switch-Anweisung *Siehe* Auswahl
Symbole 116
Syntax 10, **107**
system ("pause") 112
Systemanalyse 359

Tastatur 103
Tauschen 273
Teile-Ganzes-Beziehung 364
Testprogramm 288
this-Zeiger 392
Trennzeichen **134**, 158

überdecken
  Bezeichner 299
Übergabe
  Array 276
  Array 2-dim. 277
  Array durch Zeiger 277
  -mechanismus 258, 269
  mit Zeiger 275
  Referenz- 271
  Wert- 269
Überladen 123, **359**
  - Konstruktor 373
  << Operator 389
  = Operator (Beispiel) 404
  von Funktionsnamen 281
  von Operatoren 385
Überschreiben **359**, 435
UCS-Code 43
UML 349
Umwandlung
  automatische 57
  Datentyp 57, 260
  in Zeichen 149
  Zahlensysteme 40
  zwangsweise 60
Umwandlungsfehler 516
UND **64**, 68, 508
  bitweise 127
UNICODE 43
using-Anweisung 297

vector-Klasse 422, 426, 469
Vektor *Siehe* Array
Vererbung *Siehe* Erbschaft
vergleichen 63

Verkettete Liste 397, **407**
  doppelt - 415
  einfach - 415
  Vorteil 414
virtuell 359
void 251
Volldisjunktion 509
Vollkonjunktion 508

Wahrheitstabelle 64
Wahrheitswert 63
Warteschlange 397, **400**
Wertübergabe *Siehe* Übergabe
while-Anweisung *Siehe* Schleife
Whitespace *Siehe* Trennzeichen
Wiederholung 14, **18**, 195

Zahlensysteme 37
Zahlenüberlauf 51, 289
Zahlzeichen 38
Zeichen 61
  -konstante 120
  -vorrat 115
Zeichenkette *Siehe* String
Zeiger 68, **215**
  -arithmetik 217
  -arithmetik (Beispiel) 311
  auf Struktur 218
Zugriffs-Deklaration 444
Zugriffspezifizierer 433, **436**, 441
Zugriffsrecht 371, 431, 437
Zuweisung 50, 130
Zuweisungsoperator *Siehe* Operator

Mit Bestsellern aus dem Bereich IT lernen

Dietmar Abts
Grundkurs JAVA
Von den Grundlagen bis zu Datenbank- und Netzanwendungen
4., verb. u. erw. Aufl. 2004. X, 408 S. mit Online-Service. Br. € 19,90
ISBN 3-528-35711-8

Klassen, Objekte, Interfaces und Pakete - Ein- und Ausgabe - Multithreading - Grafische Oberflächen mit Swing, Applets - Datenbankzugriffe mit JDBC - Netzanwendungen - Spracherweiterungen der Version J2SE 5.0

André Maassen/Markus Schoenen/Ina Werr
Grundkurs SAP R/3®
Lern- und Arbeitsbuch mit durchgehendem Fallbeispiel - Konzepte, Vorgehensweisen und Zusammenhänge mit Geschäftsprozessen
3., durchges. u. verb. Aufl. 2005. XXIV, 608 S. mit 256 Abb. u. 25 Tab.
Br. €
3-528-25790-3

Technische Aspekte - Benutzerkonzept und Handhabung - Unternehmensstrukturen in Personalwirtschaft, Materialwirtschaft, Vertrieb und Finanzwesen - Fallstudiengestützte Einführung in die Arbeit mit Stammdaten und Bewegungsdaten - Screenshot-basierte Arbeitsanweisungen - Erste Schritte mit Report Painter und Report Writer

Dietrich May
Grundkurs Software-Entwicklung mit C++
Eine praxisorientierte Einführung - Mit zahlreichen Beispielen, Aufgaben und Tipps zum Lernen und Nachschlagen
2003. XVI, 532 S. Br. €

vieweg

Abraham-Lincoln-Straße 46
65189 Wiesbaden
Fax 0611.7878-400
www.vieweg-it.de

Stand 1.7.2005. Änderungen vorbehalten.
Erhältlich im Buchhandel oder im Verlag.

Grundlagen verstehen und umsetzen

Andreas Gadatsch
Grundkurs Geschäftsprozess-Management
Methoden und Werkzeuge für die IT-Praxis:
Eine Einführung für Studenten und Praktiker
3., verb. u. erw. Aufl. 2004. XXIII, 455 S. mit 330 Abb. Br. € 34,90
ISBN 3-528-25759-8

Andreas Gadatsch, Elmar Mayer
Masterkurs IT-Controlling
Grundlagen und Strategischer Stellenwert -
IT-Kosten- und Leistungsrechnung in der Praxis -
Mit Deckungsbeitrags- und Prozesskostenrechnung
2., verb. u. erw. Aufl. 2005. XXII, 502 S. mit Online-Service. Br. € 49,90
ISBN 3-528-15849-2
Das Leitbildcontrolling-Konzept für die IT - IT-Controlling: Vom Konzept zur Umsetzung (Zielformulierung, Zielsteuerung, Zielerfüllung) - Einsatz strategischer IT-Controlling-Werkzeuge - Operative Werkzeuge - IT-Kostenrechnung

Paul Alpar/Heinz Lothar Grob/Peter Weimann/Robert Winter
Anwendungsorientierte Wirtschaftsinformatik
Strategische Planung, Entwicklung und Nutzung von Informations- und Kommunikationssystemen
4., verb. u. erw. Aufl. 2005. XVI, 495 S. mit 199 Abb. u. Online Service.
Br. € 29,90   ISBN 3-528-35656-1
Informations- und Kommunikationssysteme in Unternehmen - Informations- und Wissensmanagement - Controlling der Informationsverarbeitung - Ganzheitliche Gestaltung von Informations- und Kommunikationssystemen - Architektur betrieblicher Anwendungssysteme - Methoden und Werkzeuge zur Entwicklung und Einführung von Software - Informations- und Kommunikationstechnologie

vieweg
Abraham-Lincoln-Straße 46
65189 Wiesbaden
Fax 0611.7878-400
www.vieweg-it.de

Stand 1.7.2005. Änderungen vorbehalten.
Erhältlich im Buchhandel oder im Verlag.